国家卫生和计划生育委员会“十三五”规划教材
全国高等中医药教育教材

供中药学等专业用

中药资源学

主　编　裴　瑾

副主编　马　伟　孙志蓉　杨　全　张水利　胡本祥　巢建国

主　审　万德光

编　委（按姓氏笔画为序）

马　伟（黑龙江中医药大学）
马　毅（甘肃中医药大学）
王　娜（天津中医药大学）
龙庆德（贵阳医学院）
冯丽肖（承德医学院）
田建平（海南医学院）
朱畇昊（河南中医药大学）
刘　勇（江西中医药大学）
刘　瑛（成都医学院）
刘小莉（云南中医学院）
江维克（贵阳中医学院）
孙志蓉（北京中医药大学）
许　亮（辽宁中医药大学）
何文静（新疆医科大学）
何先元（重庆医科大学）
肖冰梅（湖南中医药大学）
肖凤霞（广州中医药大学）
宋　龙（上海中医药大学）
张天柱（长春中医药大学）
张水利（浙江中医药大学）
杨　全（广东药科大学）
杨成梓（福建中医药大学）
郑开颜（河北中医学院）
胡本祥（陕西中医药大学）
赵云生（宁夏医科大学）
胡志刚（湖北中医药大学）
贺丹霞（中国药科大学）
高继海（成都中医药大学）
巢建国（南京中医药大学）
彭华胜（安徽中医药大学）
裴　瑾（成都中医药大学）

人民卫生出版社

图书在版编目（CIP）数据

中药资源学 / 裴瑾主编 .—北京：人民卫生出版社，2016
ISBN 978-7-117-22517-5

Ⅰ. ①中… Ⅱ. ①裴… Ⅲ. ①中药资源 - 中医学院 - 教材
Ⅳ. ①R282

中国版本图书馆 CIP 数据核字（2016）第 155470 号

中药资源学

主　　编：裴　瑾
出版发行：人民卫生出版社（中继线 010-59780011）
地　　址：北京市朝阳区潘家园南里 19 号
邮　　编：100021
E - mail：pmph @ pmph.com
购书热线：010-59787592　010-59787584　010-65264830
印　　刷：北京市艺辉印刷有限公司
经　　销：新华书店
开　　本：787 × 1092　1/16　　**印张：**16
字　　数：369 千字
版　　次：2017 年 3 月第 1 版　2021 年 7 月第 1 版第 4 次印刷
标准书号：ISBN 978-7-117-22517-5/R · 22518
定　　价：55.00 元
打击盗版举报电话：010-59787491　E-mail：WQ @ pmph.com
（凡属印装质量问题请与本社市场营销中心联系退换）

《中药资源学》网络增值服务编委会

主　编　裴　瑾

副主编　马　伟　孙志蓉　杨　全　张水利　胡本祥　巢建国

主　审　万德光

编　委（按姓氏笔画为序）

马　伟（黑龙江中医药大学）
马　毅（甘肃中医药大学）
王　娜（天津中医药大学）
龙庆德（贵阳医学院）
冯丽肖（承德医学院）
田建平（海南医学院）
朱畇昊（河南中医药大学）
刘　勇（江西中医药大学）
刘　瑛（成都医学院）
刘小莉（云南中医学院）
江维克（贵阳中医学院）
孙志蓉（北京中医药大学）
许　亮（辽宁中医药大学）
何文静（新疆医科大学）
何先元（重庆医科大学）
肖冰梅（湖南中医药大学）
肖凤霞（广州中医药大学）
宋　龙（上海中医药大学）
张天柱（长春中医药大学）
张水利（浙江中医药大学）
杨　全（广东药科大学）
杨成梓（福建中医药大学）
郑开颜（河北中医学院）
胡本祥（陕西中医药大学）
赵云生（宁夏医科大学）
胡志刚（湖北中医药大学）
贺丹霞（中国药科大学）
高继海（成都中医药大学）
巢建国（南京中医药大学）
彭华胜（安徽中医药大学）
裴　瑾（成都中医药大学）

修订说明

为了更好地贯彻落实《国家中长期教育改革和发展规划纲要(2010-2020)》《医药卫生中长期人才发展规划(2011-2020)》《中医药发展战略规划纲要(2016-2030年)》和《国务院办公厅关于深化高等学校创新创业教育改革的实施意见》精神,做好新一轮全国高等中医药教育教材建设工作,全国高等医药教材建设研究会、人民卫生出版社在教育部、国家卫生和计划生育委员会、国家中医药管理局的领导下,在上一轮教材建设的基础上,组织和规划了全国高等中医药教育本科国家卫生和计划生育委员会"十三五"规划教材的编写和修订工作。

本轮教材修订之时,正值我国高等中医药教育制度迎来60周年之际,为做好新一轮教材的出版工作,全国高等医药教材建设研究会、人民卫生出版社在教育部高等中医学本科教学指导委员会和第二届全国高等中医药教育教材建设指导委员会的大力支持下,先后成立了第三届全国高等中医药教育教材建设指导委员会、首届全国高等中医药教育数字教材建设指导委员会和相应的教材评审委员会,以指导和组织教材的遴选、评审和修订工作,确保教材编写质量。

根据"十三五"期间高等中医药教育教学改革和高等中医药人才培养目标,在上述工作的基础上,全国高等医药教材建设研究会和人民卫生出版社规划、确定了首批中医学(含骨伤方向)、针灸推拿学、中药学、护理学4个专业(方向)89种国家卫生和计划生育委员会"十三五"规划教材。教材主编、副主编和编委的遴选按照公开、公平、公正的原则,在全国50所高等院校2400余位专家和学者申报的基础上,2200位申报者经教材建设指导委员会、教材评审委员会审定和全国高等医药教材建设研究会批准,聘任为主审、主编、副主编、编委。

本套教材主要特色包括以下九个方面:

1. 定位准确,面向实际 教材的深度和广度符合各专业教学大纲的要求和特定学制、特定对象、特定层次的培养目标,紧扣教学活动和知识结构,以解决目前各院校教材使用中的突出问题为出发点和落脚点,对人才培养体系、课程体系、教材体系进行充分调研和论证,使之更加符合教改实际、适应中医药人才培养要求和市场需求。

2. 夯实基础,整体优化 以培养高素质、复合型、创新型中医药人才为宗旨,以体现中医药基本理论、基本知识、基本思维、基本技能为指导,对课程体系进行充分调研和认真分析,以科学严谨的治学态度,对教材体系进行科学设计、整体优化,教材编写综合考虑学科的分化、交叉,既要充分体现不同学科自身特点,又应当注意各学科之间有机衔接;确保理论体系完善,知识点结合完备,内容精练、完整,概念准确,切合教学实际。

3. 注重衔接,详略得当 严格界定本科教材与职业教育教材、研究生教材、毕业后教育教材的知识范畴,认真总结、详细讨论现阶段中医药本科各课程的知识和理论框架,使其在教材中得以凸显,既要相互联系,又要在编写思路、框架设计、内容取舍等方面有一定的区分度。

4. 注重传承，突出特色 本套教材是培养复合型、创新型中医药人才的重要工具，是中医药文明传承的重要载体，传统的中医药文化是国家软实力的重要体现。因此，教材既要反映原汁原味的中医药知识，培养学生的中医思维，又要使学生中西医学融会贯通，既要传承经典，又要创新发挥，体现本版教材“重传承、厚基础、强人文、宽应用”的特点。

5. 纸质数字，融合发展 教材编写充分体现与时代融合、与现代科技融合、与现代医学融合的特色和理念，适度增加新进展、新技术、新方法，充分培养学生的探索精神、创新精神；同时，将移动互联、网络增值、慕课、翻转课堂等新的教学理念和教学技术、学习方式融入教材建设之中，开发多媒体教材、数字教材等新媒体形式教材。

6. 创新形式，提高效用 教材仍将传承上版模块化编写的设计思路，同时图文并茂、版式精美；内容方面注重提高效用，将大量应用问题导入、案例教学、探究教学等教材编写理念，以提高学生的学习兴趣和学习效果。

7. 突出实用，注重技能 增设技能教材、实验实训内容及相关栏目，适当增加实践教学学时数，增强学生综合运用所学知识的能力和动手能力，体现医学生早临床、多临床、反复临床的特点，使教师好教、学生好学、临床好用。

8. 立足精品，树立标准 始终坚持中国特色的教材建设的机制和模式；编委会精心编写，出版社精心审校，全程全员坚持质量控制体系，把打造精品教材作为崇高的历史使命，严把各个环节质量关，力保教材的精品属性，通过教材建设推动和深化高等中医药教育教学改革，力争打造国内外高等中医药教育标准化教材。

9. 三点兼顾，有机结合 以基本知识点作为主体内容，适度增加新进展、新技术、新方法，并与劳动部门颁发的职业资格证书或技能鉴定标准和国家医师资格考试有效衔接，使知识点、创新点、执业点三点结合；紧密联系临床和科研实际情况，避免理论与实践脱节、教学与临床脱节。

本轮教材的修订编写，教育部、国家卫生和计划生育委员会、国家中医药管理局有关领导和教育部全国高等学校本科中医学教学指导委员会、中药学教学指导委员会等相关专家给予了大力支持和指导，得到了全国50所院校和部分医院、科研机构领导、专家和教师的积极支持和参与，在此，对有关单位和个人表示衷心的感谢！希望各院校在教学使用中以及在探索课程体系、课程标准和教材建设与改革的进程中，及时提出宝贵意见或建议，以便不断修订和完善，为下一轮教材的修订工作奠定坚实的基础。

全国高等医药教材建设研究会
人民卫生出版社有限公司
2016年3月

全国高等中医药教育本科
国家卫生和计划生育委员会“十三五”规划教材
教材目录

1	中国医学史(第2版)	主编 梁永宣
2	中医各家学说(第2版)	主编 刘桂荣
3	*中医基础理论(第3版)	主编 高思华 王 键
4	中医诊断学(第3版)	主编 陈家旭 邹小娟
5	中药学(第3版)	主编 唐德才 吴庆光
6	方剂学(第3版)	主编 谢 鸣
7	*内经讲义(第3版)	主编 贺 娟 苏 颖
8	*伤寒论讲义(第3版)	主编 李赛美 李宇航
9	金匮要略讲义(第3版)	主编 张 琦 林昌松
10	温病学(第3版)	主编 谷晓红 冯全生
11	*针灸学(第3版)	主编 赵吉平 李 瑛
12	*推拿学(第2版)	主编 刘明军 孙武权
13	*中医内科学(第3版)	主编 薛博瑜 吴 伟
14	*中医外科学(第3版)	主编 何清湖 秦国政
15	*中医妇科学(第3版)	主编 罗颂平 刘雁峰
16	*中医儿科学(第3版)	主编 韩新民 熊 磊
17	*中医眼科学(第2版)	主编 段俊国
18	中医骨伤科学(第2版)	主编 詹红生 何 伟
19	中医耳鼻咽喉科学(第2版)	主编 阮 岩
20	中医养生康复学(第2版)	主编 章文春 郭海英
21	中医英语	主编 吴 青
22	医学统计学(第2版)	主编 史周华
23	医学生物学(第2版)	主编 高碧珍
24	生物化学(第3版)	主编 郑晓珂
25	正常人体解剖学(第2版)	主编 申国明

26	生理学(第3版)	主编 郭 健 杜 联
27	病理学(第2版)	主编 马跃荣 苏 宁
28	组织学与胚胎学(第3版)	主编 刘黎青
29	免疫学基础与病原生物学(第2版)	主编 罗 晶 郝 钰
30	药理学(第3版)	主编 廖端芳 周玖瑶
31	医学伦理学(第2版)	主编 刘东梅
32	医学心理学(第2版)	主编 孔军辉
33	诊断学基础(第2版)	主编 成战鹰 王肖龙
34	影像学(第2版)	主编 王芳军
35	西医内科学(第2版)	主编 钟 森 倪 伟
36	西医外科学(第2版)	主编 王 广
37	医学文献检索(第2版)	主编 高巧林 章新友
38	解剖生理学(第2版)	主编 邵水金 朱大诚
39	中医学基础(第2版)	主编 何建成
40	无机化学(第2版)	主编 刘幸平 吴巧凤
41	分析化学(第2版)	主编 张 梅
42	仪器分析(第2版)	主编 尹 华 王新宏
43	有机化学(第2版)	主编 赵 骏 康 威
44	*药用植物学(第2版)	主编 熊耀康 严铸云
45	中药药理学(第2版)	主编 陆 茵 马越鸣
46	中药化学(第2版)	主编 石任兵 邱 峰
47	中药药剂学(第2版)	主编 李范珠 李永吉
48	中药炮制学(第2版)	主编 吴 皓 李 飞
49	中药鉴定学(第2版)	主编 王喜军
50	医药国际贸易实务	主编 徐爱军
51	药事管理与法规(第2版)	主编 谢 明 田 侃
52	中成药学(第2版)	主编 杜守颖 崔 瑛
53	中药商品学(第3版)	主编 张贵君
54	临床中药学(第2版)	主编 王 建 张 冰
55	中西药物配伍与合理应用	主编 王 伟 朱全刚
56	中药资源学	主编 裴 瑾
57	保健食品研发与应用	主编 张 艺 贡济宇
58	*针灸医籍选读(第2版)	主编 高希言
59	经络腧穴学(第2版)	主编 许能贵 胡 玲
60	神经病学(第2版)	主编 孙忠人 杨文明

61	实验针灸学(第2版)	主编　余曙光　徐　斌
62	推拿手法学(第3版)	主编　王之虹
63	*刺法灸法学(第2版)	主编　方剑乔　吴焕淦
64	推拿功法学(第2版)	主编　吕　明　顾一煌
65	针灸治疗学(第2版)	主编　杜元灏　董　勤
66	*推拿治疗学(第3版)	主编　宋柏林　于天源
67	小儿推拿学(第2版)	主编　廖品东
68	正常人体学(第2版)	主编　孙红梅　包怡敏
69	医用化学与生物化学(第2版)	主编　柯尊记
70	疾病学基础(第2版)	主编　王　易
71	护理学导论(第2版)	主编　杨巧菊
72	护理学基础(第2版)	主编　马小琴
73	健康评估(第2版)	主编　张雅丽
74	护理人文修养与沟通技术(第2版)	主编　张翠娣
75	护理心理学(第2版)	主编　李丽萍
76	中医护理学基础	主编　孙秋华　陈莉军
77	中医临床护理学	主编　胡　慧
78	内科护理学(第2版)	主编　沈翠珍　高　静
79	外科护理学(第2版)	主编　彭晓玲
80	妇产科护理学(第2版)	主编　单伟颖
81	儿科护理学(第2版)	主编　段红梅
82	*急救护理学(第2版)	主编　许　虹
83	传染病护理学(第2版)	主编　陈　璇
84	精神科护理学(第2版)	主编　余雨枫
85	护理管理学(第2版)	主编　胡艳宁
86	社区护理学(第2版)	主编　张先庚
87	康复护理学(第2版)	主编　陈锦秀
88	老年护理学	主编　徐桂华
89	护理综合技能	主编　陈　燕

注:①本套教材均配网络增值服务;②教材名称左上角标有“*”者为“十二五”普通高等教育本科国家级规划教材。

第三届全国高等中医药教育教材建设指导委员会名单

全国高等中医药教育本科
中医学专业教材评审委员会名单

前言

中药资源是中医药产业的物质基础，中药资源的数量制约着中药产业的规模和中医药事业的可持续发展，中药资源的质量决定着中药材的质量进而影响到中药的质量和中医的临床疗效。除此之外，中药资源又是功能性食品、化妆品和香料等行业的重要基础，也是生态环境的组成部分，对人类的健康和生存发展具有重要影响。

本教材的编写遵循教育部确定的“十三五”国家规划教材编写的指导思想，正确把握中医药本科教学内容和课程体系的改革方向，突出系统性、科学性、先进性、简明性和实用性。本书在《中国中药资源丛书》及系列《中药资源学》教材等的基础上，融合20多年的教学实践积累，并参考近年来中药资源及相关领域的新理论、新技术、新方法和新成果编撰而成。全书正文分9章，涵盖中药资源的环境影响及区划、中国道地药材资源、中药资源的调查与动态监测、中药资源的评价、中药资源的开发利用、中药资源的保护更新与可持续利用、中药资源的人工培育和中药资源管理与经济等8个方面。与其他教材相比，本版修订了资源和中药资源的分类介绍，完善了中药资源研究及学科形成的历史传承，丰富了道地药材的理论和研究体系及各地区代表品种的介绍，增强了因地授课的便宜性，特别增加了中药野生资源的介绍以强调保护性开发的重要性，并系统地介绍了中药资源的人工培育。本书于附录中增加了中药资源学实习指导的篇幅，弥补实践教学的不足，强化学科的实用性。此外，本书围绕中药资源学科的发展方向，强化学生系统性知识的学习和综合素质的培养，其内容注重了理论知识和生产技术的有机结合，涵盖了不同的理论和技术层面。

本教材在内容上，根据教学大纲规定，编写内容有重、轻、略的不同；各章增加了“学习目的”“学习要点”“学习小结”，简明扼要地指出了各章的学习要求及其重点。在形式上，采用示意图、表格等表述内容，做到清楚、准确的解释；采用案例式的教学，突出优化学生的知识结构、引导提升学生的创新能力。

本教材共计9章，具体分工如下：第一章由裴瑾、许亮、高继海编写；第二章由巢建国、何先元、江维克、田建平编写；第三章由杨全、彭华胜、马毅、刘瑛、肖凤霞编写；第四章由胡本祥、杨成梓、彭亮、郑开颜编写；第五章由杨全、彭华胜、马毅、刘瑛、肖凤霞编写；第六、七两章由张水利、肖冰梅、贺丹霞、王娜、张天柱、龙庆德编写；第八章由孙志蓉、赵云生、宋龙、朱昀昊、何文静编写；第九章由马伟、刘勇、胡志刚、冯丽肖编写；附录一由孙志蓉、赵云生、宋龙、朱昀昊、何文静编写；附录二由马伟、刘勇、胡志刚、冯丽肖编写。全书最后由裴瑾教授统一审定。

本教材由全国30所院校的中药资源学及相关学科的教师与专家共同编写而成，编委会成员全部来自于一线教学岗位，在教材编写过程中各自奉献了宝贵的教学经验和丰富的积累资料，紧密协作，精益求精，为此付出了辛勤的劳动，再次向他们表示深深的敬意和衷心的感谢！本书编写过程中得到人民卫生出版社的大力支持，还得到成都中医药大学万德光教授的支持并提出宝贵意见，在此一并致谢。

为了进一步提高本书质量，恳请各位同仁和广大读者多提宝贵意见，以便修订完善。

编　者

2016年3月

目　录

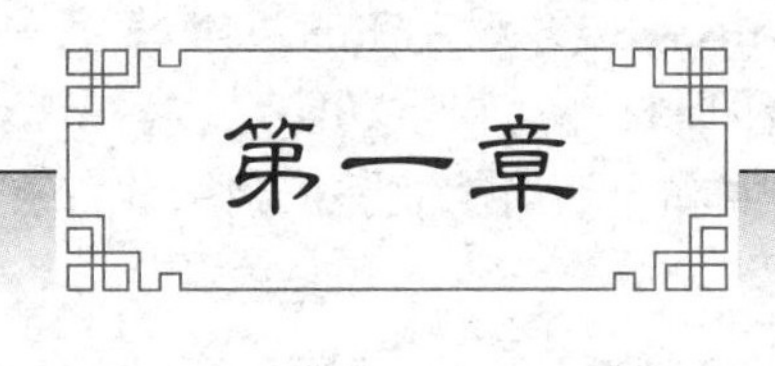

第一章

绪　论

学习目的

通过本章学习，熟悉资源及自然资源的相关概念与开发利用；掌握中药资源与中药资源学的相关概念和中药资源学研究内容、研究方法及学科的形成与发展。

学习要点

自然资源的属性、特征；中药资源的概念、特点及性质；中药资源学的定义、研究内容和研究任务。

第一节　资源概述

资源(resources)是创造人类财富的源泉，是人类生存和社会发展的物质基础。随着世界人口的激增，人们对资源的需求量日益增加，全球范围内资源供需矛盾日益突出，资源的短缺已成为制约社会与经济发展的瓶颈，甚至危及人类自身生存与发展。而中医药作为人类繁衍生息、健康发展并与疾病做斗争的保障，中药资源的短缺亦日趋严峻。

一、资源及分类

“资源”是一国或一定地区内拥有的物力、财力、人力等各种物质要素的总称，通常分为自然资源和社会资源两大类。自然资源系指自然界存在的有用自然物，是人类可以利用的自然生成的物质与能量，是人类生存的物质基础。社会资源系指在一定时空条件下，人类通过自身劳动开发利用自然资源过程中所提供的物质和精神财富的统称。自然资源是资源的基本组成部分，社会资源是人类在利用自然资源的过程中所创造出的另一种资源形式。

资源的分类依据分类的原则和标准不同，分类方法和结果会存在一定差异。根据物质实体性和多级分类制两条基本原则，资源可以分为自然资源和社会资源。根据社会生产行业或产业领域的不同，资源可以划分为农业资源、林业资源、牧业资源、旅游资源、能源资源和中药资源等。中药资源是一类与中医药产业相关的资源，其短缺势必直接限制中医药事业的发展，影响到人类的健康和幸福。

二、自然资源的概念与类型

自然资源(natural resources)是客观存在的实体,是各种有用的自然物,能够为人类开发利用,作为生产、生活原材料的物质和能量,或在现有生产力发展水平和研究条件下,为了满足人类的生产和生活需求能够被利用的自然物质和能量。

知识链接

自 然 资 源

自然资源的概念有多种表达方式,《中国资源科学百科全书》的定义为"人类可以利用的天然形成的物质与能量。"《辞海》的定义为:"指天然存在的自然物(不包括人类加工制造的原材料)并有利用价值的自然物,如土地、矿藏、水利、生物、气候、海洋等资源,是生产的原料来源和布局场所。"联合国环境规划署的定义为:"在一定的时间和技术条件下,能够产生经济价值,提高人类当前和未来福利的自然环境因素的总称。"《大英百科全书》的定义为:"人类可以利用的自然生成物,以及作为这些成分之源泉的环境功能。"

因分类依据和标准不同,自然资源的分类有多种不同的方法。按照资源的性质及其与人类的经济关系,自然资源可划分为四类:

1. 环境资源　包括太阳光、地热、空气和天然水等,这类资源比较稳定,不会因利用而明显减少,如能合理开采发展,精心保护,就能永续为人类利用。

2. 生物资源　包括植物、动物、森林、草场等,这类资源人类使用之后可以通过本身的生产繁殖再生产出来,如能合理开发利用,科学经营管理,也能为人类可持续利用。

3. 土地资源　包括农用土地、城市土地等,它是人类赖以生存的最基本的生产资料和劳动对象。

4. 矿产资源　包括能源、各种矿物等,它是经过漫长的地质年代形成的,其储量有限,开发利用之后不能再生,随着开发利用而逐渐减少,直至枯竭。

按照资源是否具有再生能力的性质,又可分为再生资源和不可再生资源。前者如动植物资源、水资源等,后者如矿产资源等。从自然资源数量变化的角度,又可分为耗竭性自然资源、稳定性自然资源和流动性自然资源等,矿产、太阳能和生物资源分别各属于上述三类。通常所说的自然资源,主要包括气候、生物、水、土地和矿产等5大门类。

三、自然资源的基本属性和本质特征

(一) 自然资源的基本属性

自然资源种类繁多,每种都有其自身特性,但所有自然资源也有一些共同特性。

1. 稀缺性　任何"资源"都是相对人类的"需求"而言的。人的需要实质上是无限的,而自然资源却是有限的,这种有限资源与无限需求之间的矛盾,必然引起自然资源的稀缺。"稀缺"是自然资源的固有特性,即自然资源相对于人类的需要在数量上的不足。这个是人类社会和自然资源关系的核心问题。

全球范围内人口数量是在不断增长的,不仅人口的数量越来越多,而且人口增长

笔记

的速度也越来越快。相对于人口数量的增长，自然资源显然是有限的。人类的生活水平不断提高，人均消耗的自然资源量也不可避免地增加。随着欠发达国家的工业化进程，未来全球人均资源消耗的水平还会提高。况且人类世代的延续是无限的，而自然资源中很多是使用过后就不能再生的，这也体现出自然资源的稀缺性。再加上自然资源在空间分布的不均衡，以及人类对自然资源利用的竞争加剧，自然资源稀缺性的表现就更为明显、现实。

当自然资源的总需求量超过总供给量时，造成了资源的绝对稀缺，绝对稀缺是从全球范围考虑的；当自然资源的总供给量超过总需求量，但由于分布不均时则会造成局部稀缺，称为资源的相对稀缺，相对稀缺是从局部地区考虑的。无论是绝对稀缺还是相对稀缺，都会造成资源供应的稀缺和价格的上涨，产生所谓的资源危机。

2. 整体性　自然资源在各种自然资源内部以及各种不同的自然资源之间存在着紧密的相互影响和制约的关系，在一定的时空范围内形成了一定的资源系统。从利用的角度看，人们通常是针对某种单项资源，甚至单项资源的某一部分。但实际上各种自然资源相互联系、相互制约，构成一个整体系统。人类不可能在改变一种自然资源或生态系统中某种成分的同时，又能保持其周围的环境不被改变。例如砍伐森林获取木材这种资源，不仅直接改变了森林的结构，造成区域森林面积的减少和植被覆盖率的降低，而且会间接地引起水土流失的加强和地表径流形成过程的变化、影响小气候并导致野生生物生境的破坏等。自然资源的整体性告诉我们必须以整体、全局、协调的观点对待资源的开发与利用。

3. 地域性　自然资源的形成具有一定的地域分布规律，其空间分布是不均衡的，某一种自然资源总是相对集中地分布于某些区域中，在这些区域内，自然资源的密度大、数量多、质量好、易开发；而在其他区域这种自然资源就可能表现为密度小、数量少、质量差等特点。另外，由于社会经济发展的不均衡性，在不同地区开发利用自然资源的社会经济条件和技术工艺条件也具有地域差异。自然资源的地域性就是所有这些条件综合作用的结果。

自然资源的地域性导致了自然资源的相对稀缺，并由此产生了竞争性的特征。由于自然资源的地域性，各种自然资源开发的方式、种类也就有了差异，从而使自然资源打上了地域性的烙印。例如，中药的道地性，在不同的自然环境和社会环境的影响下，不同地区生产的中药材在产量与质量上就有很大的差别。因此，自然资源研究除了针对一些普遍性的问题以外，还要应对各地特有的现象和规律。

4. 多用性　大部分的自然资源都具有多种功能和用途。如甘草资源既可用作制药原料，也可作为化工原料，还可作为饲料。然而，并不是自然资源的所有潜在用途都具有同等重要的地位，而且都是能充分表现出来。因此，人类在开发利用自然资源时，需要全面权衡，特别是当我们所研究的是综合的自然资源系统，而人类对资源的要求又是多种多样的时候，这个问题就更加复杂。自然资源的多用性为人类利用资源提供了不同用途的可能性。资源的多用性要求在对资源开发利用时，必须实行综合开发、合理利用和统筹规划，做到物尽其用，效益最佳。

5. 变动性　人类对自然资源开发的广度和深度随着历史进程的发展而不断变化。不可更新的资源随着时间延续而不断被消耗，又随着人类的地质勘探的进展而不断被发现；可更新资源随着环境条件、开发利用程度以及资源更新能力等因素也在

笔记

不断变化。自然资源和人类社会构成“人类 - 资源生态系统”，这一系统总是处于不断的运动、变化中。其中，人类是促进该系统运动、变化的主要动因，随着人类社会的发展，人类的影响和改造自然的能力不断提高，因此该系统的变动性也就更加明显。这些变化可表现为资源改良增殖的正向变化和资源退化耗竭的负面变化，而有些变化一时难以判断其正负，可能近期会带来正面效益，远期却会造成灾难。因此，人类应当努力了解各种资源生态系统的变动性和抵抗外界干扰的能力，预测人类 - 资源生态系统的变化，使之朝着有利于人类的方向发展。

6. 社会性　人类的生存和发展必须依赖于物质世界，自然资源是物质世界不可分割的组成部分，自然资源的存在状况直接影响着人类的生活质量和社会的经济发展水平，同时也深深地镌刻下了人类劳动的印记。人类通过劳动与自然资源浑然一体，也赋予了自然资源的社会性，自然资源的这种社会性正是人类世世代代利用自然、改造自然的必然结果。

（二）自然资源的本质特征

自然资源的本质是自然环境和人类社会相互作用的一种价值判断与评价，自然资源的价值不仅仅是自然界的存在，而是以人类利用为标准，是人类的需要和能力创造了资源的价值。根据资源是否再生分为不可更新资源和可更新资源。

1. 不可更新资源的本质特征　不可更新资源最终可利用的数量必然存在某种极限，虽然我们既不知道这个极限在何处，也不知道如果达到这个极限时所余物质是否能够仍可看做资源。不可更新资源有两种：一种是使用后就消耗掉了的，另一种是可循环使用的。这两种不可更新资源的本质特征有所不同。使用后就消耗掉的不可更新资源包括全部化石燃料，其当前的消费速度必然影响未来的可得性。因此一个关键的管理问题是：时间上最佳的利用速率是什么？这个问题并没有公认的简单答案。可循环使用的不可更新资源主要是金属矿产资源，大多数金属能重复使用很多次而只有少量损失，例如回收废弃的铁质工具，熔炼后再做成铁质工具。当然生物资源有时也可以循环利用，但利用价值很可能会降低。

2. 可更新资源的本质特征　可更新资源可分为两种：一种是似乎独立于人类活动的可更新资源，即恒定性资源；一种是当使用不超过其繁殖或再生能力时可无限更新的可更新资源，即临界性资源。

相当一部分资源属于临界性资源，当被掠夺到耗竭的地步，甚至即使全部掠夺活动已经停止，供给流也不可能再自然恢复。依赖生物繁衍的大多数可更新资源都属此类。众所周知，过度捕捞、狩猎以及污染、破坏生境，已经严重地降低了很多物种的更新能力，甚至导致物种灭绝。土壤和蓄水层也属于临界性资源。土地一旦被过度使用和误用到由于土壤侵蚀、盐碱化和沙漠化而退化，就不能保证在与人类活动相应的时间尺度内发生恢复过程，无论是自然恢复还是人工恢复。

非临界性的可更新资源尽管有人类活动干预也仍然可更新，但是其中某些会由于过度利用而暂时耗竭。河中的水流会由于过度提取而减少，水体降解废物的能力会由于太多的营养物和污水注入而丧失，地方大气资源的质量会由于污染物的排放而降低。在所有这些情况中，流量和质量水平都是自然形成的，而且一旦使用速率控制在再生或同化能力之内就可迅速恢复。当然，某些污染物的生物降解非常缓慢，环境的同化能力只是在很长的时间里才是可更新的。

笔记

可更新资源耗损和退化的许多问题之所以恶化，是因为它们常常被视为公共财产或公共场所。人们对资源的保护和减少污染没有积极性，所发生的技术变化一直假设它们可继续免费获取。诸如鱼、飞鸟和空气这样的资源都是在极大范围内不可分割的；没有哪一个用户能支配其供给、控制其他用户的数目或它们获取的数量。因此，短时间内生产过度或利用过度的事情就常常发生，形成长期耗竭的危险。当然，除此而外，可更新资源压力后面的原因是复杂的，需要认识自然系统、社会经济、政治权利、制度障碍等方面的问题，不可能找到简单的解释和简单的解决办法。

可更新资源的可得性其实更取决于人类的管理和利用，虽然自然资源再生过程也在起作用。对于临界性资源，为维持再生过程需要人为增加流量或进行管理；而对非临界性的资源（水、太阳能、风能）来说，则需要投资将潜伏的流动性资源转换成实际的供应源。换句话说，可更新资源的可得性依赖于调控供需的政治、制度和社会经济系统，而且这个系统决定可得流动性资源在时间和空间上的分配。

四、自然资源的利用与可持续发展

（一）自然资源的利用

自然资源是人类生存和社会发展的物质基础，而且随着社会的发展，自然资源开发利用的强度越来越大，自然资源利用的范围也越来越广。

广义的自然资源开发包括初始开发和再开发两种情况，狭义的自然资源开发是指初始开发，即对原来没有开发利用的自然资源进行开发利用，特别是本来未受人类影响的区域进行的开发活动。人类对自然资源的开发和再开发都是为了满足人类对各种产品和服务的需要。这种需要既包含对人类维持生存的基本物质（如食物）的需求，也包含对精神（如审美享受、尊严维持）的需求。

人类利用自然资源的历史是一个长期的资源利用更替历史。大多数自然资源，特别是那些通达性好、具有较高经济利用潜力的自然资源，已被人类开发和改善。这个开发过程绝不是一件一劳永逸的事情，随着时间的推移，一些已经被开发的资源，必然会在一定的时间内被再开发，改作其他更高效益的用途。例如，菊花（Chrysanthemi Flos）是中国常用中药，具有疏风、清热、明目、解毒之功效。除了常见的花卉盆景外，在原有的药用价值上，菊花被开发出了一系列具有更高经济价值的商品，如菊花茶、菊花蜜、菊花枕、菊花粥、菊花手工皂等。

（二）自然资源的可持续发展

随着科学技术的不断进步和人们对物质需求的不断增长，必然引起社会生产规模的再扩大，致使需要耗用更多的自然资源。如何科学、合理、可持续地开发利用自然资源而不损害生态系统的结构和功能，已成为人们关心的现实问题。

自然资源在时间、空间、数量上是有限的，人类由于技术、经济条件所限，在社会一定时期内所能认识和利用的自然资源也是有限的。而人类对资源需求的欲望是无限的，这必然会造成供需不平衡的矛盾及其由此带来的一系列资源和社会问题。人类科学技术的发展和对资源的认识实践证明，资源的有限性和无限性是辩证的统一。人类既要看到自然资源稀缺的一面，也要认识到人类通过科技进步开发利用自然资源的潜力，调节资源供需的动态平衡有利于人类生存和发展。能源利用的历史发展过程，可以说明人类的认知是无限的，开发和利用新资源的潜力是巨大的，维持供需良

笔记

性动态平衡也是可能的。随着知识创新和社会进步,新能源得到不断地开发和利用,如风能、太阳能、水能、地热能、生物能、核能、海洋能等。这些可再生能源的充分利用,将会满足人类对能源不断增长的需要。

第二节 中药资源的种类及特点

一、中药与中药资源

中药资源(Chinese medicinal material resources)是中医药宝库中的瑰宝,是发展中医药事业的重要物质基础。20世纪以来,中药资源的现状令人担忧。一方面,由于人口、经济和社会的发展,人类对中药资源的需求快速增长;另一方面,由于气候变化、环境污染、生态恶化以及对动、植物的过度采捕、生物生存栖息地的破坏等,造成中药资源不断萎缩。目前,利用资源与保护资源之间的矛盾日益突出,如何解决这一矛盾,是中药资源学所面临的重要任务。

(一) 中药

中药(Chinese medicines)是在中医药理论指导下用于临床防治疾病的药物,包括药材、饮片和中成药。药材系指仅经过简单产地加工的中药原料,包括植物、动物和矿物三大类。饮片系指药材经过炮制后可直接用于中医临床或制剂生产使用的处方药品。中成药系指以饮片为原料,在中医药理论指导下,按规定的处方和制法大量生产,有明确的功能主治、用法用量和规格的药品。

(二) 中药资源

中药资源通常是指在一定空间范围内可供中医药使用的生物资源和非生物资源的总称,包括植物药资源、动物药资源和矿物药资源。此外,由于一些自然资源的稀缺,利用现代生物或化学等技术所形成的替代性人工中药原料,也列入中药资源的范畴,如人工牛黄、人工冰片、人工麝香等。中药资源除传统的中药资源外,还包含民间药资源及民族药资源,以及这些资源的生产和贸易信息、知识和技术成果等也属于中药资源的范畴。

二、中药资源种类构成与特点

(一) 中药资源的构成

古代劳动人民在长期生活与生产实践中,发现了大量可以药用的自然资源,遴选出了数千种可用于防治疾病的药物资源。随着现代科学技术的进步,中药资源的开发和整理工作得到了长足发展,中药资源的种类从汉代《神农本草经》的365种到现代《中华本草》的8980种,增加了近24倍,到20世纪末,调查、整理出的中药资源已有1万余种。

知识链接

传统的中药分类方法

我国古代的本草著作一般对生产药物的资源品种不甚重视,而仅对所收载的药物进行分类,所使用的分类方法不尽相同,主要有以下几种:

1. 三品分类法。此法形成于汉代到魏晋南北朝的几百年间，是数千年用药经验的反映，特别是受到秦汉时期道、儒学思想的影响，具有浓厚的君臣佐使、七情和合、四气五味、阴阳配合色彩。《神农本草经》即为采用三品分类法的代表性著作，其将药物分为上、中、下三品，认为上品药为君，补养无毒，可长服久服，能益寿延年；中品药为臣，可遏病补虚、有毒或无毒；下品药为佐使，可除邪，但毒性较大，使用当慎。

2. 自然属性分类法。此法在我国古代本草著作中采用较多，但不同历史时期本草中的分类方法亦不相同。如晋代《南方草木状》中将药物分为草、木、果、竹四类；梁代《本草经集注》中将药物分为玉石、草木、虫兽、果、菜、米食和有名未用七类；明代巨著《本草纲目》，其总例"不分三品，惟逐各部，物以类从，目随纲举"，以部为纲，各部按"从微至巨""从贱至贵"的原则排列，分水、火、土、金石、草、谷、菜、果、木、服器、虫、鳞、介、禽、兽、人共16部，又以类为目，总设60类，如草部分山草、芳草、溼草、毒草、蔓草、水草、石草、苔、杂草以及有名未用等。

3. 中药功效性能分类法。此法在古代本草中也有较多使用，一般依据中药的临床功效及作用性能。采用宣、通、补、泄、轻、重、燥、湿、滑、涩等十剂分类法或其他十二门分类法等。如唐代《本草拾遗》、金元时代《珍珠囊》、明代《本草集要》、清代《本草求真》等，皆采用此种分类法。此法结合中药药性和临床功效，有利于临床用药研究。

中药资源的构成，按自然属性可分为植物、动物和矿物资源；按社会属性可分为中药、民族药和民间药资源；按生产来源可分为野生和人工资源等。

1. 按自然属性划分的中药资源　中药资源的使用历史悠久，种类繁多，第三次全国中药资源普查调查整理出的中药资源种类有 12 807 种。中药资源按自然属性可分为植物药资源、动物药资源和矿物药资源。

(1) 植物药资源：是指来源于植物的器官（如根、茎、叶、花、果实、种子）或植物的全株，可供药用的一类植物资源。自古以来，药用植物资源就是人类使用最多的天然药用资源，它在中药资源中的种类最多，有 11 000 余种，占总量的 87% 以上。

根据第三次全国中药资源普查的资料统计，我国的药用植物资源分布于 385 个科，其中藻类植物 42 科，菌类植物 41 科，地衣植物 9 科，苔藓植物 21 科，蕨类植物 49 科，种子植物 223 科；共有 2312 属分布有药用植物，其中被子植物 1957 属，占 84.6%；孢子植物共有 328 属，占 14.2%；裸子植物 27 属，占 1.2%。

1) 药用藻类资源：藻类植物是最原始的植物类群，没有根、茎、叶的分化，含有光合色素，行自养生活，多为水生。藻类植物分为 8 个门：蓝藻门、裸藻门、绿藻门、轮藻门、金藻门、甲藻门、红藻门和褐藻门。目前，中国的药用藻类植物有42科54属113种，主要集中在红藻门、褐藻门、绿藻门和蓝藻门。

常见的药用藻类植物有红藻门的石花菜 *Gelidium amansii* Lamx.、甘紫菜 *Porphyra tenera* kjellm.、海人草 *Digenea simplex* (Wulf.) C.Ag.；褐藻门的海带 *Laminaria japonica* Aresch.、昆布 *Ecklonia kurome* Okam.、海蒿子 *Sargassum pallidum* (Turn.) C.Ag.、羊栖菜 *Hizikia fusifarme*.；绿藻门的石莼 *Ulva lactuca* L.、水绵 *Spirogyra intorta* Jao 及蓝藻门的葛仙米 *Pogostemon auricularius* (L.) Kassk. 等。

2) 药用菌类资源：菌类属低等植物类群，没有根、茎、叶的分化，不含光合色素，进行异养生活。菌类分为细菌门、黏菌门和真菌门，中药菌类资源集中分布在真菌门中。

笔记

真菌门是一类具有真核和明显细胞壁，细胞内不含叶绿素和质体的典型异养生物，有40科109属297种可供药用，是药用低等植物中种类最多的类群。药用真菌主要分布在子囊菌亚门、担子菌亚门和半知菌亚门中。

常见的药用菌类有子囊菌亚门的麦角菌 *Claviceps purpurea*（Fr.）Tul.、冬虫夏草 *Cordyceps sinensis*（Berk.）Sacc.；担子菌亚门的茯苓 *Poria cocos*（Schw.）Wolf.、猪苓 *Polyporus umbellatus*（Pers.）Fries、猴头菌 *Hericium erinaceus*、赤芝 *Ganoderma lucidum*（Leyss.ex Fr.）Karst.、蜜环菌 *Armillaria mellea*（Vahl）P.Kumm.、脱皮马勃 *Lasiosphaera fenzlii* Reich.、大马勃 *Calvatia gigantea*（Batsch ex Pers.）Lloyd、紫色马勃 *Calvatia lilacina*（Mont.et Berk.）Lloyd 及半知菌亚门的球孢白僵菌 *Beauveria bassiana*（Bals.）Vuillant 等。

3）药用地衣资源：由藻类和真菌共生形成的特殊植物类群，其抗逆性强，耐干旱，但不耐污染，常生活在岩石、树皮、土壤、砖墙的表面。地衣多生长在较恶劣的环境中，资源量有限，中国的药用地衣种类较少，现知9科15属55种可供药用。

常见的药用地衣有松萝 *Usnea diffracta* Vain.、长松萝 *Usnea longissima*、雪茶 *Thamnolia vermicularia*、石耳 *Umbilicaria esculenta* Miyashi、石蕊 *Cladonia rangiferina*、冰岛衣 *Cetraria islandica* 及肺衣 *Lobaria pulmonaria* 等。

4）药用苔藓资源：苔藓植物的茎叶无真正的维管束，是从水生到陆生过渡的代表植物类群，大多数生活在潮湿地区。根据配子体的形态结构可将苔藓植物分为苔纲和藓纲，中国的苔藓植物中可供药用的有25科39属58种。

常见的药用苔鲜有苔纲的地钱 *Marchantia polymorpha* L.、石地钱 *Reboulia hemisphaerica*（L.）Raddi 及藓纲的葫芦藓 *Funaria hygrometrica* Hedw.、大金发藓 *Polytrichum commune* Hedw.、暖地大叶藓 *Rhodobryum giganteum*（Hook.）Par. 等。

5）药用蕨类资源：蕨类是既能产生孢子又有维管系统的高等植物。主要分布在热带和亚热带，多生长在阴湿的林下、山野、沼泽等地。中国的蕨类植物多分布在长江以南各省区，其中有药用价值的约49科117属455种。蕨类植物分为水韭亚门、松叶蕨亚门、楔叶亚门、石松亚门和真蕨亚门5个亚门。

常见的药用蕨类有松叶蕨亚门的松叶蕨 *Psilotum nudum*（L.）Beauv.；楔叶蕨亚门的木贼 *Equisetum hyemale* L.、问荆 *Equisetum. arvense* L.、笔管草 *Equisetum ramosissimum* subsp. *debile*、节节草 *Equisetum ramosissimum* Desf.；石松亚门的石松 *Lycopodium japonicum* Thunb. ex Murray、卷柏 *Selaginella tamariscina*（P.Beauv.）Spring 及真蕨亚门的紫萁 *Osmunda japonica* Thunb.、海金沙 *Lygodium japonicum*（Thunb.）SW.、金毛狗脊 *Cibotium barometz*（L.）J. Sm.、粗茎鳞毛蕨 *Dryopteris crassirhizoma*、石韦 *Pyrrosia lingua*（Thunb.）Farwell、槲蕨 *Drynaria roosii* Nakaike 等。

6）药用裸子植物资源：裸子植物是胚珠裸露，不为大孢子形成的心皮包被，多数既具有颈卵器又能产生种子的植物。中国是世界上裸子植物最丰富的国家，有11科41属243种，目前具有药用价值的裸子植物有10科25属126种。裸子植物分为苏铁纲、银杏纲、松柏纲、红豆杉纲和买麻藤纲5个纲。

常见的药用裸子植物有苏铁纲的苏铁 *Cycas revoluta* Thunb.；银杏纲的银杏 *Ginkgo biloba* L.；松柏纲的马尾松 *Pinus massoniana* Lamb.、金钱松 *Pseudolarix amabilis*（Nelson）Rehd.、侧柏 *Platycladus orientalis*（L.）France；红豆杉纲的红豆杉 *Taxus chinensis*（Pilger）Rehd.、三尖杉 *Cephalotaxus fortunei* Hook. f. 及买麻藤纲的草麻黄 *Ephedra sinica* Stapf、

笔记

中麻黄 *Ephedra intermedia* Schrenk ex Mey.、木贼麻黄等 *Ephedra equisetina* Bge.。

7）药用被子植物资源：被子植物是胚珠在心皮内的一类种子植物，存在双受精现象，具有高度特化的真正的花。被子植物是现今地球上种类最多、分布最广和生长最繁茂的植物类群。中国被子植物有 226 科 2700 多属约 3 万种，具有药用价值的有 213 科 1957 属 1 万余种，占中国药用植物总种数的 90.2%，占中药资源总数的 78.5%（表 1-1）。

表 1-1 中国主要药用被子植物分科统计

科名	药用属数 / 种数	分布范围
桑科 Moraceae	12/153	全国
荨麻科 Urticaceae	18/115	全国
蓼科 Polygonaceae	8/123	全国
石竹科 Caryophyllaceae	20/106	全国
藜科 Chenopodiaceae	17/186	北方各省
仙人掌科 Cactaceae	8/600	全国
木兰科 Magnoliaceae	5/165	全国，以江南地区为主
番荔枝科 Annonacean	9/109	黄河以南及西藏
樟科 Lauraceae	13/113	长江以南
毛茛科 Ranunculaceae	34/420	全国
小檗科 Berberidaceae	10/120	全国
山茶科（茶科）Theaceae	9/480	黄河以南
罂粟科 Papaveraceae	17/135	全国
十字花科 Cruciferae	26/549	全国
金缕梅科 Hamamelidaceae	11/100	黄河以南
景天科 Crassulaceae	8/242	西南地区
虎耳草科 Saxifragaceae	24/155	全国
蔷薇科 Rosaceae	45/360	全国
豆科 Leguminosae	109/490	全国
大戟科 Euphorbiaceae	39/160	全国
芸香科 Rutaceae	19/100	全国
卫矛科 Celastraceae	9/201	黄河以南
鼠李科 Rhamnaceae	12/166	全国，以江南地区为主
葡萄科 Vitaceae	8/100	全国，以江南地区为主
锦葵科 Malvaceae	12/117	全国
瑞香科 Thymelaeaceae	7/100	全国，以江南地区为主
葫芦科 Cucurbitaceae	25/189	全国，以江南地区为主
桃金娘科 Myrtaceae	10/134	华南地区为主

笔记

续表

科名	药用属数/种数	分布范围
野牡丹科 Melastomataceae	16/185	西藏及江南地区为主
五加科 Araliaceae	18/112	全国,以西南地区为主
伞形科 Umbelliferae	55/234	全国,以高山地区为主
杜鹃花科 Ericaceae	12/127	全国,以西南高山地区为主
报春花科 Primulaceae	7/119	全国,以西南地区为主
木犀科 Oleaceae	11/209	全国
龙胆科 Gentianaceae	15/108	全国,以西南地区为主
夹竹桃科 Apocynaceae	35/209	以江南地区为主
萝藦科 Asclepiadaceae	32/112	全国
茜草科 Rubiaceae	50/219	全国
旋花科 Convolvulaceae	16/125	全国,以江南地区为主
紫草科 Boraginaceae	22/269	全国,以西南地区为主
马鞭草科 Verbenaceae	15/101	以江南地区为主
唇形科 Labiatae	74/436	全国
茄科 Solanaceae	24/140	全国
玄参科 Scrophulariaceae	45/233	全国,以西南地区为主
爵床科 Acanthaceae	32/311	长江以南,尤其云南省
苦苣苔科 Gesneriaceae	32/115	秦岭、淮河以南
忍冬科 Caprifoliaceae	9/106	全国
桔梗科 Campanulaceae	13/111	全国
菊科 Compositae	155/778	全国
百合科 Liliaceae	46/560	全国
禾本科 Gramineae	85/173	全国
棕榈科 Palmae	16/100	南部地区
天南星科 Araceae	22/106	全国,以南部地区为主
莎草科 Cyperaceae	17/110	全国
姜科 Zingiberaceae	15/100	西南至东部
兰科 Orchidaceae	76/287	全国,以滇、琼为主

(2) 动物类中药资源:是指来源于药用动物的整体或某一部分、生理或病理产物及其加工品等。动物类中药具有活性强、疗效佳、应用广、开发潜力大等特点,在中国的应用历史悠久,早在4000年前甲骨文就记载了麝、犀、牛、蛇等40余种药用动物,秦汉时期的《神农本草经》记载动物药67种,至第三次全国中药资源普查显示,中国的药用动物有1500多种,约占全国中药资源总种数12%。

《中国中药资源志要》收录了药用动物414科879属1590种,其中无脊椎动物

笔记

199科362属621种，约占药用动物总种数的39%，脊椎动物215科517属971种，约占药用动物总数的61%。

1）药用无脊椎动物资源：根据全国中药资源普查结果统计，药用无脊椎动物主要分布于节肢动物门、软体动物门及环节动物门。

① 环节动物门：常用的有钜蚓科的参环毛蚓 *Pheretima aspergillum*（E.Perrier）、通俗环毛蚓 *P. vulgaris* Chen、威廉环毛蚓 *P. guillelmi*（Michealsen）、栉盲环毛蚓 *P. pectinnifera* Michealsen 及医蛭科的蚂蟥 *Whitmania pigra* whitman、水蛭 *Hirudo nipponica* whitman、柳叶蚂蟥 *W. acranulata* whitman 等。

② 软体动物门：常用的有鲍科的杂色鲍 *Haliotis diversicolor* Reeve、皱纹盘鲍 *H. discus hannai* Ino、羊鲍 *H. ovina* Gmelin 等；珍珠贝科的马氏珍珠贝 *Pteria martensii*（Dunker）；蚌科的三角帆蚌 *Hyriopsis cumingii*（Lea）、褶纹冠蚌 *Cristaria plicata*（Leach）；牡蛎科的长牡蛎 *Ostrea gigas* Thunberg、大连湾牡蛎 *O. talienwhanensis* Crosse 及乌贼科的无针乌贼 *Sepiella maindroni de* Rochebrune、金乌贼 *S. esculenta* Hoyle 等。

③ 节肢动物门：为动物界中种类最多的一门，约占动物界总数的80%。常见的药用节肢动物有：蛛形纲钳蝎科的东亚钳蝎 *Buthus martensii* Karsch；唇足纲蜈蚣科少棘巨蜈蚣 *Scolopendra subspinipes mutilans* L. Koch；昆虫纲鳖蠊科的地鳖 *Eupolyphaga sinensis* Walker、冀地鳖 *Steleophaga plancy* Boleny；昆虫纲芫菁科的南方大斑蝥 *Mylabris phalerata* Pallas、黄黑小斑蝥 *M. cichorii* Linnaeus；昆虫纲家蚕蛾科的家蚕 *Bombyx mori* Linnaeus（其4~5龄幼虫因感染或人工接种白僵菌而致死的干燥体为僵蚕）等。

2）药用脊椎动物资源：根据全国中药资源普查结果统计，脊椎动物中有药用价值的968种，分布于鱼纲、两栖纲、爬行纲、鸟纲和哺乳纲5个纲中。

① 鱼纲：药用鱼纲动物有103科231属405种。常见的有海龙科的线纹海马 *Hippocampus kelloggi* Jordan et Snyder、刺海马 *H. histrix* Kaup、大海马 *H. kuda*、三斑海马 *H. trimaculatus* Leach、小海马 *H. japonicus* Kaup 及刁海龙 *Solenognathus hardwickii*（Gray）、拟海龙 *Syngnathoides biaculeatus*（Bloch）等。

② 两栖纲：药用两栖纲动物有9科14属38种。常用的有小鲵科的山溪鲵 *Batrachuperus pinchonii*（其全体入药为羌活鱼）；蟾蜍科的中华大蟾蜍 *Bufo bufo gargarizans* Cantor 与黑框蟾蜍 *B. melanotictus* Schneider（两者的耳后腺和背部皮肤腺的干燥分泌物为中药蟾酥）；蛙科的青蛙 *Rana niromaculata*（其成体、幼体及胆汁均可入药）及泽蛙 *Fejervarya limnocharis*（其干燥全体入药称蛤蟆）等。

③ 爬行纲：分布有较多常用药用资源，有17科45属117种。主要有龟科的乌龟 *Chinemys reevesii*（Gray）（其背甲及腹甲称龟甲）；鳖科的鳖 *Trionyx sinensis* Wiegmann；壁虎科蛤蚧 *Gekko gecko* Linnaeus 和多疣壁虎 *G. japonicus*；蝰科的五步蛇 *Agkistrodon acutus*（Güenther）；眼镜蛇科的银环蛇 *Bungarus multicinctus* Blyth 及游蛇科乌梢蛇 *Zaocys dhumnades*（Cantor）等。

④ 鸟纲：动物种类较多，但药用的并不多，有40科105属196种。常见的鸟纲药用动物有鸭科的家鹅 *Anser cygnoides orientalis* 和家鸭 *A. platyrhynchos domestica*（它们的干燥肌胃内壁分别为鹅内金和鸭内金）；雉科的家鸡 *Gallus gallus domesticus* Brisson（其干燥沙囊内壁为鸡内金）；鸠鸽科的家鸽 *Columba liva domestica*；雨燕科的金丝燕 *Collocalia esculenta* 等。

笔记

⑤ 哺乳纲:是脊椎动物中药用资源最多的纲,有45科121属209种。主要有鼠科的麝鼠 *Ondatra zibethicus*(其成熟雄性麝鼠香囊的分泌物为麝鼠香);鹿科的梅花鹿 *Cervus nippon* Temminck 及马鹿 *C. elaphus* linnaeus Aplopelia bonaparte(两者雄鹿未骨化的幼角为鹿茸);麝科的林麝 *Moschus berezovskii* Flerov(其雄体香囊中的干燥分泌物称麝香);灵猫科的大灵猫 *Viverra zibetha* Linnaeus(其香囊的分泌物为灵猫香);马科的马 *Equus caballus*(其胃中的结石称为马宝)和驴 *E. asinus* L.(去毛之皮经煎煮、浓缩制的固体胶为阿胶);牛科的牛 *Bos taurus domesticus* Gmelin(其干燥的胆结石为牛黄)等。

(3) 矿物类中药资源:矿物是地质作用形成的天然单质或化合物。矿物类中药包括可供药用的原矿物、矿物原料的加工品、动物或动物骨骼的化石等。矿物类药物在中国有着悠久的用药历史,现存最早的医学著作《五十二病方》记载了雄黄、硝石等20多种矿物药的临床应用,现存最早的本草专著《神农本草经》载药365种,其中矿物药46种,占全书总数的12.6%,唐《新修本草》收载矿物药87种,至明《本草纲目》已达222种,此后的《本草纲目拾遗》可谓收录矿物药之最,有413种之多。

现代《中国药典》收载矿物药23种,而《中国中药资源志要》中收集社会仍在应用的矿物药84种,并按阳离子分类法将其分为12类,分别为铁化合物类、铜化合物类、镁化合物类、钙化合物类、钾化合物类、钠化合物类、汞化合物类、砷化合物类、硅化合物类、有色金属类、古动物化石类及其他类。

2. 按社会属性划分的中药资源　中国各族人民在长期的实践中积累了丰富的防病治病的知识和用药经验,有的形成了民族医药理论体系,其中以中医药理论体系最具影响力。除此以外,民间也积累和流传着各种各样防治疾病的方法和使用药物的习惯。中药、民族药和民间药共同组成了中华民族庞大的药物体系以及与之相对应的中药资源体系。

(1) 中医药本草典籍收录的药物资源:特指在中医药理论指导下认识和使用的药物资源。《神农本草经》是最早较为系统地论述中药资源的本草著作,共记载中药365种,其中植物药252种,动物药67种,矿物药46种,该书已初步具有资源学的内容和分类体系。此后,随着本草著作收集的中药数量越来越多,有关资源的记述也越来越详尽。南北朝陶弘景的《本草经集注》收集中药730种,唐代《新修本草》增至850种,宋代《证类本草》增至1746种,明代《本草纲目》增至1892种,至1999年出版的《中华本草》共载药8980种。在中医药理论体系下,尽管可使用的药物很多,但常用的约500种。

(2) 民族医药体系中的药物资源:特指以本民族传统的医药理论或实践经验作为应用指导所使用药物的资源,通常称为民族药资源。《中国民族药志》中收载了少数民族药物1200余种。在众多少数民族中,形成了民族医药体系的约占1/3,较完整的有藏药、蒙药、维吾尔药、傣药、壮药、苗药、彝药等;《中华本草》中已经出版的有藏药卷、蒙药卷、维药卷、傣药卷及苗药卷等。

1) 藏药:藏医药理论是在广泛吸收、融合了中医药学、印度医药学和大食医药学等理论的基础上创立的。记载藏药的本草,如公元720年的《月王药诊》,收载藏药780种;公元1840年的《晶珠本草》,收载藏药达2294种。2002年出版的《中华本草·藏药卷》,收载藏药396种,其中植物药309种,动物药48种,矿物药39种。2015年版《中华人民共和国药典》记载藏药习用药材有小叶莲[小檗科桃儿七 *Sinopodophyllum*

笔记

hexandrum(Royle) Ying 的干燥成熟果实]、毛诃子[使君子科毗黎勒 *Terminalia bellirica*(Gaertn.) Roxb. 的干燥成熟果实]、余甘子[大戟科余甘子 *Phyllanthus emblica* L. 的干燥成熟果实]、独一味(唇形科独一味 *Lamiophlomis rotata*(Benth.) Kudo 的干燥地上部分)、洪连(玄参科短筒兔儿草 *Lagotis brevituba* Maxim. 的干燥全草)、藏菖蒲(天南星科藏菖蒲 *Acorus calamus* L. 的干燥根茎)、翼首草(川续断科匙叶翼首草 *Pterocephalus hookeri*(C.B.Clarke) Hoeck 的干燥全草)、沙棘(胡颓子科沙棘 *Hippophae rhamnoides* L. 的干燥成熟果实)等。近年来藏医药发展迅速,藏药方面的著作主要有《青藏高原甘南藏药植物志》(2006 年),系统介绍了 88 科 594 种藏药植物;《藏药药用植物学》(2008 年),介绍了药用植物学基础以及重要藏药药用植物等。

2) 蒙药:蒙古医药体系是在吸收了藏、汉等民族以及古印度医药学理论的基础上创立的。19 世纪《蒙药正典》是一部在蒙中医药学史上图文并茂,用蒙古、汉、藏、满四种文字撰写的唯一一部蒙药经典著作,共收载了蒙药 879 种。2004 年出版的《中华本草·蒙药卷》选取了常用蒙药 421 种,其中植物药 326 种,动物药 48 种,矿物药 47 种。2015 年版《中华人民共和国药典》(以下简称《中国药典》)记载的蒙医药习用药材有广枣(漆树科南酸枣 *Choerospondias axillaris*(Roxb.) Burtt et Hill 干燥成熟果实)、冬葵果(锦葵科冬葵 *Malva crispa* Linn. 的干燥成熟果实)、草乌叶(毛茛科北乌头 *Aconitum kusnezoffii* Reichb. 的干燥叶)等。

3) 维吾尔药:维药历史悠久,在其形成和发展的过程中,取阿拉伯、古希腊等民族医药之所长,并受到中医药学的影响,逐步形成了维吾尔族的医药理论体系,是中国民族医药的独立分支。《维吾尔族医药学》中记载了维族医药的基础理论和 88 种常用药物,《新疆维吾尔药志》收载了 124 种药物及附图,《中华本草·维药卷》收载常用维药 423 种。在常用维药中,具有民族使用特色的约有 30 种,如阿魏、胡黄连、苦巴旦杏、刺糖、洋甘菊、唇香草、新疆鹰嘴豆、异叶青兰、硇砂、胡麻、胡桃、胡葱、胡杨等。2015 年版《中国药典》记载的维医药习用药材有天山雪莲(菊科雪莲 *Saussurea involucrata*(Kar. et Kir.) Sch. -Bip. 的干燥地上部分)、菊苣(菊科毛菊苣 *Cichorium glandulosum* Boiss. et H 或菊苣 *C. intybus* L. 的干燥地上部分或根)、黑种草子(毛茛科腺毛黑种草 *Nigella glandulifera* Freyn et Sint. 的干燥成熟种子)等。

4) 傣药:傣药是中国古老的传统医药之一,早在 2500 年前的《贝叶经》中就有记载,至 20 世纪 80 年代出版的《西双版纳傣药志》共收载了 520 种。2005 年出版的《中华本草·傣药卷》收载傣药 400 种,其中植物药 373 种,动物药 16 种,矿物药 11 种。植物类傣药主要有缅茄、芒果、人面果、糖棕、朱蕉、龙血树、儿茶、山奈、鸡矢藤、云木香、石菖蒲、芦荟、刺桐等;动物类傣药有水牛角、羊角、鸡内金、蛇蜕、鹿茸、蜈蚣、螃蟹、土蜂房、水鳖等;矿物类傣药主要有石灰、芒硝、明矾、钟乳石、胆矾、雄黄等。

5) 壮药:主要分布在广西、云南、广东等地,属于发展中的民族药,尚未形成完整的体系,基本上处于民族药和民间药交融的状态。2005 年出版的《中国壮药学》系统地阐述了壮药的起源、发展概况及应用规律,并按功效将 500 种常用壮药分为 7 类,如解痧毒药中的大金花草、蜈蚣草、鬼针草、草鞋根、磨盘草;解瘴毒药中的鹰爪花、土常山、萝芙木、黄花蒿、三对节、香茅;解风毒药中的五味藤、大血藤、木防己、七叶莲、天麻、黑风藤、牛耳枫;解热毒药中的板蓝根、天仙藤、鱼腥草、竹节蓼、蛇莓、茅莓、牛甘果等。

笔记

6）苗药：苗族分布的地区，大都是气候温暖潮湿的山区，草木茂盛，动、植物资源比较丰富，在历史上就是中国药材的主要产区之一。《中国苗药学》介绍了苗族的医学史、生成哲学及其对苗医的作用等，并收载苗药 340 种；2005 年出版的《中华本草·苗药卷》收载苗药 391 种。其中具有民族用药特色的植物有：大果木姜子 *Litsea lancilimba* Merr.、头花蓼 *Polygonum capitatum* Buch. -Ham. ex D. Don、米槁 *Cinnamomum migao* H. W. Li、艾纳香 *Blumea balsamifera*（L.）DC.、草玉梅 *Anemone rivularis* Buch. -Ham.、观音草 *Peristrophe bivalvis*（L.）Merr.、大丁草 *Gerbera anandria*（L.）Sch. -Bip.、刺梨 *Ribes burejense* Fr. Schmidt 等。

（3）民间药用资源：特指民间医生用以防病治病的药物或地区性民间（偏方）流传使用的药物资源。民间药的应用多局限于一定的区域，其开发应用处于初始状态，缺少比较系统的医药学理论及活性成分、药理作用和临床应用的研究。各民族在治疗疾病过程中，就地取材，不断发现新的药用资源种类，由此逐渐产生了众多的民间药物，成为中药资源非常重要的组成部分。

民间使用的草药资源是重要的潜在药物资源宝库，其中有些可以开发为疗效明确而被广泛应用的药物，有些则其疗效较差或引起不良反应而逐步被淘汰。如江西民间药用植物草珊瑚 *Sarcandra glabra*（Thunb.）Naikai，现已研究开发出用以治疗风热咽痛、音哑的复方草珊瑚含片；广东等地的民间药海人草 *Digenea simplex* 具有较强的驱虫作用，已开发出驱虫消积的复方鹧鸪菜散。

3. 按生产特点和来源划分的中药资源

（1）野生和人工培育资源：野生动、植物是指在自然状态下繁育、生长，非人工栽培、驯养的各种植物和动物。用于中药、民族药和民间药使用的野生动、植物药用资源被统称为野生资源。据统计，在中药饮片和中成药生产使用的近千种药材中，约有 70% 的种类源于野生资源。由于野生资源不能满足用药需求，人们逐渐将某些野生药用生物进行驯化实施家种或家养，并可大量获得所需要的药材，通过这种方式所获得的动、植物药材资源可称为人工培育资源，也可称栽培或养殖资源，还可称为家种或家养资源。据统计，目前可人工成规模生产的药材约有 200 多种，如人参、西洋参、天麻、牛膝、三七、山药、瓜蒌、甘草、防风、金银花、鹿茸、麝香等；人工培育的药材数量约占市场流通量的 70%。随着社会需求的不断增加，人工培育药材资源不论是种类还是数量均呈现出快速增长的趋势。

（2）生物技术产品和替代性资源：随着科学技术的进步，利用现代科学技术可以生产出一些与天然药物功效近似或等效的人工产品（替代品或代用品）用作中药的生产原料，以替代稀缺或禁用的天然产物，特别适用于珍稀濒危药用生物资源的代用品，是缓解稀缺药材资源危机、满足社会需求的一种新的中药资源生产方式，可以作为一类特殊的人工资源。按目前生产方法及原理可分为两类：一是依照天然产物的化学成分采用物理和化学方法，配制生产出与天然产物化学成分类似的产品；二是利用现代生物技术进行生物器官、组织或细胞的人工培养来获取与天然产物化学成分近似或等同的产品，或依据天然产物形成的机制和条件模仿（仿生技术）培养出类似产品。例如牛黄除天然牛黄外，其代用品有人工牛黄、体外培育牛黄及活体植核培育牛黄；麝香的替代品人工麝香，冰片代用品人工冰片及目前已规模化生产的冬虫夏草菌丝体、人参细胞培养物等。

笔记

(3) 国产和进口资源:根据资源的产地来源,中药资源可以划分为国产资源和进口资源。自然分布于中国境内的资源,或原产于国外现在已引种成功并可规模化栽培或养殖的药用植物和动物资源称为国产资源。中国境内不产或由于中国产量较低,不能满足国内用药需求,经国家相关职能部门批准从国外进口用于中药生产原料的资源称为进口资源,如国家食品药品监督管理局《关于颁布儿茶等43种进口药材质量标准的通知》,包括爪哇白豆蔻、血竭、儿茶、乳香、没药、马钱子等。随着国际交流的深入,中药也吸收了部分国外有较好疗效的药物,丰富了中药资源宝库,但这类资源所占比例较小,并且在不断被国内的引种生产的资源所替代。如西红花原产于西班牙、希腊及法国等地,现已在上海、浙江、河南等20多个省市引种成功;丁香主产于坦桑尼亚、马来西亚及印度尼西亚等地,现中国海南、广东有引种栽培;肉豆蔻原产于马来西亚、印度尼西亚,现中国的广东、广西、云南亦有栽培。还有新引入我国的国际天然药物资源,如玛咖为十字花科植物 *Lepidium meyenii* Walp. 的块根,别名秘鲁人参,原产于海拔3500~4500m的秘鲁安第斯山区,是一种食、药兼用植物。

(二) 中药资源的特点

1. 可再生性 药用植物与药用动物两者统称为药用生物,占中药资源的99%以上,这些药用生物都具有自然更新和可人为扩繁的特性,属于再生性自然资源;而矿物药仅80种,在中药资源中仅占不到1%,属于非再生性自然资源。由此可见,中药资源的主体是可再生资源。我们有必要合理掌握资源再生的特点,保护资源不断更新的能力,同时使资源的开发利用与资源的再生、增殖、换代、补偿能力相适应,从而保障中药资源的持续发展。目前采用的引种栽培、人工抚育和养殖等方法就是利用其可再生性来扩大中药资源的数量。

2. 可解体性(降解性) 尽管占中药资源99%以上的药用生物资源具有再生能力,但这种再生增殖是有条件的,也是有限的。中药资源的再生能力受人类对自然资源的开发利用和自然灾害等因素的影响,当这种影响超出物种的承受能力时,将直接影响生物种群繁育后代的能力,导致种群个体数量的减少,当种群个体数量减少到一定程度时,就有灭绝的危险,从而导致这些药用生物种类的解体,这一特性称为中药资源的可解体性。药用生物的解体就是灭绝,这一种质资源就不可能再生。据统计,全世界药用植物种类中有20%正处于濒危状态,野山参目前只在长白山等深山老林中残存;穿山甲等多种药用动物种群濒危状况十分严重;虎骨、犀角等中药材已被国家明令禁止使用。

3. 有限性 中药资源的规模和容量有一定限度,在一定的时期和地域,中药资源的种类和每一种类的蕴藏量都是有限的,人类对其认识与利用的能力也是有限的。如果资源的开发利用超过其更新能力,就会导致资源的危机甚至枯竭。若能积极保护,合理有序地进行开发利用,那么有限的资源就可以得到良性循环,实现可持续发展;反之,如果不加保护,滥用资源,则资源必将走向枯竭。

4. 动态性 中药资源大部分都是生物资源,生物资源具有生长发育的动态变化,因此中药资源具有动态性特点,既包括宏观的种群更新、群落更新等,也包括动、植物资源体内生理代谢和活性物质的动态变化。

5. 地域性 中药资源与其所分布的自然环境条件存在密切关联,中药资源的种类以及他们的数量和质量均受地域自然条件的制约。中药资源受环境的影响,其空

笔记

间分布具有不均衡性。在不同的气候、地形、地貌和土壤条件下，分布着与之相适应的药用生物资源种类。地质、地形、气候及人类干预等多种因素的不同组合使中药资源分布呈现出区域性特征，形成各种药用生物生长的最适宜区与适宜区，形成了具有优良品质的“道地药材”。“道地药材”是各地区特有优质中药资源种类的代表，也是中药资源地域性的鲜明例证。了解中药资源分布的地域性特点，对于做好中药区划、合理安排生产至关重要。

6. 多用性　中药资源的多用性表现在多功能、多用途、多效益等方面。由于中药资源种类繁多，代谢产物多种多样，不同中药资源有不同的用途，同一资源可能具有几种不同的功能或用途，许多中药资源除药用外，还可用作保健品、食品、化妆品、调味品、生物农药等，可开发和加工成不同形式的商品。中药资源的开发也是多层次的，可以是中药原材料开发、有效部位的提取，也可以是活性单体的分离以及化合物结构的改造和修饰等。另外，中药资源往往同时具有经济、生态和社会价值。因此，对中药资源的多目标、多层次、多方位、多部位的综合开发，将是中药资源合理利用的一个重要方向。

三、中药资源的地位和作用

（一）中药资源是保障人类健康的重要物质基础

中药资源是人类预防疾病、保障健康的重要物质基础，是人类赖以生存的自然资源，在保持社会稳定繁荣方面也具有重要作用。勤劳智慧的中华民族在对中药资源的长期开发利用中，形成了独特的理论和技术体系，不仅为中华民族的世代繁衍及其五千年的文明保驾护航，而且在全球国际化的今天已经成为中国对外交流的资源平台和知识平台。伴随着“返璞归真，回归自然”观念的发展，天然食品和植物药受到世界各国人民的青睐，丰富的中药资源和以养生健身为核心的中医药理论，已吸引了全世界人民的目光，中药资源已在推动中国国际交流中展示出了不可小觑的力量。

（二）中药资源对中医药及相关产业的发展具有决定性的作用

中药资源作为中药、保健食品、化妆品、香料、生物农药以及部分化学药物生产的原料或添加剂，是相关产业的源头，其资源蕴藏量和质量对多种产业的发展都具有重要影响。作为中药产业的主要生产资料，中药资源直接关系到中药生产和销售的正常运行。目前，中药资源存在较多的问题，严重制约着中医药及相关行业的发展，影响着中药现代化和国际化进程。由于对中药资源保护和可持续利用认识不足，中药资源被过度开发，加之生境的破坏，野生药用动、植物资源的蕴藏量已严重下降甚至趋于枯竭。随着中药现代化和国际化的发展，中药材的社会需求量将越来越大，中药资源的危机将会日趋严重，中医药产业的可持续发展将会受到中药资源危机的严峻挑战。由此可见，中药资源的蕴藏量及其可持续利用，是保障中药资源的供应以及中药和相关产业稳定健康发展的物质基础和前提条件，对中医药产业的发展具有决定性的作用。

（三）中药资源是实现生态、经济和社会效益协调发展的根本保障

从生物多样性保护和生态环境保护两方面来看，中药资源作为地球生态系统的一部分，对人类的生存条件、生活环境和生产活动具有积极、有益的生态作用。中国生物多样性极其丰富，其中占中药资源绝大多数的植物资源，不仅是森林、草原、湿地等生态系统的重要组成部分，而且其中相当一部分是脆弱的生态环境所需要的重要

笔记

先锋植物和环境保护植物，比如具有固沙作用的甘草、麻黄、沙棘、梭梭等。中药资源中药用动物资源影响着生物圈的平衡，是生物链中的重要组成部分，任何一个环节的缺失或中断，都有可能打破生态系统固有的平衡，造成不可弥补的损失。由此可见，药用植物资源和药用动物资源共同影响着生态系统的生物多样性及其平衡和稳定，它们在生物系统中发挥着不可替代的生态价值。人类在开发利用时，必须注重维护生态平衡，在保持其良好的生态价值的条件下，力求获得较大的经济价值。中药资源及濒危生物物种和生态环境的保护，有利于生物的多样性和人类生存环境的改善，从而最终实现中药资源的生态、经济和社会效益的统一。

第三节 中药资源学的形成与发展

一、中药资源学的概念及内涵

中药资源学（science of Chinese medicinal material resources）是研究中药资源的种类、数量、地理分布、时空变化、开发保护、科学管理及可持续发展的学科。中药资源学是在自然资源学、中药学、生物学、生态学、地理学、农学、化学和管理学等多学科的理论和方法学基础上，融汇了现代生物技术、计算机技术、电子信息技术等现代科学技术而发展起来的新兴综合性边缘学科。

中国丰富的中药资源和悠久深厚的中医药传统文化，为中药资源学的建立和发展奠定了基础。中药资源学不仅在保障人类健康方面具有其他学科不可替代的作用，在国民经济的发展中也占重要地位。它在规划和发展中药及其相关产业，有效保护和利用中药资源，扩大和寻找中药新资源，保障临床用药，开发中药新品种和新产品，更好地为人类医疗保健事业服务等方面具有十分重要的意义。

二、中药资源学的形成与发展

中药资源学，是我国各族人民从古至今，在认识、发展和利用中药及天然药物的历史过程中所作的各种实践与理论系统的总结，为丰富发展中医药学和世界医药学作出了巨大的贡献。

（一）中药资源的发现和历史积淀

中药资源的发现与应用，历史悠久，源远流长。

先秦时期人们对药物的认知多口耳相传，少量散见于诗歌、地理志等中，如最早旁涉药物的书籍《诗经》，全书305篇中，有144篇涉及五十余种植物，成为古代中药资源学科文字记述的首例。到秦汉时期，人们对药物知识的了解更加充实，药物系统理论、配伍理论等形成，并出现专门著述，产生了我国现存最早的本草学著作《神农本草经》，该书在中医理论框架下，载药365种，对每一味药的产地、性质、采集时间、入药部位和主治病症等有较详记载。此后，随着药学知识及用药经验增加，医学家对该书多次补充与注释，如梁代陶弘景撰写了《神农本草经集注》。唐代诞生了世界第一部官方药典《新修本草》，书中记载中药850种，药图和图经编纂成为中药资源调查的一项新技术，是我国本草史上首创，为后代留下了珍贵的资料。此后的《本草拾遗》、《蜀本草》等在药物资源种类方面又有所补充。宋代产生了《开宝本草》、《嘉祐本草》

笔记

等，尤其是《本草图经》，共收载药物780种，绘药图933幅，其版刻印刷技术的使用为我国乃至世界首例。明代政府未有颁行本草著作，然而民间学者李时珍的《本草纲目》是世界上最伟大的药物著作之一，该书系统整理了明代以前的医学与本草学成就，共载药1892种之巨，李时珍亲身采访和体验，注重对原有记载的正误考证，对药物资源知识的记载更加翔实，深刻影响了世界医学的发展。清代医药学家更加注重考证和实践知识的应用，如《植物名实图考》附图1800幅之多，大多数按原株各部位比例描绘，精致入微，植物特征突出，是历代最精确的本草图谱。这时期民族药的资源调查也较有特色。新中国成立后，政府特别重视中药资源整理工作，已组织四次全国范围的资源普查，有效支撑了《中国药典》的与时俱进。

综上，人们对药物资源的发现、利用及保护的过程历时几千年，发现并遴选出数以千计的资源种类，归纳并形成了资源辨识和资源评价的理论与方法，积累了丰富而细腻的应用经验，流传下来了大量的本草学著作，为中药资源学科的建立奠定了厚实的根基，并印上了浓重的文化与历史符号。

（二）中药资源学科形成

中药资源学这一综合性学科的建立，除了继承我国悠久的历史积淀和文化遗产外，也是自然资源保护开发、医疗健康体系完善、社会经济与生态环境可持续发展的必然趋势。

自19世纪中晚期开始，我国经济转型，社会各方面获得进步，自然资源的消耗速度加快，尤其是新中国成立后，人口急剧膨胀，动、植物及自然矿藏资源的需求爆发，以及生态环境恶化、中药材适宜分布区域缩减等多种因素，导致某些中药原料资源出现枯竭之势，中药材整体供求矛盾开始激化，自然环境与生态平衡也出现区域性失调。另外，许多食品、香料、化妆品等工业原料争夺中药材资源，更加剧了健康医疗物资的短缺。近些年，世界范围内中草药市场加温，人类需要更多更好的中药原料，资源要开发，环境要保护，在这种背景下，中药资源学成为一门学科，进行专门化研究已势在必行。

作为中药资源的基础，摸清家底是首要工作，我国古代即有政府行为的资源普查记录。唐显庆二年(657年)，为编撰《新修本草》，唐政府普颁天下，举全国之力，营求药物与本草资料，这是有史以来的第一次全国范围的中药资源调查记载。宋嘉祐二年(1058年)，政府组织编撰《本草图经》，举全国之力，广为征集药材，令人摹绘成图，这是中国历史上第二次全国规模的中药资源普查。此外，古代个人行为的中药资源调查活动也较多，典型的如明代李时珍历经26年走访考察中药材品种，为《本草纲目》收集了重要的实地资料。

新中国建立后，随着中药资源需求增长及科技进步，资源普查的频率增加，至今已完成了三次全国性普查，第一次于1960—1962年开展，以常用中药普查为主，出版了《中药志》四卷，收载常用中药500多种，第二次于1969—1973年实施，是全国中草药的群众运动，调查收集了全国各地中草药资料，整理出版了《全国中草药汇编》，1983—1987组织了第三次全国中药资源普查，调查种类达12 807种，出版了《中国中药资源》《中国中药资源志要》等系列丛书。除了历届全国中药资源普查及成果、历代本草典籍之外，现代中药资源整理成果还有《新华本草纲要》《全国中草药汇编彩色图谱》《中华本草》及地方中药志等许多专著，这些均为中药资源学科的形成奠定

笔记

了理论知识基础。

值得强调的是，在我国多资源、重传统的背景下，历次全国范围中药资源普查，为我国培养了大批资源研究领域的专家队伍。而在技术层面，除了传统中药学研究方法，现代物理、化学、地理、生命科学乃至考古等领域技术的加盟，丰富了中药资源学的技术体系。时隔20余年后，史上最大规模的第四次全国中药资源普查目前正在有序开展。

随着现代中医药的发展演化，我国中药学科体系不断分化出临床中药学、中药化学等二级学科，药用植物学、药用动物学、中药鉴定学、中药栽培学等均已形成独立的课程，这为中药资源学科的独立提供了契机。1987年8月，国家教委正式批准在部分高等院校试办中药资源学专业，1990年后开始招收培养中药学资源方向的硕士研究生，1993年周荣汉主编出版了第一本《中药资源学》本科教材。理论基础、典籍与教材、技术体系以及人才队伍传承的完备，标志着中药资源学作为一门独立的学科正式建立。

进入21世纪，中药资源学科建设和研究工作继续发展，教育部批准开办中草药栽培与鉴定和中药资源开发与利用两个中药资源学科的本科专业，并开始培养中药学资源方向的博士研究生，中药资源学科正式被列为中药学科下的二级学科。《中药资源学专论》（研究生用）和《药用植物资源学》《中药资源学》（本科生用）教材相继出版，《中药资源可持续利用导论》《中药资源生态学》《植物化学分类学》《中药材规范化种植（养殖）技术指南》等一批与中药资源相关的著作也相继出版，促使中药资源的研究和应用进入了崭新的发展阶段。

（三）中药资源学科发展

作为一门新兴学科，中药资源学在探索人类社会的发展诉求、直面自然生态的发展瓶颈、承担中医药发展源头的过程中汲取生命力而获得发展。

在人口迅猛增长、生态环境恶化及国际竞争激烈的背景下，我国中医药事业面临的生物种群濒危加速、中药原材料生产不规范、管理技术与经济价值不高等问题已无可回避。在中医药学科群中，中药资源学科理应承担起解决这些难题的重任。在《中药材保护和发展规划（2015—2020）》《中医药发展“十三五”规划》《中医药发展规划纲要（2016—2030）》以及《中华人民共和国中医药法》等系列政策指导下，中药资源学科势必将以中药资源可持续发展为核心，以培养高级专门人才为基础，建立并不断完善中药资源的科学保护、合理利用和系统管理的理论和技术体系，加强濒危药用生物资源保护和种群扩繁及其替代（代用）资源的开发技术研究，推进中药材规范化、规模化与标准化生产技术的不断进步，满足人类健康发展对中药资源不端增长的需求，保障中药资源和中医药事业可持续发展。

三、中药资源学的研究内容和研究任务

（一）中药资源的种类构成及其时空分布和蕴藏量的研究

中药资源的组成种类及其分布特征和蕴藏量是中药资源研究的基本内容，其研究内容将为资源保护、利用、管理以及规划制定等工作提供基础资料依据。资源普查和针对某项生产任务或管理目的而进行的专项资源调查为其最常用的方法。随着遥感、互联网数据库、计算机辅助技术的发展，结合传统现场调查与现代科技的调查方

法在中药资源调查中得到越来越多的应用。遥感技术(RS)、地理信息系统(GIS)和全球定位系统(GPS)相结合,并引入空间信息、数据库预测等技术的综合体系,已经成为中药资源调查研究的重要手段。

(二) 中药资源区划与产地适宜性分析

中药资源区划以全国中药资源与药材生产地域系统为研究对象,从分析影响中药资源分布及开发利用的自然条件和社会条件入手,突出区划的地域性、综合性、宏观性三大特征,综合考虑相关因素,划分不同级别的中药资源合理开发利用、保护抚育与生产区域。利用群落分类、卫星遥感、计算机等现代技术,开展重点中药资源及生产区域化的调查与研究;应用“3S”技术、生物技术和仪器分析技术等,为中药区划与产地适宜性分析提供科学的研究方法,同时指导生物多样性保护、生态环境建设、中药材 GAP 生产基地建设及中药资源可持续利用研究工作的顺利开展。

(三) 中药资源的定性和定量评价

“质和量”是中药资源的基本特征,其准确评价是资源科学保护、合理利用与开发的参考依据。资源评价的主要内容包括资源种类、种群数量,药材蕴藏量与可开采量,资源的品味和药材质量,资源的经济、生态价值等。资源评价可采用的方法较多,数量评价一般根据资源实践调查统计与模拟预测,质量评价一般采用药材的质量检测与比较分析方法,经济价值和生态价值评价通常采用相应经济学和生态学手段。不断创新升级的现代生物技术为生物类中药资源的物种鉴别和多样性评价等研究,提供了更多的方法学参考。

(四) 道地药材研究和定向培育

道地药材是具有特定生产区域、产销用历史悠久、产量大、质量优、临床疗效显著的传统公认的优质药材的代名词,道地药材质量的形成机制及发展变迁是中药资源学科重要的研究任务。在此理论基础上,对于人工资源重点解决优质中药材的培育规范及管理技术,包括药用植物的栽培技术、药用动物的饲养技术以及生产新资源的生物技术等,特别是保证资源优质优量的调控管理技术。因此,药用生物的生物学和生态学特性,药用器官的生长发育,药用活性成分的形成和积累,药材产量的构成,采收年龄和季节方法等都是药用动植物资源培育的重要研究内容。

(五) 资源的综合利用与新资源开发

中药资源利用方式包括加工药材及生产中药原料,保健食品、食品添加剂、化妆品、香料、中兽药和饲料等的开发也是其利用的重要途径。如何高效综合地利用现有资源,是中药资源科学的重要研究内容。新资源开发技术研究对缓解资源危机、满足社会需求具有重要意义,包括寻找新的中药资源和开发具有类似功效替代品等研究内容。现代生物技术,如组织培养、微生物发酵等,已成为替代品研究和生产的重要技术手段。

(六) 中药资源的保护和可持续利用

实现中药资源的可持续利用,是中药产业长久发展的根本,也是人类发展和进步的需要。保护和科学利用现有资源,拯救珍稀濒危药用物种,利用现代科学技术适度扩大社会紧缺资源的再生产,是保证中药资源可持续利用的重要技术措施。制定有效的政策和法规体系结合保护区建设,是实现中药资源可持续性的社会保障。适生区规划、引种与就地保护、野生资源驯化、种质库与保存圃建设等,都是中药资源保护

笔记

和可持续利用的重要方法。

（七）中药资源的科学管理

中药资源的现状认知及其发展动态预测，是制定中药产业发展规划和产业政策的重要依据，也是资源合理开发和可持续利用的基础。采用电子信息学数据库和计算机智能技术进行辅助管理，是中药资源管理的方法之一。在中药调查的基础上，开展资源动态监测，建立资源预警系统是中药资源现代化管理的重要手段。

四、中药资源学与其他学科的关系

中药资源学是中药学科下的二级学科，属于一门新兴的、开放性的交叉学科，与临床中药学、药用植物学、药用动物学、中药鉴定学、药用植物栽培学、药用动物饲养学、中药化学和中药药理学等学科密切联系，其在内容上均有一定程度的补充、衔接或延伸，共同组成中药学科体系。历代本草学、中药学，为中药资源学奠定了理论、实践与社会认知基础；药用植物学和药用动物学，使用多系统分类和生物群落调查方法，从生物学角度为中药资源学提供了研究方向；中药鉴定学和中药化学可以对中药资源所涉及的药材品种、质量、化学成分做出鉴定评价；药用植物栽培学和药用动物饲养学属于中药资源的下游延伸，为中药资源的可持续利用提供理论和验证实践。与中药资源学相关的还有农学、生态学、地理学、天然药物化学、分子生物学、生物工程、计算机信息技术、统计学和现代管理学等等，这些学科从理论与技术上均有力支持了中药资源学的不断发展壮大。

由此可见，中药资源学的研究内容十分丰富，涉及学科也极为繁多，是一门综合性的科学。

（裴 瑾 许 亮 高继海）

学习小结

1. 学习内容

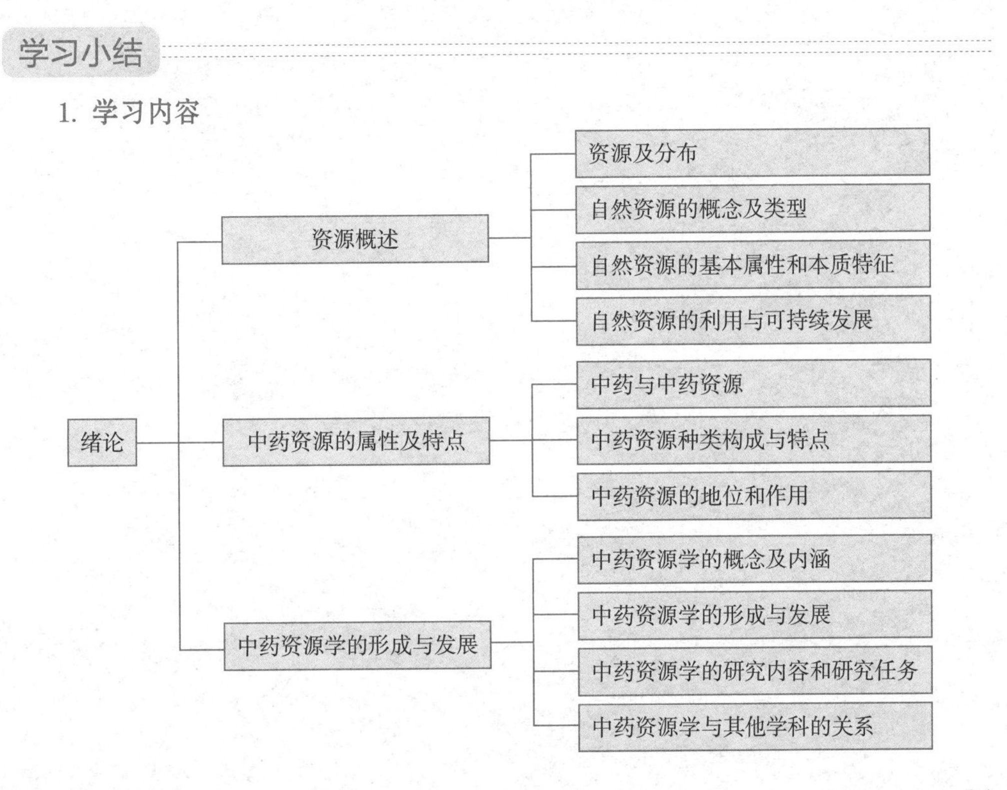

2. 学习方法

本章首先了解资源的分类体系和基本属性，从中药资源的内涵、体系特点和地位作用出发，重点理解和掌握中药资源的特点、中药资源学的形成及发展，并结合中药资源学的研究任务及研究内容，统观全局。

复习思考题

1. 简述自然资源的概念及基本属性。
2. 论述自然资源稀缺性的实质。
3. 举例说明中药资源种类及在国民经济中的地位与作用。
4. 简述中药资源学的概念及内涵。
5. 论述中药资源学的研究内容和任务。

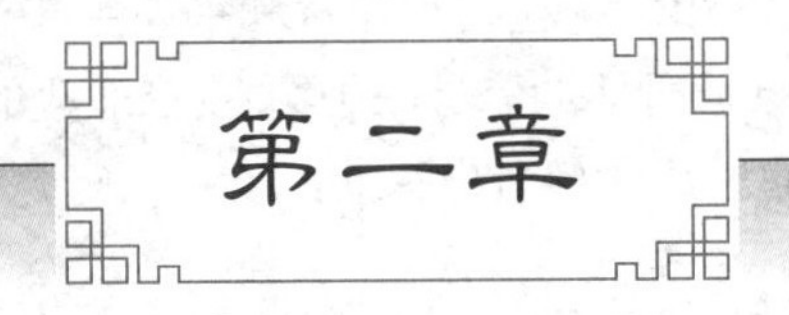

中药资源的环境影响及区划

学习目的

通过本章学习，熟悉我国自然环境及经济社会环境对中药资源分布及品质的影响；同时掌握中药资源区划的相关知识、原则方法及其实践应用，为中药资源的合理开发利用奠定基础。

学习要点

我国的地形地貌特征、气候特征、土壤类型；自然环境及经济社会环境对中药资源分布与品质的影响；中药资源区划的原则、意义及其实践应用。

中药资源的分布与品质受到遗传及环境因素的综合影响。环境因素不仅包括光、温、水、大气、土壤、海拔及地形地貌等非生物因素，还包括生物群落及内生真菌等生物因素。此外，经济社会环境也会对中药资源的形成和发展产生重要影响。因此，了解中药资源的自然分布及其影响因素、产地适宜性等方面的信息，有助于科学规划布局、有效开发利用并合理长效保护中药资源。

第一节　自然环境对中药资源分布与品质的影响

生物是自然的产物。自然环境（natural environment）指环绕生物周围的各种自然因素的总和，如光、大气、水、土壤、岩石矿物及其他物种等，是中药资源赖以生存的物质基础。各种自然因素相互联系、相互作用、相互制约，不仅影响药用生物的生长、发育和繁殖，也影响其外部形态、内部结构和次生产物的形成与代谢，从而对中药资源的分布与品质产生影响。

一、我国的地形地貌

中国位于亚欧大陆中、东部，太平洋西岸，西南邻近印度洋。我国陆地领土总面积达960万km^2，海洋国土总面积约320万km^2，从亚洲中部的帕米尔高原（约73°40′E），延伸到太平洋西岸的海域（约135°5′E），从寒温带的黑龙江江心（约53°31′N）跨越到赤道附近的曾母暗沙（约3°58′N）。我国陆地山地众多，海岸线漫长，加之漫长的地质演变历史，逐步形成复杂多样且独特的自然地理环境和气候环境，为中药资源种类多样性和产量丰富度奠定良好基础。因此，了解我国地形地貌对中药资源学研究具有重要意义。

(一) 我国的地形地貌特征

1. 地势西高东低,呈三级阶梯状分布　全国地势西高东低。高山、高原都分布在大兴安岭、太行山、巫山、雪峰山一线以西,丘陵和平原主要分布在这一线以东。黄河、长江、珠江等主要河流发源于西部的高原、山区,顺着地势的倾斜,东流入海。按海拔的差别,可以分为较明显的三级阶梯(图 2-1):

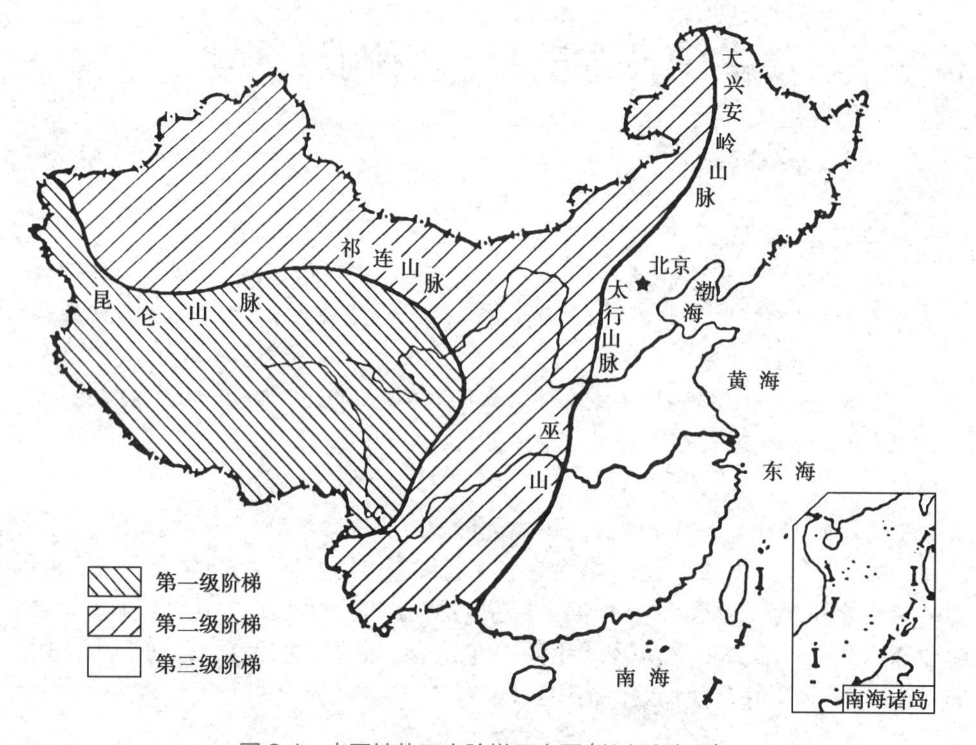

图 2-1　中国地势三大阶梯示意图(以山脉为界)

第一级阶梯为号称“世界屋脊”的青藏高原,平均海拔在 4000m 以上,面积广达 230 万平方公里。在它的南沿,高耸入云的喜马拉雅山脉,拔立于印度次大陆印度河 - 恒河平原之北,山脉主脊海拔平均 7000m 左右,矗立于中国、尼泊尔边境的世界最高峰——珠穆朗玛峰,海拔达 8844.43m。它西与帕米尔高原相接,北以昆仑山脉、祁连山脉,东以横断山脉同第二级阶梯区分,地势从海拔 4000m 以上急剧下降到海拔 1000~2000m 的下一级高原、盆地。

第二级阶梯介于青藏高原与大兴安岭—太行山—巫山—雪峰山之间,包括内蒙古高原、黄土高原、云贵高原和塔里木盆地、准噶尔盆地、四川盆地等地区,海拔一般为 1000~2000m,惟四川盆地较低,海拔在 500m 以下。

第三级阶梯在大兴安岭—阴山—巫山—雪峰山以东。自北而南,有海拔 200m 以下的东北平原、华北平原和长江中下游平原;有江南广大地区海拔数百米的许多丘陵、盆地;还有海拔 500~1500m 的辽东半岛丘陵、山东半岛丘陵、浙闽丘陵、两广丘陵和海拔达 3000m 以上的台湾山地。由海岸线向东,是碧波万顷的海洋,沿海岛屿和南海诸岛星罗棋布,在水深不足 200m 的大陆水下延伸部分,是浅海大陆架区域,也属于

笔记

第三级阶梯。

中国这种西高东低，面向大洋逐级下降的地形特点，有利于来自东南方向的暖湿气流深入内地，使中国东部平原、丘陵地区能得到充分的降水，且降水最多时期和高温期相一致，从而孕育了丰富的野生中药资源，形成了诸多中药材道地产区和人工种植区域。

2. 地形多样，山区面积广大，山脉定向排列　我国地形复杂多样，平原、高原、山地、丘陵、盆地五种地形齐备，其中山区面积广大，约占全国土地总面积的 2/3，且大小山脉纵横全国，按一定方向有序排列。

东西走向的山脉主要有三列：最北的一列是天山—阴山，中间的一列是昆仑山—秦岭，最南的一列就是南岭。东北—西南走向的山脉多分布在东部，山势较低，这种走向的山脉主要也有三列：最西的一列是大兴安岭—太行山—巫山—武陵山—雪峰山，即前面提到的第二和第三级阶梯的分界线；中间的一列包括长白山、辽东丘陵、山东丘陵和浙闽一带的东南丘陵山地；最东的一列则是崛起于海上的台湾山脉。西北—东南走向的山脉多分布于西部，由北而南依次为阿尔泰山、祁连山和喜马拉雅山。南北走向的山脉纵贯中国中部，主要包括贺兰山、六盘山和横断山脉。

上述山脉构成中国地形的骨架，将中国大地分隔成许多网格。分布在这些网格中的高原、盆地、平原以及内海、边海的轮廓，都在一定程度上受到这些山脉的制约。

山区虽然不利于种植业的发展，也不利于交通运输以及经济文化的交流，却埋藏着丰富的矿藏，生长着茂密的森林和珍贵的动、植物资源，为中药资源的开发利用提供物质基础。

（二）地形地貌对中药资源分布与品质的影响

植物地理分布可分为纬度地带性和经度地带性：沿纬度方向成带状发生和有规律的更替，称纬度地带性；从沿海向内陆方向成带状，发生有规律的更替，称经度地带性。纬度地带性和经度地带性合称水平地带性（图 2-2）。此外，随海拔高度的增加，植物也发生有规律的更替，称为垂直地带性（图 2-3）。中药资源具有明显的空间和地域分布规律，生物体内的代谢活动强弱及其药材品质的形成与产地的地理位置、地形地貌、海拔高度等因子密切相关。

海拔高度不同，气候、温度、光照等因素均有差异。海拔高度对植物体内代谢活动的影响是由多种综合因素作用而形成的。如青蒿 *Artemisia carvifolia* 的产量及青蒿

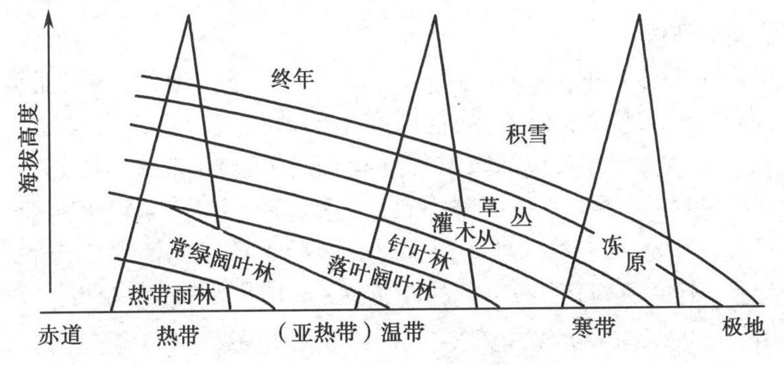

图 2-2　植被水平地带分布图

笔记

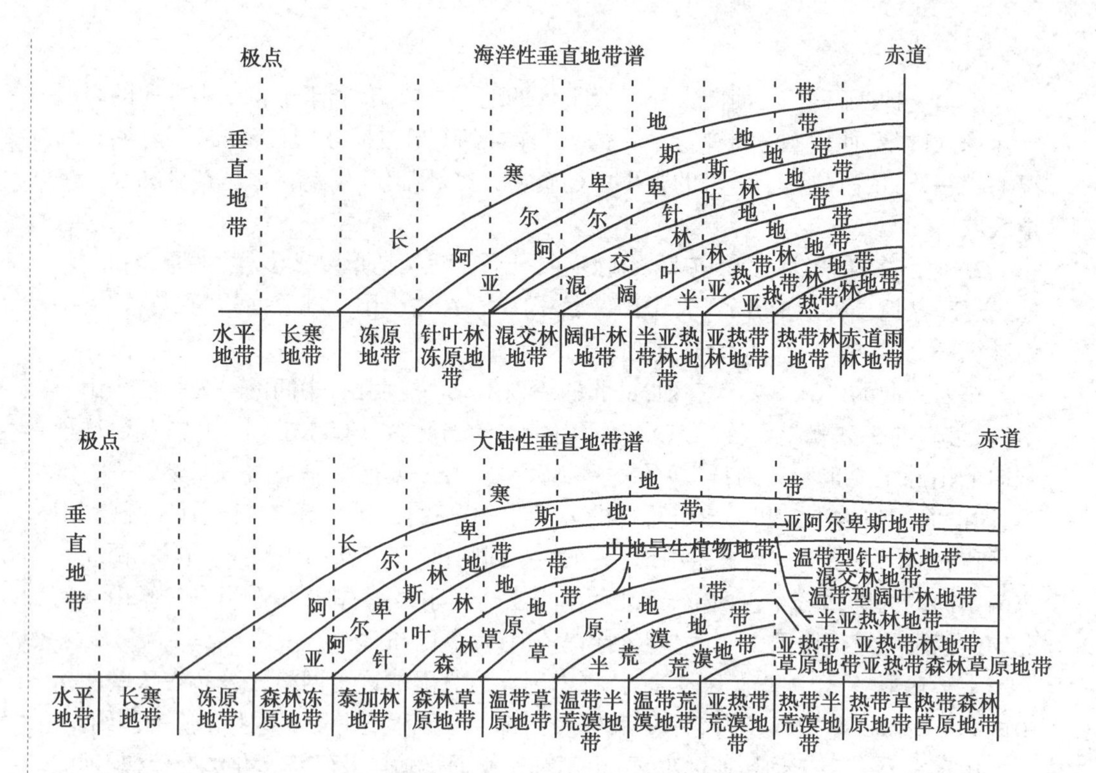

图 2-3　植被垂直地带分布图

素含量与海拔高度呈负相关；西洋参 *Panax quiquefolium* L. 中的总糖与还原糖含量随海拔高度的升高而增加。不同海拔的黄连 *Coptis chinensis* Franch. 中小檗碱、表小檗碱和黄连碱含量之间差异极显著，巴马汀含量差异显著。当归 *Angelica sinensis*（Oliv.）Diels 中的阿魏酸和藁本内酯含量随海拔增高呈抛物线函数型变化特征，而逆境渗透调节物质可溶性糖和可溶性蛋白含量与海拔均呈极显著正相关。

二、气候因素

气候是地球上某一地区多年时段大气的一般状态，是多个环境因子的综合表现。气候因子包括光照强弱、日照长短、光谱成分，温度高低、温度变化，水的形态、数量、持续时间、蒸发量，空气、风速、雷电等，其中，光、温和水对中药资源的分布与品质的形成最为重要。

（一）我国的气候特征

1. 气候复杂多样　中国南北跨越近 50 个纬度，不仅地处温带、亚热带、热带各种气候带，而且地形地貌复杂多样，往往在不同范围内形成不同尺度的气候差异。根据温度的不同，从北到南，包括寒温带、中温带、暖温带、亚热带和热带 5 个温度带和 1 个青藏高寒区（表 2-1）。根据降水量（干湿状况）划分，从东南向西北依次出现湿润、半湿润、半干旱和干旱 4 种干湿地区（表 2-2），且不同的温度带和干湿地区相互交织。此外，根据地理环境差异，如距海远近、地形高低、山脉屏障及走向等，又可分为高山气候、高原气候、盆地气候、森林气候、草原气候和荒漠气候等多种气候类型。

表 2-1　中国温度带的划分

温度带类型	≥10℃积温(℃)	≥10℃积温的天数(天)	分布范围
热带	>8000	365	海南全省和滇、粤、台三省南部
亚热带	4500~8000	226~365	秦岭至淮河以南，青藏高原以东
暖温带	3500~4500	181~225	黄河中下游大部分地区及新疆南疆
中温带	1700~3500	106~180	东北、内蒙古大部分及新疆北疆
寒温带	<1700	<105	黑龙江省及内蒙古东北部
青藏高原	—	<180	青藏高原大部分地区

表 2-2　中国干湿地区划分情况表

区域类型	年降水量(mm)	主要分布区域	主要自然景观
湿润区	>800	秦岭至淮河以南、青藏高原南部、内蒙古东北部、东北东部	森林
半湿润区	>400	东北平原、华北平原、黄土高原大部、青藏高原东南部	森林草原
半干旱区	<400	内蒙古高原、黄土高原的一部分、青藏高原大部	半荒漠
干旱区	<200	新疆、内蒙古高原西部、青藏高原西北部	荒漠

2. 季风气候显著　中国位于世界最大的大陆——亚欧大陆东部及世界最大的大洋——太平洋西岸，且西南距印度洋也较近，故气候受大陆、大洋的影响非常显著，冬季盛行从大陆吹向海洋的偏北风，夏季盛行从海洋吹向陆地的偏南风。中国的气候具有夏季高温多雨、冬季寒冷少雨，高温期与多雨期一致的季风气候特征。东南部地区年降水量达到 400~2000mm，全年降水量的 80% 以上集中于植物生长期内，炎风暑雨，相得益彰。

（二）气候对中药资源分布与品质的影响

气候因素的综合影响往往决定中药资源的分布与品质，热量和水分是两个主要决定因素。地球表面的热量随纬度而变化，水分则随距海洋远近、大气环流和洋流特点递变。

1. 光照　光照条件下，绿色植物通过光合作用将二氧化碳和水转化为储存能量的有机物。所以，光照可以直接影响药用植物的初生代谢和次生代谢，从而间接影响中药材的产量、性状及活性成分的积累。

光照因素主要包括光照强度和光照时间。不同植物对光照强度的需求不同，可将药用植物分为阳生植物、阴生植物及耐阴植物。如阴生植物人参 *Panax ginseng* C. A. Mey. 在 20% 透光棚下根中皂苷含量最高，叶片中皂苷含量在 15% 透光棚下最高；光照过强时皂苷含量反而下降。阳生植物绞股蓝 *Gynostemma pentaphyllum* (Thunb.) Makino. 在相对照度为 70% 左右时，总皂苷含量最高。光照时间与纬度、坡向、季节、海拔高度等密切相关，对中药活性成分的合成和积累有显著影响，如长日照有利于西洋参总皂苷的积累。在黄花蒿的组培过程中，当光照为 20h/d 时，芽中青蒿素含量最高。

笔记

此外，光质（又称光谱成分）对中药活性成分的积累亦有影响，如紫外光照射能促进紫花洋地黄 *Digitalis purpuea* L. 叶中强心苷的积累，可提高曼陀罗生物碱含量。

2. 温度　温度主要通过影响植物体内酶的活性和反应速度、二氧化碳和氧气在细胞内的溶解度、蒸腾作用及根的呼吸作用，影响植物生长发育和有效成分的合成。如颠茄 *Atropa belladonna* L.、秋水仙 *Colchicum autumnale* L.、紫花洋地黄和欧薄荷 *Mentha longifolia*（Linn.）Huds. 等植物的有效成分含量与年平均温度呈正相关。在寒冷气候条件下，栽培欧乌头的根可渐变为无毒，而生长在温暖的地区则具有一定毒性。

3. 降水量　降水量与环境湿度和土壤含水量密切相关，对植物生长及活性成分的形成和积累存在一定影响。例如，温暖的大陆干旱自然条件有利于植物生物碱的积累。据研究，欧洲莨菪在干旱时阿托品含量达1%，而在湿润环境下只含0.3%~0.5%。刚果香茅 *Cymbopogon citratus*（DC.）Stapf. 在雨季挥发油含量约为0.2%，在旱季则含0.3%。干旱的气候条件也会造成野生中药材产量下降，如中国西南地区近年的干旱造成红花减产超过70%，当归减产90%。蒺藜 *Tribulus terrestris* L. 在不同生长发育时期需水量不同，过高、过低的降水量都会影响其净光合速率、蒸腾速率、胞间 CO_2 浓度及主要次生代谢产物总皂苷及总黄酮的含量等。相对高的土壤水分含量有利于丹参地上部分茎叶的生长而对根系的物质积累不利，干旱胁迫则对丹参茎叶生长不利，根系干物质积累量减少；根系膨大期土壤适度干旱则有利于水溶性有效成分丹参素的积累，而水分过高却不利于脂溶性有效成分丹参酮 $Ⅱ_A$ 的积累。

三、土壤因素

土壤是地球陆地表面能够生长植物的疏松层，由岩石经过风化和成土过程逐渐演化而来的，肥力是其最基本特征。土壤是药用植物生长的基础，是药用植物生长发育所必需的水、肥、气、热的供给者。除了少数寄生和漂浮的水生药用植物外，绝大多数药用植物都生长在土壤里。

（一）土壤形成过程及其影响因素

土壤形成过程也叫成土过程，是指在各种成土因素的综合作用下，土壤发生发育的过程。它是土壤中各种物理、化学和生物作用的总和，包括岩石的崩解，矿物质和有机质的分解、合成，以及物质的淋失、淀积、迁移和生物循环等。

自然界中，各种土壤是某种主要成土过程和某些附加成土过程共同作用的结果。例如在草甸草原植被下，黑钙土的发育不仅存在强烈的有机质累积过程，还存在着钙化过程。每种基本过程在不同土壤类型中的作用、性质、方式和强度差别很大。如有机质累积过程是土壤形成最普遍的基本过程，但不同土壤有机质累积的数量、分布和形式大不相同，腐殖质的组成也各异。此外，人类对土壤的利用，也强烈地干预着土壤的自然成土过程。通过改造成土条件实行培肥改土措施，可调整和改变不利的成土方向，使耕作土壤逐步达到高度熟化的阶段。

（二）土壤的性质与分布特征

土壤的性质可以大致分为物理性质、化学性质及生物性质三类，其中生物性质主要与土壤生物有关。三类性质相互联系、相互影响，共同制约着土壤的水、养、气、热等肥力因子状况，并综合地对植物产生影响。

笔记

1. 土壤的理化性质　土壤的物理性质主要包括土壤的比重和容重、孔隙、温度及物理机械性等。土壤的化学性质范畴较为广泛，包括无机、有机和生物化学等多种化学反应过程，最主要的是氧化还原反应，它对土壤的形成过程和肥力状况具有重要影响。此外，土壤中几乎包含着地壳中所有的元素，如钾、硫、硅、锌、钼、氮、钠、氧、磷、铜、氢、铁、镁、锰、铝、硼、碳、钙、氯等。

2. 我国土壤分布特征　我国土壤分布主要取决于温度和水分条件，并与气候、生物带的地理分布规律基本一致，受纬度、海陆位置和地形等的影响，在地理分布上具有明显的水平地带性、垂直地带性和区域分布的规律性（表 2-3）。

表 2-3　我国主要土壤类型的分布区域性状特征

土类	分布地区	土壤剖面特征	土壤物理和化学性质
砖红壤	海南岛、雷州半岛、西双版纳、台湾岛	土层深厚，铁、铝化合物含量丰富，土壤颜色发红	质地黏重，呈酸性至强酸性
红壤和黄壤	长江以南地区，四川盆地周围山地	含铁、铝多，呈红色。含氧化铁水化，呈黄色	腐殖质少，土性较黏，淋溶程度较强，钾、钠、钙、镁积累少
棕壤	山东半岛和辽宁半岛	土层较厚，表层有机质含量较高，呈棕褐色	质地比较黏重，呈微酸性反应
暗棕壤	大兴安岭、小兴安岭、张广才岭、长白山	表层有丰富有机质	腐殖质积累量多，土壤呈酸性，矿物质较丰富
褐土	山西、河北、辽宁低山丘陵，关中平原	淋溶程度不很强烈，有少量碳酸钙淀积	土壤呈中性、微碱性反应，矿物质丰富，腐殖质层较厚
黑钙土	大兴安岭中南段山地，松嫩平原、松花江、辽河地区	腐殖质层积累厚度大，土壤颜色以黑色为主	中性至微碱性反应，钙、钾等较多，腐殖质含量较为丰富
栗钙土	内蒙古高原东部和中部草原地区	腐殖质层积累厚度较大，土壤颜色为栗色	土层呈弱碱性反应，局部地区有碱化现象
黑垆土	陕西北部、宁夏南部、甘肃东部等黄土高原	腐殖质的积累和有机质含量不高，腐殖质层的颜色上下差别比较大，上半段为黄棕灰色，下半段为灰带褐色	土层呈碱性，腐殖质积累不高，氮、磷养分缺乏
荒漠土	内蒙古、甘肃南部，新疆大部，青海柴达木盆地等地区	碳酸钙表层积累、石膏和易溶盐类在剖面中积累	主要由沙砾组成，缺少水分，没有明显的腐殖质层
高山草甸土	青藏高原，阿尔泰山、天山山地	剖面由草皮层、腐殖质层、过渡层和母质层组成	土层薄，通气不良，土壤呈中性反应

水平地带性指土壤分布呈现与地球纬度和经度变化相一致的现象，并随生物气候带的变化而发生演替的分布规律。其形成主要受气候条件中水分和热量的作用。我国东部形成湿润海洋性土壤带，由北向南依次分布着漂灰土、暗棕壤、棕壤、黄棕壤、红壤与黄壤、赤红壤、砖红壤。西部则形成干旱内陆性土壤带，由东向西分布着黑土、灰褐土、栗钙土、棕钙土、灰钙土、荒漠土。

笔记

垂直地带性指在一定区域内随海拔高度的增加，土壤沿地势变化而发生演替的分布规律，是山地生物气候条件随地势改变而造成的。如珠穆朗玛峰的土壤垂直分布带自下而上主要有红壤、山地黄棕壤、山地酸性棕壤、山地漂灰土、黑毡土与棕毡土、草毡土、高山寒漠土。

除地带性土壤分布规律外，由于地形、区域性水、热条件的变化及人为改造地形和耕作活动等影响，在一定区域范围内土壤的分布也表现出一定的规律性。如我国西北的黄土高原地区，受沟谷、水系发育及人为耕作的影响，由高原面向谷底有规律地分布着黑焦土—黑垆土—黄绵土。又如一些湖泊四周，以湖泊为中心向外扩展，地形逐渐升高，受地下水影响逐渐减少，因而形成由沼泽土过渡到草甸土的分布格局。

（三）土壤对中药资源分布的影响

土壤是药用植物固着的基本条件，又是供应水分和养分的源泉，其组分、微量元素、酸碱度等会对中药资源的分布产生影响。如分布于石灰岩山地的种类有南天竹 *Nandina domestica* Thunb.、木蝴蝶 *Oroxylum indicum*（L.）Kurz.、地枫皮 *Illicium difengpi* K.I.B. et K.I.M. 等；甘草、枸杞、麻黄、银柴胡、苦豆子等分布于干旱半干旱的钙质土。

土壤含水量是影响植物生长的重要因素。根据植物对水分的需求与适应程度，可分为旱生、中生、湿生和水生四大类群。莲、菖蒲、香蒲等属水生药用植物，一般根系不发达，而通气组织发达。其生境特点是光照弱、含氧量少，水的密度比空气大，温度变化较平缓。半边莲、芦苇、薏苡、泽泻等属湿生药用植物，通常生长于潮湿环境中。大部分药用植物适于生长在水分条件适中的陆地环境中，称为中生植物。仙人掌、锁阳、甘草、沙棘、麻黄、卷柏等属旱生药用植物，具有高度的抗旱性、能适应气候和土壤干燥的不良环境。

药用植物都有其适宜的酸碱范围，酸性土壤适于种植肉桂、黄连、槟榔、桃金娘、栀子、铁芒萁 *Dicranopteris linearis*（Burm.）Underw.、毛冬青 *Ilex pubescens* Hook. et Arn.、狗脊等；碱性土壤适于种植甘草、枸杞、麻黄、柽柳、地肤、罗布麻、白蒺藜等；而大部分药用植物适宜微酸性至微碱性土壤。

（四）土壤对中药资源品质的影响

土壤的质地、养分、酸碱性等均会对中药资源的品质产生影响。此外，连作、重金属及农药残留对土壤环境造成污染，进而影响中药资源的品质。

1. 土壤质地　土壤质地是根据土壤的颗粒组成划分的土壤类型，是土壤的一种十分稳定的自然属性，对土壤肥力有很大影响，一般分为砂土、壤土和黏土三类。如生长在各种土壤环境的甘草中甘草酸含量依次为：栗钙土 > 棕钙土 > 风沙土 > 盐碱化草甸土 > 次生盐碱化草甸土 > 碳酸盐黑钙土；金银花最适合的土壤类型是中性或稍偏碱性的砂质土壤，且要求土壤的交换性较好。

2. 土壤养分　土壤养分是评价土壤肥力的重要指标之一，包括有机质、全氮、全磷、全钾及微量元素，对中药品质具有一定的影响。如氨态的氮肥能促进颠茄生物碱的合成。土壤有机质可影响杜仲叶中绿原酸含量；全磷、有机质可影响芦丁含量；槲皮素含量受有机质、有效磷影响；山萘酚含量则受有机质影响。施加钼、锰微肥能提高当归中挥发油、多糖、阿魏酸的含量，从而提高药材质量。

3. 土壤酸碱性　土壤酸碱度不仅直接影响植物生理活动，还通过微生物的活动、土壤有机质的分解、土壤营养元素的释放、转化及迁移等，间接影响植物的生长发育。

笔记

如益母草中生物碱含量与土壤的 pH 值呈正相关，产于碱性土壤的生物碱含量约为产于酸性土壤的两倍。

4. 其他　药用植物栽培过程中，因为土壤中的重金属含量及耕作、施肥、灌溉等人为因素，使土壤环境恶化，对中药品质造成严重影响。如人参连作会出现“连作障碍”现象，即须根脱落，主根表皮粗糙、褐变，参根腐烂，严重减产，甚至绝收。对近 5 年文献数据进行整理分析，并以《药用植物及制剂进出口绿色行业标准》为依据，判断我国中药材中重金属污染情况，得出铅（Pb）、镉（Cd）、汞（Hg）、砷（As）、铜（Cu）5 种重金属的污染率均存在不同程度的超标现象。

四、生物因素

生物因素指影响生物生长、形态、发育和分布的任何其他动物、植物或微生物的活动，可分为种内关系和种间关系。生物因素是生态因素中的一类因素，对中药资源的分布和品质产生巨大影响。

(一) 生物因素对中药资源分布的影响

影响中药资源分布的生物因素主要包括种群因素、群落因素与土壤微生物等。

1. 种群因素　种群指在一定时间内占据一定空间的同种生物的所有个体，对种群的研究主要是其数量变化与种内关系。种群与环境之间、种群与种群之间以及种群内部个体之间存在着一系列的相互关系。

种群的基本特征包括空间格局、种群密度、遗传特征。空间特征是组成种群的个体在其空间中的位置状态或布局，可分为均匀型、随机型、集群型三类，如乌拉尔甘草种群在宁夏盐池高沙窝的水平分布格局为集群型分布。种群密度指在单位面积或体积中的个体数，是种群最基本的数量特征，受种群出生率、死亡率、迁入与迁出率的影响。种群具有一定的基因组成，即种群内的个体属于同一个基因库而与其他物种相区别。

2. 群落因素　群落亦称生物群落，指具有直接或间接关系的多种生物种群的有规律的组合，具有复杂的种间关系。生物群落具有一定的空间结构、时间组配和种类结构，可形成一定的群落环境。生物群落的空间结构具有垂直和水平方向的结构分化，其中垂直方向最显著的特征是成层现象。成层现象在森林群落表现最为明显，一般按生长型把森林群落从顶部到底部划分为乔木层、灌木层、草本层和地被层（苔藓地衣）四个基本层次，在各层中又按植株的高度划分亚层。水平方向主要表现特征是镶嵌性，即植物种类在水平方向不均匀配置，使群落在外形上表现为斑块相间的现象，如山坡上的连翘往往因为柱头长短不同而呈斑块状分布。

3. 土壤微生物　土壤微生物的种类很多，特别是聚居在距植物根系几毫米范围内的微生物群（根际微生物），与植物营养和抗逆性的关系最为密切。例如，微生物的代谢作用和代谢酶类，加强了有机物质的分解，促进了营养元素的转化，提高了土壤中磷与其他矿质养料的可给性。而不利的方面，由于某些寄主植物对病原菌的选择性，致使一些病原菌在相应植物的根系大量生长繁殖，从而加重病害。再者，细菌对某些重要元素的固定作用会严重影响植物吸收有效养分。

土壤微生物的分布有一定的规律性，有些与植物形成共生关系，包括细菌与真菌。目前研究最多的是细菌和植物形成固氮器官（根瘤和茎瘤）以及真菌和植物形成的

笔记

菌根。利用植物与土壤微生物的利弊关系进行植物品种的轮作、间作栽培以及病害防治，是中药材规模化生产的重要研究课题。

（二）生物因素对中药资源品质的影响

影响中药资源品质的生物因素包括动物、植物、微生物等，以及生物之间的各种关系。生物有机体之间存在多种生态关系：营养关系，如寄生、共生、竞争、捕食等；化学相互关系，如生物之间通过挥发性分泌物互相产生影响；机械关系，如附生植物、藤本植物、绞杀植物，动物的共栖等。环境（内环境和外环境）生物因子的变化将引起药用动、植物代谢和抗性的变化，从而影响中药资源的品质。

1. 群落环境　同种药用植物生存的群落环境不同，其体内药效成分的类型、量也不尽相同。落叶松林下刺五加 *Acanthopanax senticosus*（Rupr. Maxim.）Harms. 根和茎中的紫丁香苷含量较低；红松林和针阔叶混交林下刺五加整体的紫丁香苷含量显著高于落叶松林下的刺五加。蛇床 *Cnidium monnieri*（L.）Cuss. 可分为 3 个生境类型：分布于福建、浙江、江苏等亚热带常绿阔叶林区域的蛇床类型，以蛇床子素和线型呋喃香豆素为主要成分；分布于辽宁、黑龙江、内蒙古等温带针阔叶混交林区域的蛇床类型，以角型呋喃香豆素为主要成分；分布于河南、河北、山西等暖温带落叶阔叶林区域的蛇床类型，以蛇床子素、线型和角型呋喃香豆素共存的过渡类型。

2. 内生真菌　植物内生真菌指在植物体内完成其生活史的部分或全部，生长于植物组织细胞间，但又不引起任何病症的微生物。内生真菌是植物内环境重要的组成部分，与植物形成稳定的互利共生关系，具有促进植物生长、增强植物病虫害抗性及其他生物活性的作用，使植物具备了优良的抗逆性和生长特性；尤其是内生真菌促进植物次生代谢产物生物合成的作用显著。

内生真菌能够产生一类可诱导药用植物细胞生物合成次生代谢产物的物质，称之为内生真菌诱导子，属于外源性诱导子。例如青蒿内生真菌诱导子显著促进青蒿素的合成，处理组青蒿素产量比对照组提高了大约 2 倍；内生真菌诱导子使明党参细胞中多糖的产量提高了 38.01%；将内生真菌黑曲霉和米曲霉诱导子分别与黄芩毛状根共培养，结果黄芩苷的产量从 7.64% 分别增至 9.18% 和 8.81%；内生真菌诱导子处理茅苍术悬浮培养细胞，苍术素的产量比对照提高了 48.3%。

在中医药悠久的发展历史中，人们已认识到自然环境对中药资源分布与品质的影响。生态环境中的光照、温度、水、大气、土壤、海拔、地形地貌及生物因素相互联系、相互促进、相互制约，直接或间接地影响药用动、植物的生长和发育。如道地药材的形成就反映了生态因子对中药资源的影响，是基因型与环境之间相互作用的产物。优良品种遗传基因是形成道地药材的内在因素，而特定的生态环境条件（如环境胁迫）是构成道地药材的外在因素。

知识链接

环境胁迫

环境胁迫（environmental stress），也称为逆境，是指环境对生物体所处的生存状态产生的压力，可分为非生物胁迫（物理、化学）和生物胁迫。其中物理类一般包括干旱、水涝、热害、冻害、辐射、机械损伤等，化学类包括营养素缺乏或过剩、植物激素异常、重金属毒害、pH 异常、盐碱

笔记

等，生物类有竞争、抑制、化感作用、病虫害等。

植物对逆境的耐受性或抗性叫耐(抗)逆性，最典型的耐(抗)逆性应激反应是对自身次级代谢的调控，这是道地药材优良品质形成的重要原理基础。植物的耐(抗)逆性也反映了它们对环境的好恶，这也是进行中药资源生产质量管理的理论依据之一。

第二节　经济社会环境对中药资源分布与品质的影响

由于人类社会对资源利用方式的改变和经济活动范围的不断扩大，除自然生态环境对中药资源的分布与品质有影响外，人类的经济、社会文化活动等非自然环境也大大影响了中药资源的分布与品质形成。经济环境是在自然环境的基础上由人类社会形成的一种地理环境，它主要指自然条件和自然资源经人类利用改造后形成的包括工业、农业、交通和城镇居民点等各种生产力实体的地域配置条件和结构状态的综合体。社会文化环境是人类社会本身所构成的一种地理环境，包括人口、社会、国家、民族、民俗、语言、文化等。社会环境的作用主要体现在资源的利用、保护、恢复和发展等方面，对中药资源的可持续利用具有决定性作用。资源的可持续利用可受到体制、政策、法律、经济、科学技术、文化、道德等多方面的影响，只有通过保持社会、经济、生态环境协调发展，才能确保人类实现对中药资源的永续利用。

一、经济环境因素

(一) 工业化、城市化对中药资源分布和品质的影响

近年来，我国经济高速发展，工业化、城市化进程不断加快，随之出现了土地无序开发、天然植被肆意破坏、土壤、空气和水严重污染的情形，加之建设大型水利工程等，对药用动、植物的生存环境和生物多样性造成了严重破坏，进一步对中药资源的分布和品质造成影响。例如，生活在沿海滩涂的方格星虫 *Sipunculus nudus* Linne.，俗称沙虫，对生存环境十分敏感，一旦污染则不能成活，被称为“环境标志生物”，广西北海的沿海沙质滩涂是沙虫的主产区。但是，近年来北部湾地区工业化、城市化进程发展迅速，施工围海、环境污染等因素使沙虫的生存空间被大量蚕食，使其分布与品质日益下降。又例如生长在湿地环境中的谷精草 *Eriocaulon buergerianum* Koern.，由于湿地改建鱼塘和塘边水泥硬化，致使其分布面积大幅度减少，资源蕴藏量大幅度下降。

(二) 不合理开采和利用对中药资源分布和品质的影响

随着人口快速增长、生活水平不断提高、国内和国际市场对中药资源需求量的不断增长，导致中药资源被过度开发利用，供求失衡。如过度采挖、捕捞和滥捕乱猎等行为屡禁不止，使许多野生药用动、植物处于濒危灭绝的境地；“道地药材”的蕴藏量逐年减少，特别是野生中药资源面临着种群分布面积日益减少的窘境。例如，20世纪90年代初期，西方国家从我国大量进口紫杉醇原料，导致我国西南地区生长了上百年的大片紫杉林严重被毁。又如“浙八味”之一的杭白芍因其质坚实、其根粗壮而

笔记

不易折断、有效成分含量高而备受青睐，但由于其生长周期长（需3年以上）、成本高、产量低、价格高而缺乏市场竞争力，目前种植面积萎缩到不足2000亩，且仍有不断减少的趋势，而白术、延胡索、丹参等药材产区的盲目扩大，次产区的形成影响药材的质量。

（三）科学技术发展对中药资源分布和品质的影响

科学技术是发展生产力的重要动力，是人类社会进步的重要标志。现代科学技术的发展带动了中药材资源开发技术的发展，使中药材资源的开发技术从古老迈向现代化。利用科学技术培育优良的药用品种，如利用现代生物工程高新技术种植药用植物，受外界环境影响小、病虫害少、所产中药材产量高、质量可靠；对植物繁殖习性的研究可增大繁殖成功率，有助于扩大可持续采集的种群数量，增大分布面积；此外，科技进步使得对海洋资源的开发利用从浅海延伸到深海，对深海药用动物资源的分布和品质也造成较大的影响。例如，安息香 *Styracaceae Styrax* Linn. 是我国主要的进口南药品种之一，应用植物生长调节剂“乙烯利”可促进树脂形成、提高出脂率，单株产量从3.8~4.1g提高到34.8g，产量和质量均达到国际水平，填补了我国安息香生产的空白。

（四）贸易发展对中药资源分布和品质的影响

贸易是人类经济活动的重要组成部分，也是中药资源开发利用的动力源泉之一。贸易活动对中药资源分布与品质的影响主要表现在三方面：

1. 贸易活动引入的外来物种对本地生物资源的负面影响　远洋运输船只或携带物品是入侵动、植物的媒介，引入的外来动、植物可能导致本地中药资源物种被攻击甚至灭绝，严重威胁入侵地的生态系统。我国外来入侵动、植物在各省的数量和密度分布均呈现出由东南沿海向西北内陆减少的趋势，且外来入侵动、植物的物种数量和密度分布与各省纬度及人口密度等因素呈正相关。此外，国内生产总值和交通里程与外来入侵动、植物的物种数量分布和密度也有密切的关系。

2. 贸易活动扩大中药资源的流通区域　目前，经国家有关部门批准建立的中药材交易市场有17个，遍布全国各大区域，有力推进了中国各地区之间中药资源的交流，为确保中药资源的有序流通、建立合格的中药材基地提供了动力和货源保障。此外，越来越多的中药也流向国际医药市场，严格的质量检测手段也督促中药资源品质自发提高。

3. 中药材收购价格的大幅波动对中药资源的影响　中药材市场价格能够短期快速影响中药资源的分布和品质，例如2011年我国太子参价格出现急剧攀升，短期内引起种植面积扩大以及劣质药材的增加，导致后期的市场供应大于需求，近年太子参价格回落，药材资源的生产量才渐趋正常。中药材价格波动不单由市场的供求关系决定，还受到一些非市场因素的影响，而市场价格的稳定有利于中药资源产业的良性发展。

（五）人工种植（养殖）技术对中药资源分布和品质的影响

随着我国社会经济的发展以及参与国际交流和贸易的迅猛增加，野生中药资源的蕴藏量逐渐减少。目前，人工种植（养殖）是解决中药资源供需不足的主要手段。一方面，人工种植（养殖）可扩大中药资源的利用率，弥补野生药用动、植物资源的短缺问题；例如，20世纪70年代末到80年代初期，我国进行人工养麝和活体取香的研

笔记

究并获得成功,随后应用人工授精技术,解决了家庭养麝种源不足的问题,加快了林麝的良种繁育进程。另一方面,人工种植(养殖)人为改变了药用生物生长环境,出现诸如土地利用和土地覆被情况变化的现象;加之种植区域内其他农作物种植过程中农药、化肥和生产设施的大量使用,导致中药种植区域土壤污染及水质下降,许多中药出现质量下降、病虫害严重、抗性减弱及连作障碍等一系列问题。

(六) 中药材野生抚育对中药资源分布和品质的影响

目前我国仍有80%左右的中药材来自野生,保证野生中药资源的可持续利用及野生药材采集与生态环境保护的协调,实现人与自然的和谐共处,是中医药可持续发展必须解决的关键问题之一。中药材野生抚育是野生药材采集与家种药材栽培有机结合的一种新兴药材生产方式,实现了药材生产与生态环境保护的协调发展,可以应用于生长条件要求苛刻或家种后质量改变较大等类型的药材。例如,野生甘草的围栏养护、川贝母的半野生栽培及石柱参的仿野生栽培等,都是中药材野生抚育的成功实践,扩大中药资源的分布面积的同时也有效地提高了中药资源的品质。

中药资源具有社会属性和经济属性。在以农业为主的中国,特别是边远贫困山区,中药资源的利用、市场开发与地方经济的发展密不可分。因此,中药资源的可持续管理措施必须在不同领域、不同层次形成一个体系健全、内容科学完善的有机整体,才能使各项管理措施行之有效。

二、社会文化环境因素

(一) 民族文化发展和交流对中药资源分布与品质的影响

我国是一个多民族国家,各民族在长期的生产、生活和医疗实践中都积累了具有显著本民族特色的医药知识,成为祖国传统医学的重要组成部分。由于长期的文化交流与融合,各民族医学在理论方面与中医药学相互影响、相互借鉴,在所使用的药物方面也存在着大量的交叉。现已知的12 000多种中药资源中,多数也在其他民族医药中使用。因此,民族药资源不仅关系到民族药学自身的发展,对于丰富中药资源宝库、提高资源的有效与综合利用水平,实现中药资源的可持续利用亦具有重要意义。除中国各民族之间的交流外,文化的国际交流也促进了中药资源在世界各地的传播和利用,对相关中药资源的分布和中药品质的提升有重要作用。

(二) 旅游文化对中药资源分布和品质的影响

近年来,我国逐渐呈现出旅游热的现象,随着旅游业在经济领域中地位的不断提高,它对社会文化发展的需求和依赖也越加明显。旅游文化对中药资源的分布和品质主要有两方面的影响。一方面,以高原等特殊环境为对象的旅游热使本已脆弱的生态环境不堪重负,如人类活动将缩小并破坏羌活、冬虫夏草等高原药用动、植物赖以生存的自然生态环境;另一方面,旅游热可带动中药资源的种植(养殖)活动。通过建立中药种植(养殖)景区来吸引游客,集中药培植、科研和旅游功能于一体,使游客近距离感受中医药文化,如广西药用植物园、西安中药植物园、亳州井泉中药植物园、衢州药王山等,对保护中药资源具有重要作用。

(三) 中医药文化对中药资源分布和品质的影响

中医药文化是中华民族优秀传统文化的重要组成部分,是中医药学的根基和灵魂,而中药资源是中医药文化的核心部分。因此,中药资源对于中医药文化的意义重

笔记

大,中医药文化对中药资源的分布与品质亦具有一定的影响。例如,岭南凉茶属于独具特色的岭南文化之一,以中医养生理论为指导,体现了“天人合一”的中医药文化,岭南凉茶的发展极大地促进了相关中药资源的发展,进而扩大了其种植面积。

此外,全国各地自古就有培植风水林的习惯,风水林是受中国传统文化影响,并经历了上百年历史传承的一类特殊的林业资源。这些风水林对保护中药资源及扩大中药资源的分布都有重要的意义。在某些少数民族中,存在一些与现代环保理念有关的习俗、禁忌及习惯。这些文化现象中,有的是直接出于保护民族社区或聚落环境的目的,更多的则是各个民族自身的宗教崇拜。例如云南的“神林”及傣族村寨埋葬祖先的“竜林”,即使在上世纪大量毁林开荒的年代,仍保持着原始状态,对区域生态环境及中药资源的保护均具有重要作用。

第三节　中药资源的自然分布

中药资源以自然资源为物质基础,来源极为广博,物种间的形体构造、生理机能以及生态环境千差万别。随着现代科学技术的进步,中药资源的开发利用得到了极大地提高,中药资源的种类从汉代《神农本草经》的365种到20世纪末的1万余种。根据我国气候特点,将中药资源的自然分布划分为东部季风、西北干旱及青藏高寒三大自然区域。中药资源的自然分布同样受到土壤和地形地貌等环境条件的制约,同样属于自然环境的重要组成部分。绝大部分中药资源分布在各区域的森林、草原、荒漠、江湖和农田等各种陆地生态系统中,仅少量分布于海洋。

一、东部季风区域的中药资源分布

本区域从南沙群岛南缘的曾母暗沙到黑龙江漠河附近黑龙江主航道,南北距离5500km,东临太平洋。根据温度、降水及地形地貌等条件,将该区分为5个地域单元。

(一) 东北寒温带、中温带地区

包括黑龙江、吉林、辽宁和内蒙古东北地区,区内有大小兴安岭、长白山和松辽平原。本区属寒温带、温带湿润、半湿润地区,其基本特征是冬季寒冷而漫长,夏季温暖、湿润而短促,春季多大风,秋季风速较春季小。降水集中在夏季,大部分地区年降水量为400~1000mm。植被以针叶林为主,针阔叶混交林亦有,林下灌木和草本植物茂盛。

本区药用植物资源1600余种,药用动物资源约300种,药用矿物资源50余种,其特点是蕴藏量大,稀有品种较多,药用动物资源亦较为丰富。代表性中药资源有人参、北五味子、辽细辛、黄柏、防风、刺五加、关苍术、鹿茸、麝香、蟾蜍、熊胆、芒硝、滑石、硫黄、硼砂等。

(二) 华北暖温带地区

包括山东、河南、天津、北京、河北和山西中部及南部、陕西北部及中部、辽宁南部、宁夏中南部、甘肃东南部、安徽和江苏北部地区。本区大部分属暖温带,位于温带和亚热带之间,具有暖温带大陆性季风气候特征,四季分明,夏季气温较高而多雨;冬季较长,气温寒冷而干燥;春季干旱,多风沙;秋季天高气爽,但持续时间较短。降水量少于东北区,但较东北区集中,从沿海向西北方向递减,年平均温度由北向南递增。植被以针阔叶混交林为主。

笔记

本区中药资源较为丰富，药用植物资源1500余种，药用动物资源近250种，药用矿物资源30多种。其特点是中药材生产水平较高，盛产道地药材，如“四大怀药”。代表性中药资源有黄芩、黄芪、柴胡、金银花、桔梗、地黄、山药、牛膝、知母、板蓝根、沙棘、阿胶、牛黄、五灵脂、海马、牡蛎、磁石、滑石、赭石、赤石脂等。

（三）华中亚热带地区

包括浙江、江西、上海、江苏和安徽中部及南部、湖北和湖南中部及东部、福建中部及北部、河南和广东的小部分地区。本区跨中亚热带和北亚热带两个气候带，年平均气温14~21℃，由北向南递增；年降水量800~2000mm，由东南沿海向西北递减。具有温寒适宜、雨热同季的气候特点，对喜温好湿的药用植物的生长发育极为有利。北亚热带地区植被以常绿落叶阔叶混交林为主，中亚热带地区主要为常绿阔叶林。

本区的药用植物2500余种，水生和湿生的种类较多；药用动物资源300多种。该区域盛产著名道地药材，如浙江的“浙八味”及安徽的“四大皖药”等。代表性中药资源有茅苍术、薄荷、泽泻、厚朴、牡丹皮、莲子、玉竹、芡实、山茱萸、木瓜、草珊瑚、蟾酥、珍珠、蕲蛇、金钱白花蛇、桑螵蛸、鳖甲等。此外，本区也分布着莲、泽泻、三棱、石菖蒲、鸭舌草和中华水韭等水生药用植物。

（四）西南亚热带区

包括贵州、四川、云南的大部分、湖北和湖南西部、甘肃南部、陕西南部、广西北部、西藏东部。本区地貌复杂，有秦巴山区、四川盆地、云贵高原等，具明显大陆性气候，热量、雨量丰富，大部分地区春季气温略高于秋季，年平均气温15~18℃，年平均降水量在1000mm左右，一般东部多于西部。植被以常绿落叶阔叶混交林为主。

本区植被区系和群落组成极为丰富，呈现古北极成分及古热带成分在高原山地的交错过渡现象；西南部局部地区分布着云南苏铁 *Cycas revoluta* Thunb. 和桫椤 *Alsophila spinulosa*（Wall. ex Hook.）R. M. Tryon. 等特有种。本区有药用植物资源约4500种，药用动物300余种，药用矿物资源80种左右。代表性中药资源有川芎、黄连、附子、大黄、半夏、川贝母、川牛膝、川乌、川楝子、川郁金、川白芷、茯苓、银杏、川木通、华细辛、秦艽、百合、麝香、牛黄、水牛角、水蛭、僵蚕、石膏、赭石、滑石、鹅管石、芒硝等。

此外，本区民族药资源丰富，并形成了具有民族特色的医药体系，如藏药、彝药、傣药、苗药等。代表性资源有洪连、云木香、刺桐、观音草、青羊参、岩白菜、竹红菌、紫金龙、唐古特乌头、太白贝母、凤凰草、枇杷芋、延龄草、祖师麻、黄瑞香、太白美花草、独叶草、手掌参、太白乌头和朱砂莲等。秦巴山区如桃儿七、红毛七、窝儿七、扣子七等以“七”命名的就有136种，俗称“太白七药”。

（五）华南亚热带、热带区

包括海南、台湾及海南诸岛、福建东南部、广东南部、广西南部及云南西南部。本区有近沿海地区的山区和丘陵、珠江三角洲、台湾和海南及雷州半岛，具热带、亚热带季风气候，高温多雨，冬暖夏长，干湿季节比较分明，年平均气温22℃，大部分地区年降水量为1200~2000mm，台湾和海南部分地区降雨量可达3000~5000mm，居全国之冠。植被以常绿阔叶林和热带季雨林为主。

本区药用植物资源有3800余种，药用动物资源200多种，药用矿物资源约30种。代表性中药资源有肉桂、广藿香、安息香、槟榔、檀香、马钱子、豆蔻、草果、草豆蔻、使

笔记

君子、三七、芦荟、苏木、诃子、胖大海、丁香、鸦胆子、番泻叶、刺猬皮、银环蛇、燕窝、雄黄、石膏、朱砂等。此外，此地区亦分布着砂仁、蛤蚧、沉香等道地药材。

二、西北干旱区域的中药资源分布

包括新疆、宁夏、内蒙古三个自治区大部分及甘肃、青海、山西、河北、黑龙江、吉林等省的部分地区，间或分布着多座高山，包括阿尔泰山、天山、昆仑山、祁连山、贺兰山等。本区地处中温带至暖温带，昼夜温差大，冬冷夏炎，日照时间长，远离海洋，干旱少雨。中药资源分布特点是植物群落结构简单，优势种突出，种类相对较少，但蕴藏量大，特产药材突出。根据水分条件的差异，导致植被由西向东的规律变化，本区可分为荒漠、荒漠草原、干草原三个区域。

（一）荒漠

包括内蒙古西部，甘肃和宁夏西北部，青海西部，新疆除阿尔泰山区与昆仑山内部山地以外的全部区域，沙漠和戈壁面积约 100 万 km^2。本区日照强烈，气候极端干燥，夏季酷热，冬季寒冷，昼夜温差大，多大风沙，年降水量不足 200mm，甚至终年无雨。极端干旱的气候和贫瘠多盐碱的土壤造成了植物种类的贫乏，植被结构简单、稀疏，常由旱生植物组成，最主要的科为藜科和菊科。

本区主要中药资源有秦艽、罗布麻、阿魏、马蔺子、龙胆、车前、蒺藜、茵陈、瑞香狼毒、蒙古扁桃、马勃、骆驼蓬、列当、苍耳子等。道地药材有甘草、麻黄、宁夏枸杞、肉苁蓉、新疆软紫草、银柴胡等；栽培药材以枸杞最为突出，其次为红花、伊贝母、黄芪、甘草、银柴胡；民族药有黑种草子、巴旦杏、索索葡萄、芫荽、沙枣、阿育魏实、无花果、小茴香等。

（二）荒漠草原

包括内蒙古高原中、北部，鄂尔多斯高原中、西部，宁夏中部，甘肃东部，黄土高原西、北部，以及新疆的低山地区。本区具典型大陆性气候，多风沙，热量丰富，年降水量约 150~250mm。植物种类少，具明显旱生性。

药用植物资源约 80 种，如秦艽、赤芍、甘草、牛蒡子、伊贝母、阿魏、锁阳、肉苁蓉、新疆紫草、罗布麻、白鲜皮及蒲公英等，其中伊贝母、阿魏、锁阳等蕴藏量及产量较大。此外，本区还分布有苦豆根、沙蓬、茵陈、马蔺子、杠柳、兔唇花、大叶补血草及胡杨等野生药用植物。

（三）干草原

包括内蒙古高原中部，东北平原西南部，锡林郭勒到鄂尔多斯高原和黄土高原北部，宁夏南部，天山、阿尔泰山及祁连山等山地林带以下，陕西和甘肃也有一定分布。本区具干旱大陆性气候，光照充足，冬季少雪，春旱严重，降水集中于夏季，年降水量约为 250~400mm。喜光、耐旱、耐寒的野生植物种类生长繁盛。

药用植物多为干草原典型种类，如甘草、麻黄、防风、赤芍、北苍术、辽藁本、黄芩、银柴胡、远志、威灵仙、苦参、地榆、茵陈、草乌、大黄、翻白草、秦艽、漏芦、老鹳草、白头翁、瑞香狼毒及百蕊草等。栽培的中药材有 30 多种，如黄芪、知母、地黄、玄参、白芍、丹参、款冬花、板蓝根、薏苡、枸杞、党参、牛蒡子及沙棘等。

三、青藏高寒区域的中药资源分布

包括西藏自治区大部分、青海南部、四川西北部和甘肃西南部，幅员辽阔，土地面

积约占全国土地总面积的四分之一。本区地势复杂，山脉纵横，多高山峻岭。气候由东部温暖湿润向西北寒冷干旱递变，日照强烈，降水量约为50~900mm，植物生长稀疏，种类不多。植被随气候呈森林带、草甸区、草原区、荒漠带依次更迭，主要有高寒灌丛、高寒草甸、高寒荒漠草原、湿性草原及温性干旱落叶灌丛。

本区药用植物资源约1100种，具野生种类多，藏药资源丰富的特点。代表性中药资源有川贝母、川木香、冬虫夏草、胡黄连、大黄、藏茵陈、藏茴香、洪连、红景天、雪上一枝蒿、麝香、鹿茸、鹿角、朱砂、石膏、硝石、芒硝等。此外，本区亦分布着高原特有的药用植物，如雪莲花、甘松、马尿泡、山莨菪等。

第四节　中药资源区划与中药材产地适宜性

中药资源区划是基于中药资源自然分布，在中药资源调查的基础上，正确评价影响中药资源开发和中药生产的自然条件及社会经济条件的特点，揭示中药资源与中药生产的地域分异规律，按区内相似性和区际差异性划分不同级别的中药产区，明确各区开发中药资源和发展中药生产的优势及其地域性特点，提出生产发展方向和建设途径。目前的中药资源区划主要以中药资源及其所处的自然环境为研究对象，以中药资源、道地药材和生态学的相关理论为依据，进行中药材的生产和生态适宜性区划。相关理论包括“道地药材理论”、“环境适应理论”、“地域分异规律”、“区位理论”和“投入产出理论”等。

一、中药资源区划的意义和原则

（一）中药资源区划的意义

以中药生产及其自然资源为对象，从自然、社会经济、技术角度，进行生态环境、地理分布、区域特征、历史成因、时间空间变化、区域分异规律，以及与中药数量、质量相关因素等综合研究，按区间差异性和区内相似性加以分区划片，以充分利用各区自然资源及社会经济资源，发挥优势，扬长避短，因地制宜地发展中药生产及合理开发利用与保护中药资源，有利于中药资源开发、保护和中药生产分区规划、分类指导及分级实施，为中药生产的合理布局、发展规划及中药资源的总体开发与保护提供科学依据，确定不同区域中药资源可持续利用策略，规划促进全国中药产业协调发展，创造更佳的经济效益、生态效益和社会效益。

自 然 区 划

自然区划（physical regionalization），又称自然地理区划，指根据自然地理环境及其组成成分在空间分布的差异性和相似性，将一定范围的区域划分为一定等级系统的系统研究方法，它在研究地域分异规律的基础上，探讨自然地理环境及其组成成分的特征、变化和分布规律，是合理利用自然资源、因地制宜地进行生产布局和制定各种规划的重要依据。

（二）中药资源区划的原则

1. 优质性原则（道地性原则）　中药材社会生产的主要目的是为中医药临床用药

笔记

提供充足的药材资源，而生产者的主要目的是在高产的基础上实现其最大的经济效益。按中药有效成分积累量进行地理分区，是中药资源区划的特点，保持药用价值是中药资源区划需要遵循的基本原则，也是中药资源区划与自然区划、农业区划的本质的差别。中药资源的产量和质量通常是一对矛盾，产量高的区域未必质量好，这是由于次生代谢产物在逆境条件下更容易积累，药材质量好的区域中药资源产量未必高。因此，在进行中药资源区划时首先必须遵循中药材的优质性原则（或道地性原则），其次是遵循药材的高产性原则。

2. 差异性原则　由于中药资源的质量和数量与自然生态环境密切相关，是中药资源形成和存在的客观基础；中药资源的数量、市场流通以及开发利用中存在的问题与区域内社会经济活动发展水平密切相关，主要影响中药资源的发展方向。而且，自然生态环境、社会经济环境和中药资源的地理分布在区域间存在较大的差异性。因此在进行中药资源区划时，必须区分地域间中药资源特性、主导生态系统类型、社会经济环境特征，以及主要生态环境问题等的差异性。

3. 相似性原则　是指进行区划时，必须保证同一区划单元内部特征的相似性，主要包括区划单元内部的药物组成、药物特性、自然生态、社会条件基本一致，以及区划结果与行政区划基本保持一致。同一区划基本分类单元内自然生态环境条件的相似性，有利于正确地判别区域间中药材质量的差异性；社会经济条件的相似性，有利于正确地判别区域间中药生产、发展方向的差异性；行政区划的一致性有利于所提出相关问题解决办法的组织实施；引种地与原产地生态环境相似是保证药材质量相似的有效途径。

4. 实用性原则　由于中药资源区划的目的是为了科学地指导生产，从而实现中药产业的合理布局，以及中药资源的可持续利用。区划中除了必须突出药材品质，还要综合考虑各种社会经济因素和生态因素对中药资源的影响，才能使区划更有实际意义。因此，中药资源区划必须遵循实用性原则，从而为正确选建优质中药材商品生产基地，以及基地的合理布局、资源的可持续利用提供科学依据。

二、中药资源区划系统

中药资源区划的研究过程综合了自然区划及农业区划的经验和成果，为分析全国自然条件和社会条件，确定中药区划的分区界线提供了依据。中药区划是在各省（自治区、直辖市）、地（市）、县（旗）级中药资源调查基本完成后进行的，基础研究比较扎实，已在全国范围进行了中药区域划分。

我国中药资源区划采用二级分区系统：一级区主要反映了各中药区不同的自然、经济条件和中药资源开发与生产的主要地域差异。在一级区内，依据中药资源优势种类及其组合特征，以及中药资源生产发展方向与途径差异，划分二级区。一级区、二级区均按三段命名：一级区为地理方位 + 热量带 + 药材发展方向；二级区为地理位置 + 地貌类型 + 优势中药资源名称（地理位置 + 地貌类型通常采用地理简称来代替）。根据我国中药资源背景研究中药材生产地域分异规律，按照地区的相似性和差异性，各地中药生产条件和特点的相对一致性，药材生产发展方向、途径、措施的相对一致性等因素，将全国中药生产区域划分为 9 个一级区（图 2-4）和 28 个二级区，并阐明各区的现状、特点及开发潜力，确定今后的开发方向和建设途径。

笔记

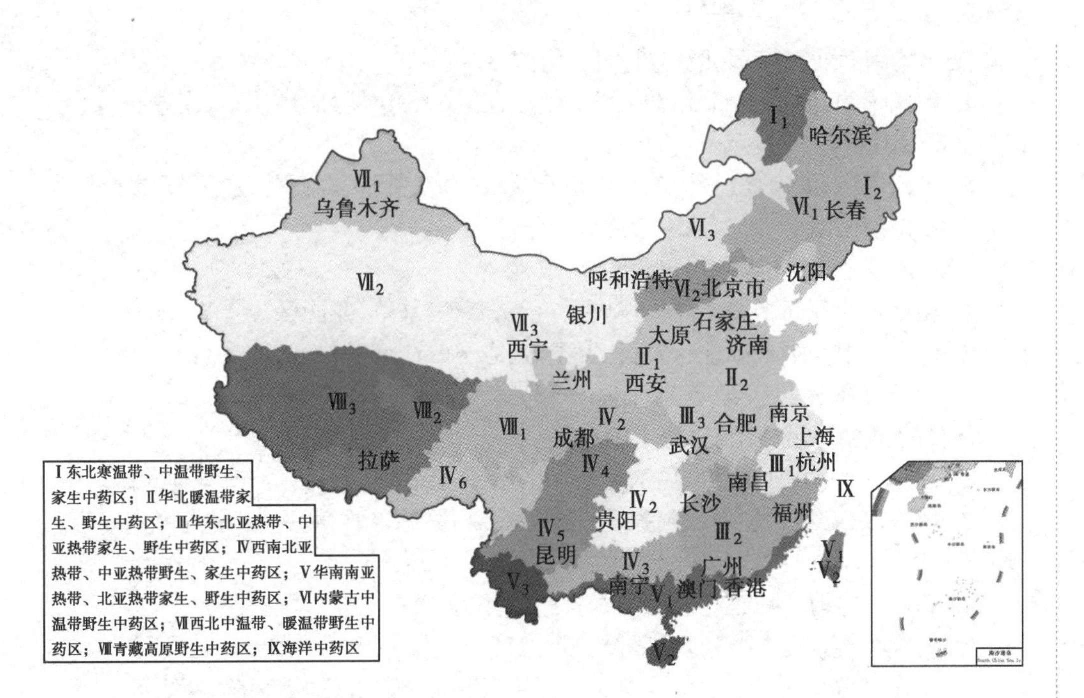

图 2-4　全国中药生产区划图

（一）东北寒温带、中温带野生、家生中药区

1. 大兴安岭山地　赤芍、防风、满山红、熊胆区。

2. 小兴安岭、长白山山地　人参、五味子、细辛、鹿茸、哈蟆油区。

（二）华北暖温带家生、野生中药区

1. 黄淮海辽平原　金银花、地黄、白芍、牛膝、酸枣仁、槐米、北沙参、板蓝根、全蝎区。

2. 黄土高原　党参、连翘、大黄、沙棘、龙骨区。

（三）华东北亚热带、中亚热带家生、野生中药区

1. 钱塘江、长江下游山地平原　浙贝母、延胡索、菊花、白术、西红花、蟾酥、珍珠、蕲蛇区。

2. 江南低山丘陵　厚朴、辛夷、郁金、玄参、泽泻、莲子、金钱白花蛇区。

3. 江淮丘陵山地　茯苓、辛夷、山茱萸、猫爪草、蜈蚣区。

4. 长江中游丘陵平原及湖泊　牡丹皮、枳壳、龟甲、鳖甲区。

（四）西南北亚热带、中亚热带野生、家生中药区

1. 秦巴山地、汉中盆地　当归、天麻、杜仲、独活区。

2. 川黔湘鄂山原山地　黄连、杜仲、黄柏、厚朴、吴茱萸、茯苓、款冬花、木香、朱砂区。

3. 滇黔桂山原丘陵　三七、石斛、木蝴蝶、穿山甲区。

4. 四川盆地　川芎、麦冬、附子、郁金、白芷、白芍、枳壳、泽泻、红花区。

5. 云贵高原　黄连、木香、茯苓、天麻、半夏、川牛膝、续断、龙胆区。

6. 横断山、东喜马拉雅山南麓　川贝母、当归、大黄、羌活、重楼、麝香区。

（五）华南南亚热带、北亚热带家生、野生中药区

1. 岭南沿海、台湾北部山地丘陵　砂仁、巴戟天、化橘红、广藿香、安息香、血竭、蛤蚧、穿山甲区。

2. 雷州半岛、海南岛、台湾南部山地丘陵　槟榔、益智、高良姜、白豆蔻、樟脑区。

3. 滇西南山原　砂仁、苏木、儿茶、千年健区。

（六）内蒙古中温带野生中药区

1. 松嫩及西辽河平原　防风、桔梗、黄芩、麻黄、甘草、龙胆区。

2. 阴山山地及坝上高原　黄芪、黄芩、远志、知母、郁李仁区。

3. 内蒙古高原　赤芍、黄芪、地榆、草乌区。

（七）西北中温带、暖温带野生中药区

1. 阿尔泰、天山山地及准噶尔盆地　伊贝母、红花、阿魏、雪莲花、马鹿茸区。

2. 塔里木、柴达木盆地及阿拉善、西鄂尔多斯高原　甘草、麻黄、枸杞子、肉苁蓉、锁阳、紫草区。

3. 祁连山山地　秦艽、羌活、麝香、马鹿茸区。

（八）青藏高原野生中药区

1. 川青藏高山峡谷　冬虫夏草、川贝母、大黄、羌活、甘松、藏茵陈、麝香区。

2. 雅鲁藏布江中游山原坡地　胡黄连、山莨菪、绿绒蒿、角蒿区。

3. 羌塘高原　马勃、冬虫夏草、雪莲花、熊胆、鹿角区。

（九）海洋中药区

1. 渤海、黄海、东海　昆布、海藻、石决明、海螵蛸、牡蛎区。

2. 南海　海马、珍珠母、浮海石、贝齿、玳瑁区。

三、中药材产地适宜性研究

中药资源需求的快速增长，导致大量药材资源趋于濒危，迫切需要野生变家种；加之很多药材存在连作障碍，如人参种植地需要 30 年以上、西洋参种植地需要 20 年以上、三七种植地需要 8~10 年以上才能再次种植，因此每年很多药材的生产均面临产区的扩大和重新选地问题。但盲目引种、扩种会严重影响中药材生产的合理布局，极大削弱药材的道地性，导致药材品质严重下降，许多引种药材有效成分的量远远低于药典标准；且目前常用大宗药材在由传统道地药材产区向新产区引种扩大的过程中缺乏对药材生态适宜性的系统分析和评价研究，导致栽培药材质量的下降和土地资源的浪费。因此，开展中药材生态适宜性研究具有重大现实意义。

所谓“诸药所生，皆有其境”，我国幅员辽阔，多样的气候环境、复杂的地理、土壤等生态条件，对中药材的品质影响很大，形成了中药材特有的多产地、多道地现象，即中药材生态型的多样性。目前，认为生态型是道地药材形成的生物学实质，中药材生态型可分为气候生态型、地理生态型、群落生态型、品种生态型等。中药材生态适宜性分析是在综合评价各地自然经济社会条件的基础上，掌握中药材的生态习性，了解区域各生态因子特征，调查中药材的分布历史与现状，然后进行综合分析与评价。通过分析提出药材生产的适宜区和最佳适宜区，为因地制宜地合理规划药材生产布局，发展道地药材提供可靠依据。

笔记

生　态　型

生态型(ecotype)是指种内因适应分布区各种不同生态条件所形成的变异类群。在分类学上不能给予种名或变种学名，一直是植物种群生态学家和植物学家的关注热点。1921 年瑞典遗传生态学者 Turesson 首次提出生态型的概念："一个物种对某一特定生境发生基因型反应的产物"。美国生态学家 Clauson 和 Keek 丰富并完善了该定义，认为生态型变异和分化与特定的环境条件相联系，并在生理学上表现出空间的差异，生态学上的变异是可以遗传的。不同的光、热、水、土等环境因子及人工栽培，同一物种在形态、生理、生化上表现出差异，形成种下的一个分类单位(不同生态型)，而这种种内变异是产生中药材品质优劣和疗效差异的实质。

（一）气候因子与中药材产地适宜性

气候因子与中药材生态适宜性方面的研究主要集中在不同产区的气候因子与药材品质和外观性状间的相关性，气候因子包括：平均温度、相对湿度、降水量、日照时数、光照强度、水热配比以及极端最低温度、极端最高温度等。品质分析主要包括有效成分和外观性状指标，按照一定标准对药材质量进行等级划分。综合应用相关性分析和主成分分析等多种统计学方法，揭示药材品质指标与气候因素的内在相关性。国内外学者已相继开展了关于各种气候因子与中药材产地适宜性的研究。早在 19 世纪，达尔文就发现乌头生长在寒冷环境下无毒，而生长在温暖气候条件下就有毒。西洋参目前在我国有东北、北京和山东三大主产区，中国产西洋参存在人参皂苷 Rb_1-Re 关外型和人参皂苷 Rg_2-Rd 关内型两大化学生态型，在气候特征上亦相应存在关内(北京怀柔、山东文登)与关外(吉林、黑龙江和辽宁)两类。通过对吉林省西洋参栽培产地生态环境的分析，建立以 1 月平均气温、年空气相对湿度、无霜期为主要气候生态因子的数字模型，依据分析结果得出西洋参栽培的最适宜区、适宜区、尚适宜区和可试种区。在全日照条件下穿心莲花蕾期内总内酯含量较遮荫条件下要高 10%~20%，说明光照条件的强弱对药用植物的药效会产生影响。对苍术的研究表明，降雨量是影响苍术挥发油量的生态主导因子，高温则是影响苍术生长发育的生态限制因子。

（二）土壤及成土母质与中药材产地适宜性

土壤因素与中药材生态适宜性方面的研究主要集中在土壤组分、土壤微量元素、土壤结构、土壤酸碱度等方面，即通过生理生化试验和分子生态学方法对土壤微生物类群、功能、结构多样性进行评价研究，分析比较不同产区内土壤微生物的组成、种类和数量比例，并研究其与中药材品质和外观性状的相关关系。运用多元统计分析和灰色关联理论等方法，从药材化学物质及功能基因表达的差异两个方面筛选出与药材品质相关的地质背景因子，筛选出与药材品质相关的微生物种类(或种群)和它们对药材品质的贡献率，揭示药材品质和外观性状受地质背景系统的制约效应。研究表明，由于土壤微量元素差异，不同产地的同种药用植物，其药材有效成分含量有明显差异，如产于湖北蕲春的艾叶挥发油含量为 0.83%，产于河南和四川的只有前者的一半；蕲产艾叶中 Ca、Mg、Al、Ni 含量较高，川产艾叶中 Co、Cr、Se、Fe、Zn 含量较高，而豫产艾叶中除 Cu 含量较高外，其余元素含量均较低。道地三七产区土壤受其成土母质影响，道地三七最适合的土壤类型是中性偏酸性的壤质黏土，对低盐基饱和度的土

笔记

壤较适应，可作为其道地性的特征之一。对野马追的生态适应性研究表明，野马追适宜在微酸环境中生长。道地金银花的分布受地质背景系统制约，主要分布于大陆性暖温带季风性半干旱气候区内，受成土母质影响，金银花最适宜的土壤类型是中性或稍偏碱性的砂质壤土。

（三）地形地貌因素与中药材产地适宜性

地形地貌因素与中药材生态适宜性方面的研究主要集中在综合应用多种数学方法分析药材品质与不同地形因子（海拔、坡向、坡度）间的相关性，揭示道地药材品质和外观性状与地形地貌的相关性。海拔的变化会引起气候微环境的改变，如土壤性质、微量元素、降雨量、相对湿度、辐射强度和光谱中波长成分等因子都会随着海拔的不同而改变。不同坡向和坡度中的太阳辐射量、土壤水分、地面无霜期不同，对中药材品质会产生一定影响。如同一生长时期的黄连在低海拔处的根状茎重量和小檗碱含量大于高海拔处；同一地区的短葶飞蓬总黄酮含量有随海拔升高而增大的趋势。

（四）群落因素与中药材产地适宜性

群落因素与中药材生态适宜性方面的研究主要集中在不同群落类型包括群落的物种类型、外貌和结构、组成比例、地理分布、生态环境等与道地药材品质和外观性状相关关系，得出不同群落类型对药材品质的贡献度差异。通过对样地的野外调查，对其群落特征进行统计，测定群落相对优势度和聚类分析，得出不同群落类型的差异程度。同时，研究群落和小气候包括太阳辐射、光照强度、光质、温度状况、水分状况、空气成分、空气流动、土壤形成和环境、营养分配等与道地药材有效成分累积和外观性状的相关性，揭示群落生态条件与药材品质的密切联系。

群落环境（包括群落组成和群落结构）是植物生长的关键因素之一，关系到物种的生存、多样性、演替和变异等。研究道地药材生长的最适群落环境是道地药材与环境相关性研究中的重要内容。例如，以数值分类方法进行研究，初步确定了暗紫贝母分布的植物群落类型及其群落特征，并研究了其群落类型与松贝（川贝母）品质之间的相关性，指出绣线菊 + 金露梅 + 珠芽蓼群落、窄叶鲜卑花 + 环腺柳 + 毛蕊杜鹃群落、委陵菜 + 条叶银莲花群落所产松贝为品质最优；并运用相似系数法对暗紫贝母和川贝母分布的群落类型进行了数值分类。

（五）遗传特征与药材品质的相关性研究

采用 DNA 分子标记方法，分析不同产地药材基因型与品质间的相关性，研究其种质资源的遗传分化，确定道地产区药材种质资源的基因型，采用 t 检验、聚类分析及主成分分析等统计学方法，明确药材道地性形成的遗传机制。研究不同产区药材的主要有效成分生物合成关键酶基因的表达变化，利用生物信息学的有关分析技术和主要有效成分生物合成途径关键酶的已有成果，结合主要有效成分动态的变化，揭示药材道地产区与非道地产区主要有效成分不同生态环境下的表达差异，建立以主要有效成分生物合成关键酶基因为主要依据的道地药材产地适宜性分析技术。

研究者基于地理信息系统（GIS），选择农业生产常用的≥10℃积温、年平均气温、七月最高气温、七月平均气温、一月最低气温、一月平均气温、年平均相对湿度、年平均降水量、年平均日照时数以及土壤类型等 10 个生态指标作为中药材产地适宜性分析的评价指标，创建了“中药材产地适宜性分析地理信息系统”（TCMGIS）。该系统通过对中药材生态适宜性进行多生态因子、多统计方法的定量化与空间化分析，得出中

笔记

药材单品种在全国范围内不同生态相似度等级的区域，并将其图形化，可有效指导中药材引种和扩种，并合理规划中药材生产布局，其分析技术路线见图 2-5。

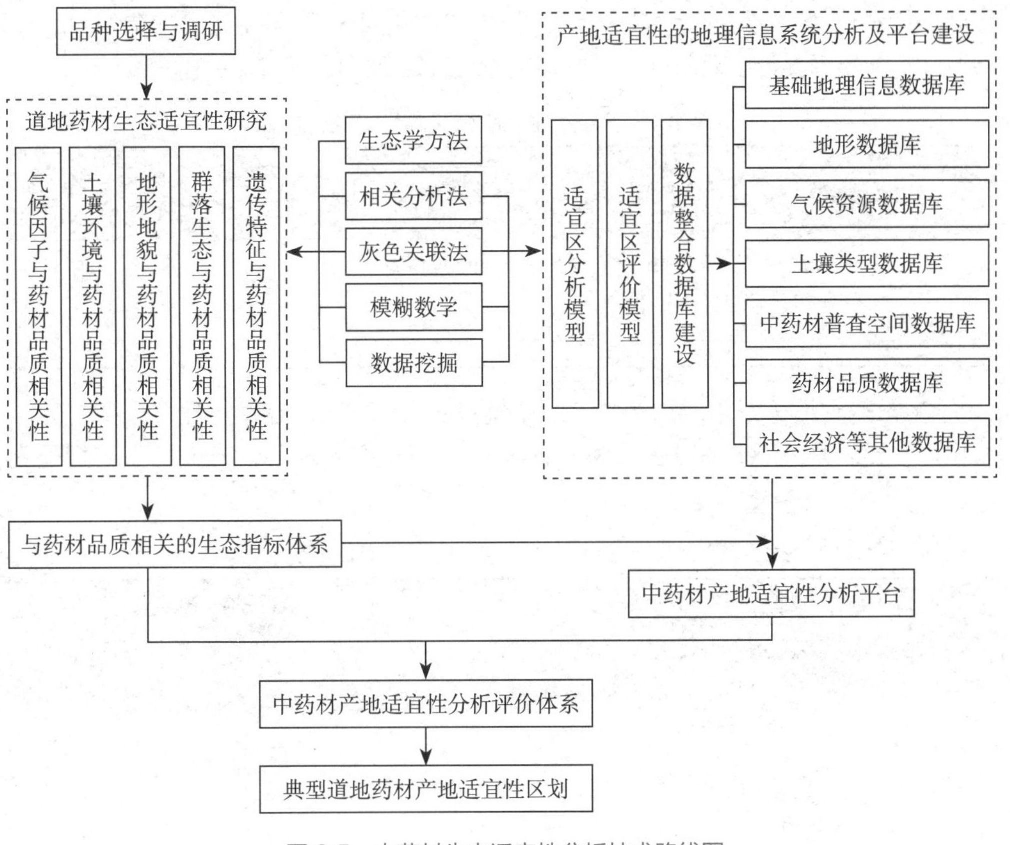

图 2-5　中药材生态适宜性分析技术路线图

案　　例

例 1　高寒山区羌活产地适宜性及生产区划分析

羌活为伞形科植物羌活 *Notopterygium incisum* Ting ex H. T. Chang 和宽叶羌活 *Notopterygium franchetii* H. de Boiss. 的干燥根茎及根。性温，味辛苦，具解表散寒，祛风除湿，止痛之效，用于风寒感冒，头痛项强，风湿痹痛，肩背酸痛。根据 2 个种主要生长海拔的不同，民间常称为“高山羌活”和“低山羌活”。分布于高海拔区域的羌活 *N.incisum* 为传统川羌的主要来源，也是一级药材和唯一外贸出口规格“蚕羌”的主要来源。

结合近 10 年对羌活道地产区最适宜生长环境因子的调查结果和中药材产地适宜性分析地理信息系统（TCMGIS-Ⅰ），对羌活资源分布、生境适宜性进行分析，为我国高寒区濒危药用植物羌活的种植基地选择及生产区划提供科学依据和实践指导。

【调查区域】四川、青海、甘肃和西藏等羌活药材（含羌活和宽叶羌活）分布区，共 24 个县 69 个分布点。主要收集和记录了羌活植物群落状况、资源状况、地理坐标、土壤、坡向、当地社会经济、采挖和收购等相关数据资料。

笔记

【生态学特性】多分布于高山和亚高山的阴山和阴坡，适宜于寒冷湿润的气候条件和高有机质含量的土壤环境，喜冷凉、耐寒，多为阴生和林下。

【生态因子值】根据 TCMGIS 系统提供的羌活产地生态因子数值分析结果及文献综合分析，以土壤类型、年降水量、年日照时数、海拔、相对湿度、1 月平均温度、7 月平均温度 6 个生态因子作为羌活产地适宜性的主要生态指标（表 2-4）。

表 2-4　羌活产地适宜性的主要生态指标

生态因子	土壤类型	降水（mm）	日照时数（h）	海拔（m）	相对湿度（%）	1 月均温（℃）	7 月均温（℃）
适宜指标	黑毡土，草甸土，棕壤，暗棕壤、草毡土	400~1000	1900~2700	3000~4500	50~70	−12~−3	5~18

【生态适宜性分析】应用 TCMGIS 系统进行分析，与羌活主要分布区生态因子相似度达到 90%~100% 的地区，为适宜区；相似度达到 80%~90% 的地区，为较适宜区（表 2-5）。

表 2-5　羌活分布最适宜区和较适宜区状况

省区	最适宜区的分布状况				较适宜区的分布状况			
	市县数目	面积（km²）	占市县面积比例（%）	占最适区总面积比例（%）	市县数目	面积（km²）	占市县面积比例（%）	占适宜区总面积比例（%）
四川	38	67 117.2	27.22	47.24	61	120 753.4	41.07	32.030
西藏	40	48 136.9	13.80	33.88	64	140 952.3	29.83	37.387
青海	25	15 357.1	8.63	10.81	35	71 204.5	17.42	18.887
甘肃	13	10 764.5	16.13	7.58	32	30 623.1	22.38	8.123
云南	2	697.7	4.08	0.49	9	107 823.0	23.42	2.860
新疆	—	—	—	—	14	1029.1	0.62	0.273
山西	—	—	—	—	27	969.0	2.24	0.257
陕西	—	—	—	—	17	610.1	1.84	0.162
河北	—	—	—	—	6	70.3	0.59	0.019
河南	—	—	—	—	1	5.3	0.18	0.001
总计	118	142 073.4	16.57	100	266	30 623.1	23.33	100

结果显示，最适宜生长区域主要分布在四川、西藏和青海，包括川青藏高山峡谷区和祁连山地等集中成片区域。在地理上，最适宜区集中于青藏高原东部和东南缘的西藏东部、四川西部、青海东南部以及与甘肃接界区域，甘肃南部局部区域，以及云南与西藏接界区域。地形地貌主要是高山峡谷区和高原夷平面，植被主要是高山草甸、高山灌丛草甸、亚高山暗针叶林以及次生林。

根据统计结果显示，四川、西藏、青海和甘肃临近区域 118 个县市是羌活集中连片的最适宜产区，总面积 142 073km²，四川占总面积比例达 47%；较适宜产区包括四

笔记

川、西藏、青海、甘肃、陕西、新疆等10个省区266个县市，面积377 000km^2，其中四川占较适宜产区面积32%。

【区划与生产布局】最适宜区农地缺乏、生态脆弱的区域适合发展羌活种质保存、资源保护和野生抚育，规模化的人工规范栽培应妥善规划，宜从川西高原高山峡谷地带以及临近的青海、甘肃等区域中筛选生境环境条件合适的种植范围。

例2　基于TCMGIS-Ⅰ道地药材附子产地适宜性分析

附子为毛茛科植物乌头 *Aconitum carmichaelii* Debx. 的子根的加工品。大热，味辛甘，有毒。有回阳救逆，补火助阳，散寒止痛之效，用于亡阳虚脱，肢冷脉微，心阳不足，胸痹心痛，虚寒吐泻，脘腹冷痛，肾阳虚衰，阳痿宫冷，阴寒水肿，阳虚外感，寒湿痹痛。

【地理分布】分布于四川、陕西、河北、江苏、浙江、安徽、山东、河南、湖北、湖南、云南、甘肃等地。

【生态学特性】喜温暖、湿润、光照充足的气候条件，怕高温、高湿。适宜生长条件：平均温度为15.9℃，绝对最高气温36.2℃，绝对最低气温-4.8℃，年日照时数为1327.4小时，年降雨量为1179.4mm，相对湿度81%，无霜期323天。野生乌头多生长于海拔800m以上的山区，自然植被为湿性常绿阔叶林，土壤多为山地黄壤或山地红壤；家种乌头多栽培在海拔500~600m的向阳平坝，植被以栽培作物为主，主要品种有水稻、玉米、高粱、小麦、油菜，土壤多为黄壤，海拔较高的丘陵和山地也有种植。

【生态因子值】根据TCMGIS系统提供的附子产地生态因子数值分析结果及文献综合分析，以年日照时数、气温、降雨量、土壤类型、海拔5个生态因子作为附子产地适宜性的主要生态指标。结果年日照时数1300~1500小时，气温-2~36℃，降雨量1000~1200mm，土壤类型为黄壤，海拔500~1200m。

【生态适宜性分析】应用TCMGIS系统进行附子生态适宜性分析（表2-6）。

表2-6　附子生态适宜性分析表

序号	省区名称	包含适宜产地县市数	适宜产地县市总面积(km^2)	适宜种植区面积(km^2)
1	四川	77	172 519.84	49 951.78
2	陕西	17	41 484.05	12 863.16
3	贵州	79	152 308.96	81 407.27
4	湖南	53	120 082.15	55 749.06
5	湖北	30	80 296.96	25 925.28
6	甘肃	3	12 242.57	840.40
7	云南	19	52 887.96	15 277.69
8	广西	33	86 974.92	41 134.01
9	江西	15	31 146.82	7968.82
10	安徽	10	17 474.05	2940.21

根据系统分析结果，附子在全国的适宜产区包含四川、陕西、贵州、湖南、湖北、甘肃、云南、广西、江西、安徽等10个省区的336个县市，全国适宜种植附子地区面积总和为294 057.69km^2。

分析结果比第3次全国中药资源普查记载的省份增加了贵州、广西和江西等省。

笔记

附子的次适宜区面积和适宜区面积大致相等，适宜区中增加广东、福建和西藏等省区，这对于附子的种植区划和引种栽培有较高的参考价值。

（巢建国　何先元　江维克　田建平）

学习小结

1. 学习内容

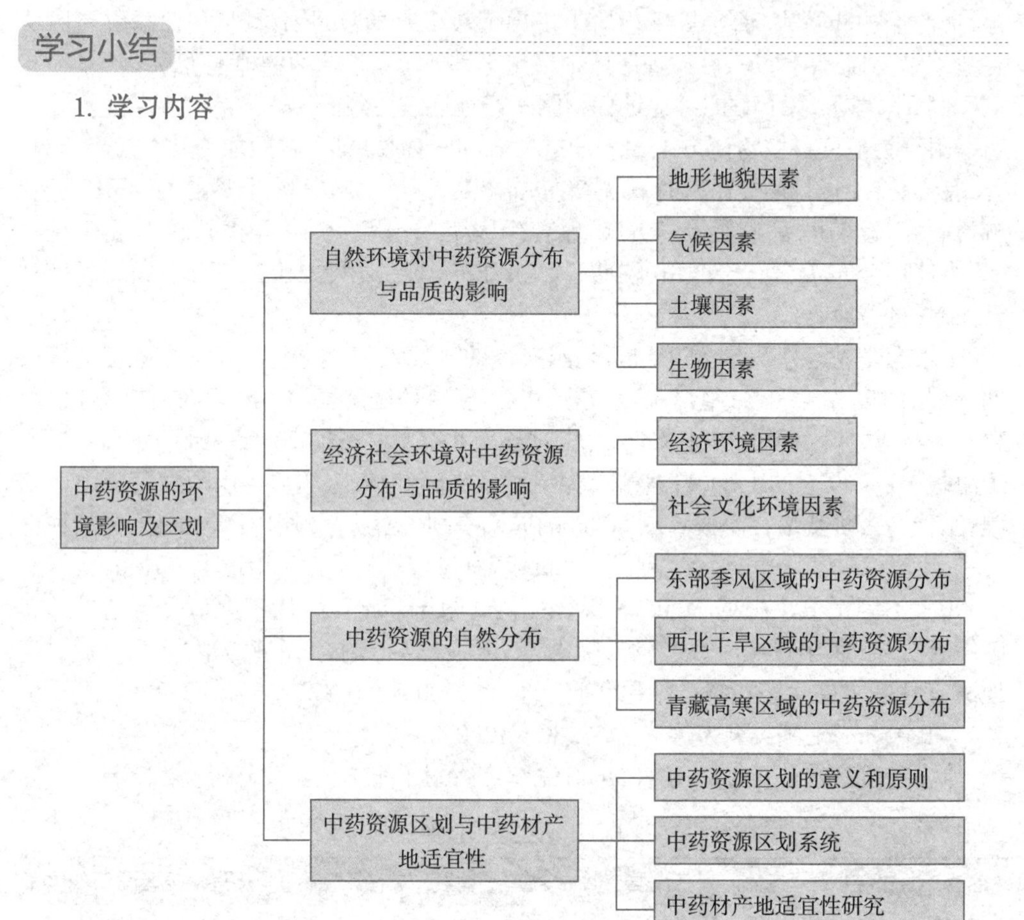

2. 学习方法

中药资源是研究和发展中医药的基础，为了掌握中药资源的环境影响和中药材产地适宜性及生产区划等知识，通过理论学习、知识链接、案例分析及参阅相关文献帮助学生理解我国中药资源的构成与分布、各环境因素对中药资源品质与分布的影响及中药资源区划与中药材产地适宜性的相关概念和研究内容。

复习思考题

1. 简述自然环境对中药资源分布与品质的影响。
2. 简述我国中药资源的自然分布特点。
3. 论述中药资源区划的意义和原则。
4. 论述中药材单品种生态适宜性研究。

笔记

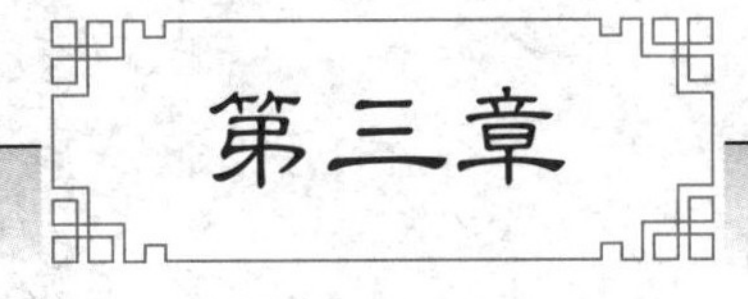

第三章

道地药材资源

学习目的

通过本章学习，熟悉道地药材的形成、发展与变迁，掌握道地药材的概念及特征属性和我国道地药材的主要分布情况。

学习要点

道地药材的概念、特征；道地药材形成的自然和人文因素；道地药材变迁原因及发展；道地药材的研究内容和研究手段及应用价值；道地药材的分布特点。

中医药历史悠久，源远流长，具有几千年的历史，在长期的医疗实践中，人们积累了丰富的药物知识和经验，发现某些特定区域所产的一些药材品种，其品质和疗效优于其他地区所产同类药材，再经长期的临床验证和流通过程中的推广，逐渐形成了一批产于特定地区，且货真质优、疗效显著的药材，最终形成了道地药材的概念。中药的道地性是中医发展过程辩证地认识中药质量的集中体现，是古代中医选用药材、评价药材质量的标准。中医药讲究中药的道地性，道地药材是近代中药研究的重点和中药产业现代化关注的热点。中药材道地性理论是中医药理论的重要组成部分。

第一节 道地药材的概念、特征

一、道地药材的概念及性质

道地药材（也称为地道药材）（Daodi medicinal material 或 authentic and superior medicinal herb）是指经过长期医疗实践证明，具有特定种质、特定产区、特有的生产加工技术或加工方法而生产的质量、疗效优良的药材。其核心的要素包括两方面：一是医疗的实践检验，经过长期中医用药的检验，在中医药界得到肯定的优质药材；二是特定产地出产，也就是特定的生态气候环境条件生长或生产的，离开其适宜的生态气候环境生产出的药材质量会发生改变。道地性是对道地药材所具有的各种优良性状的总称，是中药材的精品，我国常用的500余味中药材中，道地药材不足200味，但其用量约占中药材总用量的80%。

知识链接

"道地"

"道地",《词源》有两种解释。①代人疏通,以留余地。如《汉书·酷吏传·田延年》"丞相议奏延年'主守盗三千万,不道。'霍将军(光)召问延年,欲为道地。"②真实,真正;多指产品。如宋·严羽《沧浪诗话·附答吴景仙书》"世之技艺,犹各有家数;市缣帛者,必分道地。"明·汤显祖《牡丹亭·诇药》:"好道地药材"。这里主要指药材的产地有名、质量真实可靠。

目前人们对药材道地性的内涵大体有三种认识:第一,"道地药材"指各地的特产药材,后演变成货真价实、质优可靠的代名词;第二,"道"是古代地理区域划分的称谓,即产于特定地理、地形、地带、地貌条件下的药材;第三,现代生物学认为,"道地药材"是指某一物种的特定居群,即某一物种因其具有一定的空间结构,能在不同的地点形成不同的群体单元,如果其中一群体产出的药材质优效佳即为道地药材。

道地药材这一概念可追溯到我国现存最早的本草专著《神农本草经》,书中记载"土地所出,真伪新陈,并各有法",强调了药材产地的重要性。在唐代孙思邈的《千金翼方》中,首次采用当时的行政区划"道"来归纳药材产地,并强调"用药必依土地"之概念。类似道地药材含义的"道地"一词始见于南宋诸文献,至明代则大量见于本草。近年来人们认识到道地药材是一类典型的地理标志产品,是天、地、人结合的产物,道地药材的理念逐渐受到全世界的关注和认可。

二、道地药材的特征

道地药材具有以下公认的特征属性,即具有特定的质量标准及优良的临床疗效,具有明确的地域性和丰富的文化内涵,具有较高的经济价值。其中特定的质量标准和优良的临床疗效,体现了道地药材最核心的价值。

(一) 明确的地域性

诸药所生,皆有境界,道地药材一般特指原产或栽培于某一地区的某种优质正品药材,具有明显的地理性。在其道地产区往往有一定的集中生产规模,在中药材流通领域中享有极好的声誉,如《本草图经》云附子"绵州彰明县(今四川江油)多种之,惟赤水一乡者最佳"。因此,许多道地药材在药名前冠以地名,以示其道地产区,如宁夏枸杞、川贝母、辽细辛、怀山药、宣木瓜、浙玄参、杭白芷、苏薄荷、建泽泻、广陈皮等。但是也有少数道地药材名前面的地名,是指该药材传统的或主要的集散地或进口地,而不是指产地,如藏红花,并非西藏所产,而是最早由西藏进入我国;广木香原产印度,因由广州进口,故名,现我国云南已有大面积引种栽培,逐渐成为主要商品来源,所以广木香名已渐被云木香取代。

(二) 特定的质量标准和优良的临床疗效

道地药材在道地产区生产历史悠久,长期适应当地独特的生境,并经过特定的栽培、加工和贮藏,通常在药材的外观、质地和化学成分等方面表现出一定的特异性。例如,主产于甘肃、宁夏的宁夏枸杞以其粒大饱满、色红、肉厚、质润、籽少、味甜微苦的性状特征,使其有别于非道地枸杞;野生地黄植株瘦小、根细如手指,而河南豫北地区栽培的"怀地黄",不仅植株粗壮、块茎肥厚、油性大、味微甜、断面呈菊花心状、产量

笔记

大，而且梓醇含量高，质量上乘；安徽铜陵等地生产的“凤丹皮”，其加工品丹皮切口紧闭、肉厚粉足、亮星多、香气浓、久贮不变色、久煎不发烂，且丹皮酚的含量高达 4.1%（药典规定不少于 1.2%），为药材丹皮之珍品。

（三）丰富的文化内涵

道地药材是自然与人文相结合的产物，其优良品质不仅受其遗传特征和生长环境的影响，也受到产区的生产加工技术、贮藏运输方式、中医临床选择、文化传播、社会政治等人文因素的影响。同时，道地药材由于品质优良而广受外界赞誉，提高了当地人民的自信心和自豪感，促进了传统文化的发展。近年来一些道地产区将道地药材作为地理标志产品进行保护、宣传，也出现了以道地药材命名的各种节庆形式，极大地丰富了道地药材的文化内涵。许多道地药材长期大量出口，促进了当地文化的对外交流。例如新会是中国著名的陈皮之乡，已有近千年的陈皮生产历史，新会陈皮是新会所产茶枝柑（大红柑）的干果皮，也是“广东三宝”之首和“广东十大中药材”之一，可谓素味平和，和胃理气，中国·新会陈皮文化节系列活动即弘扬了“和药”“陈藏”“养生”和“茶道”四大文化精髓，围绕“文化·产业·健康·互联网 +”主题，展示了中药陈皮的文化底蕴和产业前景。

（四）较高的经济价值

道地药材是主产地经济的重要组成部分。“民以药为生，地以药为显，药以地为贵”，是道地药材经济的集中刻画。由于种植规模大，栽培加工技术娴熟，加之质量上乘，市场信誉高，道地药材具有良好的竞争优势，市场价格较非道地药材高，带来较高的经济效益，加速了当地经济的良性循环。例如道地产区贵州赤水金钗石斛的收购价格为其他地区所产者的 2 倍；福建、广东、广西等地的广藿香价格高出其他地区所产者近 50%。不少道地药材在一定程度上还带动了当地的工业、旅游、出口创汇等行业的发展。

第二节　道地药材形成的因素

道地药材是我国千百年来医药实践的经验总结与凝练，是我国特有的一种药物概念和质量标准，其内涵丰富而科学。道地药材资源是中药资源中应用广泛、品质优异、产量较大、经济价值较高的重要资源，对道地药材形成因素的探讨，合理开发利用我国不同地区的道地药材资源，保证中药材质量，提高中医药临床疗效都具有重要的意义。

道地药材形成机制复杂，与遗传、环境、人文等因素密切相关。在长期的生产实践中，独特的地理和生态条件会逐渐改变中药材的遗传物质进而改变种质，从根本上影响药材的质量。各因素间的相互作用，形成了一个复杂的网络系统，在其综合作用下形成了药材的道地性。

一、道地药材形成的自然因素

道地药材的优良品质是道地药材优良的物种遗传基因与独特的自然生态环境长期作用的结果。物种遗传基因是药材道地性形成的内在因素；而地理条件以及土壤、气候等生态环境因子在道地药材的形成过程中是极为重要的外在因素。

笔记

(一) 优良的物种遗传基因是道地药材形成的内在因素

种质(Germplasm)一词,源于1892年德国著名遗传学家Weismann所提出的"种质论"。种质是指决定生物性状遗传(种性)性,并将其遗传信息从亲代传递给后代的遗传物质,也称为物种遗传基因。生物的基因对中药材质量的形成具有重要影响,无论是物种之间还是物种内不同品种之间,均可能因种质的不同对药材质量的形成产生影响,优良的物种遗传基因是决定道地药材品质的内在因素。

生物的形态结构及化学物质的形成和积累都会受到生物遗传基因的控制,不同物种的基因不同,所形成的药材化学成分也有差异,反映到临床疗效上就会呈现出一定的差异。道地药材的形成,首先取决于种质,药材种质不同,其质量差异很大。例如中药材大黄,《中国药典》(2015版)中收载为蓼科Polygonaceae大黄属*Rheum*掌叶组植物的掌叶大黄*R. palmatum* L.、唐古特大黄*R. tanguticum* Maxim. ex Balf.或药用大黄*R. officinale* Baill.的干燥根和根茎,前两种常分布于甘肃、青海、西藏等地,习称"北大黄",后一种常分布于四川、湖北、贵州、云南、河南等地,习称"南大黄",这三种大黄所含化学成分基本相似,均含有蒽醌衍生物,其中以唐古特大黄泻下活性最强,可视为道地药材的优良品种。大黄属共有41个种和2个亚种,但载入《中国药典》,可供入药的只有以上3个种。非正品大黄,如藏边大黄*R. australe* D. Don、河套大黄*R. hotaoense* C. Y. Cheng et Kao、华北大黄*R. franzenbachii* Munt.、天山大黄*R. wittrockii* Lundstr.等,其有效成分的含量较低,泻下作用较差,故不能作为药用大黄使用。

对于栽培药材,即使是同种植物,因基因差异亦会形成不同的栽培品种。如药用菊花*Chrysanthemum morifolium* Ramat,在漫长的栽培生产过程中形成了各具特色的亳菊、滁菊、贡菊、杭菊、怀菊等道地药材;又如北沙参的栽培品种根据叶柄色泽,分为大红袍(紫叶柄)、白条参(绿叶柄)、红条参(粉红色叶柄),其中大红袍根粗大、粉性足、耐干旱、产量高,常作为主要栽培品种。

(二) 独特的自然生态环境是道地药材形成的外在条件

生态一词,源于古希腊文字,通常指生物的生活状态。环境系指生命系统周围的一切事物的总和,它包括空间以及其中可以直接或间接影响生命系统生存和发展的各种因素。生态环境(ecological environment)是指影响生物生存和发展的一切外界条件的总和,包括影响生物生存与发展的气候资源、土地资源、水资源、生物资源的数量与质量等。

动植物的生长、发育和繁殖,与其环境条件息息相关。道地药材的形成与中国得天独厚的自然地理条件有关。中国的土地面积位于世界第三,地跨寒温带、温带、亚热带和热带,拥有复杂的气候和地理条件,由于第四纪冰川的侵蚀较轻,有丰富的生物多样性,使中国拥有天时地利的自然生态环境。地区性特有的自然环境条件是形成道地药材重要的外在因素,各种植物、动物对其生长发育所需要的环境条件是不同的,有的甚至十分严格,因而形成了一些特定地区特产的道地药材。如三七只在我国云南的文山州和广西西南部的狭窄区域内可以栽培,川芎主产于四川彭州、都江堰等地。

药用生物的形态结构及其活性成分的合成积累,是生物长期适应外界生态环境的结果。当外界生态环境因素发生变化时,药用生物体的外部形态及活性成分均会因代谢的变化而发生变化,进而影响中药的质量与产量。古人云"离其本土,则效异"

笔记

中的“本土”即包括土壤、水分、光照、温度、地形等环境因子，这些因子之间相互联系、相互作用、相互影响，其综合作用维系着道地药材的生存与发展。其中，土壤和气候对道地药材形成影响最为显著。

土壤是生物与非生物之间进行物质与能量移动和转化的基本介质，更是形成道地药材的天然基础。品质优良的道地药材通常需要特有的土壤类型。有的道地药材对土壤的选择性很强而使最佳的栽培地区更为集中。如白术为我国著名的“浙八味”之一，适宜在自然植被好，雨量充沛，保水保肥能力强，排水性能良好，有机质、氮、磷、钾及微量元素含量较多的中性偏酸土壤中生长发育，而浙江磐安县、新昌县、天台县一带，群山连绵，素有“群山之祖，诸水之源”之称，最适宜白术生长。

气候与道地药材质量的形成也具有密切的相关性。大多数道地药材对温度的需求有一定的范围，当温度达到或接近药材耐受的极限时，药材的生长、产量和质量即受到限制。如益智在花期对温度敏感，适宜温度为24~26℃，22℃以下开花少，低于10℃时不开花；颠茄喜温暖、湿润气候，怕寒冷，忌高温，以20~25℃的气温生长快，超过30℃则生长缓慢。

环境因素对道地药材形成的影响是综合性的，所有的环境因素并非在任何时间都是同等重要，而是某种因素在某段时间或对某种植物表现出特有的影响强度。如果环境条件发生变化，将会改变药材的道地性特征，甚至使其品质和药效降低。例如青蒿由于产地不同，环境条件有异，青蒿素的含量差异很大，生长在南方，如重庆、四川、广东、海南、广西等地的青蒿，青蒿素的含量较生长于北方地区者高很多；甘肃岷县、武都、文县等地自古为当归的道地产区，其中以岷县所产的“岷归”产量最大质量最佳，甘肃岷山山脉，因山前、山后的地理位置、生态环境的不同，产在山脉后的岷县当归，主根肥大而长，支根少而粗壮，内外质地油润，气清香，为当归中的上乘佳品，产于山脉前的武都、文县一带的当归，因土层较薄，腐质土少，气温较高，所产当归，主根较短，支根多而细，油性较差，故当地有“前山腿子后山王”之说。

二、道地药材形成的人文因素

从古至今，数千年的中国医药发展史形成了足以影响世界医药文化的传统中医药理论体系，成为中华民族灿烂文化的重要组成部分，为道地药材的形成与发展奠定了坚实的思想和人文基础。同时，伴随中药材需求量加大以及资源保护意识的提高，除少数道地药材是来自野生资源外，大多数均来源于栽培或驯养，其中栽培品所占比例较大，如黄连、板蓝根、天麻、三七、地黄、麦冬、连翘等。这些道地药材的栽培历史悠久，有的已经形成优良的栽培品种，具有完备的栽培技术和采收加工技术，形成了成熟的生产体系，为道地药材的生产提供了可靠保证。

（一）中医药理论和实践是道地药材形成的思想基础

医术药术，相辅相成。作为中医药理论这一中华文化不可分割的部分，中药离不开中医系统理论的指导，系统的中医药理论与长期的临床实践是道地药材形成的思想基础。仅有资源，没有医术，难以成药。中药离开中医理论的指导则不是中药，更谈不上是道地药材。从古到今，中医名家均以货真质优的药材作为增强临床疗效、提高健康服务水平的物质基础。因而，在中国古代大量的医书医案中无不浸润着对道地药材的精辟论述和推崇赞誉，中国历代医药学名家历经千辛万苦编著的本草著作，

笔记

更是以道地药材为其特有精华，奠定了形成道地药材坚实的思想基础。

我国现存最早的药物专著《神农本草经》序中谓“药有…… 采治时月、生熟、土地所出”，已隐示药物的采收时间及出自土地的重要性，在其收载的药物名称中，亦出现巴豆、蜀椒、秦椒、阿胶等带有道地色彩的一些药名，巴、蜀、秦、东阿等均是西周前后的古国名或古地名。《黄帝内经》明确指出“岁物者，天地之专精也。非司岁物则气散，质同而异等也”。《伤寒论》在医方中也应用道地药材，112 首方剂涉及 80 余种中药，其中道地药材阿胶、赭石、巴豆等广泛用于临床。梁代陶弘景所著《本草经集注》则进一步论述“案诸药所生，皆有境界…… 自江东以来，小小杂药，多出近道，气力性理，不及本邦。假令荆、益不通，则全用历阳当归、钱塘三建，岂得相似？所以疗病不及往人，亦当缘此故也”，该书对 40 多种常用药材明确以何处所产为“第一”、“最胜”、“为佳”、“为良”等记述，明确的记载了当时的道地药材，也是现今确定道地药材的最原始依据之一。唐《新修本草》对药材道地性概括为“窃以动植形生，因方舛性。离其本土，则质同而效异”。宋《本草图经》附图常以产地冠名，如“齐州半夏”、“银州柴胡”等，共 144 处，约 250 种药材。而后在《本草衍义》中有“凡诸草本昆虫，产之有地，……失其地，则性味少异”等论述。至明代《本草品汇精要》明确标注道地项，以突出道地药材。《本草纲目》中薄荷“今人药用，多以苏州为胜”，麦冬“浙中来者甚良”，这些对药材认识的论述，均是对道地药材临床实践的概括，为道地药材概念的形成奠定了极为重要的基础。

正是中医药学家长期的临床实践推动了道地药材的发展，近代涌现了一大批经营道地药材的百年老号，如北京同仁堂、杭州胡庆余堂等。道地药材逐渐从专业的医药学家走向民间，成为家喻户晓的中医药文化元素之一，为道地药材的发展提供了强大的社会、经济、文化基础。

（二）完善的栽培加工技术是道地药材形成的可靠保证

我国道地药材具有一个共同特点，除了少数品种直接来源于野生资源外，大多数均来源于人工栽培。长期栽培过程中，不断总结经验，在良种选育、规范种植、适时采收和精细加工与炮制等方面，逐步形成了一整套道地药材的栽培和加工方法，为道地药材的形成提供了可靠保证。

种子和种苗的质量好坏，直接关系到药材的产量和质量。多数道地药材的栽培，对种子和种苗的采收、保存、处理都具有特定的要求。例如，过去浙江地区留种的白术种子，多于初冬采收，晴天整体挖出留种植株，连同果序的茎秆扎成小把，于阴凉通风处 20~30 天，使种子充分后熟，当果序露出白色茸毛时再晒 1~2 天，轻击果序震落白术籽。近年来，各道地药材产区都加强了种子的提纯、复壮技术的研究，建立了药用植物种子规范化生产操作规程，从源头上把好道地药材种子种苗的质量关。

系统而娴熟的栽培管理和病虫害防治技术，保证了道地药材正常的生长发育和优良的品质，大多数道地药材都具有独到的种植技术。如江油附子，其特有的栽培要点是在温暖湿润的平坝上种植，冬至前 1 周栽种，年年换种，栽培过程中“打尖”、“拔芽”、“修根”等技术促进了营养物质的积累，使该地的附子得以高产优质；又如在伊贝母栽培生产中，采用适当降低土壤含水量，增施氮、磷肥料以及降低光照强度等技术措施，均可不同程度地提高其鳞茎中的生物碱含量。在病虫害防治方面，千百年来，道地药材产区药农在与病虫害作斗争的过程中，积累了大量的经验。实践发现，白术

笔记

采取间隔 3 年以上的轮作，可以较好地减少病害的发生；麦冬与水稻轮作，经水田淹水，可减少病虫害对块根危害；四川川芎主产区一直采用“平坝栽种，高山育苓”方式，能有效减少病虫害。

采收季节和加工方法也影响着道地药材的品质与产量，经过长期实践和经验总结，道地产区大多摸索出了最佳采收季节和最适宜的加工方法，保证了道地药材的最大产量和最佳质量。如杭菊花的主产地浙江桐乡一带，于 11 月份 3 批采收菊花，采摘花色洁白、花瓣平直、花心散开 60%~70% 者，晴天下午采收，不采露水花，以免引起腐烂；采用蒸法加工时，水要分次少加，以免水沸腾而影响质量，蒸花时间约 4~4.5 分钟，久蒸不易晒干，过快易致生花变质；晒干时强调未干不翻动，晚收不叠压，晒 3 天翻动一次，6~7 天后贮藏数天再晒1~2 天，至花心变硬即可，如此特有的采收加工技术，有效地保证了杭菊花朵大瓣阔、色白芯黄、清香甘醇的道地性状。不同品种的芍药由于加工方法不同，表现出不同的药材性状，杭芍是先撞去外皮再置于水中煮透，然后捆在竹片上晒干，所以其药材根直、表面棕红色；川芍先刮去外皮，立即放入“种子水”(白芍须根捣碎加入玉米粉和豌豆粉的混合液）中浸泡，再煮透，所以其药材较细短，表面粉白色，质坚明亮。

道地药材的形成是一个复杂的系统，是在长期的物种进化和生态适应过程中，不断分化、演变，适应于特定的生态地理环境条件所形成的。适宜的生态环境、优良的种质资源、传统的中医药理论、合理的栽培技术、科学的采集加工技术均与道地药材的演变紧密相关。

第三节　道地药材的变迁与发展

随着时间的推移，时代的进步，科学技术以及中医事业的不断发展，人们对道地药材的认识也在不断深入，从而使道地药材在品种来源、道地产区、栽培加工等方面得以不断更新和完善。千百年来“优胜劣汰、择优而立”使得道地药材群体不断优化和发展，以“货真质优、疗效显著”为入选标准使道地药材历经沧桑，经久不衰。

一、道地药材的变迁概况

道地药材的形成包涵了诸多要素，包括种质、自然生态环境等自然要素和采集加工、经验鉴别、质量评价等人文要素。有的道地药材品种不变，一直延续至今，而有的道地药材的形成则经历了变迁。谢宗万等由此提出了“药材品种延续论”和“药材品种变迁论”。有的道地药材仅其中一个形成要素发生了变迁，如枳实、乌药、阿胶等；但有的多个形成要素发生了改变，如延胡索，其种质和道地产区均发生了变化，正如李时珍说“古今药物兴废不同”。

（一）道地药材种质的变迁

道地药材的种质与众多药材种质一样，有的品种代代相传，自古延续的如当归、黄芪、三七、木瓜、乌药等。而有的道地药材种质则发生变迁，如古代早期使用的枳实基原为芸香科植物枳 *Poncirus trifoliata* (L.) Raf.，宋代以后的枳壳、枳实就改以酸橙 *Citrus aurantium* L. 及其栽培变种或甜橙 *Citrus sinensis* Osbeck 的干燥幼果为主；又如紫草，古本草收载的均为硬紫草，来源于紫草科植物紫草 *Lithospermum erythrorhizon*

笔记

Sieb. et Zucc.，而现时则普遍使用的为软紫草，来源于新疆紫草*Arnebia euchroma*（Royle）Johnst.，扩大了药用范围；再如古代将银柴胡列入柴胡项下，《雷公炮炙论》、《本草图经》等古籍记载的银州柴胡的基原为伞形科植物红柴胡 *Bupleurum scorzonerifolium* Willd.，而从《本草纲目》《本草原始》等书开始记载的银州柴胡为石竹科植物银柴胡 *Stellaria dichotoma* L. var. *lanceolata* Bge.，《神农本草经疏》记载银柴胡功效是专治劳热骨蒸，与伞形科柴胡以解表发散之功有别，清《本草纲目拾遗》则将柴胡与银柴胡分条并列，现今银柴胡与古代的银州柴胡，虽然产区相同，但是已经由伞形科柴胡属植物演变为石竹科银柴胡了。

（二）道地药材产区的形成与变迁

道地药材的产区，即道地产区，也存在延续与变迁两种情况。有的道地药材的道地产区在历史发展中一直延续至今，如木瓜，《本草图经》记载“木瓜处处有之，而宣城者为佳”，此后历代本草均以安徽宣州为道地。

但是道地药材的产地并非一成不变，很多道地药材的道地产区在历史上甚至几度变迁。有些产地增多，有些减少，如地黄，《名医别录》记载“生咸阳川泽黄土地者佳”，《本草经集注》“今以彭城干地黄最好，次历阳，今用江宁板桥者为胜”，宋《本草图经》“今处处有之，以同州者为上”，明《本草蒙筌》“江浙壤地种者，受南方阳气，质虽光润而力为微；怀庆山产者，禀北方纯阴，皮有疙瘩而力大”，《本草纲目》“今人惟以怀庆地黄为上，亦各处随时兴废不同尔”，自此，地黄以河南怀庆为道地，习称“怀地黄”。

还有一些道地药材常因产区变迁，种质相应改变。如延胡索，始载于唐《本草拾遗》，据本草考证，唐宋时期延胡索以东北野生品为道地，经考证应为齿瓣延胡索 *Corydalis turtschaninovii* Bess.，明《本草品汇精要》在“道地”项下注明以江苏镇江为佳，明《本草纲目》记载江苏茅山有延胡索栽培，根据其附图和文字描述，应为延胡索 *C. yanhusuo* W. T. Wang，《本草原始》认为茅山延胡索为道地，《本草乘雅半偈》中记载浙江杭州也产延胡索，近代以来，延胡索道地产区进一步南移，以浙江为道地。自唐以来，延胡索从东北迁往江苏，再南移至浙江，种质也由齿瓣延胡索变为延胡索，并由野生品改为栽培品。

现在一些药材产地正在发生变化，很多新的优质产区逐渐被人们发现认同，同时中药材种植也在寻找一些适合发展 GAP 规范化种植的新地区。如在贵州赤水建立了金钗石斛的 GAP 生产基地，并于 2006 年经原国家质量监督总局批准注册了地理标志保护产品“赤水金钗石斛”。类似的道地药材产地还有“商洛丹参”、“平利绞股蓝”等；而上海的西红花 GAP 基地，也使西红花成为上海的道地药材。由此可见，因为不同的原因，药材的道地产地一直存在着变迁，有的道地产区逐渐消失，而新的道地产区渐渐发展，有时还会出现一个药材多个道地产区的多道地性。

（三）道地药材药用部位的形成与变迁

古今道地药材的药用部位也时有变迁。如忍冬，始载于《名医别录》“忍冬，十二月采，阴干”，考虑到忍冬花期在 5~6 月，此应指藤茎，《证类本草》引《肘后方》“忍冬茎、叶，锉数斛”，这表明宋以前忍冬植物的药用部位为茎和叶，至明代，发展为茎叶及花均可入药，《本草品汇精要》在“用”项下注为茎、叶、花，《本草纲目》也记载“茎叶及花，功用皆同”，《得配本草》则强调“藤、叶皆可用，花尤佳”，现代药典以茎、枝、花

笔记

入药；又如香附，以"莎草"之名始载于《名医别录》，《本草图经》记载"采苗及花与根疗病"，至《本草衍义》"其根上如枣核者，又谓之香附子，今人多用"，现多以根茎入药。

（四）道地药材采收时间与加工方法的形成与变迁

道地药材非常重视采收时间。如艾，《本草图经》记载"三月三，五月五采叶，暴干，经陈久方可用"，《本草纲目》"艾叶采以端午，治病灸疾，功非小补"；产于蕲州的道地药材蕲艾产区延续了端午采艾的传统，为了增加蕲艾资源，道地产区除端午以外，一年还采 2~3 次。

有的道地药材加工方法古今也有变迁，如附子，《伤寒论》中以整枚入药，有时需"炮，去皮，破八片"，晋《肘后备急方》"去皮、脐"，当前道地产区四川江油则形成了"胆巴浸泡—煮制—剥皮（白附片）—切片—漂洗—蒸制—干燥"多道产地加工工序。有的道地药材自古以来加工的主要原料时有变迁，如阿胶，《名医别录》"煮牛皮作之"，《齐民要术》则"水牛皮、猪皮为上，驴、马驼、骡皮为次"，唐宋时期，阿胶原料由牛皮为主转变为驴皮；宋代以后阿胶全用驴皮煎煮，牛皮之胶则称为黄明胶；现代药典规定阿胶为驴的干燥皮或鲜皮经煎煮、浓缩制成的固体胶。

二、道地药材的变迁原因

造成道地药材变迁的原因有很多，历史发展过程中地域、交通因素变化可以导致道地药材的产地变迁，而其他如气候、资源过度利用、引种、品种分化等因素也对一些道地药材的变迁产生了影响，整理道地药材变迁的资料，分析变迁原因，对继承和发展道地药材传统，保证和提高药材质量具有十分重要的现实意义。

（一）地域、交通因素的变化

道地药材严格意义上属于汉民族医药文化，与中原汉文化密切相关。古代中原王朝势力圈决定了道地药材的地域分布空间。与中原汉文化密切联系的区域，道地药材记载时间相对较早，如广西的道地药材肉桂、滑石等在南北朝已经为道地药材，宋代增加珍珠、蛤蚧、山豆根等。受中原汉文化影响较弱或较晚的区域，道地药材记载时间相对较晚，内蒙古的道地药材在古代多限于中南部地区；云南的道地药材则主要在明清本草才开始出现，如云黄连、云茯苓等；新疆的道地药材主要在 20 世纪 50 年代才逐渐发现而利用，如阿魏、软紫草等。

诸侯割据、民族纷扰、连年征战导致正常的贸易受阻，使道地药材资源不能流通，导致道地药材变迁。如雄黄，汉魏六朝炼丹术士用的雄黄以武都（今甘肃西和）为佳，晋末武都少数民族地区发生纷扰，阻隔了武都雄黄进入中原，以致"时有三五两，其价如金。合丸皆用石门（今湖南）、始兴（今广东）石黄之好者尔"。而现在人口聚集、经济发展、工业化使得道地药材资源生存环境发生改变，质量与产量下降，从而导致产区变迁。如四川崇州是川郁金的传统道地产区，但是随着崇州城市化建设速度的加快，川郁金的主产区逐渐被广西代替。

（二）生产加工、栽培习惯的改变

生产、栽培习惯的改变也是道地药材产地变化的重要原因。如，河南四大怀药之一的怀地黄因其加工烦琐，年青一代的药农不愿生产，而造成种植面积锐减。如果不改进道地药材的加工方法，有些传统道地药材有可能会迁移他地。另外，随着中医药产业的发展，有些道地药材因为利润低，生产过程繁复，药农已经不愿意栽种。如，重

笔记

庆江津是枳壳和枳实的传统道地产区之一，枳壳和枳实的原植物酸橙 *Citrus aurantium* L. 就是因其产量低，药材加工较鲜品复杂，价格低廉，药农不愿意种植酸橙；而在当地推广应用的脐橙，鲜果产量大，收益是药材的数倍，因此，江津产枳壳、枳实明显减少。

（三）资源过度利用导致濒危

资源过度利用导致濒危也是道地产区变迁的重要原因。最典型的例子就是人参，《名医别录》中就有人参“生上党山谷及辽东”之说，古代多部本草的描述均可说明古代人参的产地上党、辽东并存。据史料记载，唐代即有当时的潞州上党郡、泽州高干郡、幽州港阳郡、平州北平郡、辽州乐于郡、营州柳城郡等向朝廷进贡人参，由于当时的贡品中通常不会出现掺假，所以可以证明当时晋冀一带是作为人参药材产区之一，而且原有“上党人参”一说，经多方考证确有此种情况。但是清代开始，山西上党人参逐渐消失，究其原因，森林被大量砍伐，导致人参生长环境被极大破坏，有可能是人参在上党等地绝迹的重要原因之一，使原有的道地产区随之不复存在。与上党人参类似的还有舒州（今安徽省安庆市）白术，白术在宋代备受医家推崇，《本草图经》记载“凡古方云术者，乃白术也”，并附有舒州白术等图，《苏沈良方》记载“黄州山中，苍术至多，就野人买之，一斤数钱耳……舒州白术，茎叶亦皆相似，特花紫耳，然至难得，三百一两”，可见当时舒州白术资源何其濒危，明清本草再无舒州白术记载。

道地药材因野生资源濒危，种质与产区被迫变迁。如黄连，古代长期以“宣黄连”为道地，宣黄连特指分布于安徽宣城相邻的部分皖南山区和毗邻的浙江西北山区的短萼黄连 *Coptis chinensis* var. *brevisepala* W.T.Wang et Hsiao，该地区的短萼黄连品质优异，作为道地药材一直可以追溯到南北朝时期《本草经集注》，下可至公元 1803 年的《本草纲目拾遗》，如唐《新修本草》载“江东者节如连珠，疗痢大善”，《本草图经》“今江、湖、荆、夔州郡亦有，而以宣城者为胜”，但是长期对道地药材宣黄连的需求，一直依靠对野生资源的采挖，导致资源渐渐枯竭，黄连道地药材在明清时期开始以四川为道地，种质也由短萼黄连改为黄连 *C. chinensis* Franch.。

（四）引种栽培

由于地区之间的交流的增多，很多我国本来不产的药材也开始栽培并形成道地药材，同时一些我国原本不用的药材，亦开始栽培、使用。如砂仁，原名缩砂蜜，唐代主要依靠进口，宋代广东开始引种，《本草图经》记载“出南地，今惟岭南山泽间有之”，近代以阳春为道地，《药物出产辨》记载“产广东阳春县为最，以蟠龙山为第一”；西红花过去靠从国外进口，由于现代栽培技术的进步，在我国的上海已经大量的室内种植，成为上海的优质药材；另外，红景天等药材，本来是少数民族的习用品，传统中医并不使用，但是由于现代的研究开发，使红景天成为了西藏等地的道地药材；还有一些国外的药用植物，被引进国内并逐步形成规模，如广西引种的玫瑰茄（*Hibicus sabdariffa* Linn.），东北引种的紫锥菊[*Echinacea purpurae*（Linn.）Moench]等，也成为优质药材。

（五）品种分化

有些道地药材最初仅有一大品种名称，而后伴随时代的变迁，也会发生品种的分化。如药材贝母，在明代以前无川、浙之分，明代张景岳《本草正》首先将川贝母与浙贝母（土贝母）分条论述，《本草纲目拾遗》也将浙贝母单列一条，与现今所用一致，目前川贝母、浙贝母为两味功效有别的药材；又如芍药，始载于《神农本草经》“味苦，平。

笔记

主邪气腹痛，除血痹，破坚积，寒热，疝瘕，止痛，益气”，《名医别录》“芍药，微酸，微寒，有小毒。通顺血脉，缓中，散恶血，逐贼血，去水气，利膀胱、大小肠，消痈肿”，至南北朝的《本草经集注》则开始有赤、白之分“芍药今出白山、蒋山、茅山最好，白而长大，余处亦有而多赤，赤者小利”，《千金要方》“凡茯苓、芍药，补药须白者，泻药须赤者”；又如山药自宋代始有栽培，明清以后药用山药主要来源于栽培品，河南怀庆地区，山药栽培出现品种分化，道地药材“怀山药”不是泛指所有的山药农家品种，而是特定的农家品种铁棍山药；再如金银花 Lonicerae Japonicae Flos 为大宗常用中药材，2000 年版《中国药典》收载的基原为忍冬科植物忍冬 *L. japonica* Thunb.、红腺忍冬 *L. hypoglauca* Miq.、山银花 *L. confusa* DC. 或毛花柱忍冬 *L. dasystyla* Rehd. 的干燥花蕾或带初开的花；至 2015 年版《中国药典》将金银花和山银花分为 2 个药材收载，金银花来源和 1963 年版《中国药典》一致，即忍冬科植物忍冬一个品种，而山银花基原为忍冬科灰毡毛忍冬 *L. japonica* Hand.-Mazz.、红腺忍冬 *L. hypoglauca* Miq.、华南忍冬 *L. confusa* DC.，2010 年版《中国药典》山银花来源又新增了黄褐毛忍冬 *L. fulvotomentosa* Hsu et S. C. Cheng，总共 4 个品种，山银花被划为另一个药材，其中山银花的基原灰毡毛忍冬品种在湖南、四川等地均有大量栽培，全国种植面积接近几万公顷，为西南地区金银花药材主流商品之一。类似还有独活与羌活、南沙参与北沙参、怀牛膝与川牛膝、白术和苍术等，而近代才出现的品种分化如黄檗与川黄柏、葛根和粉葛等。

三、道地药材的发展

道地药材是中医防病治病的有效武器，在“回归自然”的国际传统医药热中倍受青睐，同时道地药材的发展也面临前所未有的挑战与机遇。发展道地药材既是提高中药质量的重要手段，又是解决伪劣混乱品种的根本措施。

（一）保护原产区并适当扩大新产区

中药材生产往往具有强烈的区域性，特定的生态环境是道地药材的天然孕床。因此，尽可能在特定的区域大力发展其道地药材，但一定要注意维护道地药材的生态系统，否则将破坏其生态环境，最终影响人类自身的生存。道地产区存在一定的变迁，如果发现新的疗效更佳的药材资源产地，则可适当扩大产区的范围或形成新的道地产区。如在新疆发现软紫草后，经研究发现，新疆紫草抑菌谱广、强度大，内蒙紫草次之，使紫草药材的道地产区逐渐转向新疆。另外，在众多的中药材品种中，部分药材因在某地产量最大而闻名全国，如商洛丹参、菏泽牡丹皮等，它们虽然不是目前认定的道地药材，但是为了满足日益增大的临床需要，人们也会选用非道地产区的药材，这实际上就产生了药材新的最佳产地。

（二）规范道地药材的生产

讲究中药材的“道地”性，提高中药的疗效，保证中药质量，维护道地药材的生存与促使其可持续发展是当前中药现代化的重大课题。中药材的规范化种植，可以提高中药材的质量，而使中药饮片和中成药的质量及其安全性、有效性和稳定性得以保证。而建立规范化种植基地是保证中药原料的“道地”要求、达到中药标准现代化的主要途径之一。因此，为了保证中药材的道地性，我们有必要规范中药材的种植，同时还得遵循“道地药材之乡”的客观规律，统一规划，保障“道地”药材的优势发展。

笔记

（三）道地药材的引种

恰当地引种道地药材，成功的经验在于引种时要因地制宜，要考虑到全部环境因子。不同的光照、水分、土壤等因素均能影响药材品质。如膜荚黄芪自原产地引种到其他一些地区后，植株显著增高，根部分枝增多，质硬而有柴性，味不甜而微苦，质量显然低劣；又如在广西不同海拔高度进行三七的栽培，结果表明，不同海拔高度对三七的生长影响很大，在一定的范围内，随着海拔高度的逐渐降低，植株生长变得矮小，三七产量和加工率也相对减少。

（四）加强道地药材的质量控制

道地药材的质量控制应该有更科学的评价标准，不仅要以有效成分来衡量中药材的质量，更应把药材看成一个整体，以系统性与多维度来研究。仪器分析和计算机技术的联合使用，进一步提高道地药材质量的研究水平，其中以高效液相与气相色谱分析和以紫外、红外、质谱、核磁共振谱等为主的化学成分指纹图谱目前已成为鉴定和分析不同产地及品种的中药材（特别是道地药材）内在质量的重要手段。

第四节　道地药材的现代研究与应用价值

一、道地药材的现代研究

近年来，现代科学技术的发展，为研究道地药材提供了丰富的理论和方法，对道地药材的研究越来越深入，在对道地药材的资源特征、生产加工及质量研究方面，较过去有了很大的进展。

（一）道地药材资源研究

主要包括道地药材种质资源的调查、整理与评价，遗传变异规律，种质的保存、改良与创新等研究。其中道地药材种质资源十分重要，尤其是野生近缘植物和古老地方种质资源是长期自然选择和人工选择的产物，具有独特的优良性状和抵御自然灾害的特性，是人类的宝贵财富和品种改良的源泉。道地药材种质资源的研究是对中药材质量保障的手段，也是中医药持续健康发展的重要方面。当代药学工作者通过研究，发掘和整理了道地药材资源，初步理清了道地药材形成的历史原因和规律。

（二）道地药材生产技术研究

我国道地药材种植历史悠久，在古籍中有关药用植物及其栽培的记载可追溯至公元前 6~ 公元前 11 世纪，《诗经》记载了蒿、芩、葛、芍药等多种药用植物的栽培习性，到了唐代太医署下设药用植物引种园，在明代《本草纲目》这部医药巨著中，仅“草部”就详细记述了荆芥、麦冬等约 60 种药用植物的栽培技术，为世界各国研究药用植物栽培提供了宝贵的资料。

但我国种植技术研究工作起步较晚，随着社会科技进步和中医药的发展需要，20 世纪 90 年代以来才积极开展道地药材生产技术研究，道地药材栽培发展迅速，中药野生变家种、品种选育、种植区划、病虫害防治、连作障碍等方面的研究进入一个全新的历史时期，道地药材种植品种及规模都达到了历史上前所未有的水平。目前，道地药材栽培体系已初步建立，运用栽培学原理与方法，并和相关学科如药用植物学、遗传学、生药学、植物化学、微生物学、昆虫学、生态学等紧密配合，开展综合研究，建立常

笔记

用道地药材规范化栽培体系。道地药材栽培理论和方法不断完善，并相继出版了《中药材生产质量管理规范实施指南》《中药材 GAP 概论》《中药材 GAP 技术》《中药材规范化生产与管理(GAP)方法及技术——现代中药系列丛书》《药用植物栽培学》《中药栽培学》《中药材高产栽培关键——关键技术彩色图解丛书》《中药现代化生产关键技术》等，积累了一批实用的道地药材农业生产技术。

道地药材野生变家种、家养和引种取得巨大进展，中药材种植面积达到历史最高，全国中药材种植面积超过 3000 万亩，在 500 多种常用药材中，200 多种已开展人工种植或养殖，其中大部分是道地药材。当归、甘草、大黄、金银花等一些中药材连片种植面积达到 10 万亩以上，栽培中药材所占比例不断扩大，常用大宗道地中药材多数有栽培，其中三七、党参、人参、西洋参、丹参、地黄、白芷、牛膝、山药、山茱萸、黄连、当归、白术、白芍、瓜蒌等不少大宗常用中药材商品几乎全部来源于栽培。

在进行道地家种药材研究的同时，在引种国外药用植物方面也做了大量的工作，过去依靠进口、不能满足我国人民用药需要的品种，现在很多已引种成功，逐步做到自给，例如西洋参、白豆蔻、丁香、番红花、胖大海等，不少达到了大面积生产的规模。目前，我国的药用植物栽培无论是品种数量或是种植规模均处于世界领先地位。

（三）道地药材质量研究

古代本草以“优劣”、“善恶”论药材质量等级，所据标准，一是形色气味，二是纯度。目前，传统的形色气味的经验鉴别方法依然具有不可替代的作用，广泛应用于我国中药材流通市场以及针对中药资源产品的质量评价中。

现代中药学基原鉴定、性状鉴定、显微鉴定和理化鉴定的研究方法既包含有传统的手段，又引入显微镜、电子鼻、色度仪以及组织三维定量分析等现代技术手段，弥补了古代质量评价的不足。近年来又增加了一系列新方法作为客观辅助手段，如分子鉴定、指纹图谱、生物效价检测、近红外光谱技术等，赋予了道地药材现代科学内涵。

1. DNA 分子标记鉴定　影响道地药材品质的内部因素主要体现在遗传信息方面，特定的基因产生特定的酶，进而能够调控药材次生代谢产物的产生，因此可以说特定的基因是药材品质和道地性形成的关键因素之一。作为现代分子生物学技术重要手段的 DNA 分子遗传标记方法，从居群和分子水平上揭示中药材道地性的生物学实质。该技术具有快速、微量、特异性强的特点，且不受生长发育阶段、供试部位、环境条件的影响。该技术从品种的遗传组成入手，对药材品种进行准确的鉴别，特定的遗传背景是道地药材形成的遗传学基础，特定的基因产生特定的酶，进而能够调控药材次生代谢产物的产生。道地性越明显，其基因特化越显著。

2. 指纹图谱技术　中药所含的化学成分是其产生临床疗效的物质基础，中药品质评价一般采用化学成分含量测定，其结果精确可靠。但相当一部分中药化学成分复杂，或药效与成分间的关系不明确，或不易建立相应的定量分析方法，仅仅对中药一个或几个化学成分进行定量检测，缺乏对中药质量的整体性评价，不能完全反映中药的质量。中药指纹图谱是指中药材或中成药经适当的处理后，采用一定的分析手段，得到的能够标识该中药特性的共有峰的图谱。整体性和模糊性是它的基本属性。近年来，中药指纹图谱已广泛应用于中药质量标准与生产全程控制研究，目前已成为鉴定和分析道地药材内在质量的重要手段。

笔记

3. 生物效价检测 有学者通过分析现行中药质量评价模式的局限性，提出了生物效价检测法和中医药热力学进行中药质量控制与评价的观点，并将这种观点和方法应用于中药板蓝根、忍冬、黄连等道地药材的品质评价。生物效价检测方法用于道地药材的品质评价，不仅可以鉴定道地药材的品种，还可以评价药效和毒性，对成分复杂甚至是成分不明确的中药更为适用。生物效价检测补充和完善了“惟成分论”的中药材质量控制和评价方法。

二、道地药材的应用价值

（一）道地药材的临床价值

中医临床疗效现今如何，与药材好坏有直接关系。千百年来道地药材一直是中医防病治病最有效的武器之一，代表着药材中的最高质量和中医传统精神。相比非道地药材，道地药材疗效更好。比如自古医家就认同吉林长白山的人参，补气效果好；山东东阿县的阿胶补血疗效好；据文献记载主治肾阴不足、阴虚火旺所致的骨蒸劳热、虚烦盗汗等症的知柏地黄丸原方所用的山药就是道地药材怀山药。

药材的品种差异、产地差异、种植不同、伪劣品种的混乱是影响中药临床疗效的主要原因。道地药材具有品种固定、产地固定、种植规范、加工规范的特点，临床使用可以保证疗效。经过漫长的历史验证，道地药材临床用药规范，有据可依，常常被医家选用。

每一种道地药材，都有它特定的品种、品质和特有的药效作用。现代研究也表明，道地药材品种相同，产地不同，品质有别、药效相异。且替代品的使用，导致中药临床疗效下降，反过来说明了道地药材在临床用药上的重要性。如水牛角代替犀牛角，人工牛黄代替天然牛黄等，结果都使得这些中药的疗效大大下降。每种药材都有自己的特性和功能，即使某些药材的外观形状、化学成分、性味、功效、主治等方面有类似之处，但也不完全相同，如若混用，势必影响药材的临床疗效。最后，道地药材的采集和加工的规范，也是决定其临床疗效的重要因素。各种植物药材有其生长发育的各个时期，由于所含有效成分的含量各有不同，因而药性的强弱也有较大的差异。

（二）道地药材的生产与商贸价值

道地药材由于在生产中有着规范完善的程序和方法，在商贸流通中拥有品牌效应，所以自古就是其产地的重要生产项目。道地药材的生产往往有着地域传统性，如在江油道地药材附子的产区，家家都种附子，并熟练地掌握其加工方法。在东北，很早就有以采挖人参为生的“放山客”和以种植人参为业的“参农”。

为了增强道地药材的生产优势，在绿色农业的基础上规范药材的生产质量，例如江西省重点建设延胡索人工栽培中药材基地，并向规范化、无污染、无公害等方面发展，以质量和产量取胜，意图创立品牌药材，同时建立药材标准化种植操作规程（SOP），这些都对提高该地区药材质量、增加经济收入、增强该地区道地药材的竞争力具有十分重要的意义。但是，道地药材在生产上还存在一些问题，如品种退化、有害物质超标、传统的加工技术落后、产销脱节等问题，也严重影响了道地药材的生产规模和生产质量。因此，科学、规范、合理地进行道地药材的生产非常重要。

中药商贸源远流长，我国自从开始出现道地药材的萌芽之时起，就有中药商贸。伴随着中药商贸，形成了用药首推道地药材的观念，甚至出现了以经营单一道地药材

笔记

的组织。道地药材的这种地位，以及其优秀的品质，决定了道地药材是中药材商贸的佼佼者。四川的麦冬、附子、川芎，东北的人参、北五味子，云南的三七、木香等，都占据了各大药材市场的绝大部分份额。

(三) 用道地药材理论来控制中药材质量

当前，我国道地药材研究在理论、概念、特征、成因、品质评价、种植栽培与采收加工等方面取得了重大进展，我们要充分利用这些理论、成果来控制中药材质量。

中药中许多道地药材都是由野生变家种(家养)后形成的，这种道地性的形成与产区悠久的栽培历史和科学的种植技术是分不开的。在道地药材产区形成过程中，产区药农在综合利用当地生态条件的同时，还不断利用先进的科学技术完善自身的种植加工技术，积累了大量的技术和经验。这些技术和经验使药材的品种不断优化，品质不断提高，保证了道地药材与非道地药材的品质差异，形成了自己独有的道地性优势。

现代中药材栽培，就应以“道地”为基础定向栽培，利用道地药材的资源优势，以主产区道地药材为依托，因地制宜，合理布局，规范化生产，促进中药材生产标准化、集约化、现代化，促进现有农业生产结构调整及其中药材生产合理布局，制定符合市场需求的中药材商品标准，包括中药材商品等级标准、道地药材标准、绿色中药材标准、种子种苗标准、产地环境标准、标准化种植规程、安全生产技术规程、采收加工规范、贮藏和包装运输质量规范等，建立健全的中药材生产标准体系，推动中药材质量管理的全面升级。

第五节　我国主要道地药材

我国地域辽阔，不同地区环境条件变化大，经过长期的生产实践，各个地区都形成了一批适合本地条件的道地药材。道地药材与地域是不可分割的，根据我国中药资源的分布区域，将我国主要药材生产分为以下的道地产区。

一、关药

“关药”是指山海关以北，东北三省和内蒙古自治区东北部所出产的道地药材。地理分布包括大小兴安岭及长白山区、东北平原，海拔绝大多数在1000m以下。气候冬夏温差大，冬季严寒，夏秋多雨。关药的药名常带有关或辽字，非常有地域特色。著名的关药有人参、辽细辛、关龙胆、刺五加、薤白、关黄柏、关木通、知母、五味子、牛蒡子、鹿茸、哈蟆油等。其中较为著名的有吉林、黑龙江的人参、鹿茸，辽宁、吉林的北五味子、辽细辛、关黄柏。该区域所产人参占全国人参产量的99%，其中边条红参体长、芦长、形体优美；辽细辛气味浓烈、辛香；北五味肉厚，色鲜红、质柔润；关龙胆根条粗长、色黄淡；防风主根发达，色棕黄，被誉为“红条防风”；梅花鹿茸粗大、肥、壮、嫩、茸形美、色泽好；哈蟆油野生蕴藏量占全国99%。

二、西药

西药是我国西北部地区所产的道地药材，包括陕甘宁青新及内蒙古西部所产的道地药材。本区地域辽阔，气候条件较差，是典型的干旱区。除了著名的“秦药”(秦

笔记

皮、秦归、秦艽等)外，陕西平利绞股蓝、商洛丹参、子洲黄芪、汉中附子获得国家地理标志产品保护。甘肃主产当归、大黄、党参，甘肃大黄以凉州大黄和铨水大黄为优，甘肃已成为国内大黄规范化、规模化主产区。宁夏枸杞驰名中外，目前培育出的新品种有10余个，如宁杞系列、扁果枸杞、先锋1号等。青海盛产西宁大黄，质地优良、色泽鲜亮、油性大；麝香饱满、皮薄、香气浓郁；马鹿茸茸形粗壮、饱满、质嫩油润；冬虫夏草虫体肥大、外色黄凉，气微腥；肉苁蓉条粗壮、体重、色棕褐、质柔润。新疆盛产新疆紫草、甘草、伊贝母、阿魏、麻黄、肉苁蓉、马鹿茸等道地药材。内蒙古南部是黄芪的商品基地，黄芪身干、条粗长，表面皱纹少，质坚而绵，粉足味甜，年收购量占全国80%以上；"多伦赤芍"条粗长，糟皮粉渣；呼伦贝尔草原的防风密集，为草原优势种，称"关防风"和"小蒿子防风"。甘草、麻黄、肉苁蓉、锁阳、新疆紫草、伊贝母等为本产区大宗道地药材，其中甘草年收购量占全国90%，麻黄年收购量占全国第二位。

三、北药

"北药"指地域范围为河北、北京、天津、山东、山西、内蒙古东部和中部地区所出药材。本区气候属于暖温带大陆性季风气候，春季干旱多风，夏季炎热多雨，秋季天高气爽，冬季干燥寒冷，为半湿润半干旱地区。主要道地药材有：黄芪、党参、远志、黄芩、白头翁、香附子、北沙参、柴胡、银柴胡、白芷、板蓝根、大青叶、青黛、知母、酸枣仁、大枣、蔓荆子、山楂、连翘、苦杏仁、桃仁、小茴香、阿胶、全蝎、土鳖虫、滑石、赭石等。产于河北的酸枣仁粒大、饱满、油润有光泽、外皮深红色；河北连翘色黄、瓣大、壳厚、身干纯净；河北易县、涞源县的知母肥大、柔润、质坚、色白、嚼之发黏，称"西陵知母"；栽培于山西平顺、长治、壶关一带的党参味甜、个大、粗肥长、皮纹直、质坚韧，称"潞党"；内蒙古野生及栽培的年产蒙古黄芪约1.2万吨，占全国黄芪总产量的60%左右；山东东阿阿胶驰名中外。

四、怀药

"怀药"是指古代盛产于河南省怀庆府一带的道地药材。现泛指河南省境内所产的道地药材。古怀庆府所辖焦作、温县等地具有"春不过旱，夏不过热，秋不过涝，冬不过冷"的气候环境，孕育了享誉国内外的"四大怀药"，即怀地黄、怀山药、怀牛膝、怀菊花。广义的怀药即河南省境内所产的道地药材达30多种，如：白附子(禹白附)、栝楼、丹参、白芷、土鳖虫、斑蝥、全蝎等。禹州漏芦根条圆粗，色棕黄；密(县)银花色泽纯净，清香味浓；茯苓断面粉白，外面黑褐，药效广泛，不分四季，古人称其为"四时神药"。

五、川药

"川药"泛指四川省及重庆市所产药材，中药名前常冠以"川"字。该地区气候复杂多样，秦岭大巴山阻挡了寒流，冬暖夏热，霜日极少，几乎全年皆为生长期，为我国重要中药材生产区。该地区所产种类最多，居全国第一位，常用药物约500余种，如川芎、川贝母、附子与乌头、黄连、川牛膝、丹参、白芍、麦冬、石菖蒲、姜、天麻、杜仲、黄柏、厚朴、青皮、陈皮、补骨脂、使君子、巴豆、花椒、川楝子、冬虫夏草、银耳、麝香等。四川的著名道地药材具有明显的区域性分布，高海拔地区特有品种冬虫夏草、川贝母、麝

笔记

香;岷江流域的郁金个大、皮细、体重、色鲜黄;江油的附子加工成的附片,片大均匀,油润有光泽;绵阳的麦冬皮细、色白、油润;都江堰的川芎饱满坚实、油性足、香气浓烈;遂宁的白芷富粉质,断面有菊花心;中江的丹参表皮红棕色,肉质呈紫褐色,木心细微,味浓。重庆地区的道地药材,如石柱的黄连粗壮坚实、形如鸡爪、味极苦;秀山青蒿色绿、叶多、香气浓郁;巫山的淫羊藿色绿、叶整齐、质脆易折、断面黄白色。

六、江南药

“江南药”地理范围含湖南、湖北、江苏、江西、安徽等省区。本区地貌类型多样,山地、丘陵、岗地和平原兼备,为大陆性特征明显的亚热带季风湿润气候,气候温和,四季分明;春温多变,夏秋多旱;严寒期短,暑热期长。安徽出产的著名药材有亳州亳菊、滁州滁菊、歙县贡菊、铜陵牡丹皮、霍山石斛、宣州木瓜;江苏的苏薄荷、毛苍术、石斛、太子参、蟾酥等;江西的清江枳壳、宜春香薷、丰城鸡血藤、泰和乌鸡;湖北大别山的茯苓、鄂北的蜈蚣、江汉平原的龟甲和鳖甲、襄阳的山麦冬、板桥党参、鄂西味连和紫油厚朴、长阳资丘木瓜和独活、京山半夏;湖南平江白术、沅江枳壳、湘乡木瓜、邵东湘玉竹、零陵薄荷、零陵香、湘红莲、汝升麻等。

七、浙药

“浙药”主要指浙江省所产的道地药材。浙江地处亚热带,生态条件适宜,既有天目山、雁荡山和四名山等山地,又有浙北平原和浙东低山丘陵,土壤肥沃。“浙八味”浙贝母、浙玄参、杭麦冬、浙白术、杭白芍、杭菊花、延胡索、温郁金久负盛名,基本上分布在宁(波)绍(兴)平原和北部太湖流域,尤以鄞州、磐安、嵊州、杭州、金华、东阳等处为著名产地。产于浙北平原桐兴的杭白菊“心黄边白,点茶绝佳”,除药用外,还用于茶饮消费,出口东南亚一带,享有盛名;临安的山茱萸肉厚、柔软、色紫红,目前以栽培品为主,且栽培面积大。产于浙东丘陵磐安的杭白芍根粗长、匀直、质坚实、粉性足、表面洁净。产于浙西山地桐庐的玄参条粗壮、质坚实、断面乌黑,资源丰富。元胡、玉竹、桔梗、太子参、栀子、乌梅、乌梢蛇等浙药产量大、品质佳。

八、云药

“云药”指云南省境内主产的道地药材。云南省地处云贵高原西南部,“十里不同天”的气候类型和复杂的“立体气候”,特殊环境是云药形成的摇篮,孕育了种类繁多、品质优良的药用植物和药用动物。以滇西北高山峡谷、滇南山间河谷野生药材资源最具特色也最为丰富,名贵道地药材种类多,历史上有著名的“云贵川广,道地药材”之说。滇南属于赤道季风气候,夏热多雨,冬暖干旱,终年静风。砂仁、肉豆蔻、儿茶,诃子、马钱子、血竭等云药资源丰富,品质好。西双版纳已成为全国阳春砂仁的主产地,占全国总产量的70%;滇西南文山三七种植面积已占全国三七种植面积的90%以上。滇西北横断山区地形环境复杂多变,道地药材云茯苓、云当归、云木香、云黄连、重楼、灯盏花、天麻等久负盛名。

九、贵药

“贵药”指贵州省所产道地药材,又称“黔药”。贵州省地处云贵高原,独特的地理

笔记

条件和湿润温暖的气候，非常适宜中药材生长，孕育了丰富多彩具有特色的中药，贵州成为我国重要的中药材产地。主要有天麻、天冬、黄精、白及、何首乌、半夏、珠子参、艾纳香、石斛、杜仲、厚朴、黄柏、金银花、吴茱萸、五倍子、灵芝、牛黄、朱砂、雄黄等30多种。其中，天麻、杜仲、灵芝被称为"贵州三宝"。贵州天麻个大、肥厚、质坚，而誉称"贵天麻"，享有"天麻佳品出贵州"之美誉，贵州大方、乌当区百宜乡栽培的天麻个大，一级品比例大，质量好，其有效成分天麻素含量与野生品相当；贵州大部分地区都产杜仲，但盛产于娄山山脉，贵州杜仲皮厚且大，断面银白色橡胶丝多而长，早在《药物出产辨》中就有记载"杜仲产四川、贵州者最佳"。

十、广药

"广药"指产于广东、广西南部和福建南部、海南、香港、澳门、台湾的道地药材，该区域位于我国最南端，基本上沿海呈狭长带状，北部与华东药材产区和西南药材产区相邻，西部在云南境内抵国境，东南两面临海。本区总的特点是水、热资源丰富，土壤强酸性，植被覆盖良好，适于热带、亚热带动植物生长，年降水量1800mm以上，年均温度在20℃以上，植物种类极为丰富，是我国热带药物的主产区。该区域产的槟榔、益智仁、砂仁和巴戟天是我国历史上著名的"四大南药"。广东的广藿香、砂仁、高良姜、巴戟天、广陈皮、广防己、化橘红等，其中广东化州橘红皮薄均匀、气味浓郁、量大质优，广东石牌藿香主茎粗且结实，叶大柔软，香气浓郁，药效佳驰名中外；广西的蛤蚧、肉桂、罗汉果、石斛，广西防城的肉桂以其皮厚、色泽光润、含油率高、味辛香偏辣的特点深受市场欢迎。另外，该区域海南岛主产海藻和胡椒等，福建主产枇杷叶、青黛、太子参等，台湾的樟脑产量居世界首位。

十一、民族药

民族药医疗体系独特，用药习惯和习用药用种类与中医中药有较大不同。

藏药主产于青藏高原。本区野生道地药材资源丰富，有川贝母、冬虫夏草、麝香、鹿茸、熊胆、牛黄、胡黄连、大黄、天麻、秦艽、羌活、甘松等。其中甘松野生蕴藏量占全国96%，大黄、冬虫夏草野生蕴藏量占全国的80%，麝香、鹿茸资源占全国的60%。冬虫夏草、雪莲花、炉贝母、西红花习称"四大藏药"。冬虫夏草产于四川阿坝、松潘，青海玉树、果洛，西藏那曲、昌都等，尤以生长在海拔4500m以上西藏那曲地区者为虫草中的佳品；雪莲花为西藏东北部海拔3500~5000m雪域的天然纯净野生产品，品质优良、功效卓著。除此之外，本地有很多高原特有的藏药品种如雪灵芝、西藏狼牙刺、洪连、小叶连、绵参、藏茵陈等。

维吾尔族药的应用基本上在新疆维吾尔自治区范围内，该区具有光热丰富，干旱少雨的气候特点，道地药材主要在20世纪50年代以后才逐渐被发现而利用，特有、特色道地药材占较大比重，如雪莲花、甘草、孜然、菊苣、阿里红、黑种草、草红花、西红花、芫荽、海狸香、羚羊角、牛黄、鹿角、鹿茸、密陀僧、玛瑙、滑石等。阿魏为新疆独特药材，蒜气强烈、纯净无杂质，品质优良；产于新疆西北部海拔1300~1780m的林下或阳坡草地的伊贝母质松脆、断面白色，粉性；生于海拔2500~4200m新疆软紫草条粗大、色紫、皮厚、质松，药效卓越；新疆天山南部沙漠地区的罗布麻是一种稀有的野生植物，其茎皮是一种比较理想的天然纺织原料被誉为"野生纤维之王"，在药、烟、茶、

笔记

织物方面均有较深入的研究，罗布麻保健茶远销海外。

蒙药蒙医有着悠久的历史，是蒙古族人民长期同疾患作斗争的经验总结，并吸收藏医、汉医经验逐渐形成的。蒙药道地药材均来自内蒙古、青海。蒙药种类繁多，资源丰富，分布广。道地药材有乌头、紫花高乌头、香青兰、秦艽、草乌、草红花、龙骨、石燕等。在众多的蒙药中有不少种药材是蒙药专用品种（即只有蒙医习惯使用的药物），如广枣，蒙医用于心悸、心绞痛心脏病；沙棘，蒙医用来止咳去痰，活血化瘀；蓝盆花，蒙医用于清肺热和治疗肝热病；文冠木，蒙医用于清热燥湿、治疗风湿、痹症。

十二、海药

海药是指沿海大陆架、中国海岛（不包括台湾、海南）及河湖水网所产的道地药材。海药中很多都是功效独特的传统中药，为海洋所特有。道地动物药主要有牡蛎、海龙、海马、珍珠、珍珠母、石决明、海螵蛸等，尚有海藻、昆布等少量道地藻类药材。

（杨　全　彭华胜　马　毅　刘　瑛　肖凤霞）

学习小结

1. 学习内容

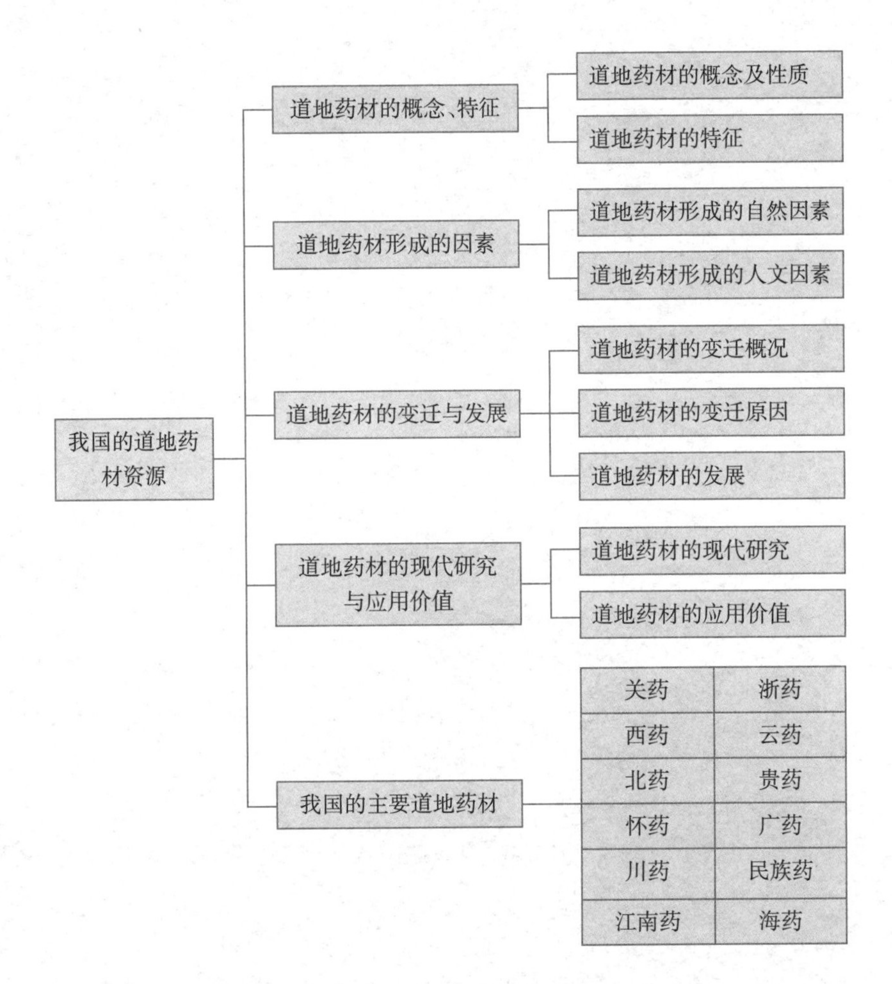

2. 学习方法

道地药材是中医药文化的瑰宝，是临床用药的可靠保障，为了更好地掌握道地药材的分布及发展，可通过理论学习、知识链接、案例分析及参阅相关文件帮助学生理解道地药材的概念及基本属性和道地药材的形成及发展变迁，并了解道地药材研究的内容及应用价值，掌握道地药材的分布概况。

复习思考题

1. 简述道地药材的概念和基本特征。
2. 简述道地药材的形成机制及发展变迁。
3. 论述道地药材的应用价值。
4. 论述各省的主要道地药材资源。

中药资源调查

学习目的

通过本章的学习掌握中药资源调查的相关概念、研究内容、研究方法，为中药资源的评价、有效保护、持续利用、科学管理提供依据。

学习要点

中药资源调查的目的、方法以及动态检测方法；空间信息技术在中药资源调查中的应用。

中药资源调查（survey of Chinese medicinal material resources）是指对国家或区域的野生、栽培或养殖的药用动植物以及药用矿物资源的种类构成、数量、质量、分布格局和开发条件等进行的考察研究工作，它是进行中药资源开发利用、保护更新和经营管理等工作的前提和基础。

第一节　中药资源调查的目的与任务

中药资源是国家的战略性资源，是促进人民健康生活与中医药产业发展的源头，也是经济发展、文化传承、社会稳定及国际贸易的重要载体和物质基础，因此，我国历代都非常重视中药资源的调查工作，本草典籍整理与实践普查方式俱全，政府组织与个人行为均有参与，更有不同民族、不同地区的调查。

先秦时期，医药未分，甚至未有专门医药典籍保存，即使早期马王堆汉墓的《五十二病方》也并非药物学专书。而随着人们用药经验积累，药物学知识日益丰富，专门的整理工作也渐有必要，因此，西汉时期始召专人整理、研究和传授本草学，在这种背景下，产生了《神农本草经》一书，它是秦汉前数千年用药经验调查和研究的朴素总结。此后，历代的中药资源调查工作从未间断。在中药资源普查方面，历代官方组织的全国范围普查已于本书绪论中介绍。个人行为的中药资源普查如《本草纲目》，其为李时珍历时26年躬身实践，使用调查、问询、验证、尝试、整理等多种方式，以严谨笃行的态度编撰而成；清代赵学敏编撰《本草纲目拾遗》，作者注重实物观察和实地采访，纠错补录，冬虫夏草、藏红花等均为首次载入本草学典籍。

新中国成立后，政府对中药资源整理以及可持续性保护利用的重视程度，达到前所未有的高度，已完成了三次全国范围的普查，尤其是第三次统计中药资源种类12 807种之多，达到历史之最，中药资源普查的系列成果充分地支撑了随后20余年的

笔记

中药资源长足发展。

一、中药资源调查的目的

我国现代中药资源普查较历代更加频繁，且一般由政府组织实施，规模宏大。但是随着环境条件的变化、时间的推移，以及受人类生产和生活活动的影响，自然界动植物资源会不断变化，因此我们不能凭借一次调查资料来制定中药区划，长期使用。因此国家中医药管理局从2011年开始，又积极组织开展第四次全国中药资源普查，旨在摸清中药材资源家底情况，形成中药资源调查、研究、监测和服务体系，促进中药材产业健康发展。

进行中药资源调查的目的主要包括以下几方面：

1. 了解和掌握中药资源的现状及发展动态，为有效保护、合理开发利用中药资源提供依据，实现可持续发展战略。

2. 为国家和地方政府制定与中药相关的方针、政策、计划提供参考资料，促进当前中药材产业发展关键问题的解决。

3. 为中药相关的企事业单位制定长期、中期或短期的生产计划提供信息，促进中药产业健康发展，走向国际市场。

4. 满足人民群众健康对中医药服务的要求，实现中药现代化。

二、中药资源调查的任务

中药资源调查工作，通常可以分为野外资源调查(field resources investigation)和内业资料整理(indoor coordination)两部分工作。前者是收集资料的过程，后者是对资料进行整理、分析和汇总的过程，也是调查成果形成的阶段。

中药资源调查依据调查目的不同可分为全面调查和专题(专项)调查，也可依据调查规模和地域进行分类等。一般依据调查目的和任务可分为以下5类。

(一) 资源种类与分布调查

其任务是调查药用植物、动物和矿物的种类和分布情况，目的是摸清调查地区的中药资源基本情况。

(二) 资源蕴藏量及药材产量的调查

其任务是对药用资源种类或特定调查区域内的某些种类资源蕴藏量或药材产量进行调查、估算，可为中药资源开发、利用和保护研究，以及生产决策提供重要依据。

(三) 药用生物资源的更新调查

主要是对药用生物的生物学、生态学、植物群落学及自然更新规律的调查，以便为人工更新和引种栽培提供理论依据和切实可行的技术措施。

(四) 药用生物种质资源调查

此类调查常常是对于珍稀濒危药用生物资源以及大宗常用药材的基原生物的调查，其目的是调查其生物种群多样性、生物遗传(基因)多样性以及人工种植(养殖)的品种资源状况等，为生物多样性保护和种质资源开发利用提供科学依据。

(五) 综合性资源调查或普查

综合性调查的目的不局限于某种生产或研究目的，而是服务于整个中药产业的发展，需要对资源各个方面的情况进行调查，并为资源的动态监测和管理提供依据。

调查内容为上述各项调查的综合，在某些方面甚至更为系统和广泛。例如，20 世纪 80 年代我国开展的中药资源普查，不仅调查了我国中药资源的种类和分布，还对 200 多种药材的蕴藏量、产量及市场情况进行调查，此外，还对中药资源在民间的使用经验、单方、验方等进行收集整理。

三、中药资源调查的方法

（一）野外调查工作的基本方法

因调查目的、任务和调查对象的不同，调查的内容会有较大差别，调查方法和形式各异，一般可分为线路调查和定点调查两类。其中定点调查既可以准确调查资源的种类和分布，又可以精确推算资源的数量，是资源调查中大量使用的方法。根据观测点布置方法的不同，又可分为抽样调查和标准样地调查等方法。

1. 线路调查　是指在调查区域内设计数条有代表性的调查路线，沿线布点和观测资源的种类和分布情况，可用于精确度要求不高的区域性资源种类及分布情况的调查。基于了解某个调查区域内资源分布概况为目的，为进一步开展精确调查而进行的线路调查，常称为踏查。

2. 抽样调查　在野外调查中，大多数情况下不可能对调查群体的个体逐一测定，只能抽取其中一部分样本，用被抽取部分的样本对整体进行估计，这种方法被称为抽样调查，被调查的群体称为总体，被抽取的部分称为样本，抽取样本的过程称为抽样。抽样调查的基本原则是样本对总体应具有代表性，并能通过尽可能少的样本获得对总体的准确估计。

采用抽样调查方法所抽取样本的实体，在中药资源调查中称为样地（sample area），是进行精确调查观测的地块。在对密集分布的草本植物进行种类调查或药材实施采收时，受工作量限制，一般将区域范围较大的样地再划分成若干小的单元，只对其中部分单元做详细观测，可称其为样方（quadrat），是实施详细观测记载的最小平面或立体空间单元，其面积视植物的生长型而定。一般草本植物的样方边长为 0.5m 或 2.0m；乔木的样方边长为 10~50m。在样方内记录种类的组成，并进行个体的计数和植物盖度的估计。

抽样有主观和客观两大类：前者是人为判断在调查区域内设置典型样地，后者是通过某种统计学方法设置样地。客观抽样通常是采用随机取样来进行一个近似的估计，随机样地或样方的面积总和达到调查区域的 1% 即能基本满足研究的需要。为了避免人为主观判定，应尽可能对所调查区域进行随机取样调查，常用以下两种方法：

（1）常规随机取样（regular random sampling）：是按照每个样地或样方都有同等机会入选的原则，把调查区域分成大小均匀的若干部分，每部分都编号或确定坐标位置，利用抽签、转盘等方式随机抽取所需要数量的样方数。此方法所得结果可靠，但是需要确定的样方数目较大，耗时，费力。

（2）分层随机取样（stratified random sampling）：在存在明显环境梯度的调查区域内，常规取样可能会导致样方集中于某梯度范围内。在这种情况下，不仅要保证样方的随机性，也要保证能反映出不同梯度下的中药资源特征。此时应将调查区域划分为具有不同分布特征的几个等级（称为层），调查对象之间层内较一致，层间差异较大。分别在各层中设立调查样地（也可以直接设置调查样方），在样地中再设置样方开展观测、取样和记载。

笔记

3. 标准地调查与样地及样方调查 根据调查区域内资源的基本特征，人为制定观测地点选择的标准，并根据资源分布状况布置一定规格（面积）的定点观测地块，利用调查结果推算（或估算）该地域内资源的特征，特别是资源数量，这种布点调查方法称为标准地调查法（standard area survey）。此方法常用于某种特定目的的调查，例如比较不同生境对资源分布和资源蕴藏量的影响，其调查内容和方法与样地调查没有本质区别。

样地是调查操作工作的具体场地，为保证样地对总体的代表性，有时可以根据被调查群体的基本情况选择有代表意义的地段设置样地，依据调查操作技术规程进行观测、记载。对于需要采用样方或样株调查的调查项目，根据统计学原理在样地上设置样方（或样株），依据技术方案进行观测、记载。对样地和样方进行调查观测的过程称为样地调查或样方调查。在线路调查中也可以设置样方进行观测，用以对资源的数量特征进行调查。对于个体较大的树木，则选择具有代表性的一定数量的单株作为精确观测对象，所定植株称为样株或标准株。对于木本和草本植物混生的群落，一般采用先抽取样地再设置样方的调查方法，通常在样地的中心和四角设样方套，每个样地可设置5个样方套。规定：①每个样方套由6个大小样方组成，其中包括1个10m×10m主要用于调查乔木的样方；1个5m×5m主要用于调查灌木的样方；4个2m×2m主要用于调查草本的样方；②以样地位置为中心点，在其1平方公里范围内布设样方套；③每个样方套内的6个样方采用固定编号，如图1所示（10m×10m的乔木样方编号为1，5m×5m的灌木样方编号为2，2m×2m的草本样方编号为3、4、5、6）。见图4-1。

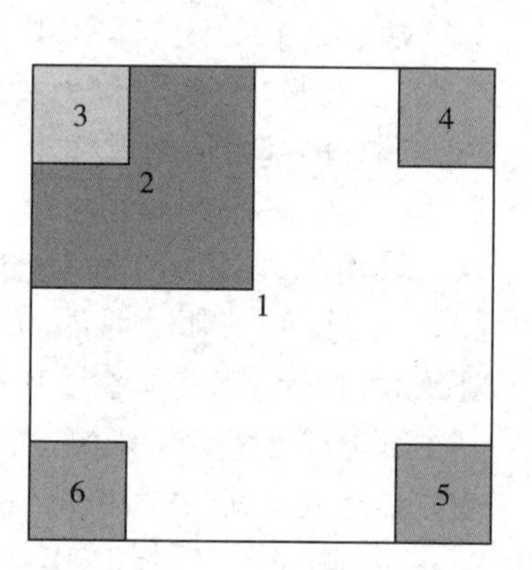

图4-1 样方套

（1）样方种类：在药用植物资源调查中常用的样方有两种，即记名样方（list quadrant）和面积样方（basal-area quadrant）。记名样方用于统计样方内某种药用植物占整个样方面积的大小，一般在投影盖度法调查产量时使用。

（2）样方（或样地）数目：对于样方的数目应是越多越好，但考虑其工作量，一般样方数目不得少于30个，也可视具体情况而定。

（3）样方（或样地）的大小和形状：样方设置时，应根据调查对象的特征确定样方大小和样方形状。样方的形状通常使用正方形，也可以使用长方形、圆形。样方面积的大小因调查对象不同而异，可根据普通生态学调查方法中的“种-面积曲线法”确定样方的最小面积。药用植物资源调查，一般原则是草本为1~10m^2，灌木为10~50m^2，乔木为100~10 000m^2。

（二）其他方法

在中药资源调查过程中除了使用上述几种基本调查方法外，还可结合以下一些方法，以便更好地展开调查工作。

1. 访问调查 就是向调查地区有经验的药农、收购员或民间医生等进行书面或口头调查。这种方法是调查工作中不可忽视的重要手段，虽然不够精确，但具有很好的参考价值，是一种重要的辅助调查方法。

2. 统计报表调查 以统计表格形式和行政手段自上而下布置，而后逐级汇总上

笔记

报提供基本统计数据的一种调查方式。特别适用于对种养殖的中药资源调查。如对栽培中药材的调查，在种植时以行政区划为单位，记录种植的面积情况，逐级汇总，得到种植的总面积，根据农户上报的实际采收面积和产量，结合历史资料及气候因素，估计可能产量，得到较为“准确”的数据。这种方法对于生长区域狭小且大面积栽培的药材统计是可行的，1983 年全国中药资源普查时也多采用这种方法。

3. 3S 技术　对于有一定面积的栽培植物、开阔地区群集性的大中型动物、生活在偏僻地区或人类难以达到的地区的动物或植物，可利用 3S 技术进行统计数量和产量。

4. 药用动物资源的驱赶调查　是以驱赶的方式进行的动物数量的直接计数调查。调查人员以一定路线通过一个区域哄赶出所要调查的动物，记录人员位于测定区域对面边界；并沿测定区域边缘统计被哄赶出来的动物。该方法仅适用于容易步行和有良好可见度的平坦开阔地带。

5. 药用动物资源的粪堆计数法　这种方法的依据是在一定时间内动物粪便的积累与群体密度有关。如大角鹿每 24 小时约排出 13 堆粪便，在一定单位区域中的粪便数可按每头鹿每天排 13 堆粪便计算。用此法先要知道动物在调查地区的居留时间，然后在已知的一段时间内计数。计数在随机抽样的样地（如 $4m^2$ 的圆形样地）或样带上进行。先求出调查样地（带）的平均粪便堆数，再计算单位面积的粪堆数，最后根据单位时间内动物的排粪次数估算动物种群数量。粪堆计数法适用于森林地，但在多雨和蜣螂多的地区不大适宜。因雨水冲洗或动物吞食而会出现较多误差。

6. 比例估算法　是以一个已测定群体的变化为基础，估算种群总量的调查方法。如捕捉一定数量的鸟套上环再释放，当以后某一时期内再看到或捕到这些鸟时，可根据捕捉鸟群中环志鸟与非环志鸟的比例估计其种群数量的大小。

第二节　中药资源调查的基本内容

中药资源调查的基本内容主要包括了中药资源调查的组织与准备工作、自然环境与社会人文经济条件调查、中药资源种类与分布调查、中药资源数量及潜力调查、中药资源的开发利用调查和内业整理工作等。

一、中药资源调查的组织与准备工作

为确保中药资源调查工作的顺利、有效进行，在调查开始前，必须做好相关准备工作，主要包括组织准备、资料准备、物质准备和技术准备四个方面。

（一）组织准备

中药资源调查的规模不同，涉及的部门、人员等也不同。对于大规模的调查如全国范围内的资源调查，范围较大，涉及政府、科研院所、企业等不同的管理部门，调查前的组织准备工作极为重要，应着重注意以下几个方面。

1. 申请　在开展调查前应按有关规定向上级主管部门或任务下达部门申请，提交计划任务书。

2. 组建调查组织机构　应组织召开由调查单位和调查区域有关部门参加的准备会议，建立组织机构。包括野外调查、后勤保障和技术支持等多方面的组织机构。

3. 开展技术培训　调查人员应具备一定水平的专业知识，在此基础上进行技术

笔记

培训，培训的重点在于生态学知识、药用植物和药用动物方面的相关知识，以及仪器、数据库、相关软件的使用方法等。使参加调查的人员熟悉调查方法和技术标准，提高实测、目测和使用仪器的能力，掌握地形图、遥感图像资料和数据库及相关软件的使用方法。

（二）资料准备

1. 自然环境资料的准备　主要是查阅和收集调查地区的地图资料，包括地形图、植被图、土壤图、农业和林业部门的区划图。大范围的区域性资源调查，还应收集航空照片、卫星照片等遥感资料。

2. 中药材生产和利用资料的准备　收集调查地区药材生产和收购部门的有关经营资料，如历年收购和销售的中药材品种、数量、分布、产地等资料。收集中药材生产方面的文件和统计资料、地方病的资料、当地民间使用的中草药品种等资料。

3. 社会经济状况及其他资料的准备　包括调查地区的人口、社会发展情况，交通运输条件等方面的资料。此外，还应以访问、召开座谈会等形式，向熟悉地方中药资源的相关人员了解情况，为野外调查工作提供有价值的信息。

（三）物质准备

中药资源调查中的物质准备主要包括了调查工具及其他准备。

1. 调查工具的准备　根据调查研究的主要内容进行工具、仪器设备的准备和调试工作，并进行相应的质量检查，如照相机、GPS、海拔仪、测绳、钢卷尺、枝剪、标本夹、吸水纸、标签、放大镜、绘图板、铅笔、彩色笔、药用植物标本采集记录表、植物资源调查样地记录表、植物资源天然更新野外记录表、药用植物栽培技术和抚育管理措施调查记录表等。（表 4-1、表 4-2）

表 4-1　药用植物标本采集记录表

采集号____________　采集者__________　采集时间____________
采集地点______　省______　市（县）______　乡（镇）______村
生长环境____________　多度________　海拔_______　土壤____________
植被类型____________________　主要伴生植物______________
高度______________　胸径______________
名称_______________　地方名______________　科名________________
学名_______________
用途_______________

表 4-2　植物资源天然更新野外样地记录表

群落名称：__________________　样地调查面积：__________　野外编号：____________
第_____页　记录日期：____________　记录者：_____________

样地编号	植物名称	种子		幼苗			幼树			大幼树			枯落层			分数情况
		数量	质量	高度	株数	活力	高度	株数	活力	高度	株数	活力	盖度	厚度	重量	
1																
2																
3																
…																

笔记

2. 其他准备　根据野外调查工作的需要，做好生活物资和安全保障方面的准备工作，例如在有毒蛇分布地区进行调查时，应做好毒蛇防范方面的准备工作。

（四）技术准备

制定外业调查标准与明确调查技术方案是技术准备中较为重要的工作。

1. 制定外业调查标准　根据事先制定的统一中药资源外业调查技术流程进行调查操作，可确保整个外业调查成果规范统一。如：

（1）数据调查采集标准：即有统一的数据采集填写表格与数据格式。根据制定的《中药资源分类与代码》标准，为中药资源相关数据提供一套通用的描述方式及规范，为中药资源普查数据库建设和网络共享提供标准化支持。

（2）标本采集规程：包括药用生物标本的采集、制作、运输和保管规程。

（3）资源调查的照片拍摄规定：包括照片格式、像素、数据量等，以及拍摄的对象，即生境、完整植株、植物花果的解剖特点、药用部位等都有明确的要求。

（4）外业数据整理规定：对外业调查的原始数据如何做出初步整理，数据的保存、备份方式，数据提交的数据格式等作出的详细规定。

2. 明确调查方案及工作计划　明确调查目的、对象、方法、范围、路线、工作时间、参加人员、预期的成果，确定各单位和部门的职责。

二、自然环境与社会人文经济条件调查

（一）自然环境条件调查

自然条件与中药资源关系密切，自然条件对中药资源的形成、演替、生长、数量等都有决定性的作用，而中药资源尤其是药用植物的生长又影响着自然环境。进行中药资源调查时，自然条件的调查主要包括以下内容。

1. 地理环境　即调查地区所在行政区划、经纬度、地形地貌条件（包括山脉、河流、湖泊情况）、交通路线等。需要调查记载的地形地貌主要包括地貌部位、地形地势、坡向、坡度、海拔高度和地下水深度等。此项调查一般以样地或标准地为单位设计表格进行观测、记载。

2. 气候条件　可参照当地气象站的记录资料，还应访问群众，了解当地重要作物的播种、定植、收获情况，以及常见树木的发芽、展叶、开花、结实和常见动物的活动、生殖及迁徙物候期的情况。气候记载应包括以下几项内容：

（1）温度：年平均、最低月平均、最高月平均、绝对最高、绝对最低温度，另外还包括初霜期及终霜期或平均无霜期温度。

（2）降水量：年平均、最低月平均、最高月平均降水量，冬季积雪时间及厚度。

（3）湿度（相对湿度）：年平均相对湿度、最低月平均、最高月平均相对湿度。

（4）风：常风情况、季风情况及风力，沿海地区还应记录台风等。

3. 土壤条件　土壤调查的主要内容包括土壤类型、土壤剖面的形态特征、土壤理化性质和肥力特征、土地利用现状、药用植物和其他植物根系分布状况等。对岩石土壤母质情况只作一般了解。土壤形态特征主要通过土壤剖面调查来完成，土壤理化性质主要通过取样分析获得。

4. 植被条件　植被是一个地区植物区系、地形、气候、土壤和其他生态因子的综合反映。在调查范围内，对植被类型如森林、草原、沙漠、湿地等分别记载其分布、

笔记

面积和特点。对于主要植物群落，特别是拟调查药用植物种类的植物群落，应进行系统调查，调查内容包括植物种类组成、优势植物种群及其多度、郁闭度、盖度、频度等。

（二）社会经济条件调查

中药产业是地区经济发展的重要组成部分，它与区域社会的其他部门有着密切联系。一般情况下，区域社会整体发展水平较高时，中药资源的保护、经营和开发水平也相应较高，中药资源对地方经济的作用也就越重要。因而，在进行中药资源调查时，有必要进行社会经济条件和经营历史状态的调查。

其调查内容主要包括：①调查中药产业与区域社会其他部门之前的联系，中药产业产值占区域总产值的比例，其发展趋势及定位；②调查中药产品市场状况，包括中药产品的种类、历年中药野生药材的收购量、栽培或养殖药材产量、市场需求量等；③调查中药资源的保护和管理情况，包括历年中药的采收情况、采收方式与数量变化以及是否有利于中药资源的可持续经营；④调查除中药资源外的其他相关资源利用状况对中药资源的影响，如森林资源、水资源、动物资源、植物加工利用、旅游资源等对中药资源的影响。

三、中药资源种类与分布调查

中药资源种类与分布调查是中药资源调查最主要的内容，一般采用线路调查与样方调查相结合的方法进行，也称为普遍调查或踏查。通过调查，确定调查区域内中药资源种类（品种）数量、分布及用途等情况。调查过程中应以采集标本、拍摄影像资料、记录 GPS 数据等做为凭证依据。通常某一区域内重点调查的中药资源主要有道地药材、珍稀名贵药用动植物、特有药用动植物、药用新资源、栽培药材、大宗药材等。如何顺志等人对贵州中药资源的种类与分布调查结果显示，贵州中药资源超过 4500 种，其中道地、珍稀、特有药用植物超过 200 种，贵阳地区、息烽县、开阳县、修文县、清镇市内有中药资源分别约 1400、650、770、740、900 余种。

四、中药资源储量及潜力调查

（一）中药资源储量（蕴藏量）调查

中药资源储量（蕴藏量）调查是中药资源调查的重要内容，是中药资源开发利用的基础，也是指导中药栽培及出口贸易等的重要依据。储量调查一般采用样地或样方样带的方法进行，在平原或生态环境较单纯的地区可以较好地利用“3S”技术进行。

根据调查目的不同，一般分为局部地区所有重点中药品种调查和较大范围内的单品种调查等。其中区域内所有重点品种一起调查，将以设置样地的形式进行较好，统计样地内的品种及数量，进而得出各品种的储量（蕴藏量）。而单品种的调查通常采用样方或样带的方式进行，根据前期访查的结果初步确定设置的样方数及样带数，确定分布范围，计算样方内蓄积量，最终得出资源的储量（表 4-3）。

笔记

表 4-3　植物资源调查样地记录表(资源蕴藏量)

群落名称:________　样方面积:________　野外编号:________
第____页　记录日期:________　记录者:________

样地序号	植物名称	用途	利用部位	株数		利用部位重量		单位面积贮量(kg/hm²)
				样地株数	公顷株数	样地总量鲜/干	单株平均鲜/干	
1								
2								
3								
…								

1. 药用植物资源蕴藏量的相关概念

(1) 药用植物的生物量(biomass):是指某一地区某种药用植物的总量,包括药用部分和非药用部分。

(2) 药材蓄积量(stock volume):是指一个地区某种药材的可以入药部位的总量。

(3) 药材蕴藏量(stock):是指一个地区某一时期内某种中药资源的总蓄积量。

(4) 经济量(exploitative stock):是指一个地区某一时期内某种中药资源有经济效益那部分蕴藏量,即只包括达到标准和质量规格要求的那部分量,不包括幼年的、病株或达不到采收标准和质量规格的那部分量。

(5) 年允收量(annual possible gathering volume):是指平均每年可允许采收药材的经济量,即不影响其自然更新和保证可持续利用的采收量。

2. 药材的蕴藏量计算

(1) 单位面积(或样方)中药材蓄积量的计算方法

1) 投影盖度法估算蓄积量:投影盖度是指某一种植物在一定的土壤表面所形成的覆盖面积的比例,它不决定于植株数目和分布状况,而是决定于植株的生物学特性。根据拟调查植物种群在该地区的分布情况,设置标准样方,然后计算某种药用植物在样方上的投影盖度,挖取一定面积上的全部药材并计算在 1% 盖度上药材的重量,最后求出所有样方的投影盖度和 1% 盖度药材重量的均值,其乘积则是单位面积上某种药材的蓄积量。其计算公式为:

$$U=X \cdot Y$$

式中 U 为样方上药材平均蓄积量,单位为 g/m^2;X 为样方上某种植物的平均投影盖度;Y 为 1% 投影盖度药材平均重量,单位为 g。

采用投影盖度法计算蓄积量的方法,适用于很难分出单株个体的药用植物。一般在群落中占优势且呈丛状生长的灌木或草本植物可采用该方法。

2) 样株法估算蓄积量:在设置的标准样方内,统计药用植物的株数,按单株采集药材,统计单株药材的平均重量,估算单位面积上药材的蓄积量。其计算公式为:

$$W= X \cdot Y$$

式中,W 为样方面积药材平均蓄积量,单位为 g/m^2;X 为样方内平均株数,单位为 n/m^2;Y 为单株药材的平均重量,单位为 g。

样株法适用于木本植物、单株生长的灌丛和大的或稀疏生长的草本植物。但对

笔记

于根茎类和根蘖性植物，由于个体界限不清，计算起来比较困难，此时的计算单位常常以一个枝条或一个直立植株为单位。

(2) 药用植物资源的药材蕴藏量计算方法：某种药用植物资源的药材蕴藏量与该种植物在某地区占有的总面积及单位面积上的产量有关。一般是采用估算法，首先要了解所调查的药用植物在哪些群落中分布，然后计算这些群落的总面积。药用植物资源的蕴藏量就可按下式计算：

蕴藏量 = 单位面积蓄积量（或产量）× 总面积

(3) 年允收量计算：年允收量是指平均每年可采收药材的经济量。其计算的关键是药材的更新周期，只有了解更新周期才能准确地计算年允收量。波里索娃提出了下列的年允收量公式：

$$R=P\frac{T_1}{T_1+T_2}$$

式中，R 为年允收量；P 为经济量；T_1 为可采收年限，T_2 为该植物的更新周期，(T_1+T_2) 为采收周期。

（二）中药资源的潜力调查

中药资源的潜力调查主要是再生能力的调查，即中药资源的可持续利用情况调查，同时包括中药资源的丰富度及可开发利用度调查等。调查时应注意资源总量、可采收量、市场需求量及资源更新时间之间的关系。如中药厚朴，全国范围内资源的储量（蕴藏量）在 60 万吨以上，可采收量约 20 万吨，每年市场的需求量不足 5000 吨，主要用于临床配方及中成药生产，厚朴的采收周期为 12~16 年。由此可见，厚朴资源极为丰富，可用于保健品等其他方面具有巨大的开发潜力。

五、中药资源的开发利用调查

（一）相关企业现状调查

对调查区域内的相关企业进行全面调查，包括企业的类型、规模、经营情况、经营品种、原料来源、销售去向、员工素质、科研能力等。根据调查目的不同，侧重点也不同，如种植加工型企业应侧重于品种、质量、原料来源及去向等，研究开发型企业侧重于调查规模、原料来源、员工素质及科研能力等，而经营销售型企业则侧重经营的规模、品种、原料来源及销售去向等。

（二）中药资源产品情况调查

中药资源产品的调查主要包括调查地区本地产品及外来产品调查。本地区中药资源产品的调查包括资源品种、利用量、开发价值及市场等，外来资源产品调查主要为来源地，资源种类，市场情况等。

（三）中药资源保护情况调查

中药资源保护情况调查主要包括调查区域内生态环境的保护调查、珍稀濒危药用植物资源调查及旅游开发情况调查等。通过调查了解当地生环境的保护现状，珍稀濒危特种的品种、分布及保护现状，旅游开发对当地资源的影响等。

六、内业整理工作

外业调查结束后，需要及时整理调查资料，将核对后的数据进行统计分析，绘制

笔记

中药资源地图,同时对药用资源进行评价,最后根据调查分析结果撰写调查报告。内业工作是分析中药资源调查质量、形成调查成果的重要部分,必须高度重视。

（一）调查资料的整理、分析

1. 自然环境与社会经济相关资料的整理　对区域性调查收集到的自然条件和社会经济状况进行分类整理,按地区分专题内容进行汇总编表。

2. 样方测定数据的整理　对标准样方的测定数据进行整理,并将同一个地区的样方按生境类型进行分类统计,计算出测定数据的统计参数,最后按生境类型将统计结果填写到专门设计的汇总表中。

3. 动植物标本的鉴定与质量分析　对采集的动、植物标本进行实验室鉴定和专家鉴定,并对采集的药材样品进行质量分析。根据调查鉴定结果,着手编写中药资源物种名录。每种物种应包括中文名称、俗名、拉丁学名、生境、分布、花果期、功效等几部分。

4. 原始数据的统计分析　在野外资源调查中,获取的大量原始数据资料,经过整理汇总后,以数理统计的方法分析样本数据资料来推断总体。通过统计分析,可以获知调查地区中药资源的特征和分布规律,掌握调查区域资源的贮量和资源的更新规律,评价资源的状况,根据社会的需要,做出具体的开发利用规划及保护管理措施。

（二）中药资源地图的绘制

中药资源地图是将中药资源的种类、分布或蕴藏量等科学、形象地用地图的形式反映出来。

1. 中药资源地图的类型

(1) 中药资源分布图:主要反映中药资源种类(或物种)的分布。这类分布图又分为地区性资源地图和单品种中药资源地图。地区性资源地图综合反映某地区中药资源情况,它对了解当地中药资源相关情况比较便利,同时也适用于考查各种药用植物混合分布与单独分布的规律。单品种中药资源地图只反映某一种中药资源的分布,但这种地图对充分利用和开发某种中药资源的实用价值较大(图 4-2)。

(2) 群落分布图:它是在原有植被图的基础上结合广泛的中药资源调查而绘制的

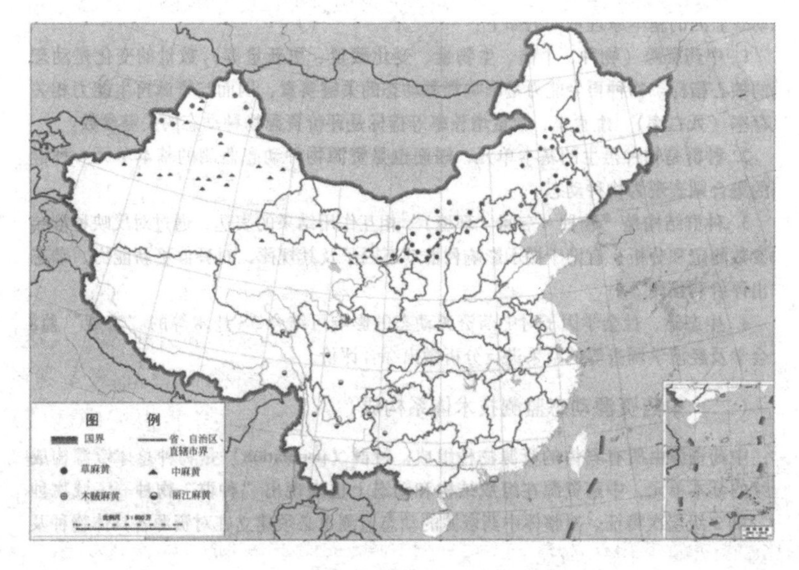

图 4-2　我国麻黄原植物地理分布图

笔记

某种药用植物的群落图。根据这类图提供的信息，可减少资源调查的范围，并能计算出某种药用植物所占有的面积，还可为蕴藏量的计算提供参考。

(3) 中药资源蕴藏量图：主要反映某种资源的蕴藏量及其在不同地区的分布。它是在进行广泛的蕴藏量调查基础上绘制的。

(4) 中药资源区划图：是在气候区划、植被区划等自然区划的基础上，参考农业区划、林业区划等资料，依据中药资源的分布特点和生产情况而制定的专业性区划。既能反映中药资源的生产特点，又能反映出资源合理开发利用的方向（图 4-3）。

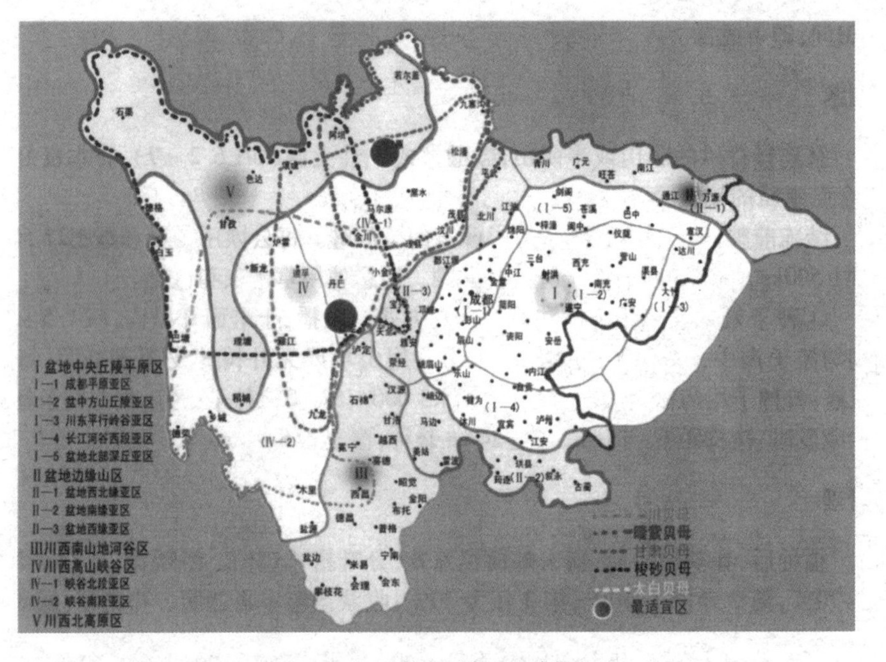

图 4-3　四川省川贝母区划图

按照比例尺划分，可分为三类：①大比例尺资源图，比例尺为 1∶15 000~1∶20 万的资源图；②中比例尺资源图，比例尺为 1∶20 万以上至 1∶100 万的资源图；③小比例尺资源图，比例尺为 1∶100 万以上的资源图。

2. 中药资源地图的编绘

(1) 中药资源分布图的编绘：地区性资源地图的绘制方法是在一定比例尺（一般是 1∶100 万或 1∶1 万）的地图上，把该地区所产的主要药用植物或动物用符号表示出来。单种药用植物资源地图是在地图上用小点或符号表示出药用植物的分布，小点的多少也可以表示蕴藏量。还可用特殊颜色或线条来标明分布区的地形、气候或有无开采价值等。调查的路线愈多，范围愈广，所绘制的资源分布图愈详尽。这些地图只能表明所调查植物的大致分布，而不能表明分布的实际面积，也不能表示量的关系。

(2) 群落分布图的编绘：这种分布图的编绘需借助植被图，根据中药资源调查获得的资料才能完成。编绘群落分布图时所选择的植物群落应是含有较大量的某种药用植物，并有采收价值，并在图例中表明这些植物群落中所调查种类的多度等级。

(3) 中药资源蕴藏量图的编绘：这类图的编绘需要准确调查各种群落类型中某种药用植物的蓄积量和某一地区的群落面积，然后计算出总蕴藏量。如果是省级图应

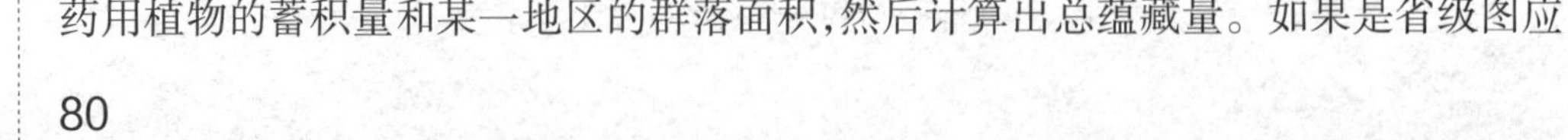

以县(或主产乡镇)为单位,县级图至少要以乡镇为单位。蕴藏量大小一般是以圆圈或其他符号来表示。

(4) 中药资源区划图的编绘:中药资源区划的对象是不同等级的地域系统,又可分为国家、省(区)、地(市)、县不同的行政区域范围。在编绘中药资源区划图时,要搜集有关本地区自然条件、社会经济条件的相关资料,并结合在中药资源调查中获得的各种资料数据进行综合分析,分析单品种资源的水平地带性和垂直地带性,确定不同等级的地域单元。按区内相似性和区际差异性划分不同等级的中药区,根据区划结果绘制区划图。另外,在编绘中药资源区划图时,还应参照区划地区的农业区划图、林业区划图等专业性地图,对于图面的基础性要素和分区边界,要尽可能和它们一致。

(三) 调查报告的撰写

中药资源调查报告是对调查工作进行全面总结的资料,内容包括工作任务,调查组织与调查过程的简述,调查地区地理条件概述,调查地区社会经济条件概述和药用资源调查的物种数据、标本、样品及各种成果图件等。最后对调查地区中药资源开发利用与保护管理工作中存在的问题进行分析评价,并提出科学可行的意见或建议。中药资源调查报告的主要内容及写作格式如下。

1. 前言　包括调查的目的和任务、调查范围(地理位置、行政区域、总面积等)、调查工作的组织领导与工作过程、调查方法、调查内容和完成结果的简要概述。

2. 调查地区的社会经济概况　包括调查地区的人口、劳动力、居民生活水平、中药资源在社会发展中的地位,从事中药栽培养殖的劳动力数量、占总人口的比例以及所受基础及专业教育程度等情况。

3. 调查地区的自然条件

(1) 气候:包括热量条件、光照、降水和生长期内降水的分布、霜冻特征和越冬条件等。

(2) 地形:地形变化概况、巨大地形和大地形概况、地形特征与药用植物资源分布的关系,可附地形剖面图加以说明。

(3) 土壤:包括土壤类型和肥力条件,调查地区土壤侵蚀、盐碱化、沼泽化等生态因素,药用植物资源与土壤条件关系以及在开发利用中对土壤环境的影响等。

(4) 植被:调查地区植被类型(森林、草地、农田、荒漠等)及其分布以及各种植被条件与药用植物资源的关系等。

4. 调查地区中药资源现状分析　主要包括药用植物资源种类、数量、储量、用途、地理分布、开发利用现状、引种栽培生产现状、保护管理现状。附各种数据表格及分析结果。

5. 调查地区中药资源综合评价　包括种类情况评价(种类数量、利用比率、利用潜力及科学研究等)、质量评价、生产效率评价(经济效益、生态效益和社会效益等)、开发利用潜力(资源的动态变化、受威胁状况、经济价值重要性等)。

6. 中药资源开发利用和保护管理的意见和建议　根据资源评价的分析结果,提出合理开发利用和可持续利用的科学依据、方法、意见和建议。

7. 调查工作总结与展望　对调查结果的准确性、代表性做出分析和结论;指出调查工作存在的问题,提出今后要补充进行的工作。

8. 各种附件资料　是资源调查报告中必不可少的组成部分,是正文报告的补充或更详尽的说明。附件部分可以包括如下内容:数据汇总表(包括各种统计表或图);原始资料和参考资料;调查地区中药资源名录;调查地区中药资源分布图、储量图和

笔记

利用现状图等成果图。

第三节　中药资源的动态监测

绝大多数的中药资源属于生物类资源，受其物种自身特性、环境生态变化、人类活动及社会经济发展等多方面因素的影响，资源的状况在一定时间、空间范围内会发生变化。为了及时掌握中药资源的动态状况及其规律，更好地实现中药资源的可持续利用，应对中药资源进行动态监测，掌握其“动态性”和“即时性”。

一、中药资源动态监测的基本原理与体系构成

（一）中药资源动态监测的基本原理

中药资源的动态监测（dynamic monitoring）是通过在一定时空范围内对反映资源状况的参数，如蕴藏量、分布区域面积、资源物种自身种群结构特征和适生植被群落的结构等进行连续的测定、观察，采集相关信息、整理分析，以掌握中药资源状况的动态变化及其规律，阐明影响资源动态变化的因子，并对资源变化趋势及资源更新能力作出预测和客观评价，为中药资源的保护与利用提供科学依据。

中药资源动态监测的基本原理包括：中药资源（物种、个体、生物量、蕴藏量、更新量等）数量的变化是动态监测的核心指标，而物种再生能力又是影响资源动态的关键要素，因而与资源再生能力相关的生存率（死亡率）、生育率、数量增长率等指标是评价资源物种动态的关键参数；种群（population）结构是“物种 × 空间（环境）”相互作用结果的表达，通过对反映种群结构的参数测定和分析，有助于揭示影响种群动态的因子及其规律，对种群更新能力、动态等作出评价和预测；生态学、社会学因子对中药资源动态的影响可结合采用3S技术等的“宏观”监测、社会学及经济学调查等的结果分析作出综合评价（图4-4）。

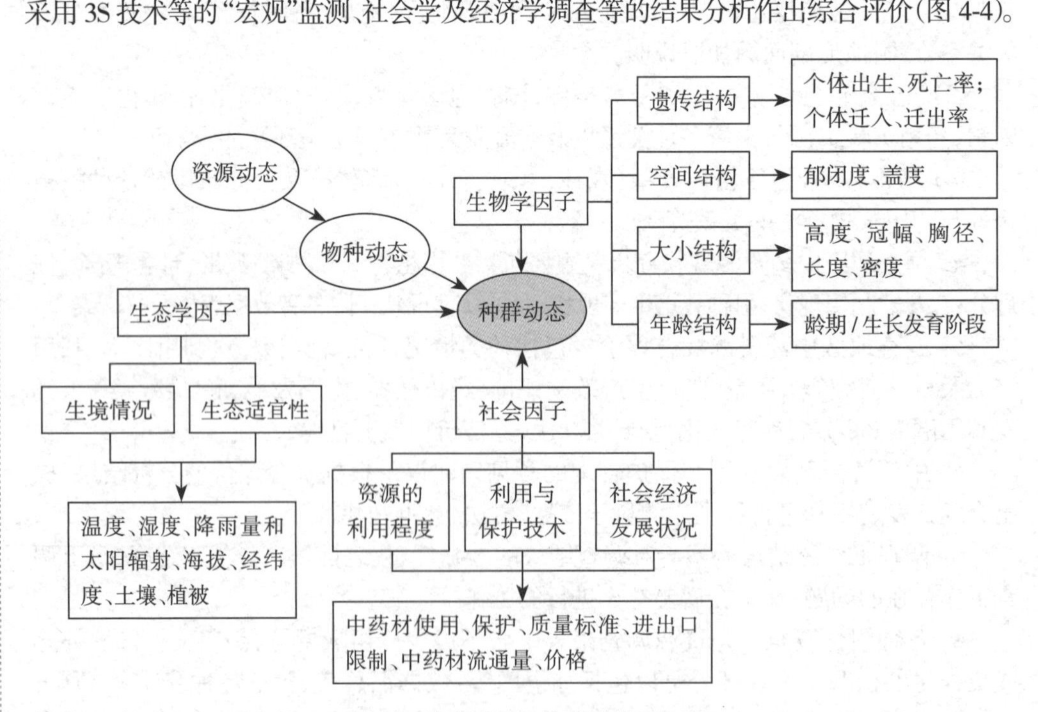

图4-4　中药资源动态监测指标体系

宏 观 监 测

宏观层面的监测是以资源物种总体(或区域性全部资源物种)为监测对象(单元),主要采用"3S"技术(RS、GIS、GPS)等,获取反映该物种全部分布区域的面积及地理、土壤、植被、气候等生态特征的"宏观信息",并结合地面样方调查数据进行信息的综合处理,以全面掌握该资源物种的总体动态、生态适宜性、分布区域生境特征及其影响因素与演变规律等,其结果主要为国家对资源的管理与应用、生态环境保护、中药生产区划等的决策提供依据。

(二) 中药资源动态监测的体系构成

中药资源动态监测是一个复杂的系统工程,需要有一套成熟有效的监测体系,保证中药资源动态监测信息和服务的时效性、科学性和实用性。中药资源动态监测体系至少包括以下三个系统:管理系统、技术系统和监督系统。

1. 管理系统　资源动态监测是一项长期的工作,需要国家与地方共同参与,建立运转迅速、高效、科学的管理系统十分必要。管理系统包括国家、省、县的三级管理机构,国家级管理机构负责领导全国的中药资源监测工作、组织专家设计实施方案、统一安排工作进程、确定监测指标、管理信息数据,并指导单品种中药资源的监测。省级、县级管理机构负责中药资源动态监测系统的维护、数据更新、图像资料的管理,监测分析中药资源变化情况,定期发布监测信息,并协助省级、县级监测单位开展工作。

2. 技术系统　资源动态监测的主要对象是药用动植物资源,是对影响资源动态变化的因子信息的采集和分析。不同中药资源物种或种群动态变化的影响因子各异,需采集的指标信息、采用的技术方法也不同;而面对海量的数据,如何存储、管理、分析也很困难。因此中药资源动态监测的技术系统包括网络体系、技术方法体系、专业人员队伍。在技术手段上,引入空间信息技术("3S"技术)方法,获取数据,以GIS为信息平台,采用数据库技术网络(通信)技术,研究开发中药资源动态监测数据库和信息管理系统、决策和预警评价等模型,将收集的数据信息进行汇总存储管理和共享应用。

资源动态监测的目的是通过对影响资源动态的因子信息的采集和分析以掌握和预测动态变化,动态是数量和参数随时间变化的过程,故因子信息的采集应当是在一定时期内的脉冲式的连续采集,在采集和分析方法上,与传统的中药资源调查方法都有所不同。在此过程中,充分调动和发挥科研院所和企业的积极性,以科研院所和企业为主体展开工作,有利于中药资源长期动态监测的实现。

3. 监督系统　中药资源的动态变化以样地基本信息为基础,关键在于信息的准确性。因此需要对原始信息和信息的更新进行监督。建立国家级、省级监督机构,除了每年对信息的定期、及时更新进行监督外,还要进行现场核对,采用质量抽查的方法,抽取部分样地检查信息。有条件的地方应在样地监测的同时拍摄航片或低空遥感照片,存入已建立的数据库。

二、中药资源动态监测的信息采集与分析

(一) 监测因子信息采集时间

动态监测需在监测对象生命期内连续多次采集数据,对于多年生物种,采集时间

笔记

可以年为单位作 1 个周期进行信息采集和分析；对于一年生物种，则应以 1 个生命周期为单位采集和分析信息。在采集周期中需根据物种的物候期和药用特点（部位、采集期等），在不同生长阶段进行采集，如花期、果期、营养生长期、药用部位等均需进行信息采集。

（二）种群个体数量的动态分析

种群的数量指的是一定范围内某个物种的个体总数，也称之为种群大小（population size）。其在种群内在或外在因素影响下，总是随着时间变动而保持平衡或改变。内在因素是指种群固有的出生率和死亡率，外在因素则包括竞争、捕食以及物理环境方面的因素。

一般而言，种群数量因出生和迁入而得到补充，也因死亡和迁出而损失，随时间的变化｛t 到（t+1）时刻｝，种群数量的改变将是

$$N_{t+1}-N_t=B+I-D-E$$

式中，B、I、D、E 称为种群统计学参数，分别代表一段时间内种群的个体出生数、迁入数、死亡数和迁出数。种群的动态（λ）可通过 N_{t+1}/N_t（年增长率）作出量化描述。当 $\lambda=1$ 时，表明种群处于稳定的平衡状态，$\lambda>1$ 时，种群处于增长状态，而当 $\lambda<1$ 时，则种群处于降低状态。

种群的个体寿命、出生率、死亡率等都深受环境因子的影响，环境因子的周期性变化会引起种群大小的周期性波动，灾难性的变化可导致种群数量的急剧变化。在最适合的环境中，个体数量变化较小或种群数量相对恒定，而处于较差的环境中种群数量往往波动较大。

（三）种群的年龄结构分析

种群的年龄结构（age structure）是种群内不同年龄的个体数量的分布情况，一个种群的年龄结构不是同龄就是异龄。一般将栽培植物或一年生植物视为同龄种群，自然植物的多年生种群则视为异龄种群。异龄种群是由不同年龄的个体组成，各龄级的个体数与种群个体总数的比例称为年龄比例（age ratio）。按从小到大的年龄比例绘图，即是年龄金字塔，它表示种群年龄结构分布（population age distribution）。种群的年龄结构是判断种群动态的重要方面，也可以看出不同植物种群在不同环境条件下的适应分化。

根据年龄金字塔的形状，可分为增长型种群、稳定型种群和衰退型种群三种。增长型种群的年龄结构成正金字塔形，中老龄级的个体所占比例最小，幼龄级个体的比例最大，除补充已死去的老龄个体外仍有剩余，种群数量可持续增长。稳定型种群的年龄结构呈钟形，每一龄级的个体死亡数与进入此龄级的新个体数大致相等。衰退种群的年龄结构呈倒金字塔形，幼龄级个体数较少，老龄级个体数相对较大，多数个体已过生殖年龄，种群处于衰退并逐渐消失。

多数情况下，植株个体的生长发育阶段有较为容易判断的形态特征，但对于多年生植物（尤其是草本植物），仅根据外部形态特征判断植株个体的年龄（龄期）则往往比较困难，可采取在相同生境下栽培的方法，观察确定各龄期 / 生长发育阶段所表现出的形态特征。对于多年生多次结实的物种，如灌木、乔木、多年生宿根性草本等，也可将进入繁殖阶段的个体划为“同龄期”处理，较为简易可行。

笔记

（四）种群个体大小结构分析及资源自然更新能力评价

资源的生物产量及其变化是中药资源调查、监测工作关心的重点问题之一，主要取决于植株个体大小（单株生物量）及其空间结构（密度）。一般来说，一个种群在生活史初期的植株多为"小多大少"。对于种群中个体的大小可采用高度、冠幅、胸径、长度（藤本）等划分，种群中个体的大小不等性可以个体大小的变异系数（CV，标准差/平均数）来评价，也可通过对频度-大小指标作图得到直观的表达。

通过测定单株生物量/药用部位产量、种群中处于不同生物产量阶段包括达到药材质量要求程度（可提供药材采收）的植株的个体数量及比例，结合种群统计学参数、年龄结构及空间结构信息的分析，即可了解种群的生物蕴藏量、年增长量及药用部位的生物量等的动态变化。由于监测样地需保留以连续采集信息，个体生物量及其增长状况还需辅助进行同生境种植试验，通过取样测定建立"生物量或药用部位量-个体大小"的数量关系，为样地生物量测算提供依据。

三、资源动态信息的评价利用

中药资源动态监测的最终目的是为中药资源的科学有效保护与可持续合理利用提供依据，通过对监测样地的信息采集、数据处理和综合分析，获得有关资源的数量动态、自然更新能力、影响因子、适生环境及动态发展趋势等资源动态信息后，还应组织有关专家，收集参考有关监测对象物种的生产、质量、利用、市场需求等方面的资料，结合具体目的，从该资源的保护、利用、生产等方面做出评价，促进成果的利用。动态监测结果主要应用于以下这些方面：

（1）为政府制定有关中药资源保护的政策法规、发展规划提供决策依据。根据数量动态和趋势预测，可确定该物种的保护程度；根据适生环境等特征，指导建立珍稀濒危物种保护区。

（2）指导制定合理的中药区划及药材生产计划。根据物种的适生环境特征确定中药材生产区划；参考其动态影响因子（如年龄结构、大小结构）和生态适宜性，指导制定和实行区域布局合理的轮采、休养等保护性生产计划和措施等。

（3）为企业的中药资源开发利用提供决策咨询。根据资源的蕴藏量及其动态、自然更新能力等，指导该资源是否应当禁止或限量使用。

（4）增强全社会公众的资源与生态环境保护意识。中药资源动态监测结果通过政府有关媒体向社会发布，将有利于增强和提高社会公众对资源与环境的保护意识和参与程度，促进资源开发利用与保护的良性循环。

第四节　空间信息技术集成在中药资源调查中的应用

空间信息技术（spatial information technology）是20世纪60年代兴起的新兴技术，主要包括遥感技术（RS）、地理信息系统（GIS）和全球定位系统（GPS）等的理论与技术，三者集成为"3S"技术。该技术以其宏观性、实时性的特点，在农业、林业的自然资源量值和生长趋势监测方面已得到广泛应用，并且在药用植物资源调查、适宜性区划、蕴藏量估算等方面逐步展开应用，虽然起步较晚，但是发展迅速，且呈现出良好的发展前景。

笔记

一、遥感技术

（一）遥感技术的特点

遥感技术（remote sensing，RS）是指从远距离、高空，以至外层空间的平台上，利用可见光、红光、微波等探测仪器，通过摄影或扫描、信息感应、传输或处理，识别地面物质的性质和运动状态的现代化技术系统。它的特点主要有以下几方面。

1. 可获取大范围数据资料　遥感用航摄飞机飞行高度为10km左右，陆地卫星的卫星轨道高度达910km左右，从而可及时获取大范围的信息。

2. 获取信息的速度快、周期短　由于卫星围绕地球运转，从而能及时获取所经地区的各种自然现象的最新资料，以便更新原有资料；或根据新旧资料变化进行动态监测，这是人工实地测量和航空摄影测量无法比拟的。

3. 获取信息受条件限制少　在地球上有很多地方，自然条件极为恶劣，人类难以到达，如沙漠、沼泽、高山峻岭等。采用不受地面条件限制的遥感技术，特别是航天遥感可方便及时地获取各种宝贵资料。

4. 获取信息的手段多、信息量大　根据不同的任务，遥感技术可选用不同波段和遥感仪器来获取信息。例如可采用可见光探测物体，也可采用紫外线、红外线和微波探测物体。利用不同波段对物体不同的穿透性，还可获取地物内部信息。例如，地面深层、水的下层、冰层下的水体、沙漠下面的地物特性等，微波波段还可以全天候的工作。

5. 定时、定位观测提高时效性　遥感能周期性地监测地面同一目标，有利于对比分析其特点，并可以对某些现象作动态分析。

（二）遥感技术的应用

在中药资源调查中，遥感技术主要用于对植被面积、相关产量和蕴藏量的调查和估测。对面积的估测，是根据植物不同生长期的光谱特征以及其他特性，选择合适的时间和季相，合适波段的航天遥感或航空遥感资料，进行一定的处理后，建立感兴趣区的解译标志，进行识别和分类，通过地面实况资料补充修正，最终了解目标植物的分布区域及分布面积。对产量或生物量的估算，首先利用地面遥感资料，建立光谱资料及植物产量的关系，建立产量和各种空间遥感资料之间的回归模型，估测出单位面积产量，结合遥感资料所提取的面积，相乘得到总的产量，也可以直接建立植物总产量与各种影响因子之间的回归模型直接估测产量。

陈士林曾利用遥感技术对人参种植区域的种植面积进行调查，建立了人参资源遥感调查的技术路线和方法，并通过抽样调查对人参进行了产区面积测算和估产，野外验证点与图像判读结果对比分析表明，人参调查样区的人工判读精度，Landsat7ETM图像达90%，ETM与Spot融合图像达97%，Quick Brid图像达100%。张本刚应用遥感技术对野生甘草资源进行调查，采用中等分辨率的卫星影像ETM量测，计算出甘草分布的面积和蕴藏量，判读精度高于90%，表明遥感调查方法用于甘草的野生资源调查也是可行的。周应群利用遥感调查对研究区域的三七进行量测，计算出了三七分布的面积、蕴藏量和产量。

遥感技术还能有效地管理具有空间属性的各种资源信息，对各种中药资源的分布及其蕴藏量进行快速和重复的动态监测，便于指导中药资源保护和中药合理种植。

笔记

利用遥感技术快速监测珍稀濒危中药资源的分布面积及产量的年际变化，从而建立珍稀濒危药用物种及资源蕴藏量的预警监控系统。

二、地理信息系统

(一) 地理信息系统的特点

地理信息系统（geographical information system，GIS）是指以地理空间数据库为基础，在计算机软硬件支持下，对空间数据按照地理坐标或空间位置进行预处理、输入、存储、检索、运算、分析、显示、更新和提供应用研究，并处理各种以空间实体和空间关系为主的技术。该系统具有采集、管理、分析和输出多种地理空间信息的能力，兼具空间性和动态性。它以地理研究和地理决策为目的，以地理模型方法为手段，具有区域空间分析、多要素综合分析和动态预测能力，可产生高层次的地理信息。由计算机系统支持进行空间地理数据管理，并由计算机程序模拟常规的或专门的地理分析方法，作用于空间数据，产生有用信息，完成人类难以完成的任务。计算机系统的支持是GIS的重要特征，使GIS得以快速、精确、综合地对复杂的地理系统进行空间定位和过程动态分析。

(二) 地理信息系统的应用

地理信息系统主要用于大面积资源调查的数据处理，还可以用于分析局部的生态环境，进行生态环境如土地适宜性、最佳生境特征的评价，在药用植物资源调查数据的处理与分析中已得到广泛应用。

中国医学科学院药物研究所与中国测绘科学研究院、中国药材集团公司利用地理信息系统（GIS）平台及聚类分析和空间分析技术等，研发了国内第一个专业化的“中药材产地适宜性分析地理信息系统”（geographic information system for traditional Chinese medicine，TCMGIS）。该系统能科学、准确、快速地分析出与药材主产区生态环境（气候、土壤）最为相近的区域，先后对人参、三七、金银花、甘草、川芎、红花等210种中药材植（动）物基原物种进行了全国范围内的产地适宜性区划，为中药资源的保护和可持续利用提供了新的研究思路。

近年来GIS与互联网技术的结合，衍生成为WebGIS的新技术，它可以使全社会范围内各领域、各部门之间的空间数据信息实现共享，极大地提高了空间信息的维护、发布和查询效率，通过它人们可以在广阔的互联网空间寻找所需的各种空间数据以及相关的文本数据，且可进行各种各样的空间分析。中药资源领域也可利用WebGIS思想，构建中药资源网络调查及动态监测系统，利用相应的中药资源危机模型，对中药资源进行动态监测并提供预警信息和保护对策。

三、全球定位系统

(一) 全球定位系统的特点

全球卫星定位系统（global positioning system，GPS）是指使用GPS接收机（定位仪）来确定地理数据的卫星定位系统。与其他导航系统相比，GPS具有一些明显的特点和优势。

1. 全球性　由于GPS卫星的分布合理，全球覆盖率达98%，在覆盖范围内的地球上任何地点均可连续同步地观测到至少4颗卫星。

笔记

2. 全天候　利用GPS进行观测测量可在一天24小时内的任何时间进行，不受阴天黑夜、起雾刮风、下雨下雪等任何气候因素的影响。

3. 高精度　GPS可提供高精度的三维坐标、三维速度和时间信息，采用差分技术其定位精度为厘米级，速度误差小于0.01m/s，授时精度达20ns。

4. 高效率　随着GPS系统的不断完善和软件的不断更新，一般静态定位仅需几分钟；在流动站与基准站相距在15km以内的差分定位中，流动站观测时间只需1~2分钟，完成一次快速的动态定位或测速仅需数秒钟。

5. 应用广泛　可用于与定位、导航、授时有关的所有应用，是继通信、互联网之后的第三大高科技应用技术。

6. 操作简便　GPS是单向测距的被动式定位，只要能接收到GPS信号就可进行定位，操作简便；同时GPS接收机的自动化程度越来越高，大大地减轻了测量的工作量和劳动强度。

（二）全球定位系统的应用

全球定位系统目前在我国林业调查的地理定位上使用广泛，在中药资源调查中，它可以帮助我们解决过去需要采用多种测量仪器进行地理数据（如海拔高度、经纬度、气温等）测量问题。云南中医学院的赵荣华曾利用GPS对云南禄劝县野生何首乌地理位置进行定位，并进行长期跟踪观测，为分析生态环境变化对何首乌资源变化的影响提供了条件，同时为今后国家中药资源地理信息系统的建立提供了基础数据。GPS除可用于药材野外地理位置确定，还可以用于药材种植面积的确定，方法是将所测面积的边线用GPS定位，所测的值用定位仪直接计算面积或在地图上描点进行面积计算。

“3S”技术是应用范围广泛的高端信息技术，一般而言，遥感是快速获取数据的重要手段，全球定位系统是定位技术，而地理信息系统则是对数据进行空间管理的有效工具。例如沙尘暴多形成于较荒凉地区，观测站点少，监测起来比较困难，而用卫星遥感监测则可以弥补这方面的不足。用卫星进行遥感监测，不但可以监测沙尘暴的源地、路径，对载沙量进行研究，将遥感信息输入地理信息系统中，还可以估计出受沙尘天气影响的程度，为防灾减灾和灾害的治理提供依据。

知识链接

应用3S技术进行中药资源调查的主要技术路线

确定目标：包括调查目的、目标地物（药用植物）、调查地区范围等。

相关背景资料的收集整理：包括地理描述资料、地形图、调查植物的资料等。

遥感信息源的获取与处理：主要通过卫星遥感图像数据以及航空遥感的低空遥感图像和数据。

遥感判读与制图：是采用3S技术进行中药资源调查的中心环节，通过判读和制图可以全面绘制出调查植物的实地分布情况，为制作专门地图提供基础资料。

面积测算与汇总：利用GPS软件系统，对获得的植物图斑进行测算，并完成数据汇总。

产量测算：在完成面积测算后，根据实地进行调查的结果（采用样方调查），计算出该地区某种药用植物的总蕴藏量。

结果分析：根据采用3S技术调查的结果，针对调查目的进行多重分析，最后得到调查研究结论。

四、其他现代技术

近年来除了3S技术外，也有人把与其密切相关的专家系统（ES）和智能决策系统（IDSS），合在一起称为“5S”技术。目前，这两种系统是中药资源调查技术发展的一个新趋势。

知识链接

专家系统与智能决策系统

1. 专家系统（ES）　专家系统（Expert System，ES）是指根据人们在某一领域内的知识、经验和技术而建立的解决问题和做决策的计算机软件系统。它能对复杂问题给出专家水平的结果，实现了人工智能从理论研究走向实际应用、从一般推理策略探讨转向运用专门知识的重大突破。在RS和RIS中的智能决策支持等都需专家系统来进一步提高系统的自动化和可靠性。而专家系统所需要的许多知识又恰好隐藏在GIS数据库中，这就为ES、RS和RIS 3个系统的发展和应用提供了一个相互促进、相互作用的集成环境。随着专家系统的理论和技术不断发展，已应用渗透到几乎各个领域，包括化学、数学、物理、生物、医学、农业、气象、地质勘探、工程技术、空间技术等众多领域。

2. 智能决策系统（IDSS）　智能决策支持系统（intelligence decision supporting system，IDSS）起源于20世纪80年代初期，由美国学者波恩切克（Bonczek）率先提出，是决策支持系统（DSS）、计算机科学与人工智能（AI）技术相结合的产物，通过应用专家系统（ES）技术，将人工智能中的知识表示与知识处理的思想进行数字化建模，将模拟思维推理引入到DSS。它的功能是既能处理定量问题，又能处理定性问题。它将以定量分析辅助决策支持系统与以定性分析辅助决策的专家系统结合起来，进一步提高人们决策能力。

案　　例

例3　空间信息技术在第四次全国中药资源普查中的应用

2011年由国家中医药管理局牵头，其他相关部门协助开展了第四次全国中药资源普查，现已在我国中西部的22个省份655个县完成了中药资源普查试点工作。本次普查应用了3S技术、计算机数据库和网络技术、现代仪器分析技术、群落学、统计学等综合技术。多学科组合技术在中药资源调查中的应用，给中药资源调查方法带来质的飞跃，卫星遥感技术的发展和计算机技术的进步使中药资源调查容易操作，可重复，费用少，提供信息及时。

第四次全国中药资源普查注重定量方法及现代技术(如样方、GPS定位、GIS成图、RS遥感解译、计算机数据库和网络技术、现代仪器分析技术等)的结合应用，确定中药资源的蕴藏量、产量、主产区分布、需求量等。在3S技术中，GPS用于实时、快速地提供目标的定位定向信息；RS用于实时、准确地提供目标环境的语义或非语义信息，发现地球表面的各种变化，及时对G1S数据进行更新，具有视野宏观、动态监测等特点；GIS作为集成系统的基础平台，可对源时空数据进行综合处理，集成管理、动态存取、及时分析决策，形成一个完整的闭环控制系统。

1. 电磁波波谱曲线法在中药资源监控和调查中的应用　利用低空地面构架平

笔记

台，研究栽培种群和野生种群的样方调查。通过对目标药材进行电磁波波谱曲线的测定，找出探测具体目标药材的根据及具体药材的生长状况和病虫害危害情况的信息依据；利用低空遥感的微距平台，检测中药材微观信息与药材的品质的关系。

2. 遥感技术 - 航天遥感（卫星）及航空遥感结合确定中药生态环境及种群分布及生物量研究　利用卫星遥感平台寻找目标药材的生态环境条件，利用高分辨率卫星数据或航空遥感影像调查分析药用植物种群的分布及不同时间的生物量。

遥感技术在建群种调查，中药资源分布，生存状况及生物量变化关系等方面的应用，探讨遥感技术在中药资源监测和调查中方法学上的研究和应用 - 建群种的监测调查技术；不同海拔高度的中药资源的分布；不同地貌条件下（如坡向、坡度）中药资源的分布状况；不同的土壤质地和地球化学特征区域与中草药资源分布特征之间的关系；不同荫蔽度下的中草药资源的生存状况及生物量的变化关系；在不同生态条件下中药资源的物候表现的关系等。

卫星定位系统与遥感技术结合应用于中药资源研究，研究卫星定位系统与遥感应用技术相结合解决中药材的定点资料的动态监测技术，以判断药材的生长期，从而推测该药材的生物量；利用卫星定位系统和遥感探测的几何信息，光谱信息，综合相关信息确定中药材的资源状况。

3. 计算机数据库及网络技术在中药资源监控系统中的应用　研究计算机数据库及网络技术在中药资源监测中的应用，包括建立中药综合数据库，数据分析，数据的应用，数据的发布与更新，信息资源共享，分析中药资源动态变化及市场变化预测。

例 4　运用“3S”技术进行甘草资源调查

1. 确定调查区域范围　宁夏回族自治区灵武市和盐池县部分区域。区分其地貌单元为：中北部为缓坡丘陵区，约占 80% 的面积；南部是黄土高原区，占总面积的 20%。

2. 进行遥感信息的获取和处理

(1) 数据源的选取：选择 2003 年 9 月 21 日的影像数据 1/2 景，覆盖范围为北纬 37° 114′ 56″ ~38° 15′ 52.56″，东经 104° 14′ 40.56″ ~107° 29′ 4.2″。

(2) 图像处理：对图像进行几何校正，以研究区 1:100 000 地形图为几何参照系统，在影像上选择 20 个以上的控制点，进行几何校正。再将不同波段进行融合，进行颜色匹配与增强处理。

3. 遥感调查与制图

(1) 甘草判读标志的建立：选择 3 条野外考察路线，考察 12 个地点。经过考察，将区域内甘草分布类型确定为 3 种：苦豆子（*Sophora alopecuroides* L.）+ 黑沙蒿（*Artemisia ordosica* Krasch.）+ 甘草群落，甘草盖度在 1% 左右；甘草 + 黑沙蒿群落，甘草盖度在 25% 左右；甘草 + 禾本科 + 豆科群落，甘草盖度在 15% 左右。

(2) 室内判读解译：在室内采取人工目视解译方法，在屏幕上根据影像特征圈定甘草图斑，同时赋予图斑属性信息。

(3) 野外验证与判读修改：制定出甘草初步判读结果专题图。根据调查区域内的地理环境及交通道路条件，进行野外考察。

(4) 专题制图：在室内将图形制成甘草遥感调查现状分布图。

(5) 面积量算：建立甘草分布图形数据库，进行图形数据的面积量计算和汇总。

4. 蕴藏量估算

(1) 植被指数含义与提取：在对遥感数据进行一系列预处理后，根据植被指数公式进行计算，生成植被指数值分布栅格图，再生成植被指数值分布的矢量图。

(2) 甘草植被指数图的生成：对上述生成的植被指数甘草分布图，进行叠加分析，得到只有甘草分布区域的甘草植被指数分布图。

(3) 甘草蕴藏量抽样调查：根据图形分布状况以及甘草植被指数分布级别，在不同的分布级别图斑中进行蕴藏量分析，计算出每一类分布级别中甘草的蕴藏量。

5. 甘草蕴藏量计算　将得到的每一个植被指数级别的蕴藏量与图形图斑进行关联，得到每一个甘草类别图斑的蕴藏量值，再根据这个蕴藏量值和图斑面积进行计算得到调查地区甘草的蕴藏量。调查结果为，该地区甘草蕴藏量为 2.48×10^6kg。

例 5　基于遥感动态监测对江西中药资源蔓荆子的研究

黄灵光等人曾通过使用国产资源一号 02C 和资源三号卫星及其他辅助资料对夏季、秋季两个时期位于江西省都昌县西北部，鄱阳湖畔，地处北纬 29° 15′~29° 31′、东经 116° 02′~116° 09′，长约 11km、宽 4km，地形多为丘陵沙山，成半岛状，伸入湖中，三面环水，海拔 50~250m 区域的中药资源蔓荆子进行定点抽样调查和光谱采集，开展不同时期的蔓荆子及周边共生地物光谱特征研究，建立了蔓荆子光谱数据库。并利用非监督分类法（ISODATA 法）和监督分类、目视解译和野外核实相结合的方法，对蔓荆子进行空间分布监测与面积、产量的估算。结果通过高空间分辨率影像数据，即资源一号 02C 和资源三号的多源数据对蔓荆子提取的信息，估算出蔓荆子的面积为 6.682km^2，结合地面抽样调查数据，估算出蔓荆子的单位面积的产量约为 41.2g/m^2，研究区域蔓荆子总产量约为 2.75×10^5 kg。

该研究通过使用遥感技术对江西蔓荆子的空间分布、面积及产量进行推算，达到了对其资源现状进行动态监测的目的，并为中药资源的可持续利用和生态环境的保护提供依据。

（胡本祥　杨成梓　彭　亮　郑开颜）

学习小结

1. 学习内容

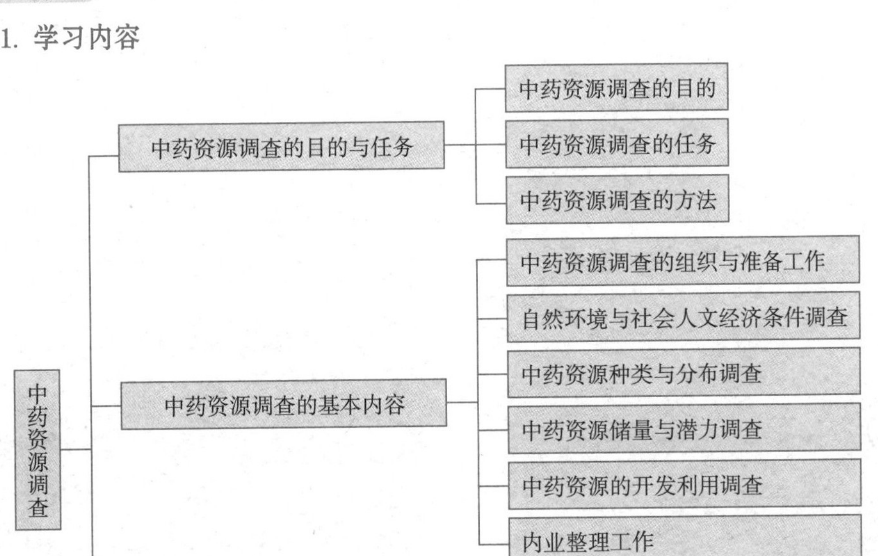

笔记

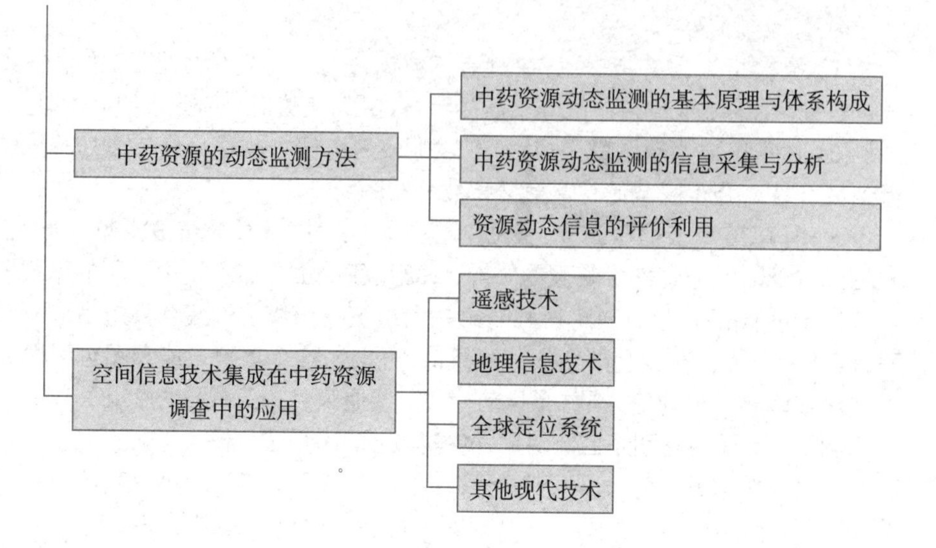

2. **学习方法**

本章的学习要通过结合文献阅读来掌握中药资源调查的内容、方法及动态监测方法，并且要熟悉中药资源调查的准备工作，中药资源图的绘制及调查报告的编写，同时要通过相关实例来了解空间信息技术在中药资源调查中的应用。

复习思考题

1. 中药资源调查的目的和任务是什么？
2. 中药资源调查样点如何设置？
3. 中药资源调查的内容有哪些？
4. 中药资源动态监测体系的构成？
5. 什么是空间信息技术？
6. 简述3S技术在中药资源调查中的应用。

笔记

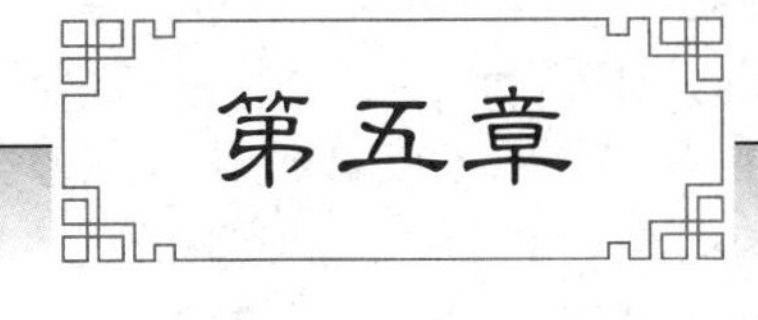

中药资源评价

学习目的

通过本章学习，了解中药资源评价的目的意义，熟悉中药资源评价原则，掌握其评价方法并结合案例了解其实际运用。

学习要点

中药资源评价原则；自然资源评价方法；中药资源的数量、品质、经济价值及生态价值评价内容及方法。

我国是世界上药用自然资源最丰富的国家之一，然而，长期以来，由于人们缺乏对中药资源的正确认识与合理开发利用，许多中药资源已经或正面临灭绝。因而，针对中药资源的特点对其进行客观全面地评价，并在此基础上实施有效管理，是实现中药资源可持续发展和促进中医药走向世界的必然举措。

第一节　中药资源评价的目的与原则

中药资源评价（evaluation of Chinese medicinal material resources），即基于一定的科学理论、技术和方法，按照一定的评价原则或依据，对特定区域内中药资源的数量、质量、分布特征、地域组合、开发利用、治理保护及其经济、生态价值等方面进行定量或定性的分析与评估。中药资源评价必须在全面深入地调查并掌握资源种类、数量及动态变化的基础上进行。

一、中药资源评价的目的

中药资源评价的目的是从整体上揭示中药资源的优势与劣势、开发利用潜力大小、限制性及其限制强度，并提出开发利用和治理保护的建议，为实现资源的开发、利用、保护和经济、生态等综合效益提供科学依据。

在进行中药资源的评价时应注意从以下几个方面考虑：首先，从国民经济和社会发展的宏观角度论证资源项目建设的必要性，并分析项目是否符合国家规定的投资方向、产业政策、行业规划及地区规划等；其次，从微观角度分析资源项目所提供的产品性能、数量、质量等是否符合市场调节的需要，有无竞争能力，是否属于升级换代产品，以判断资源产品的市场地位及其生命力；最后，对资源项目的供求状况做出全面

笔记

的综合分析，判断项目有无必要建设，并给出明确结论。

合理的中药资源评价不仅可以为地区中药资源的合理开发利用提供科学的量化指标，也可在各省乃至全国范围内的中药产业规划、建设与管理中起到总体引导和控制作用。如沙棘生长在贫瘠地区，再生能力强，根系可防止水土流失，且有固氮作用，有很好的生态效益；同时，其果和叶不仅可药用，又可食用，有很高的经济效益；对其进行正确的资源评价不仅有益于实现本地区经济的快速发展和生态系统的良好运行，同时也可为整体经济和生态建设等工作提供思路。

二、中药资源评价的原则

作为自然资源的一部分，中药资源不仅具有名称、分类地位、性状特征、内在化学成分等物种一般特性，还具有区域性、群体性、动态性等特征。因此，对中药资源进行评价时应结合其特点，选用的指标既要体现中药资源本身特点，又要体现其与生态、经济和社会环境之间的相互影响，应注意遵循以下原则：

（一）科学性与可操作性相结合的原则

中药资源的评价指标体系必须建立在遵循资源利用的自然规律、生态规律和经济规律等科学规律的基础之上，做到客观全面地反映中药资源在系统内部运动及外部影响状况。此外，只有可操作、可应用于实践的科学才能使科学性得以实现，因而，其指标体系的建立要兼顾数据搜集处理及分析的可操作性。

（二）综合分析与主导因子相结合的原则

以中药资源的可持续利用为目标的评价涉及自然、经济、社会等多方面因素，因此，选取多用途性和可量化的指标对各影响因素进行综合分析，才能全面、科学地对开发利用前景进行准确评估。同时，在各种影响因素中，又总有一个或几个因素尤为重要，因而，需充分注意起关键作用的主导因子及其特点，选取富有代表性的指标，才能找出需要调控的关键因子，实现中药资源的有效开发利用。

（三）适应性与稳定性相结合的原则

中药资源的评价是综合所调查地区的中药资源种类现状、药材产量和质量及其开发利用价值等方面情况得到的各药材种类开发利用前景的等级系统。一方面，由于中药资源种类等各方面情况会随时间、自然条件、科技水平等发生变化，因而要求评价指标体系的确定要充分考虑资源动态发展和变化的特点，且每经一定时期，需对评价指标体系进行调整，以满足现实统计分析和预测决策的需要；另一方面，评价指标体系应能反映一定时期内一定区域范围内中药资源开发利用状况和相应经济社会的发展程度，且其建立是一个专门化的工作过程，不仅需要时间、人力物力等成本性投入，还需要时间去验证和改进，因而评价指标体系不宜频繁变动，在一定时期内应保持相对的稳定性。

（四）系统性与层序性相结合的原则

中药资源是一个基于自然生态的有机系统，各种资源在中药生产中体现出相互联系、彼此依存的耦合性，同时地理区域是一个由不同层次、不同要素构成的复杂系统。依据这样一个复杂的有机系统的特点，一方面，应使指标体系能够从时间和空间上综合地反映并标准化地衡量中药资源可持续利用的各环节和因素，较为广泛地覆盖评价项目；另一方面，要考虑到中药资源对区域发展的影响，对相关的关联点进行

笔记

相应的指标覆盖，使指标体系更具层次性和逻辑性。

（五）国际经验与中国需要相兼顾的原则

中药资源的评价一方面要广泛参照和积极借鉴国际先进的自然资源评价理论和操作经验，不断改进自己的评价方法；另一方面要结合中国现实，依托中国资源评价已取得的实际经验，在逐步实现与国际接轨的同时，积极研究本国资源特色，最终构建既符合本土文化又符合国际化的综合性中药资源评价体系。

（六）定性指标与定量指标相结合的原则

在实际工作中，资源、生态、环境方面的许多对整个系统非常重要的评价指标不能或难以被量化，此时，对这些指标所涉及的范畴应先进行定性描述，在评价分析时，再将定性指标进行适当的量化处理，找到近似值，以更客观地反映实际情况。这样，既能满足综合评价需要，又能满足评价指标体系尽量采用定量指标的要求。

第二节 中药资源评价的主要内容和方法

中药资源的评价，是对中药资源进行定性或定量的分析评估，其内容主要包括资源蓄积的数量、资源产品的质与量、资源的可利用性和资源的可持续发展等方面，其需要的知识和方法涉及中药学、生态学、生物学、农学、统计学以及社会经济学等众多学科。

一、中药资源评价的分类及方法

（一）中药资源评价的分类

中药资源的评价工作，一般都需要对调查区域的资源状况进行较为系统的综合性评价。根据评价对象、任务和目的不同，中药资源评价可分为以下几类：一是根据评价区域范围，可以分为全国性和地区性资源（调查）评价，或为特定区域开发利用、生物保护等工作而开展的区域性资源评价；二是根据评价对象，可以分为单种资源（药材）的专项评价与多种资源同时进行的综合评价；三是根据评价目的，可以分为以资源开发利用为目的的资源经济性及可持续利用度等生产性评价，或为珍稀濒危生物资源保护区建设及相关保护政策的制定等开展的种群濒危程度及生存状况等方面的专业性评价。例如，我国目前正在进行的第四次全国中药资源普查，需各地区配合开展区域性普查，且此次普查除依据《中国药典》、《中国中药资源》、《中华道地药材》、《中国常用中药材》等对常用重点中药品种及其生态系统进行调查外，还参考珍稀濒危植物名录确定了重点调查资源（中药材）目录，包括需要统计资源量的中药材563种，需进行资源变化情况监测的中药材457种，需进行濒危情况评价的中药材280种，以期为进一步的全国性和区域性中药资源评价、开发利用和生物保护等提供资料。

（二）中药资源评价方法

目前，中药资源评价多借鉴森林、土地、农业和旅游等行业建立的自然资源评价方法。常见的自然资源评价方法主要有市场价值法、替代市场法、机会成本法、恢复和防护费用法、影子工程法等。

1. 市场价值法　市场价值法又叫直接市场价格法，是把自然资源质量看作一种生产要素，资源质量的变化会引起生产成本及生产率的变化，从而导致产品价格和产出水平的变化，这种变化可观察，并可用货币测量。例如，用污染水源灌溉田地引起的

笔记

经济损失，可按照作物产量减少的多少计算。此方法是经济学中较为成熟的评价方法，但由于资源的地域差异性、资源质量的非完全均等性、市场价格形成时间和评价时间不同性等，通常需要对资源的市场价格进行质量修正、时间修正和地域修正等；此外，资源的稀缺性、所有权的垄断性等使得价格围绕价值上下波动的价值规律在自然资源市场中大打折扣。因此，此方法难以保证结果的准确性，这也是其运用于自然资源评价时的最大缺陷。

2. 替代市场法　该法是市场价值法的延伸，当所评价的对象（如空气、环境、景观等）本身没有市场价格来直接度量时，可以寻求替代物来间接度量。例如，当在进行水力发电利用的水资源价值评价时，水资源的价值可根据相同发电量所消耗的煤炭资源价格估算。替代市场法简便易行、目前较为行之有效，但此种方法要求必须有可替代性的资源且忽视了资源的价值本质，缺乏充分的理论基础。

3. 机会成本法　资源的机会成本是指把该资本投入某一种特定用途后所放弃的在其他用途中所能获得的最大利益。机会成本法是用收入或收入损失评价无价格的自然资源，可以用该资源作为其他用途时可能获得的收益来表征，特别适用于对自然保护区或具有唯一性特征的开发项目的评估。例如防护林，禁止砍伐树木的价值可以用防护区不砍伐树木造成的收入损失来替代。

4. 恢复和防护费用法　当资源质量下降时，人们会采取相应措施预防和治理，该方法即是用采取上述措施所需的支出来评价资源的价值。例如，计算土壤的经济损失就是以使土壤肥力恢复到原来水平所需的施肥、灌溉、保养等费用表示。

5. 影子工程法　该方法是恢复费用法的一种特殊形式，是在自然资源被过度利用或退化后，人工方法建筑新工程来替代原来生态环境下资源的功能，然后用建筑新工程的费用来估计环境资源不合理利用造成的经济损失的一种计量方法。例如，森林涵养水分所带来的效益难以直接计算，可通过能蓄积同样水量的水库来计算，水库的建设投资、运行与管理费用就成为森林涵养水分的收益。

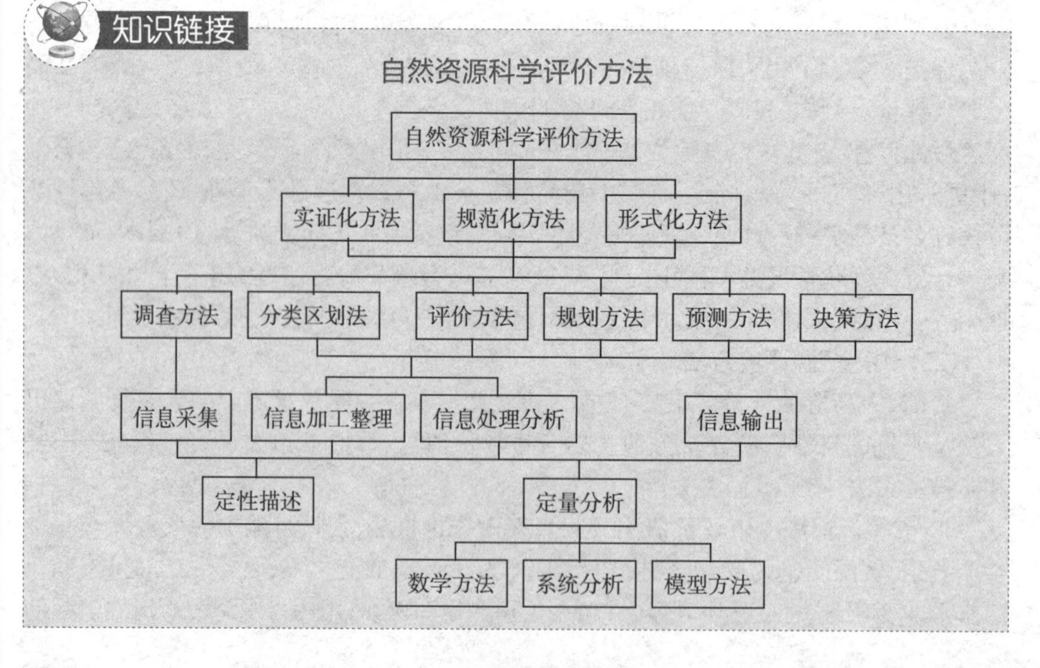

笔记

此外，尚有收益还原法、净价格法、功能效益评估法、资源质量成本法、资源功能成本法、资源能量成本法、人力资本法、假设市场法等自然资源评价方法。自然资源评估方法的研究国外起步较早，如美国 Marion Clawson 等人早在 20 世纪 50 年代末就提出采用“旅行费用法”评估与自然资源增长相关的效益变化情况等；我国此方面的研究较晚，但近年来开始受到重视并得到一定程度的发展，然而适宜中药资源特点的评价方法和指标体系仍待发展和完善。

二、中药资源的数量和品质评价

（一）中药资源的数量评价

中药资源的数量，系指在一定社会经济技术条件下，能够被人类开发利用的各种中药资源的多少，其数量特征是表征中药资源丰富程度的量化指标，可以反映出中药资源的有限性、稀缺性和时间性，是正确评价中药资源开发价值的重要依据。中药资源的数量评价主要是对药用生物资源的数量、分布面积、分布密度、种群的年龄和性别结构及药用部分的蕴藏量、药材产量等进行评价；此外还对药用矿物资源的探明储量、可采储量和远景储量等进行数量评价。

用于中药生物资源数量评价的指标主要有 4 类，即生物种类数量、生物个体数量、资源蕴藏量和药材产量。其中，生物种类数量，系指某地区拥有多少种药用生物，是中药资源丰富程度的体现；生物个体数量，系指某地区某种药用生物个体数量的总和（也可用某地区所有药用生物种类个体总数量表示）；资源蕴藏量，系指区域内某种中药资源自然蓄积下来的生物物质总量；药材产量，系指某地区某种药材单位面积可获得的数量，一般用单位面积可获得的合格药材的重量来表示（也可用某地区所有药用种类单位面积产量表示）。由定义可知，资源蕴藏量并不等同于药材产量，药材产量是可获得的那部分资源蕴藏量。

此外，与资源蕴藏量和药材产量等中药资源数量紧密相关的药用生物的年龄及性别结构等种群特征，可在一定程度上反映中药资源的生产潜力和可持续性，亦可作为中药资源数量评价的指标。例如，银环蛇（幼蛇入药）、酸橙及其栽培变种（未成熟果实入药）、丁香（花蕾入药）等药用生物只有在特定年龄阶段才具有药材生产的能力，地鳖或翼地鳖（雌虫入药）、中国林蛙（雌蛙输卵管入药）、梅花鹿或马鹿（均为雄鹿未骨化密生茸毛的幼角入药）等药用动物只有特定性别个体才能生产某种药材。利用种群的年龄结构可评判种群发展动向，判定稀有濒危资源状况及评价地区资源的未来可利用量等；而种群个体的性别比例关系，不仅可以反映出种群的繁殖能力，还可推断资源数量的动态变化、评价资源的可利用量等。

（二）中药资源的品质评价

中药资源评价不仅要关注其数量，更要关注其品质。中药资源品质评价一般将中药材性状、理化特征作为最基本指标进行评价。此外，分子生物技术和临床疗效也是进行中药资源品质评价的有力依据，但目前其评价方法还不够系统全面，有待进一步加强。另外，因产地环境对药材质量形成具有重要作用，药材的道地性也可作为中药资源品质评价的间接指标。

1. 性状评价　性状评价主要是指通过所产药材的外观形状、颜色、断面以及外形尺寸大小等，判断其真伪优劣。自古以来历代医药学家非常重视利用“看、闻、摸、

笔记

尝”等传统经验鉴别药材品质。传统的经验鉴别是我国医药学家长期的实践经验积累,是具有中医药特色的质量评价体系。著名的中药学家谢宗万先生将其概括为“辨状论质”,并认为是中药传统的品质评价的精髓,可以与中医临床的“辨证论治”相媲美。“辨状论质”在当前药材质量评价方面依然是不可或缺的重要手段,如“芦长碗密枣核艼,紧皮细纹珍珠须”是野山参的重要评价依据,“马头蛇尾瓦楞身”是鉴别海马的重要依据,“铜皮铁骨狮子头”是三七的重要评价依据等。同时,“辨状论质”也是当前区分中药材商品规格等级和药材道地性的重要依据,如味连(四川)、雅连(四川)、云连(云南)是黄连的三种商品规格,其中,味连多分枝、集聚成簇、形如鸡爪,雅连多为单枝、“过桥”(对表面平滑如茎秆的节间的习称)较长,云连亦多为单枝、“过桥”较短。此外,通过对药材的组织结构、细胞形状及内含物等较为稳定的显微特征对其进行评价,弥补了性状评价的不足,尤其是在对破碎或粉碎后的药材评价中发挥着重要作用。

2. 理化评价　药材内在活性成分含量的高低在很大程度上可以代表中药资源品质的优劣,可作为资源品质评价的重要标准;依据药材化学成分种类组成及其含量高低对药材质量进行的定性和定量评价,已经成为药材品质评价的常规方法。此外,采用生物学和药效学等方法对药材质量进行评价的研究成果,也可用来作为中药资源质量评价的新方法,如《中国药典》中水蛭就采用生物效价法控制其质量。此外,朱砂、赭石、胆矾等矿物药质量不仅与化学成分有关,还与其颜色、比重、晶体结构等物理性质密切相关。药材的理化评价常用检测方法,参见《中国药典》及相关书籍。

3. 道地性评价　道地药材是指那些历史悠久,品种优良,产量宏丰,疗效显著,具有明显地域特色的中药材。如川芎以四川所产个大、质坚实、断面黄白、油性大、香气浓者为佳,当归以甘肃所产主根粗长、油润、外皮色黄棕、断面黄白、气味浓郁者为佳,牛膝以河南所产根长、肉肥、皮细、黄白色者为佳。如果说常用中药材是中药资源的精华,道地药材则是常用中药材的精华,是中药材“品质性效用”的集中体现,融入和反映了中医药思维。因此是否为道地药材,是中药资源品质评价的重要内容之一,而与药材道地性形成关系较为密切的遗传特性和产地环境状况等可作为中药资源品质评价的指标,通过分子生物学等现代技术结合资源评价一般方法进行评价。

三、中药资源的经济价值和生态价值评价

(一) 中药资源的经济价值评价

中药资源的经济价值评价,是指借助经济学原理和方法,全面分析和评价中药资源所能产生的经济价值。

中药资源的蕴藏量是评价中药资源经济价值的最重要指标,但有些中药资源由于条件所限不能被充分利用。例如,野生药材常常挖大留小,采密留疏以保持药用生物资源的更新能力,维持其可持续利用;杜仲等只有生长到一定年龄才有采收价值,其蓄积的药材资源才能利用;石耳(生于悬崖峭壁阴湿石缝中)等资源分布特殊,正常条件下难以采收;雪莲花等分布零散、数量较少,且为国家重点保护对象,已明令禁止采挖其野生资源;甘草等资源采收后易引发生态灾害等。实际上,只有可利用的资源

笔记

蕴藏量才有可能变为商品产生经济效益，因而，中药资源的“年允收量”、“经济量”等指标均可用于中药资源的经济价值评价。

中药资源经济价值评价方法通常采用收益 - 成本法，在通用的经济评价领域被称为效益 - 费用比指标。它是衡量投资效益最直观、易懂的指标，属于比率性指标。该分析要求成本、收益均以货币形态计量，常用指标为收益 / 成本（B/C）。如果 B/C>1，则方案经济，可考虑使用；反之，则不考虑。

一般而言，同一种中药资源往往具有多种开发利用的可能性，同种资源的各种可能开发利用方式的经济合理性也会存在一定差异，资源开发所取得的经济效益亦会不同，因此，评价中药资源的经济价值时，亦需兼顾。另外，社会生产力发展水平，国家资源开发政策，以及资源分布及其所处的地理环境等，往往也会影响到资源利用的经济价值，也应列入资源评价时的考虑因素。

（二）中药资源的生态价值评价

中药资源的生态价值是指人们在生产中依据生态平衡规律，使自然界的生物系统对人类的生产、生活条件和环境条件产生的有益影响和有利结果，主要体现在以下方面：①防风固沙，保持水土。如甘草、麻黄、肉苁蓉等药用植物生长在温带草原和荒漠地区，具有重要的防风固沙作用，这些资源一旦被过度开发会引起环境恶化，甚至造成难以逆转的生态灾害。②减少污染，净化环境。药用植物可不同程度地拦截、吸收、富集大气中的灰尘、污染物及有毒物质，并使毒物在体内自行降解或转化为无毒物质，在净化大气、水质和消除噪音等方面作用显著。此外，许多药用植物（松、柏等）还能挥发、分泌多种杀菌素，阻止病菌等的繁殖和传播。③改善群落生态，保护生物多样性。药用植物中的桑树、青麸杨、槐树等乔木冠层密集，可增加林内空气湿度并减小温差，进而保持较多的林木蒸腾和地面蒸发的水汽；三颗针、十大功劳、黄荆等灌木层和仙鹤草、夏枯草、车前草等草本层则充分利用林内的光、水、热等，更好地参与改善栽培地的群落和维护生物多样性。中药资源的生态价值评价则是对包含有药用生物的自然资源整体所产生的生态价值予以评价，包括生物多样性评价、药用生物的初级生产评价等。

1. 生物多样性评价　我国地跨热带、亚热带、温带、寒温带，是世界上生物多样性最丰富的国家之一。生物多样性是指生物及其与环境形成的生态复合体以及与此相关的各种生态过程的总和，包括数以百万计的动植物、微生物和它们所拥有的基因，以及与生存环境形成的复杂的生态系统。生物多样性不仅为人类提供了所需的全部食品、许多药物和工业原料等物质基础，还提供了精神和美学享受，同时在维持生态平衡和稳定环境上也发挥着重要作用。生物多样性作为一个内涵十分广泛的重要概念，包括遗传多样性、物种多样性、生态多样性及景观多样性等多个层次和水平，中药资源的生物多样性评价则主要基于对其群落物种多样性的评价，常用方法有：

$$物种丰富度指数(D)\quad D_{gl}=S/\ln A \quad D_{ma}=(S-1)/\ln N$$

$$D_{me}=S/N^{1/N} \quad D_{mo}=S/N$$

式中，D 指物种数目随样方增大而增大的速率；S 为物种数目；N 为所有物种的个体数之和；A 为样方面积。

笔记

Simpson 指数(D):又称优势度指数　$D=1-\sum_{i=1}^{S}P_i$

式中,P_i 为种 i 的个体在全部个体中的比例;S 为种数。

Shannon-Wiener 指数(H):$H=-\sum_{i=1}^{S}P_i\log_2P_i$

式中,P_i、S 意义同上;对数的底可取 2、e、10,单位分别为 nit、bit 和 dit。

2. 药用生物的初级生产评价　初级生产是指植物光合作用积累物质和能量的过程,是反映生态系统内物质循环和能量流动的一个综合指标。在初级生产过程中,用于植物生长和生殖的那部分能量称为净初生产量(或第一性生产量)。净初生产量通常用每年每平方米所固定的能量值表示,初级生产积累能量或有机物质的速率,称为初级生产力。初级生产力是对生态系统进行生态学评价的重要指标之一。初级生产力不仅受地球生态环境、生态系统的发育年龄和群落演替等制约,还受动物的捕食作用影响。陆地生态系统净初生产量的测定方法通常采用收获量测定法,即定期收获植被,干燥至恒重,再以每年每平方所生产的有机物质干重表示。

案　　例

例 6　中药资源价值评估体系研究——基于价值链视角的分析

目前中药资源评估方法如直接市场定价法、影子价格法、支付意愿法等,往往将中药资源当作一个整体而忽略了其在各个战略环节上的价值增值,而若要对中药资源价值进行更为全面的评估和有效管理,则又必须把握中药资源产业化过程中的关键环节,价值链的出现则提供了一个分析中药资源增值环节的工具。

根据中药材种植生产和加工的技术经济流程的加工功能用途、处理工艺、消费使用等产业链特点可知,中药资源价值链包括:中药材种质资源环节、中药材的种植业和养殖业环节、中药饮片及中成药加工环节、中药资源信息化系统环节、中药资源存储调节系统环节、中药资源运营环节、中药资源产品售后服务环节等。

基于价值链整体价值评估体系的特点,运用德尔菲法和层次分析法相结合的方法来确定权系数,可增加评价体系在实际应用中的灵活性。具体步骤是:一、确定构成较全面的专家小组;二、由专家根据中药资源增值的不同环节设定并建立层次分析结构,确定因素评分表;三、专家根据表中的衡量指标结合中药资源增值的实际情况对各环节进行打分;四、汇总打分,计算目标环节各项得分;五、计算总体得分,将各位专家的打分加权平均;六、按照层次分析法进行计算。

根据专家评价情况,考虑实际效果和可操作性,形成以下关键性意见:对某一中药资源价值进行评价,主要从产区、性状、生长年限、杂质含量及其他等五个方面来评价。其中,产区(道地产区 45 分)、性状(符合要求的 24~30 分,基本符合的 18~23 分)、生长年限(1~2 年的 5~10 分,2~3 年的 10~15 分,3~5 年的 15~20 分,5 年以上的 20~25 分)是正相关因素(总分 100 分),杂质和其他是负相关因素(无则 0 分)。例如,三七药材质量分级见表 5-1。

笔记

表 5-1　三七药材质量分级示例表

三七药材	产地(C)	性状(X)	生长年限(S)	杂质(Z)	其他(Q)	综合分数(F)	等级
10 头	云南	表面灰褐或灰黄色,体重,质坚实,断面灰绿色,味苦回甜	3 年以上	——	——	45+30+25-0-0=100	一等
20 头	云南	表面灰褐或灰黄色,体重,质坚实,断面灰绿色,味苦回甜	3 年以上	——	——	45+30+25-0-0=100	
30 头	云南	表面灰褐或灰黄色,体重,质坚实,断面灰绿色,味苦回甜	3 年以上	——	——	45+30+20-0-0=95	
40 头	云南	表面灰褐或灰黄色,体重,质坚实,断面灰绿色,味苦回甜	3 年以上	——	——	45+30+20-0-0=95	
60 头	云南	表面灰褐或灰黄色,体重,质坚实,断面灰绿色,味苦回甜	2~3 年	——	——	45+30+10-0-0=85	二等
80 头	云南	表面灰褐或灰黄色,体重,质坚实,断面灰绿色,味苦回甜	1~2 年	——	——	45+30+10-0-0=85	
120 头	云南	表面灰褐或灰黄色,体重,质坚实,断面灰绿色,味苦回甜	1~2 年	——	——	45+30+10-0-0=80	
无数头	云南	表面灰褐或灰黄色,体重,质坚实,断面灰绿色,味苦回甜	1 年	——	——	45+30+5-0-0=80	三等

例 7　基于层次分析法的秦岭重要药用植物资源评价研究

秦岭是我国南北方气候的天然分界线,也是我国暖温带和亚热带的过渡地带,特殊的地理位置使得该地区生态环境复杂、药用植物资源丰富,但人们对资源现状的认识不够,影响了其合理开发利用。因此,周亚福等以秦岭地区 150 种主要药用植物资源为研究对象,综合线路调查、走访调查所得信息及相关研究成果,采用层次分析法(AHP)对其可持续开发利用潜力进行了评价(表 5-2,表 5-3)。

表 5-2　秦岭药用植物资源可持续开发利用潜力评价模型

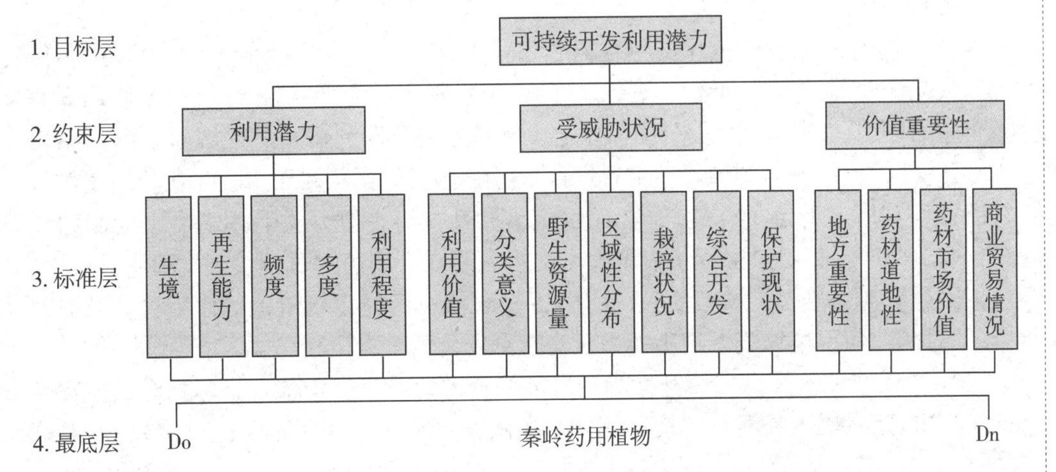

表 5-3　秦岭药用植物资源评价指标权重及判断矩阵一致性比例

约束层(B_i)	约束层权重	标准层(C_i)	标准层权重	判断矩阵一致性比例	综合评价指标权重
利用潜力子系统(B_1)	0.3325	生境(C_1)	0.2938	CR_1=0.0277<0.1	0.0977
		再生能力(C_2)	0.1648		0.0548
		频度(C_3)	0.0873		0.0290
		多度(C_4)	0.3186		0.1059
		利用程度(C_5)	0.1355		0.0450
受威胁状况子系统(B_2)	0.5278	利用价值(C_6)	0.0857	CR_2=0.0914<0.1	0.0452
		分类意义(C_7)	0.0506		0.0267
		野生资源量(C_8)	0.3289		0.1736
		区域性分布(C_9)	0.0720		0.0380
		栽培状况(C_{10})	0.2381		0.1257
		综合开发(C_{11})	0.0732		0.0387
		保护现状(C_{12})	0.1515		0.0800
价值重要性子系统(B_3)	0.1396	地方重要性(C_{13})	0.1013	CR_3=0.0494<0.1	0.0141
		药材市场价值(C_{14})	0.4617		0.0645
		药材道地性(C_{15})	0.1333		0.0186
		商业贸易情况(C_{16})	0.3038		0.0424

（一）评价指标体系

1. 权重确定及计算　权重的大小对评估结果十分重要，体现了单项指标的重要性，反映了评价者对不同指标价值的认识程度。本研究通过 AHP 构建评价体系，利用 Yaahp0.6.0 软件并结合 Delphi 调查法（德尔菲法）、模糊评判法来确定、计算指标的权重和判断矩阵一致性比例（表 5-3）。约束层权重（W_{B_i}）、标准层权重（W_{C_i}）、综合评价指标权重（W_i）关系为 $W_i=W_{B_i}\times W_{C_i}$。综合评价指标的判断矩阵一致性比例 $CR=0.0516<0.1$，表明判断矩阵的一致性比例较为满意。

2. 综合评价得分计算　相关专家依据各个指标的打分标准进行打分，指标的实际得分就是专家组的加权平均值，用 C_i 表示。约束层中的各子系统的得分（B_i），用公式表示为 $B_i=W_{C_i}C_i$；最后的综合得分（A）用公式表示为 $A=W_{B_i}B_i$。

（二）评价结果与讨论

1. 权重分配　本研究中的层次分析法兼有定性和定量分析特性，能处理许多传统方法无法处理的实际问题。表 5-3 中约束层权重大小为受威胁状况（B_2）> 利用潜力（B_1）> 价值重要性（B_3），表明药用植物资源的可持续开发利用与其受威胁状况关系最为密切，即越濒危的药用植物，可持续开发利用潜力越低，相对于 B_3、B_1 在药用植物可持续开发利用中的制约作用较大，而价值重要性在可持续开发利用潜力中的制约作用较弱。标准层相对于目标层权重大小结果表明在药用植物可持续开发利用过程中，应把野生资源量、栽培状况、多度、生境、保护现状及药材市场价值等作为首要考虑因素，同时兼顾药用植物资源再生能力及潜在利用价值等。

2. 子系统评价及可持续开发利用潜力综合评价　研究中依各指标相对重要程度确定权重分配，权重分配与评价指标分值乘积作为最终分值将秦岭地区 150 种重要药

笔记

用植物的利用潜力、受威胁状况、价值重要性分为3级。利用潜力子系统评价结果表明：药用植物可持续开发利用潜力与个体数量多少(多度)关系最为密切，个体数量越多，利用潜力越大。受威胁状况子系统评价结果表明药用植物受威胁状况与药用植物野生资源蕴藏量关系密切，野生资源量少，物种濒危程度高，不利于开发利用。价值重要性结果表明：药用植物的价值重要性与药材市场价值及商业贸易关系最为密切，道地性在价值重要性层面较地方重要性更重要。

植物资源的可持续开发利用潜力综合评价，涉及社会、经济、资源、环境子系统，本研究综合利用潜力、受威胁状况以及价值重要性3个子系统的评分，采用累加体系的指数和法对药用植物可持续开发利用潜力进行综合评价，依其最终分值将可持续开发利用潜力分为了3级。

(杨 全　彭华胜　马 毅　刘 瑛　肖凤霞)

学习小结

1. 学习内容

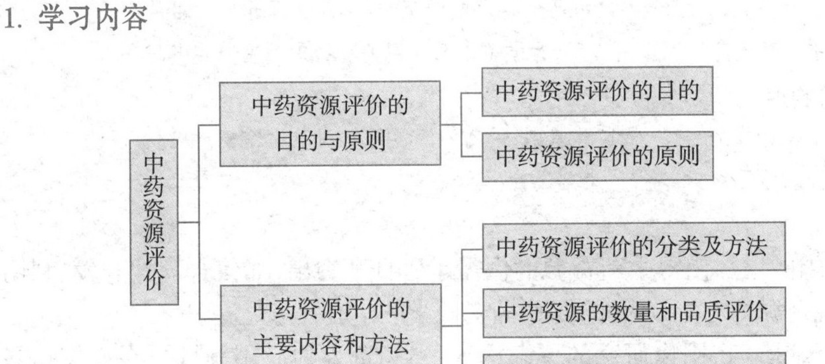

2. 学习方法

本章要结合中药资源评价的目的、原则及中药资源实际发展的特点和现状，重点理解和掌握中药资源的数量、品质、经济价值及生态价值评价的内容和方法，为后续的学习及工作生涯打好基础。

复习思考题

1. 试论中药资源评价的原则。
2. 简述自然资源评价方法。
3. 试论中药资源数量评价指标和品质评价内容。
4. 简述中药资源经济价值及生态价值评价方法。

笔记

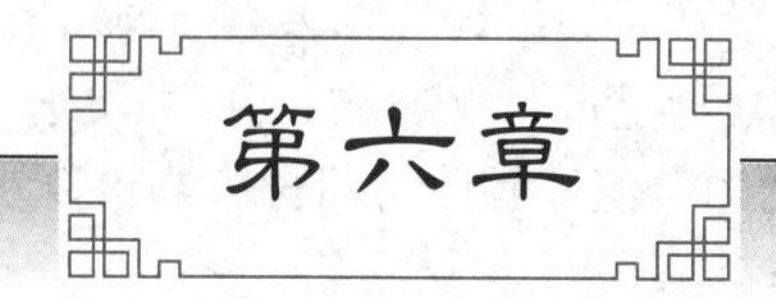

第六章

中药资源的开发与利用

学习目的

通过本章学习，掌握中药资源开发利用的原则与内容，熟悉中药资源的再开发与综合开发利用途径及现状，了解人类对中药资源需求的演进、中药资源开发的目的和特点、现代生物技术在中药新资源开发中的应用，为学习中药资源的可持续利用奠定基础。

学习要点

中药资源开发的目的、特点及原则；中药资源再开发利用的途径；中药资源的综合开发利用与新资源的开发。

社会需求的增加使得中药资源的供需矛盾日渐突出，如何合理地开发、利用中药资源，以实现资源的可持续利用，是中药资源学的中心任务之一。

随着对天然药物用途研究的逐渐深入，中药资源的应用领域也在迅速拓展。中药资源的开发是指人们对中药资源进行劳动（调查、经营等），达到开采和形成产品的措施和过程；中药资源的利用是指人们对已开发出来的资源进行一定目的的使用。中药资源开发与利用的途径越来越广泛，已经涵盖药材初级生产、中药新药开发、健康新资源开发、传统中药再开发及中药资源综合开发利用等多方面。

第一节　人类对中药资源需求的演进

中华民族发掘利用中药资源历史悠久，源远流长。从“神农尝百草，一日而遇七十毒”到青蒿素的发现获得诺贝尔奖，无不体现着人类对中药资源的发现、探索、开发与利用。人类对中药资源的需求伴随着人类社会与文明的进步而不断扩大和深入。

一、人类需求与中药资源

（一）人口增长导致资源需求量增加

中药资源是人类防治疾病的重要物质条件，在一定的医疗水平和社会条件下，中药资源的需求量随人口的增长而增加。根据我国历代人口普查资料记载，公元前二千二百多年，大禹治水时期的人口约为 1355 万人；到唐朝（公元 755 年）全国人口增加到 5292 万人；到清朝乾隆 6 年（1741 年）全国人口第一次突破 1 亿。中华人民共

笔记

和国成立以来先后进行了6次人口普查，1953年全国人口约为6亿人，到1982年突破10亿，到2010年全国(包括香港、澳门和台湾)总人口数约为13亿人。人口的快速增长必然导致药物的需求量增加，进而引起中药资源消耗量的增加。

(二) 人类医疗保健意识的增强促进中药资源的开发与利用

随着生活水平的提高，人类的医疗保健意识不断增强，从而对药物的疗效和保健作用有了更高的要求，使得中药资源的综合开发越来越深入，呈现出多用途、多层次的态势。人类不但将中药资源作为疾病治疗的物质材料，分离、提纯其中的药效成分，进一步分析研究活性物质的药理作用，从而促进了中药资源的开发。而且，还以中药资源为原料开发出一系列保健食品和饮料，例如用人参、鹿茸、灵芝等名贵中药材生产的系列保健食品，以及苁蓉酒、杏仁露、酸枣汁等饮品。近年来，保健品在一些发达国家的销售额呈现迅速增长的趋势，这势必造成中药资源的大量消耗，并且促进中药资源的开发与利用越来越广泛与深入。

(三) 中药资源的应用提高了人类的生活水平与生活质量

随着科技的进步，新的分离、分析手段的发明与应用，中药资源的开发与利用更加深入、全面、有针对性和具有较高的应用价值。中药资源高效的开发与利用不但实现了资源的节约与保护，还能针对特定疾病进行重点的开发与研制，从而增强人类抵抗特定疾病的能力，延长寿命，提高生活水平与生活质量。比如，我国科研人员为了研发抗疟疾新药，从大量的中药资源中筛选出了青蒿，并经过多次的分离、提纯与分析，最终得到具有抗疟疾疗效的青蒿素；经过进一步的改良，青蒿素最终被广泛应用到治疗疟疾的过程中，并且具有较高的治愈率，从而挽救了无数人的生命，提高了人类的生活水平与生活质量。

二、社会发展与中药资源演进

从资源科学研究的角度分析，人类社会的发展过程，就是人类对自然资源的认知与开发利用的过程。在社会生产力水平较低的情况下，中药资源的开发利用程度较低，其资源相对丰富；随着生产力水平的进步，中药资源的需求逐步增长，并且其开发利用的方法和途径得到明显改进，效果有了明显提高。

(一) 科学技术的进步拓宽了中药资源开发利用的途径

科学技术的进步不仅改进了药品的生产工艺和生产方式，还改变了药品的利用形式，使之更适合于人类的使用。早期人类对于中药资源的利用方式主要为采后直接利用，经过漫长的经验积累和知识探索，逐步形成了一整套中药炮制和加工的方法，从而出现了饮片、丸、散、膏、丹等多种利用形式，使中药的加工和利用逐步得到完善。

随着科技的不断发展，先进的科学技术和生产工艺不断应用于中药制药生产过程，栓剂、滴丸、贴膜剂、气雾剂，以及长效制剂、速效制剂、靶向制剂等多种疗效快速、质量稳定、使用便捷的现代剂型相继出现，大大方便了人们的用药生活，刺激了人类对中药资源的需求，增加了资源的用量。如中药滴丸是在传统丸剂基础上制成的，不仅改变了传统剂型“粗、大、黑”的面貌，而且显著提高了中药有效成分的溶解度和溶出速率，胃肠刺激作用小，显效快，生物利用度高，服用方便；复方丹参滴丸由于减少了冰片用量而减少了胃肠刺激作用，提高了药物的生物利用度，临床已广泛应用于心绞痛和冠心病的预防、治疗、急救，疗效显著且不良反应小；传统苏合香丸精制成苏冰

笔记

滴丸后，与原药相比，具有溶出快、耐缺氧性能好等优点，同时处方中名贵药材量减少了 1/2，节约了药材资源；滴丸还可采用难溶性载体材料制成固体分散体，从而使制剂具有缓释作用。

在科学技术不发达的古代，中药新资源的开发利用往往是依靠医药学家的感官，如“神农尝百草”。近代科学技术的发展为中药新资源的发掘、鉴定和利用奠定了良好的基础。中药化学、分析化学、药理学、药代动力学等学科的建立与发展，彻底改变了中药新资源开发利用的途径，并加快了新资源利用的速度与精准度。中药新资源的研发与利用为人类对药物的需求提供了更多的选择，从而刺激了中药资源的需求，增加中药资源的消耗。

（二）经济发展为中药资源的开发利用提供有利条件

人类对中药资源的开发利用方式和程度总是与一定的社会经济发展水平相适应。中药资源的早期利用范围主要局限在其自然分布地区内，随着地区间商贸活动的增加，人类社会经济的发展，中药资源的交流和使用地域迅速扩大，从而为中药资源的有效开发与利用提供有利条件。同时，区域间商贸活动的增加，出现了中药材贸易集散地、贸易市场以及商贸集团等，这间接地扩大了中药资源的社会需求。

经济的发展成为中药资源开发与利用的有利保障。由于加工能力、交通条件、人员素质、科技水平等条件的限制，中药资源的开发以及中药新资源的探索利用往往在经济发展水平较高的地区率先展开，而经济欠发达地区的中药资源加工与利用往往较为落后，从而造成资源的浪费。

（三）中医药文化的交流促进了中药资源的开发利用

中医药是中华民族的瑰宝，是中华灿烂文化的重要组成部分；中药资源的开发利用始终伴随着文化的发展与交流。古代文化的发展使得中药防病治病的经验得到记载和传播，为中药资源的开发利用提供了丰富的历史资料。从最早的本草著作《神农本草经》，到明代李时珍的《本草纲目》，无一不体现着历代中药资源利用过程的完善与发展。建国后，我国中医药工作者对中药资源的种类、利用等内容进行了系统的整理，编写并出版了历版《中国药典》。我国绝大多数民族都有自己的医药知识体系。随着民族文化交流的进步，具有民族特色的药用资源得到不断深入地开发与利用。除此之外，我国与其他国家之间文化的交流更促进了中药资源在世界各国的流通和利用，也加速了中药知识体系对其他国家地区医药理论的吸纳与融合。

第二节 中药资源开发利用目的、原则及内容

目前，中药资源产品在全世界范围内越来越受到人们的重视，人类对其的依赖程度越来越高，消费能力空前增长。对中药资源进行合理而高效地利用与开发，不仅可以满足人类的需求，提高人类的生活质量，还能对自然资源起到节约与保护的作用。我国是中药生产大国，中药资源的开发利用有着广阔的应用前景和发展潜力。

一、中药资源开发的目的和特点

（一）中药资源开发的目的

中药资源开发的主要目的是为了满足人类对健康的需求，提高人类的生活质量，

促进社会经济的发展和科学技术的进步，实现对中药资源的保护。中药资源的开发水平是直接影响我国实现中药现代化和中药进入国际市场的关键因素之一。

1. 保障人类对健康的需求　中药材的主要作用就是治病救人、强体保健，对中药资源进行开发的首要目的就是保障人类对健康的基本需求，开发出新资源或者研究现有药材的药效活性成分，治疗疑难杂症、慢性病等困扰人类生活的疾病，延长寿命；此外，由中药资源开发出的保健产品，对人类健康也起到了保护的作用，从而提高生活质量。

2. 中药资源的保护与更新　中药资源的开发与保护是矛盾的对立与统一，保护是开发的基础，开发可促进中药资源的保护与更新。在中药资源调查的基础之上，结合先进的科学技术，对中药资源进行充分、合理地开发，尽量避免浪费与损失，可以保证中药资源的可持续利用和药用动植物的生物多样性，有利于中药资源，尤其是稀有、珍贵资源的保护与更新，挽救珍稀濒危的药用动植物物种。

3. 促进中药现代化和产业化的可持续发展　中药行业是我国的传统行业，许多因素制约其发展，影响其进入国际市场。以现代先进的科学技术为基础，比如将化工、生物制药等领域的先进技术引入到中药资源的开发过程中，对中药资源进行充分而合理地开发，能够促进中药现代化的持续发展。同时，在中药资源的开发过程中，经过跨行业、跨领域的融合与创新，可以激发现有技术和设备的更新，从而进一步促进中药现代化的持续发展。

此外，中药资源也是保健品、食品、化妆品、动物饲料、植物肥料等产品的重要原料。对中药资源进行综合开发，可以提高资源的有效利用率，促进整条中药产业链的发展与壮大，保证中药产业化的持续发展。

（二）中药资源开发的特点

目前，中药资源一方面被大量开采、挖掘、浪费和破坏；另一方面，又面临严重资源不足的困境。如果限制中药资源的开发，将影响中医药事业的发展，而单纯地保护中药资源又代价太大。因此，只有合理而充分地开发中药资源，实现综合利用，最大限度地提高中药资源的利用率，才能更好地保护中药资源。中药资源的开发有以下几个特点。

1. 鲜明的实用性　中药资源开发的主要目的和途径就是要从中药资源中开发出疗效好、见效快、无毒或低毒的药物，并保证原料的充足供应，以取得显著的社会效益和经济效益。这就是中药资源开发要具有鲜明的实用性。比如，2003 年全球抗击非典型肺炎的过程中，中药以其优越的疗效和较高的安全性发挥了突出的作用，并得到了一致好评。

2. 高度的系统性　中药资源开发的过程，既要以传统的中医药理论为基础，又要依靠现代先进的科学技术；既凝结了中华民族几千年来的医药精华，又不断引入和融合新理论和新方法，是一个高度系统化的工程。从中药资源的调查，到珍贵资源的保护、移栽与培育，再到中药新资源的发现与开发；从中药资源药效物质的提取，到组分的分离、分析与结构鉴定，再到新型药物的设计开发；从我国古代对中药资源进行煎煮得到的汤剂，到丸剂、散剂、膏剂，再到滴丸、缓释控释制剂、软胶囊、微囊等，整个中药资源的开发与更新过程是在中医药思维的指导之下，无不体现着高度的系统性。

笔记

3. 不断的适应性　如今，环境污染、人类滥用药物导致的病毒抗药性等问题日益突出，使得中药资源在开发的过程中要不断适应社会、自然环境的变化。比如雾霾对人体健康的影响已受到广泛关注，中药资源的开发就要适应这种自然环境的变化，有针对性地研发出能够有效抗击雾霾对人体侵害的有效药物。

4. 全程的创新性　当找到一种疗效确切、具有强烈应用需求的中药材之后，人们可根据该中药资源的情况，利用现代科学技术进行再创造，如改良种质资源，以保证资源供应充足。当阐明其活性成分之后，还可以进行人工合成，或利用生物技术进行生产，甚至借鉴其活性结构扩大疗效或者资源范围。整个过程都是一个不断创新的过程。这就是中药资源开发必须做到全程的创新性。在创新的过程中，还要不断进行跨学科、跨领域的融合，从而保证中药资源的开发始终站在科技发展的前端。人工麝香就是成功典范，麝香是我国传统名贵中药材，也是香料工业的原料。人们长期猎麝取香，导致麝资源严重不足，麝香可收购量日益减少，且价格昂贵，质量难以保证。对天然麝香进行全面系统分析研究基础上，依据“化学成分和药理活性最大限度的保持与天然品的一致性”及“化学成分类同性、生物活性一致性、理化性质近似性”的设计和配制原则，制定出几种配方方案，经反复药理实验，对配方中各成分的比例进行多次修改补充，成功配制出人工麝香，并全面开展临床试验、然后投放市场，造福人类。

5. 广泛的应用性　随着科学技术的进步，中药资源的应用不仅仅局限于中医药行业，还可应用到食品、化妆品、畜牧业、化工、环保、电化学等领域。比如，某些药食同源的中药资源可以开发为食品、保健品，在采摘过程中产生的非药用部位可以通过进一步提取制备纤维素类保健品；中药废弃资源可以作为原料制备出具有特定孔道形貌的碳材料，从而应用到化工、环保以及电化学等领域。

二、中药资源开发利用的原则

随着科学技术的进步以及中药资源调查的逐步完善，中药资源开发与利用的深度和广度明显提高。这使中药资源得到了更加充分的利用，但同时有也可能会造成资源的过度开发与环境污染。因此，中药资源开发利用的原则是科学合理并充分有效地可持续利用已开发资源，即要做到“物尽其用”，而非“用尽其物”，并不断开发新资源和新产品。

（一）资源保护与资源利用相结合的原则

过去，由于受到生产力水平的限制，人们开发利用中药资源的广度和深度都有限，而且生物、土地、矿产资源的数量和面积也是有限的。虽然科学技术的落后限制了中药资源的开发与利用，但这也对中药资源起到了一种保护的作用。当今社会，人们采用先进的科技手段，以前所未有的速度和规模对中药资源进行着开发和利用，使中药资源的种类和数量越来越少，质量也日趋下降。这终究不利于中药资源利用的长远发展。因此，中药资源开发利用的首要原则就是要加强对资源的保护。只有进行保护与更新，才能实现对资源的永续利用。如红豆杉是第四纪冰川时期遗留下来的古老物种，在地球上已有250万年的历史，其树皮中含有昂贵的抗癌物质紫杉醇，紫杉醇在红豆杉树皮中的含量极低，至少12kg的干树皮才能得到0.5g左右的紫杉醇。在自然条件下红豆杉生长缓慢，再生能力较差，使得国内的野生红豆杉资源遭到掠夺

笔记

式开发，资源存有量锐减。如果不对红豆杉资源进行及时的保护与更新，极有可能会出现枯竭的现象，进而影响资源的可持续利用。

（二）资源的充分利用原则

随着科学技术的进步，人们对资源利用的范围越来越广，程度越来越深，利用效率得到明显提高。先进的分离技术，可以将中药资源中的药效成分进行充分提纯，便于药理作用的研究；精确的分析技术，可以对活性物质的结构进行详细的剖析，有利于新药的设计与研发；跨学科、多领域知识的融合与贯通，给中药资源的利用提供了更广阔的空间，促进了药用部位的充分利用，非药用部位的再利用，以及中药废弃药渣的综合利用。采用先进的科学技术，提高对中药资源的利用效率，不仅可以实现对资源的充分利用，达到节约资源的目的，还可以进一步对资源进行保护。

（三）经济、社会和生态效益相结合的原则

中药资源的开发利用是一种社会经济现象，因此，必须考虑经济效益问题。即为达到一定目的，采用某些措施和方法，投入一定的人力、物力和财力之后，所产生的效果和收益。在资源开发利用过程中，要尽量减少劳动和物化劳动的消耗，以最少的成本提供更多的使用价值。同时，各个地区的经济文化基础、交通运输和劳动力状况等社会经济条件不同，均影响和限制着区域性资源的开发与利用。因此，要立足本地资源，选择已有一定开发基础，并有发展潜力的种类进行综合开发与利用。开发利用过程中，应不断加强开发利用的深度和广度，做到既能充分利用资源，又能取得最佳经济、社会和生态效益。

（四）遵循中药资源区域分布规律的原则

由于地域分布规律的不同，各地区所处的地理位置、地质条件、开发利用历史等在空间分布上具有的不平衡性，使得每种中药资源的种类、数量、质量等都有明显的地域性。中药资源中“道地药材”的形成，其中重要的原因，是地域分布差异所造成的，也是导致目前中药质量复杂多变的重要原因之一。因此，在进行中药资源开发利用的时候，首先要按照本地资源的种类、性质、数量和质量等实际情况，采取最适宜的方式、途径和措施，重点发展与本地区资源优势相适宜的生产部门和产品，并以此带动地区经济的发展。

三、中药资源开发的内容

中药资源的开发是以中药的开发为中心，同时也兼顾多层次、多方面的开发。“多层次”是指开发过程中从原料生产到产品生产的不同侧重或阶段，它包括以发展中药材和制药原料为主的一级开发，也包括以开发中成药及其他保健品的二级开发，以及以开发天然化学药或开发多产品为主的三级开发。“多方面”是指中药资源的应用领域是多方面的，涉及多学科的综合性学科和技术，包括医药保健，日用化工、园艺、农林畜牧以及食品等多个领域；农学、化学、生物学、医学、工程学、食品科学等多学科。

（一）中药新药的开发

中药新药的开发，保证中药资源的可持续利用，对中医药的发展起着重要的作用。国家《药品注册管理办法》将中药新药分为 9 类，如下：

1. 未在国内上市销售的从植物、动物、矿物等物质中提取的有效成分及其制剂。

笔记

2. 新发现的药材及其制剂。

3. 新的中药材代用品。

4. 药材新的药用部位及其制剂。

5. 未在国内上市销售的从植物、动物、矿物等物质中提取的有效部位及其制剂。

6. 未在国内上市销售的中药、天然药物复方制剂。

7. 改变国内已上市销售中药、天然药物给药途径的制剂。

8. 改变国内已上市销售中药、天然药物剂型的制剂。

9. 已有国家标准的中药、天然药物。

目前，已知可作为中药资源的动植物、矿物有 12 807 种，而市场上流通的中药材大约在 800~1200 种，这说明新资源的利用空间巨大；不少传统的野生药用资源逐年减少甚至濒临灭绝，严重影响到中医药的健康发展。所以，中药新资源的开发也是新药开发的重要内容。

1805 年从阿片中分离出吗啡标志着单体化合物作为新药来源时期的开始。近年来，通过分析天然产物中活性成分的结构、药理作用内容，进而研究新药已成为新药开发的有效途径。在分析药物活性结构的同时，还可充分结合化学方法，利用结构决定性质的特点，寻找具有相似化学结构的新药源。随着化学技术的进步，先进的分离、分析技术的发明与应用给中药药效部位的高效利用提供了有力的途径与方法。

（二）传统中药资源的再开发与综合利用

目前，我国绝大多数中药资源种类的利用仅局限于某一传统药用部位或某类药用活性成分。由于开发的深度和广度不够，造成了严重的资源浪费。因此，传统中药的再开发与综合利用变得越来越重要。比如药用物种非药用部位的开发，中药食品和保健品的开发，中药化妆品的开发，中药兽药、饲料添加剂和农药的开发，中药药渣资源的开发等。

第三节　中药新资源与中药资源的综合开发利用

随着科学技术发展，学科间的相互渗透，中药资源的开发利用研究不断地扩展和深入。中药资源的开发从单纯的中医用药扩展到以中药资源为原料进行开发，中药资源的再开发利用以中药资源为原料进行多方面、多产品的开发，通过多途径地开发出天然化学药物、中药保健食品、中药化妆品、中药农药、中药兽药（简称中兽药），以及饲料添加剂、中药天然色素和香料等产品。

一、中药新资源的开发

中药新资源是指新发现来源于植物、动物、矿物的药用物质，是人们通过一定手段获得的，不经过化学修饰而可应用于临床或作为制药原料。为了进一步深入开发中药资源，发掘中药新资源，研究新用途，拓宽应用领域，必须树立广义的中药资源观念，多层次、多部门、多方位地进行中药新资源的开发研究。

（一）利用本草与方书文献

文献资源是科学研究工作的重要支撑和保障。数千年来，我国历代医学家在与

笔记

疾病作斗争中积累了大量宝贵的用药经验和技术，并为后代留下了丰富的文献宝藏。特别是本草与方书，如《神农本草经》、《名医别录》、《新修本草》、《经史证类备急本草》、《本草纲目》等。不同时期的本草资料，反映出不同历史时期药物品种的变迁情况，反映出当时新品种、新资源不断被利用的情况。如古代最初使用的细辛为陕西产的华细辛(*Asarum siboldii* Miq. f. sieboldii)，到明末的《药品化义》乃有细辛"取辽产者为佳"的记载。但在南北朝时期，陶弘景在《本草经集注》中就指出："今用东阳临海者，形段乃好，而辛烈不及华阴高丽者。"说明当时浙江金华、临海等地产细辛虽然质量次劣，但已供药用。

经典著作结合现代生物分类学的方法进行品种考证、筛选挖掘新药源，是开发新资源的重要手段。如"蜚蠊"(美洲大蠊 *Periplaneta americana* L.)提取物制成的溶液剂，是我国第一个昆虫类单味制剂中成药。蜚蠊入药始载于汉代《神农本草经》，主治"血瘀癥坚，寒热，破积聚"；汉末《名医别录》将其概括为"通利血脉"。在"疮疡乃营血不畅，局部失于充养而久不愈合"的中医理论指导下，挖掘古典医籍，整理白、彝族等民间验方，基于蜚蠊"通利血脉"之传统应用，并发扬创新，研制出"通利血脉、养阴生肌"的康复新液。

（二）挖掘整理民间民族医药

我国是一个多民族的国家，各民族都有其千百年来积累的传统医药经验，具有独特的理论体系和浓厚的民族特色。如藏族、蒙古族的《四部医典》、《蒙医医典》、《藏药志》等著作记载的有些药材，如诃子、山楂、余甘子等，与传统中医的用法有明显的不同；尚有许多的单验方，如用蛋黄油治皮肤病，蚯蚓治痔疮、蒲公英捣烂外敷治疗肺癌疼痛等。苗族的传统药物灯盏花，来源于菊科飞蓬属短葶飞蓬 *Erigeron breviscapus* Vant. Hand.-Mazz.，含有飞蓬苷(erigenoside)、野黄芩苷(scutellarein)等，具有扩张血管、增加血流量、减低外周血管阻力、改善脑血流循环的药理作用，现已开发成新药灯盏花素注射液和灯盏素片。

各地民间也广泛流传着采用中草药健身防病治病的大量经验方。如：东北长白山区民间使用仙鹤草 *Agrimonia pilosa* Ledeb. 的冬芽驱除绦虫，疗效很好，经系统研究后，挖掘出驱绦虫作用很好的新药鹤草酚(aprimophol)，进而又改变结构为鹤草酚精氨酸盐，毒性减小。民间民族药是探索与发现新药源的信息宝库，对其进行深入地挖掘整理，也是寻找中药新资源的有效方法。

（三）扩大药用部位

目前我国中药资源的利用往往只是使用动、植物某一部位或某几个部位，如仅用植物的根、根茎、叶、花或果实等，或者仅用动物的角、骨、甲(壳)等。其余弃之不用。多数仍处于传统利用阶段，开发利用程度不够，非药用部位常被作为废料而丢弃，较少根据再生增值的综合利用原则进行探索、研究，造成资源浪费。许多品种经现代研究发现，未入药的部位，亦有类似的药用成分。《本草纲目》收载的近1100种植物药中，有300多种可以多部位入药而未被充分利用。如杜仲 *Eucommia ulmoides* Oliv.，作为我国名贵滋补药材，由于一直以来以皮入药，因此对杜仲叶能否代替皮的问题进行研究，发现杜仲叶和杜仲皮所含化学成分存在明显的差异，2015年版《中国药典》规定杜仲皮的指标性成分为松脂醇二葡萄糖苷，杜仲叶的指标性成分是绿原酸。研究发现，杜仲皮与杜仲叶功效及临床应用存在差异，因此在代替杜仲皮入药时应

笔记

谨慎。

（四）从海洋药物资源发现新药源

我国作为海洋大国，有漫长的海岸线，横跨热带、亚热带和温带 3 个气候带，海洋生物资源丰富。海域特殊、复杂的地理环境赋予了海洋生物丰富的生物多样性，为海洋药物应用、研究和开发提供了独有的海洋生物资源。我国是世界上利用海洋药物最早的国家之一，据统计，历代本草收载的海洋药物有 100 多种，有些种类今天仍广泛应用，各版药典均有收载，如海藻、石决明、海龙、牡蛎、昆布、海马、瓦楞子、海螵蛸等 10 余个品种。

纵观历代医药典籍，海洋药物从无到有，由少至多，呈现了逐渐丰富、不断发展的趋势。早在公元前 16 世纪的夏、商时期，《山海经》记载了 20 种海洋生物，主要是海洋鱼类，其中记载有治疗疾病作用且现代能考证出其物种的海洋药物就有 8 种。约在公元前三世纪左右，中国著名医学经典《黄帝内经》中有以乌贼骨做丸，饮以鲍鱼汁治血枯的记载。《神农本草经》记载海洋药物 13 种，包括属于上品的牡蛎，中品的海藻、乌贼鱼骨、海蛤和文蛤，下品的大盐、卤碱、青琅、马刀、蟹和贝子等，许多记述成为传世之宝，如“海藻疗瘿”是世界上最早的关于海藻疗效的医疗记载。两晋、南北朝时期，《名医别录》和《本草经集注》收载海洋药物 23 种，比《神农本草经》新增收了 10 种。唐代盛世，出现官修本草，海洋药物因此也得以兴盛。如《新修本草》收载海洋药物 29 种，比《名医别录》、《本草经集注》增收 6 种；特别是《本草拾遗》，收载的海洋药物达到 75 种，其中新增收海洋药物 49 种，对后世海洋药物的发展具有重大影响。宋代是海洋药物另一个大发展时期，《本草图经》收载海洋药物 35 种，其中兼有图文 22 种；《大观经史证类备急本草》收载海洋药物 103 种。在唐代、宋代发展基础上，海洋药物在明代有了进一步的发展。《本草品汇精要》收载海洋药物 89 种；集古代中华本草大成的《本草纲目》收载海洋药物 111 种，新增 15 种；而《食物本草》收载海洋药物 100 种，新增 18 种，是记载海洋药物数量最多的古代典籍。清代海洋药物又有新的发展，《本草纲目拾遗》收载海洋药物 33 种，新增 10 种，并新增部位或加工药 12 种。从秦汉到清代的 2000 年间，海洋药物从《神农本草经》原始收载的 13 种发展到清代的 110 余种，如按照不同物种及其药用部位不重复累计则达 207 种。海洋药物作为中国医药宝库的重要组成部分，为中华民族的繁衍生息作出了重大贡献。

目前我国的药用海洋生物有 1000 多种，已发现的海洋生物活性物质种类繁多，包括萜类、皂苷、有机酸、蛋白质、胍衍生物等。从海洋动物、植物及微生物中已分离获得新型化合物，很多具有抗菌、抗病毒、抗肿瘤等药理活性，例如，从柳珊瑚中发现的抗癌活性物质前列腺素及其衍生物；从刺参体壁分离得到的刺参苷和酸性粘多糖，以及用于医治心血管疾病的活性物质有蛤素、鲨鱼油、海藻多糖等。

二、现代生物技术在中药新资源开发中的应用

现代生物技术是以生命科学为基础，结合基因工程、酶工程、发酵工程和蛋白质工程等技术和其他基础学科的原理，按照预先设计以获得具有优良品质的动、植物或微生物品系，生物体的某一部分或其代谢产物等多种目的的综合学科。

应用现代生物技术探索传统中药是近年来倍受关注的一个研究领域。随着它的

进展，将对中药资源拓展、良种选育、栽培技术、生产途径、种质鉴定、活性成分提高以及作用机制研究等方面产生重大影响。现代生物技术对扩大中药新资源具有现实意义，目前在中药新资源开发的应用主要有以下几方面：

（一）药用植物组织培养在中药新资源开发中的应用

1. 药用植物离体培养　利用生物培养技术将药用植物组织进行离体培养，建立无性繁殖体系并诱导分化为植株，应用此方法可对重要药用植物进行品种纯化和快速繁殖。成功的例子如丹参、枸杞、紫杉、百合等。也可用此方法对一些珍稀濒危中药资源的种质进行保存。

2. 药用植物毛状根培养　目前主要是毛状根培养系统（采用发根农杆菌感染植物组织形成毛状根），毛状根培养具有生长迅速、次生产物合成能力高且稳定的特点。迄今已有数百种具有开发利用价值的次生产物从不同植物的毛状根培养物中获得。在中国已建立毛状根培养系统的药用植物有甘草、人参、丹参、绞股蓝等。生物技术的发展将在一定程度上改变人类长期依赖天然资源的历史，人们有望在不破坏自身生存环境和生态条件的情况下，按照需要生产可供利用的药用植物器官及其活性成分。除毛状根培养系统外，尚有采用根瘤农杆菌感染植物组织形成畸形芽的，如已建立了薄荷、颠茄等药用植物培养系统。

（二）药用植物内生真菌在中药新资源开发中的应用

药用植物内生真菌能够产生许多结构新颖的活性次生代谢产物，已成为发现新天然活性物质的重要源泉。几乎所有的植物组织中都有内生真菌的存在，研究证明药用植物内生真菌能够产生与宿主植物相同或相似的次生代谢产物，特别是还发现许多新的活性成分。1993 年，美国蒙大拿州立大学的 Strobel 小组在短叶红豆杉内生真菌 *Taxomyces andreanae* 中发现紫杉醇，国内外掀起对药用植物和濒危植物内生真菌的研究热潮。

药用植物的多样性、复杂性和特殊性使其中的内生真菌也同样具有多样性、复杂性和特殊性，近 10 年来，人们已从 83 科 212 种的药用植物组织（根、茎、叶、花、果实、叶柄、根茎等）中分离得到 376 属以上的内生真菌，涉及子囊菌、担子菌和无孢类群等，具有丰富的物种多样性。药用植物内生真菌的多样性使其次生代谢产物也具有多样性，内生真菌产生的具有抗肿瘤活性的化合物主要有萜类、生物碱、苯丙素、醌类等。内生真菌还可以产生具有抗微生物活性的化合物，对人类及植物病原菌均具有较好的拮抗作用。药用植物内生真菌的研究仍处于起步阶段，但其重要性已受到了极大关注。由于药用植物内生真菌及其次生代谢产物的多样性已远超出其植物代谢产物的范围，成为寻找新生物活性物质的重要新资源。使其成为新药物研发的宝库，将在很大程度上解决自然资源不足，实现可持续发展。

（三）酶工程在中药新资源开发中的应用

酶工程是中药活性成分生产追求的最佳技术手段之一。就疗效确切的单一中药活性成分而言，能够通过工业化生产获得中药中结构复杂的单一产物是人们追求的目标，但中药中的化合物结构复杂，常有多个不对称碳原子，合成难度较大或合成条件苛刻；而酶工程为这类成分的获得提供了新的途径。目前许多类型的次生代谢产物的生物合成途径已经清楚，采用生化手段找出形成此类成分的关键酶，确定其基因结构，再进行克隆、表达或基因重组以提高酶活性，快速合成所需次生代谢产物，如查

笔记

耳酮合酶(CHS)是黄酮类化合物合成的关键酶,天仙子胺-6-β-羟基化酶是合成莨菪胺(scopolamine)的关键酶等,随着研究的深入和更多类型次生产物合成酶的认识,此方法必将成为人类获取有用中药活性成分,节约中药资源的重要途径。

(四) 其他生物技术在中药新资源中的应用

随着分子生物学和基因工程等生物技术的发展,特别是遗传图谱研究资料的积累,药用植物育种技术正从传统的表现型向基因直接选择的方向转变。在加强药用植物传统育种的基础上,利用限制性片断长度多态性标记(RFLP)、随机扩增的多态性标记(RAPD)等分子遗传标记技术,构建重要药用动植物遗传连锁图,开展药用植物数量性状基因座(QTL)的研究和实践,从野生类型筛选优良目的基因,实现药用植物杂交强优结合,中药资源对环境的适应能力,可通过转基因技术,对其品质进行改良,提高其对环境的适应性,从而提高药材的产量与质量。对于中药新品种的培育,目前研究的焦点主要集中在离体快繁技术、中药突变体的筛选和转基因药用植物。利用重组DNA技术,将某些优良性状基因导入药用植物体内,达到改良品种的目的。如抗病毒抗虫害基因的导入,获得抗性植株,控制植物次生代谢产物合成酶的合成基因的导入,获得有效成分含量高的植株等。

合成生物学

合成生物学(synthetic biology)是综合了科学与工程的一个崭新的生物学研究领域。它既是由分子生物学、基因组学、信息技术和工程学交叉融合而产生的一系列新的工具和方法,又通过按照人为需求(科研和应用目标),人工合成有生命功能的生物分子(元件、模块或器件)、系统乃至细胞,并自系统生物学采用的“自上而下”全面整合分析的研究策略之后,为生物学研究提供了一种采用“自下而上”合成策略的正向工程学方法。

中药资源多源于药用植物。许多药用植物生长受环境因素影响较大,有些珍稀药材生长缓慢,甚至难以人工种植;大多数药用活性成分在中药材中含量低微,结构复杂,性质不稳定,化学合成困难或产率较低,而直接提取又面临成本高、资源少等问题。利用生物技术生产有效成分,具有不受气候、病虫害、地理和季节的限制等在内的各种环境因素变化的影响、生产系统规范化、产品生产周期短、质量和产量更加稳定的特点。

三、中药资源再开发利用的途径

(一) 中药资源中不同有效成分的开发

同一中药材中往往含有不止一种可供药用的有效成分,未被利用的成分也常具有生理活性,因此药材中含有的各种生理活性物质应综合考虑,充分利用。如山莨菪含有多种托品类生物碱,这些生物碱生理活性和治疗功能各有不同:东莨菪碱用于治疗各种中毒性休克、眩晕病;阿托品和后马托品用于治疗胃肠解痉、眼科散瞳;樟柳碱用于治疗偏头痛型血管性头痛、视网膜血管痉挛、神经系统炎症和有机磷中毒等。从细叶小檗 *Berberis poiretii* Schneid. 中提取小檗碱后,还可提取小檗胺,可用于升高白细胞。从盾叶薯蓣 *Dioscorea zingiberensis* C. H. Wright 中提取水溶性皂苷,可用于治疗动脉粥状硬化、心绞痛和降血脂症等。苦杏仁既含有止咳成分苦杏仁苷,同时含有较

笔记

大量的脂肪油，可先将油榨出来，油粕用于提取苦杏仁苷；中国是薄荷的生产大国，提取薄荷油的残渣中含有一定量的齐墩果酸、叶绿醇和黄酮类成分，有较好的消炎、利胆、护肝等生物活性。人参收获时的刷参水中含有少量皂苷及水溶性维生素、氨基酸等，经沉淀、过滤、浓缩得到流浸膏可代人参浸膏用于化妆品和食品工业中；柴胡注射液仅利用了挥发性成分，而不具挥发性的柴胡皂苷等水溶性成分，仍具有较好的抗菌消炎作用，近年来，国内外已开始重视对中药资源不同有效成分的开发及综合利用研究，但尚处于初步开展阶段。

（二）传统方药的新用途

通过对传统中药方剂、剂型、药理、化学成分研究和临床试验，许多传统方药有了新用途，取得了新的进展，使中药复方药和单方的潜在药效得到了进一步的发挥，明显地提高了传统方药的临床疗效。一些传统中药过去没有发现或虽有记载而未引起重视的药效得到了证实，开拓了新的药用途径。例如，大黄用于治疗急腹症的胰腺炎、胆囊炎、肠梗阻；山楂用于治疗冠心病、高血压、高脂血症、脑血管症；白芷用于胃病、银屑病；青蒿用于治疗各型疟疾、红斑狼疮；青黛用于治疗白血病、银屑病；贯众用于治疗乙型肝炎；虎杖用于治疗高脂血症；山豆根用于治疗癌症等。

（三）中药制剂、残渣和废弃液的开发利用

我国传统中药制剂生产中因生产技术、工艺水平落后和不合理，缺乏综合利用资源的能力，造成中药资源的高消耗和巨大浪费，是值得研究的重要环节，如从甘草提取三萜皂苷类成分时，从其残渣中可分离到高含量的黄酮类化合物，还可回收木质素和纤维素。小檗属（*Berberis*）植物是生产小檗碱的主要原料，但这些植物中尚含小檗胺、药根碱等，从生产小檗碱的废弃母液中提取药根碱比直接从原药材中提取更简便经济，纯度可达 95% 以上，小檗胺具有提升白细胞等作用，经磺甲烷化后即为檗肌松，作为肌松剂应用于临床。以水煮法生产女贞子糖浆，因齐墩果酸很少溶于水而存留于药渣中，以此为原料可提取纯度在 90% 以上的齐墩果酸。丹参酮类成分为丹参的有效组分之一，用水提取制备丹参注射液时，因丹参酮在水中溶解度极小而随药渣废弃，可从中提取丹参酮成分供丹参酮片等制剂用，或改进工艺，提高注射液中活性成分含量。陈皮水提物用于中药制剂，但其残渣中含有水不溶性的橙皮苷，同时还可提制天然黄色素用于饮料等食品工业中，残渣可再提取果胶，用于食品和医药工业等，且需要量极大；蒸馏得到的精油可用于食品、糖果、化妆品、医药、涂漆、杀虫剂等方面。

四、中药资源的综合开发利用

随着科学技术的发展，学科间的相互渗透，中药资源的开发利用研究不断地扩展和深入。中药资源综合开发利用的目的是依靠先进的技术和各种有效措施，最合理和充分地去利用和发展中药资源。中药资源的综合开发利用的含义应该体现在其深度和广度上，即开发深度由中药材和原料的开发逐渐深入到中药制剂和其他天然副产品开发以及中药化学成分的开发；开发广度由以中医临床药用为主扩展到以中药资源为原料，开发出中药保健食品、中药化妆品、中药农药、中药兽药（简称中兽药），以及饲料添加剂、中药天然色素和香料等许多产品。开发利用研究主要可分为非中药产品综合开发利用、非传统药用部分的利用以及生产中的废物利用三方面。

笔记

(一) 中药健康产品等的综合开发利用

1. 中药保健食品开发　中药保健食品是指以中医药理论为指导，在天然食物中加入既是食品又是药品的可食用中药材，经过适当加工而成的适宜于特定人群食用，具有促进健康、减少疾病发生、调节机体功能的食品或食品成分。

美国食品与药品管理局(简称 FDA)公布了《膳食补充剂健康与教育法》(DSHEA)，对膳食补充剂作出如下规定：一种旨在补充膳食的产品(而非烟草)，它可能含有一种或多种如下膳食成分，一种维生素、一种矿物质、一种草本(草药)或其他植物、一种氨基酸、一种用以增加每日总摄入量来补充膳食的食物成分，或以上成分的一种浓缩物、代谢物、成分、提取物或组合产品等。

在我国，保健食品 2015 年以前实行审批制，即所有保健食品在上市销售前均需要国家管理部门的注册审批。为此，国家管理部门以前颁布了一系列的技术要求指导保健食品的研发和注册审批工作。2015 年 4 月 24 日，我国颁布了《中华人民共和国食品安全法》，新的食品安全法明确提出，保健食品将实施注册审批制和备案制等两种审批模式。食品安全法中的第七十六条指出："使用保健食品原料目录以外原料的保健食品和首次进口的保健食品应当经国务院食品药品监督管理部门注册。

目前，我国保健食品的原料组成有以下几类：维生素、矿物质、天然产物、中药和其他可食用的材料。据统计，含中药原料的保健食品占所有已批准注册保健食品的 60% 以上，如果以功能性保健食品进行统计(排除维生素和营养性矿物质组成的营养补充剂)，含有中药的保健食品在功能性保健食品中所占比例更高。由此可见，中药在保健食品原料中占有举足轻重的位置。然而，并非所有中药都适宜作为保健食品的原料。为规范中药原料在保健食品中的使用和管理，卫生部于 2002 年 2 月发布了《卫生部关于进一步规范保健食品原料管理的通知》，并将"既是食品又是药品的物品名单""可用于保健食品的物品名单""保健食品禁用物品名单"列为 3 个附件同时发布。其中，"既是食品又是药品的物品名单"中包括山药、山楂、甘草、阿胶、鱼腥草、枸杞子、栀子、茯苓、葛根、酸枣仁等 87 种物品；"可用于保健食品的物品名单"中包括人参、女贞子、丹参、天麻、当归、红景天、西洋参、党参、益母草、淫羊藿等 114 种物品。"保健食品禁用物品名单"中包括草乌、马钱子、巴豆、甘遂、生狼毒、洋金花、牵牛子、香加皮、斑蝥、雷公藤等 59 种物品。最近对名单进行了系统的梳理和调研，又增补了人参、山银花、夏枯草等 14 味中药，使既是食品又是药品名单中的中药数量达到 101 种。

近年来，出于安全性的考虑，除了上述禁用物品之外，生大黄、黄芩、黄连、黄柏、鹅不食草等中药，也不允许用作保健食品原料。此外，根据国家相关法规规定，禁止使用国家一级和二级保护野生动植物及其产品作为原料生产保健食品，人工驯养繁殖或人工栽培的国家一级保护野生动植物及其产品也属于保健食品原料禁用范畴。但对于二级保护野生动植物，如果是人工驯养繁殖或人工栽培的，便可以用作保健食品原料。

可见中药是保健食品原料的重要来源。随着生活水平和保健意识的不断提高，人们对食品的要求越来越高，从古代沿用下来的可食用中药材，如今成为了一系列非常重要健康而时尚的食品。我国中医药保健食品近二十多年全面发展，具有中国特

笔记

色的保健食品，是中医食疗与新技术结合的产品。

知识链接

新资源食品

新资源食品是指在中国新研制、新发现、新引进的无食用习惯的，符合食品基本要求，对人体无毒无害的物品，称新资源食品。

《新资源食品管理办法》规定新资源食品具有以下特点：在我国无食用习惯的动物、植物和微生物；在食品加工过程中使用的微生物新品种；因采用新工艺生产导致原有成分或者结构发生改变的食品原料。新资源食品应当符合《食品卫生法》及有关法规、规章、标准的规定，对人体不得产生任何急性、亚急性、慢性或其他潜在性健康危害。

国家鼓励对新资源食品的科学研究和开发，国家卫计委已批准了二十几项新资源食品，如仙人掌、金花茶、芦荟、*L*-阿拉伯糖、短梗五加、库拉索芦荟凝胶为新资源食品。上述新资源食品用于食品生产加工时，应符合有关法律、法规、标准规定。

2. 中药化妆品开发　中药化妆品是以中药资源中的活性成分为原料或添加剂，所生产的一类化妆品。发挥中医药的特色，体现中医辨证论治的思想和君臣佐使的用药原则，强调中药复方的整体综合作用，是中药化妆品开发的方向和特色。按照中药所占比例，中药化妆品可分为纯中药型化妆品、中药配合型化妆品和中药添加型化妆品。按照中药化妆品不同的功效和用途、作用特点及其制备工艺剂型，可以按几种方式进行分类。

(1) 按照不同的功效和用途：中药化妆品可分为防衰除皱类，如紫草、当归、灵芝、玉竹、肉桂等；祛斑美容类，如人参、当归、芦荟、白芷、苦参、五味子等；养发乌发类，如川芎、何首乌、紫苏、银杏等；抗氧化类，如黄芩、牛膝、虎杖、决明子等；保湿类，比如芦荟、三七等。

(2) 按作用特点：可分为清洁类，如香皂、透明皂、泡沫液等；护肤类，如雪花膏、香霜、护肤霜、冷霜、防水霜、防油霜、防纹霜、防晒霜、柠檬香霜、营养香霜、清凉香脂等；营养类，如人参霜、珍珠霜、胎盘霜、灵芝霜、痱子粉等；其他还有美容类，美发类等。

(3) 按制备工艺和剂型：可分为膏剂，如添加何首乌提取液的首乌洗发膏、添加中药提取物的两面针牙膏等；乳化剂，如添加人参提取物以及光果甘草根提取物的丁家宜防晒霜、添加蛇油的隆力奇蛇油护手霜、含有红景天活性成分积雪草苷的红景天幼白面霜等；混悬剂，如香粉蜜、增白粉蜜等。粉剂，如香粉、爽身粉等；胶剂，如添加白术、白茯苓、白芍、白及等中草药成分的佰草集新七白美白嫩肤面膜等；水剂，如添加金银花的六神花露水、添加芦荟提取物的芦荟香波等；其他还有锭剂、块状剂等。

3. 其他方面的开发利用

(1) 中药香料和色素开发：我国芳香型中药资源十分丰富，许多药用植物资源都含有天然植物色素，可以开发利用成为具有保健功能的天然染料。我国拥有丰富的中药资源，其中也有不少天然色素的原料，尤其是植物性原料非常丰富，可用于食品、药物和化妆品等加工制作之中。

茜草是我国应用最早的红色植物染料，其色素主要成分是茜素(红色)和茜紫素。

笔记

马王堆一号汉墓出土的深红绢和长寿绣袍底色就是用茜草染成的。红花是古代染红色的主要原料；栀子是古代染黄色的主要原料；鼠李染料色素成分存在于嫩果和叶、茎之中，称为冻绿，是古代为数不多的天然绿色染料之一，国际上又称为中国绿。随着环保意识的增强，生活质量的改善以及化学染料的危害越来越严重，人们对天然染料的开发与应用越来越重视。

根据其来源，天然色素可分为动物色素、微生物色素和植物色素。其中食用色素可使食品颜色更接近新鲜食品的颜色和自然色，对提高食品的嗜好性及刺激食欲具有重要意义。由于大多数合成色素被证明有不同程度的毒性，甚至有致癌、致畸的可能，因此天然色素逐渐受到人们的欢迎而得到飞速发展。不少药用植物是提取天然色素的原料来源，比如从姜黄的根茎中提取姜黄色素，从红花中提取红花黄色素，从栀子的果实中得到栀子黄色素，从玫瑰茄的花萼中提取红色素等。

(2) 中药天然农药开发：中药材用来研制新型的无公害农药，用于中药材种植和农业病虫害生物防治。其开发工作主要体现在两方面：一是从传统中药材中提取分离具有杀虫、抗菌、抗病毒功效的农药活性成分，以此为主体，配制成无公害农药，这是对植物材料的直接利用；二是从种类繁多的药用植物中，分离纯化出具有杀虫抗菌活性的新物质。以此先导化合物为结构模板，进行结构的多级优化，创制新一代超高效低毒的新农药。随着人类越来越关注环境和人类健康问题，开发应用植物源农药将成为主流趋势。

(3) 中药兽药和饲料添加剂开发：改革开放以来，我国兽药工业从无到有，从小到大，得到前所未有的迅速发展。1987 年我国颁布《兽药管理条例》，同年农业部开始评审一、二、三类新兽药，据统计，1987~1998 年共批准兽用化学药物 147 种，生物制品 100 种；从 1990—2000 年国外共上市新兽用原料药 49 种，新兽药复方制剂 29 种；《中华人民共和国兽药典》2015 年版收载品种已达到 1924 种。

近年来，中兽药开发有了很大进展，由过去单纯治疗型转向营养保健开发型发展。比如，根据扶正固本、增强机体的理论，给蛋鸡服用刺五加制剂，促使鸡输卵管总氮量和蛋白质显著增加，提高了产卵率和卵重。中药作为饲料添加剂或混饲药剂，有促进动物生长和发育，增强体质、提高畜禽生产性能等作用。它具有来源广，价格低廉，取材容易，很少产生副作用和药物残留等优点，是近年来兽医中药应用的一个重要方面。

(二) 非传统入药部位的综合开发利用

一种药用植(动)物的各部位或器官往往有多种用途，如果分别将它们非传统入药部位加以利用，便能提高该种中药资源的经济价值。如酸枣是我国北方普遍生长的药用植物，资源丰富，果实可制成果茶、果酱和用于酿酒；种仁为中药材“酸枣仁”；树叶可用来提取芦丁，或作茶叶；果核可制活性炭；酸枣树较耐寒和耐旱，是北方优良的固沙和薪材植物，如能综合利用，可以产生较好的经济效益、社会效益和生态效益。人参是五加科植物，根为常用中药材之一，有大补元气，固脱生津，安神之功效。人参根已被加工 100 多种规格的商品药材，但其地上部分往往弃去不用，现在，从人参茎叶中提取、精制的人参总皂苷，已开发制成人参皂苷片、人参药酒等，此外，人参叶可制成人参茶，人参花制成参花精，人参果制成冲剂和参果酒等，经综合利用后，人参全株各部分均可开发成产品，大大提高了经济价值。

笔记

(三) 中药渣资源中无明显活性成分的开发利用

中药材或饮片经一定溶媒或方式提取后所剩残渣称为药渣,通常被作为废弃物扔掉。但是往往只是提出了部分成分,中药材中无明显活性或不具有生物活性的成分在提取活性成分后,可根据性质,对非活性成分进行开发利用。中药的活性成分或非活性成分是相对的,下面介绍的几类成分是针对大多数中药材而言。

1. 淀粉　淀粉是许多中药材都含有的一类成分,为多聚糖类化合物,大多不具生物活性。可直接利用,也可水解获得小分子糖或单糖。块根类中药含有大最的淀粉,其药渣可用作饲料、肥料,或工业制取浆糊,发酵制酒等。如女贞子药渣可榨出 10% 的酒,其他如枇杷、香附、桔梗、前胡等的药渣均已有利用。又如葛根,含有大量淀粉、糖和纤维素,在提取了有效成分总黄酮后,所余药渣可配制饲料或作其他用途。

2. 蛋白质　植物中普遍含有丰富的蛋白质,特别是种子类药材大多含丰富蛋白质,但多在制剂时常被弃去。目前人们也逐渐认识到药渣中蛋白质的回收利用问题,并开展了相关研究,如将提取苦杏仁苷后的杏仁制成杏仁糊供食用。对不能供人食用的,如蓖麻子榨取蓖麻油后,在去除药渣中毒性蛋白质的毒性后可作饲料使用。

3. 脂肪油　脂肪油多存在于种子类中药中,除少数是中药的重要活性成分外,大多数中药所含的脂肪油是不具有明显生物活性的成分,可考虑提取利用。如杏仁,其脂肪油含量较高,若将其提取可获得高级润滑油,而榨油后并不影响活性成分苦杏仁苷的含量。黑芝麻,在水煎后其所含脂肪油仍然留在煎煮后的药渣中,对此如何开发利用还有待于进一步研究。

4. 挥发油　很多花类以及一些种子、果实、皮类中药均含挥发油,目前除少数中药如薄荷、八角茴香、丁香等以其所含挥发油为重要有效成分外,大多数中药所含的挥发油在炮制或制剂生产中浪费了,如能两者兼提则可节省资源,降低成本。

此外,有些药渣经加工后还可用于制药工业中去。如已有将穿心莲、麻黄、大腹皮等药渣的纤维制成微晶纤维素,作为药物片剂的赋形剂使用的案例。

综上所述,大力研究中药药渣的综合利用前景十分广阔,它对提高中药材的使用率,扩大使用范围,具有十分重要的现实意义。

案　　例

例 8　罗汉果药用资源利用研究

罗汉果 *Siraitia grosvenorii*(Swingle)C. Jeffrey ex Lu et Z. Y. Zhang 为葫芦科罗汉果属植物,以干燥果实入药。味甘,性凉。具有清热润肺、利咽开音、润肠通便的功效。罗汉果属植物全球约 7 种,分布于我国南部、中南半岛和印度尼西亚等地。我国产 4 种,包括罗汉果、翅子罗汉果、无鳞罗汉果、台湾罗汉果,主要分布于广西壮族自治区、广东、贵州、福建、江西等地。

一、资源利用现状

罗汉果是我国传统的药食同源植物。临床常用于肺热燥咳、咽痛失音、肠燥便秘等症。以罗汉果配伍的现代成方制剂有罗汉果止咳膏、罗航止咳片、复方罗汉果止咳冲剂、川贝罗汉果止咳冲剂等。除药用价值外,罗汉果在食品、饮料等工业中也有广

笔记

泛应用，如罗汉果粉、罗汉果糕、罗汉果糖、罗汉果茶等。

二、资源利用效率研究

1. 罗汉果果实资源化利用　罗汉果富含罗汉果苷、黄酮类及蛋白质类等资源性化学成分，可用于医药产品、保健产品以及食品添加剂的开发。

以罗汉果提取分离得到的罗汉果皂苷作为非糖甜味剂，用于中药片剂、颗粒剂、丸剂产品或空心胶囊后，可使这些产品不易吸潮、发霉、生虫、变质，使药物质量更稳定。

2. 罗汉果根资源化利用　罗汉果根中含有大量淀粉和葫芦素等资源性物质。利用罗汉果块根中淀粉，经米曲霉和根霉发酵液发酵、复合纤维素酶酶解等过程可转化为乙醇，提高了罗汉果块根中淀粉的利用率，其中淀粉含量可达 36% 左右；葫芦素可用于湿热毒盛所致迁徙性肝炎、慢性肝炎及原发性肝癌的辅助治疗。

3. 罗汉果茎叶资源化利用　罗汉果茎叶资源丰富，但大量的罗汉果叶秋后采割后废弃，未加以有效利用。研究表明罗汉果叶中含有大量的黄酮类资源性化学成分，该类成分在抗氧化、抗炎、保肝等方面有显著活性。此外，罗汉果茎叶尚含有罗汉果甜苷、多糖等多种资源性物质，可用于医药产品或保健食品的开发（图 6-1）。

例 9　人参药用资源利用研究

人参 *Panax ginseng* C. A. Mey. 为五加科人参属植物。其干燥根作人参入药，味甘、微苦，性平、微温。具有大补元气、复脉固脱、补脾益肺、生津止渴、安神益智的功效。其干燥叶作人参叶入药，味苦、甘，性寒，具有补气、益肺、祛暑、生津的功效。

人参属（*Panax*）植物在全世界共有 8 个种，3 个变种。除三小叶人参（*P. trifolius*）仅分布于北美外，其他种类我国皆有。人参为第三纪孑遗植物，是一种古老稀有的物种，在自然界很稀少。我国野生人参（山参）仅产于东北长白山和张广才岭、完达山等地，数量极少。人参商品资源主要为人工栽培品（园参），主产区分布在长白山地（包括张广才岭、老爷岭、木棱窝集岭、完达山、小兴安岭的东南部），南起辽宁省宽甸满族自治区，北至黑龙江伊春市，其中吉林省通化市、集安市、抚松县、靖宇县一带，是著名的人参道地产区。目前，在亚热带低纬度高海拔山区，如广西壮族自治区、云南省等高寒山区均已引种栽培成功。

一、资源利用现状

人参作为药用始载于《神农本草经》列为上品，是名贵传统滋补中药，具有“补五脏，安精神，定魂魄，止惊悸，除邪气，明目”等功效，是补益养生良药。其功重在大补正元之气，以壮生命之本，进而固脱、益损、止渴、安神、中医临床常用于体虚欲脱、脾虚食少、肺虚喘咳、津伤口渴、内热消咳等病症。以人参为主要药味的方剂众多，著名的传统人参单方和复方包括独参汤、参芦散、参附汤、生脉散、龟龄集，人参败毒散、人参再造丸等。现代研究表明，人参在心血管系统、免疫系统、消化系统等多方面具有显著的药理作用。人参及其制剂产品可加强机体新陈代谢功能，对治疗心血管疾病、胃和肝脏疾病、糖尿病、不同类型的神经衰弱症、调节脂肪代谢、提高生物机体免疫力等均有良好疗效。以人参为主要原料开发的现代制剂有人参注射剂、人参多糖注射液、参一胶囊、人参口服液、生脉饮等。

人参传统用药部位为其地下根，现全株均可入药。人参叶能清肺，止渴；人参花具兴奋功效；人参果实能发痘。现代研究分析表明，人参地上器官的皂苷含量（除种

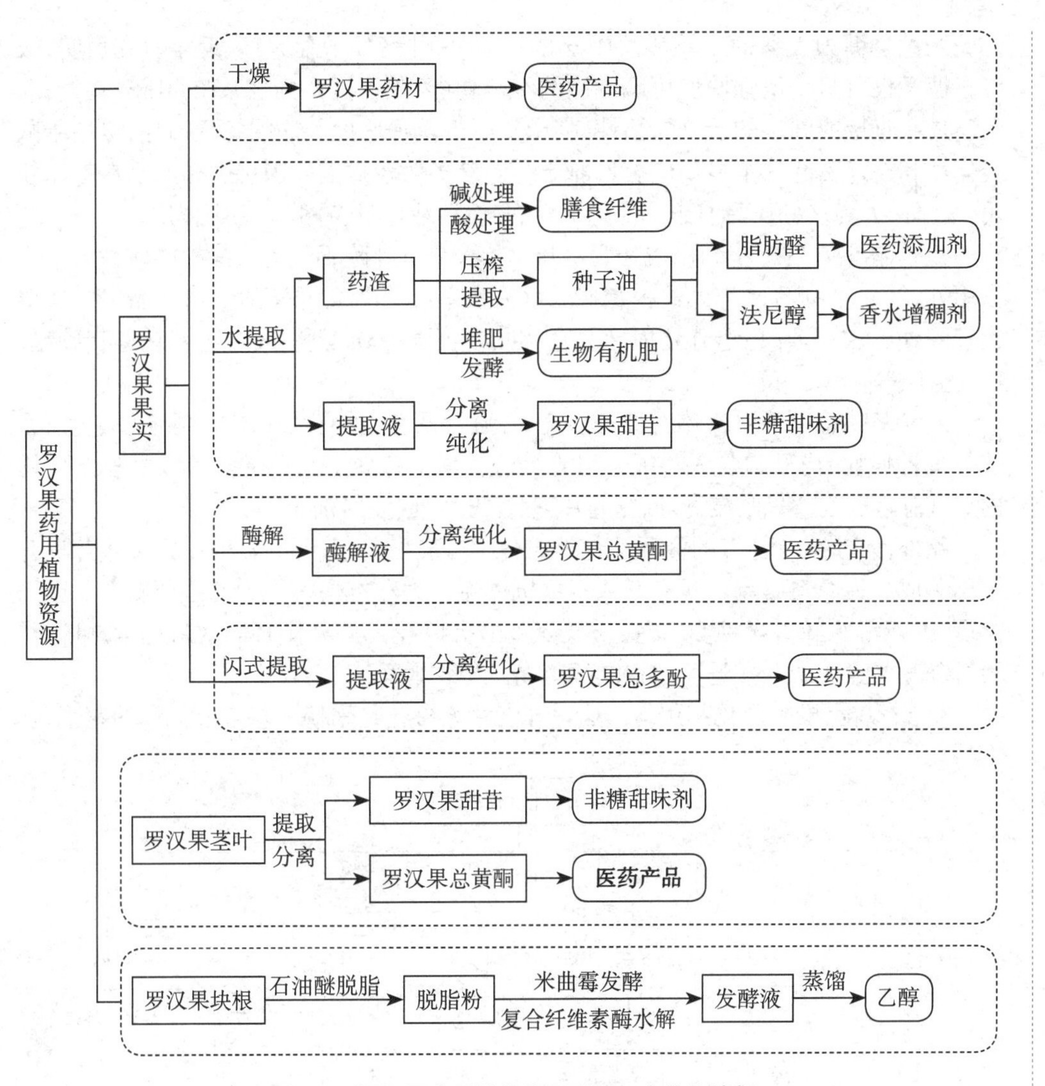

图 6-1　罗汉果药用植物资源利用与产业化途径

子外）与根的含量相近或高于根。目前市场上已出现用人参茎叶、果实或花蕾等粗加工品制成的多种产品，包括保健滋补品和多种化妆品、日用品等，如人参露、参花晶、人参雪花膏、健肤膏及人参茸膏等，人参与大枣、当归、甘草、枸杞配制的人参枣汁是高级滋补品。

二、资源利用效率提升研究

1. 人参药材深加工与产品开发　人参皂苷类物质是人参的主要药效物质之一，人参茎叶皂苷提取物是《中华人民共和国药典》收载品种。人参皂苷具有增强人和动物的细胞免疫功能和抗病毒作用，同时在神经系统、心血管系统、内分泌系统、免疫系统等具有广泛的生物活性，已广泛用于临床实践。其中研究最多且与肿瘤细胞凋亡相关的为人参皂苷 Rg_3 与 Rh_2，目前我国已有人参皂苷的新产品推向市场，如"今幸胶囊"即是人参皂苷 Rh_2 产品，从人参中提纯出的人参皂苷 Rg_3 作为抗癌新药"参一胶囊"的活性成分，是国家一类新药。

人参多糖为人参的主要活性成分之一，为一种高分子葡聚糖、近年研究表明，人参多糖不仅可显著增强腹腔巨噬细胞的吞噬功能，激活网状内皮系统（RES）功能，而且还具有直接或间接的抗肿瘤活性，临床常用于多种恶性肿瘤的综合治疗，也用于减轻化疗和放疗引起的不良反应。目前已有人参多糖注射液作为抗肿瘤药物在临床使用。此外，人参多糖还具有细胞保护活性、降血糖活性、抗补体活性等作用。

2. 人参茎叶资源化利用与产业化开发　人参茎叶除不具有人参根类雌性激素样作用外，其他生物活性与人参根相似。以人参茎叶为原料开发的制剂产品主要有双参素胶囊、人参茎叶总皂苷注射液、活力源、参芪降糖软胶囊、人参茎叶总皂苷胶囊、清炎益康等。

人参茎叶总皂苷对机体的神经系统、心血管系统、血液系统、内分泌系统、免疫系统等多种病症，均显示与人参根总皂苷具有相似的疗效。目前人参茎叶总皂苷应用的剂型有水煎剂、粉剂、浸膏剂、糖衣片剂、复方片剂、注射剂。

此外，人参茎叶含有的资源性化学成分可开发为兽药产品，目前以人参茎叶皂苷类化学成分为原料研制的具有增强畜禽机体免疫力和抗疾病能力的兽药新产品已经上市；人参茎叶尚富含糖类、蛋白质及氨基酸类以及大量人体必需微量元素，可以作为新资源保健食品进行开发，如人参袋泡茶、人参啤酒。

3. 人参花、果资源化利用与产业化开发　人参花是采摘人参含苞待放的花蕾，自

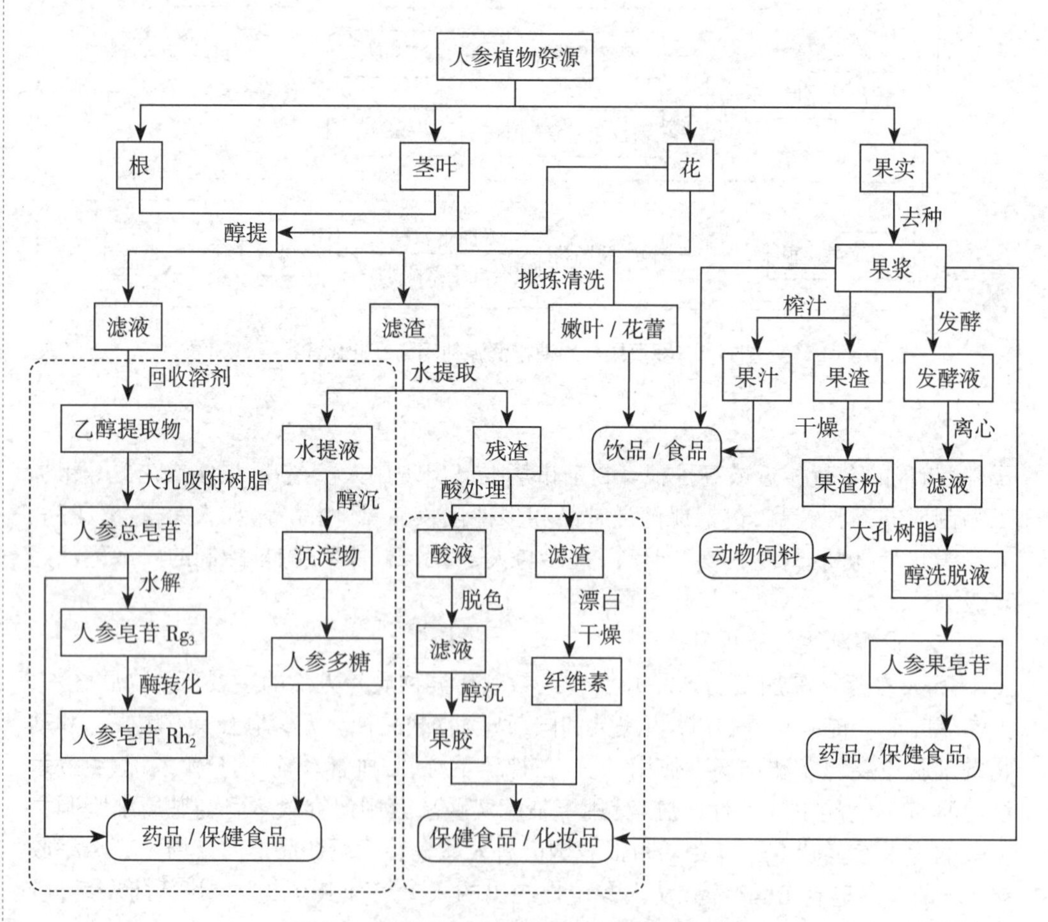

图 6-2　人参药用植物资源利用与产业化途径

然烘晒而成。人参花富含皂苷类、多糖类、氨基酸及蛋白质类及多种微量元素等资源性化学成分，其在提神、降血压、降血糖、降血脂、抗癌、调理胃肠功能等诸多方面具有良好保健效果，常用剂型有冲剂、片剂及注射剂。人参花现也用于饮料的制作，如人参花果汁、人参花可乐等。

人参果具有减轻衰老症状、增强记忆力等生物活性，是一种具有调节机体代谢功能的抗衰老药物。目前以人参果实为原料的制剂有振源胶囊、振源片等。

4. 人参芦头、人参须资源化利用与产业化开发　人参芦头生物量为人参根部的12%~15%，芦头中所含有的人参皂苷种类与根部相似，但其含量约为主根的2倍，为重要的人参皂苷类资源性物质的提取原料。

人参须用于中医临床具有益气生津之功，多与其他药物配伍用于多种疾病的治疗，如配伍红花、丹参、三七等制成的心可宁胶囊，用于治疗冠状动脉性心脏病(图6-2)。

（张水利　肖冰梅　贺丹霞　王　娜　张天柱　龙庆德）

学习小结

1. 学习内容

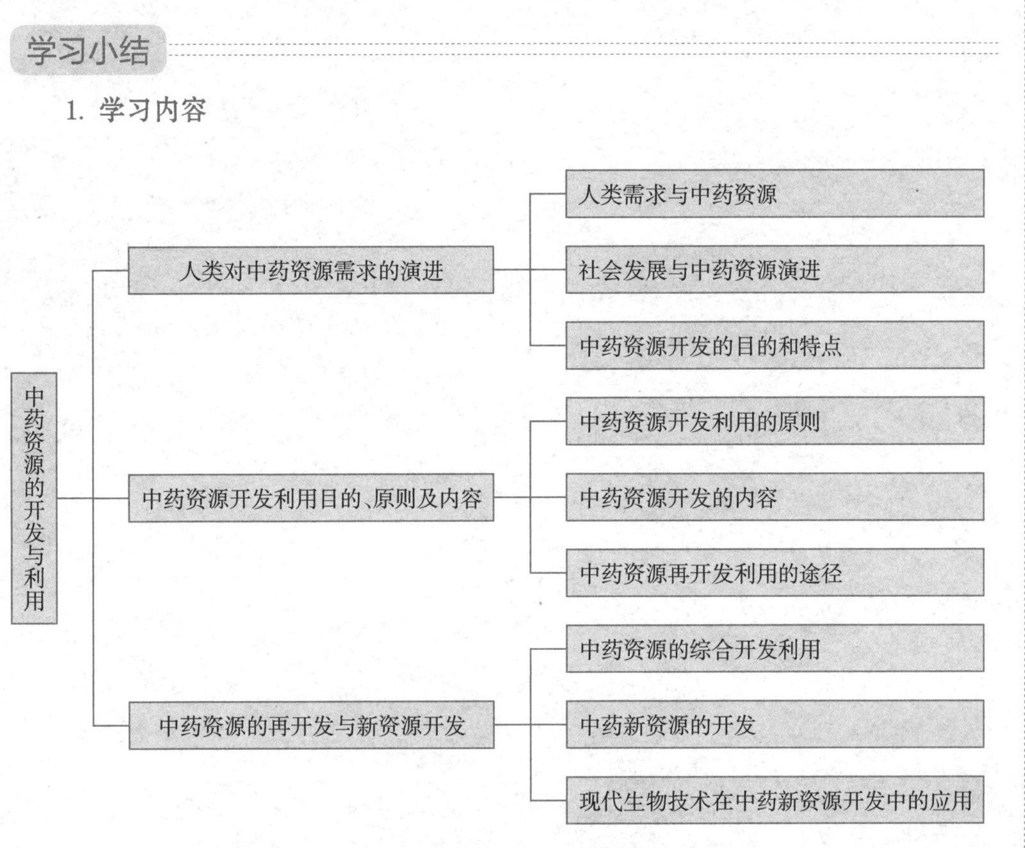

2. 学习方法

本章系统地介绍了人类需求、社会发展与中药资源的演进，中药资源开发的目的和特点、中药资源开发利用的原则、中药资源开发的内容、中药资源开发过程中应注意的问题与对策、中药新资源的开发、现代生物技术在中药新资源开发中的应用、中药资源再开发利用的途径、中药资源的综合开发利用。通过适当的举例帮助理解其含义，再加上参考案例，使得内容更加通俗易懂。

笔记

复习思考题

1. 简述中药资源开发的主要内容。
2. 论述中药资源再开发的途径。
3. 举例说明如何对中药资源进行综合利用。
4. 举例说明中药健康资源的开发利用。

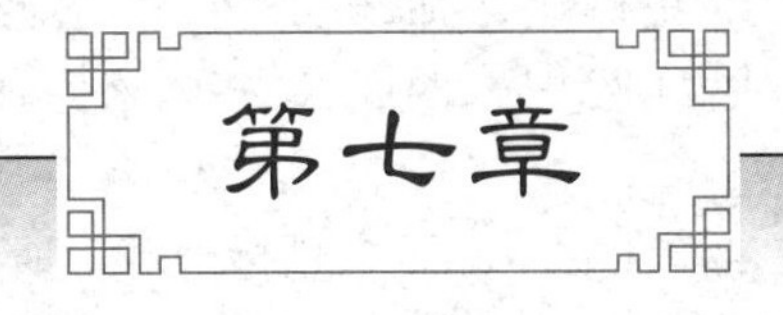

中药资源保护、更新及可持续利用

学习目的

中药资源的保护、更新及可持续利用是保障资源有序开发，合理利用的长久之计，因此掌握本章知识对于加深理解中药资源合理开发利用以及开展人工栽培，提高资源利用具有重要意义。

学习要点

掌握生物多样性、中药资源保护的概念；熟悉中药资源保护的主要途径；熟悉国家重点保护的野生药材物种分级及各个级别的药材保护措施。

第一节　中药资源保护

中药资源保护（conservation of Chinese medicinal material resources）是指保护中药资源及其密切相关的自然环境和生态系统，以保证中药资源的可持续利用和药用动、植物的生物多样性，挽救珍稀濒危的药用动、植物物种。是国家和社会为确保中药资源的合理开发和可持续利用而采取的各种保护行动的总称，也是自然资源保护以及生态环境保护的一个重要组成成分。

一、生物多样性和珍稀濒危药用生物及其等级划分

（一）生物多样性概述

生物多样性（biodiversity）是指生物及其环境形成的生态复合体以及与之相关的各种生态过程的总和。它包括数以万计的动物、植物、微生物和他们所拥有的基因，以及他们与环境相互作用所形成的生态系统和生态过程。生物多样性包含四个层次，分别是物种多样性、遗传多样性、生态系统多样性及景观多样性。物种多样性是生物多样性的核心，遗传多样性是物种多样性的基础，而生态系统多样性则是维系物种多样性的保证。

1. 物种多样性　物种（species）是生物分类学的基本单位，指一类遗传特征十分相似、能够交配繁殖出具有可育后代能力的有机体。具体来讲，物种指具有共同基因库的，与其他类群有生殖隔离的一个类群，生殖隔离指亲缘关系相近的不能交配或者交配过后不能产生具有可育后代能力的类群。

物种多样性是指某一范围内物种类别的丰富程度和数目多少。物种数目最为丰富的环境是热带雨林、热带落叶林、珊瑚礁、深海和大型热带湖泊。世界上生物多样性特别丰富的国家包括巴西、哥伦比亚、厄瓜多尔、秘鲁、墨西哥、扎伊尔、马达加斯加、澳大利亚、中国、印度、印度尼西亚、马来西亚，这些国家拥有全世界60%~70%的生物多样性。

2. 遗传多样性　遗传多样性的广义概念是指地球上所有生物携带的遗传信息的总和，也就是各种生物所拥有的多种多样的遗传信息。狭义的概念主要是指种内个体之间或一个群体内不同个体的遗传变异总和。一个物种内部有不同的变种、品种甚至品系等，这些个体之间在结构和形态上的差异就是遗传多样性引起的。

一个物种遗传多样性越高或者遗传变异越丰富，对环境变化的适应能力就越强，其分布范围越容易扩展。研究遗传多样性可以揭示物种进化历史，如起源的时间、地点、方式等，为进一步分析物种的进化潜力和未来命运提供重要的资料；同时有益于正确制定生物遗传资源收集、应用和保护的策略。遗传多样性是多层次的，可在种群水平、个体水平、组织和细胞水平、分子水平体现。研究遗传多样性常用的标记有形态学标记、细胞学标记、生化标记、分子标记等。

3. 生态系统多样性　生态系统多样性指在特定区域内生境、生物群落和生态过程的多样化以及生态系统内生境差异、生态过程变化的多样性。

生态系统由植物群落、动物群落、微生物群落及其栖息地环境的非生命因子（光、空气、水、土壤等）所组成。群落内部、群落之间以及与栖息环境之间存在着极其复杂的相互关系，主要的生态过程包括能量流动、水分循环、养分循环、土壤形成、生物之间的相互关系，如竞争、捕食、共生、寄生等。常见的生态系统有农田生态系统、鱼塘生态系统、草原生态系统、荒漠生态系统、湿地生态系统、森林生态系统等。中国是世界上生态系统多样性最高的国家之一，具有非常丰富的生态类型，如具有343个森林生态系统、146个湿地生态系统、122个草地生态系统、48个荒漠生态系统、15个冻原和高山垫状生态系统。

4. 景观多样性　景观是指一些相互作用的景观要素组成的具有高度空间异质性的区域。景观具有一定的结构和功能，并且呈动态变化。

景观多样性指在特定区域内景观的多样化，如农业梯田景观、观光农业景观、城市绿化景观、森林景观、草地景观、荒漠景观等。景观多样性有很大的人为性，如人造林景观常有防火隔离带和传输线，农田景观经常有防护林带和绿篱。

自然干扰、人类活动和植被的全球演替或波动是景观发生动态变化的主要原因。自20世纪70年代以来，全球森林被大规模破坏，造成生态环境片段化，大面积出现结构单一的人工林，形成了极为多样的变化模式，结果是增加了景观的多样性，却给物种多样性的保护造成了严重的障碍。

（二）珍稀濒危药用生物及其等级划分

1. 珍惜濒危药用生物及其致危因素　珍稀濒危药用生物（rare and endangered medicinal organism）通常是指那些数量极少，分布区狭小，处于衰竭状态或目前虽未达到枯竭状态、但预计在一段时间后，其数量将会减少的野生药物动植物类群。在我国，珍稀濒危药用生物通常特指《中国稀有濒危植物名录》、《野生药材资源保护管理条例》、《国家重点保护野生动物名录》中规定重点保护的药用动植物类群。

笔记

目前,我国野生药用生物资源已经出现了严重的危机,有些种类已处于濒临灭绝的险境,有些种类已经出现了野生灭绝。导致这些现象发生的原因是多方面的,如国际社会对天然药物的认可与开发,以药用生物为原料的医疗、保健、轻工、化工等行业的迅速发展,药材的掠夺式乱采乱挖,采收加工各环节的资源浪费,以及生态环境的不断恶化和动植物的生物学特性等。最为直接的原因可以概括为以下三方面。

(1) 过度采挖和捕猎:由于市场需要,加之经济利益的驱动,过去人们对野生药用资源的保护很少关注,"靠山吃山,靠水吃水"的观念严重,只管利用资源,不管资源保护。总的趋势是沿着"越贵越挖—越挖越少—越少越贵"的恶性循环方向发展,致使野生资源日渐枯竭,尤其是人参、川贝、冬虫夏草等名贵药材更是如此。有些药用动物,过去被认为是"害兽",为保护人民的生命财产,而遭到大力捕杀;有些则被认为是"野味"而大量食用。上述因素导致某些野生药用生物种群数量锐减,甚至使某些种类趋于灭绝。

(2) 生境破坏或被侵占:生态环境是药用生物资源分布和药材质量形成的决定性条件,生态环境一旦遭到破坏,药用生物的生存将会受到直接威胁。人类社会的经济活动和文明发展对药用生物生存环境破坏日趋严重,且越来越多地侵占着原本属于野生动植物生活和场所。大面积的森林砍伐、烧山和农田垦殖、围湖造田、填湖建房等,破坏了自然环境和天然植被,使生态环境日益恶化,使很多药用动植物失去了栖息场所。例如,我国热带地区森林的大量砍伐,把一些热带药用植物种类推向面临绝灭的境地;甘草资源的锐减与草地开垦为农田有关。工业化、矿山开发和城市化发展使大面积的山林、土地改变了原来的面貌,不仅在一定程度上破坏了森林植被,而且工业污染引起的生态环境恶化对药用生物的生存也带来很大威胁。如杭州笕桥和广州石牌地区过去分别为麦冬和广藿香道地药材的栽培基地,现已成为工业区,不仅失去了栽培土地,其特有种质也不知踪迹。

(3) 生物自身的原因:生物的生存繁衍都需要合适的生态环境,生境的改变和破坏直接影响了药用生物种群的大小或存亡,并会导致一些适应能力差的物种数量骤减或消失。少数药用生物种类,因其对自然灾害、环境变化的适应能力差或自身生殖力较弱,致使其种群日趋濒危,甚至灭绝。例如,熊类的生殖能力与其他哺乳动物相比较弱,幼仔在母体内发育时间甚短,硕大的母体所产幼仔体重仅200~300g,幼仔出生时正值冬季,全靠冬眠期的母熊体能支撑喂养,野生母熊需2~3年乃至更长时间才能繁殖一胎。这些特点在很大程度上制约着熊类种群数量的增长。

2. 濒危物种的等级划分　关于濒危生物物种的分级及其标准,不同的国际组织和国家均不一致。1996年起,国际自然及自然资源保护联盟(International Union for Conservation of Nature and Natural Resource,简称IUCN)出版了濒危物种红皮书和红色名录,得到国际社会的广泛承认。此外,我国于1987年也制定了濒危物种等级划分标准。

IUCN濒危物种红皮书(等级划分)　IUCN将濒危物种分为八个等级。

灭绝(extinct,EX)　如果一个生物分类单元的最后一个个体已经死亡(在野外50年未被肯定地发现),列为灭绝。

野生灭绝(extinct in the wild,EW)　如果一个生物分类单元的个体仅生活在人工

笔记

栽培和人工圈养状态下，列为野生灭绝。

极危（critically endangered，CR）　野外状态下一个生物分类单元灭绝概率很高时，列为极危。

濒危（endangered，En）　一个生物分类单元，虽未达到极危，但在可预见的不久将来，其野生状态下灭绝的概率很高，列为濒危。

易危（vulnerable，Vu）　一个生物分类单元，虽未达到极危或濒危标准，但在未来一段时间内，其在野生状态下灭绝的概率很高，列为易危。

低危（lower risk，LR）　一个生物分类单元，经评估不符合列为极危、濒危或易危任一等级标准，列为低危。其又分为 3 个亚等级：①依赖保护（conservation dependent，CD），该分类单元，其生存依赖对该分类类群的保护，若停止这种保护，将导致该分类单元数量下降，在 5 年内达到受威胁的等级。②接近受危（near threatened，NT），该分类单元未达到依赖保护，但其种群数量接近易危类群。③略需关注（least concern，LC），该分类单元未达到依赖保护，但其种群数量接近受危类群。

数据不足（data deficient，DD）　对于一个生物分类单元，若无足够的资料，对其灭绝风险进行直接或间接的评估时，可列为数据不足。

未评估（not evaluated，NE）　未应用由 IUCN 濒危物种标准评估的分类单元，列为未评估。

3. 中国濒危物种等级划分　参照 IUCN 濒危物种等级标准，我国的濒危物种有几种不同的分法。

(1) 我国珍稀濒危植物物种分类法：中国植物红皮书将我国珍稀濒危动物种分为三类：

濒危物种　是指那些在其整个分布区域或分布区的重要地带，处于灭绝危险中的物种，这些物种居群不多，种类稀少，地理分布有很大的局限性，仅生存在特殊的生境或有限的地方；它们濒临灭绝的原因，可能是由于生殖能力很弱，或是它们所要求的特殊生境被破坏或退化到不再适宜它们的生长，或是由于毁灭性的开发和病虫害所致。

稀有种类　是指那些并不是立即有灭绝的危险，但属我国特有的单种属（每属仅 1 种）或少种属（每属有 2~10 种，而我国仅 2~5 种）的代表物种；它们分布区有限，居群不多，种类也较稀少，或者虽有较大的分布范围，但只是零星存在。

渐危种类　是指那些由于人为或自然的原因，在可以预见的将来很可能成为濒危的物种；它们的分布范围和居群、数量正随着森林被砍伐，草地被破坏，生境的恶化或过度开发而日益缩减。

《中国珍稀、濒危保护植物名录》（第一册）（中国植物红皮书）中共列物种 388 种，其中濒危的 121 种，稀有的 110 种，渐危的 157 种。

(2) 我国珍稀濒危动物物种分类法：中国濒危动物红皮书将我国珍稀濒危动物物种分为：

濒危种（endangered species）　野生个体数量已降到濒临灭绝的临界程度，致危因素仍在起作用，数量仍在下降，若不采取措施，在不远的将来，这个物种可能会灭绝。

渐危种（vulnerable species）　野生种群在整个分布区或绝大部分分布区内，数量明显下降，在可预见的将来，极有可能变为濒危种。

灭绝种(extinct species)　某种动物,曾在地球上出现过(一般指在过去50年前),但现在世界上已不再见到任何活着的个体。

产地灭绝种(extirpated species)　该种动物,历史上原产于某地区或某个国家,由于人类的活动,现在该地区中这种动物已不复存在,而在原产地以外的地方依然存在,甚至数量较多或者在动物园中尚饲养着许多个体,如麋鹿。

受特别关注的种(species of special concern)　该物种由于下列原因受到特别关注:由于栖息地的急剧改变,严重缩小或遭到破坏,它们可能会成为渐危种;某些特殊的需要使得它具有特别的价值;由野生动物学家提出的其他理由等。

外缘种(peripheral species)　某种动物分布区很大,数量很多,但在某个国家,由于处在分布区的边缘,数量很少,在这个国家中属濒危或渐危种,为了确保这个物种在该国不至灭绝,同样需要特别保护,如新疆河狸。

未定种(species of undetermined status)　有些动物学家提出该物种可能是濒危种或渐危种,但对它的分布区的种数量缺乏足够的数学统计,暂定为未定种,以作进一步的调查研究。

也有的将濒危物种划分为灭绝(EX)、濒危(E)、易危(V)、稀有(R)、未知(I)、资料不足(K),受危(T)、贸易致危(CT)等8个等级。

4. 我国药用生物保护等级的划分　1987年10月30日,国务院发布了《野生药材资源保护管理条例》,将国家重点保护的野生药材物种分为三级:一级保护野生药材物种禁止采猎,二、三级保护野生药材物种必须持采药证和采伐证后方能进行采猎。具体标准如下:

一级为濒临绝灭状态的稀有珍贵药材物种,如虎骨、豹骨、羚羊角、梅虎鹿茸、野生人参、金花茶等;

二级为分布区域缩小,资源处于衰竭状态的重要野生药材物种,如马鹿茸、蟾酥、金钱白花蛇、蕲蛇等、野生雪莲、野生枸杞、野生甘草等;

三级为资源严重减少的主要常用药材,如野生龙胆、野生川贝母、肉苁蓉、刺五加。

二、中药资源保护的意义

我国中药资源种类繁多,但人均占有量较少;随着需求量不断增加,致使资源蕴藏量迅速减少,危及可持续发展。东北虎、华南虎等濒临绝迹;麻黄、冬虫夏草、野生甘草、黄芪等资源的开发利用过度;当归、杜仲、三七等的野生个体已难以发现。因此,开展中药资源保护具有重要的现实意义。

1. 有利于保护生物多样性　每一种药用生物对其生态环境都有特定的要求,同时在其生长发育过程中不断地适应和改变着生态环境。生态环境是中药资源分布和质量优劣的决定因素,生态环境一旦遭到破坏,药用动植物的生存将会受到直接威胁。因此,中药资源保护与生态环境保护息息相关。生物多样性是生物(动物、植物、微生物)与环境形成的生态复合体以及与此相关的各种生态过程的总和,是人类赖以生存的条件,是经济社会可持续发展的基础,是生态安全和粮食安全的保障。中药资源保护与生态环境保护和生物多样性保护三者之间具有相辅相成、相互依赖的关系。因此,从根本上要保护中药资源就要保护其生存环境,保护了生存环境就直接或间接地保护了生态系统。这不仅保护了药用物种的生物多样性,同时也保护了生态系统

笔记

中其他生物的多样性。

2. 有利于实现资源的可持续利用　中药资源的保护与开发利用是矛盾的对立与统一，保护是开发利用的基础，开发利用则可促进保护。从长远的观点出发，搞好资源保护，则能更好、永续稳定地对中药资源加以利用，以取得更长久的社会效益和经济效益。过分强调保护，而不开发利用，则这些资源不能产生效益服务于民，造福人类，从而失去了其存在的意义。因此，应正确认识和处理好中药资源保护与开发利用这对矛盾，对现有资源既要最大限度、充分合理地加以开发利用，使其充分发挥为人类服务的作用，促进地方经济发展，又要加强保护和管理工作，保护野生资源及其生存和发展所必需的生态环境，实现可持续利用。

3. 有利于促进中药现代化发展　中药行业是我国一个古老的行业，有许多因素制约其发展，影响其进入国际市场。经济的全球化对中药现代化和国际化发展提出了新的要求，WTO 的加入对中药现代化和国际化的进程起到了积极的推动作用。随着中药现代化的加速，必然促进中药产业化的发展。中药现代化与产业化的发展需要大量的中药资源作为保障。另外，中药资源也是保健品、食品、化妆品等产品的重要原料，而且需求量很大。

三、中药资源保护的社会控制

社会控制指社会组织利用社会规范对其成员的社会行为实施约束的过程。而中药资源保护涉及每一个人，需要全社会共同关注；从国家和社会层面来说，重点有以下保护策略。

1. 开展大范围的中药资源调查，摸清现有中药资源的种类及分布　我国分别于 1958 年、1966 年、1983 年和 2011 年进行了 4 次大规模的全国性中药资源调查研究，基本摸清了中国中药资源的种类和数量。并相继编著并出版了《中国植物志》《中国高等植物图鉴》《中国植物区系的分区》《中国经济植物志》《中国种子植物科属检索表》等植物学专著，《中国药用植物志》《全国中草药汇编》《中药志》等中药资源专著以及《中国中药资源》《中国中药资源志要》《中国药材资源地图集》等中药资源丛书，对我国中药资源的种类和分布、蕴藏量和产量以及开发利用的历史和现状进行了总结，对中国中药资源的保护管理和开发利用提供了重要依据。

2. 建立中药资源保护法，提高全民保护意识　建立并健全中药资源保护相关法规，是宣传和约束全民行动，提高中药资源保护效率的重要策略。中国自 1956 年开始，至今已公布的涉及生物资源管理与保护的法规、条例等有数十项，如 1984 年颁布的《中华人民共和国森林法》《中国珍稀濒危保护植物名录》。同时，我国也制定了一系列保护中药资源的法律法规，如 1987 年颁布的《野生药材资源保护管理条例》、1988 年颁布的《中华人民共和国野生动物保护法》、1994 年颁布的《中华人民共和国自然保护区条例》。1987 年，国家还颁布了《国家重点保护野生药材物种名录》，收载了野生药材物种 76 种，包括药用动物 18 种、药用植物 58 种。重要的物种有一级保护动物虎、豹等，二级保护植物甘草、黄连、厚朴等。依据《野生药材资源保护管理条例》，目前中国对野生药材采取如下保护措施：对于一级保护物种，严禁采猎，对于二级和三级保护物种，需要经过县级以上医药管理部门会同同级野生动物、植物主管部门提出计划，报上一级医药管理部门批准，获取采药证后才能采猎，此外，进入野生资源保

笔记

护区进行科研、教学等活动也必须经保护区管理部门批准。1993年5月，国务院发布《关于禁止犀牛角和虎骨贸易的通知》明令禁止虎骨、犀牛角及其制品的国际、国内贸易，禁止生产含有虎骨和犀牛角成分的中成药，从国家药典中取消虎骨和犀牛角的药品标准。

3. 合理开发利用，争取资源最大效益　合理开发利用中药资源，提高资源利用效率，从而节约资源，也是对资源的一种保护。合理开发利用，必须注意保持中药资源增长量与开发利用量相一致，并争取资源最大效益。如对人参、三七、三尖杉、钩藤等稀有濒危药用植物的新的药用部位的开发，以及利用药材加工的废弃物、药渣等生产家禽、家畜的饲料，加强开发药用之外的新用途等，这些措施对于提高中药资源利用效率、节约资源具有重要意义。为了保护野生中药资源，可以积极开展中药材的规范化种植或者人工饲养，从而减小对野生中药资源的依赖性，减小对野生资源的过度开发与破坏。

4. 加强中药资源物种保护，完善自然保护区及种质资源库建设　保护中药资源，尤其是珍稀濒危中药资源，需要对其物种加强保护，可以就地划定自然保护区进行保护，或者将其种子或无性繁殖材料保存于种质资源库中，从而避免珍稀濒危中药资源地流失和灭绝。

1956年，中国科学院在广东省肇庆市鼎湖区建立了第一个自然保护区，即鼎湖山自然保护区，重点保护南亚热带地带性森林植被。到2011年底，全国已建立各种类型、不同级别的自然保护区2640个，总面积14 971万hm^2。其中国家级自然保护区335个，面积9315万hm^2，地方级自然保护区2305个，面积5656万hm^2。单以数量来看，广东、黑龙江、江西、内蒙古、四川、云南和贵州等地集中分布了1427个自然保护区，占全国自然保护区总数的54.05%。以面积来看，西藏、青海、新疆、内蒙古、四川、甘肃六个省、区自然保护区面积合计有114.83万hm^2，占全国自然保护区总面积的76.70%。

同时，国家和地方积极建设各级各类野生植物引种保存基地，目前中国已建成野生植物引种保存基地（包括植物园、树木园、各类种质资源圃）250多个。其中国家级药用植物种质圃有7个，保存了药用植物种、变种或者野生近缘种大约8493种。各类植物园，有的属于中国科学院等各级科学研究机构，是以研究工作为主的综合性植物园，有的属于城市园林部门，是以园林研究或旅游观光为主的植物园，有的属于大专院校，是专用于教学和实习的植物园等。如中国科学院北京植物园引种栽培国内外各种植物4200多种；武汉植物研究所将长江三峡库区内淹没的珍稀濒危植物物种（其中很多是药用植物）引种在宜昌市附近及其所内的种质资源圃，进行异地保护，有效地保护了三峡库区内的珍稀植物物种。中国医学科学院在北京、云南、海南、广西建有4座药用植物园，总占地面积200多公顷，保存药用植物种质资源4000多种，建立了较为完善的药用植物活体标本保存体系。这些植物园或者种质圃很大程度收集并保护了当地的药用植物资源。

2006年，在中国医学科学院药用植物研究所内建设国内第一个中药资源、栽培研究的平台——“国家级药用植物种质资源库”，面向全国开展种质收集、保存工作，并为全国提供种质交换服务。目前国家药用植物种质资源库保存的种质达3万份近4000种，是目前世界上保存药用植物种质资源最多的国家级种质库。保存的种质覆盖东北、华北、华东、西南、华南、内蒙古、西北、青藏高原八个中药资源分布区。

笔记

2007年，在中国科学院昆明植物研究所建成国内第一座规模达83.95亩的国家级野生生物种质资源库——“中国西南野生生物种质资源库”。目前，已采集了15 028份重要野生植物种质资源，完成3000种10 129份种质资源的标准化整理，实现了710种1764份种质资源的实物共享。同时中国西南野生生物种质资源库搭建了相关研究平台，建成了野生植物种质资源保护与收藏的支撑体系。积极开展了国际交流与合作，先后与英国皇家植物园“千年种子库”签署了关于野生植物种质资源保护和研究的合作协议，与世界混农林业中心（ICRAF）共同签署了树种种质资源保存的合作协议，为世界各国了解我国生物资源搭建了一个新的平台。

四、中药资源保护的技术途径

中药资源保护和自然资源保护一样，途径较多，就资源保护的技术途径和方式有多种，一般分为就地保护、异地保护和离体保护三种保护方式。

（一）就地保护

就地保护（in situ conservation），是将药用动、植物资源及其生存的自然环境就地加以维护，从而达到保护药用动、植物资源的目的。

1. 建立自然保护区和中药资源保护区　自然保护区指对有代表性的自然生态系统、珍稀濒危野生动植物的天然集中分布区、有特殊意义的自然遗迹等保护对象所在的陆地、水体或者海域，依法划出一定面积予以特殊保护和管理的区域。建立自然保护区不仅可以保护自然环境与自然资源，还有利于开展各种科学研究，有利于更有效地实施保护开发和利用，同时，自然保护区也是科普及教育宣传基地，并且担任着珍稀濒危野生动植物的培养繁育任务。大多数生态系统类保护区和野生生物类自然保护区都分布有野生中药资源，有的专门针对珍稀濒危药用植物资源及其生态环境进行保护。

2. 采取有效的生产性保护手段

(1) 就地抚育：在药材产地恢复和发展药用动、植物资源。常见的方式有封山育林、保护林药，在原生地播种或将药用动物放归山林，控制某地药材的采猎季节等。就地抚育与保护区的主要区别在于它没有明显的保护区界，要求也没有保护区严格。如新疆、宁夏等地通过大力营造寄主植物红柳林和梭梭林从而发展肉苁蓉的生产。西藏将川贝母种子撒播在贝母原生地，任其自然生长等。黑龙江将林蛙放归山林，进行半野生饲养。江西在盐肤木生长区人工释放五倍子蚜虫，促进五倍子药材的生产。

(2) 合理采收：表现在采收方法、采收季节和采收量三个方面。采收方法，一般采取边挖边育、挖大留小、挖密留疏的方法。如吉林省在采收刺五加时，留幼株并保留部分根茎在土内继续生长，从而保护了刺五加资源。20世纪70~80年代，我国对皮类药材黄檗、杜仲、肉桂、厚朴等的收获方法进行了改良，采取环状剥皮技术可以避免植物死亡，从而起到了保护这些药用植物资源的作用。此外，采取活熊引流取胆汁、活麝取香、活蚌植珠和牛黄埋核等技术对保护药用动物资源也起到了很好的作用；采收季节，重点是避开药用动、植物的繁殖期，在药用部位主要活性成分积累到最高时采收；采收量要控制在资源再生量之内，以保证药材常采常生，永续利用。

笔记

(二) 异地保护

异地保护(ex situ conservation)又称迁地保护，即将珍稀濒危药用种类迁出其自然生长地，保存在动物园、植物园、种植园内，进行引种驯化研究。主要包括建立中药资源种质圃、中药资源植物园、动物园或者家养家种基地。

目前，我国已建立了许多植物园，保护了许多药用植物资源，如中国科学院北京植物园、武汉植物园、南京中山植物园、广州植物园等。同时，建立动物园，人工养殖东北虎、华南虎、麋鹿、长臂猿、梅花鹿、云豹、猕猴、海狸鼠等几十种珍稀濒危野生动物，也实现了药用动物的异地保护。建立家养家种基地方面也取得了很大成就，如华南热带作物研究所成功引种沉香和海南龙血树，四川省实现了天麻、川贝母、天冬、麝香等 20 多种药材野生变为家种家养，南方沿海地区成功引种了著名的南药如儿茶、千年健、诃子、安息香、血竭、槟榔等。

(三) 离体保护

离体保护(in vitro conservation)，即充分利用现代生物技术来保存药用动、植物体的整体、器官、组织、细胞或原生质体等。其目的主要是长期保留药用动、植物的种质基因，巩固和发展中药资源。

离体保存主要采用延缓生长或者超低温保存，前者主要采用降低培养温度或者在培养基中添加生长调节物质；后者主要指超低温冷冻保存，一般以液氮为冷源，使温度维持在 -196℃。

1. 建立中药资源种质资源库　种质资源是人类生存、生产力发展与国民经济可持续进步的物质基础，也是国家基础战略资源，其表现形式有生物物种、品种、植株、种子、器官、组织、细胞、DNA 片段、遗传信息等。中药种质资源是我国发展优势中医药的独有战略资源，包括中药材栽培(养殖)种、野生种、野生和半野生近缘种、人工培育的创新种质材料等。种质资源库是利用现代化制冷调控设备与技术，保持恒温恒湿的贮藏环境，将生物种质预处理后进行长期贮藏的仓库，也称“种子银行”、“基因库”等。

中药种质资源库的建设一方面可以保存大量中药材种质资源，避免优良种质尤其是濒危、贵细、道地性中药材种质的流失，维护其生物遗传多样性。另一方面，种质资源库为中药材种质的保存技术、遗传特性、道地内涵研究提供了丰富的材料基础，同时为中药材新品种的创新培育和研究提供了平台。目前，我国的生物种质资源库约有 30 余个，而专门性的中药资源种质资源库不多。2007 年，中国医学科学院药用植物研究所建设首个现代化“国家药用植物植物种质资源库”，2012 年，伴随着全国最大规模的第四次中药资源普查，四川省与海南省分别配套建设国家级中药种质资源库，对于我国中药种质资源保存、药用资源可持续发展以及国家药用生物安全将发挥重要而深远的作用。

动物种质细胞包括动物精子、卵细胞和胚胎，动物种质库俗称动物“细胞银行”，主要采取超低温冷冻保存法，将种质细胞保存在液氮中，需要时再于常温下“复活”，然后通过培养成为完整个体。在药用动物研究方面，麝的精液保存已获成功，为实行麝的人工授精、发展优良麝的种群打下了良好的基础。

2. 组织培养与快速繁殖　组织培养是采用植物某一器官、组织、细胞或原生质体，通过人工无菌离体培养，产生愈伤组织，诱导分化成完整的植株或产生活性物质

笔记

的一种技术方法。

采用组织培养的方法可以快速繁殖药用植物，从而扩大种苗的供给，目前，中国用组织培养获得试管苗的药用植物约有200多种，许多药用植物如当归、白及、党参、菊花、延胡索、浙贝母、番红花、龙胆、川芎、绞股蓝、人参、厚朴、枸杞、罗汉果、三七、西洋参、桔梗、半夏、怀地黄、玄参、云南萝芙木、红景天、黄连等都可以实现人工繁殖。

采用组织培养的方法，实现了许多珍稀濒危中药材资源的人工繁殖，同时，结合超低温保存技术，对组织培养所需要的离体细胞、组织等也进行了很好的保存。如对中国红豆杉悬浮培养细胞进行超低温保存、对铁皮石斛原生质体进行玻璃化超低温保存、对金叉石斛原球茎进行超低温保存等研究都取得了显著成果。

五、与中药资源保护相关的国际公约及我国的政策和法规

为了加强中药资源管理，促进中医药产业发展，保护生物和中药资源的可持续发展，中国政府及相关部门相继制定、签署了一系列相关的公约、政策和法规，并付诸实施。

(一) 中药资源保护相关的国际公约

1.《濒危野生动植物国际贸易公约》(Convention on International Trade in Endangered Species of Wild and Flora，CITES)　该公约于1973年在美国华盛顿签订，故又称华盛顿公约。这是对全球野生植物、动物贸易实施控制的国际公约。我国于1980年6月25日申请加入该公约，成为该公约成员国之一。该公约的宗旨是通过各缔约国政府间采取有效的措施，加强贸易控制来切实保护濒危野生动植物物种，确保野生动植物物种的持续利用不会因国际贸易而受影响，如虎骨，加入CITES之后禁止采集，中国自1993年5月29日起正式禁止出售、收购、运输、携带邮寄虎骨，并取消虎骨药用标准，不得再用虎骨制药，与虎骨有关的所有中成药停产。

2.《国际植物保护公约》(简称IPPC)　它是联合国粮食和农业组织(FAO)通过的一个有关植物保护的多边国际协议，于1951年12月6日在意大利罗马签订，1952年5月1日起生效，1979年和1997年，FAO对IPPC分别进行了两次修订。中国于2005年成为该公约的第141个缔约方。该公约的宗旨是确保全球农业安全，并采取有效措施防止有害生物随植物和植物产品传播和扩散，促进有害生物的安全控制措施。

3.《生物多样性公约》(Convention on Biological Diversity)　是在联合国环境规划署主持下谈判制定的，于1992年6月5日由150多个国家的首脑在巴西里约热内卢召开的“联合国环境发展大会”上签署，次年12月29日生效，中国是签署国之一。该公约是一项有法律约束的公约，主要特点表现在下列四点：一是确定了生物资源的归属，即各国对它自己的生物资源才拥有主权权力；二是确定了各国有权利用其生物资源，同时也应承担相关的义务，各国有责任确保在其管辖或控制范围内的活动，不致对其他国家的环境或国家管辖范围以外地区的环境造成损害；三是规定向发展中国家转让有关生物多样性保护和持续利用技术；四是《公约》由发达国家提供资金，以便发展中国家能够履行《公约》的责任与义务内容规定。

4. 其他国家公约　除上述几个主要的公约外，有关生物资源保护的国际公约还

有《保护野生动物中迁徙物种公约》(1997年,德国波恩)、《关于特别是作为水禽栖息地的国际重要湿地公约》(1971年,伊朗拉姆萨)、《保护南极海洋生物公约》(1980年,澳大利亚)、《亚洲和太平洋区域植物保护协定》(1955年,联合国)、《保护世界文化和资源遗产公约》(1972年,联合国)、《中华人民共和国政府和日本国政府保护候鸟及其栖息环境协定》(1981年,中国北京)、《中华人民共和国政府和澳大利亚政府保护候鸟及其栖息环境的协定》(1986年,澳大利亚堪培拉)等等。

(二) 中药资源管理相关政策和法规

1.《中华人民共和国野生动物保护法》 于1988年11月8号由全国人民代表大会第四次会议通过,1989年3月1日起实施。该法明确规定:国家对珍贵、濒危的野生动物实施保护,国家重点保护的野生动物分为一级和二级两类。为配合该法的执行,国务院分别于1992年3月和1993年10月发布了《中华人民共和国陆生野生动物保护实施条例》和《中华人民共和国水生野生动物保护实施条例》。

2.《野生药材资源保护管理条例》 于1987年10月30日公布,1987年12月1日起实行的资源保护条例。该条例将国家重点保护的野生药材物种分为三级:一级为濒临绝灭状态的稀有珍贵药材物种;二级为分布区域缩小,资源处于衰竭状态的重要野生药材物种;三级为资源严重减少的主要常用药材。

3.《国家重点保护野生药材物种名录》 是我国依据《野生药材资源保护管理条例》的规定,由国家药品监督管理局会同国务院野生植物动物管理部门及有关专家共同制定出台的第一批重点保护野生药材物种名录,共76种。其中动物18种,植物58种。

4.《国家重点保护野生动物名录》 是我国于1989年1月4日施行的。这是根据《中华人民共和国野生动物保护法》的规定制定的保护名录,共257种(类),其中属一级保护的有96种,属二级保护的有161种。

5. 国家发布的有关中药生物资源单品种专项保护的有关通知　为了保护自然资源和生态环境,保护生物的多样性和中药资源的可持续发展,拯救珍稀、濒危的药用生物种类,国家发出了有关通知,如《国务院关于禁止犀牛角和虎骨贸易的通知》和《关于保护甘草和麻黄草药用资源,组织实施专营和许可证管理制度的通知》等。

6. 各地方单品种专项保护的办法和通知　如《西藏自治区冬虫夏草采集管理暂行办法》等。

7. 各地颁布的与药用生物资源管理有关的主要条例和规定　如《黑龙江省野生药材资源保护条例》以及《云南省珍贵树种保护条例》等。

综上所述,我国制定、公布并实施一系列有关植物、动物(含药用种类)的法规、条例、名录等,对中药资源的保护、管理起到了推动作用。

第二节　中药资源更新的理论基础与技术策略

中药资源更新是指药用生物通过自身繁殖和生长来实现个体数量的增长和种群的更新与恢复。要使中药资源达到可持续利用的目的,除了保护好现有的资源和生态环境,还应充分利用药用生物资源的再生性,遵循其自然更新规律,并利用人工技术等途径促使中药资源的更新。

一、中药资源的再生性

在中药资源中，药用植物资源和药用动物资源属于可再生资源(renewable resources)。所谓药用生物的再生性，从狭义上讲，是指药用生物具有不断繁殖后代的能力，即种群更新能力；从广义上讲，不仅指其繁殖后代的能力，还包括其自身组织或器官的再生能力。

(一) 产生新个体的再生性

生物产生新个体是通过不同的繁殖方式实现的，即有性繁殖(sexual reproduction)和无性繁殖(asexual reproduction)。有性繁殖是指通过雌雄配子结合，经受精作用，产生后代。如动物的自然繁殖方式属于有性繁殖，植物中种子植物产生种子，利用种子进行繁殖，产生后代，亦为有性繁殖。无性繁殖主要针对植物而言，包括营养繁殖(vegetative reproduction)和孢子繁殖(spore reproduction)两种方式。营养繁殖是指药用植物体的营养器官，如根、茎、叶的某一部分与母体分离(在有些情况下不分离)，直接形成新个体的繁殖方式。其原理是营养器官多具有能形成不定根、不定芽的潜在能力，在一定条件下能生长发育为独立生活的植株。营养繁殖是多年生高等植物常采用的一种繁殖方式，如玉竹、黄连等可通过根茎繁殖；天麻、半夏等可用块茎繁殖；贝母、百合等可用鳞茎繁殖；乌头、麦冬等可通过块根繁殖；金钱草、虎耳草可通过地上匍匐茎繁殖等。在中药材在栽培中，常通过茎的扦插、压条等方式繁殖新个体。孢子繁殖是指低等植物如藻类、苔藓、蕨类等通过产生无性生殖细胞(即孢子)，与母体分离后，不经过两性结合而直接发育成为新个体的繁殖方式。

(二) 植物组织、器官的再生性

植物的组织、器官受自然或人为损伤后仍能得到恢复和再生。如厚朴茎皮部分剥落后仍能得到自身修复，禾本科的薏苡等的茎和叶片等具有发达的居间分生组织，收割后仍能向上生长。某些动物的器官受损也能恢复和再生，如蛤蚧遇到危险的时能够在“断尾自救”后再长出新尾来，所以我们在开发利用药用生物资源过程中，可以合理、充分、有效地利用药用生物具有再生能力这一特性，扩大药用资源，达到持续利用的目的。例如植物的组织培养就是利用植物细胞和组织具有再生的能力，培育出植物新个体。

二、中药资源更新与恢复

在自然条件下，药用植物和动物通过自身繁殖和生长来实现个体数量的增长和种群的恢复、更新。中药资源中植物和动物资源属于可更新资源，其更新的方式有自然更新和人工更新两种，前者是指药用动植物的自我更新和繁殖，后者是根据生物的特性，采用人工技术促使药用动植物的更新和繁殖。

(一) 药用植物的自然更新

药用植物自然更新(natural regeneration)，从狭义上讲是指植物体的部分有机体丢失或损伤的再生长(regrowth)；广义还包括由于自然或人类活动造成植物种群破坏后的再生(rebirth)。植物的自然更新影响着群落的物种组成、结构和动态变化，是种群得以增殖、扩散、延续和维持群落稳定的一个重要生态过程。药用生物的自然更新包

笔记

括器官更新、种群更新和群落更新三个层次。

1. 器官更新(organ regeneration)　是指植物药用器官经过采收后，未被采收或毁坏器官的更新生长过程。药用植物在被采挖或采收后，其器官的恢复程度和速率是不同的。根和根茎类恢复起来比较困难，而全草、叶类则比较快，花和果实类一般不会引起植物的衰退和死亡。植物的器官更新是普遍的、经常的，研究它们的更新，找出更新规律，不仅可以增产增殖，促进人工更新，而且可以为确定适宜采收期和间采期提供依据，特别是对那些药用部位是根及地下茎的药用植物更有意义。

掌握各种植物不同器官的发育过程和发育所需要的环境条件，才有可能了解植物器官的更新。目前，器官更新研究的主要内容有以下几个方面：器官的发生(部位、数量、时间、方式)；器官的形态和内部构造；苗的分枝方式(二歧、假轴、合轴等)；器官形成时所需要的环境条件(温度、湿度、光照等)；植物的生活型、生态型、开花结果习性，营养条件对器官更新的作用等。不同药用植物器官的生长发育与更新遵循其自身规律。

(1) 根类药材：当主根生长到一定年龄后往往发生衰老或腐烂，或因外在因素受到损伤，这时从根茎(芦头)上长出不定根代替主根的功能。不定根较主根具有更高的生活力，经过一定年限后，老的不定根又会被新的不定根取代，如此不断交替，可延续数年。这种现象在很多药用植物如乌头、手掌参及兰科植物中普遍存在。

(2) 根茎类药材：根茎在每个叶腋处都分化一个腋芽，随着茎节的生长逐个分化，腋芽发育形成次生根茎，愈接近抽茎节的腋芽形成根茎的速度愈快，距抽茎节远的腋芽通常潜伏而不发育形成根茎。有些植物的根茎达到一定年龄后，须根(不定根)衰老而失去吸收能力，根茎也随之腐烂，如黄精等药用植物的根茎。这类药材宜在三年左右采收一次，将老的根茎挖取入药，将幼嫩的根茎留于地下，让其继续生长。

(3) 茎类药材：许多植物的幼嫩枝条具有无性繁殖的能力，在适应环境条件下，可产生不定根，再生新的植物个体，可利用此特性进行压条，扦插等来扩大生产。

(4) 皮类药材：树皮的再生能力很强，如杜仲、黄柏、厚朴等只要剥皮时不过多损伤木质部和射线薄壁组织，气候又温暖适宜，剥皮 2~3 年后，即可增生新皮，继续生长。

(5) 叶类药材：多年生木本植物因顶芽具有顶端优势，为增加叶的数量将顶芽摘除，促使腋芽萌发，继而产生分枝，这样也可使植株矮化，方便采摘，如银杏、桑等木本药用植物。杜仲的叶也已开发为制剂原料和保健饮料，需求量大，可采用上述方法进行更替和增产。

(6) 全草类药材：若是多年生草本，当地上部分收集后，地下宿根在翌年即可发芽，形成新的个体，其恢复能力较强。

(7) 花、果实和种子类药材：在药材采收后，一般不会引起植株的衰退或死亡，甚至不会影响其正常的生长发育。况且种子为繁殖后代的器官，可利用其繁衍更多的后代，实现资源的可持续利用。

此外，有些药用植物可利用无性器官进行繁殖和复壮，例如更新芽、小块茎、小鳞茎、小球茎、块根及莲座状苗等。这种方法对于在自然环境中失去种子繁殖能力的植物显得更为重要。如百合、卷丹等可在叶腋形成小鳞茎，延胡索的腋芽可形成小块茎，这些小鳞茎、小块茎落地后，可产生收缩根，利用收缩根的力量，逐渐将小的繁殖体拉

笔记

入土壤中，使其生长发育形成新个体。

2. 种群更新(population regeneration)　是指群体内个体的更新与增殖，种群(population)是一定时间内占据一定空间的同种生物的所有个体的总和，或指生活在同一地区中，属于同一物种个体的集合。任何生物都是以种群形式存在的。种群有自己独特的性质、结构，同时种群个体间以及种群与外界环境间存在一定关系。种群有许多特征，如年龄结构(age-distribution)、性别比例(sex ratio)、空间结构(spacial structure)、数量特征等，这些种群特征都会对种群的更新产生一定的影响。

(1) 年龄结构(age-distribution)：是指种群中各年龄期个体数在种群中所占的比例，与种群的更新关系最为密切。种群的年龄结构反映了一个种群的发展动态和趋势，也表明它可能更新的程度，其对植物的种群更新尤为重要，故在研究种群更新时，必须着重调查种群的年龄结构，采取相应策略，促使其更新。

年龄结构的调查方法一般是在样地里选择若干个样方，逐个调查，统计其中各个体的年龄，木本植物的年龄可用年轮或茎枝上的芽鳞痕等特征来判断；多年生草本则要根据它们个体的发育形态变化来测算，如人参的实生苗的形态随生长年限而变化，第一年的人参实生苗称三花(即一枚三出复叶)，第二年称巴掌(即一枚掌状复叶)，第三年称二甲子(即两枚掌状复叶)，第四年称灯台子(三枚掌状复叶)，以后每年增加一枚掌状复叶直至六枚，再往后则可根据根茎残迹(俗称“芦碗”)的多少来推算年龄。暗紫贝母 *Fritillaria unibracteata* Hsiao et K. C. Hsia 的植物形态随年龄的不同而变化，一年生的实生苗称一根针(仅具一片卷曲如针状叶片)，二年生叫鸡舌头(叶片展开如鸡舌状)，三年生叫双飘带(具两片带状叶片)。

(2) 性别比例(sex ratio)：是种群种雌性和雄性个体、数目之比，是种群结构的另一个重要特征。这对单性花、雌雄异株植物来说很重要。如果雌雄个体的比例相差太大，则种群的增长受到阻碍。如沙棘是雌雄异株植物，其在自然种群中雌雄性比为 3∶7，如果雌株较少，会对果实生产和资源更新不利。由此看来，对种群性别比例的研究很重要，只有充分了解植物正常的性比关系，才能利用这一特性，采取人工措施来促进种群更新。

(3) 种群的空间结构(spacial structure)：是指种群在一个地域上的分布方式，即个体是如何在空间配置的。组成种群的个体在其生活空间的位置状态或分布，称种群的内分布型或简称分布(dispersion)。种群的内分布型大致可分为三类：均匀型(uniformity)、随机型(random)、成群型(clumped)。

(4) 种群的数量特征(quantitative characteristic)：用密度、多度或丰富度、盖度、频度来表示。密度(density)即单位面积或单位空间的个体数，通常用计数方法测定，用株(丛)/m^2 表示，也可采用目测法估计，用相对概念来表示，如非常多、多、中等、少、很少等 5 级，这种方法准确度较差，但操作简便。多度或丰富度(abundance)即群落中植物种的个体数量，盖度(coverage)即植物地上部分垂直投影面积占样地面积的百分比，如该样地内某种植物的垂直投影覆盖地面一半(另一半裸露)，其盖度为 50%。频度(frequency)即某个种在调查范围内出现的频率，常包含该种个体样方数量占全部样方数的百分比来计算，它不仅表示该植物在群落中分布的均匀程度，还可以说明该种植物的自然更新程度。利用这些特征，将种群的数量保持在一个合理的范围内有助于种群的更新。

笔记

此外药用植物种群的数量变化与环境的最大承受能力有密切的关系，种群个体数目接近于环境所能承受的限度时，种群将不再增加而保持相对稳定。种群与种群之间的关系也对药用植物的繁衍更新有影响，如豆科植物和根瘤菌的互利共生关系。

3. 群落更新(plant community)　系指在一定地段(或生态)上共同生活的植物种群的集合系统，即群落由不同种群所构成。如一片森林、一个生有水草或藻类的水塘等，每一相对稳定的植物群落都有一定的种类组成和结构。在自然界中，植物群落的结构总是在不断地更新。广义的群落更新包括群落变化(community changes)与群落演替(community succession)。

(1) 群落变化：研究植物群落的动态变化，必须首先研究群落内种群的变化。各种植物在群落中所起的作用是不同的，对群落结构和群落环境形成有明显控制作用的物种称为优势种(dominant species)，而优势种中的最优者，即盖度最大、多度也大的物种称为建群种(constructive species)，其中建群种是群落的主导，决定整个群落的内部结构和特殊环境。要使该群落稳定，发展我们所需要的药用植物种群，必须要首先保护好建群种。一般情况下，野生的药用植物很少是建群种，绝大多数为附属种或偶见种，它们不但自身对群落影响小，而且一旦建群种遭到破坏，它们也会因失去群落环境而无法生存。因此，要发展药用植物种群，使其在群落中保持相对稳定的数量，必须注意研究植物群落的变化规律。例如，在以木本植物为建群种的植物群落中，如果对木本植物的采伐过度，那么原有森林下的药用植物就会因环境变化而发生变化，尤其是林下的阴生药用植物资源就会减少。

植物群落的变化有三种形式：季相变化，即群落外貌的季节性变化；其次是年际变化，即群落的每年变化；第三是群落更新变化，指的是内部更新，即某些个体死亡(或人为采集)，被另一些个体所替补。以上三种都不是群落类型的变化，只是外貌或种群个体上的更新，这种更新有利于群落的稳定性。

(2) 群落演替：是指一个植物群落的更迭，即一个植物群落被另一个植物群落所代替的过程，是不同群落类型间的更替。是群落动态的一个重要特征，其结果会引起群落总体结构和性质的改变。药用植物群落中植物种类的更替，以及非药用植物群落中药用植物的迁移和定居，均可理解为药用植物群落的演替。

自然植物群落的演替是有规律、有顺序地进行的，它对植物种群的改变影响不大。但是在其演替过程中往往会受到外界因子，尤其是人为因素的干扰，而发生无规律的演替，如采伐演替、放牧演替及弃耕演替等。采伐演替取决于森林群落的性质(如阔叶林、针叶林、针阔叶混交林等)、采伐强度，以及采伐森林环境的破坏程度等。森林砍伐后，阳光充足，一些阴生植物失去了阴暗的条件，加上强光的照射而死亡，一些喜阳的植物则因具备了适宜的生长条件，则可以在裸露的森林迹地生长，从而使森林群落发生了明显的变化。例如，如果在采收厚朴、杜仲类树皮的药材时采用皆伐的方式，没有及时进行再栽培，造成原本以厚朴、杜仲为优势种演变成以其他小灌木为优势种，这样在该土地上就发生了一次群落演替；放牧演替取决于放牧的强度，过度放牧会使植物群落发生更替。例如，草原群落在放牧过程中，一些适口性高的植物大量被牲畜啃食，使不适口性的植物大量增加，从而改变了草原原有的植物组成，群落结构发生了不可逆转的变化，再加上植被减少而引起土壤水肥流失，造成土壤板结或沙

笔记

化，以致植物不能生长，植物群落完全被破坏。甘草、麻黄等植物常与其他草原植物种类一起构成草原植物群落，过度的放牧和采挖，使原植物群落退化，不利于甘草、麻黄种群的更新和发展；弃耕演替取决于人的活动，例如，原本种植农作物的农田，如果放弃耕作，就会逐渐长出草本植物，小灌木，乔木，农田的植物种类越来越多，发育为一个完整的群落，这样就完成了一次演替。

（二）药用植物的人工更新

人工更新（purposive regeneration）主要是利用人为的干扰因素，采取适当的方法和手段对药用资源进行恢复和更新。主要的措施有以下几项：

1. 实行科学采收，促进资源更新　中药资源的采收是可持续利用的重要环节之一，处理好采收与更新的关系，对可持续利用具有很重要的意义。目前，根据药用植物生物学特性和自然更新特点，制定采收与更新相结合的技术措施是十分必要的。根据采收器官的不同，提出如下技术原则：①在采收全草和枝叶类药材时，应尽量在果实成熟后进行，便于利用种子，维持种群的自然繁衍。②采收地下器官时，应坚持挖大留小，挖老留幼的原则。③采收树皮类药材时，应选择形成层活动能力旺盛的季节进行，并采取分段剥取的方法。④对于多年生草本植物群落，生长茂密时宜重采，反之宜轻采。⑤在采集整株植物时，应均匀选留具有良好繁殖能力的健壮植株，以保证群落得到很好的更新。⑥对于药用植物分布不均匀，数量少的群落，采收后应及时进行人工播种或栽植，保证群落能及时得到恢复。

2. 改良生态系统，促进药用植物种群的发展　每一种生物群落都是一个生态系统，因生态环境的变化或人为因素影响的不同，生态系统则会向不同的方向发展。例如，对于过度采挖，造成资源种群数量急剧减少的地区实行围栏保护并进行人工补植，改善生态条件，药用植物种群恢复迅速。在具有一定数量药用植物的群落中，可以对非药用种群进行人工控制，使药用种群得到迅速发展。若群落的建群种为药用植物，在采收时应注意继续保持其优势，适时进行间采；若建群种不是药用植物，应在保护好建群种的前提下，促进药用植物种群的发展。在药用植物丰富的林区，可以适当采伐部分非药用树木，为处于劣势地位的药用植物提供优越的繁殖和生长环境，促进其种群发展，也可以适当引进部分药用植物，扩大其种群数量，增强其生存竞争能力。

3. 营造药用植物人工群落　在适宜药用植物生长的地区，特别是一些道地药材产区，营造以一种或几种药用植物为主的人工植物群落，是扩大中药资源，保证其可持续利用的重要手段。这项工作的重要研究内容是对拟培育种类的生物学特性和该地区的生态环境深入了解，选择适宜的种类并进行种群间的科学搭配。在地域选择上，提倡在原生种群分布的地区进行。如果异地引种，则要根据所引种的种类的生长习性和适生条件，在实验研究成功的基础上，逐步改造人工群落，严禁盲目引种。

4. 利用现代农业技术和生物技术发展中药资源　当今社会的科学技术发展迅速，这为中药资源的保护和可持续利用提供了技术基础。如现代农业科学技术的应用，黄连与玉米套作栽培技术，山茱萸幼林中套种豆类或小麦技术，利用马尾松树枝和树蔸培育茯苓的技术等。生态环境建设技术的利用，荒山绿化中，可以选择当地生长的木本药用植物进行造林；在防沙治沙工程中，可以栽种枸杞、梭梭等药用植物，既

笔记

可防沙治沙，又可发展药材生产。

三、中药资源更新的基本措施

（一）开发利用与保护更新并举

开发利用与保护更新是资源管理两个不同环节，二者既矛盾又统一。两者处理得当，可以互补互促，相得益彰。在采挖中药的同时，务必要考虑到资源的更新与再造，并尽可能为其创造更好的更新条件，如实行边采边造（林），采大留小，采育结合的方针。在采收全草和叶类药材时，应尽量在果实成熟后进行，以便种子散布，自然繁衍；采挖地下部分的最好挖大留小，挖取老的根茎段和鳞茎，保留幼龄段和子鳞茎（如百合和平贝母）；剥取树皮宜在适当季节，分段剥取。对于多年生草本植物群落，生长密集的宜重采，反之宜少采。采集中还应适当保留健壮母株，繁殖良种，并辅以人工撒播种子。

（二）防止逆行演替，促进进展演替

进展演替（progressive succession），是指在未经干扰的自然条件下，生物群落从结构比较简单、不稳定或稳定性较小的阶段发展到结构更复杂、更稳定的阶段，后一阶段比前一阶段利用环境更充分，改造环境的作用更强烈。例如，某个区域植物从稀疏到逐渐转变为森林，这个过程就是进展演替。封山育林的目的就是导致进展演替，使得森林蓄积量提高。逆行演替（regressive succession），又叫退化演替，其表现特征是演替群落结构简单化，常常是由于人为因素（放牧、森林砍伐等）或气候原因（如趋于干燥）造成放牧演替和采伐演替。近年来，不少地方草原退化，出现逆行演替，对此，须采取围栏保护，促其更新。在林区也应根据林木特点，确立采伐方式（择伐或皆伐），防止逆行演替，促进进展演替。

（三）在保护建群种的前提下发展药用种群

在植物群落中，如果建群种是药用植物，在采收时应注意继续保护其优势，进行适当间采；若药用植物不是建群种，也应在保护建群种优势的前提下，促进药用植物的更新，防止群落的不良演替。药用植物更新的关键之一是要有大量的繁殖体和传播体，并要注意其每年形成的数量和质量，特别是在其数量较少的年份要加以保护，并辅以人工繁殖。

（四）通过野生抚育促使种群和群落更新

野生抚育（wild nursery）是根据药用植物、动物生长发育特征及其对生态环境条件的要求，在其原生或相类似的环境中，人为或自然增加种群数量，使其资源量达到能为人们采集利用，并能保持群落结构稳定从而达到可持续利用的一种药材生产方式。中药材野生抚育能够提供量多质优的野生药材，保护珍稀濒危动物，促使中药资源可持续利用。

第三节　中药资源可持续发展

随着世界经济和人类医疗保健事业的快速发展，中药资源的社会需求总量急剧增加，给环境和资源造成巨大压力，中药资源的利用合理与否直接影响整个中药产业的未来走向，既是中医药事业可持续发展的基础，也是中药现代化发展过程中需要建

笔记

设的一项基础性系统工程。长期以来，对野生药材资源的过度采猎已经成为中药资源严重下降甚至濒危的重要原因。近年来由于中药生产的工业化，改变了传统的中药使用方式，中药资源需求量明显增加，致使生物资源遭到不同程度的破坏，甚至导致某些生物物种濒临灭绝。能否实现中药资源的可持续发展和利用，特别是濒危和紧缺中药材资源的修复和再生，防止流失退化和灭绝，对保障中药资源的可持续发展和中药产业化的可持续性起着至关重要的作用。

一、中药资源可持续发展的概念与制约因素

人类通过文化把自然界转化为自然资源，人对自然资源的活动取决于人对自然的态度，虽然对于这种态度论断不一，但都关注于人与自然的伦理关系和人与人的伦理关系上，核心理念是相同的，既承认和尊重自然界的固有价值，也要承认自然界的内在价值、权利和利益；承认自然与人类的平等关系，承认当代人与未来人在共享资源方面的平等关系。1980 年《世界自然保护大纲》首次将可持续发展作为术语提出。1987 年世界环境与发展委员会在《我们共同的未来》报告中第一次阐述了可持续发展的概念，是指满足现代人的需求以不损害后代人满足需求的能力。此后，这一概念得到了国际社会的广泛共识。针对中药资源可持续发展和利用存在的问题，《中国中药材行业发展状况与十三五研究规划报告（2016—2021 年）》对中药材市场可持续发展做出详尽的分析，以促进和保障中药资源的可持续利用和中药产业的可持续发展。

中药资源可持续发展（sustainable development of traditional Chinese medicine resources），就是在可持续发展思想指引下，从实际出发，依靠富有远见的宏观调控政策、先进的经营管理机制，因地制宜确立中药资源发展战略与选择发展模式，合理利用中药资源，保护生态环境，增强发展后劲，确保当代人及其后代人对中药资源的需求不断得到满足的发展。

尽管可持续发展的理念早已提出，但至今许多药用生物资源的可持续发展尚未实现，究其原因，主要有以下几方面制约因素。

1. 天然药物需求量不断增加　我国中成药工业以前所未有的速度迅猛发展。中药资源的大量使用导致了中药野生资源逐年减少、甚至枯竭。

2. 利用过度加剧了中药资源的濒危　药材的掠夺式乱采乱挖，采收加工各个环节的浪费等都导致过度利用。

3. 人工栽培或养殖还不能完全取代野生资源　栽培条件下的药用动植物资源，由于生存环境的改变，良种选育的滞后等问题，目前还不能完全取代野生资源。

4. 生境环境的破坏或被侵占　人类的社会经济活动和文明发展对药用生物生存环境的影响和破坏日益严重，生境环境一旦遭遇破坏，将会产生很大的威胁。

5. 生物自身的原因　生物的生存和繁衍都需要一定合适的生态环境，环境一旦改变，再加上物种自身的适应能力和繁衍能力较差，致使物种数量的下降，甚至趋于濒危。

二、中药资源可持续发展的体系

中药资源可持续发展体系具有描述、评价、解释、预警、决策等功能性作用。遵循

笔记

可持续性、动态性、生产性、全面协调性、科学性、预见性、稳定性及生态性等原则，根据中药资源的特点、现状，构建中药资源可持续发展体系。可持续发展既是一个目标又是一个过程，在一定时期应保持相对的稳定性，这就决定了该体系具有动态性，反映了可持续发展的趋势和现实特点；体系必须能够全面反映可持续发展的各个方面，既要反映中药资源从理论到实践的各个方面，又要反映各个体系间的相互协调的特征；各子系统的制定要建立在科学的基础上，能充分反映可持续发展的内在机制，能反映中药资源可持续发展的内涵和目标。

通过对我国中药资源现状存在问题的分析表明，我国中药资源的利用和保护还处在一种比较原始、粗放的自然经济发展阶段，应结合我国实际制定中药资源可持续发展的体系。而中药资源可持续发展是个系统工程，包括中药资源可持续发展的研究体系、保护与监控体系、中药资源种质保护体系及评价指标体系。中药资源可持续发展体系的四大组成部分各有侧重又相辅相成，共同筑建中药资源可持续发展模式。国家中药资源可持续发展是关系到中药的生存与发展，关系到全国中药产业可持续发展，关系到生态平衡、环境保护以及生物多样性保护等多方面，是一项复杂广泛的系统工程。而中药资源可持续发展体系的研究和建立具有重要的现实意义和战略意义。

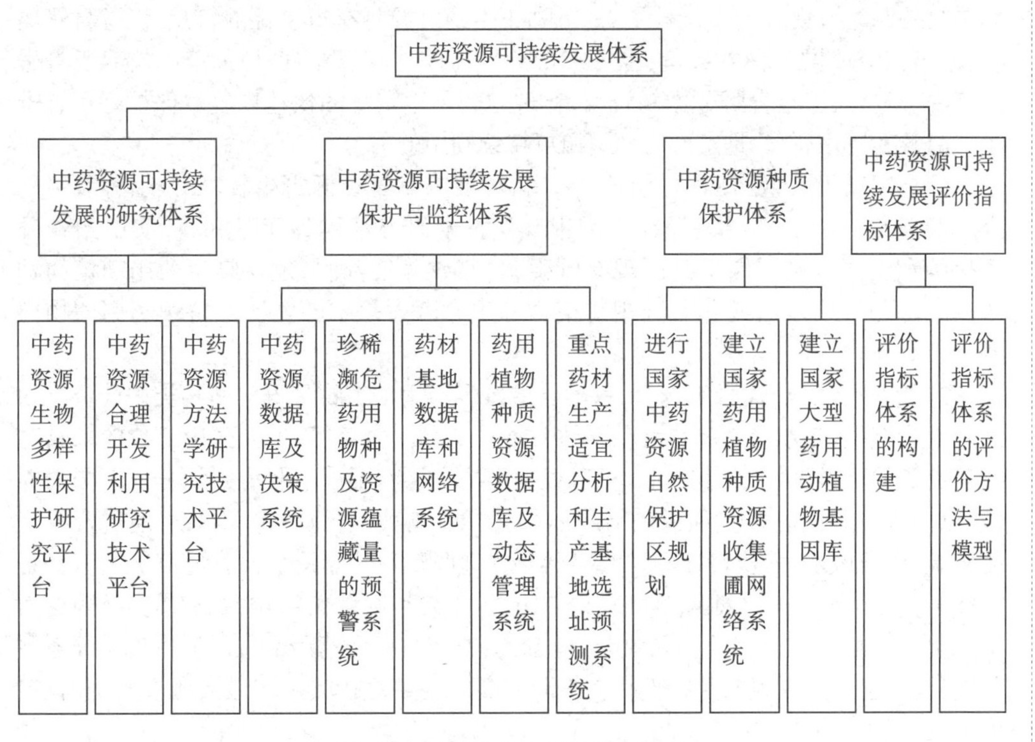

图 7-1　中药资源可持续发展体系

三、中药可持续发展战略

中药资源包括药用植物、药用动物和药用矿物，其中药用植物占了资源使用量的95% 以上。在中药资源中，药用植物和药用动物为可再生资源，是中药资源的主体，

笔记

药用矿物为不可再生资源。中药资源的可持续发展就是要合理掌握资源的有限性、可解体性、地域性、再生性与多用性等特点，保护资源不断更新的能力。策略具体有以下几个方面：

（一）增强民众保护意识，以法为本，保障中药资源可持续利用和发展

自然资源是有限的，如果不科学的保护利用就会出现资源枯竭、物种灭绝的局面。因此对全民应进行资源保护方面的教育，增强资源保护和合理利用的意识，再结合普及相关法律常识教育。为了实现重要资源的可持续利用的目的，近年来国家有关主管部门和各地方人民政府十分重视，除了制定许多的各项法规和条例，如《野生药材资源保护管理条例》、《中药材生产质量管理规范》等。还建立了许多自然保护区和研究机构。

（二）保护、修复中药资源及其生存环境，奠定资源可持续发展的物质基础

1. 建立中药资源原生地保护区与种质基因库　保护中药资源原生地，建设药用动植物自然保护区，促进中药资源可持续利用。药用植物、药用动物都需要有其特定的生长环境，生长环境若被破坏，从而导致种类和数量的减少，必然加速资源的减少或濒危的程度。在管理好现有自然保护区的基础上，各地应根据具体情况，逐步建立更多的药用植物、药用动物自然保护区。在药用动植物的原生环境中，实行保护封育和采收控制。对现有野生中药资源，可利用生物资源具有再生性的特点，促进自然更新，逐步恢复或增加种群数量，也可实行野外抚育，将繁育的良种种植或放养于野生环境中，通过人工培育野化中药资源，实现中药野生资源的快速恢复。保护好现有野生资源及其生存环境，是实现中药资源可持续利用的前提。

建立国家级大型药用动植物种质基因库要与中药资源野生转家种、引种栽培研究实验基地相结合，收集、保存并运用现代技术研究药用种质基因，夯实中药资源可持续利用的基础。保护我国现有野生、栽培或养殖资源，建立野生药用动植物种质基因库与常用栽培或养殖药用动植物种质基因库是中药资源可持续利用的物质基础。

2. 合理采收，加强野生抚育，科学营造野生药用动植物种群　植物类中药资源的药用部位有根（根状茎）、茎、叶、花、果实、种子、树皮、全草等，不同药用部位的采收对中药资源的可再生性影响不同。可以根据可再生性将不同采收方式划分成不同的等级，以便采取相应的采收和保护措施，对于严重影响再生的采收方式，可通过资源恢复实验（生长恢复、繁殖特性等）测算“年最大允收量”。“年最大允收量”的经验数值：根和根茎类药材为0.1，即每年可采收1/10，茎叶类药材为0.3~0.4，花和果实类药材为0.5，对于不同的植物，其生活习性、繁殖方式、繁殖效率和药用部位的形成过程等各不相同，因而它们的资源恢复特性存在不同程度的差异，相应的“年最大允收量”和特定的采收控制方式也有不同。

在合理采收药材的同时要加强野生抚育。中药资源的野生抚育是指根据动植物药材生长特性及对生态环境条件的要求，在其原生或相类似的环境中，人为或自然一定程度上增加种群数量，引发群落结构和功能的量变，使中药资源量达到能为人们采集利用，并能继续保持群落平衡的一种药材生产方式，包括了药用植物野生抚育和药用动物野生抚育。野生抚育尤其适合那些生长发育特性和生态条件认识尚不深入、生长条件苛刻、种植（养殖）成本较高或者栽培（养殖）药材与野生类型质量差别较大

笔记

的药用动植物。

3. 进行中药资源普查，建立中药资源监测与预警体系　进行中药资源普查和监测，掌握资源种类与蕴藏量及其动态变化是中药资源可持续利用的重要内容。中药资源普查的主要任务是对中药资源种类、分布、蕴藏量、栽培或养殖情况、收购量、需求量、质量等中药资源本底资料作定期或长期观察和综合统计与分析。中药资源监测系统指根据中国中药区划设立中药资源信息采集点和中药资源监测点，对珍稀濒危、大宗常用、市场需求变化量大的重点品种(分布范围、资源数量、供求等)与品种资源比较集中地区的中药资源的综合(种类、分布范围、资源数量、供求等)变化情况进行监测。在中药资源普查与监测基础上，建立中药资源预警系统，对市场需求大、资源相对不足的药用物种和资源稀少且易受威胁的药用物种以及国家保护的野生药材物种进行监测，监测的重点区域为中药资源开发破坏区和保护区，其他区域为一般观测区。中药资源监测与预警体系建设涵盖了野生中药资源监测与栽培或养殖药材生产基地监控，能够随时掌握中药资源的数量、质量、动态情况及变化规律，协调产、供、销关系，实现中药资源可持续利用的宏观动态管理。2011 年国家中医药管理局启动新一轮全国中药资源普查的试点工作，目的是为摸清中药资源家底，建立中药资源调查、研究、监测和服务的长效机制，推进与中药相关的政策、法规制定，解决当前中药材产业发展关键问题的需要。

(三) 利用现代农业技术促进中药资源可持续利用

现存中药资源的蕴藏量有限，其生物资源的更新能力也是有限的，远远不能满足日益增长的社会需要。因此，要大力发展中药农业。中药农业与中药资源可持续发展是整个中医药事业发展的基础，其根本目标是保证优质药材持续稳定地供应国内外市场，实现资源开发、利用与环境的协调发展。

1. 进行野生中药资源的引种与驯化，促进野生资源家种或家养　对野生药用动植物进行引种栽培或驯养是保证中药资源增加数量和提高质量的有效措施。过去在野生条件下属于濒危或稀少的中药资源，如人参、三七、黄连、梅花鹿等，通过引种驯化，现在人工栽培或养殖产品已基本满足医疗、保健、外贸等市场的需求。

2. 进行中药栽培或养殖，建立药材规范化生产基地　我国是中药资源利用最早、最多的国家之一，早在 3000 多年就已开始进行中药的栽培或养殖，目前我国已形成了规模最大、体系最完整的中药农业生产体系。近 10 年来，我国的中药农业取得了重要进展，以中药材生产为主体的中药农业与中药工业、中药商业、中药知识产业共同形成了完整的中药产业链。2003 年实施中药材 GAP 认证，中药材 GAP 是对中药材生产全过程实施有效质量控制，保证药材质量稳定、可控、安全、有效的重要措施，也是有效推进中药 GMP、GLP、GCP 的基础。

3. 进行良种选育，建立药材良种繁育基地　在中药资源可持续利用过程中，种质资源的良种选育十分重要，药用动植物的野生亲缘种和古老地方种是长期自然选择和人工选择的产物，由于天然杂交、基因重组与分离、基因漂变或突变，这些种质中可能蕴藏着丰富的已知或未知有用基因，具有独特的优良性状和抗御自然灾害的特性，是进行优良品种选育的物质基础，也是品种改良的源泉。高产优质是药用植物资源育种的基本要求，优良品种是生产优质高产药材的基础，只有经过选育的良种才能实现品种的生物性状整齐、遗传基因稳定、药用成分含量高且稳定可靠。因此，开展药

笔记

用动植物良种选育是实现中药现代化与产业化的客观要求。

（四）利用现代生物技术促进中药资源可持续利用

利用生物技术开发新资源，是一种具有巨大潜力的中药资源开发技术途径，对中药资源可持续发展具有重要意义。生物技术（biotechnology）是在分子生物学和细胞生物学基础上发展起来的一种新兴技术，它包括细胞工程、基因工程、酶工程和发酵工程等，是利用生物有机体或其组成部分（包括器官、组织、细胞、细胞器和遗传物质）开发新产品的一种技术体系。脱毒快繁技术，可通过无性繁殖用于濒危药用植物资源的保护。细胞培养技术，可以直接快速获得药用动植物药效成分，节约对原料药材的使用。

（五）挖掘新的药用资源或药用部位，促进中药资源可持续利用

1. 挖掘珍稀濒危中药资源替代品　供需矛盾突出、价格昂贵的药材多来源于珍稀濒危药用生物。该类生物多存在生物种群数量少、生长周期长、繁殖困难或难以用常规技术进行药材的规模化生产等问题。加强此类中药材的替用品是缓解药材资源紧缺，满足市场需求的一项技术途径。替代品生产方面，我国已开发出虫草菌丝发酵物，其作为冬虫夏草的替代产品在市场上已经占有一定份额，例如有用人工牛黄代替天然牛黄，人工牛黄是由牛胆粉、胆酸、猪去氧胆酸、牛磺酸、胆红素、胆固醇、微量元素等加工制成。实现牛黄的人工制造缓解了资源的紧张，满足市场的需求。

2. 扩大药用部位，减少资源浪费　同一基原的植物或动物，药用部位不同，化学成分与功能主治可能不同，传统方法往往仅择其某一个或几个部位药用，其余部分则作为废物弃之。这实际上是对中药资源的一种浪费。同基原植物的不同生长部位在主要次生代谢成分的组成方面很可能相似，这种相似性为扩大药用部位，开展资源综合利用提供了依据。如人参、三七传统药用部位为根，但其茎、叶和花均含人参皂苷，也可用于提取皂苷。药用部位的扩大，有利于充分利用中药资源，满足临床及社会需求，减少了对原动植物的破坏。

3. 再提取“药渣”，促进中药资源的综合利用　综合利用“药渣”对资源的节约和利用具有重要的意义。药渣主要来源于单味药提取、中成药复方提取以及医院复方提取。单味药来源单一明确，经提取后的药渣中仍然可能含有多糖、生物碱等生理活性组分，如从三七总皂苷提取后的药渣中纯化三七多糖，质量分数可达50%。黄芩药渣中黄芩苷含量是黄芩药材中黄芩苷总量的70%。同时再提取后的药渣一般含有大量的粗纤维、粗脂肪、淀粉、粗多糖、粗蛋白、矿物质、氨基酸及微量元素等，可用于生产无公害有机肥料、饲料添加剂及食用菌栽培等方面。

（六）矿物中药资源的可持续利用

矿物中药资源属于非再生性资源，随着社会需求量的增长，数量有限与需求无限的矛盾日益突出，要求人们必须加快替代品的研究步伐，减少浪费。对于那些易探、易采的优质矿物，特别是那些古生物类化石、晶体类矿物资源，更应该实施有效保护，减少资源浪费。除此之外要积极寻找和开发替代品，切实加强矿物资源的保护。

案　例

例10　濒危植物甘草的资源保护

甘草为豆科多年生草本植物，主要生长在我国东北、华北、西北和新疆的干旱、半

干旱荒漠或者草原地区。药典收载了乌拉尔甘草 *Glycyrrhiza uralensis* Fisch、胀果甘草 *Glycyrrhiza inflata* Batal.、光果甘草（*Glycyrrhiza glabra* L.），通常以其干燥根及根茎入药，具有补脾益气、清热解毒、祛痰止咳、缓急止痛、调和诸药等功效。由于市场需求量大，加之滥采滥挖，导致野生甘草资源逐年减少，产量和品质下降，生物多样性受到严重威胁，一度濒临灭绝。有数据表明 20 世纪 50 年代，全国甘草产区分布面积约为 320 万 ~350 万公顷，蕴藏量 400 万 ~450 万吨，到 21 世纪，在甘草较集中的分布面积仅为 110 万公顷，总储量下降到 70 万 ~90 万吨，只有 20 世纪 50 年代的 1/5 左右。为了保护甘草资源，实现其可持续利用，国家和相关地方政府出台了多项措施，对甘草资源进行了保护。

首先，通过立法对甘草资源及其生态环境进行保护。如 2000 年国务院颁布了《关于禁止采集和销售发菜、制止滥采乱挖甘草和麻黄草有关问题的通知》，2001 年国家经贸委下发了《关于保护甘草和麻黄草药用资源，组织实施专营和许可证管理制度的通知》，按照“先国内后国外、先人工后野生、先药用后其它他”的原则，优先安排人工种植甘草、麻黄草等药材供应国内市场，适量安排出口，限制饮料、食品、烟草等非医药产品使用国家重点管理的野生药材资源，并规定甘草的采挖、运输、经营必须具有专业许可证，同时国家《野生药材资源保护管理条例》亦把甘草列为国家二级重点保护野生药材，以限制对甘草的过量应用，保护生态环境。新疆也颁布了《自然保护区管理条例》等地方法规，对甘草资源及其生态环境进行保护。

同时，积极组织实施退耕还林工程，保护甘草生长环境，进一步进行甘草围栏养护，并对甘草的合理采挖进行培训。自 2000 年起，我国开始在 19 个省、市、自治区全面启动天然林保护工程，在 188 个县进行退耕还林、还草试点，以恢复遭到破坏的生态系统，如宁夏盐池县在甘草草地上营造了大面积的柠条、白榆林，对甘草草地起到了很好的保护作用。在内蒙古自治区的伊克昭盟，新疆维吾尔自治区的巴楚县、麦盖提县、乌什县，宁夏回族自治区的灵武县、陕西省的定边县、定安县，甘肃省的酒泉等地都开展了围栏护管。据 2003 年调查资料显示，由于近年来采取了承包分管等封禁措施，内蒙古的克什克腾旗、翁牛特旗、元宝山区、吉林的通榆和白城以及黑龙江安达县目前已经形成了密度盖度大且分布连续成片的甘草群落。

其次，积极开展甘草人工栽培，实行野生抚育，逐步恢复野生甘草资源的同时积极开展规范化栽培，并进一步筛选培育优良甘草品种。目前人工栽培甘草已有许多成功的实践，新疆栽培甘草集中于南疆地区的巴楚、温宿、轮台等地；甘肃省主要集中于金塔、敦煌、宁县等县市；宁夏主要集中在盐池、陶乐、灵武、同心县的部分地区；内蒙古主要集中于伊克昭盟和巴彦淖尔盟；山东省在黄河入海口种植甘草也获得成功。而且，甘草的栽培技术也取得了一定突破，在内蒙已试验取得了育苗移植甘草 3 年亩产鲜草 1500kg，扦插种植 3 年亩产鲜草 300kg 的成果；酒泉人工种植甘草与果树间作，4 年生甘草平均亩产 1073.7kg。近年来，中国药材集团公司在甘肃省民勤县建立了沙生药材基地，统一种植三种甘草，科研人员也筛选出高产优质的乌拉尔甘草栽培品系“民勤 1 号”、“喀什 1 号”和“阿克苏 1 号”，以及从新疆喀什地区野生乌拉尔甘草种质中优选出甘草酸、甘草苷和多糖含量高的新品种“乌新 I 号”。科学家们也在积极开展甘草的太空诱变育种，以及杂交育种。

最后，积极开展甘草资源综合利用，以提高甘草资源的利用率，实现甘草资源

笔记

的高效利用和可持续发展。如果甘草连秆一同回收，茎可做燃料，荚皮和叶可做优质的牛羊饲料。甘草经提取甜素后，残渣富含纤维质、有机质和矿物质，可用作优质肥料。综合利用可减少对甘草资源的需求并降低生产成本，从而间接地实现资源保护。

例 11　我国的自然保护区与中药材资源保护区

我国现有的自然保护区主要分为三大类，包括自然生态系统类保护区、野生生物类自然保护区、自然遗迹类自然保护区，大多数生态系统类保护区和野生生物类自然保护区都分布有野生中药资源。如吉林长白山自然保护区里有 1500 种中药材受到了保护，名贵的药用植物有人参、刺五加、黄芪、细辛等 300 种之多。有的自然保护区专门针对药用动植物进行了保护，如黑龙江穆棱的东北红豆杉保护区，广西防城的金花茶保护区，新疆乌苏市的甘家湖梭梭林保护区，浙江临安的清凉峰保护区主要保护梅花鹿、香果树等野生动植物及其森林生态系统。同时，黑龙江先后建立了五味子、防风、龙胆、桔梗、黄柏、芡实、黄芩、马兜铃等药材的 36 个保护区。而湖南壶瓶山自然保护区，除了保护大约 1019 种药用植物以外，还保护了大量珍稀药用动物如华南虎、金钱豹、鬣羚、毛冠鹿、麝、棕熊、黑熊、水獭、大鲵等。另外，辽宁蛇岛自然保护区、湖北石首麋鹿保护区、新疆布尔根河狸自然保护区、安徽扬子鳄自然保护区等，都专门针对珍稀濒危野生动物进行了保护。

根据保护区的保护程度和功能，我国的自然保护区可以分为核心区、缓冲区和实验区。核心区的面积一般不小于自然保护区总面积的 1/3，集中分布了本区所要保护的珍稀濒危物种。核心区可以进行科学观测，但不允许采取人为干预措施。为了防止核心区受到干扰，在核心区外围划定了缓冲区，缓冲区可以进行非破坏性的科学研究，但要经过管理机构的批准。实验区指在自然保护区内可以进行多种科学实验的地区，比如可以在实验区建立栽培和驯化苗圃、种子繁育基地、植物园和野生动物饲养场，也可以在实验区建立进行科学研究的观测站、实验室，以及用于教学实习、科普教育及野外标本采集的基地，同时还可以进行资源的永续利用和再循环方面的实验及实施旅游活动。

根据上述规定，可以将中药资源保护区分为珍稀濒危物种保护区、中药资源综合研究保护区和中药资源生产性保护区三大类。其中珍稀濒危物种保护区相当于自然保护区的核心区，属于绝对保护区，只允许进行科学监测活动，对保护区内的自然环境及中药资源不允许采取任何人工干预。中药资源综合研究保护区相当于缓冲区，主要针对珍稀濒危动植物资源进行一定的合理的科学研究。中药资源生产性保护区相当于实验区，既能维护自然生态系统，又能提供部分中药材产品，可以具体划分为轮采轮猎区、人工粗管种植区及野生转家种或家养研究基地。

1. 轮采轮猎区　根据动植物资源的生长发育规律及资源保护利用技术指标确定一个合理的采收时间和采收面积，从而定期在一定范围内进行适当采集或者捕猎的保护区。

2. 人工粗管种植区　在该保护区域面积内可以进行人工繁育、野生放养或者野生种植，或者适当进行粗放型管理，当资源达到一定量时，可以适时适量进行采挖或者捕猎。

3. 野生转家种或家养研究基地　该区域主要开展药用植物野生转家种的研究，

笔记

或者野生药用动物进行人工饲养的研究，试验成功后可以逐步推广生产。

（张水利　肖冰梅　贺丹霞　王　娜　张天柱　龙庆德）

学习小结

1. 学习内容

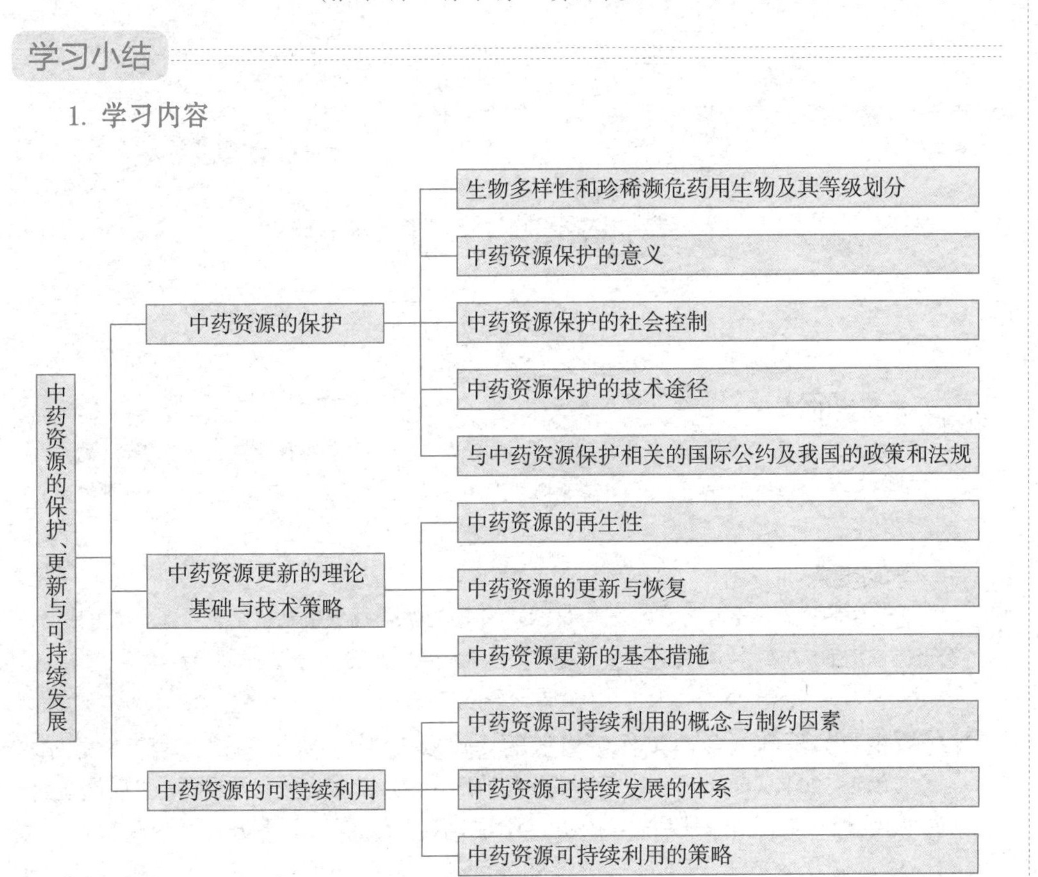

2. 学习方法

准确把握和分析本章所涉及专业概念，如中药资源的保护、生物多样性等，对于系统性的概念结合流程图进行理解，结合相关相关实时政策和文件做课外的扩展。

复习思考题

1. 简述中药资源保护的含义。
2. 对生物多样性进行概述。
3. 简述药用植物致濒危的因素。
4. 简述我国珍稀濒危植物物种和动物物种分类法。
5. 我国药用生物保护等级的划分为几级？并各自列举不少于3个物种。
6. 简述中药资源保护的意义。

笔记

第八章

中药资源的人工培育

学习目的

通过本章学习，了解我国中药野生资源、人工培育资源及中药材规范化生产现状，熟悉中药资源培育的理论与方法；掌握中药资源人工培育的常规技术及规范化生产与质量控制技术。

学习要点

药用植物野生抚育与人工栽培理论与方法；药用动、植物的引种驯化与人工养殖方法、影响因子及注意问题；中药资源人工培育常规技术；中药材规范化生产与质量控制技术。

随着世界经济与人类医疗保健事业的快速发展，中药资源的社会需求量急剧增加。据《2013—2017年中国中药行业深度调研与投资战略规划分析报告》数据统计，我国有80%以上的城市居民自行购买过中成药，巨大的需求量使我国中药行业年增长率达20%以上。2015年4月国务院办公厅转发工业和信息化部、国家中医药管理局等部门《中药材保护和发展规划（2015—2020年）》，对当前和今后一个时期，我国中药材资源保护和中药材产业发展进行了全面部署，这是我国第一个关于中药材保护和发展的国家级规划，药用植物和动物的引种驯化、栽培（养殖）已是中药产业发展的必然趋势。

第一节　中药资源的人工培育理论

我国中药资源丰富，临床使用的中药材种类绝大多数为野生药材。随着中医药事业和健康产业的发展，市场对许多药材需求量的增长超过了其自然繁殖的速度，致使许多药材种类因过度采集而分布减少，资源蕴藏量降低，部分中药资源甚至濒临灭绝。为了解决中药产业发展的这一瓶颈问题，20世纪五、六十年代我国就开始进行中药资源的人工培育，并取得了很大成就。虽然我国的中药资源无论是品种数量还是种植（养殖）规模均处世界领先地位，但仍不能满足中医药及相关领域发展对中药资源的需求。开展中药资源的人工培育研究，对常用大宗中药开展药用植物、药用动物的野生抚育、引种驯化、良种选育与规范化种植（养殖）等工作，以保证中药资源的可持续利用。

笔记

一、我国的中药野生资源

中药野生资源是指在自然状态下繁育、生长、非人工栽培、驯养的各种植物、动物及自然形成的矿物。《中国中药资源》统计，我国中药资源种类12 807种，其中药用植物药11 116种，药用动物药1571种，药用矿物药80余种。我国中药资源种类丰富，蕴藏量大，但在传统医疗实践中，多以采集野生资源为主，蕴藏量日益减少。在中药饮片和中成药生产使用的近千种药材中，约有70%的种类来自野生资源。目前人工培育的中药材物种数约80余个，新品种数在230种左右，而栽培成功并获得实际推广的数量有限。

在《中国珍稀濒危保护植物名录》所收载的392种濒危植物中，药用植物达168种，占42%。由于生态系统的大面积破坏和退化，使中国的许多物种已变成渐危或濒危物种，在《濒危野生动植物种国际贸易公约(CITES)》列出的640个世界性濒危物种中，中国就有156种，约为其总数的四分之一，其中有14种为药用物种。《国家重点保护野生动物名录》共有保护动物257种，其中属一级保护的有97种，属二级保护的有160种。据不完全统计，它们中有药用记载且具有药用价值的动物共161种，其中属一级保护的重要药用动物有虎、豹、赛加羚羊、亚洲象、梅花鹿、白唇鹿等67种。属二级保护的有穿山甲、棕熊、麝(类)、大壁虎(蛤蚧)、玳瑁等96种。国家中医药管理局规定的140种紧缺药材中，动物药材就占60%。因此，濒危药用动植物资源的保护是大势所趋，也是中医药发展的需要，由于野生资源不能满足用药需求，人们逐渐将某些野生药用生物进行驯化、实施家种或家养(表8-1)。

表8-1　我国野生中药资源濒危状况

资料来源	收载种类	药用资源种类	主要药用资源
《濒危野生动植物种国际贸易公约(CITES)》	640个世界性濒危物种(中国156种)	药用动植物14种	犀牛角、虎骨等
《国家重点保护野生动物名录》	动物257种	药用动物161种	豹、赛加羚羊、亚洲象、梅花鹿、白唇鹿、穿山甲、棕熊、大壁虎(蛤蚧)、玳瑁等
《国家重点保护野生药材物种名录》	—	药用植物58种，药用动物18种，共76种	虎骨(禁止贸易)、豹骨、羚羊角、鹿茸(梅花鹿)、甘草等
《中国珍稀濒危保护植物名录》	濒危植物392种	药用植物168种	桫椤、珙桐、水杉、人参、望天树等

二、中药资源人工培育的理论与方法研究

中药资源主要包括药用植物、药用动物和药用矿物资源，此外还包括利用现代生物或化学等技术所形成的替代性人工中药原料，如人工牛黄、人工麝香等。中药资源人工培育(artificial cultivation)是指中药资源(主要为药用植物及药用动物)在人工干预下进行的资源再生过程。主要包括野生资源抚育和人工栽培(饲养)两种途径。利用中药资源再生性与地域性特点，采取人工培育措施，促进种群恢复和个体生长，提

笔记

高中药资源数量和质量，对中医药及相关产业的发展具有决定性的作用。

（一）药用植物资源的人工培育

药用植物资源人工培育是指药用植物资源在人工干预条件下进行资源再生的过程。药用植物的繁殖和生长是人工培育的基础，药用植物资源量的扩大主要通过药用植物的繁殖和生长来完成，该过程又可分为无性繁殖和生长及有性繁殖和生长两类。药用植物资源人工培育主要包括野生抚育和人工栽培两种方式。

1. 药用植物资源的野生抚育　是指根据药用植物生长特性及对生态环境条件的要求，在其原生或相类似的环境中，人为或自然增加种群数量，使其资源量达到能被人们采集利用的程度，并能保持群落结构稳定而实现可持续利用的一种生产方式。药用植物野生抚育也称为半野生栽培或仿野生栽培。目前我国仍有70%的药材种类来自野生资源，对以野生资源为主要来源的药材进行野生抚育能够有效缓解资源供应量的不足。事实上在药用植物自然生态群落环境下进行的种群扩增和保护操作都属于野生抚育的范畴，其研究的重点集中在适生地的选择、保护措施、抚育方法、最大可持续产量、药材的最佳采收时期及其采收方法等方面。药用植物野生抚育是野生药用植物采集与药用植物栽培的有机结合，是中药材农业产业化生产经营的新模式，具有良好的生命力。

（1）药用植物资源野生抚育的理论基础：药用植物资源野生抚育是一项系统工程，采用了资源学、生物学、生态学、药用植物栽培学与药用植物育种学等学科的原理和方法，是多学科交叉的新兴研究领域。药用植物资源野生抚育建立在以下研究基础之上。

资源学研究　为药用植物是否适合野生抚育及抚育基地的确定提供依据。主要研究内容包括药用植物资源储量、产地分布，药用植物品质与种质、产地、气候、土壤、地理地貌等的关系，资源合理采收、质量形成、药材道地性成因等。国内外有关这方面的研究较多，但需要更系统的研究和创新突破。

生物学研究　主要研究原生环境下药用植物生活史、繁殖特性、种群更新机制、收获器官生长发育规律等，掌握原生环境下药用植物生长发育的基本特性，是确定药用植物资源野生抚育方法的基础，是野生抚育的前提和关键。

生态学研究　药用植物种群处于复杂生物群落中，其种群的繁殖、生长发育和种群更新受到其他生物种群及各种生态因子的影响，如与抚育种群的关系，再比如种群数量与生物群落与抚育种群的关系等。抚育药用植物种群处于复杂生物群落中，种群的繁殖、生长发育和种群更新时刻受到其他生物种群及各种生态因子的影响。主要研究内容包括，生态因子（温度、光、水、气、坡向、坡度、海拔高度、土壤等）与抚育种群关系研究；种群数量的时空动态、数量调节、生活史对策、种内与种间关系研究；药用植物种群所处生物群落的组成与结构、群落的动态与控制研究等。目前这方面的研究还很薄弱，缺乏定量化的深入研究。

野生抚育方法学研究　是药用植物资源野生抚育研究的核心问题，主要包括抚育方式、繁殖方法、种群可持续更新方法、采收方法、抚育生长过程管理方法、生物群落动态平衡保持方法、生态环境保护方法研究等。

抚育基地管理学研究　野生抚育药用植物基地建设不仅涉及抚育药用植物生长管理，还涉及生态环境保护，当地群众采挖野生药材习惯，药材集约化采挖等，是一项

笔记

包含经济、生态和社会因素在内的系统工程。为此，需要加强基地管理机制等方面的研究，以达到抚育目的。

(2) 药用植物资源野生抚育的基本方式：药用植物资源野生抚育的基本方式包括封禁、人工管理、人工补种、仿野生栽培等。

封禁（enclosing）　指把野生目标药用植物分布较为集中的地域通过各种措施封禁起来，借助药用植物的天然下种或萌芽增加种群密度。封禁措施多种多样，以封闭抚育区域、禁止采挖为基本手段，如甘草、麻黄的围栏养护等。

人工管理（purposive management）　指在封禁基础上，对野生药用植物种群及其所在的生物群落或生长环境施加人为管理，创造有利条件，促进药用植物种群生长和繁殖。人工管理措施因药材不同而异，如五味子的育苗补栽、搭架、修剪、人工辅助授粉及施肥灌水、病虫害防治等。

人工补种（purposive replanting）　指在封禁基础上，根据野生药用植物的繁殖方式和方法，在药材原生地人工栽种种苗或播种，人为增加药用植物种群数量。如连翘抚育采取人工撒播栽培繁育的种子，刺五加采用带根移栽等。

仿野生栽培（bionic wild cultivation）　指在基本没有野生目标药用植物分布的原生环境或相类似的天然环境中，完全采用人工种植的方式，培育和繁殖目标药用植物种群。药用植物在近乎野生的环境中生长，不同于药用植物的间作或套种，如林下栽培细辛、猪苓、黄连、天麻等。

就地营造药用植物人工群落　在有野生种群分布的地区，选择适宜的药用植物发展人工群落，如林下参的栽培。建立人工种群要认真研究该植物的习性及该地区的环境条件，选择适宜的种类进行搭配，经过实验，也可引进外地珍贵药用植物，逐步改造本地植物的群落结构及群落环境。

(3) 药用植物资源野生抚育的特征：药用植物野生抚育能够提供高质量的野生药材，保护珍稀濒危药用植物，有效节约耕地面积，保护生态环境，有利于药用植物的可持续利用与经济效益的提高，具有明显优势。药用植物野生抚育具有明显的经济学特点，其目的是增加目标药用植物的可利用量；抚育场地是药用植物的原生环境，不同于栽培药用植物的人工生境，如退耕还林等植被单一的林下栽培药用植物；种群数量增加可通过人工种植或野生种群自然繁殖更新实现；野生抚育增加了目标药用植物种群的数量，改变了群落中各物种的数量组成，但群落基本特征不变。

2. 药用植物的引种驯化　是研究野生药用植物在自然分布区的人工培育、野生变为家种，及其引种到自然分布区以外环境条件下的生长发育、遗传、变异规律的科学。引种驯化的目的是用野生或较为重要的外源性药用植物来充实和丰富本地区栽培药用植物资源，可以通过由野生驯化和异地引种两种办法来实现。

根据药用植物引入新地区后出现的不同适应能力及采取相应的人为措施，植物引种可以分为简单引种和驯化引种。植物原分布区与引种地自然环境差异较小，或其本身的适应性强，不需要特殊处理及选育过程，只要通过一定的栽培措施就能正常生长发育，繁衍后代，即不改变植物原来的遗传性，就能适应新环境的引种方法就是“简单引种”。而植物原分布区与引种地之间自然环境差异较大，或其本身的适应性弱，需要通过技术处理、定向选择和培育，使之适应新环境，叫“驯化引种”。驯化引种强调以气候、土壤、生物等生态因子及人为对植物本性的改造作用使植物获得对新环

笔记

境的适应力。通常引种是初级阶段，驯化是在其基础上的深化和改造，两者是植物在人工迁移过程中不同而又相互连续的阶段，因此通常将两者联系在一起，称为“引种驯化”。

(1) 引种驯化的理论基础：植物引种驯化随着农业起源而诞生，栽培植物的出现是千万年来劳动人民引种驯化的结果。我国劳动人民在长期的生产发展中，积累了丰富的植物引种驯化实践经验，并在引种理论和方法上进行了不少有益的尝试与探索。贾思勰在《齐民要术》中曾记载“顺天时，易地利，则用力少而成功多；任情返往，劳而无获”，可见作者对引种已有很深的了解。19世纪达尔文在《物种起源》中以进化论解释植物引种驯化，使植物引种驯化理论探索达到一个新的阶段。但20世纪以前，各国的植物引种工作主体上仍是盲目地或单凭经验进行，因而成效较少，“气候相似论”的提出才首先打破这种混乱的引种局面，此后“风土驯化”、“栽培植物起源中心学说”的出现，使植物引种理论与方法研究进入新的里程碑。主要的理论学说包括：

遗传变异学说　达尔文在《物种起源》及《动物和植物在家养下的变异》两部著作中论证了生物发生、发展的历史和规律，其核心是植物在生存环境的作用下产生变异，这种获得性变异能够遗传，能通过自然选择或人工选择使植物得到生存（适者生存）及被人们利用。

气候相似论　20世纪初期，德国林学家迈依尔（Mayr H.）提出森林树种的引种，应在气候条件相似的地区之间引种，引进的树木才能正常生长、发育。气候相似论对植物引种驯化工作产生了巨大的影响，是引种工作中被广为应用的基本理论之一。气候相似论强调了引种驯化的生态相似性，但忽略了植物基因的可塑性。

风土驯化理论　适用于自然环境条件差异较大的地区间引种，由苏联园艺学家米丘林提出，他从有机体与环境条件统一的观点出发，提出了风土驯化的两条原则：第一，利用遗传不稳定、易动摇的幼龄植物，即实生苗作为风土驯化的材料，使其在新的环境影响下，逐渐改变原来本性，适应新的条件，达到驯化效果，尤其在个体发育中的最幼龄阶段，变异性最大，也具有最大的可能性产生新的变异以顺应改变了的新环境；第二，采用逐步迁移播种的方法。实生苗对新环境有较大的适应性，但有一定限度，当原产地与引种地条件相差太远而超越了幼苗的适应范围时，驯化难以成功，这就需要采用逐步迁移法，使药用植物逐渐地移向与引种地相接近的地区，并接近于适应预定的栽培条件。

栽培植物起源中心学说　地球上植物分布是不均匀的，某一类作物的许多种不同类型集中在某些古老的农业国家（地区）或高山海洋相隔地区，这些集中的地区称为“栽培植物的起源中心”。种是起源中心地区产生的，再传播到其他地区，从起源中心的地区去引种原始材料是很重要的。同时他又指出不能认为种的形成只限在一个起源中心，在新的地区、新的条件下也能形成新种，引种地区不限于起源中心，可以根据情况相应地扩大范围。

生态历史分析法　上述理论学说都是基于现存的条件及其植物的适应性。而事实上，随着地球环境的变迁，现有植物的分布区并非是其历史上分布区的全部，植物对现有生态环境的适应，也不能代表其适应性的全部。植物在进化长河中经历的每一步，都会在基因型上打下烙印并传递给后代。据此将植物的驯化分为渐进型和潜在型两种类型。渐进型是指被驯化的植物开始获得对改变了的生态环境的适应性，

笔记

后者是指在改变了的生态环境中发展其祖先长期积累下来的适应性潜力。显然，后者要比前者容易驯化成功。如分布于浙江的银杏引种到世界各地后，表现了很强、很广的适应性，正是因为这种古老的孑遗植物在冰川时代以前，曾在北半球广泛分布。

另外，进化程度较高的植物较之原始的植物，由于其系统发育中所经历的生态条件较为复杂，其适应性的潜力可能更大，引种也可能更易成功。乔木类型较灌木类型原始；木本较草本原始；针叶树较阔叶树原始，故前者均较后者的适应范围狭窄，引种也不如后者容易成功。生态历史分析法对于自然区系植物的引种工作具有特殊的价值。

(2) 药用植物引种驯化的主要对象：包括生长年限长，需要量大的药用植物，如黄连、厚朴、红豆杉等；野生资源不能满足需要或采挖困难的药用植物，如甘草、麻黄、金莲花、远志、巴戟天、川贝母等，尤其是一些珍稀濒危药用植物种类，如冬虫夏草、肉苁蓉、龙胆、细辛等；长期依靠进口的紧缺药用植物，如乳香、没药、血竭等；对临床确有疗效的新药资源，如金荞麦、水飞蓟、绞股蓝、三尖杉等；市场需求量大，特别是对治疗常见病、多发病有效的药用植物，如甜叶菊、番红花、丹参、罗汉果、白豆蔻等。

(3) 引种驯化的基本方法：主要有简单引种法和复杂引种法两种。

简单引种法　在相同的气候带内，或差异不大的条件下，进行相互引种，称简单引种或直接引种法。简单引种法不需经过驯化阶段，但需注意栽培技术的配合，以给植物创造适宜的生长条件。

复杂引种法　对气候差异较大地区的药用植物，在不同气候带之间进行相互引种，称复杂引种法，即驯化引种法。除了采用以上简单引种法中所述方法外，驯化引种还经常采用实生苗多世代选择、逐步驯化和引种驯化与杂交选择相结合等方法，以达到改变引种植物遗传性的驯化目的。

(4) 影响药用植物引种驯化的因子：引种驯化的成功，取决于影响药用植物引种驯化的几个因子，主要包括：

目标植物的背景　药用植物的遗传内因对引种驯化的难易有决定性的影响，所以选择理想的引种药用植物种类或种质是引种驯化成功的首要条件。在选择引种材料时可以参考以下规律：引种时除了考虑自然环境相似之外，还应重视中药材区划，在相同或相近的中药材分布区内引种药用植物，能最大限度地保证中药材的有效性；在植物具体的分布区内，由于生境的差异会产生不同的生态类型，从生境条件最接近的地区收集材料，易取得较好效果；现在不是本地植物区系成分，但历史上曾在本地有过分布的种类，易于引种成功；演化程度高的药用植物，对新的生态环境潜在适应性大，引种驯化成功的可能性较大。

自然环境因子　对于特定的药用植物，自然环境因子是引种驯化成功与否的主要限制因素，这些因素主要包括温度、湿度、降水量、光照、土壤等。在引种药用植物时，不但要考虑药用植物能否在某种土壤类型中成活，还要考虑其药用部位的产量和质量；药用植物引种成功的标准不能仅以在栽培条件下能够完成整个生长周期，产生可用于繁殖的种子和足够的药用部位作为唯一标准，还必须保证其活性成分种类不发生变化，含量不大幅度减少。在引种驯化的过程中，应对各种自然环境因素，特别是主导因素对药用植物次生代谢过程的影响进行研究，控制和创造适宜的生态条件，对次生代谢过程进行调控，提高药材活性成分的含量。

笔记

生物因子　在生物的进化过程中，植物与植物之间、植物与动物之间、植物与微生物之间，因协同进化而形成了寄生、共生和竞争等关系，这些因素往往成为引种驯化成败的关键，影响药材的产量和质量。在引种寄生性药用植物如肉苁蓉、锁阳等时，必须同时引种其寄主。有些药用植物在引种到新地区后生长发育良好，但病虫害却十分严重，就是因为在新环境中，生态系统发生很大变化，各种条件对药用植物病原菌或害虫不能抑制而引起。

(5) 药用植物引种驯化成功的标准：达尔文曾对引种驯化成败与否作过如下评述："动物、植物在新的环境中能生活下去，而且又能生育后代，证明驯化成功了"。有的从经济学观点认为，以获得一定的经济产量为标准。鉴于药用植物对于品质的要求，主要从以下四个方面来衡量：与原产地比较，植株不需要采取特殊保护措施，能正常生长发育，并获得一定产量；能够以原有的或常规可行的繁殖方式进行正常生产；没有改变原有的性状特征、药效成分和含量以及医疗效果；引种后有较好的经济效益、社会效益及生态效益。

3. 药用植物人工栽培　栽培是药用植物资源人工培育最快捷、最有效的方法之一。由于药用植物种类繁多，不同的种质、不同的生态环境、不同的栽培技术、不同的采收加工方法等都会影响药材的产量和质量。因此，加强中药材的产前（对大气、水质、土壤环境生态因子的要求；正确鉴定物种，种质资源的优质化）、产中（优良的栽培技术措施，要点是田间管理和病虫害防治）、产后（确定适宜采收期及产地加工技术，包装、储藏、质量管理等）的系统管理，形成完整的生产和管理技术体系，有利于促进药用植物人工栽培产业化发展，对保证中药安全、有效、稳定、质量可控有着重要的作用。

药用植物是一个庞大的植物类群，有杜仲、连翘，枸杞等木本树种，有金银花、罗汉果、山药等藤本植物，也有黄芪、甘草、丹参等多年生草本和红花、薏苡等一年生草本，不同的植物类群栽培的方式及技术各异。而栽培的共性技术主要包括：

(1) 栽培制度：是各种栽培植物在农田上的部署和相互结合方式的总称。它是某单位或某地区的所有栽培植物在该地空间上和时间上的配置，包括种植布局技术、复种技术、间混套作与立体种植技术、轮作或连作技术等。制订药用植物栽培制度应该在符合整体农业种植制度的大前提下，根据药用植物自身的生产特点进行规划和布局。

(2) 选地整地：因地制宜选择适宜的土地以及栽培适销对路的品种是药用植物栽培的关键。整地技术包括全面整地、带状整地、块状整地、阶地整地等。

(3) 良种繁育：优良品种是优质药材的"源头"。良种选育的目标是利用、调整、改良药用植物自身遗传性，培育优良品种，使之更易栽培，并具备更高的药用价值。主要包括：育种目标的制订，种质资源搜集、保存、研究利用，人工诱导变异的途径、方法和技术，杂种优势利用的途径和方法，目标性状的遗传、鉴定及选育方法，育种不同阶段的田间和实验室试验技术，新品种（系）审定或认定、推广和种子（苗）繁育等。

(4) 播种：药用植物播种可分为大田直播和育苗移栽两种方式。药用植物种子大多数可直播于大田，但有的种子极小，幼苗较柔弱，需要特殊管理；有的苗期很长，或者在生长期较短的地区引种需要延长其生育期的种类，适合先在苗床育苗，培育成健壮苗株，然后按各自特性移栽定植于适宜生长的环境。

笔记

(5) 田间管理：田间管理是指从播种到收获整个过程中所进行的一系列管理措施总称。其措施主要包括间苗、定苗、补苗、中耕除草、培土、肥水调控、灌溉、排水和病虫害防治等。此外，对某些药用植物还必须进行一些特殊的管理，如修剪、打顶、摘蕾、人工授粉、遮阴和防寒冻等。田间管理就是充分利用各种有利因素，克服不利因素，使药用植物的生长发育朝着人们需要的方向发展，从而达到优质、丰产的目的。

(6) 采收与产地加工：采收期确定的原则是在优先选择活性成分含量高、毒性成分含量低的前提下，适当兼顾产量确定最适采收期。药用植物采收后，除少数鲜用，如鲜生地、鲜石斛、鲜芦根等，绝大多数均需在产地及时进行初步处理与干燥，称之为"产地加工"或"初加工"。由于药用植物种类繁多，根据其药材的形、色、气味、质地及其含有的物质不同，加工的要求也各不相同。一般说来都应该达到体型完整、含水量适度、色泽好、香气散失少、不变味、活性物质破坏少的要求，以确保药材商品的规格和品质。产地加工的目的是纯净药材，防止霉烂变质、保持药效、利于贮运，加工方法主要有清选、清洗、去皮、修整、蒸、煮、烫、浸漂、切制、发汗、揉搓、干燥等。

总之，药用植物人工培育是药用植物资源保护、扩大、再生的最有效手段，也是目前药用植物资源再生的主要方法。

(二) 药用动物资源的人工养殖

药用动物是指身体的全部或局部可以入药的动物，它们所产生的药物统称为动物药。药用动物可提供的入药部分很广，包括全体(活体、干燥体)、内脏、肌肉、骨骼、皮毛、鳞甲、贝壳、卵、分泌物及生理和病理产物等。动物药活性强、疗效高，是中国医药宝库中的重要组成部分，也是世界药物资源中的宝贵财富。我国对野生动物的驯养，历史悠久，经验丰富，现有药用动物 1500 余种，分布于陆地、内陆水域和海洋。由于天然资源的破坏和生态环境的恶化，动物药中的紧缺品种日益增多，药用动物的人工养殖日显重要。

1. 药用动物的引种　引种是野生动物变为家养的第一个重要环节，由于人工改变了动物的生活环境，对动物是一场生命力和适应性的严峻考验，引种时应切实做好以下几项工作：

(1) 习性调查：习性调查是一项基础性工作，通过调查可以摸清动物在野生状态下的生活规律，掌握动物生长所需条件，保证动物正常生活、繁殖、生长发育并获取优良的产品，习性调查内容很多，应特别注意对动物生境、食性和行为的调查。

(2) 捕捉：对野生动物的捕捉，除了力求避免对机体的损伤之外，还应注意尽量减少精神损伤，对初捕动物要尽量在原地暂养一个时期，保持安静，给予动物最喜食的食物，养到动物不拒食和精神稳定之后再起运，幼龄动物比成年动物易捕获，运输，驯化与养殖，引种时应多以幼龄动物为主，并在年龄与性别比例上适当搭配。

(3) 检疫：很多野生动物饲养场，由于引种时不检疫而出现严重后果，如驯鹿的结核病、野猪的囊虫病等都较普遍，野生动物家养之前必须严格检疫，初捕之后要在原地暂养和观察一段时期，运回饲养场后，一般也应与原饲养动物群隔离，饲养一段时间之后再合群。

(4) 运输：野生动物未经驯化，运输时要尽量缩短时间，避免时走时停和中途变换运输工具，一般来说，成年动物比幼年动物难运输，雄性比雌性难运输，独居性动物比

笔记

群居性动物难运输，肉食动物比草食动物难运输，运输时应根据动物的体型大小，生理及行为特征，采取遮光运输、麻醉运输、淋水湿运或增水缩食等方式。

2. 药用动物的驯化　简言之，将野生动物驯养成家畜的过程叫驯化。野生动物驯化使动物的生存环境改善，营养得到保证，患病机会减少，还可增加动物产量，提高经济效益，保障药用动物来源。对野生动物的驯化是人类利用自然资源的一种特殊手段，通过驯化实现对野生动物的全面控制并进行再生产。

3. 药用动物的饲养　当前人工饲养的药用动物，多为野生的和半驯化的动物，不能生搬硬套家畜、家禽等已有很高驯化程度动物的饲养方式和方法，应用生态学研究对药用动物饲养非常重要，其中种群生态学和系统生态学的理论更有指导意义。人类要想得到比野生状态下更多的医药产品，必须实行药用动物的集中生产，这样饲养动物的密度比野外大许多倍，动物群的组成与结构，年龄比例和性别比例都要发生很大的变化，这种新的比例关系是在人类有计划的安排下形成的。此外，动物饲养环境的气候调节、场舍布局、食物供应、污物清除等，都是在人工控制下进行的。这样，就使人工养殖的药用动物产生了新的种内、外生态关系，并在繁殖、生长发育和动物生产上，显示出新的生产潜力。

(1) 生活环境：药用动物的生活环境应尽量接近动物的野生状态，并要求安静干燥、排水良好、通风向阳、冬暖夏凉，有比较充足优质的水源，水畜的饲养场地必须选择有水塘、河畔、湖泊等水源的边缘地带，划出一定的水面供水禽戏水。

(2) 饲养方式：分为散放饲养和控制饲养两大类。

散放饲养　散放饲养是我国多年来沿用的饲养方式，包括全散放饲养和半散放饲养两种类型。全散放饲养，是指散养区内的地势、气候、植被以及动物群落组成条件有利于本种动物发展，没有敌害，并有限制本种动物水平扩散的天然屏障，即把动物活动范围局限在一定区域内，该饲养方式使动物基本处于野生状态，投入少成本低。半散放饲养，是指在限制动物水平扩散的天然屏障基础上，配合人工隔离措施，如电牧栏、铁丝网、围墙、水沟等，将动物活动范围限制在一定的区域内，在动物采食天然食料的基础上，适当补充人工食料。在一般情况下，仅是补充精料、食盐和饮水。半散放饲养较全散放饲养范围小，养殖密度大，单产高，但要有适当的投资。

控制饲养　将动物基本置于人工环境下，占地面积小，饲养密度较大，单产较高，但投资多，可分为半密集饲养和高密度饲养两类。半密集饲养类型包括了我国目前大多数的药用动物场，是以人工操作为基础的动物驯养和半驯养。高密度饲养是指单位面积内的动物数量多，要求环境条件处于最佳状态，饲料、饮水及污物清扫的自动化程度高。

(3) 饲料：各种药用动物都有其特殊食性。药用动物在食物范围上有广食性、狭食性之分，在食物性质上有肉食性、草食性和杂食性之分。人工饲养工作必须在充分了解动物食性的基础上根据其营养要求，合理配制饲料，才能保障药用动物在家养条件下的生存。药用动物的饲料配方必须从蛋白质、脂类、糖类、维生素、矿物质和水等方面，满足不同食性动物的需求，并满足药用动物生长的特殊需要。药用动物的饲料性状应符合动物饮食习惯，饲料原料的来源必须稳定和有保障，原料储存和加工应避免遭受害虫、化学、物理、微生物污染物或其他不良物质的污染。

(4) 饲养管理：饲养管理主要包括人员健康与技术管理、场地环境管理与设施设

备管理、动物管理三方面内容。其中，动物管理包括制定动物常规饲养、繁殖配种、幼仔护理、免疫接种、发病情况和放牧的管理制度和操作规程，动物青春期和繁殖发情期容易发生斗殴和自残现象，要针对性地采取相应措施予以预防。

(5) 繁殖：动物繁殖除了与内分泌机制、营养状况（肥满度）和新陈代谢水平等内部因素有关外，还受到外界环境条件季节性变化的明显影响。如每当春季来临，昆虫便从越冬的卵中孵化或从蛹中羽化而出，有冬眠习性的动物开始苏醒，大多数动物种类在此时进入了繁殖期。在影响动物繁殖的生活条件中，光照、温度和食物是三个重要因素，以哺乳动物为例，当生活条件不能满足其基本要求时，往往会出现性腺发育不良，发情和配种能力下降，不能受精或受精率降低，胚胎不能着床，胚胎吸收或流产，产后哺乳不足和仔代生活力衰弱等现象。这些现象在野生状态和人工养殖时均有可能出现。通过研究动物的繁殖规律和繁殖技术，可提高药用动物繁殖率，指导人工养殖工作。

(6) 疫病防治：坚持"预防为主，防治结合"的方针，建立切实可行的防疫制度，做好环境清洁卫生，定期捕杀昆虫鼠害，驱除动物寄生虫，接种疫苗等，防止疫病的发生与传播。发现患病动物要及时隔离治疗，并对环境进行消毒处理。做好死亡动物尸体的处理和掩埋。

4. 药用动物的育种　动物育种是研究如何运用生物学的基本原理与方法，特别是运用繁殖学、发生学等理论与方法来改良动物的遗传性状，培育出更能适应于人类各方面要求的高产类群、新品系或新品种。我国药用动物养殖和育种工作现状大体有以下四种情况：已经培育出优良品种的药用动物，如乌鸡、家蚕、蜜蜂等；已经培育出优良类群但尚未达到品种标准的药用动物；发现了优良野生种群并进行了引种驯养的药用动物；与野生型无明显差异仅做初步驯养的则占大多数。目前，我国药用动物育种多数尚无明确的育种目标、实施计划、组织机构和育种谱系等安排，选育工作仅是为了增加产品，提高生活力而进行。科学的育种工作应是有目标、有计划、有组织、有步骤地进行，从工作内容上大体包括性状分析、选择（选种和选配）、繁殖（交配、产仔等）、培育（驯变与饲养）等步骤。

(1) 遗传性状：动物品种的形成，除遗传因素的决定性影响之外，生态条件和人工选育都具有重要作用。气候类型、环境条件、营养物质与人工选择等共同作用使驯养动物出现了具有不同遗传特点和生产性能的各种品种、品系或类群。动物品种选育的目的是保存和发展优良的性状，淘汰不良的性状。这里包括对动物遗传基因的分析、组合和对环境条件的控制、运用，可见动物遗传性状的多样性是进行药用动物新品种选育的基础与前提。

(2) 选择：选择是人类改良物种的手段。通过选择可以保存和发展动物的某些优良基因，也可以淘汰某些不良基因，从而改变了群体的基因频率和基因组合，并导致动物体产生变异。作为育种手段的人工选择包括选种和选配两个方面。

选种是对参加配种的动物，不论雄性或雌性，进行种质优劣、生产力高低、性状好坏的有计划选择，从而不断地提高后代的质量，并使其朝着人类需要的方向发展。选种的方法首先是对动物的体质、外形和生产力的综合鉴定，在各方面达标的前提下，集中力量选择几个主要生产性状，这样才能加速遗传进展和提高选种效果。

选配就是对动物的配对加以人工控制，使优秀个体获得更多的交配机会，并使优

笔记

良基因更好地重新组合,促进动物的改良和提高。选配时,要对参加配种的动物个体或群体在年龄、体质、雌雄比例、配种方式和方法上进行优选,充分发掘动物的生产潜力。选配大体可分为个体选配和群体选配。个体选配主要考虑配偶双方的品质对比和亲缘关系,群体选配则主要考虑配偶双方所属种群的特性,以及它们的异同在后代中可能产生的作用。选配是改良动物种群和创造新种群的有力手段。

(3) 交配:交配是动物的有性繁殖过程,动物交配有随机交配、表型组合交配和基因型组合交配三种方式。

(4) 培育:在育种工作中,除了选择作用,对子代的后天培育也非常重要,培育工作跟不上,优良性状在子代中也不一定能显示出来,有些很重要的遗传性状如产仔力、抗病力、生活力和生长速度等都对环境条件与营养状况的优劣反应敏感,基因型的表型可因营养条件而变化。在实际工作中要切实掌握基因型、环境和表型三者之间的关系,使选择和培育工作有效地结合起来才能选育出优良的药用动物品种。

三、中药资源人工培育的发展现状

(一) 药用植物资源人工培育现状

1. 药用植物资源人工培育发展动态　药用植物资源是中药材的主要来源,无论是发展中国家还是发达国家,植物药的使用都在不断增加,但是,由于过量采挖,野生药用植物的种类日益减少。因此,药用植物的野生抚育、引种驯化、人工种植与育种是药用植物资源发展的必然趋势。自 20 世纪 50 年代至今我国野生变家种成功的药用植物主要有防风、龙胆、柴胡、细辛、甘草、半夏、丹参、天麻、山茱萸、黄芩、知母、何首乌、绞股蓝、钩藤、紫草、猫爪草、雷公藤、罗汉果、麻黄、川贝母等 200 多个品种。从国外引进的有颠茄、番红花、西洋参、白豆蔻、儿茶、丁香、檀香、马钱子、古柯、印度萝芙木、毛花洋地黄、狭叶番泻叶、安息香、大风子、南天仙子、水飞蓟、胖大海等 30 余种,均已在我国成功栽培。药用植物野生变家种或从国外引进品种的种植,无论规模还是品种都达到了历史未有的水平。

中药资源的人工培育已成为中医药事业的重要基础组分。据调查,全国药用植物种植面积已达到了前所未有的规模,中药材的在地面积超过 933 万公顷,人工生产的中药材占整个药材消耗量的 70% 以上。我国现有药材基地 650 个左右,东部地区主要有人参、五味子、党参、浙贝母等大宗药材基地,西部地区则有诸如甘草、麻黄、黄芪、当归、川芎、川贝母、枸杞、防风、三七、新疆紫草、大黄、羌活、红花、胡黄连、黄连、附子、肉从蓉、黄芩、知母等大宗药材的种植基地,面积占全国总面积约 60%。

近十年来,中药材品种选育工作在国家大力扶持下已积累了一定基础。目前有开展种质选育的中药材物种从上世纪 10 余个发展到 80 余个(表 8-2),包括北柴胡、丹参、枸杞、人参、荆芥、桔梗、远志、当归等,人工选育优良新品种约 230 个,据报道推广 160 余个,占到良种总数的 72% 左右。虽然中药材新品种选育已取得较大进展,但中药材的人工培育现状并不容乐观,首先是人工栽培的中药材仍有很大比例无良种的品种,其次是许多获得推广的良种,在实践栽培中很快退化,其“优良性”并不持久,再次是从新品种选育方法分析,目前中药材以引种、集团选育、无性系繁殖等为主,使用系统选育、杂交育种、化学或辐射诱变、组培脱毒等方法较少,中药材选育方法已多呈现出“选”而非“育”的阶段。

笔记

表 8-2　已选育出新品种药用植物

序号	药材名	育出品种数	推广品种数	序号	药材名	育出品种数	推广品种数
1	丹参	11	9	36	滇龙胆	2	0
2	金银花	11	11	37	滇重楼	2	2
3	铁皮石斛	9	8	38	葛根	2	2
4	人参	8	1	39	粉葛	2	2
5	青蒿	8	8	40	钩藤	2	2
6	枸杞	7	4	41	红花	2	2
7	黄姜	7	7	42	金线莲	2	0
8	薏苡	7	6	43	荆芥	2	1
9	桔梗	6	1	44	麦冬	2	2
10	菊花	6	4	45	山药	2	2
11	罗汉果	6	5	46	山茱萸	2	2
12	太子参	6	5	47	水飞蓟	2	0
13	当归	5	5	48	玄参	2	2
14	北柴胡	4	2	49	白芍	1	1
15	杜仲	4	4	50	苍术	1	0
16	山银花	4	4	51	蝉拟青霉(蝉花)	1	0
17	月见草	4	4	52	大黄	1	1
18	紫苏	4	1	53	地黄	1	1
19	半夏	3	2	54	叠鞘石斛	1	1
20	党参	3	0	55	赶黄草	1	1
21	附子	3	3	56	红柴胡	1	1
22	黄芪	3	0	57	厚朴	1	1
23	黄芩	3	2	58	黄栀子	1	0
24	绞股蓝	3	3	59	金荞麦	1	1
25	灵芝	3	3	60	栝楼	1	0
26	鱼腥草	3	3	61	雷公藤	1	1
27	沙棘	3	3	62	蔓性千斤拔	1	1
28	天冬	3	3	63	牛膝	1	1
29	天麻	3	3	64	蓬莪术	1	1
30	五味子	3	3	65	千层塔	1	1
31	西洋参	2	2	66	三七	1	0
32	玉竹	2	0	67	蛇足石杉	1	1
33	白芷	2	2	68	石蒜	1	1
34	川芎	2	2	69	水栀子	1	1
35	灯盏花	2	1	70	菘蓝	1	1

笔记

续表

序号	药材名	育出品种数	推广品种数	序号	药材名	育出品种数	推广品种数
71	温郁金	1	1	77	远志	1	1
72	仙草(凉粉草)	1	1	78	浙贝母	1	1
73	延胡索	1	1	79	竹节参	1	1
74	野葛	1	1	80	博落回	1	1
75	郁金	1	1	81	茯苓	1	1
76	元胡	1	0				

2. 药用植物资源人工培育面临的主要问题

(1) 种子种苗质量标准和优良品种选育工作滞后：我国中药材新品种选育研究尚停留在种质资源评价的“初级”阶段，中药材良种选育才刚刚起步，育种手段和方法落后，新品种选育体系、评价体系、繁育体系没有建立，多数药用植物缺乏种子种苗质量标准，导致其出苗、生长、发育参差不齐。以“选多育少”形式获得的“优良品种”，其引种栽培历史较短，保留有许多野生性状，种质混杂，表现为种内变异的多样性，如栽培的山茱萸果型有石磙枣、马牙枣、珍珠红等类型，形态特征的差异，带来了产量和质量的不同。因此我国药用植物的优良品种选育与种子种苗质量标准亟需加强。

(2) 中药材的栽培、加工技术不规范：道地药材、大宗药材栽培技术研究推广力度不大，中药材的种植没有严格的规程，生产管理粗放，单产低、质量差的现象较为普遍。有些优良的栽培、加工技术措施被抛弃，如党参加工现已很少揉搓。

(3) 病虫害防治研究比较薄弱：药用植物培育过程中病虫害种类多、危害大，缺乏防治知识，滥用、误用农药问题突出，对药用植物病虫害发生发展规律也缺乏深入研究，防治工作有一定的盲目性，生物防治相对薄弱，致使培育的药用植物产品中农药残留、有害重金属含量超标，不仅污染环境，破坏生态平衡，而且损害人体健康，严重影响了中药在国际市场上的竞争力。

(4) 基础性研究不足：在药用植物人工培育过程中，具体培育措施的制定，需要依据药用植物生物学特性、生理特性、生态学原理来进行，但目前这方面的研究相对薄弱，如地黄、人参等重茬问题。生产中药用植物盲目引种现象严重，有些药用植物经过长期种植，形态、产量、有效成分含量等方面发生了变异，形成了不同的种质，但生产中缺乏对各种种质的收集评价研究，使人工培育药材的质量参差不齐。

(5) 缺乏共性和特性质量评价标准：中药材规范化种植的目的是稳定中药材的产量和质量。产量的问题容易解决，但质量问题难以确定和衡量。在药材生产管理的全过程中，栽培技术措施的好与坏都应以产量和质量来衡量和确定，但关键问题是体现中医药特色的评价质量标准不健全。

3. 药用植物资源人工培育的发展策略

(1) 实现中药材人工培育的标准化，推行中药材规范化种植：中药标准化是中药现代化和国际化的基础与先决条件。中药标准化包括药材、饮片、炮制品和中成药标准化。其中中药材标准化是基础，而中药材的标准化有赖于中药材人工培育生产的规范化。中药材的品质是在一定的栽培生产过程中形成的，不同的种质、生态环境，

培育技术及其采收、加工与贮运等方法均会影响药材的质量和产量。推行中药材规范化种植可以从源头上保障中药质量,生产合格的原料药材,从而保证中药饮片、炮制品、中成药质量的稳定可靠。

(2) 按照产地适应性原则,建立稳定的药源基地:在众多的药材品种中,部分中药材的道地性很强,如产于吉林的人参,四川的川芎,河南的四大怀药,宁夏的枸杞,广西的罗汉果,浙江的浙贝母等等。生产中应尊重药材的道地性,做好引导规划、合理布局与产地区域化。实施中药材生产组织创新工程,培育现代中药材生产企业,运用企业模式对中药材生产进行组织管理,推进中药材基地共建共享,提高中药材生产组织化水平。

(3) 加强科学研究,夯实药用植物资源人工培育的基础:开展紧缺中药材资源再生和可持续利用的研究,对重要野生药用植物生物学特性、生长发育规律进行研究,变野生为家种,减少对野生资源的依赖和破坏。发展药用植物生态种植,合理轮作,运用间、套作及地膜覆盖等技术,维持田间生物多样性,减轻病虫草害发生,培肥地力,研究不同药用植物的需肥特性,设计不同的平衡配方施肥方案,建立"能源与肥料"共生体系,发挥"生物、有机、无机复合肥"三维优势,做到"有机与无机营养结合"、"大量与微量元素结合"、"速效与缓效结合"、"植物体内酶激活与土壤肥力有效性相结合",从而实现肥料的高效化、多功能化与无害化目标。加强中药资源品种选育、资源评价、产地加工等研究,提高药用植物种子种苗质量,从源头上保证我国中药商业的标准化水平符合国际市场的需求,夯实我国中药资源人工培育的基础。

(二) 药用动物资源人工培育发展现状

1. 药用动物资源人工培育发展动态　我国野生动物驯养历史悠久,在药用动物的人工培育方面积累了丰富经验,许多药用动物已经完成了从猎杀逐步过渡到人工养殖,从分散养殖到规范化、规模化养殖的过渡,目前我国已成功进行鹿、麝、熊、小灵猫、大灵猫、穿山甲、银环蛇、乌梢蛇、尖吻蝮蛇、全蝎、土鳖虫、蜈蚣、蚯蚓、中国林蛙、海马、甲鱼、珍珠贝类等药用动物的人工养殖,许多地方建立了药用动物养殖场,如对熊科动物的饲养、繁育,建立了"无痛自体引流"技术,终结了"杀熊取胆"时代,从根本上解决了熊胆资源利用问题,为熊胆产品的规模化、产业化、现代化生产提供了充足的原料,人工养殖不但保护了濒危的黑熊,还使熊胆的价格大大降低,对保护野生动物和善待药用动物奠定了良好的基础。

药用动物的引种驯化、饲料生产以及动物药工程化生产等方面都取得了重大进展,特别是动物药工程化生产工艺的发展可以大幅度地提高产量,如从珍珠、僵蚕的人工培养到蝎、蜈蚣、蛇类的电刺激采毒;从鹿的控光增茸到麝的激素增香,特别是活麝取香、活熊取胆汁及培植牛黄等工艺的发展使产量提高了许多倍;鹿茸细胞和麝香腺细胞的组织培养,使动物药生产进入了生物工程时期。

药用动物的新品种选育为整个行业的发展带来了巨大的经济效益。如双阳梅花鹿具有产茸量高、体型较大、外貌秀美等特点,目前全国饲养的东北梅花鹿亚种,大多数都与该品种有不同程度的血缘关系。近 20 年该品种在全国扩繁的种群,保守估计也已超过 30 万头,其创造的直接经济效益达 9 亿元人民币。因此药用动物的新品种选育研究是一个十分重要的课题。

2. 药用动物资源人工培育面临的问题　随着动物药临床应用的不断扩大,药用

笔记

动物资源的应用与研究存在不少问题。野生药用动物资源，尤其是某些珍稀药用动物资源大幅减少，甚至濒于绝迹。国际社会对我国使用动物药的高度关注，制约了动物药类中药的出口。药用动物资源基础研究薄弱，种质资源保护、规范化养殖、野生品种驯化、品种选育等工作进展缓慢。我国药用动物资源研究仍需进一步提高，从事药用动物资源研究的人才匮乏，特别是交叉、复合型人才缺乏。

3. 药用动物资源人工培育的对策

(1) 开展野生药用动物资源动态调查研究：动物药主要来源于野生、养殖、人工培植及人工合成等，其中野生、养殖是主要途径。掌握准确的药用动物资源品种与数量是药用动物资源可持续利用的前提。药用动物资源是一个不断变化的动态数据，随着工业化进程加快，动物栖息地正逐渐减少，导致动物迁居、数量减少，甚至濒临灭绝。利用现代科技手段开展野生药用动物资源的动态监测研究，可为药用动物资源开发应用研究提供基础数据。

(2) 开展药用动物驯化、养殖研究：我国开展药用动物驯化、养殖研究历史悠久，如蜜蜂的驯化与养殖，鹿的驯化和鹿茸的生产，金钱白花蛇、全蝎、土鳖虫的人工养殖，河蚌的人工育珠等已取得成功，并已形成商品药材供应市场。这一切均为我们大力开展珍稀、濒危、市场需求量大的药用动物的驯化、养殖提供了非常成功的经验。药用动物规范化养殖技术研究的主要品种应放在养殖成功和基本养殖成功的大宗动物药品种上。同时对现有大规模养殖的药用动物基地，应按 GAP 的要求加快改造，并对其生产的药材商品给予政策扶持和保护。

(3) 重视药用动物生态学、生理学研究：药用动物资源的可持续利用与发展，离不开药用动物的生态学、生理学研究，尤其是使用量大或珍稀、濒危药用动物，研究其与生长环境(包括生物和非生物)间的相互关系，药用动物机体功能，以及一般生理现象，如营养、生长、繁殖等，积累研究数据，为野生药用动物的保护、饲养及驯化提供科学的指导，如林蛙生态学研究，研究林蛙在野生环境下种群密度及活动规律，逐步由野生过渡到家养。药用动物习性研究是影响养殖业成功及成本的另一重要基础工作。如赛加羚羊养殖难以成功的原因，就在于对其繁殖习性研究不够，制约了养殖业的发展。穿山甲的主要食物是白蚁，因此白蚁繁殖以及穿山甲食性的驯化，成为养殖业发展的基础。银环蛇的养殖已基本成功，但在其食性驯化上依旧存在较大的问题，以单一的鳝鱼来饲喂银环蛇，其成本过于昂贵。

(4) 进行动物药材代用品和人工合成品研究：人工代用品和合成品是缓解珍稀、濒危动物药紧缺的重要材料。在代用品研究方面如水牛角代犀牛角，塞隆骨代虎骨等，再如利用现代技术在牛、羊的胆囊中人为培植结石，生产牛黄和羊宝。在人工合成品研究方面，除人工牛黄早已上市外，近来人工麝香、人工虎骨粉也相继上市，这标志着我国在名贵动物药替代品研究中又取得了新的突破。

第二节　中药资源的人工培育技术

近几十年来，中药资源人工培育事业迅速发展，天麻、罗汉果等已成功由野生变为家种。另外，西洋参、番红花等国外名贵药用植物资源也已在我国培育成功。随着现代生物学、农学、药物学、动物学的新技术开始广泛融入到中药资源人工培育中，栽

笔记

培粗放、品种混杂、农药污染、药材质量不稳定等以前遗留下来的难题以及新出现的问题正在逐步获得解决。

一、中药资源的良种选育技术

中药资源良种选育是特指选育药用植物优良品种。优良种质，是指具有优良的遗传物质基础，且能表达出种子、种苗质量好，有效成分含量高，无公害，无污染，无病虫害，抗逆性强，优质高产等优良性状的种质。

生物界每一个物种都含有一套特定的种质基因，由于遗传的作用，使得每一个物种的生物体特征和生物学习性得以保持和延续，且相对稳定。但由于外界力量的作用和生物繁殖过程中遗传物质的重新配置，使得每种生物的子代个体和亲代个体之间表现出或大或小的差异，这就是变异。遗传保证物种种性稳定延续，而变异则造成了物种种质的差异。从生物进化的角度看，这种变异可以从量变累积到质变，从而形成新的类型和产生新的种质，可以说变异是物种进化的动力。

（一）中药资源的种质创新

要想得到新的物种就要有新的变异产生，可在原物种基础上引入新的遗传物质，或诱导遗传物质发生变化来促使新变异产生。所以，要进行种质创新，就要利用遗传和变异的原理。人为创造变异来源，累积变异，并让其能稳定遗传并保持下来，从而使新的种质产生。但在中药新种质的产生过程中，一定要以疗效保证和有效成分的提高作为种质创新的前提。中药资源种质创新常可采用以下几种方法：

1. 杂交育种　杂交育种是根据育种目标选择合适的亲本，通过杂交和选育过程来获得新种质的育种方法。杂交是由两个亲本（父本、母本），通过有性过程（有性杂交）或营养体结合（无性杂交），来产生杂种有机体的方法。有性杂交过程分为去雄、授粉、杂交种子的采收等几个步骤。其方法是：母本是两性花的在杂交前去掉雄蕊后隔离；待母本的雌蕊柱头分泌黏液时，取来自父本的花粉授到母本的柱头上，立即套袋挂牌（注明杂交组合及授粉日期）；待成熟后连同挂牌一起按杂交组合采收从而得杂种一代的种子。

通过杂交获得的杂种一代具有杂种优势，杂种优势是指杂交子代在某些性状上会优于父母双亲，如抗逆性、适应性增强，产量和品质提高等。某些远缘杂交的杂交后代杂交优势表现更强。例如，对豆蔻属爪哇白豆蔻 × 泰国白豆蔻进行种间杂交，成功获得了长势良好、优质高产的杂种后代“豆蔻 1 号”。杂种优势在生产方面的应用具有很悠久的历史。著名的杂交水稻就是利用杂种优势的范例。中药对杂种优势的利用，可采用的策略是将杂种一代植株进行营养繁殖（如扦插繁殖、分株繁殖、嫁接繁殖），使其后代不经过有性繁殖的遗传物质重新组合和配置的过程，从而直接保持其母体的生物学特性，即保持了杂种一代的杂种优势。

杂种后代的遗传则会由于在有性繁殖过程中其内部的遗传物质的重新组合和配置，而表现出严重的分离现象，群体很不稳定，因此杂交后代必须通过多世代的培育和选择，定向选择符合育种目标的个体，繁殖成株系，直到杂种后代的群体能稳定遗传，从而达到杂交育种的目的，得到新的具有两亲本优良性状的种质类型。

2. 多倍体育种和单倍体育种　自然界各种生物的染色体数目是恒定的，这是物种的重要特征。遗传学上把一个配子的染色体数，称为染色体组，用 n 表示。凡是生

笔记

物体内细胞核中含有一套完整染色体组（n）的生物体称单倍体（haploid），凡是生物体内细胞核中具有两套染色体组（$2n$）的生物体称二倍体（diploid），细胞核中具有两套以上染色体组的生物体称多倍体（polyploid）。自然界的生物多数是二倍体。

多倍体往往具有一般二倍体所没有的经济性状，如种子、果实等器官增大，生长适应性广、抗病性强等。用人工诱导培育多倍体植物的方法称多倍体育种。人工诱导多倍体的方法多采用秋水仙素进行染色体加倍，即秋水仙素能抑制细胞分裂时纺锤丝的形成，细胞核未能分裂成两个子核，从而产生染色体数目加倍的核。若染色体数目加倍的细胞进行分裂分化就可能得到多倍体植株。例如，用秋水仙素处理菘蓝的种子和茎顶生长点 6 至 12 小时，均可获得四倍体植株，经过数代选育，可获得性状稳定、繁殖力正常、根与叶中活性成分均有较大幅度提高、生产性能良好的品系。

利用单倍体植株进行加倍、选择和培育等步骤育成新品种的方法称为单倍体育种。单倍体的获得往往采用花药培养技术，诱导花粉粒形成愈伤组织，进而诱导分化成单倍体植株的人工离体培养方法。单倍体育种的意义在于，单倍体植株的人工诱变率高，新的变异多，育种成效大；对单倍体植株进行染色体加倍，可快速稳定杂种性状，避免杂种后代的分离，缩短育种年限，从而得到新的种质资源。

3. 选择育种　从现有的品种或天然的群体中选择单一植株繁育成株系进而育成新品种的方法称选择育种。在现有的品种中或天然群体内，由于内因或外因的作用，常有某些个体出现一些变异性状，有些性状是可以遗传的，并具有优良的经济性状，这就为选择育种创造了前提，也就为优良类型的选育提供了物质基础，在此基础上按一定的育种目标进行人工选择，选留符合目标的个体繁殖成株系，使变异方向固定，积累和强化这些优良的变异性状，形成一个优良的新种质类型。在中药的选择育种过程中，应将具有较高的药材产量和获得更多的药用有效成分作为选择育种的目标。例如，以野生三角帆蚌种群为家系选育的基础群，采用家系选择和个体选择相结合的方法，对壳宽、体重 2 个经济性状进行了遗传改良，选育群的形态结构更适于生产培育大、光、圆的淡水珍珠，其生产、育珠性能更优，可作为生产利用的种质孵化群体。

4. 辐射育种　辐射育种也称为人工诱变育种，是用物理或化学的方法对植物某些器官或整个植株进行处理，诱导植物的性状发生突变，即细胞内遗传物质染色体发生断裂和重排，遗传发生变异，继而产生新的性状，然后在诱导变异的个体中，选择符合人类需要的植株进行培育，从而得到新的种质类型。中药的诱变育种具有其特殊的育种目标，在注重农艺性状的同时，还要加强对药用性状的选择。如，通过紫外线、微波复合诱变的蛹虫草菌株，其虫草多糖的含量可以提高 17%。

5. 体细胞杂交育种　体细胞杂交就是将来自不同种质的植物的体细胞在人工控制的条件下，如同两性细胞受精那样，人工完成全面融合的过程，继而把融合的细胞诱导培养成一个新的杂种植株。采用这种方法综合两种植物的优良性状，创造新的变异，再从中选取新类型育出新品种的方法。植物体细胞杂交产生的杂种是双二倍体，其可育性和遗传稳定性比远缘有性杂交好得多。例如，用电融合法对人参与胡萝卜进行体细胞融合，获得 8 个愈伤组织无性系均含有皂苷成分，其中 5 个比人参含量高，提高了人参次生代谢产物含量，体现了杂种优势。因此，利用原生质体融合进行体细胞杂交，可打破种间隔离，克服远缘杂交不亲和性，从而可广泛的进行遗传物质的组合，为培育中药的新的种质类型开辟了新途径。

笔记

6. 基因工程育种　是将外源目的基因导入宿主植物细胞，使其获得新的遗传基因，表现出新的性状并以此培育新品种的育种方法，是现代生物技术在育种领域的应用，有着广阔的发展前景。基因工程是在分子水平上对基因进行体外操作的一项专门技术，植物基因工程是应用基因工程的普遍原理和通用技术，以植物细胞为对象，通过外源目的基因的转移、整合和表达，对植物的遗传物质进行更新和改造，进而改良植物的遗传性状或获得新的基因产品。

(二) 优良品种的选育

优良品种是指某些具有有效成分含量高，种子种苗无污染、病虫害少、抗逆性强、优质高产特性的中药种质。要获得优良的种质必须对其进行筛选，可进行种子、种苗的质量鉴定，也可在优良种质的繁殖过程中进行观察测定和鉴定，进行优中选优。对于优良种质的鉴定可在其繁殖过程中，边观察记录边鉴定。优良品种的鉴定及选育主要从以下几方面进行。

1. 优良种质特征、特性的鉴定

(1) 农艺性状的鉴定：是指与农业生产或栽培活动关系密切的一些性状的观察和鉴定，如出苗期、现蕾期、开花期、结果期、果熟期等。

(2) 植物学性状的鉴定：描述每份材料的主要植物学性状，如各器官的形态大小的测量和记录。植物形态应注意根、茎、叶、花、果实和种子等部位的观察，其中对繁殖器官(花、果实、种子、孢子囊、子实体等)尤其要仔细观察，可借助放大镜等观察繁殖器官的构造。

(3) 病虫害性状的鉴定：观察和记载各材料的病虫害情况，有无受害以及受害程度如何。

(4) 抗逆性鉴定：人为给予不良的环境条件，再观察记载抗逆性情况，如耐旱测定、耐贫瘠测定等。

(5) 品种鉴定：主要指药用部位或器官的有效成分含量的测定和种子质量测定。

2. 优良品种的选育方法　优良品种的选育也就是优良种质的筛选与繁育，是指根据育种目标进行选择和培育，从而获得能稳定遗传的优良种质的过程，是获得中药优良品种的基础工作。具体内容有：

(1) 确定选育目标：应根据药材生产的需要来确定，如选育含有较多药用活性成分的品种，以及选择产量高、对病虫害及环境胁迫的抗耐性强、早熟及对耕作制度和机械化作业适应性强的品种作为选育目标。

(2) 收集原始材料：所有天然群体或人工群体中的个体都可作为选择的原始材料。选择的前提是群体内存在有差异或变异，这些差异或变异越大，选出优良类型的可能性越大，选择效益越好。

(3) 选育途径：主要通过以下几个步骤来进行

选择优良的边缘个体　在种植原始材料群体的地块中，选择较符合育种目标的优良个体，分别进行脱粒，并对其特点加以记录、编号，以备对其后代进行检验。

株行试验　一个单株的种子种成一个株行，也称株系。将上季当选的各单株的种子分别种植成株行，每隔几行设一对照行，对照行种植原始品种或已推广的良种，将植株个体之间目标性状表现整齐一致的株行选择出来，作为品系参加之后的品系比较试验，并做有效成分含量的定性定量测定。

笔记

品系比较试验 一个株系的种子种植成的小区即为品系。将当选的株系种子分别种成小区，种植标准品种以小区作为对照，以供比较。并设置重复，一般重复3~6次，以减小试验误差提高精确性。试验时，须根据育种目标进行田间性状和室内品质等的鉴定来选出优良品系。品系比较试验一般进行两年。

获得新品系 经过两年的品系比较试验，根据田间和室内鉴定结果，选出比对照优越的品系1~2个，供区域试验用。

(4) 区域试验和生产试验：新育成的品系需要进行区域试验，在不同的地区、不同地方进行试种，以测定其所适应的地区范围；同时进行生产试验，生产试验的面积、种植方法与大田一致，以鉴定其在大面积生产条件下的表现。根据两种试验结果进行品种审定，合格的品种就可以开始大面积推广。

(5) 新品种申报：各省、市、区的品种审定暂行条例规定，申报的新品种必须经一定年限的省（市、区）的区域试验，证明综合性状优良、稳定、产量高于当地同类型推广品种的原种10%以上；或者品质、成熟期、抗逆性等其中的一项甚至数项性状突出表现者，方可报审。向全国品种审定委员会申报审定的品种必须经省级品种审定委员会审定通过。

(6) 新品种审定：新品种审定时，不能按一般品种比较试验依其产量位次评定品种优劣，而是按品种区域试验的鉴定原则，从各参试品种在不同年份和不同地区的综合表现，分区评选出适合各地区推广的优良品种。经各省、市、区审定通过的品种，其命名由选育单位或个人提出建议，品种审定委员会审议决定，然后统一编号、登记、正式公布，发给品种审定合格证书。向全国品种审定委员会报审的品种通过各专业委员会审定后，整理品种评语，提交全国品种审定委员会正副主任办公会议审定后，统一编号命名，登记，由农业部签发审定合格证书。

(7) 新种推广：新品种通过品种区域试验和生产试验后，根据试验结果，经各省、市、自治区级或国家品种审定组织审定。合格的通过品种审定后的品种，就可以开始大面积推广种植。

二、中药资源的引种驯化与适生区预测技术

(一) 药用植物的引种驯化

药用植物的引种驯化，就是把外地或外国的某一中药（或天然药物）引到本地或本国栽培，经过一年或多年的自然选择或人工选择，使外来植物适应本地自然环境和栽培条件，成为能满足生产需要的本地植物的过程。它主要包括两个方面：一是将野生变为家种，二是将外地栽培的植物引入本地栽培。

1. 药用植物引种驯化的意义和任务 任何植物对原产地和栽培地的适应性，是由植物系统发育在历史上形成的本性和外界环境条件相统一决定的。但这两种因素及其形成的相互关系，不是静态不变的，而是动态变化的。因此，我们可以通过引种驯化的途径，对药用植物进行合理的干预和培育，使之朝着我们所要求的方向改变，以满足医疗卫生事业发展的需要。对药用植物而言，其引种驯化目的在于通过引种驯化，使中药（或天然药物）有效成分得以保持或提高。

在引种驯化过程中，可能出现两种情况：一是新地区的自然条件与该植物的原产地相差不大，基本上不存在重新适应的过程。在这种情况下，被引种的植物在新地区

笔记

的栽培，其固有的遗传性不会发生改变。二是新地区的自然条件与该植物原产地有较大差异，在这种情况下，被引种的植物在新地区栽培，或由于不能适应而死亡，或被迫改变其固有遗传性而生存下来。如果遗传性的改变与生产的需要相吻合，引种驯化便获得成功。如果遗传性的改变造成某些重要经济性状不符合生产要求，或使中药的有效成分降低或损失，那么这种外来植物虽然能在新地区得以生存下来，可是引种驯化还是未能达到预期的目的。

通过我国劳动人民和医药工作者的辛勤努力，在过去的引种工作中已获得了丰富的经验和巨大的成就，把许多中药通过引种驯化变为家种；同时，引种驯化了多种原产国外的中药(或天然药物)，大大地丰富了我国中药资源和扩大了栽培区域。比如砂仁、槟榔、沉香、金鸡纳、颠茄、毛地黄等。在国内各省区相互引种驯化成功的道地药材以及野生变为家种的种类则更多，如过去产地集中的道地药材，现在已广泛引种推广的有云木香、地黄、红花、薏苡、白芷、川芎、芍药、怀牛膝等；野生植物成为家种的有贝母、黄芪、天麻、儿茶、巴戟天等。因此，在积极保护药源，合理利用野生资源的同时，应大力开展引种驯化工作，对实现就地生产，就地供应，满足人民保健事业的需要，加速我国社会主义现代化建设具有重大意义。引种驯化的主要任务有：

(1) 引种驯化国内常用的中药：为了适应防病治病的需要，对防治常见病、多发病的重要品种，应积极地引种试种和繁殖推广，如地黄、当归、党参、贝母、黄连等。

(2) 引种驯化国外重要的中药(或天然药物)：对国外原产的热带和亚热带的中药(或天然药物)，应积极地引种试种，以尽快地满足用药的需要，如乳香、没药、血竭、胖大海等。

(3) 引种驯化野生中药：野生中药资源日渐减少，不能满足需要，积极开展野生中药的引种驯化工作，成为当前生产上的迫切任务，如石斛等。各地区已引种成功的中药，应迅速繁殖，尽快推广，扩大生产。

(4) 开展中药引种驯化的科学研究：如中药的资源调查、选种和育种、病虫害防治、优质丰产的栽培技术、种子采收、贮藏、发芽问题、南药北移的越冬问题和北药南植的过夏问题等一系列研究工作都有待进一步开展。同时，由于这些研究工作内容多、综合性强，要与植物分类、生态、生理、遗传育种、农业化学、土壤、气象、植物保护、农业机械化等学科密切协作，有计划有目的地进行综合研究，以期收到较好的效果。

2. 药用植物引种驯化的步骤

(1) 准备阶段

调查和选择引种的种类　中药的种类繁多，各地名称不一，常有同名异物、同物异名的情况，常给引种工作带来困难。因此，在引种前必须进行详细的调查和研究，根据国家中药材生产计划和当地药材生产与供求的关系，确定需要引种的种类，并加以准确地鉴定。

掌握引种资料　引种所需的有关资料，包括引种中药原产地的海拔、地形、气候和土壤等自然条件，该植物的生物学和生态学特征，以及生长发育的相应阶段所要求的生态条件，对于栽培品种，还要详细了解该植物的选育历史、栽培技术、品种的主要性状、生长发育特征以及引种成败的经验教训等。

制定引种计划　引种计划的确定，必须根据调查研究掌握的资料结合本地区实际情况进行分析比较，并注意在引种过程中存在的主要问题，如南药北移的越冬问

笔记

题、北药南植的过夏问题、野生变家种的性状变异问题等，经全面分析考虑后，制定引种计划，提出引种的目的、要求、具体步骤、途径和措施等。

技术准备　引种计划确定后，就应根据预定计划迅速作好繁殖材料、技术方面和必要物质的准备。在搜集材料时，应选择优良品种和优良种子，并进行检疫、发芽试验、品质检查和种子处理等工作，还应注意种子、种苗的运输和保管，广泛收集有关栽培技术的文献资料，以备查阅参考。

(2) 试验阶段：引种驯化的田间试验，一般应先采用小区试验，然后大区试验，在多方面的反复试验中观察比较，将研究所得的良好结果应用于生产实践。在进行田间试验时，目的要明确，抓住生产上存在的关键问题进行试验，并注意田间试验的代表性、一致性和重复性。

田间试验前，必须制定试验计划，其主要内容包括：名词、项目、供试材料、方法、试验地点和基本情况(包括地势、土壤、水利及前作等)、试验的设计、耕作、播种及田间管理措施、观察记载、试验年限和预期效果等。

田间试验过程中，要详细观察记载，了解环境条件对植物生长发育的影响，因为环境条件的任何变化，都会在某种程度上引起植物性状上的相应变化，只有详细地、认真地观察记载，才能对试验结果做出正确地分析和结论。田间试验告一段落后，对观察记载的资料要认真总结，对每个阶段植物生长发育情况，提出初步结论，肯定结果，找出问题，以便进一步深入试验研究。

(3) 繁殖推广：引种的中药经过试验研究，获得一定的成果，就可以进行试点推广。在试点栽培中要继续观察，反复试验，通过实践证明这种中药引种后，已能适应本地区的自然条件，在当地生产上确能起增产作用，即可扩大生产，进行推广。

3. 药用植物引种驯化的方法

(1) 直接引种法：是指从外地的原产地将中药(或天然药物)直接种植到引种地的方法。在相同的气候带内，或两地的气候条件相似或植物本身适应性较强的条件下，可采用直接引种法，以下几种情况可采用此法：

位于温带的哈尔滨直接引种暖温带河北、山西等地的银杏、枸杞等，能正常生长，安全越冬，因为暖温带和温带相连接，在气候带上，它是温带向亚温带的过渡带，直接引种比较容易成功。

南方山地的中药引种到北方平原或由北方平原向南方山地引种，亦可采用直接引种法，如云木香从云南海拔3000m的高山地区，直接引种到北京低海拔50m的地区；三七从云南、广西高海拔1500m的地区，引种到江西海拔500~600m的地区；人参从东北海拔800~1000m的地区，引种到重庆南川金佛山海拔1700~2100m地区栽培，也获得成功。

将越南、印度尼西亚等热带地区的一些中药(或天然药物)，直接引种到我国海南岛、台湾等地栽培也较易成功。

长江流域各省之间的气候条件相似，很多中药可直接引种。如四川从浙江引种白术、延胡索、杭菊花；江苏从河南引种怀地黄、怀牛膝；从浙江引种浙贝母、芍药等，都获成功。

将南亚热带的穿心莲，越过中亚热带，直接引种到北亚热带地区，也获成功。

(2) 驯化引种法：是经过驯化，使被引种植物获得新的适应性的引种方法。对于

气候条件差异很大的地区或适应性差的中药，宜采用此法引种。例如，南方的砂仁、儿茶、萝芙木等若采用直接引种法移到北方栽培，就难以越冬。因此，要根据药用植物的生物学和生态学特性，采取多种措施加以逐步引种驯化，使之适应新的环境条件。驯化引种主要有下列方法：

实生苗的多世代选择　根据植物个体发育的理论，由种子产生的实生苗可塑性大，在植物幼苗发育阶段进行定向培育最容易动摇其遗传性，而产生与新的生态条件相适应的遗传变异性，从而获得适应引种植物的种子，在引种地区进行连续播种，经过几代的选择选出既适应新环境又能保持该品种优良特性的个体。例如毛地黄引种到北京，第一年播种出苗后，加以培育，对能自然越冬而留下的植株，采种后，第二年再播种，如此反复进行，逐渐使它增强抗旱性而适应当地的环境条件。此法只适用于气候条件稍有差别的地区之间进行引种驯化。

逐步驯化法　就是将所要引种的种子，分阶段逐步移到所要引种的地区。有两种方法，一是将引种的植物实生苗从原产地分阶段逐步向新的地区移植，使植物逐步经受新环境条件的锻炼，动摇其遗传保守性，而获得新的适应性。另一种是将引种植物的种子，分阶段播种到过渡地区，培育出下一代，连续播种几代，从中选出适应能力最强的植株，采收种子，再向另一过渡地区种植。如把南药逐渐北移，可用种子逐步引种驯化，成功的可能性较大。但此法要经很长时间，目前较少采用。根据逐步驯化的原理，可采用间接引用相邻地区引种成功所得到的种子，进行引种，短时间内较易达到驯化的目的。

此外，还可用无性杂交法、有性杂交法等进行引种驯化。

(3) 引种驯化过程中的注意事项：必须认真做好植物检疫工作，防止病虫害传播；引种时最好用种子繁殖实生苗，因实生苗的可塑性大，遗传保守性弱，容易受新环境的影响而产生新的适应性，同时，用种子开始引种，可以积累比较系统完整的引种驯化资料，有利于对引种结果进行全面分析，为进一步推广生产，制定栽培措施提供科学依据；生长期长的地区引种到生长期短的地区，利用种子繁殖时，要注意选择早熟品种，或进行温床育苗，延长植物的生长期；注意对种子和种苗的选择，不能从年龄太大、生长发育差、有病虫害的植株上采收种子；种源的选择，要注意引种种源的范围，一般选择当地或同一气候带的种源，最适于引种；对有些发芽困难或容易丧失发芽力的种子，在引种运输时应注意种子的保持（如用沙藏法），播种前应掌握种子的生理特性，采用适当的种子处理措施，促进发芽，如金鸡纳、细辛、五味子、黄连等；引种必须先行小面积试验研究，获得成功后才进行大面积的繁殖推广；南药北移时应注意越冬问题，北药南植时应注意过夏问题。解决越冬问题时，可以对种子进行低温锻炼，增加植物幼苗抗低温能力；或设立暖棚、风障、覆草及培土等防护技术措施。解决过夏问题的措施，常采用遮阴降温等。

（二）药用动物的引种驯化

对野生动物的驯化是人类利用自然资源的一种特殊手段，通过驯化达到对野生动物的全面控制并进行再生产。根据不同的目的和要求，驯化的方式、方法也有所不同。

1. 药用动物驯化　动物驯化是通过人工措施对各种野生动物创造新的环境，并控制和管理动物行为的过程，保证给予食物及其他必要的生活条件，达到人工饲养的

笔记

目的。最重要的时期是在个体发育早期阶段，通过人工饲养管理而创造出特殊的条件，并使被驯化动物不受敌害的侵袭，不受寄生虫及传染病菌的感染。另外，驯化是对动物行为的控制运用。由于动物行为与生产性能之间有密切的联系，掌握动物的行为规律和特点，通过人工定向驯化，可以提高生产性能，从而产生明显的经济效果。长期以来，由于人类掌握了对动物驯化的手段，有了使动物按照人类要求的方向产生变异的可能性。到目前为止，全驯化的动物种类有哺乳类、鸟类、鱼类及昆虫等几千个品种，半驯化的有毛皮兽类、鹿类、实验动物等。实践证明，对动物的驯化是完全可能的，随着人类经济生活的不断发展，对药用动物驯化与养殖的种类也会越来越多，动物药的资源也会越来越丰富。

2. 药用动物驯化的方法　驯化是在动物先天的本能行为基础上而建立起来的人工条件反射，是动物个体后天获得的行为。药用动物驯化是动物本身适应于新环境条件和改善生存条件要求的过程，通过驯化建立起来的人工条件反射可以不断加强，也可以消退，它标志着驯化程度的加强或减弱。所以人工驯化需要不断地加强巩固。

(1) 早期发育阶段的驯化：这种驯化方法是利用幼龄动物可塑性大的特点，进行人工驯化，其效果普遍较好。例如产后30日龄以内未开眼的黄鼬，通过与母兽隔离而人工饲养，在开眼以后即接触人为环境，于是能很好地接受人工饲养管理，如果仔兽在产后受母鼬哺乳的则往往经过几年人工驯化，也改变不了其野性行为。又如从产后吃初乳起即进行人工哺育的仔鹿，其驯化基础都很好，长大以后在鹿群放牧活动中都是核心群中的骨干鹿。而产后接受母鹿哺乳的仔鹿，数日之后再想进行人工哺乳已很困难。这样的仔鹿在接受其他方式驯化，或在长大后的放牧活动中都表现出驯化基础较差，一般不能成为骨干鹿。

(2) 个体驯化与群体驯化：个体驯化是对每一个动物个体的单独驯化。个体驯化适应于驯化某些特有性能或易惊易怒的大型兽类或群体生活性能较差的药用动物。如马戏团的每一个动物都要训练出一套独特的表演技能，对动物园中营单独生活的大型兽类进行克服惊吓和易激怒的训练，役用幼畜的使役训练都属于这种驯化。在野生动物饲养业上，对个别活动性能较差（即驯化程度弱）的个体，也需要进行补充性个体驯化。但是，在野生动物饲养场，群体驯化具有更重要的实用意义。群体驯化是在统一的信号指引下，使每一个动物都建立起共有的条件反射，产生一致性的群体活动。如摄食、饮水和放牧等都在统一信号指引下定时地共同活动，给饲养管理工作带来很大方便。

(3) 直接驯化与间接驯化：直接驯化包括个体驯化和群体驯化。间接驯化与之不同，它是利用同种的或异种的个体之间在驯化程度上的差异，或已驯化动物与未驯化动物之间的差异而进行的，这种驯化也就是在不同驯化程度的动物中，建立起习性上的联系，而产生统一性活动的效果。例如，利用驯化程度很高的母鹿带领着未经驯化的仔鹿群去放牧，这是利用幼龄动物具有"仿随学习"的行为特点而形成的"母带仔鹿放牧法"，在放牧过程中又不断地提高了仔鹿的驯化程度。又例如利用驯化程度很高的牧犬协助人去放牧鹿群，是一种很得力的工具，在"人—犬—鹿"之间形成一条"行为链"，会取得很好的放牧效果。另外，训练家鸡孵育野鸡、乌鸡抚育鹌鹑、水獭捕鱼、母犬捕虎，这样的成功事例在我国都有，均是间接驯化成功的例证。

笔记

(4) 性活动期的驯化：性活动是动物行为活动的特殊时期，在此期由于体内性激素水平的升高，出现了食欲降低、求偶、易惊吓、易怒、殴斗、离群独走等行为特点，给饲养管理工作带来很多不便。必须根据这个时期生理上和行为上的特点，进行特别的针对驯化工作才能避免生产损失。如环境保持安静，控制光照，专门训练初次参加配种的动物，防止其拒配和咬伤，尽力为其交配创造舒适的环境条件，特别是利用灯光、音响或其他信号，在配种期间建立起新的条件反射，引导动物定时交配、饮食、休息等，形成规律性活动。不仅可以保证成年动物避免殴斗等所致的伤亡，而且可以提高繁殖率。

3. 药用动物驯化的关键问题　药用动物种类繁多，进化水平不一致，在野生变家养的过程中所遇到的问题也不同，综合各种药用动物人工养殖情况，在动物驯化过程中有以下几个关键问题：

(1) 人工环境的创造：动物在野生状态下，根据其生活要求，可以主动地选择适合其生存的环境，也可以在一定程度上创造环境。人工环境是人类给动物提供的各种生活条件的总和，与野生环境不可能完全一致，要求动物必须被动地适应人工环境。良好人工环境的产生是在模拟野生环境的基础上，根据生产要求而加以创造。在良好的人工环境中由于气候稳定，食物充足，敌害减少，动物的繁殖成活率会明显提高。

(2) 食性训练：动物的食性是在长期系统发育过程中形成的。在不同的季节、不同的生长发育阶段动物的食性也有所改变。人工提供的食物既要满足动物的营养需要，又要符合其适口性。食性是可以在一定范围内改变的，驯化时要善于通过饲养组合、食性训练降低饲养成本。

(3) 打破休眠期：很多变温动物具有休眠习性，这是对不利环境条件的保护性适应。在人工饲养条件下，可通过对气温的控制，食物的供应措施，不使动物进入休眠期而继续生长、发育和繁殖，以达到缩短生产周期，增加产量的目的。如土鳖虫的快速繁殖法就是打破一个世代中的两次休眠，而使饲养周期缩短一半，成倍地增加产量。

(4) 克服就巢性：就巢性是鸟类的一种生物学特性。如乌骨鸡经驯养后就巢期从20天缩短到1~2天，年产卵可提高到100~200枚。

(5) 群性的形成：药用动物在野生条件下，很多种类是独居生活，人工饲养实践证明，独居生活的动物也可以驯化为群居。群性的形成给人工饲养带来很多方便，如麝在野生时是独居的，在人工饲养过程中通过群性驯化，可以做到集群饲喂，定点排泄，并可以像鹿一样集群放牧。有些动物成体集群较困难，可以在幼体时期饲养。

(6) 改变发情、排卵和缩短胚胎潜伏期：在野生哺乳动物中，很多动物具有刺激发情、排卵和胚胎潜伏期的生物学特性，限制了人工授精技术的应用，以致妊娠期拖延很长，如小灵猫的妊娠期在80~116天之间，这种现象对繁殖影响较大。随着逐代人工驯化，这种情况会不断改善，但这方面研究还远远不够。

(三) 中药资源适生区预测技术

中药资源需求的快速增长，导致大量药材资源趋于濒危，迫切需要野生变家种，加之很多药材存在连作障碍，特别是人参种植地需要30年以上、西洋参种植地需要20年以上、三七种植地需要8~10年以上才能再次种植，因此每年很多药材的生产均面临产区的扩大和重新选地的问题。但盲目引种、扩种会严重影响中药材生产的合理布局，极大削弱药材的道地性，导致药材品质严重下降，许多引种药材有效成分含

笔记

量远低于药典标准。从生物学角度来看，道地药材是物种受特定生态环境的影响，在长期生态适应过程中所形成具有稳定遗传特征的个体群。因此，开展中药材资源适生区预测有重大的现实意义。

1. 气候因子与药材适生性　目前已广泛开展了各种气候因子与药材道地性的研究，如根据模糊集合论（fuzzy sets）分别建立了川乌和附子 5 个生态气候要素的隶属函数模型，以 50 个市（县）气象台（站）为代表，综合评价了四川省川乌和附子产地气候条件的适生性，根据评价结果将四川划分为 3 个川乌不同适生区和 4 个附子不同适生区。不同药材品种有不同的气候幅，而且气候因子对药材品质的影响是多角度、多层次的，因此综合应用相关性分析和主成分分析等多种统计学方法，揭示药材品质指标和外观性状与气候因素的内在相关性，对不同产区的气候因子与药材品质和外观性状间的相关性进行研究，深刻阐释气候因子对药材道地性的影响机制。

2. 土壤及土质与药材适生性　目前土壤因素与药材适生性方面的研究主要集中在土壤组分、土壤微量元素、土壤结构、土壤酸碱度等方面。如对土壤元素的主成分分析表明土壤中微量元素的含量差异是产生松贝（川贝母）品质差异的重要因子；此外，不同土壤类型和三七皂苷含量的相关性研究表明不同土壤类型对三七皂苷含量影响显著，但土壤微量元素对三七皂苷含量无直接影响。

3. 地形地貌与药材适生性　中药材空间分布具有明显的地域规律，同种药材的不同产区间不仅存在地理位置差异，而且在地形地貌方面也有很大差异。如黄连同一时期生长在低海拔处的根状茎重量和小檗碱含量均大于高海拔处。

4. 群落因素与药材适生性　群落环境（包括群落组成和群落结构）是植物生长的关键因素，决定着物种的生存、多样性、演替、变异等方面。如对群落类型与松贝（川贝母）品质之间的相关性研究发现，绣线菊 + 金露梅 + 珠芽蓼群落、窄叶鲜卑花 + 环腺柳 + 毛蕊杜鹃群落、委陵菜 + 条叶银莲花群落所产的松贝品质为最优。

5. 药材适生性的遗传分析　关于药用植物遗传分析的研究多集中在利用 DNA 分子标记研究药用植物的 DNA 指纹和遗传多样性。采用 DNA 分子标记方法，可以分析不同产地药材基因型与品质间的相关性，研究种质资源的遗传分化，确定道地产区药材种质资源的基因型，明确药材道地性形成的遗传机制。因此，DNA 分子标记方法不但是药用植物道地性研究的重要手段，而且可以为筛选与寻找药效好、有效成分含量高的药物资源提供分子水平的依据。如对不同产地间的广藿香叶绿体和核基因组的基因型与挥发油化学型的关系研究表明，广藿香基因序列分化与其产地及所含挥发油化学变异类型呈良好的相关性，基因测序分析技术结合挥发油分析数据可作为广藿香道地性品质评价方法及物种鉴定的强有力工具。

在药用植物种质资源遗传多样性研究的基础上，应加强药效成分生物合成途径关键酶基因的表达研究，揭示其在道地产区与非道地产区不同生态环境下的表达差异，建立以其为依据的道地药材适生性分析技术。

6. 中药材产地适宜性分析地理信息系统（TCMGIS-Ⅰ）　是由中国医学科学院药用植物研究所、中国测绘科学研究院和中国药材集团公司共同研究开发的首次将 GIS 的空间聚类分析与空间分析应用于中药材适生区的分析系统，它能够科学、快速、准确地分析出与药材道地产区生态条件最相近的地区，结束了依靠传统经营、单药材、单气候因子、单产地等低效、准确性差的单因素分析药材适宜产地的做法。从药材产

笔记

地适宜性的角度,给中药材种植和推广提供了依据,为规范和指导我国道地药材引种提供了创新的思路和科学的方法。

例如,应用TCMGIS-Ⅰ分析人参的适宜产地表明,人参除了适合在长白山一带种植外,内蒙古、黑龙江的大兴安岭山区、北京、河北的燕山山脉、山西的太行山山脉及陕西的秦岭一带也有适合人参生长的山地,从而验证了历史上人参在“上党”有分布的记载。

产地适应性主导因子和限制因子分析是个复杂的过程,确定生态主导因子和限制因子并据此对产地适宜性进行区划,从而对次生代谢物进行调节,排除不利因素,控制其向有利于次生代谢物合成的方向发展,是产地适宜性的研究方向之一。目前,产地适宜性相关的主导因子和限制因子分析,多通过主成分分析和关联分析等方法获得,研究范围及取样量容易导致分析结果的不稳定。TCMGIS-Ⅰ从大角度研究全国范围中药材的产地适宜性,其结果将为生态主导因子和限制因子分析确定试验范围,而生态主导因子和限制因子的研究结果又将对系统的权重进行重新划定,使分析结果更准确,二者相辅相成。因此,应用TCMGIS-Ⅰ结合主导因子和限制因子分析将为中药材产地适宜性分析的研究开辟广阔的应用前景。

三、中药资源(半)仿生培育技术

采用生态工程和现代农业生产技术,模拟野生药用植物群落的自然生态系统,开展中药材的仿生培育(bionic cultivation),是中药材规范化培育的一种新模式,在中药农业上日益受到重视。中药材仿生培育是一种生态种植模式,为中药学、农学、园艺学、生态学、农业工程学和管理学等多学科的交叉与融合,在促进中药资源的可持续利用,改善生态环境和实现人与自然的和谐共处方面有着显著优势,在中药材生产上应大力发展和推广。

仿生培育是指利用田间工程技术模仿生物结构和功能进行再创造。这种培育方法是在对植物的生理、生态特性均有深入了解的基础上,模拟植物个体内在的生长发育规律以及植物与外界环境的生态关系进行的培育。中药材仿生培育是指根据药用植物生长发育习性及其对生态环境的要求,吸取传统农业的精华,运用系统工程方法再现药用植物与外界环境的生态关系,来进行中药材集约化生产与管理。中药材仿生培育的目标是根据药用植物生理和生态特性,主要从田间生态工程技术着手,采用现代农业生产技术,在不违背自然规律的基础上,通过仿生培育,优化生态环境,改善药用植物的生理状况,促进生态系统物质和能量的转化,以提高生产力,达到最佳效果,并以此克服一些气象灾害,减轻中药材培育上的短期行为对药材生长所造成的影响,保证药材的质量和产量,使药材的品质和疗效达到或接近野生药材的水平,从而显著提高生产效益,实现中药资源的可持续利用和中药农业的持续稳定发展。

(一) 中药材仿生培育的形式及具体措施

1. 生理仿生　生理仿生指模拟药用植物的生长发育与形态建成、物质与能量代谢、信息传递与信号转导和有效成分形成与累积等规律进行的培育。

根据药用植物的生长发育与形态建成规律进行的生理仿生措施有:模拟药用植物种子发芽特性,采用人工催芽技术提高植物种子的发芽率;采用点播、条播和人工集约育苗移栽(包括苗床育苗、穴盘育苗和营养钵育苗)等农艺与工程技术措施来培

笔记

育壮苗，提高种子繁殖系数，增加药用植物种群；采用切块、分株、扦插和嫁接等无性繁殖技术，缩短植物生长发育周期，提早开花结果；根据植物细胞全能性的规律，采用组织培养技术来提高珍稀药用植物的扩繁率，培养脱毒苗来恢复药用植物的优良品性；根据实生复壮规律进行药用植物实生复壮；根据药用植物雌、雄异株生理特性，人为调配田间的雌、雄株比例和采用人工授粉的农艺方法，提高药用植物成果率和结实率。

根据药用植物的物质与能量代谢规律进行的生理仿生措施有：根据药用植物水分代谢规律，采用滴灌、喷灌等工程技术进行灌水，根据药用植物光照需求规律，采用套作、间作和盖膜、搭棚、遮荫、覆网等农艺与工程技术措施，调节药用植物生长的光强、光质和光照长短；根据药用植物营养生理特性，增施有机肥，适度、合理施用化肥和二氧化碳肥，提高药用植物质量与产量。

根据药用植物的信息传递与信号转导和有效成分形成与累积规律进行的生理仿生措施有：根据药用植物养分分配规律，采用控水促根和整枝、剪叶、打顶等农艺措施，促进植株药用部位的生长发育和有效成分的累积；模拟药用植物体内内源激素及其发生规律，开发和应用生长调节物质等；根据一些药用植物寄生的特性，采用人工种在寄主上进行培育；根据一些药用植物与内生真菌共生和互生的特性，采用人工接种微生物的办法以促进植物生长和有效成分的合成累积，另外，一个稳定的物种，其代谢类型、生理过程和生物学性状是相互协调和相对稳定的，防止条件剧变，稳定药用植物的生理状态，也是一种生理仿生。

2. 生态仿生　生态仿生是指运用生态工程技术和现代农业科学技术再现药用植物与外界环境的生态关系进行的培育。具体措施有：模拟药用植物生长环境，实行生产区划、土壤改良、适地适作；模拟种子越冬进行低温处理或沙藏，采取人工光温和激素等物理和化学手段打破种子休眠，提高难发芽药用植物种子的繁殖系数；模拟植物下层自然发育更新，进行荫棚育苗；利用大棚、温室等设施创造较合适的气候条件进行药用植物的保护地培育。

在群落中，各种生物之间以及生物与环境之间存在相互协调和适应的关系，并且随着个体发育周期的变化而变化。如果对一些植物种类集中栽培，形成单一种群，它们不仅会加大种内竞争，也会因失去原来在群落中的种间协调而产生病虫害。采用生物共生互惠以及立体布局技术，进行综合经营、合理密植、建防护林、间作、套种、混作等，也是生态仿生。

模拟和利用生态系统中生物间相生相克的关系进行药用植物栽培也属于仿生培育，如采用花期放蜂、人工辅助授粉来提高药用植物结实率；采用土壤施肥用活体微生物肥料、接种根瘤菌来提高药用植物养分利用率；采用有害生物的综合治理技术，进行田间释放害虫天敌，使用生物仿生农药，不同耕作方法等措施来进行药用植物病虫害防治。

（二）中药材仿生培育的实践

人参的传统种植方式多为伐林栽参。伐林栽参虽缓解了市场对人参的需求，但由于改变了人参生长的森林环境，再加上不科学施用化肥、喷洒农药等，致使人参外观形状和内在成分发生很大变化，药力削弱，失去原有的功效。而且人参忌连作，传统种植方式也对生态造成了破坏，致使森林资源减少，水土流失严重。为此，人们根据

笔记

野山参的生长发育习性和对生态环境的要求，发明了林下培育人参的仿生栽培模式，并制定了林下参仿生栽培的规范化生产标准操作规程。林下培育人参是一种高效复合生态经济系统模式，边育林边养参，缓解了参、林争地的矛盾，有效地控制了伐林种参的面积，保护了森林资源，且能生产出具有野生人参特点的无污染、高价值的高档商品人参，从而缓解了高经济效益人参种植业与高生态效益的林业之间的矛盾，这种方式对于促进森林资源的可持续发展和参业生产的发展具有重要的意义。

总之，中药材仿生培育是一种生态种植模式，是中药学、农学、园艺学、生态学、农业工程学和管理学等多学科的交叉与融合。在资源相对紧张、生态环境日益恶化的今天，实行中药材仿生培育，对于保障中药资源的可持续利用，提高培育药材质量，改善生态环境和实现人与自然的和谐共处有着巨大而深远的意义，前景十分广阔，发展也越来越迅速。

四、中药资源的离体培育技术

离开植物材料母体的培育技术称之为离体培育。植物组织培养（tissue culture）就是常见的离体培育技术，它是指用无菌方法使植物体的离体器官、组织和细胞在人为提供的条件下生长和发育的所有培养技术的总称，它的理论基础就是植物细胞全能性的理论。植物细胞的全能性（cell totipotency）是指植物每个个体细胞都具有的、在无菌和离体培养的一定条件下能够诱导其分化成器官和再生形成完整植株的潜在能力。广义的组织培养是在通过无菌操作把植物体各种结构材料（即外植体）接种于人工配制的培养基上，在人工控制的环境下进行离体培养，以获得再生的完整植株或生产具有经济价值的其他产品的技术。根据培养对象的不同，植物组织培养可以分为胚胎培养、茎尖培养、花药和花粉培养、组织培养（狭义）、器官培养、细胞培养、原生质体培养等。植物组织培养已被广泛应用于植物的组织脱毒、快速繁殖、次生代谢物质的生产、工厂化育苗等多个方面，在珍稀、濒危药用植物资源保护和开发方面具有广阔的应用前景。

（一）药用植物组织培养的特点

1. 培养条件可以人为控制　组织培养采用的植物材料完全是在人为提供的培养基质和小气候环境条件下进行生长，摆脱了大自然中四季，昼夜的变化以及灾害性气候的不利影响，而且条件均一，对植物生长极为有利，便于稳定地进行周年培养生产。

2. 培养物的生长周期短、增殖率高　植物组织培养可以人为控制培养条件，根据植物种类、部位的不同而提供不同的培养条件，因此培养物生长较快。另外，植株一般较小，往往 20~30 天为一个周期。所以，虽然植物组织培养需要一定设备及能源消耗，但由于植物材料能以几何级数繁殖生产，所以总体来说成本低，并能及时提供规格一致的优质种苗。

3. 管理方便、利于工厂化生产和自动化控制　植物组织培养是在一定的场所和环境下，人为提供一定的温度、光照、湿度、营养等条件，利于高度集约化和高密度工厂化生产，也利于自动化控制生产。与田间栽培相比省去了除草、浇水施肥、防治病虫害等一系列繁杂事务，可以大大节省人力、物力及土地。

4. 使用材料单一，保证遗传背景一致　组织材料只使用植物体的小块组织、根、

笔记

茎、叶、花、子叶等，这就保证了材料生物学来源单一和遗传背景一致，有利于组培的成功，而且所需材料仅几个毫米甚至不到1mm，获取方便。

5. 降低运输成本　植物材料以组织培养形式保存在培养器皿中运输，便于开展国际、地区间种质交换，节省时间、空间，降低运输成本。

（二）药用植物组织培养的应用

1. 利用组织培养技术培育种子和种苗　在人工栽培的药用植物中，有不少名贵药材生产周期较长，如人参、黄连等，如果以常规方法育种或育苗，需要花费较长时间。另外一些药用植物如川贝母、西红花等，因为繁殖系数小、耗种量较大，导致发展速度很慢且生产成本增加。还有一些药用植物，如地黄、太子参等，则因病虫害导致品种退化，严重影响其产量和品质。以上植物都可利用植物组织培养技术解决植株再生产与繁殖问题。利用茎、叶、花等进行器官培养的试管苗，可在短时间内提高繁殖率，对珍稀、濒危药用植物资源保护和可持续利用具有重要意义。人参、芦荟、川芎等中药利用这项技术都先后获得组织快速繁殖成功。

2. 利用组织或细胞培养技术生产药用活性成分　利用药用植物组织或细胞培养的方法进行药用植物活性成分提取原料的生产，可以做到不使用野生或栽培药材资源，就能够实现活性成分提取工业化生产的目的。植物组织培养技术的发展，使规模化生产愈伤组织与培养细胞成为现实。许多重要的药用植物，如紫草、人参、黄连、毛地黄、长春花、西洋参等植物的细胞培养都已获得成功，采用此法进行药用活性成分的生产，多数集中在价格高、需求量的大的化合物上，如紫杉醇、长春碱、人参皂苷等。

五、中药资源培育的其他现代技术

现代生物技术，包括基因工程、酶工程、细胞工程和发酵工程，是以生命科学与分子生物学为基础，以微生物学、免疫学、遗传学、生物化学、生理学等学科为支撑，结合了化学、化工、计算机、微电子等多学科相互交叉渗透的综合性科学技术体系。这些技术在中药资源的开发利用（第六章第三节相关内容）与中药资源的人工培育过程中均应用广泛。

（一）基因工程（genetic engineering）

是现代生物技术的主体，也是20世纪最重要的技术成就之一。基因工程是用人工方法把特定基因从供体生物DNA中切割下来，进行拼接、重组、复制、表达，实现生物遗传特性的转移，获得人类需要的各种基因重组工程菌或转基因的动植物，从而产生新的领域，如基因工程药物与转基因农产品等。基因工程一般包括四个步骤：一是获得目的基因；二是带有目的基因的重组载体构建；三是把重组载体转入受体细胞中；四是目的基因在宿主中表达。基因工程可以克服药用植物遗传育种的盲目性，提高抗逆性和产品的品质，有目的地对珍稀、濒危药用植物进行品质改良，增强其抗病毒和抗虫害能力，提高活性成分生产能力，将为中药资源的可持续利用提供新思路。应用较多的药用植物基因工程是毛状根和冠瘿组织培养。冠瘿瘤离体培养具有激素使用自主、细胞繁殖快、次生代谢产物合成能力较强且稳定性较高等优点，使用丹参冠瘿瘤制备丹参酮类物质，筛选所得丹参酮高产株系甚至高于丹参药材中丹参酮的含量。

（二）发酵工程（fermentation engineering）

利用微生物或动植物细胞的特殊功能在生物反应器内生产有用的物质。有机地

结合了生物学与工程学原理，实现在人工可控条件下大量生产人们所需要的产品。微电子与化工先进技术介入，使生物体培养装置实现了多元化与可控化，极大地满足了现代发酵工业的需求。虫草菌丝体的发酵，是成功利用发酵工程技术培育药用真菌资源，并应用于中药保健品生产原料的实例。

（三）酶工程（enzyme engineering）

是将酶学理论与化工技术结合而成的一种新技术，它利用酶或微生物细胞、动植物细胞、细胞器的特定酶功能，进行物质转化，从而提供产品的一项技术。例如，在人参中稀有的皂苷类成分 Rh_2 对肿瘤细胞具有分化诱导、增殖抑制、诱导细胞凋亡等作用，对人体无毒且具有较高的保健功能，而这个活性成分在红参、野山参中含量仅为十万分之几，而化学方法制备的难度高、污染大、收率低。利用皂苷酶处理人参中常见组分 Rb、Rc、Rd 等二醇类皂苷生产 Rh_2 等稀有皂苷，转化率在 60% 以上，比从红参中直接提取提高了 500 倍。

（四）细胞工程（cell engineering）

根据生命体细胞的性质，应用细胞生物学的方法，按照人们预想的方案，在细胞水平上进行精细操作，把一种生物的染色体或细胞核等移植到另一种生物细胞中去，从而改变其细胞的遗传性，达到改良物种或创造新物种的目的。如采用 PEG 法体细胞融合技术，将西洋参基因转入胡萝卜中，成功实现了五加科植物西洋参与伞形科植物胡萝卜远缘体细胞融合，经过同工酶进行初步杂种鉴定，并用 HPLC 法测定西洋参和胡萝卜体细胞融合培养愈伤组织中人参皂苷 Rb_1 含量，结果显示，在 10 个杂交体愈伤组织中有 6 个杂交体愈伤组织人参皂苷 Rb_1 含量比未融合前西洋参愈伤组织中的含量高。但体细胞杂交技术在药用植物中的研究大多还处于理论探索阶段，尚未有应用的实例。

中药资源培育的现代技术目前尚处于发展的初始阶段，涉及药用植物组织培养技术、药用植物原生质体培养与体细胞杂交技术、药用植物抗性基因工程技术、中药材分子标记技术、药用植物次生代谢调控技术、多肽类中药活性成分生产技术、中药现代发酵工程技术、中药活性成分生物转化技术、生物芯片技术以及药用植物功能基因组学与系统生物学等。概括地说，药用植物组织培养、原生质体培养与体细胞杂交技术等以植物细胞全能性理论为基础，是中药材脱毒、快速繁殖，以及创造具有新遗传性状物种的关键技术，也是建立在细胞水平的生物技术育种的主要技术依据；分子标记技术则是分析药材遗传多样性、药材鉴定及替代品发掘等有效手段，同时也是药材分子水平育种的前提和关键。这些技术是解决中药材资源短缺、品质下降、栽培药材病虫害等问题，实现中药材资源种质保护与可持续利用的重要保证。

药用植物组织培养技术是目前生物技术中最为成熟的技术之一，在中药材快速繁殖、脱毒培养、种质保护等方面都取得了卓越成效。珍稀濒危药材铁皮石斛的大规模人工培育是一个很好的例证。自然条件下，铁皮石斛繁殖生长较为缓慢，药材远不能满足生产需求。应用快速繁殖技术，首先在实验室获得大量的组培苗，然后在温室进行炼苗，最后转移到具有遮荫设施的温室中进行大面积栽培，由此实现了铁皮石斛的工业化规模繁育和生产。

药用植物原生质体培养与体细胞杂交技术在药用植物高产细胞的筛选、克服传统育种中远缘杂交的有性不亲和、双亲花期不育、雌雄不育等障碍方面取得了一定的

笔记

进展。

中药材中有许多是疗效明确的单一天然活性成分，如果能够通过工业化生产获得这些天然产物将会大大缓解对野生资源的依赖。利用发酵工程使生物细胞在人工条件下快速增殖并产生次生代谢产物，为人工资源的生产提供了技术平台。

现代生物技术已在中药资源培育中取得了一定的成绩，当然有些生物技术尚处于初级阶段，随着生物技术的迅速发展，相信现代生物技术必将会在中药资源培育方面发挥更重要的作用。

第三节　中药材规范化生产与质量控制

中药材规范化生产是以保证药材质量为核心，调控影响药材质量形成的内因和外因，规范药材生产各环节及至全过程，以达到药材“安全、有效、稳定、可控”。中药材质量控制贯穿于药材生产全过程，以植物药来说，就是从立地环境的选择，播种，经过植物不同的生长发育阶段到收获，乃至形成商品药材为止。

一、中药材规范化生产的发展

中药材是中医药事业传承和发展的物质基础。随着中药材社会需求量的增加和野生药材资源的日趋枯竭，人工种植和养殖中药材已经成为解决资源供求矛盾的重要途径。由于中药材生产规范化程度不高，缺乏国际认可的质量控制标准，药材质量不稳定，部分药材的农药残留物含量、有害重金属含量超标及微生物污染，且生产多为个体分散经营，未形成产业，生产调节困难，市场反馈不力，严重影响了我国中药在国际市场中的竞争力，中药产业还难以实现大品种、大企业、大市场的格局，也无法出现以现代化和高科技为特征的具有国际竞争力的中药产品。中药材生产是中药生产和应用的源头，只有从源头抓起，才能从根本上解决中药的质量问题，使中医药真正迈入国际医药主流市场。

近年来，以化学合成为基础的新药开发周期长、投资大，许多发达国家将新药开发的目光投向植物药。随着天然药物在越来越多的国家和地区受到重视和迅速发展，国际上在原料药材生产方面采取了一系列管理规范来控制质量。大多数国家和地区不断加强对进口中药（或天然药物）商品中重金属、农药残留及黄曲霉素等有毒物质的限量检查。日本厚生省药物局于 1992 年制定了《药用植物栽培与品质评价》，2004 年颁布了 GACP（Good Agricultural and Collection Practices for Medicinal Plants），包括在日本可能栽培的 80 种药用植物；欧共体于 1998 年通过了《药用植物和芳香植物种植管理规范》（Guidelines for Good Agriculture Practice（GAP）of Medicinal and Aromatic Plants），并不断完善；世界卫生组织（WHO）于 2003 年发布了《药用植物的种植和采集质量管理规范》（Guidelines on Good Agricultural And Collection Practices（GACP）for Medicinal Plants）。为了保证药品质量安全、稳定，实施 GAP 是各国药用植物或草药生产的共同做法。

为了保证药材质量，规范中药材生产技术和管理，国家食品药品监督管理局（SFDA）于 1998 年 11 月在海南省海口市召开第一次研讨会，成立了专家组，商讨并提出在我国推行《中药材生产质量管理规范》（Good Agriculture Practice，GAP），2002

笔记

年4月17日，国家食品药品监督管理局正式颁布《中药材生产质量管理规范(试行)》，并于同年6月1日起实施。全文共10章57条，规定了中药材规范化生产的主要技术内容和要求，是实施中药材生产全程质量控制的纲领性文件。在“十三五”计划中提出“推进实施中药材生产质量管理规范，加强对中药饮片生产质量和中药材、中药饮片流通监管”，“鼓励和支持产学研结合和建立产业技术联盟，提高我国中药产业的竞争能力”等，以期将我国的中药在国际中草药市场的占有率从5%提高到15%，使其成为国家新的经济增长点。与此同时，外经贸部还制定了我国的《药用植物及制剂进出口绿色行业标准》。这些举措有效地推进我国中医药的现代化、国际化进程(表8-3)。

表8-3　中药材生产质量管理规范(试行)的基本内容

章名	项目	条款数	主要内容
第一章	总则	3(1~3)	目的意义
第二章	产地生态环境	3(4~6)	对大气、水质、土壤环境条件要求
第三章	种质和繁殖材料	4(7~10)	正确鉴定物种，包装种质资源质量
第四章	栽培与养殖管理	植物类：6(11~16) 动物类9(17~25)	制定SOP，对用肥、用土、用水、病虫害防治控制要求
第五章	采收与初加工	8(26~33)	确定适宜采收期，对产地的情况、加工、干燥三项提出具体要求
第六章	包装、运输与贮藏	6(34~39)	每批有包装记录，运输容器洁净，贮藏处通风、干燥、避光等条件
第七章	质量管理	5(40~44)	对质量管理及检测项目、性状、杂质、水分、灰分、浸出物等提出具体要求
第八章	人员和设备	7(45~51)	受过一定培训的人员及对生产基地、仪器、设施、场地的要求说明
第九章	文件管理	3(52~54)	生产全过程应详细记录，有关资料至少保存5年
第十章	附则	3(55~57)	术语解释和实施时间等

中药材GAP认证

为了进一步规范和推进中药材生产基地建设，2003年9月19日，国家食品药品监督管理局印发了关于《中药材生产质量管理规范认证管理办法(试行)》及《中药材GAP认证检查评定标准(试行)》的通知。2003年11月1日起，国家食品药品监督管理局正式受理中药材GAP的认证申请。中药材GAP认证推行以来，伴随着我国农业结构调整和中药工业的飞速发展，中药材种植面积达到历史最高，全国中药材种植面积超过200万公顷，500多种常用药材中200多种已开展人工种植或养殖。截止至2016年1月，约有146家企业，近80种195个中药材种植基地通过了国家食品药品监督管理总局GAP认证。

笔记

2016年2月3日，国务院印发《关于取消13项国务院部门行政许可事项的决定》，规定了取消中药材GAP认证，一时间成为热议话题。取消中药材GAP认证，是中央政府简政放权的措施体现。中药材GAP将采取备案制，今后中药材规范化生产及全程质量控制只会加强不会弱化，而且力度会更大。

《中药材生产质量管理规范》推行以来，伴随着我国农业产业结构调整和中药工业的飞速发展，中药材在规模化和规范化种植、养殖方面取得了重要进展，不少企业及较大型的农场开始了中药材规范化生产，各地形成了企业基地、企业 + 农户基地、企业 + 科研院所 + 农户基地、企业 + 合作社(或行业协会)+ 农户基地等多种规模化生产管理模式。

二、中药材规范化生产与质量控制技术体系

中药材的形式须通过一定的生产过程，其中生物种质、产地环境、生产技术等因素及采收、加工、贮藏、运输等后期生产环节都会对药材的产量和质量产生影响。实施中药材生产全程质量控制，是保证药材品质"稳定、可控"，保障中医临床用药"安全、有效"的重要措施(图 8-1)。

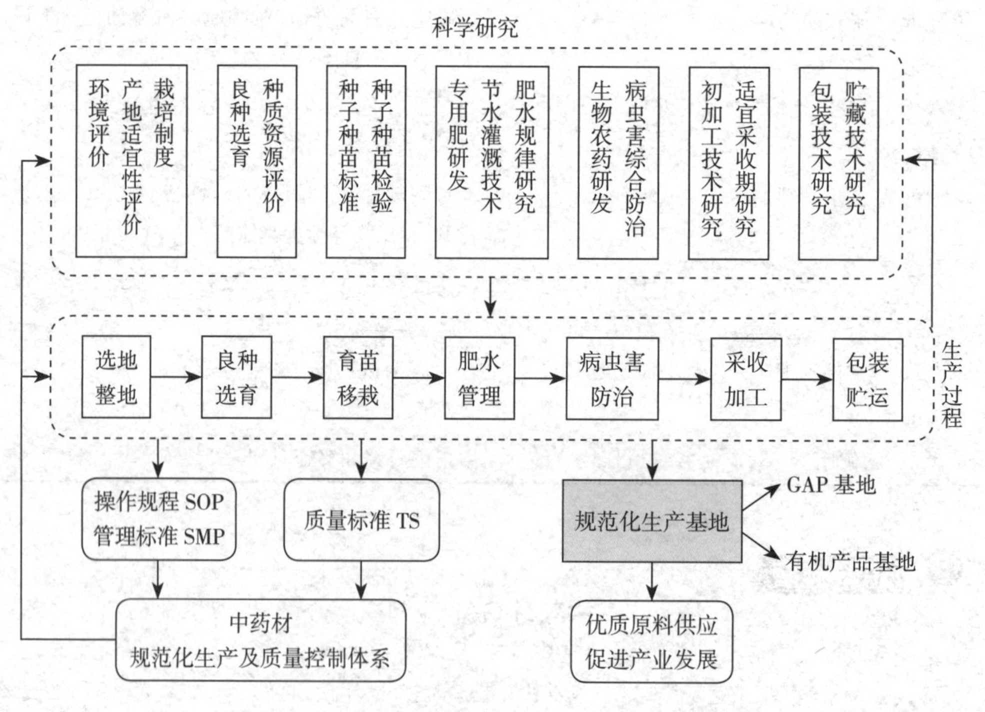

图 8-1 中药材规范化生产全程质量控制体系

(一) 生产基地选择

中药材生产具有很强的地域性特点，产地环境与药材的质量、产量密切相关。栽培适宜区域的确定，首选的应当是道地药材产区，道地药材的生产应成为当前药材生产的主流。选地应遵循适宜性、区域性、安全性、可操作性的原则，因地制宜、合理

布局。

1. 气候条件　生产基地的气候条件必须符合药用植物或动物的生物学和生态学特性要求，有利于药用部位、器官或组织的生长发育及药用活性成分的形成和积累。气候因子主要包括温度、光照和水分。生产基地用水要求洁净无污染，水源周围无污染源。灌溉用水应符合农田灌溉水质量标准，药用动物饮用水应符合生活饮用水质量标准。空气质量应符合大气环境质量标准。

2. 土壤条件　土壤生产质量主要是指土壤的肥力水平，其中土壤的物理性质是反映土壤肥力的重要指标，影响药用植物的生长发育。而土壤的化学性质是影响中药材优质高产的因素之一，其中以土壤酸碱度、土壤养分对药用植物生长发育的影响最大。土壤环境质量主要是指土壤中有害物质，如有害重金属含量及农药残留物含量等。中药材产地的土壤应符合土壤质量二级标准。

（二）种质和繁殖材料

种质和繁殖材料是中药材规范化生产的基础和源头，是影响药材产量和质量的根本性因素。对养殖、栽培或野生采集的药用动、植物，应准确鉴定其物种，包括亚种、变种或品种。加强中药材种质资源保存和良种选育、配种工作，建设与生产规模一致的良种繁育基地。选育出的种质应具备优良的药材质量性状和经济性状，适应性和抗逆性强等特点。在生产、流通、储运过程中，要求对种子、种苗和动物实行检验和检疫。

（三）栽培与养殖管理

1. 药用植物的栽培管理　药用植物的栽培管理是中药材规范化生产技术体系的核心，在把握药用植物生长发育要求的同时，栽培管理应重点抓好选地与整地、播种育苗、对生长发育的调控、土壤管理、灌溉、病虫害防治及收获等主要环节。

(1) 基地规划：目的在于合理利用土地，便于生产与管理，保证优质药材生产。主要包括土地功能分区、小区划分、道路和排灌系统规划及管理、配套设施规划等。土地一般分为生产区和管理区，生产区又分良种繁育区、育苗区和种植区。基地小区的划分对药用植物栽培管理措施及产品批号的确定很重要，小区划分不当会影响药用植物的生长和药材质量，给今后管理带来许多困难，也不利于基地的水土保持和机械化操作。

(2) 施肥管理：合理施肥是大幅度提高药材产量、改善品质的重要生产措施。要实现合理施肥需要了解药用植物的需肥特性、土壤供肥能力及对药用植物活性成分合成与积累的影响等，做到配方施肥、按需施肥。

(3) 水分管理：合理的水分管理，要根据药用植物不同生育阶段的需水特性和生育期的降水量，及时灌溉与排水，实现产量、质量与水分利用效率的同步提高。

(4) 植株管理：植株管理可以避免徒长，通风透光，减轻病虫害，减少个体占有的空间，获得优质高产高效益。草本药用植物的植株管理，主要是整枝、支架和引蔓。以花、果实、种子入药的木本药用植物，整形修剪是优质丰产的一项重要措施。

(5) 病虫害防治：以预防为主，综合防治为原则，加强动态监测，了解掌握病、虫的发生与流行规律，做到严格检疫、防早防小，加强无污染防治新技术的研究应用，有效控制农药残留物与重金属含量是这一环节的重点，以保证绿色、无公害中药材生产。

2. 药用动物养殖管理　药用动物的规范化养殖包括基地选择与布局、良种繁育、

笔记

饲养管理、病虫害防治等技术环节。目前人工养殖的药用动物驯化程度普遍不高，不能生搬硬套家畜、家禽等饲养方式和方法，探索适应药用动物生物学规律的规范化生产新路子，是保证动物药产量和质量的关键。

（四）采收与产地加工

中药材的采收与产地加工是指将已达到生长年限的药用植物、动物或矿物的药用部位进行采收、采集、采挖及必要的产地加工，最终形成商品中药材的过程。采收与产地加工是影响中药材质量的重要环节，不仅使中药材外观性状发生变化，而且也影响其内在成分和临床疗效。

1. 采收　包括采收方法和采收时间。采收方法多种多样，依药材类别的不同而异。采收时间根据药材中活性成分含量及药用部位生物产量来确定。某些中药材中还含有毒性成分，在优先选择活性成分含量高、毒性成分含量低的前提下，兼顾产量，以确定最适采收期。采收时间还分采收年限和采收季节，需要通过试验研究，结合生产实践经验来确定。同一药材的产地不同，最佳采收时间也会有差异。

2. 产地加工　药用部位采收后，除少数净制后鲜用以外，绝大多数均需在产地及时进行加工。加工方法包括清选，清洗，刮皮，修制，蒸、煮、烫，浸漂，切制，发汗，干燥等。产地加工会对药材外观性状及化学成分含量产生影响。药用植物种类繁多，产地加工的要求也各不相同，以外观性状良好、含水量适度、有效成分损失少的加工方法为宜。每种药材最适宜的产地加工方法，可通过试验研究结合当地生产实践经验和具体条件来确定。

（五）包装、运输与贮藏

1. 包装　正确的包装方法和优质的包装材料能够保证中药材质量稳定，有利于运输和贮藏管理，便于计数、计量，减少消耗，美化商品，利于取得购销信誉，提高经营效果。包装材料要求适用、牢固、经济、美观、安全、可重复利用。每件包装上应注明品名、规格、产地、批号、包装日期、生产单位，并附有质量合格的标志。

2. 运输　中药材运输时，不应与其他有毒、有害、易串味物质混装。运载车辆要相对固定，运载容器应清洁无污染，具有较好的通气性，干燥防潮。对于特殊药材如贵细药材、毒性药材、麻醉药材应标识明确，采取相应的储运措施。

3. 贮藏　中药材在存放过程中，由于受温度、空气、湿度、光照、微生物、虫害等外界因素的影响，易发生霉变、生虫、变色、走油、腐烂等。因此，须采取有效措施，减少中药材贮藏过程中的损耗，保证药材应有品质和疗效。可根据不同药材的性质选择适宜的储藏方法和条件。

三、中药材规范化生产与质量控制管理体系

中药材规范化生产的核心是保证中药材质量，故其质量控制管理显得尤为重要。中药材质量控制管理体系主要包括质量管理、人员和设备、文件管理等内容。

（一）质量管理

中药材规范化生产的质量管理涉及到药材生产的全过程，包括产地生态环境、种质和繁殖材料、栽培与养殖管理、采收与初加工、包装、运输与贮藏等。针对生产过程中的各个环节制定科学、合理、可行的质量标准体系和标准操作规程（standard operating procedure），以及相应的管理制度和规程，是实现中药材生产质量控制的前提

笔记

和保证。

1. 建立中药材质量标准　中药材规范化生产的最终产品是质量合格的中药材。建立符合企业生产条件的中药材质量标准是中药材规范化生产的重要内容，而熟练掌握中药材质量控制的各种分析技术和方法也是十分必要的。规范化生产中药材的质量标准，依照《中华人民共和国药典》的要求制定，主要包括中药材名称、来源、性状指标、鉴别指标、检测指标、含量测定、加工炮制方法、功能与主治、用法与用量、禁忌、注意事项及贮藏等内容，另外需要附起草说明，说明制定质量标准中各个项目的理由，规定各项目指标的依据、技术条件和注意事项等。中药材质量标准根据等级不同，又分国家标准、地方标准和企业标准。

2. 质量管理与质量检验　生产企业设置质量管理部门和质量检验部门，负责中药材生产全过程的监督管理和质量监控，要求配备与药材生产规模、品种检验要求相适应的人员、场所、仪器和设备。质量管理部门主要负责环境监测；卫生管理、生产资料、包装材料及药材的检验，并出具检验报告；制订培训计划，并监督实施；制订和管理质量文件，并对生产、包装、检验等各种原始记录进行管理，为企业长期稳定地生产出质量合格的药材提供保证。质量检验部门按照规定的方法和中药材质量标准规定的检验项目，对大气、土壤、种质、生产用水、中间体及产品进行检验，做出合格或不合格的判定。不合格的中药材不得出场和销售。

（二）人员和设备

1. 人员　中药材生产企业技术负责人和质量管理负责人是实施《中药材生产质量管理规范（试行）》的关键人员，对他们的学历、资历、专业知识和解决生产、质量管理工作中实际问题的能力应有所要求。对从事具体生产的田间工作人员，要求他们应熟悉植物栽培技术，特别是农药使用及防护技术；对从事动物养殖的工作人员，要求掌握饲养动物的习性、饲料配比及有关的疾病防治常识。根据中药材生产企业的实际生产要求，结合中药材生产过程中各环节的严格控制，应有企业法人、人事管理人员、财务管理人员、生产技术负责人、生产技术人员、质量管理负责人、质量管理人员、从事药材生产人员、从事田间工作人员、从事加工包装人员、仓储管理人员及销售人员等岗位。同时制定计划，对各级人员进行定期培训与考核。

2. 设备　生产企业基地应设置与规范和职工人数相应的卫生设施，卫生设施要求清洁、通畅，不得造成产品及周围环境的污染。生产企业生产和检验用的仪器、仪表、量具、衡器等适用范围和精密度应符合生产和检验的要求，有明显的状态标志，并定期校验。

（三）文件管理

中药材规范化生产文件是指一切涉及中药材生产和管理的书面标准和标准实施的记录。企业应将质量管理体系中采用的全部要素、要求和规定编制成的各项标准、程序、规程或制度形成文件体系，并将文件的实施过程一一记录下来，形成书面的实施证据，并加以妥善保存。《中药材生产质量管理规范（试行）》对中药材生产企业的文件管理作出了明确规定，要求生产企业应有生产管理、质量管理等标准操作规程；每种中药材的生产全过程均应详细记录，必要时可附照片或图像。记录应包括种子、菌种、繁殖材料的来源；生产技术与过程。所有原始记录、生产计划及执行情况、合同及协议书等均应存档，至少保存5年。档案资料应有专人保管。由质量

笔记

管理人员制定培训计划，并监督实施；负责制定和管理质量文件，并对生产、包装、检验等原始记录进行管理；检验报告由检验人员、质量检验部门负责人签章，存档保存。

1. 文件类型

(1) 技术标准：指中药材生产技术活动中，国家、地方、行政及企业颁布和制定的技术性规范、标准、规定、办法、规格标准、规程和程序等书面要求。如《中华人民共和国药典》、国家标准（GB）、行业标准、企业产品质量标准、产品工艺规程等。

(2) 标准管理规程：指企业为了行使生产计划、指挥、控制等管理职能，对每一项独立的管理过程所编制的书面标准及程序。如中药材种植各环节的质量管理规程，GAP 文件系统管理规程、员工上岗培训管理规程等。

(3) 标准操作规程（SOP）：指企业内部对每一项独立的生产作业所制定的书面标准程序，或对岗位人员的工作范围、职责权限以及工作内容考核所规定的书面标准及程序。如各种中药材种植、初加工的标准操作规程等。

(4) 关于阐明结果或证据的文件：记录（record），如生产操作记录、批生产记录、批包装记录、初加工记录、产品批档案、各种报表、产品留样检测记录和各种台账等；凭证（evidence），如表示物料、设备、环境等状态的单、证、牌以及各类证明文件等。如中药材成品仓库的合格、不合格状态标记牌等；报告（report），如中药材 GAP 认证申请报告、国家环保部门对中药材生产基地的环境评估报告、产品质量综合分析报告等。

2. 文件编制要求　中药材规范化生产文件基本组成部分包括，目的、责任人、规程、附件、记录等。所有文件的组成及格式应一致。文件封面的设计因企业各异，但均应有企业名称（标记）、文件分类（如管理规程、技术标准、操作规程）、文件名称、第一审核人及各自的审核日期、批准人及批准日期、生效日期、颁发、分发、接收部门及文件编号、总页数、分发编号等。文件（包含记录）的标题应紧扣内容，醒目、简练。封面、页眉、编号、字体及大小、行间距、页码、企业标记、标题编号方法、记录表格大小等均应规定一致的格式。引用相关文件必须写清楚（或记录）名称及编号。每份文件的每一页之间应有相关性。完整的文件可以包括附件及记录（记录作为文件执行的证据，不可能脱离文件而存在）。

3. 文件编码　应通过妥善的文件系统编号设计，使各种文件、每份文件形成分类有序、有机的整体；使每一份、每一页 SOP，每一份附件、记录均具有受控标记。文件的编号应该方便查找，系统性及可扩容性强。编号设计应包括的区别要素有，文件的不同性质，如管理类、质量标准类、标准操作规程类等；文件的不同系统类别，如种植田间生产管理或操作规程类，仓储、初加工管理或操作规程类，质量管理或检验操作规程类等；同一文件系统内不同文件之间的联系；同一文件不同附件及记录编号的内在联系。

4. 文件管理规程组成　GAP 文件系统的管理程序，一般由一个或多个程序文件组成，可视文件系统的复杂性，编写核心管理程序与拓展程序，使其各有侧重及覆盖面，共同构成完整的 GAP 文件系统管理框架。如核心管理文件有如《GAP 文件系统管理规程》、《GAP 文件系统档案管理规程》、《GAP 文件系统记录等管理规程》；其他拓展的管理文件有如《工程、设备、计量等技术资料管理规程》、《GAP 人员培训、上岗

笔记

管理规程》、《GAP 文件保密管理规程》等，可以视需要逐步增加。

案 例

例 12 铁皮石斛生产的工厂化道路

铁皮石斛 *Dendrobium officinale* Kimura et Migo 为兰科石斛属多年生草本植物，主要分布于我国浙江、广西、广东、贵州等地。具有益胃生律，滋阴清热等功效。其所含的多糖成分具有增强人体免疫功能、抗癌、降糖等功效。随着人们保健养生意识增强，铁皮石斛的市场需求量逐年增大，价格也不断升高。同时由于过度开采，加之铁皮石斛种群自然繁殖力低，其野生资源已濒临灭绝。从 20 世纪 70 年代起，经过几十年的研究应用，目前铁皮石斛的品种选育、种苗繁育、栽培管理和产品加工等关键技术取得了突破性进展，并形成了从铁皮石斛种植生产、加工及销售完整的产业链。尤其是铁皮石斛组培苗工厂化生产，解决了长期以来铁皮石斛种苗供不应求的问题，促进了铁皮石斛规模化生产及产业化发展。

铁皮石斛组培苗工厂化生产工艺流程：种子无菌萌发→原球茎增殖→原球茎分化→组培苗生根培养→生根苗移栽。主要采用铁皮石斛种子作为外植体，操作简单，短期内可获得大量丛生苗。以 MS 培养基运用最为广泛，其他类型还有 N6、B5 等，搭配的激素主要有 NAA 和 6-BA。培养温度为 25℃左右，光照强度在 1000~3000lx 之间。在铁皮石斛组培苗工厂化生长过程中，畸形苗的控制可采取：及时发现并淘汰、避免使用高浓度细胞分裂素和生长素、控制继代次数等措施。

铁皮石斛具有科技含量高，投入多、风险大，回报丰厚等产业特点。按照 2014 年的行情，5 年一个种植周期计算，666.67m^2 铁皮石斛，需要投入 10 万 ~20 万元，栽培 2 年可以回收成本，种植 5 年可以净回收利润 60 万 ~100 万元。与蔬菜、花卉、林木以及甘蔗等作物相比，投入产出比差距巨大。市场上铁皮石斛的产品主要有鲜食品、干制品、口服液、深加工品、饮片等，目前顶级的铁皮石斛枫斗价格多在 4 万 ~6 万元 / 千克。2015 年开始，铁皮石斛的收购价格开始走低，影响了药农种植积极性。盲目发展导致的后果很严重，值得深思。

例 13 西洋参的引种培育

西洋参 *Panax quinquefolium* L. 又称花旗参，为五加科人参属的多年生宿根草本植物，以根入药，为传统进口大宗药材。原产于北美洲，在海拔 300~500m 的低山区，栎类为主的落叶阔叶林的下层生长。性凉、味甘微苦，有降压、镇静、解热等作用，药用价值高，具有人参的补益作用，又有其所不可代替的特殊用途。

我国从 1975 年开始大规模引种，先后在吉林、辽宁、黑龙江、陕西、北京、山东等省市开始开展西洋参种植推广工作，在我国成功引种并规模化推广种植已 30 多年。近年来，西洋参受生态环境、栽培加工技术、市场销售等因素影响，种植产区日益集中，尚保留种植习惯和种植面积的产区有吉林长白山靖宇县，周边的集安、抚松等地也有种植；北京怀柔的北房镇、沙浴和汤河口；山东威海的文登和荣城；黑龙江的林海镇；陕西留坝县，但种植规模呈逐年缩减的态势，产量已经很少。目前年产量最大的产区为吉林，占总产量一半以上，其次是山东产区，山东威海西洋参种植面积近几年呈逐年增加的态势。我国现已成为世界上西洋参三大主产国之一。除了国内的产量，每年我国还会从美国和加拿大进口大量的西洋参，进口量在 1500 吨左右，近几年西洋参

笔记

产量和进口总量在 3000~3500 吨。

西洋参是常异花授粉植物，其群体为混杂群体，个体间的遗传基因处于高度杂合状态。基于 RAPD、ISSR、RAPD+ISSR 三种聚类结果均将西洋参与人参各聚一类，北京与山东的西洋参与加拿大遗传距离较近，聚为一类，而吉林省内的多个产地的西洋参与原产地相对于北京与山东两地相比在遗传距离上较远，但总的来说，由于生长特性与种植环境等相关因素的影响，使吉林省内的部分西洋参在遗传特性上受到了人参种植的影响，同时也使吉林省西洋参与加拿大、北京、山东等地在遗传特性上出现差别。

另外，西洋参活性成分的含量与其种植环境及采收时间有着密切关系，通过对含量的比较，可以得出，与原产地相比，其活性成分人参皂苷含量还没有受到影响，西洋参资源质量与原产地相差无几，西洋参资源的活性成分还没有受到混杂种植的影响，但为了保护好西洋参资源，应科学、合理、规范化种植和栽培西洋参。

例 14　植物组织培养在紫杉醇生产中的应用

紫杉醇(taxol)是一种用于卵巢癌、乳腺癌、肺癌的高效、低毒、广谱、并且作用机制独特的抗癌药物，它是从红豆杉属植物的根、皮中提取的一种二萜类化合物，被誉为 20 世纪 90 年代国际上抗肿瘤药三大成就之一。然而作为紫杉醇来源的红豆杉，是一种在世界范围内濒临灭绝的珍稀树种，生长极为缓慢而难以栽培，只有生长到 40~60 年树龄才有利用价值，而且树中紫杉醇的含量很低，仅有 0.006%~0.02%(*W/W*)，提取 1kg 的紫杉醇需要大约 1000 棵生长 100 年的红豆杉；如果采用化学合成方法，需要近 30 个步骤才能完成，因此生产成本极高，难以实施生产。所以自 1993 年紫杉醇上市以来，紫杉醇的来源问题就成为世界性的关注热点。那么，利用现代生物技术来大规模培养生产紫杉醇药用成分，成为大势所趋，而植物组织培养就是一种生产紫杉醇的有效办法。日本学者从短叶红豆杉 *Taxus brevifolia* Nutt. 和东北红豆杉 *Taxus cuspidata* Sieb. et Zucc. 植株中进行愈伤组织诱导、筛选得到的细胞株，可在 4 周时间内细胞增殖 5 倍，紫杉醇含量达到 0.05%，比原来的红豆杉树皮紫杉醇含量增加了 10 倍。

科学家在研究红豆杉细胞培养基营养成分的消耗规律是，发现葡萄糖、蔗糖、果糖、磷源、氮源、钙、镁、铁离子在产生紫杉醇中起着重要的作用。另外，在培养基中添加 0.05~0.2mmol/L 的苯丙氨酸、苯甲酸、苯甲酰氨酸、丝氨酸和甘氨酸等紫杉醇前体化合物，也能够使东北红豆杉中紫杉醇含量比对照组高出 1~4 倍，很好地解决了红豆杉有效成分含量低的难题。

例 15　发酵工程在冬虫夏草中的应用

冬虫夏草是麦角菌科真菌冬虫夏草 *Cordyceps sinensis* 寄生在蝙蝠蛾科昆虫幼虫上的子座及幼虫尸体的复合体，主要分布在青藏高原海拔 3500~5000m 的部分地区。作为传统名贵中药，市场需求量大，对野生资源的肆意采挖不但造成了高原地区生态环境的破坏，也使冬虫夏草资源的濒临枯竭。近 20 年，冬虫夏草价格上涨了近千倍，驱使众多学者从冬虫夏草中分离、培养出多种丝状真菌来满足市场的需要，有的已被批准作为中药一类新药投入生产，如“金水宝胶囊”、“百令胶囊”、“至灵胶囊”等。以下是其中的一种菌丝体深层培养的例子。

1. 冬虫夏草的组织分离　虫草菌的分离大多采用组织分离法，即采用直接切取虫草的子座部分或菌核部分的一小块组织，经表面消毒和灭菌水洗后，在无菌条件

笔记

下，由虫草体上转移到培养基上。

2. 冬虫夏草液发酵培养　培养液为马铃薯汁、蔗糖、磷酸二氢钾、硫酸镁、维生素；培养温度 25~27℃，压力 0.04~0.07MPa，通气量 0.5~1.0m^3/h，搅拌条件依发酵规模不同而不同，50L 为 470r/min，500L 为 250r/min，5000~10 000L 为 200r/min，发酵液体占每罐容积的 60%~80%，消泡剂为 0.006% 泡敌或葵花油，增粘剂为 1%~3% 甲基纤维素。

3. 培养过程检查及发酵液后处理　培养过程中的检查主要包括，纯度检查，通过平板机肉汤培养，油镜检查有无细菌或真菌析出；活力检查，通过显微镜观察虫草菌丝体的边缘，了解菌丝体的粗细及分枝情况；其他测定，发酵液残糖 <1.2%；氨态氮 <30mg/ml，在 3000r/min 离心后称重得出菌丝量。

深层发酵菌丝体与天然冬虫夏草比较：深层发酵得到的菌丝体，与天然冬虫夏草在化学成分方面相比，两者均含有甘露醇，含量几乎相等；天然虫草菌总氮量为 6.0%，菌丝体总氮含量为 6.4%；野生虫草菌醚溶性成分含量为 7.0%，菌丝体的含量为 7.03%。同时，两者均含有相同的甾醇类、生物碱类、有机酸类化学成分，且后者所含的虫草酸、虫草素、虫草多糖、腺苷含量等相关活性成分均高于天然冬虫夏草。

（孙志蓉　赵云生　宋　龙　朱畇昊　何文静）

学习小结

1. 学习内容

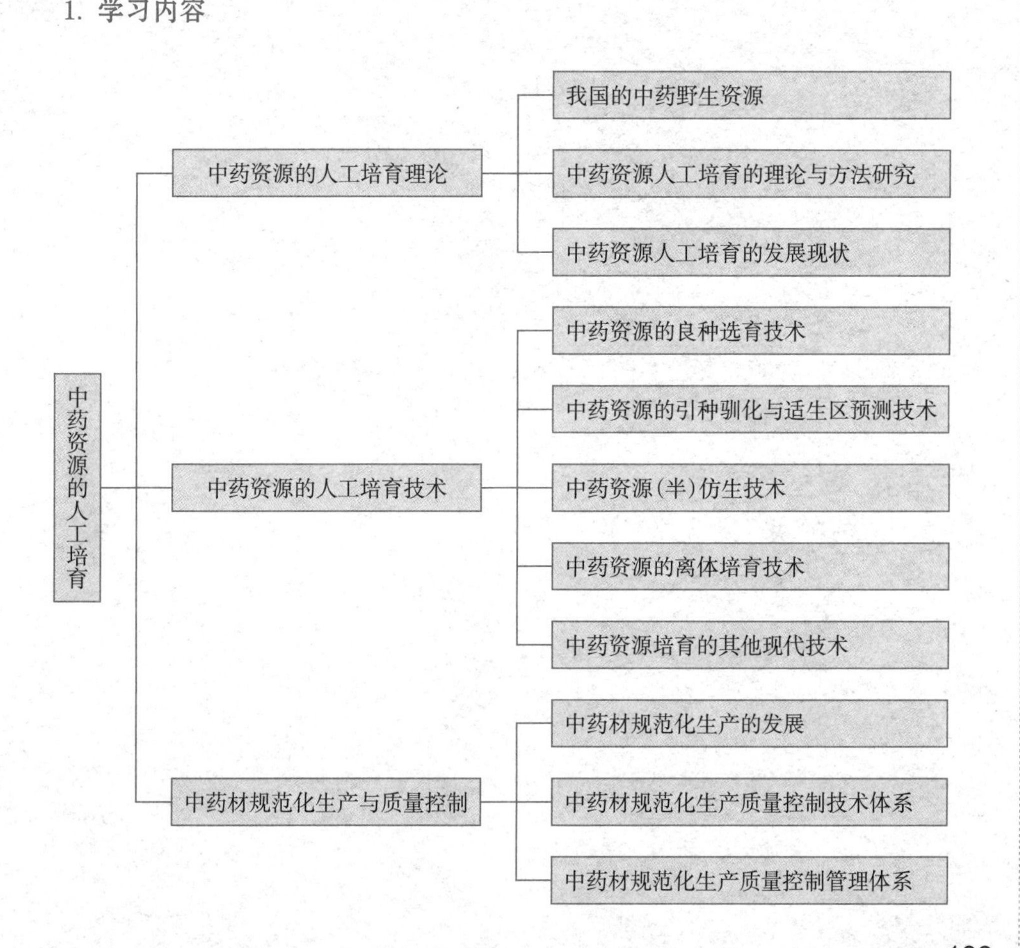

笔记

2. 学习方法

本章主要从中药资源人工培育理论、技术及中药材规范化生产与质量控制三个方面系统地介绍了中药资源培育的基本概念、理论、内容与注意问题，旨在让读者了解中药资源人工培育中的基本工作内容与工作原理，以及进行中药资源培育的必要性与发展现状，使读者能够从整体上把握中药资源人工培育的基本理论和技术，熟悉中药材规范化生产与质量控制与管理技术方法。

复习思考题

1. 简述药用植物资源引种驯化的理论基础与影响因子。
2. 简述药用植物栽培的主要工作内容。
3. 简述药用动物饲养的主要工作内容。
4. 简述药用植物引种驯化的步骤。
5. 简述药用动物驯化的方法。

笔记

中药资源的管理与经济

学习目的

通过本章学习，掌握中药资源信息的收集和应用，熟悉中药知识产权保护范围和形式，了解中国中药资源管理的基本内容、相关政策和法规。

学习要点

中药资源管理、中药资源信息、数字化等基本概念；中药资源的信息和数据化管理；中药资源相关的知识产权保护范围；中药资源经济。

中药资源的管理与经济，是中药资源学科的最终归结点与实践之处，它源于中药资源学的初衷与全部理论，引入经济学的概念、公式与评价方法，运用管理学手段，指导中药资源的科学保护、合理配置、可持续开发。随着世界人口增长、技术进步，中药资源的需求越来越多，而现有的资源量有限且存在地域差异，如何认识与规划利用中药资源已成为人类必须面对的问题。作为中药资源学的关键组成部分，中药资源的管理与经济也是中医药发展的必然结果，而且会愈加承担起核心作用。

第一节　中药资源管理的基本内容

中药资源管理(management of Chinese medicinal material resources)是指中药资源管理相关部门为了科学、合理地保护和开发利用中药资源所采取的行政、法制、经济、技术等手段和途径的总和。中药资源管理是一项受国家经济体制制约的工作，与中国的社会实际情况相适应。资源是人类生存和社会发展的物质基础。自然资源是指自然界一切可利用的、自然生成的物质和能量。中药资源属于自然资源的范畴，是中药产业的物质基础，其管理涉及自然资源、中药材生产和流通、中药资源的研究开发和综合利用、信息和知识产权等多个领域，其具体管理涉及政府部门、科研机构、企业和行业协会等社会各个方面。

一、中药资源管理的主体与范围

中医药管理部门是中药资源管理的行业主管部门，国家中医药管理局是政府管理中医药行业的国家机构，各个地区都设有相应的管理机构。中药资源属于自然资源的重要组成部分，其自然状态下的保护、管理和开发利用，除中医药管理部门对其

实行行业性管理外，同时要受林业、农牧、矿业、水产、环保等自然资源管理部门直接或间接的管理。

中药资源管理一般以各个省（直辖市、自治区）为独立管辖的区域范围，按照国家法律、地方法规、条例及相关规定实施。例如2000年6月国务院发布了《国务院关于禁止采集和销售发菜制止滥挖甘草和麻黄草有关问题的通知》，为了贯彻这一通知，内蒙古、甘肃等自治区、省人民政府各自发布了具体执行方案。

二、中药资源管理的基本内容

（一）中药资源的管理

1. 中药资源保护的管理　中药资源的保护是中药资源管理的重要工作，与自然资源和生态环境的保护密切相关。为了保护自然资源和生态环境，国际和中国政府相继制定了一系列法规与条例予以实施。我国在中药资源的监测、中药材市场和资源管理、药用生物野生转家种（家养）、药用生物自然保护区建设等方面做了大量的工作，在保护和管理中药资源的工作中取得了一定的成效。自然保护区的建设和管理与中药资源管理工作密不可分，自然保护区的建立对保护中药资源、防止药用生物物种灭绝具有重大作用。

各级地方政府在中药资源的管理方面也做了大量工作。例如，2007年浙江省在国内率先发布了《浙江省铁皮石斛产业发展指导意见》，对推动和规范铁皮石斛产业发展起到了积极作用，2012年为进一步引导铁皮石斛产业健康有序发展，结合近年发展实际，又修订了《浙江省铁皮石斛产业发展指导意见（2012—2015年）》。铁皮石斛现已成为浙江省中药产业、高效生态农业的重要组成部分。广西壮族自治区人民政府为了加强中药资源保护，先后批准《关于加强药用资源保护工作的通知》和《关于加强龙血树资源保护的通知》，严禁在安息香、石斛类、鸡血藤、麝、穿山甲、蛤蚧等药材分布比较集中的18个自然保护区开展药材采集与狩猎、开荒种地等活动。四川省麝香产量占全国的50%左右，为保护林麝资源，该省专门划出林麝保护区和轮猎区，进行有计划的采香和资源保护。

2. 中药材生产的管理　中药材的生产活动，包括野生资源的抚育（采集）利用、药用植物的种植和药用动物的养殖、药材的采收和产地初加工及仓储管理等环节。这些生产活动属于多个行业或领域，分别受到多个部门的管理。原国家食品药品监督管理局2002年颁布的《中药材生产质量管理规范》（试行）是针对中药材生产制定的专项管理规定。野生资源的采集（抚育）受到草原、森林、矿藏等相关部门管理，中药材种植、养殖和采集及产地加工受到农业等部门的管理，中药材的质量监督管理归医药部门监督管理。濒危野生动物的养殖，需要经过国家野生动物保护管理部门的审批。生产企业应运用规范化管理和质量监控手段，保护野生药材资源和生态环境，坚持“最大持续产量”原则，实现资源可持续利用。

中药材的野生转家种（家养）工作，受到国家多个部门的鼓励与支持，从广义来讲也应划归中药资源管理的范畴。多个与医药相关的国家部门在制定的中医药发展规划中都对这一工作给予了高度重视，频频独立或联合发文支持关键技术研究及其产业的发展工作。

3. 中药资源动态监测管理　根据中药资源调查和动态监测资料建立中药资源预

笔记

警系统，是未来中药资源管理的一项工作内容。动态监测的主要任务是对中药资源的种类、产量或蕴藏量、生态环境的变化以及群落动态情况作长期监测，根据调查资料与监测结果，及时分析资源的动态变化情况，对资源的未来供需状况进行预测，建议珍稀、濒危中药资源开发利用的预警机制，为有关主管和决策部门制定相关政策和规划提供参考。2011 年起，我国开始启动第四次全国中药资源普查（试点）工作，本次普查的一项重要内容是建立中药资源动态监测机制。

4. 贸易及产品开发管理　目前，中药材的生产和加工者一般为不同的企业，只有极少数制药企业建立有自己的原料生产基地，因而绝大部分药材都要经过市场交易的环节。除国内使用外，中药材也是我国重要的出口商品，出口的产品形式主要有原药材和提取物两类。根据国家相关规定，中药材的交易按照农产品进行管理。中药材交易市场和贸易环节的管理，广义来讲也应属于中药资源管理的内容。中药材的流通和交易受到农产品市场、贸易以及进出口相关政府部门的管理。为了便于中药材交易管理，国家已批准了 17 个中药材专业交易市场。

针对部分野生药材资源紧张的状况，国家中药材主管部门采取了一系列措施加强中药材市场和资源的管理，主要包括：对于国家管理的中药材种类，实行以产定销限量收购；建立药材资源监测情况的上报制度，及时调整和解决有关问题；对资源较为紧张的多用途品种，在同有关部门协商后，限制非药用使用量，保证药用供应，减轻资源负荷；实行“先国内、后国外”的出口政策，对资源紧张的药材，限制或禁止出口；打击投机倒把、走私贩私的犯罪活动，制止哄抬物价、产地套购、抢购和盗采的活动。在麝资源的保护方面，采取了市场调控的管理措施，对麝香实行限制收购，并对麝香收购、批发、零售实行最高限价。源于濒危生物的药材，例如石斛，规定只有栽培生产基地的产品才准予办理出口手续。

5. 中药资源信息和知识产权管理　中药资源相关信息和研究成果对中药产业的发展具有重要作用，信息的保密和知识产权保护也是中药资源管理的重要内容。此类管理涉及国家的资源和信息安全、企业的技术安全等，也需要多相关部门的协调。某些特殊中药资源是战略性资源，其信息应进行严格的保密管理。药用生物资源的开发会获得海量的技术和知识成果，其保护工作对中医药产业发展具有战略性意义，只有通过知识产权保护，才能保障这些信息资源的安全。

（二）中药资源保护和管理的政策与法规

中药资源的保护和开发利用是中药资源管理的一项重要工作，与自然资源和生态环境的保护密切相关，为了保护丰富多样的物种资源，国际、国内均有一系列相关政策与法规对中药资源的开发利用加以约束和规范。例如联合国和国际组织协议制定了《濒危野生动植物国际贸易公约》、《生物多样性公约》等，我国近年颁布规划有《中医药发展战略规划纲要（2016—2030 年）》、《中药材保护与发展规划（2015—2020 年）》，其他法规、保护条例、生物资源保护名录、生物资源单品种专项保护等有关通知不胜枚举。此外，各省、市政府结合本地实际情况颁布条例也很多。这些管理政策与法规必将有力推动和促进中药资源事业“创新、协调、绿色、开放、共享”的发展，有效服务于人民医疗与卫生健康事业。

笔记

第二节　中药资源的信息与数字化管理

一、中药资源的信息及采集

中药资源学是一门综合性很强的学科，与其他学科如药学、生态学、环境科学、管理科学等多学科互相渗透与交叉。信息(information)是指人们在日常交流活动中所说消息、思想、指令、数据资料等传递给接受者的一切内容。收集、综合、研究各有关学科的信息才能进行中药资源信息研究和应用。

(一) 中药资源信息

中药资源信息，是指有关中药资源的种类、分布、形成、蕴藏量、品质、保护和可持续利用的信息。由于事物联系的广泛性和复杂性，许多看起来不相关的信息也都可能直接或间接对中药资源产生影响。因此，广义的中药资源信息远大于上述概念的范畴。目前中药资源的信息来源广泛，形式多样，包括专业书籍(古籍、现代专著与工具书)、主要期刊、网站等。目前，文献记录依然是中药资源信息的重要载体。

(二) 信息采集方法

根据信息的来源、用途和时间要求的不同，信息收集方法可分为积累法、文献法和调查法。

1. 积累法　信息的积累就是在日常工作中自觉进行连续的、系统的信息收集和记录。这种方法要求相关人员具有良好的信息收集意识，并建立持续的、系统的、分类清晰的信息记录制度。

2. 文献法　文献法就是收集和分析研究各种有关文献资料，筛选出所需信息，并将之应用于某种工作的方法。文献的类别不同，其所需的收集途径也有所不同，一般有图书馆、档案馆、博物馆、科研教育机构、学术会议、网络等。收集文献的方法有：检索、购买、交换、索取、复制、接受赠书等，其中通过检索文献来获取信息是最常用、最主要的手段。文献检索是一门专门技术，也是科技工作者必备的一种技能，详细内容可参看相关书籍。

3. 调查法　调查就是根据工作任务运用调查方法和手段收集信息。常用的调查方法有：参观访问、会议交流、现场调查。如中药资源普查主要属于调查法，它综合了参观访问、会议交流、现场调查等方法，其中野外调查是普查工作中的重要环节，也是人力、物力要求很大的环节。同时，中药资源普查也必须综合应用积累法和文献法来获取信息。

4. 信息的编辑和整理　通过上述方法收集到的信息，数据量大、内容复杂，因而必须对所收集到的信息进行分析，判断其可靠性、先进性、经济性和适用性，剔除虚假有误和无用的信息，确认有价值可信信息，进行整理、加工，建立数据库以便于管理与应用。将整理好的信息资料与分析研究结果编写成调研报告。

二、中药资源信息数据库的构建

(一) 建立中药资源数据库的意义

建立中药资源数据库，可以对中药资源的各种信息进行数字化管理，为中药资源

的科研、保护利用提供快速、及时、准确的信息。例如，中药材市场和流通信息数据库可以用于中药材生产计划的制定，对可上市的中药材商品量及市场需求进行预测，对中药材库存量分析，可为中药材生产、经营提供决策依据。在中药资源普查中，特别是在近年开展的第四次全国中药资源普查，使用各地的中药资源种类、分布、蕴藏量、产量、收购量、销售量和需要量等巨量信息建立庞大的数据库，可为社会各个方面开发中药资源提供所必需的基础数据，将会产生巨大的社会效益和经济效益。目前建立的中药资源数据库多为关系数据库，这种库主要由两部分组成：一部分是数据库的结构，定义字段名、字段类型、字段长度等；另一部分是数据库记录的集合，它包含全体实在的数据。由于关系数据库能有效地存储和处理大量的数据信息，其应用广泛，因而被称作大众数据库。

近年，中药标准化与质量安全性的提升已成为产业发展的必然趋势，中药资源的产地溯源与质量查询数据库、基本药物所需的种子种苗数据库、中药材供需与交易数据库等的建设、完善，将有利于中药资源产业链各环节均衡发展以及关键环节专业化发展。

（二）中药资源数据库功能设计

1. 中药资源数据库的功能　建立数据库，首先必须明确数据库应该具备的功能，才能有的放矢地进行数据项目设计和程序设计。中药资源数据库应具信息录入和贮存、信息维护、中药资源查询、统计功能、用户管理、输出等功能。

2. 中药资源数据库的内容　如物种学名（中文学名、拉丁学名）、药材名、别名、药用部位、分布地点（地名、地貌、经纬度、海拔）、分布环境（群落、小生境、伴生动植物）、多度、频度、蕴藏量、不同年度的产销量、功效（中医学、民族医学、民间医药）以及上述项目的有关图片、视频、录音等。根据中药资源研究的特点，还可以收录外业调查、内业整理的相关资料，如样带信息、样方信息、植物生长阶段、数量、标本号及标本保存机构、种质资源保存方式及地点等。

3. 中药资源数据库管理程序的设计　程序设计指根据数据库的设计功能，进行数据库的信息录入、贮存、信息维护、中药资源查询、用户管理和输出。程序设计应按模块化的方式进行，可提高效率、减少出错、便于调试以及数据库推广应用。程序设计应设计扩展功能，以便于根据新的用户需求设计新的功能，还应考虑知识产权的保护，除设定用户权限外，特别注意照片、音频、视频的知识产权宣传及技术保护。为了避免操作错误、意外事故和恶意程序对数据库的毁坏，应设计防错、防意外、防病毒的程序，以保证数据库的安全、准确和完整。

三、中药资源的数字化管理和应用

数字化就是将各种信息转变为可以度量的数字、数据，再以这些数字、数据建立适当的数字化模型，把它们转变为一系列二进制代码，引入计算机内部，进行统一处理。计算机已成为信息社会中必不可少的工具，数字化在中药资源领域的应用也日趋广泛和深入，目前中药资源信息的数字化集中体现在数据库技术的应用方面，与物联网等技术的整合研究尚需不断探索。

（一）中药资源数据库网络化

网络化是利用通信技术和计算机技术，把分布在不同地点的计算机及各类电子

笔记

终端设备互联起来,按照一定的网络协议相互通信,以达到所有用户都可以共享软件、硬件和数据资源的目的。中药资源数据库的网络化,可以极大地提高数据库服务的广泛性和快捷性,并且通过不同的授权,使数据库的更新实现全国化甚至全球化,这也是“互联网+”等国家战略的发展方向之一。但在网络化的同时,必须注重数据库的防护。

(二)数据挖掘

数据挖掘是目前数据库领域研究的热点之一,所谓数据挖掘是指从数据库的大量数据中挖掘出隐含的、并有潜在价值的信息的过程。它主要基于人工智能、机器学习、模式识别、统计学、数据库技术等,高度智能化地分析数据,做出归纳性的推理,从中挖掘出潜在的规律和趋势。常用的数据挖掘方法有分类、估计、预测、相关性关系和规则、聚类等,有关技术可参阅专业资料。中药资源信息数据库的数据挖掘,可为中药资源种类变化、蕴藏量变化、产销量的动态、资源区划、资源开发提供有力的分析和预测工具。例如,根据全国各地多年药材种植面积年平均数,可以分析各省(区)的植物药材蕴藏量以及蕴藏量变化趋势;通过野生药材蕴藏量与产区分布的关系研究,分析栽培药材增产区。

(三)监测中药资源的动态变化

中药资源动态变化监测是中药资源保护与管理工作得以长期正常维持和正确发挥作用的重要环节。监测的主要内容包括监测的物种、区域情况报告。监测的物种主要是市场需求大、资源相对不足的药用物种;资源稀少且易受威胁的药用物种和国家保护的野生药材物种;监测的重点区域为中药资源开发破坏区和保护区,其他区域为一般观测区。

第三节　中药资源相关的知识产权、政策与法规

我国是中药的发源地,拥有世界上最丰富的中药资源,也是目前最大的药材生产、消费与原料输出国。中药资源的管理有赖于中药知识产权的保护,以及中国政府及相关部门所制定的一系列法规、政策和条例等。本节主要介绍国内和国际中药资源相关的知识产权、政策和法规。

一、中药知识产权保护的作用、范围与形式

当今,知识产权是继物力、财力和人力三大经营资源之后的新经营资源,被人们称为“第四经营资源”。我国中药专利的申请近年来有所增加,但以国内申请为主。我们应该重视并大力推进中药知识产权的建设,把中药知识产权放到中药产业发展的重要位置。

(一)中药知识产权保护的作用

1. 掌握知识产权是保护我国中药资源的法律手段　知识产权保护是国际通用的保护科技成果的法律制度,它能从法律上确立我国中药资源及附属内容的合法性,是保证我国在国际市场竞争能力的关键。

2. 知识产权的保护可以促进中药产业研究水平的提高,推动国内科技创新体系

笔记

的建立　知识产权的基本功能之一就是鼓励发明创造、维护发明者的合法权益。知识产权可以激励科技人员的创造性，鼓励企业进行高层次的新产品开发，提高我国中药科技水平。

3. 知识产权制度具有公开科技信息、促进交流合作的作用　该制度对于促进中药研究的信息交换和相互交流启发奠定了基础，对于避免秘方和验方的消失和断代都具有重要的作用。

4. 知识产权保护可以促进和保障中药产业规模化　医药开发具有周期长、投入大、风险大的特点，而仿制又相对容易。只有通过知识产权保护，才能形成产业内从研究到市场的良性发展，中药产业规范化对于提高国际竞争力至关重要。

（二）中药知识产权的保护范围

1. 处方与配方　包括中成药处方、单味药处方、单体药物处方、复方组分处方和单味药组分处方。

2. 中药材生产　包括中药资源的分布及蕴藏、中药栽培（养殖）生产技术、中药材包装仓储技术、品质鉴定及新的药用部位、新的用途等。

3. 中药炮制技术　包括传统的炮制方法、新型饮片及保鲜技术。

4. 中药制药工程技术　包括工艺技术、制药机械设备、制剂辅料、自动化技术、药渣的综合利用及污染处理技术等。

5. 中药质量控制与保障技术　包括标准品、检测方法、检测仪器及试剂等。

6. 中医药基础研究　包括与病、证、症对应的实验动物模型研究、中药作用原理研究、复方配伍规律研究、药性理论研究及活性成分研究等。

7. 中药产品的包装材料及外观设计　也可申请知识产权保护。

8. 中药领域的著作权　包括有关中药的专利、文献、论文、档案、资料、产品、说明书、计算机软件、数据库、网络等方面的内容。

（三）中药知识产权保护的形式

中药知识产权的保护形式有多种，目前我国采用的保护形式可分为法律保护、行政保护、边界保护和原产地保护等。

1. 法律保护

(1) 专利保护：是目前我国中药知识产权保护最主要的形式之一。《专利法》规定，专利包括发明专利、实用新型专利和外观设计专利。发明专利和实用新型专利应当具备新颖性、创造性和实用性；发明专利权的期限为二十年，实用新型专利权和外观设计专利权的限期为十年，均自申请日算起。中药专利主要以发明专利的形式出现，包括产品专利、方法专利和中药新用途专利。中药复方、单方制剂，中药提取物及制剂，中药饮片的制备方法和加工工艺，以及新的动物、植物、矿物或其提取物的医疗用途等，都可以申请专利。中药复方制剂是中医药的一大特色，也是我国中药领域专利申请的主要形式。

(2) 商标保护：是对商标标志性、商业性、专有性的保护，保护的对象是标志。《商标法》规定：经商标局核准注册的商标为注册商标、服务商标和集体商标、证明商标；商标注册人享有商标专有权，受法律保护。国家规定必须使用注册商标的商品，必须申请商标注册，未经核准注册的，不得在市场销售。药品属于必须使用注册商标的商品。中药领域商标保护涉及的范围包括中药的品质、中药饮片、中成药、制药专用

笔记

机械设备、质量检测所用标准品及检测仪器、包装材料、包装机械以及我国的道地药材等。

(3) 著作保护：我国的著作权法施行自动保护原则，即一旦作品的创作完成，该作品就自动获得著作权法的保护。著作权和专利权一样都是专有权，但和专利权不同的是，著作权只保护作品的表达形式，而不保护作品反映的具体内容。著作权保护的现状决定了其对中药知识产权保护的局限性，因为对于中药来说最需要保护的是其配方、处方、中药材以及中成药制药方法与关键技术，而这些方面有部分超出了著作权的保护范畴。

(4) 商业秘密保护：我国反不正当竞争法第十条把商业秘密保护定义为“不为公众所知悉的、能为权利人带来经济利益、具有实用性并经权利人采取保密措施的技术信息和经济信息”。中药生产工艺复杂、技术性强，配方也复杂多样，从产品很难反向倒推出中药的配方和生产工艺。因此，从中药的技术特征看，商业秘密保护是中药知识产权保护的一种重要方式。在国家中医药管理局对 120 家中成药重点企业及其 401 个重要中成药品种的调查中，企业对 60.8% 的中成药品种采取了技术秘密保护措施。可见，我国中药企业对这种产权保护方式比较重视。

2. 行政保护

(1) 中药品种保护：中药品种保护是指国务院《中药品种保护条例》规定的一项行政保护措施。该条例规定保护的对象是指在中国境内生产的、已经列入国家药品标志的品种。中药品种保护不属于知识产权范畴，仅限于调整中国境内中药生产企业之间的权益，其实质是限制中药品种的仿制。《中药品种保护条例》规定：国家鼓励研制开发临床有效的中药品种，对质量稳定、疗效确切的中药品种实行分级保护制度，一级保护时间分别为 30 年、20 年和 10 年，二级保护时间为 7 年。保护期满后可申请延长保护期，每次延长的期限不得超过第一次批准的期限，其中二期保护只能延长一次保护期。

(2) 新药保护：新药保护的对象是指在中国未生产过的药品，对新颖性的要求较专利法低。但是新药证书一般只有在完成Ⅲ期临床试验且经批准后才能颁布，因此申请时间比专利更久。根据国家药品监督管理局《新药保护和技术转让的规定》，各类新药的保护期限分别为：第一类新药 12 年，第二、三类新药 8 年，第四、五类新药 6 年。新药在经国家食品药品监督管理局批准颁发新药证书后即获得保护，在保护期内的新药未得到新药证书持有者的技术转让，任何单位以及个人不得仿制生产，同时药品监督管理部门也不受理审批。

3. 边界保护　边界保护涉及的中药知识产权范围以中药专利产品及商标产品为主，尤其是中药品牌商标。海关是国家进出境的监督管理机关，能够对进口货物实施有效控制，在防止和制止侵权货物进出境方面可发挥重要作用。海关对知识产权的保护有助于维护我国出口企业的合法权利和出口商信誉，促进外贸事业的正常健康发展。

4. 原产地域保护　原产地域保护是用来表示该商品是源于某国、某地区或某地的一种产品标识，是一种集体性专有权，不具有转让性和独占性。凡是该地生产的企业都可以使用该名称，且不受时间限制，具有永久性。申请原产地域保护必须产地名称实际存在，且是该产品的真实产地，只有本地企业才能使用该产地名称。2003 年以

笔记

古蔺县道地药材赶黄草为原料的单方中药制剂“古蔺肝苏”获得原产地域产品保护，从而成为我国首个获得该项制度保护的中成药。2005年，国家质检总局在《原产地域产品保护规定》和《原产地标记管理规定》的基础上，发布了《地理标志产品保护规定》，统一规范管理地理标志（原产地域）产品，在一定程度上为中药的原产地域种植和生产提供了进一步的法律保障。至今，文山三七、吉林长白山人参、宁夏枸杞、昭通天麻、江油附子、涪城麦冬等几十个中药材品种获得国家地理标志产品保护。

二、中药资源管理相关政策和法规

为了加强中药资源管理，促进中医药产业发展，保护生物和中药资源的可持续发展，中国政府及相关部门相继制定了一系列相关的政策和法规，并付诸实施。

（一）国家颁布的与中药生物资源管理有关的主要法规

1. 国家颁布的与中药生物资源管理相关法规

时间	颁发部门	法规名称
1982	全国人民代表大会	《中华人民共和国海洋环境保护法》
1984	全国人民代表大会	《中华人民共和国森林法》
1986	全国人民代表大会	《中华人民共和国渔业法》
1988	全国人民代表大会	《中华人民共和国野生动物保护法》
2001	全国人民代表大会	《中华人民共和国药品管理法》

2. 国家颁布的与中药生物资源管理相关的条例和文件　在颁布上述法规的基础上，为了更好地落实和执行法规的有关规定，国家制定了一系列生物资源保护等方面的条例和文件，对药用生物资源的管理起到了推动作用。现将主要条例和文件列表如下：

时间	颁发部门	条例
1987	国务院	《野生药材资源保护条例》
1992	林业部	《中华人民共和国陆生野生动物保护实施条例》
1994（2011修正）	国务院	《中华人民共和国自然保护区条例》
1996	国务院	《中华人民共和国野生植物保护条例》
1997	国务院	《中华人民共和国植物新品种保护条例》
2007	科技部等16个中央部门	《中医药创新发展规划纲要（2006—2020年）》
2009	国务院	《关于扶持和促进中医药事业发展的若干意见》
2011	国家中医药管理局	《中医药事业发展“二十五”规划》
2012	国家中医药管理局	《中医药标准化中长期发展规划纲（2011—2020年）》
2015	工信部等12个部门	《中药材保护和发展规划（2015—2020年）》
2015	国务院	《中医药健康服务发展规划（2015—2020年）》
2016	国务院	《中医药发展战略规划纲要（2016—2030年）》

笔记

3. 国家发布的有关中药生物资源单品种专项保护的有关通知　为了保护自然资源和生态环境，保护生物的多样性和中药资源的可持续发展，拯救珍稀、濒危的药用生物种类，国家发出了《关于禁止采集和销售发菜，制止滥挖甘草和麻黄草有关问题的通知》等有关通知。

（二）各地方颁布的与中药生物资源管理有关的主要法规

1. 各地颁布的与药用生物资源管理有关的主要条例和规定　如《辽宁省野生珍稀植物保护暂行规定》及《海南省自然保护区条例》等。

2. 各地方单品种专项保护的办法和通知　如《青海省人民政府关于禁止采集和销售发菜，禁止滥挖甘草和麻黄草等野生药用植物的通知》等。

（三）中药资源保护相关的国际公约

在国际上，我国已参与制定或加入了一系列与生物资源保护相关的公约和协定，其也适用于中药资源的保护，主要有《濒危野生动植物国际贸易公约》、《国际植物保护公约》《生物多样性公约》等。

第四节　中药资源危机预警系统

随着人们自我保健意识、崇尚“回归大自然”意识的不断提高，人类从中药自然资源中寻求医药健康支持的意识越来越强烈。对中药资源的需求量也越来越大，中药产业越来越受到全世界的青睐。但是，由于对资源缺乏有效保护、可持续利用和监控预警的措施，我国的药用植物资源受到了严重破坏，有些物种甚至濒临灭绝。国际自然保护联盟（IUCN）2004 年 11 月公布的《濒危物种红色名录》表明，现在物种灭绝的速度比单纯自然状态下的速度要快 1000 倍。《中国植物红皮书——稀有濒危植物》（第一册）收载植物 354 种，有药用植物 168 种，部分已经列入《国家重点保护野生药材名录》以及《濒危野生动植物物种国际贸易公约》（CITES）附录之内。因此，加强药用植物资源预警系统性研究，建立健全中药资源预警监测体系和资源保护网络，确保中药资源的合理采集与利用，满足社会和国民经济发展对中药资源不断增长的需求是十分必要和迫切的。《中药现代化发展纲要》已将“开展中药资源普查，建立野生资源濒危预警机制”列为中药现代化发展的重要内容之一。

中药资源危机预警系统包括资源危机阈值的确定、预警信息的收集和传递、预警信息的评价和对策。

一、资源危机阈值的确定

保护珍稀濒危动植物物种有利于维护生态平衡、保护生物多样性。1980 年中国正式加入《濒危野生动物动植物国际贸易公约》（华盛顿公约 CITES），此公约的精神在于管制而非完全禁止野生物种的国际贸易，采用物种分级与许可证的方式，以达成野生物种的持续性利用。1984 年中国公布了第一批珍稀濒危保护植物名录；1987 年国务院发布了“国家重点保护野生药材物种名单”；1988 年，由原国家环境保护局主持编写了《中国稀有濒危植物》一书并于次年出版，现以《中国植物红皮书》在国际上正式出版发行，该书共收录保护物种 388 种，其中药用约 102 种。资源危机阈值的划分参见本书第七章第一节相关部分。

笔记

二、预警信息及评估与对策

预警(early warning)科学尚是一门年轻并在成长的学科，属于管理科学的范围，对它的研究最早源于20世纪60年代美国对于管理失败的研究。到20世纪90年代初，中国才开始逐步开展预警科学的研究。

《中药现代化发展纲要》已将“开展中药资源普查，建立野生资源濒危预警机制”列为中药现代化发展的关键内容之一。因此，尽快完善中药资源动态监测体系，准确获得中药资源危机预警信息，确保中药资源危机预警信息及时准确地传递给管理部门将是中药资源管理现阶段的重要工作内容之一。

随着电子计算机技术、空间科学技术、信息技术的发展和“3S”技术在中药资源普查和监测中的应用，人们开始探索建立适宜的中药资源动态监测方法，为中药资源预警系统的建立打下了良好的基础。

(一) 中药资源预警系统建立应遵循的原则

中药资源预警系统建立应遵循规范性、可靠性、可扩充性、重点监控与分类监控相结合的原则。

预警系统中的监测方法、监测指标、统计方法、软件平台等均应规范化，并尽量与国际惯例接轨，具有良好的稳定性、安全性和可靠性，便于扩充，便于升级换代。

我国的中药资源基本上可以分为3类：一类为其基原物种由国家统管的药材，如罂粟、麝香等；一类为中药材于市场自由流通但其物种列入《野生药材资源保护条例》和《濒危野生动植物物种国际贸易公约》，如厚朴、杜仲等；一类为普通中药材。很显然，前两类是重点监测的对象，而后两类受市场波动的影响较大。在重点监控的基础上，要积极探讨不同中药的共性。

(二) 中药资源预警系统数据信息

为了及时、准确地收集中药资源濒危数据信息，必须建立国家与地方共同参与、分工合作、职责明确的中药资源动态监测体系，该管理体系由管理系统、技术系统和监督系统三部分组成。

1. 管理系统　由国家濒危中药资源管理总站、各大区濒危中药资源动态监测中心站和具体执行单位共同构成。国家濒危中药资源动态监测总站负责领导全国监测工作，一方面，其负责组织专家委员会设计总体实施方案、统一安排工作进程、遴选濒危品种、制定濒危品种招标方案、采用招标方式确定单一品种方案的实施单位、对下级单位的工作检查、对最终建成体系验收、全国濒危中药资源分布影像的统一订购与处理分发、相关基础数据库的管理等工作；另一方面，管理系统依据濒危中药资源的客观现状评估，制定建议性保护对策与管理方案，报送相关部门参考，并跟踪对策方案的落实。根据全国药用植物的地域分布及中药区划，暂设东北、华北、华东、西南、华南、西北、内蒙、青藏八个大区濒危中药资源动态监测中心站，各中心站负责本区濒危中药资源名录提供、本区基础数据库管理、对本区中药资源动态监测系统进行维护、上传相关信息、协助和监督本区域濒危中药资源监测工作。具体执行单位主要负责监测工作，及时采集样地相关信息并及时将信息上传给各大区中心站。

2. 技术系统　以固定样地结合临时样地为监测对象；依托计算机网络、电子信息

笔记

技术和3S技术；以GPS为空间位置信息采集工具，计算机为属性信息采集工具，建立包括各濒危品种属性数据库和空间数据库的濒危中药资源动态监测网络体系，可随时输出濒危中药资源数据表和资源分布图。国家濒危中药资源动态监测总站针对相关数据建立专家决策支持系统，通过相应的规划、统计、决策和预警评价等模型及时通报濒危状况，发出预警信息，向政府部门提出整改意见。

3. 监督系统　濒危中药资源动态监测体系的监督系统是由国家和各大区二级监督构成，监督的特点是样地原始信息的代表性、真实性、标准性和更新的及时性。国家濒危中药资源管理总站、各大区濒危中药资源动态监测中心站对下级单位实施监督的方式有两种：一种是形式监督，即数据和资料的格式要求按合同规定实施；另一种是实质监督，即对样地原始信息进行逐项检查，也可采用抽样的方法，对部分样地进行现场核查。

4. 预警信息的评估与对策　濒危中药资源预警信息的评估与对策是预警系统的核心部分。目前，中国的濒危中药资源保护科研工作已经取得一定的成果。但是，科研工作结果没有得到科学有效的综合分析，决策人员只能通过一些经验和不系统的信息进行决策。因此，需要建立基于系统评价方法的濒危中药资源评价保护体系，对中药资源的濒危现状，资源变化量等进行监测，系统评价相关数据资料，制定更加科学合理的保护及管理对策，以达到中药资源可持续利用的目的。

构建濒危中药资源系统评价保护体系，是指采用系统评价方法，开展设计系统评价方案、执行系统评价、以网络为平台提交系统报告、实施动态监测保护行动四个步骤。建立濒危中药资源预警系统是一个长期的过程，既不能照搬其他行业的成熟模式，又需要相关的支持系统，以应对预警情况。该系统应具备预警信息的实时反馈与监控、预警信息的管理和分析，对濒危中药资源的预警发布、应急响应和调度指挥的功能，以此对濒危中药资源管理决策进行统筹规划分析。在分析的基础上，既可对中药资源特别濒危资源物种结合实际情况，作出短、中、长期的评估和规划，拟订出相应的发展决策和管理措施；同时，又可结合专家经验将中药资源的宏观调控做到客观实际化。将计算机信息管理系统的定量微观分析方法和基于政策层面的宏观分析方法结合起来，可从整体上优化监测预警工作。

第五节　中药资源经济

随着20世纪初第二次工业革命的结束，世界各国对自然资源的开发利用呈现加速发展趋势，资源产业得以快速形成和发展，资源经济学应运而生，并以自然资源与经济发展关系、资源最优配置、资源利用的可持续性等为主要研究内容。以中药资源为对象，应用资源经济学的原理与方法，研究中药资源与社会、经济、环境之间的可持续关系，便产生了中药资源经济学。其跨度大、综合性与应用性强，是多学科边缘交叉研究的热点。

笔记

知识链接

资源经济学

资源经济学(resource economics)指研究对象为资源经济系统,主要研究稀缺条件下,优化自然资源开发和资源配置利用效率,探索自然资源的公共管理,从而实现社会经济可持续发展的目标。具体来讲,资源经济学研究的内容主要包括:资源配置的一般经济学原理、资源稀缺与资源的可持续发展、资源产权问题、资源价值的核算与方法、资源利用的安全与管理、自然资源开发利用中的环境问题、自然资源的最优利用、资源资产化与区域经济发展等问题。

一、中药资源经济研究概述

我国的大规模资源经济研究始于20世纪50年代,中药资源经济为其重要研究内容之一。自1958年开始,我国已先后四次开展大规模全国性中药资源的种类、分布、蕴藏量等基础调查,并相继开展了中药资源生产区划、评价、动态监测等研究工作,为我国的中药资源经济研究奠定了坚实基础。

(一) 中药资源经济的研究对象

中药资源经济(economy of Chinese medicinal material resources)研究中药资源与社会经济相互关系及其发展变化规律,它以经济学理论为基础,分析中药资源的合理配置与最优使用及其与人口、环境的协调和可持续发展等中药资源经济问题,具体包括中药资源的生产、分配、利用和保护与管理之间的经济关系。中药资源经济的研究对象为中药资源经济活动,即中药资源的生产和再生产过程,包括相应的中药资源(及资源产品)交换、配置(分配)和利用(消费)环节。从而,中药资源经济的研究对象包括中药资源的生产和再生产过程及中药资源产品的生产和再生产过程。资源再生产过程是物质效用再生产过程与生产关系再生产过程的统一过程,作为中药资源经济研究对象的中药资源经济活动是资源生产力与生产关系的统一。

(二) 中药资源经济的研究内容

中药资源经济虽然与环境经济、生态经济、人口经济等密切相关,但其基本研究还是集中在中药资源效率、最优配置、可持续性发展三大主题和中药资源生产、配置、利用、保护与管理四个方面。其中,资源生产过程是物质生产过程和价值形成过程的统一;资源配置是资源生产和资源利用的中间环节,其中心任务是分析中药资源的最佳配置;资源利用是作为中药经济有机体器官的资源产业,以提供质优量足的中药资源供社会消费(利用),其中心任务是分析资源的优化利用。随着我国中医药事业的不断发展以及世界天然药物热的兴起,全社会对中药资源的需求正呈现快速增长趋势,有关中药资源的价值—价格理论、环境价值—价格理论、资源产权、资源经济制度、资源可持续利用理论、资源宏观经济循环、市场机制的缺陷和政府的职能理论、资源金融等方面研究内容亦将受到重视。

(三) 中药资源经济的研究方法

中药资源经济是综合性强、应用性强且跨度大的交叉学科研究领域,必须运用多层次、多种类的方法来进行研究,其研究方法体系分为三个层次。

1. 中药资源经济的基本方法论　是讨论中药资源经济的价值观、真理观和科学

笔记

观等根本性问题。主要内容有：对中药资源经济研究对象的哲学思考或中药资源经济的世界观，如何认识和判断中药资源经济的真理性和科学性，如何看待资源经济活动主体问题，中药资源经济和经济家的价值标准等问题。

2. 中药资源经济的思维原理和方法　是经济学家观察中药资源经济事实、从事理论研究、构建理论体系的方法，诸如结构分析法、规范分析法、实证分析法、总量分析法、静态分析法、动态分析法、流量分析法、存量分析法、归纳法、演绎法等。

3. 中药资源经济的技术性方法　是使中药资源经济理论更趋完善和精确化而对特定研究对象或理论所采用的具有技术性质的具体方法，诸如投入 - 产出分析法、成本 - 收益分析法、边际分析法、均衡分析法、心理分析法、数学方法、统计方法等。

（四）中药资源经济研究的特点

中药资源经济虽属于资源经济研究的范畴，但由于中药资源的应用主体中医药及中药产业有其自身的发展规律，这就决定了中药资源经济研究不仅具有资源经济研究的共性，还具有其自身的研究特点，只有遵循资源经济学的原理和中医药自身的发展规律，才能解决好中医药事业与中药产业对中药资源需求的无限性和可用来满足人类需求的中药资源有限性的矛盾，并制定出可持续发展的中药资源利用方针政策，实现中药资源、人口健康、环境、生态和经济的协调发展。

1. 整体性　中药资源经济是从整体上研究中药资源经济系统的结构、功能及其运动规律，因此，中药资源经济研究不是分割或孤立地研究资源、人口健康、环境、生态和经济问题，而是从整体上去研究中药资源经济系统中这几个要素之间的内在联系，力求揭示这个复杂系统的整体结构、功能和效益之间的关系，并寻求对中药资源经济系统的整体调节控制，以便实现物质流、能量流、信息流、人流与价值流等运动过程从整体上达到合理高效，从而让中药资源利用的整体经济效益达到最佳，力求实现资源、人口健康、环境、生态和经济之间的协调发展。

2. 综合性和边缘性　中药资源经济是从整体上研究资源、人口健康、能源、环境、生态与经济协调发展的规律，而对中药资源经济系统中这几个要素关系的研究，就必须涉及对这些要素的分解研究及在此基础上的综合研究，这就使中药资源经济研究具有较强的综合性和边缘性。其边缘性指中药资源经济是资源经济学、生物学、中药学与社会科学等多学科相互交叉的边缘领域，其研究范围不仅要涉及自然科学领域中的生物学、生态学、环境科学、自然资源学、中药学、化学等学科内容，还要涉及社会科学领域的政治经济学、生产力经济学、部门经济学、人口经济学、技术经济学、经济地理学、哲学等学科内容。而要对中药资源经济系统进行综合研究，又必须运用数学、系统论、控制论、信息论及非平衡态系统理论等多学科理论。因此，中药资源经济研究既具有多学科交叉的边缘性特点，同时也具有多学科的综合性特点。

3. 战略性　中药资源是中医药事业传承和发展的物质基础，是关系国计民生的战略性自然资源。中药资源经济不仅影响着中医药事业的健康发展，同时对保护国家安全也具有重要意义。因此，中药资源经济是带有全局性和长远性的重要研究课题。中药资源经济研究需要系统研究资源与产业、资源与经济、资源与人口、资源与环境、资源与生态、资源与能源之间的相互关系。这些相互关系的处理能直接影响到国民经济的全局，关系到国家的长远利益，涉及子孙后代的幸福和社会经济发展的前程，具有十分明显的战略性特点。

笔记

4. 系统性　中药资源经济研究的系统性体现在三个方面：一是要着眼于世界各地民族医药资源相互交流，系统研究各地天然药物资源同各种社会经济资源相互结合、共同作用过程中的经济规律，为社会经济总资源的合理利用与保护提供理论依据。二是要系统研究世界各国在处理资源、人口、能源、环境、生态方面关系的经验和教训，从中找出中药资源经济运行规律。三是要系统研究我国不同历史时期在中药资源开发利用、生态环境保护与发展经济方面的经验，从中探索中药资源经济运行的历史规律。

二、中药资源产品市场

（一）中药资源产品的内涵与类别

1. 中药资源产品的内涵　从普通商品属性的角度来讲，中药资源产品与其他资源产品一样，具有使用价值和固有的市场属性。同时，中药资源产品是一类极其特殊的产品，它的生产、市场流通、交换和经营均受国家相关法律、法规的严格约束。从资源经济角度来理解，中药资源产品是指我国各种中药资源（包括民族药使用的中药资源和民间药使用的中药资源）经人们劳动和开发后，生产出来用于满足人类医疗保健消费需求的中药类产品，它又是中药资源商品属性的具体表现形式。

2. 中药资源产品的类别　传统意义的中药资源产品是指在中医药理论指导下用以防治疾病的各种药物，其来源包括植物药产品、动物药产品和矿物药产品，以天然植物资源产品为主。随着中药资源综合利用的深度开发，中药资源产品的用途和产品形式在不断扩大和延伸，使用范围也由传统的医学治疗向日常保健领域拓展，含有中药成分的新产品不断涌现，现已形成了包括中药材、饮片、中药配方颗粒剂（单味中药浓缩颗粒）、中成药、中药提取物、中药保健食品、中药化妆品、中药日用品、中药饲料添加剂等广泛的中药资源系列衍生产品。在中药资源产品的国际贸易中，不同国家对我国中药资源产品有不同的归类和习称。在欧洲常归入“植物药”类型；在美国，被称为“草药”或“食品补充剂”；在日本则习称为“汉方药”。

（二）国内外中药资源产品市场

资源流动是以商品交换为基础的，交换和资源流动不仅把各类市场联结成一个整体，而且打破了市场的时空界限，把没有区域联系的市场连接成一个统一的大市场。信息化时代的到来，使全球的天然药物资源让人类得以共享。随着社会和经济的发展，人们生活水平提高及生存环境变化，健康观念也在转变，导致医学模式、治疗方式和用药结构逐步调整，这为推广中药资源产品和扩大市场创造了有利条件。中药资源产品在治疗慢性病、免疫性疾病及养生保健、延年益寿、提高生存生活质量等方面所具有的独特疗效和明显优势，已受到国内外的广泛认可，这为进一步拓展中药资源产品的国内、国际市场提供了广阔的空间。

1. 国内中药资源产品市场　我国是中医药文化的发源地，全国各地有着十分丰富的中药资源。随着全球范围内掀起的“天然药物热”，各类中药资源产品倍受人们的关注，我国已成为世界上中药资源产品最大的生产和消费国家。

(1) 中药材：中药材属于中药资源利用的初级产品，市场需求量大，为满足我国中医临床、中药产业和健康服务业对中药材的快速增长需要，保证中药材的安全有效与稳定，我国自 2002 年开始实施中药材 GAP 认证，尝试性迈出了中药材规范化生产的

笔记

重要一步，旨在一定程度上改善传统中药材生产的组织形式和流通方式，发挥稳定原料药材质量的重要作用。至2015年，已有200余种常用大宗中药材实现了规模化种植（养殖），全国中药材种植面积有了大幅度增加。尽管存在多种问题，中药材GAP的实施，无疑为我国中药资源产品质量的提升迈出了试探性的一步，为开拓中药资源的国际市场发挥了推动作用。

为了更好地活跃中药材资源流通，规范市场秩序，1996年国家有关部门重新批准和保留了17家国家级中药专业市场：安徽亳州、河南禹州、成都新荷花、河北安国、江西樟树、广州清平、山东舜王城、重庆解放路、哈尔滨三棵树、兰州黄河、西安万寿路、岳阳花板桥、邵东廉桥、广西玉林、广东普宁、昆明菊花园。目前，它们已成为我国中药材资源产品最主要的交易场所，年交易金额达200亿元以上。为规范和完善中药材流通市场，我国正规划和建设现代化中药材仓储物流中心，配套电子商务交易平台及现代物流配送系统，引导中药材产销双方无缝对接，推进中药材流通体系向标准化、现代化发展，形成从中药材种植（养殖）到中药材初加工、包装、仓储和运输一体化的现代市场物流体系。

目前，国内中药材市场特征表现为：一是作为现代农业的重要组成部分，中药材生产受到了各地政府的鼓励与支持，全国的生产种植规模呈继续扩大的趋势，一些常用大宗药材种类已表现为明显的产大于销的生产格局。二是通过多年的市场整顿，中药材经营市场秩序有了一定好转，但还未达到市场自觉的程度，仍需进一步规范。三是我国的中药材市场整体处于稳定发展阶段，药材市场价格变化不大，但某些种类药材易受自然灾害、突发性流行性疾病等因素影响，市场波动变化会较大。

（2）中药饮片：中药饮片是我国中药产业的三大支柱之一。长期以来，由于中药饮片的现代化、标准化程度偏低，并且缺乏相应的炮制规范和质量标准，以及市场发育不完善等原因，中药饮片的生产与市场流通一直较为混乱，严重影响中药饮片产业的发展。在国家相关政策法规的推动下，我国中药饮片产业目前正处在一个逐步规范和有序发展阶段。《药品管理法》明确规定，中药饮片不能进入专业药材市场进行交易；中药饮片的生产企业必须通过GMP认证，生产工艺已被列入国家保护范围。

近年来，中药饮片的需求逐年增大，市场销售保持较快的增长速度，年需求已超过1000亿人民币，其中医疗机构和药厂各占40%的市场份额，其余份额属药店、保健品店等零售场所。就整体来说，我国的中药饮片市场仍处在不规范竞争状态，缺少龙头企业，不能形成规模化、集约化经营，市场流通不畅等问题依然严重。国家对中药饮片实施批准文号新举措，将对规范我国中药饮片市场、提高市场集中度起到积极促进作用。

（3）中成药：随着国民经济的快速发展，我国居民的消费水平越来越高，更多的人开始关注养生保健，市场对中成药的需求不断增大。新医改的推进及国家相应的扶持政策，更是助推了中成药产业的快速增长态势，并涌现出一大批现代中药制药企业。至2014年底，我国年产中成药360万吨，总产值6000亿。在各类别中药资源产品中，中成药以其适应性广、疗效确切、服用和携带方便等优点，受到人们的喜爱，市场份额日益扩大，且呈现出速度快、效益好的良好发展前景。

国内中成药市场主要由医院市场和社会零售市场两大部分组成。在医院中成药市场中，心脑血管疾病用药、肿瘤用药、呼吸系统疾病用药和骨骼肌肉系统疾病用药

笔记

占据了70%以上份额，其中以心脑血管疾病用药为主，超过了整个中成药医院市场份额的三分之一；在社会零售市场中，则以消化系统用药占据主导地位，其次分别是心脑血管用药、呼吸系统疾病用药、妇科、骨伤科等专科用药。在我国各类中成药资源产品市场中，中药西制产品、新剂型、受国家保护、疗效快速、入选OTC以及被列入国家报销范围的中成药将成为国内中成药市场的主流。

由于国家在今后相当长时期内将会继续实行中药产业扶持政策，国内中成药产业整体发展前景将会十分广阔。一方面，随着国家新医改方案的逐步落实及基层医疗保健体系的建设，中成药产品市场空间将进一步扩大；另一方面，中成药产业继续向药用消费品领域延伸，向现代化中成药方向发展，将大大提高中成药在国内药品市场的生存和发展空间。

(4) 中药提取物：中药提取物是以中药材或饮片经过提取、浓缩、纯化后含有有效成分或有效部位的中药资源产品，属中药原料药或中药制剂中间体的范畴，不能直接应用于临床或患者，仅是中药制剂产品、功能性食品、饮料、食品添加剂、化妆品等的原料或辅料。主要包含下列4种产品形式：①纯化中药提取物：活性成分单一，纯度在95%以上；②标准化中药提取物：含有多组分的活性成分；③单味中药提取物；④复方中药提取物。按产品性状，中药提取物又可分为植物油脂、浸膏、流浸膏、颗粒、粉末、晶状体等。2015年版《中国药典》收载植物油脂和提取物47种，如灯盏花素、岩白菜素、穿心莲内酯等纯化中药提取物，丁香罗勒油、八角茴香油、人参总皂苷等标准化中药提取物。由于中药提取物是中药资源利用的新产品，符合当代国际天然药物产品的发展方向，国内外市场的需求十分旺盛，是中药资源开发利用过程中发展潜力最大的产品类别，如越橘提取物、银杏叶提取物、积雪草提取物等都是出口比重较大的品种，并由我国制定了国际商务标准，其他如红景天提取物、罗汉果提取物等也是我国出口较多的中药商品。目前，我国生产的中药提取物主要销往国际市场，其中，又以北美和欧洲为其主要目标市场，出口额已超过我国所有中药资源产品出口份额的一半以上，而且呈连续稳定的增长势头。

(5) 中药保健品：随着我国医药保健品市场的转型和成熟，人们对自身保健意识的增强，自2003年"非典"事件以后，国内"非治疗理念"的中药类保健品市场呈现蓬勃发展的趋势，市场消费大幅度提高，尤其是用传统中药资源制成的保健品，以其资源优势、数量优势、技术优势及安全性好等特点正成为国内医药消费品市场的新亮点。2015年，我国保健品总产值近4000亿元，保健品产业及保健品市场正迎来前所未有的发展机遇。

与中成药市场相比，一方面，我国目前的中药保健品市场表现为销售渠道多元化、产品市场生命周期短、市场供求波动性大、消费人群非专业化、传播媒介对市场导向影响巨大等市场特点；另一方面，我国经济的快速增长以及中药类保健产品本身所具有的独特优势，无论是城市，还是在广大的农村地区，尤其是经济较发达的农村地区，都将为中药类保健产品提供广阔的发展空间。

2. 国际中药资源产品市场　随着人类生活水平和医疗保健事业的快速发展，天然药、植物药正日益受到世界人民的广泛关注，以药用植物为主的我国传统中药资源产品在国际市场上被越来越多的人所了解。作为我国的一项传统优势出口产品，中药资源产品始终保持着逐年稳定增长的良好势头。2006年，我国向世界160多个国

笔记

家和地区出口中药资源产品首次突破10亿美元；2008年尽管受到全球金融危机影响，我国中药资源产品出口贸易仍继续保持增长态势，出口金额13.09亿美元；2015年，我国中药资源产品出口175个国家和地区，出口额37.7亿美元。亚洲地区仍然是中药资源产品出口的主要市场，出口额达22.17亿美元，占总出口额的58.80%。其中中国香港地区是我国中药资源产品出口的第一市场，出口5.59亿美元，占我国中药资源产品出口额的14.83%；美国是中药资源产品出口的第二大市场，2015年出口5.40亿美元，同比增幅最大，占我国中药资源产品出口的14.33%，主要产品是植物提取物，占比达到77.96%；日本是我国中药资源产品出口第三大市场，2015年达4.73亿美元，占比为12.56%。自2006年以来，我国中药资源产品出口年均复合增长率高达24.65%，体现出国际市场对中药资源产品需求的巨大潜力和良好前景。

我国出口的中药资源产品包括中药材、饮片、中成药、植物提取物、保健品等类别。在出口产品结构上，长期以来，以粗加工、低附加值的中药材及饮片为主，出口量较大的主要有人参、枸杞、茯苓、冬虫夏草、菊花、地黄、半夏、白术、甘草、白芍等常用中药材。从2002年开始，这种出口格局被彻底改变，具有较高附加值的植物提取物成为中药资源产品出口的新热点，并且每年以超过10%的速度快速增长，出口金额从2002年的1.9亿美元增长到2015年的21.63亿美元；在十余年时间内，植物提取物所占中药资源类产品出口额比例由1999年的20.2%猛增至2015年的57.38%，稳居各类中药资源类产品出口的首位。从中药资源产品的出口地域分布上看，中药材、饮片及中成药的主要出口市场在亚洲。2008年我国对该地区的中药材与饮片出口比重高达81.08%，其中中国香港、日本、越南、新加坡、马来西亚、韩国及台湾地区为我国传统中药资源产品的主要市场。植物提取物出口到国外主要用作食品补充剂、化妆品和保健品原料；亚洲、欧洲和美国是我国植物提取物出口的主要市场，其中美国和日本是植物提取物的最重要出口国，尤其是日本的汉方药和天然产品市场一直较为活跃，已成为我国植物提取物出口全球的第一大市场。随着中药现代化的不断推进，我国的植物提取物产品出口仍将保持良好的上升势头。此外，我国的中药资源产品正在逐步地开拓拉美、西亚及北非国际市场，南美与非洲已成为我国中药资源产品的新兴市场。

三、中药产业结构与资源配置

我国拥有世界最丰富的药用动植物资源，这为中药产业实现现代化、国际化奠定了可靠的物质基础。近年来我国在中药制剂技术创新、生产规模化、自动化以及中药产品质量控制等方面取得了可喜的进步，中药产业不断创新发展，形成了现代化的中药产业链条。

(一) 中药产业的分化与发展

我国传统中医药行业涵盖了药材的种养采集、炮制加工和疾病的处方治疗等多个相互制约、密切联系的生产部门。伴随生产力的发展，社会分工越来越精细，传统的中医药产业也经历了两次社会大分工：两晋南北朝时期完成了中医与中药的分化；宋朝时期，中药行业进一步分化出中药加工业与中药商贸业。工业革命以来，传统行业与现代技术相结合，促生了一大批新兴行业。现代中药产业经过多年发展，目前已形成了包括中药知识业、中药农业、中药工业和中药商业四大环节的完整中药产业链。

中药产业链按照路径的不同可以分为中药材产业链和中成药产业链(图9-1)。中

笔记

药农业主要从事中药材的种养殖和药材初级加工；中药工业包括中药提取物及中成药的工业化生产，是整个产业链中技术、资金密集程度最高的行业；中药商业包括药品的储存、运输、销售等活动，另外，包装材料、中药信息咨询、药品电子商务等配套服务行业也为中药产业提供重要的支持服务；中药知识业是指为中药生产服务的技术研发部门，比如中药新药的研究和开发、药用动植物资源的研究和开发、制药机械的研发与生产等。作为非生产环节，中药知识业位于中药产业链的高端部位，贯穿整条产业链的始终。

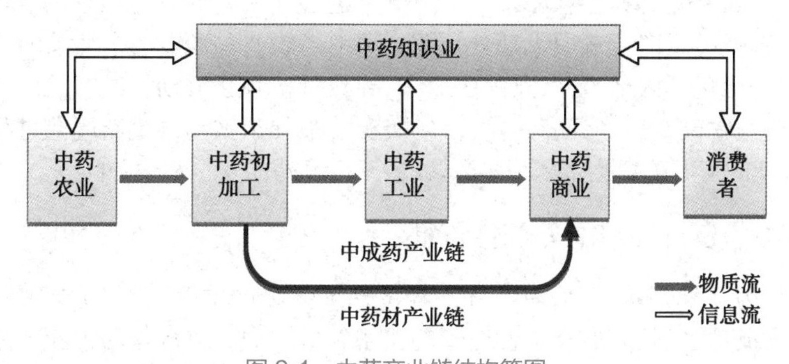

图 9-1　中药产业链结构简图

（二）我国中药产业链的现状与问题

1. 产业链呈单线式结构，效率低下　中药产业链主体结构表现为直链式，产业链上各环节分属于三次产业，而三次产业的发展和演变各有其自身规律，不同产业间的效率差别导致中药产业链难以协调运行，其中的薄弱环节成为发展的瓶颈。比如，市场对某种中成药的需求突然放大时，工业企业有快速扩大产量的能力，但药农受药材种植周期限制，不能快速调整供给。受制于短板因素，产业链整体对市场的反应能力难以提高。

2. 技术创新能力偏弱，信息化程度低　我国中药企业在中药产业技术创新中的贡献不足，高附加值产品少，产品处方大多沿袭古方、验方，产品同质化较严重，市场竞争依然停留在广告大战的层面。科研机构作为当前中药产业技术创新的主体，由于信息反馈渠道不畅，研发成果常常与市场需求脱节。

中药产业信息化程度低导致市场需求反馈缓慢，产业链各节点企业在生产组织、质量监控、信息传输等方面的协调难度加大，产业链不能形成一体化运作的链条，降低了产业链整体竞争力。

3. 产业链上游的优质原材料来源渐少　目前我国中药资源储量和质量不断下降，优质药材来源逐渐减少，整体中药材质量出现下滑趋势。由于生态环境改变和过度采挖捕猎，近千种野生药用植物资源濒危，400 种常用药材中有 20% 以上已经处于短缺状态，小规模分散种养的中药材质量存在着农残、重金属含量超标、品种退化等问题，基地栽培的道地药材虽然质量优良，但在价格上缺乏竞争力，未达到优质优价的预期效益，反而削弱了企业参与中药材 GAP 生产的积极性。

（三）中药产业资源配置

产业的发展离不开劳动力、资金、土地、科技、政策等资源要素的合理配置，中药

笔记

产业链长，涵盖工农商各业，结构复杂，发展程度不一，资源配置差异大。中药工业的现代化程度最高，产业链中现代化大企业多集于此；中药农业还停留在初级发展阶段，以农户分散种植（养殖）为主，靠天吃饭，而推行规模化经营的尝试又不尽顺利；中药商业领域药品批发企业数量多、规模小，行业集中度不高。由于产业链上各企业间实力相差悬殊，对劳力、资金、土地等资源要素的吸纳能力差异很大，因此在产业链中各种资源的配置与产业发展的要求常常不协调，导致链内的物质流、信息流、价值流流动不畅，影响了产业链的稳定性。

此外，资源配置的不合理加剧了中药产业链各环节间的失衡状态。中药工业产业集中度高，吸引了产业链中大部分资源。而中药农业和商业两个环节的众多企业为获取资源，出现了内部无序、过度的竞争，导致价格频繁波动。过度的市场竞争使农户和企业经常改变生产经营策略，市场资源总是处于被动的重新配置过程中。无序的、不合理的资源配置会带来很多弊端，甚至引发药品安全和生态问题。

四、中药资源经济的外部性特征

药品作为一种特殊商品，具有强烈经济外部性和严重信息不对称性，容易引发市场调控失灵，因而是政府社会性监管的典型领域。中药资源作为中药产品的物质基础，其生产和供应的经济过程具备典型的正外部性。然而当前中药资源的经济开发利用管理错位，乱象丛生，表现为一方面野生资源的过度采挖导致资源数量不可持续，另一方面栽培药材的过度干预导致产品质量不可持续，甚至变药为害。因此，明确中药产业的外部性特征，理顺中药产业链中各参与者的责、权、利关系，构建资源配置合理、产权明晰、政府监管到位的中药经济发展模式，才能实现中药产业的健康发展。

知识链接

外部性理论

外部性亦称外部成本、外部效应（externality），可以分为正外部性（或称外部经济、正外部经济效应）和负外部性（或称外部不经济、负外部经济效应）。

外部性是指某些生产或消费对其他团体强征了不可补偿的成本或给予了无需补偿的收益的情形。即某个经济主体对另一个经济主体产生一种外部影响，而这种外部影响又不能通过市场价格进行买卖。正外部经济效应就是一些人的生产或消费使另一些人受益而又无法向后者收费；负外部经济效应就是一些人的生产或消费使另一些人受损而前者无法补偿后者。例如，私人花园的美景给过路人带来美的享受，但他不必付费，这样，私人花园的主人就给过路人产生了外部经济效应。又如，马路上的汽车尾气污染了行人呼吸的空气，导致行人呼吸道疾病，而行人难以向车主追偿，这样车主给行人带来了外部不经济效应。

（一）中药资源的外部性

中药资源的真正价值大部分无法直接体现，消费者所支付的医药费用仅仅反映了药用资源采集、收获、加工、储运等环节的社会劳动价值，而不包括药用资源本身的价值。这是因为药用动植物资源具有公共属性，公共物品产权往往难以界定或者界定成本很高，这样公共物品产权在市场中不能正常交易，个人可以无偿占有使用，中

笔记

药资源产品表现出强烈的外部性。

这种外部性特征导致中药资源的开发无序，滥采严重。一方面野生中药资源消耗严重，珍稀濒危中药基因资源面临流失的危险；另一方面中药的无序开发加剧了生态环境的破坏和污染。

（二）中药产业经济的外部性

中药农业是中药产业链的基础环节，其核心内容是中药材生产，即持续、稳定的提供中药材或其有效成分。农业产业具有典型的外部性特征，既具有正外部效应，也具有负外部效应，前者表现为保障药物需求、支持其他产业、维护生态稳定、促进社会文化等多元价值，而后者主要体现在中药农业对环境造成的非点源污染和劣质药品造成的危害，如中药产品重金属超标、农药残留超标等对用户健康产生威胁。

当前我国中药材生产规模小，集约化程度不高，仍然以千家万户的小农经济为主，一方面造成监管难度大，经济负外部性难以管控；另一方面产业结构松散，信息不畅，对市场定价话语权弱，政府对其正外部性的补偿也难以实施。

（三）道地药材的外部性

道地药材是我国传统的优质中药材的代名词，我国地域辽阔，不同地区环境条件变化大，经过长期的生产实践，各个地区都形成了一批适宜本地条件的道地药材。在社会化大生产背景下，以地理位置为标志的道地药材发展正经历着新的挑战。一个没有控制或控制力度不够的地理标志容易引发道地药材生产的“公地悲剧”。

道地药材在产地生态、种源质量、加工管理等方面具有特殊优势，因此质量优于常品。道地药材的声誉就是这种质量优势在交易中的体现。维护道地药材地理标志权，就是维护当地道地药材种植、加工者的个体利益，但由于为同一地域内所有的种植、加工者所共享，地理标志权同时也表现为一种集体权利，地理标志产品也就相应带有了一定程度的公共性，又称“半公共产品”。由于权利主体的泛化，单靠个人或市场难以形成对道地药材地理标志权的有效保护，容易引发侵权行为的泛滥，这就需要公权力的适度介入。中药标准化就是通过制定、发布和实施中药标准实现统一以获得最佳秩序和社会效益。

案　　例

例 16　我国的中药材质量溯源体系建设

中药材已有数千年的使用历史，我国已成为世界上最大的中药材输出国。但与世界传统中医药大国名不相符的是，目前我国中药材生产集约化程度低、来源分散、掠夺式采挖、盲目引种、不规范加工、有害物超标等问题频发。这些问题直接影响了我国中药材质量的整体水平，因此亟待建立一套有效的全程质量监控体系。中药材除了资源分布、功效作用和服务对象具有特殊性外，仍具有一般农产品的基本特点，因此缘引并借鉴国内外农产品追溯体系建设经验，有助于建立中药材的安全追溯系统。中药材溯源系统的建立将为完善问题中药产品的“根源召回”提供技术依托，全面提高中药材质量，提升中药产品竞争力，促进中药产业有序整合，对我国中医药现代化和国际化发展都具有十分重要的意义。

1. 中药材溯源体系建立的背景及意义　近年来，中药材资源需求的激增促进了中药产业的快速发展，但同时也暴露了中药材生产、加工、检测、仓储、流通等领域中

笔记

的许多弊病，药材质量参差不齐、安全性下降，临床疗效也受到严重影响，这已经成为制约现代中药发展的瓶颈。中药材溯源体系是控制中药临床用药安全风险的一种有效工具，是未来中医药健康产业发展的根本需要。具体来说，它是指应用物联网等现代信息技术，实现“从农田到患者”的各个环节（包括中药材种质选育、种植（养殖）、采收加工、流通及仓储、中药饮片生产、质量检测、市场交易和临床使用等环节）的相关信息能够被追踪和回溯。未来中药材溯源体系将全面覆盖所有中药材种植（养殖）企业、经营企业、专业市场、饮片生产企业和中成药生产企业、中药饮片经营企业、医疗机构和零售药店，具有政府监管、公众查询、产业运营三大功能基础。

中药材溯源体系的建立和实施，能提高生产经营主体的安全、责任意识，确保中药材质量；能促进原料生产基地、物流基地建设，引导企业集约化、规模化生产经营，促进企业优胜劣汰、有序竞争，提升企业品牌信誉和行业影响力，对拓展海外市场具有十分重要的意义；使不同来源的同种中药材及饮片的质量水平差异更加透明，使药材商品“优质优价”，不仅让民众明白消费，也有助于经销商经营活动形成良性循环；能为政府监管部门提供分析、决策和指导的依据，提高监管力度，规范中药材市场秩序，实现中成药的全程追责机制。

2. 国内外农产品溯源体系概况　实施可追溯性是农产品国际贸易的发展趋势，欧盟、美国、日本等发达地区和国家均要求进口到当地的部分食品必须具备可追溯性。欧盟的农产品可追溯系统应用最早，尤其是在活牛和牛肉制品方面。日本于2005年开始建立农产品认证和溯源系统，通过对农产品绑定“身份证”，将生产和加工过程中使用的原料、农药以及各流通环节和生产地、加工地、相关日期等记录在“身份证”上，可通过终端追踪到以上信息，保障了产品全程信息得以覆盖。2003年，美国农业部建立了家畜和水产品追溯体系，督促企业采用信息管理系统，对供应链进行不定期抽查，行业协会和企业建立了自愿性可追溯体系。

我国自2004年开始尝试农产品溯源探索，目前主要涵盖部分农副产品、食品、蔬菜、肉类等，仍处于建设完善阶段。由于各省、市起步时间和系统体制不完全相同，开发目标和原则不同，溯源信息内容不规范、识别码设计不统一、信息储存流程不一致、系统软件不兼容，造成溯源信息无法进行资源共享和交换，无法跨系统查询，与国外相对完整的溯源制度还有较大差距。

3. 中药材溯源体系建设的内容、特征及实施进展

(1) 主要内容：依据中药材“从农田到患者”全过程的“生产→流通→使用”三部分，按照“统一规划、统一标准、统一建设、分级管理”的原则，我国中药材流通追溯体系建设主要包括以下几个方面内容。

1) 支撑服务体系：中药材追溯支撑服务体系主要包括溯源标准技术体系（包括中药材全产业链试点地方企业或流通主体按照全国统一编码规则、传输格式、接口规范，改造现有内部追溯管理系统，实现对所经营的中药材流通信息的标准化采集）；门户服务体系（负责提供数据信息统一发布，数据中心的统一访问和管理）；管理体系（包括应急管理、考核评价管理和企业诚信管理、资产设备管理体系）；统计分析系统（建立统计分析指标体系和分析模型库，设定具体的统计分析项目，按日、周、月、年等周期，分品种、数量、价格等指标，综合运用同比、环比、走势、排行等方法进行统计分析）等配套的软、硬件。

笔记

2）中药材溯源子系统：①种植（养殖）溯源子系统，包括药材品种、产地、生产管理流程信息以及采收初加工信息[药材种植（养殖）过程的全流程监控]；②中药材专业市场追溯系统（药农 - 收购商 - 药材市场）；③中药材经销企业追溯系统（种植（养殖）大户 / 药材市场 - 经销企业 - 消费主体）；④中药饮片生产追溯系统[药材市场或种植（养殖）大户 - 饮片加工企业]；⑤中药饮片经销追溯系统（饮片加工企业 - 饮片经销商）；⑥中药饮片使用单位，医疗机构及药店和零售连锁系统（饮片经销商 - 医院、诊所及药店等医疗保健机构）；⑦全程检测追溯系统（企业自检、行政监察、第三方检测）。通过以上 7 个子系统，可以基本实现中药材从种子种入泥土中开始，直至药品到达患者手中，每个流程环环相扣，保证溯源信息的“无缝链接”，确保回溯链无断点。

3）地方平台及中央平台的联通：按照统一的技术标准，运用云计算、物联网技术等先进技术搭建技术架构，地方平台汇总所有原产地药材的追溯信息，各地区追溯子系统的流通节点再同步汇集至中央平台，实现信息存储、过程监控、统计分析以及全国范围跨区域实时追溯查询等功能，形成互联互通、协调运作的追溯管理体系。利用信息技术手段，把索证索票、购销台账制度电子化，实现“来源可知、去向可追、质量可查、责任可究”。

（2）基本特征：我国中药材溯源体系与现有农产品的溯源体系具有很多相似之处，是在农产品追溯体系的基本设计思路和配套技术体系的基础上，结合中药材这种特殊农产品的本身特征，增加创新，逐渐调试发展成形的，目前处于试点阶段，与农产品相比，中药材种类繁多，临床经常大量使用的就有 1000 多种；中药材分布范围广泛，道地性强，产地分散，对生态环境要求更高；70%~80% 的中药材种类仍来自于野生资源，人工培育种类仅占少数；野生资源采集管理难度很大，常因过度采挖而致资源匮乏，某些药材引种驯化难度很大；人工培育的药材因种源或品种混乱导致药材产品不均一或不达标的现象依然存在；不同药材的种植技术差别较大，人工种植（养殖）规模化、规范化程度不足；药材加工炮制过程会改变药形和药性，不同药材的加工炮制工序繁简有别，增加了产品溯源的难度；药材间价格悬殊、波动频繁，容易产生投机漏洞；中药材真伪鉴别需要专业知识，伪劣品的使用后果相对严重，极可能导致医疗事故，安全责任重大。

中药材追溯体系是“从农田到患者”的过程追踪或“从患者到农田”的回溯体系，目前的建设重点在于流通环节，而中药材批发市场是溯源和质量监控最薄弱的环节，抓住中药材批发市场这个关键环节，分别向两头延伸，通过经营商户向野生采集和种植（养殖）基地回溯，追踪饮片企业、中药制剂企业，直至医疗保健机构，做到全流程无障碍追溯。现阶段，中药材种植（养殖）环节有 GAP、生产环节有《药品生产质量管理规范》（GMP）、流通环节有《药品经营质量管理规范》（GSP）、消费环节诸如医院有《药品临床试验质量管理规范》（GCP），建设完善全程追溯体系最快捷的途径应该是思考怎样将这 4 个原来独立的“G”有机联系在一起，发挥出 1+1+1+1>4 的效果。

（3）建设进展概况：关于中药材流通追溯体系建设，我国商务部市场秩序司早在 2011 年就已启动，先期是以成都荷花池中药材专业市场为试点，成都市成为全国率先开展中药材质量溯源系统的试点地区。2012 年商务部发布的《商务部办公厅关于开展中药材流通追溯体系建设试点的通知》，制定了一系列具体实施办法，在河北保定、安徽亳州、四川成都和广西玉林进行第一批试点。截至 2013 年底，试点地区的制度

笔记

标准体系已初步建立，中央追溯管理平台和统一软件开发建设完毕，将实现覆盖 8530 个中药材市场内外经营者、35 个种植基地、195 个中药材经营企业、338 个中药饮片生产经营企业、20 家医院和 233 个药店的目标。2013 年，商务部又选取了湖南、甘肃、云南、吉林、河南、江西、广东 7 个省作为第二批试点，计划到 2016 年底实现覆盖全国的目标。

在此之前，国内一些中药企业已经开展了建立中药材溯源体系的尝试，以现有中药质量控制手段为基础，采用射频识别等物联网技术绑定责任人、质量参数、流通信息等关键数据，为原产地中药材产品贴上作为“身份证”的二维条码或射频识别(RFID)标签，记录种植(养殖)、加工、检测、仓储物流及配送等各个环节的信息，以网络平台完成信息传递和校验，链接中药产业各质量控制环节，消费者可通过手机短信、互联网、药店终端信息，在任何时间、地点，了解到所购买中药材从种植、加工到流通环节的全流程情况。

(4) 运作模式与推广困难：全程溯源系统试点地区现已初步建立了以政府为主导、市场化运营、公司化运作的模式，以国内经济实力和影响力较大的龙头企业为示范试点，通过政府政策配套、中药饮片招标加分、溯源中药进入药房等优惠政策的激励引导，使企业自觉提高产品质量，树立诚信品牌，优胜劣汰，通过规模效应实现更多回报。

目前，中药溯源系统在成品质量保障和扶优汰劣方面的效用已被业界广为接受，国家决定全面整治我国各级中药材市场，为溯源体系的执行和大范围推广、覆盖提供有力的政策保障。但要进一步推广，亟待解决以下问题：一是参与积极性问题。可通过建立企业诚信测评体系，依据企业诚信指数的高低，通过政府招标、定价以及市场准入门槛等相关配套政策支持，提高企业参与积极性。二是成本压力问题。中药材溯源体系建设是一项涉及多个行业范畴的巨大工程，溯源体系一旦实施，就意味着每一个环节都必须要提高质量标准和规范化程度，经营成本势必大大增加，但这种担忧将会随着溯源体系在全国的推广实施，逐步进入正轨而得到缓解，未来将为企业赢得更大的发展空间和竞争优势。三是执行阻力问题。长期以来，流通市场因供求信息不对称，市场价格不能及时反映实际供求情况，囤积炒作、投机牟利已成为中药材交易中普遍存在的弊病，今后改革将加大力度打击这种地下利益链条。另外，企业生产过程的数据共享与商业信息保护的平衡问题，也是中药材溯源体系推广的阻力因素之一。

4. 中药材溯源体系的数字技术　实现“可追溯性”的关键问题是如何能让中药材“从患者到农田”的各个环节信息实现“无缝衔接”，不仅要解决好本环节内的溯源盲点，还要消除不同环节之间的溯源断点，预防可能出现的监管漏洞。简单来说，通过现代化信息技术尤其是利用物联网信息技术，实现中药材各环节交易凭证的电子化，电子记录中的信息随着各个环节的交替而流转，带有全部信息的电子标签最终随同药品到达消费者手中。消费者可以据此查询药品的全部信息，从而实现中药材、饮片及中成药质量的逐级回溯。

5. 中药材溯源体系建设的启示　中药材溯源体系建设是一项涉及多学科、多行业、多环节、多层次的长期巨大的系统工程。虽然追溯体系的技术原理相对简单，但难点在于如何把这项技术运用在长期处于粗放式经营、与行业发展速度脱节的中药

笔记

材产业链上。在已有试点经验的基础上，补充完善体系的薄弱环节，健全中药材溯源系统，加快其在全国范围的推广应用速度，从根本上促进中医药产业健康发展。

(1) 加快现代仓储制度、电子交易平台及中药资源收储调控管理：在中药材流通方面，中药材市场改制是大势所趋，以散户摊位经营为主的中药材交易模式未来必将被公司化经营的中药材销售企业所取代。因此，加快建立现代仓储制度和电子交易平台，可增加供求信息透明度、商品信息覆盖度，提高交易效率，降低运输、仓储成本和能耗，有利于中药材溯源系统落到实处，真正实现流通监管。同时，通过对中药材生产流通和需求信息数据的收集分析，配合建立国家大宗常用中药材和濒危药材种类的中药材收储管理制度，建立信息检测预警机制，减少市场投机炒作，合理调控价格，维持正常的市场交易秩序，保护中药资源的可持续性发展。

(2) 加快中药材种植(养殖)与加工溯源子系统建设：中药材溯源子系统建设中最难之处在于中药材种植(养殖)环节，由于我国中药材生产的规范化、集约化程度目前仍普遍较低，零散生产将使溯源系统导入成本升高，且追溯难以彻底，在一些地区和某些中药材品种上进行追溯的困难很大。因此，应尽快加强中药材规范化种植(养殖)的推广力度，规范野生中药材资源采集，做好宏观调控和规划布局，严控采挖总量和来源信息，从根本上保证溯源效率。中药材及饮片的生产、经营市场准入门槛低、非法加工常有发生。加工环节的乱象直接导致中药材质量溯源系统难以落到实处，应尽快改革，保证中药材加工溯源子系统建设。

(3) 溯源标识的统一和溯源信息的上下对接：从农产品溯源的经验可知，信息的对接和标识的统一是追溯能否实现的关键。溯源码编制应充分考虑中药材本身特点(包含产区、批次、基原、种植措施、等级、加工类别等基本信息)，保证具有全国唯一性。采用标准一致的可追溯标识、统一的中药材流通追溯系统软件、通过统一的编码格式、明确的数据接口规范，实现地方平台与中央平台的上下层级数据同步，避免追溯链的断点或“信息孤岛”现象。

(4) 溯源新技术研发应用：除了直观地将产地信息登记作为基本产地追溯依据以外，很多现代科学技术正逐步应用于溯源过程。多项研究表明，高效液相(HPLC)指纹图谱技术、DNA条码鉴定技术、同位素示踪技术等均能实现中药材有效产地溯源。

(5) “倒逼机制”和召回制度：要使追溯体系发挥应有的效果，最主要是发挥消费终端的“倒逼机制”，要求终端客户药店、诊所以及医院必须使用有追溯码的药材和饮片，收紧终端，提高门槛，这将有效促进溯源体系的实施。这也是追溯体系推广中的难点，需要国家出台相应的政策法规支持才能实现。此外，中药材问题产品的召回制度仍有待于进一步探索和完善，这同样需要有明确的法律依据支持。

(6) 政策协调：多部门协调配合中药材溯源管理与农产品监管模式相类似，同样涉及到多部门分段监管的问题，从种植到初加工，加工、流通以及医疗机构的临床使用，都有着不同的部门监管。未来应制订相应政策与协调机制，才能保证全国各地区中药材溯源系统的正常运行。

(马 伟　刘 勇　胡志刚　冯丽肖)

学习小结

1. 学习内容

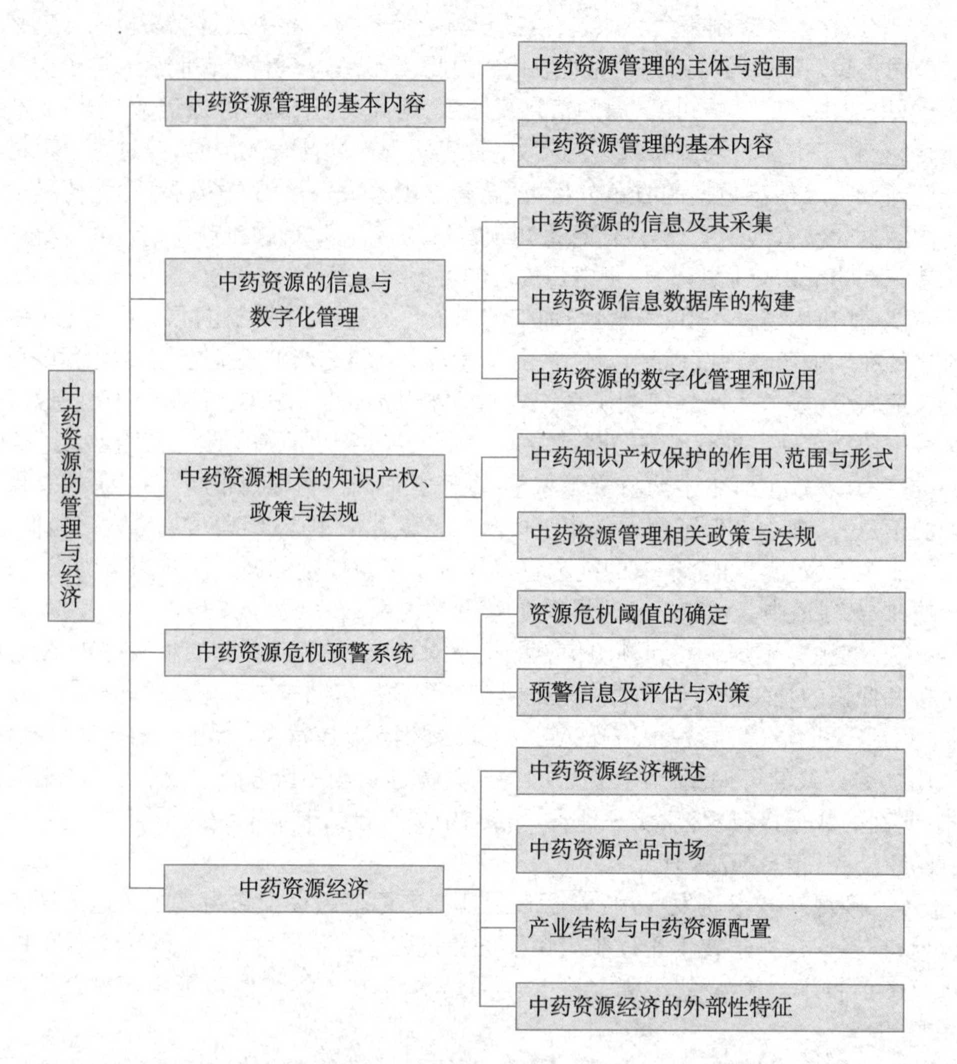

2. 学习方法

本章学习要点是系统掌握中药资源管理的基本内容、中药资源的信息和数据化管理、中药资源相关的知识产权保护范围、中药资源危机预警系统、中药资源经济所涉及中药资源管理、中药资源管理信息、信息化等基本概念、原理以及相应法律法规，达到掌握在中药资源及其产品的生产、开发、保护、加工、流通等各领域如何实施科学管理。

复习思考题

1. 概论中药资源信息的内容和采集方法。
2. 简述中药知识产权保护的范围和保护形式。
3. 试述中药资源管理的基本内容和相关法规。

笔记

附　录

附录一　中药资源学教学实习指导

中药资源学是一门应用学科，包括理论知识、应用技术和操作方法等多方面的内容。教学实习为中药资源学教学的重要环节，在理论学习的基础上开展实践性教学活动，实现理论教学与实践技术培训的有机结合，可以巩固强化所学理论和基本知识，训练操作技能，培养和提升综合素质。

本实习指导主要是针对中药资源调查所需要的基本知识和技能进行训练，使学生在实践教学中消化、吸收、验证理论知识，掌握中药资源学的方法和技能。让学生围绕某种中药资源或某个专题开展社会调查，撰写出专题调查报告，锻炼学生实际动手能力和人际沟通能力，培养学生理论联系实际和综合分析解决问题的能力、组织协调能力、心理承受能力、团队合作精神和社会适应能力，并激发学生勤奋学习、勇于创新的积极性和主动性。

在教学实践中采取分组专题实习、普遍调查与专题调查相结合、野生资源调查与种植药材资源调查相结合、野外调查与室内整理相结合的实践教学方法。

一、区域环境条件调查

（一）实习目的和要求

区域性生态环境和社会环境对中药资源的形成和发展具有重要的影响作用。区域环境调查实习的目的在于熟悉社会环境、地理环境、气候条件、土壤条件和生物群落调查的基本内容，掌握人文经济环境、地理位置、地形、地貌和气候、土壤及生物群落特征的基本调查方法，理论联系实际，进一步分析当地的中药产业发展方向与潜力，并提出今后发展的可行性建议。通过实地考察，培养学生野外独立工作的能力及与他人沟通合作的能力。

（二）器具和材料

地形图、卫星图、植物志等图文资料；GPS 仪、海拔仪等仪器设备；土壤剖面挖掘和修整的镢头、铁锹和土壤剖面刀等；观测记录需用的测量尺、放大镜、比色卡、铅笔、标签和采集记录表等；标本夹、土壤样品袋等。

（三）调查内容和方法

1. 地理位置和社会环境调查　调查记载的主要内容包括调查区域所在行政区划的位置及经纬度，该地区及附近的山脉、河流、湖泊、交通干线、城镇村落和工业基地等。对环境影响较重要的工矿企业，特别是具有环境污染的企业应作为重点调查单位。主要以访谈客观记录分析为主（附表 1）。

附表 1 地理位置和社会环境调查记录表

地理位置(省、县、乡、村):		调查日期:
调查人姓名:	年龄:	出生年月:
文化程度:	职业:	记录人:
地理环境:		
社会环境:		

2. 地形地貌条件调查　调查记载的内容主要包括:地形与地貌、海拔高度、坡向、坡度、地下水位深度等。坡向可分为阳坡、阴坡、半阳坡和半阴坡;坡度可分为缓坡、急坡和陡坡;地形可分为凹、凸、直三种类型;地貌部位分为河床、河滩、阶地、平地、坡脚、坡面和坡顶等。

3. 气候条件调查　气象资料的收集需要以调查区域范围整体为对象,由于调查时间的限制,最好是收集调查区域内或附近气象观测站的资料。调查记载的项目主要包括:温度、积温、无霜期、降水、湿度、日照以及灾害性天气发生情况等。一般需要根据不同的调查目的设计专用表格,对上述气象要素进行调查记载。

4. 土壤条件调查　土壤调查是环境条件调查的重要工作,调查内容包括:土壤种类、土壤剖面的形态特征、土壤理化性质和肥力特征、土地利用现状等。地理环境和土壤条件调查记录项目见附表 2。

(1) 调查样点的布置:一般情况下,土壤调查样点随资源种类及蕴藏量调查的样点进行布置,有时为了了解区域性土壤条件也可以针对区域内的地形、地貌和植被等确定具有环境条件代表性的地段分别设置调查样地。土壤厚度及其肥力状况是极富变化的环境因素,为了保证调查结果的代表性,一般要在调查区域内先设置多个(一般 5 个以上)对照调查样点,挖掘剖面进行初步观察比较,从中选定一个具有代表性的样点再作全面调查。

(2) 土壤剖面调查:先挖掘一个长方形土壤调查坑,选择具有代表性的一面作为观测剖面(遇到斜坡地形时观测剖面要面向坡下方向),其对面修成供单人步入剖面底部进行观测的阶梯,坑的宽度以满足单人近距离观察和测量观测剖面为度,一般为 80~100cm,坑的深度(观测剖面高度)以达到拟观测的土壤层面为准,自然土壤一般要深达母质层底部,耕作土壤要达到犁底层以下或调查工作标准规定的深度。观测剖面要垂直水平线,从其中间垂直分开划为两部分,一侧切割成光滑的剖面,另一侧修成土壤自然断面。根据土壤颜色、质地和植物根系分布等自然状况,将土壤剖面划分为能够真实反映土壤自然特征和肥力状况的若干层次,并对每层的厚度、颜色、结构、质地、石砾、松紧度和根系分布情况进行观测记载。一般需要根据不同的调查目的设计专用表格,对上述土壤特征进行观测记载。土壤剖面调查的记载项目见附表 2。

(3) 土壤分析样品的采集:为了分析土壤的理化性质和肥力特征,需要在进行土壤剖面调查的基础上采集土壤分析样品(简称土样)。土样采集可以分为多点混合采样和单点剖面采样两种。通常采用前种方法取样研究一定区域内土壤的肥力状况,在进行定点研究土壤

和生物之间关系或研究土壤垂直分层特性时可采用后种方法取样。土样采集的深度和分布层位,视目的不同而异,通常以植物主要吸收根系分布土层为下限,采集地面至该深度范围内的土壤,也可以根据土壤剖面特征划分为不同层次分层采集。多点混合土壤的采集,一般在拟调查区域内采用S形或梅花形布置采样点,根据区域大小决定布点的数量(可5~20个)。在选定样点先挖掘出计划采样深度的垂直剖面,再按计划分层采集土样(每个样点取500g以上),并把不同样点采集的样品进行混合,用四分法弃去多余部分(将混匀后的全部样品摊平并划分为四等份,从中随机留取一份,重复上述操作直至留取样品达到规定数量为止),留500~1000g作分析样品装入土壤样品袋中。单点剖面采样。在计划采样土层范围内均匀刮取一定厚度的样品,直至数量满足采样要求为止(一般为500~1000g)。样品采集后,必须同时写两个标签,样品袋内外各系一个标签,注明采样地点、样点编号、土壤层次及厚度、采样时间和采集人等(附表2)。

附表2 地理环境和土壤条件观测记录表

地理位置(省、县、乡、村):					调查样地编号:				
GPS观测数据(经、纬度):					海拔高度:				
地理环境和社会经济条件:									
区域性地形地貌条件:									
调查者(或组):					调查日期: 年 月 日				
地形地貌:				坡向:			坡位:		
土地类型:				植被类型:			生境条件:		
土壤类型:				母质类型:			水分条件(地下水等):		
土层代号	层位(cm)	颜色	石砾含量(%)	质地	结构	其他特征	植物根系分布状况	土样编号	备注

5. 植物群落调查 植物群落特征的调查方法有多种,最常用的是样地法,其基本调查方法如下。

(1) 选定样地:首先对调查区域进行踏查,确定样地布置的方法。一般的资源调查工作采用分层抽样方法确定样地,有些特定调查工作可以选择具有典型代表意义的地段设置标准地进行调查。样地(或标准地)选择时应遵循如下原则:植物种类的分布要均匀,群落结构要完整,层次要分明,环境条件(尤指土壤和地形)要一致。样地数目多少取决于群落结构的复杂程度,根据统计学原理,一般情况下样地数目应在30个以上,最好在50个以上。在简单考察群落特征时也可选择少量标准地进行调查。所有样地或标准地均应依照顺序进行编号。

(2) 样地的形状和面积:样地大多采用方形,根据调查工作需要也可以用圆形或线型等。样地面积的大小,一般通过巢式扩展调查的方法来确定:第一步,先设置一个最小面积的初始小样方(如0.5m×0.5m)调查统计其中分布的植物种类数量;第二步,于初始小样方一侧相连再划出一个边长和面积完全相同的区域,该区域与初始小样方区域一起构建成一个新的小样方，调查统计其中的植物种类数量；反复重复第二步工作，每次重复工作时前一步设置的小样方则被称为原样方，新构建的小样方称为新样方；当原样方与新样方中分布的植物种类及其总数量有明显差异时原样方的面积就可作为设置调查样地的最小面积。并根据这个标准，用测绳或皮尺设置调查样地的边界线。也可以根据经验值确定样地的调查而积，因调查对象不同样地面积设置而不等：一般情况下，草本群落 1~10m^2，灌丛 16~100m^2，单纯针叶林 100m^2，复层针叶林、夏绿阔叶林 400~500m^2，亚热带常绿阔叶林 1000m^2，热带雨林 2500m^2。

(3) 现地调查：在设定的样地内调查记载生长的每一种植物。调查种类组成时，应采集标本，作为以后定名的依据；对每个植物种群的数量特征进行调查，调查记载项目包括多度、密度、盖度（投影盖度、基部盖度）、频度、高度等。多度（abundance）是反映群落中某植物种群数量状况的相对指标，常用目测方式进行观测，根据数量多少可分为 5 级，非常多（背景化 +++++）、多（随处可遇 ++++）、中等（经常可见 +++）、少（少见 ++）、很少（个别，偶遇 +）。这种方法操作简单、快速，但准确度较低。盖度（coverage）和郁闭度（crown density）是反映植物种群在群落中地位和作用的一类指标，也常用目测方式进行观测。盖度指某植物(草木或灌木)覆盖地面的程度，郁闭度是指乔木郁闭天空的程度，两者均以百分数来作为衡量标准。频度（frequency）是植物种群在群落中分布的均匀度。在该植物群落中的不同地点设置若干样地，统计出现某植物的样地数，然后除以样地总数，所得之商换算成百分比即为频度。植物个体的高度和粗度对反映植物群落特征具有一定意义。反映植物群落基本特征的观测资料可用附表 3 记载。

附表 3　植物群落基本特征调查记录表

<table>
<tr><td colspan="4">样地号：</td><td colspan="5">样地面积：</td></tr>
<tr><td colspan="4">地理位置（省、县、乡、村和地名）：</td><td colspan="5">GPS 观测数据（经纬度）：</td></tr>
<tr><td colspan="4">地形地貌：</td><td colspan="5">海拔高度：</td></tr>
<tr><td colspan="9">群落名称：</td></tr>
<tr><td colspan="4">调查者（或组）：</td><td colspan="5">调查日期：　　年　　月　　日</td></tr>
<tr><td>物种编号</td><td>植物名称或类群</td><td>植物类别</td><td>株高（m）</td><td>冠幅（m）</td><td>多度</td><td>盖度 / 郁闭度</td><td>植物标本编号</td><td>备注</td></tr>
<tr><td>1</td><td></td><td></td><td></td><td></td><td></td><td></td><td></td><td></td></tr>
<tr><td>2</td><td></td><td></td><td></td><td></td><td></td><td></td><td></td><td></td></tr>
<tr><td>…</td><td></td><td></td><td></td><td></td><td></td><td></td><td></td><td></td></tr>
</table>

植物名称或类群：不能鉴别确定种类的植物可以填写能够辨识出的植物类群名称，如蕨类植物、禾本科植物等；植物类别：按照乔木、灌木、草本和藤本划分；株高和冠幅：选择具有代表性的植株进行测定；多度用目测分 5 级记载；盖度或郁闭度采用目测方法，按百分比记载。

二、中药资源的种类分布调查

(一) 实习目的和要求

中药资源种类调查的目的在于查明一个地区分布有多少种中药资源，具体的植物种类有哪些，以及其分布和用途等。要求学会并掌握一定区域范围内中药资源种类及分布的调查方法和技术。

(二) 器具和材料

GPS标本采集工具、采集箱、标本夹、吸水纸、采集记录表、号牌、细线等；海拔表、GPS仪、皮尺(50米、30米)、树高测量器、胸径测量尺、卷尺、计算器、记号笔(红、白、黑)、铅笔等；动植物资源调查需用的工具书和文献资料以及调查区域的地形图等。

(三) 调查方法和内容

1. 调查方法　中药资源种类及分布调查，常采用线路调查方法，也可以采用样地或标准地方法调查。

(1) 线路调查法：在调查区域内按一定的原则确定若干条具有代表性的线路，沿线路调查记载分布的中药资源种类，采集标本，观察生境，目测种群多度等。调查路线的布局方法主要有两种：路线间隔法：当调查区域内地形和植被变化比较规则，野生植物资源的分布规律比较明显，设置调查线路的地域有道路可行时，在调查区域内布置若干条间隔基本相等的调查路线；区域控制法：当调查地区地形复杂，植被类型多样，野生植物资源分布不均匀，无法从整个调查区域按一定间距布置调查路线时，可按地形或植被类型划分区域，按区域分别布置调查路线。

(2) 样地或样方调查法：对于株型较大或分布密度稀疏的植物种类，如木本植物或呈零星分布的且易于从草地中辨识的草本植物，常采用设置样地或标准地的方法进行调查，对于株型较小且分布较为密集的草本植物，常采用设置较小面积的样方进行调查。样地或样方形状可为正方形、长方形或圆形等，布置调查的样地或样方的数目以及最小面积的确定方法，参阅第四章第一节相关内容。

2. 调查工作和内容

(1) 选定调查方法和线路：按照调查目的和要求，对调查区域进行踏查，根据调查区域的自然社会条件和资源分布特点，确定采用的调查方法。依据调查区域特点和调查任务要求，确定若干条调查线路或调查样地(或样方)的设置方案，并落实到在地形图上(附表4)。

附表4　中药资源种类调查记录表

线路名称及样方号或样地号：					样方或样地面积：				
地理位置(省、县、乡、村和地名)：					GPS观测数据(经纬度)：				
地形地貌：					海拔高度：				
调查者(或组)：					调查日期：　年　月　日				
序号	植物名	土名	学名	植物类别	特征性状	生境特点	种群多度	重要伴生植物	植物标本编号
1									
2									
…									

(2) 现场调查：以地形图和GPS仪作指示，并参考道路、山脊、河流等地面标识物，确定行进路线并布置线路调查点或调查样地。按照计划要求开展各项调查工作，按要求填写调查记录表，采集中药资源标本和样品。如果采用线路调查，则需要选择具有代表性的地段，设置一定数量的样方，调查和统计中药资源的种类等。调查记录项目见附表3。

特征性性状：有些植物在野外难以准确判定种名，可以对其特征性形态或性状进行记述，供内业物种鉴定时参考。例如花器、叶片、分枝、茎皮等器官上对分类有意义的典型性特征，以及是否含有挥发油、鞣质、浆液或特殊味道等。

3. 标本采集和注意事项　采集的中药标本应具有典型性和代表性，应带有药用部位，最好带有繁殖器官（花、果实或孢子囊、子实体等），草本植物最好采全株。每种植物应至少采集 3 份以上标本，每份标本均应有野外记录，挂上编有同一采集号的号牌。填写采集记录本和号牌必须用铅笔，不可用圆珠笔或钢笔，以避免日久，或遇水，或消毒时褪色。对易改变或消失的特征如花的颜色、气味、毛茸等应详细记录。

标本采集时应注意以下事项：有些植物的基生叶与上部叶片形状不同，新老叶上的附属物也有不同，应尽量采全，对于雌雄异株的植物（如麻黄科、桑科）应注意同时从雌株和雄株上采集。采到的水生藻类标本，到驻地后要重新放进水里，然后用硬纸将其托起，再压成标本。木本植物的树皮是重要的鉴别特征，采集标本时应予以割取，并与标本编同一采集号。对于地下部分过大的标本，可地上地下分别采集，但地上地下部分需编同一采集号。采集寄生植物时，应带寄主植物的特征器官或部位。

4. 标本的整理和压制干燥　野外采集的标本，是含水量很高的鲜活植物部分，需及时整理、压制、翻晒或烘干标本，以免干燥变形或发霉腐烂。按照制作标本的规格和形状对标本进行理顺和修剪，并注意维持和反映植物自然生长时的基本特征。草本植物可整株压制，如果植株过长，可将其折成 N 或 V 字形，或者分成三段（上段带花果、中段带茎叶、下段带根）合成一份标本。含水量较多（如景天科、仙人掌科）或具有粗壮地下茎植物（如百合科），需切开进行干燥或用开水将其烫死后再压制，否则植物会因其采集后的延续生活，造成花、叶脱落和腐烂。压制时叶和花尽可能不要重叠和折叠，叶片过多时可以选择性地摘去一部分，并使同一标本上有部分叶片呈正面向上放置部分呈反向。每压一个标本，盖上 2~3 层吸水纸，多汁或粗壮的标本可多盖几层。放标本时，上下要互相交错，以免造成凹凸不平。标本全部压完后，用绳索将标本夹捆紧，放于通风干燥处让纸将标本中的水吸出。一般采集后的前三天每天要换纸 2~3 次，以后每天至少要换 1 次，换出来的湿纸要及时晒干或烘干。标本经过几天翻压会逐渐干燥，先干的可以先拿出来，未干的应继续换纸再压，直到全部干燥。第一、二次换吸水纸时要将皱折的叶片和花被展平，并调整叶片的正反面。在换纸过程中，如果有叶、花和果实脱落，应将脱落部分装入小纸袋中，并记上采集号数，附于该份标本上。整理过程中，应注意检查野外记录是否有记载上的遗漏和错误，标本号牌是否挂上，采集号数是否吻合等。有条件时也可以采用烘干的方法干燥标本，可将标本压在标本夹中直接放入烘箱（35℃左右）中烘干，但一次放入的标本数量不要太多，也不要压得太紧，便于标本中的水分蒸发。

5. 植物化学成分的野外观察　在野外调查中可以通过感官对植物含有的化学成分进行初步观测。检查挥发油的存在可凭嗅觉，把采到的植物原料揉碎后，嗅其有无芳香气味。油脂类成分检查，可将果实和种子放在滤纸上，用力压碎，稍干后看纸上有无透明的油迹。检查鞣质类化合物，可用一把无锈的铁刀切开检查材料，如含鞣质，小刀及材料断面很快会变成黑色。另外，味苦的植物多含生物碱、苷类物质，味涩的多含鞣质，味酸的含有机酸，色黄的多含黄酮类。

三、中药资源蕴藏量调查

（一）目的和要求

蕴藏量是中药资源调查重要的内容之一。中药资源蕴藏量调查的目的在于查明调查区域内分布的一些中药资源的数量状况，包括种群数量和药材蕴藏量等。所调查的植物种类，一般都是根据调查目的预先确定的。要求掌握对一定区域范围内进行中药资源种群数量和药材蕴藏量调查的方法和技术。

（二）器具和材料

海拔表、GPS 仪、树高测量器、胸径测量尺、卷尺、计算器、皮尺（50 米、30 米）、便携式称重器具、药材采集的工具等；样品袋、采集记录表、号牌、细线、记号笔（红、白、黑）、铅笔等；动植物资源调查需用的工具书和文献资料以及调查区域的地形图等。

（三）调查方法和内容

中药资源的蕴藏量可用种群的数量和生物量以及药用器官（或部位）的蕴藏量等不同形式来表示，它们之间且存在着紧密的相关性。其中，种群数量和药用部位的蕴藏量（药材蕴藏量）为常用的两项资源蕴藏量调查项目。

1. 调查方法

（1）调查方法选择：蕴藏量通常采用样地或样方法进行调查。乔木和灌木等株型较大的植物种类，以及株型虽不太大但分布稀疏且易于观察到的草本植物，一般采用对样地或标准地中全部植株进行调查的方法；草本等株型较小、分布密度又大的植物，一般在样地中再划分样方或不设置较大面积的样地而直接设置较小面积的样方进行调查。

（2）种群个体总量：调查方法一般采用分层抽样的方法设置样地或样方，调查样地中的植物个体的数量，计算种群密度（单位面积中的个体数量），并根据区域面积估算区域内生存的种群个体总数量。如果能够获得每个个体可产药材的产量，就可以根据区域内个体总量推算药材的蕴藏量。

（3）药用部位或器官（组织）：蕴藏量调查方法一般采用分层抽样的方法设置样地或样方，采集药用器官或部位，测定其重量，并根据单位面积的产量推算蕴藏量。对于多数草本植物，以及以地下根或茎等器官为药材的植物种类，为减少采集工作量，通常在样地中设置一定面积和数量的样方（每块样地可设置 3~5 个），采集样方中全部药用器官，计算其单位面积产量，估算调查区域的药材蕴藏量。对于乔木和灌木等株型较大的植物种类，一把先调查统计出样地中植物个体的数量，再依据观测结果选择 3~5 株具有代表性植株作为样株，采集样株上的全部药用器官，并据此估算样地药材产量，推算区域药材蕴藏量。

2. 调查工作和内容

（1）样地和样方的设置：在对调查区域进行踏查的基础上，依据调查区域特点和调查任务要求，确定采用的调查方法以及调查样地或样方的设置方案，并将计划布置的样地或样方落实到地形图上。样地或样方选定布置的原则、数量及最小面积。以地形图和 GPS 仪作指示，并参考道路、山脊、河流等地面标识物，到现地确定样地或样方的具体位置，根据样地面积测定边界长度，确定样地或样方的边界。

（2）现场调查：按照工作计划要求开展各项调查工作，对计划研究的中药种类进行分别调查和记载，样地或标准地调查的主要内容包括：样地中分布的同种群个体的总数、平均高度、粗度和冠幅，其中乔木的粗度测定胸高（1.3m）处直径，灌木和草本一般测定距地面高 10cm 处的直径（基径）；对样地内可采收药材植株所占的比例需进行调查统计，通常是计算达到药材成熟年龄与未达到者个体之间的比例；种群个体的分布特征需观察记载，常分为随机分布、均匀分布和团（块）状分布等 3 类。在保证调查精度的情况下，为了减少工作量，药材蕴藏量调查一般采用小样方或样株法采样估算，具体调查内容包括：样方法则要先统计样方内分布的个体总数，样株法则需先测定样株高度和粗度，若是以灌丛为样株还要统计每丛所拥有的茎条数量；采收样方内或样株上全部药材并称其总鲜重，如果样株庞大或采集工作困难也可以采集其1/2、1/4或某一部分来推算样株的总采集量；从称重的鲜药材中取一定数量具有代表性的样品单独称重，用于计算药材折干率；需要对药材质量进行分析时，还要选择满足分析条件和数量的药材样品包装运回。另外，还要对药材采集情况进行记载，例如采收的具体方法和标准，采集和现场处理的方法，以及根和根茎类药材的采挖深度等。现场调查的主要记载项目见附表5。

附表5　中药资源蕴藏量调查记录表

<table>
<tr><td colspan="5">样地号：</td><td colspan="5">样地面积：</td></tr>
<tr><td colspan="5">地理位置（省、县、乡、村和地名）：</td><td colspan="5">GPS观测数据（经纬度）：</td></tr>
<tr><td colspan="5">地形地貌：</td><td colspan="5">海拔高度：</td></tr>
<tr><td colspan="10">生境条件：</td></tr>
<tr><td colspan="5">调查者（或组）：</td><td colspan="5">调查日期：　　年　　月　　日</td></tr>
<tr><td>调查工作</td><td>中药种类序号</td><td>中药中文名称</td><td>个体总数</td><td>平均高度（cm）</td><td>平均粗度（cm）</td><td>平均冠幅（cm）</td><td>可采个体占有比率（%）</td><td>资源分布特征描述</td><td>备注</td></tr>
<tr><td rowspan="3">样地中药资源状况调查</td><td></td><td></td><td></td><td></td><td></td><td></td><td></td><td></td><td></td></tr>
<tr><td></td><td></td><td></td><td></td><td></td><td></td><td></td><td></td><td></td></tr>
<tr><td></td><td></td><td></td><td></td><td></td><td></td><td></td><td></td><td></td></tr>
<tr><td rowspan="8">样方或样株法进行药材蕴藏量调查取样</td><td>中药种类名称</td><td>样方或样株株号</td><td>样方面积</td><td>样方或灌丛个体总数</td><td>样株高度（cm）</td><td>样株粗度（cm）</td><td>药材总鲜重（g）</td><td>折干样品鲜重</td><td>采集样品编号</td></tr>
<tr><td rowspan="4"></td><td>1</td><td></td><td></td><td></td><td></td><td></td><td></td><td></td></tr>
<tr><td>2</td><td></td><td></td><td></td><td></td><td></td><td></td><td></td></tr>
<tr><td>…</td><td></td><td></td><td></td><td></td><td></td><td></td><td></td></tr>
<tr><td>平均值</td><td></td><td></td><td></td><td></td><td></td><td></td><td></td></tr>
<tr><td rowspan="3"></td><td>1</td><td></td><td></td><td></td><td></td><td></td><td></td><td></td></tr>
<tr><td>2</td><td></td><td></td><td></td><td></td><td></td><td></td><td></td></tr>
<tr><td>…</td><td></td><td></td><td></td><td></td><td></td><td></td><td></td></tr>
<tr><td colspan="10">调查附记：包括种群年龄和性别结构等与种群数值特征相关的信息；药材采集情况说明等；资源的开发利用和保护管理现状及利用途径等。</td></tr>
</table>

（3）调查取样注意事项：对样地中中药资源状况进行调查时，一般要对样地中分布的所有中药进行调查记载，而进行样方和样株法对药材蕴藏量调查取样时，仅限少数预先计划调查的种类；采用样地或标准地方法进行药材蕴藏量调查取样时，每块样地或标准地一般在四角和中心位置共布置5个样方，调查对象分布均匀时，每块样地或样方中设置的样方数量也可以适量减少，一般不低于3个；对于植株个体较小，分布稀少的草本植物种类，也可以采用样株法进行药材蕴藏量调查取样，取样范围可以扩大到样地或标准地界限以外生境一致的区域，调查取样数量最好达到30株以上（附表5）。

3. 药材样品采集注意　不同中药有其特定的药用部位或器官，其药材的采收和采后处理方法也各具特色。下面简要介绍部分药材采收和处理的一般方法和要求。

(1) 全草类药材应明确规定采收时期，并注明带不带地下部分等。干燥时茎叶应分开，因为茎枝难干，而叶片易干易碎。

(2) 叶类药材应规定采集嫩叶、老叶还是枯黄叶片，以及采收的时间和干重方法等。

(3) 花类药材应严格规定采收时期及部位。如花蕾期、始花期、盛花期；采收全花、花被、柱头或其他部分。

(4) 果实类药材应明确规定采收时间和成熟度等。同一植株上果实的品质因成熟时间、植株上的位置、受光照条件等而变化。

(5) 皮类药材分为干皮及根皮两类，干皮的采样，可用刀在树干一定位置上割取一定量样品而不影响植物继续生存，如果从一棵树采取的样品不足，可从多棵树上取样。根皮采样时，可以设计每株仅采集一定范围内的根系（如 1/4），而不影响植株的继续生存。

四、中药材专业市场调查

（一）目的和要求

深入中药材市场进行调查，走访相关企业，了解中药材的来源，产地和品种变迁及应用情况，掌握市场行情，预测市场前景，提出中药资源保护和合理利用的策略。通过实践活动，要求学生掌握中药资源市场信息资料的收集、整理和加工方法；培养良好的人际沟通能力；通过拟定调查方案、设计调查表格、撰写调查报告等培养学生的创新意识；巩固与深化已学过的理论知识，提高发现问题、分析问题及解决问题的能力；将所学的理论知识与生产实践相结合，更好地为生产实践服务。调查内容包括大宗品种、道地药材、名贵药材的来源、产地、生产方式、经营模式、商品规格、需求状况、价格及其历史动态、经济收益等，对收集的资料进行整理和加工，总结撰写中药材市场调查研究报告。

（二）调查方法和内容

调查方式包括：现场访问、问卷及市场信息资料和网上资料的收集等。调查对象有门市、相关生产企业、信息部门、药农等。为了便于开展调查，学生可 2 人一组开展活动，重点对大宗品种、道地药材、名贵药材进行调查，每组调查种类不少于 5 种。

（三）调查设计与实施

1. 调查品种的确定

(1) 大宗品种：指市场需求量大而易销售的药材。例如丹参、甘草、当归、天麻等。

(2) 道地药材：又称地道药材，是优质纯真药材的专用名词，它是指历史悠久、产地适宜、品种优良、产量宏丰、炮制考究、疗效突出、带有地域特点的药材。例如“四大怀药”，“浙八味”，四川的附子、黄连、川芎等。

(3) 名贵药材：是指具有独特疗效、产量较少而价格昂贵的珍惜药材，例如，天然牛黄、冬虫夏草、野山参、鹿茸等。

(4) 冷背药材：我国已知的植物、动物、菌藻、矿石类药材已达万余个品种，其中只有几百个品种是常用药材，而剩余的绝大部分品种，因不常用或用量较小，都被习惯称为冷背药材。例如地锦草 *Euhorbia humifusa* Willd. ex Schlecht.、大叶藜 *Chenopodium hybridum* L. 等。

2. 调查用记录表格　根据实际调查需要，绘制适宜的表格，记录所需要的相关信息（附表 6-1~ 附表 6-5）。

附表 6-1　中药材市场商户经营药材情况调查表

编号	市场名称	商户摊位号或商行名称	联系人	电话	经营药材种类	主要收购地点	年成交量(kg)	库存量(kg)	主要购买方	备注

注：每小组至少走访 10 家。

附表 6-2　药材生产基地药材供应情况调查表

编号	生产基地名称及地址	联系人	电话	药材种植品种	生产周期	采收期	生产规模及年产量	可供应量	主要收购方

注：每小组至少走访 5 家。

附表 6-3　中药材品种调查情况汇总表

调查品种：　　　　调查地点：　　　　调查时间：

年代	野生资源							人工资源							本地流通量	全国流通量
	品种来源	产地	所占比例	价格(按规格)	国内去处	出口情况	备注	品种来源	产地	所占比例	价格(按规格)	国内去处	出口情况	备注		
70—80																
80—90																
90—00																
00—10																
10—15																

注：本表同一品种至少走访调查 5 家，填写 5 张表格，将汇总资料填在此处。

附表 6-4　生产厂家药材需求情况调查表

编号	企业名称	地址	联系人	电话	药材名称	进货渠道	进货价格	年进货量	备注

注：每小组至少走访 10 家。

附表 6-5　中药材价格变化调查表

药材名称	来 源		价格变动情况									
	基原	生产方式	07 年	08 年	09 年	10 年	11 年	12 年	13 年	14 年	15 年	16 年
备注												

注：每小组至少调查 5 个药材品种。

3. 调查结论　汇总整理调查资料，撰写中药材市场调查研究报告，具体内容包括：目的、任务及意义、组织实施与调查工作过程、主要调查研究结果、现状分析及评价、总结讨论与展望。

五、调查资料处理和报告撰写

内业工作是中药资源调查的重要环节，是对外业调查所取得的资料进行整理、分析、总结并撰写调查报告的过程。做好教学实习的内业工作，对学生掌握中药资源调查方法和技术知识，对融会贯通中药资源学理论和技术知识并使其升华都具有重要作用。

（一）调查资料分析

实习的内业包括多项工作内容，对调查资料进行审查、归类整理和标准化处理，对中药资源种类的分布和数量特征等调查数据进行统计分析，提出对区域资源保护和可持续利用具有指导意义的调查成果，将调查分析结果提炼升华撰写成实习报告。中药资源种类组成和蕴藏量调查资料的整理分析为其中核心内容。

1. 种类组成和分布资料的整理和分析　对采集的植物标本进行整理和鉴定，按照植物分类系统进行科、属和种的统计。在此基础上整理出调查区域的中药资源种类分布名录，制作一套植物标本。分析种类分布与地形地貌和土壤等环境因素的关系，以及与其他生物之间的共生关系，归纳总结资源分布的规律性和特点。

2. 资源蕴藏量等数量特征的分析　对采集回的药材样品进行干燥处理，计算药材的折干率，估算药材产量。如果有条件，还可依据药材的商品规格标准进行分级统计，对药用活性成分进行测定，分析药材质量。对种群的数量、药材蕴藏量等数据资料进行审核、整理和统计分析，计算种群数量、密度、蕴藏量和药材产量等。分析资源的分布密度、生长及药材蕴藏量受环境、种群结构等因素的影响，探寻其相关规律。相关计算方法参见本书第四章第二节相关部分。

3. 撰写报告　在对地理环境、植物群落和中药资源种类分布以及资源蕴藏量等调查资料分析的基础上，编写实习报告。

（二）物种鉴定和标本制作

1. 物种的鉴定　野外调查采集的标本，无论在调查现场是否确定种类名称，均需通过鉴定程序才能够确定或确认其植物种类名称（俗名、中文学名和拉丁名）。常用方法是与已定名的标本进行比对，利用文献资料进行核对，必要时可请专家协助鉴定。与已定名标本核对时，要认真比对植物的分类特征性状，并结合野外采集记录进行反复核对，直到新采集植物标本与已定名标本核对一致时才能确定种名。利用植物分类工具书或已经发表的文献资料进行鉴定时，也需要反复核对植物标本和野外采集记录信息与文献资料记载信息的一致性。根据鉴定结果，将确定的种名填写在标本的鉴定标签上。

2. 标本的制作

(1) 整理：从已压制干燥的标本中，进一步选取最有代表性的部分。修剪除去重叠多余、过大或残缺不全的枝叶，达到预订规格。

(2) 消毒：由于标本上常带有虫卵或霉菌孢子，在标本压制干燥后须进行消毒。常用的标本消毒液是1%升汞酒精溶液。将消毒液在搪瓷盘内配好，将压干的标本浸入溶液中片刻，取出放入干燥洁净的吸水纸内压干或晾（晒）干。

(3) 装订：通常将标本装订在长宽为 40cm×29cm 的台纸上（台纸是用一定硬度白纸板切

成的)。标本在台纸上应尽量做到布局合理、美观大方,过大时要适当修整。标本摆放位置确定后,即可在茎、枝、根、叶柄或较粗的叶脉等部位选择适宜的点(不宜过多),用线订牢,叶片可直接用胶水粘贴,脱落的叶片、花、果等,应按标本原来的部位粘贴好或订好。最后在台纸的左上角贴上已填写好的植物标本采集记录,右下贴上经过分科、分属、分种鉴定之后的订名签。定名签的大小以 10cm×8cm 为宜。

(4) 保存:将消毒过的标本,按植物进化系统分科存放在密封的标本橱内,并放置驱虫用的樟脑块(丸)以及防潮用的硅胶等。

(三) 实习报告的内容和要求

实习报告,包括标题、目录、摘要、序言或前言、正文、参考文献和附件等几部分。各部分包括的主要内容可参考以下撰写提纲。

实习报告撰写提纲(参考)

1. 报告题目、作者及单位
2. 中英文摘要和关键词
3. 序言　调查研究的目的、任务和意义。
4. 正文

(1) 调查研究方法:调查工作时间和历程,数据处理及统计分析方法。

(2) 实习地域的自然概况:地理位置和社会经济概况,地形地貌和土壤条件,植被和植物群落的特征。

(3) 中药资源的种类组成和地理分布特征:植物资源的种类组成,中药资源种群的分布特征,中药资源的地理分布规律。

(4) 中药资源的数量特征:种群数量及其地理分布,药材蕴藏量及分布特征。

(5) 资源利用与评价:药材质量评价,资源用途、开发利用和保护管理等状况,经济效益评价以及生态效益评价。

(6) 结论与建议:结论、讨论和建议。

5. 参考文献
6. 附件　调查地域中药资源名录、标本、照片、分析测试数据及各种统计图表等。

(孙志蓉　赵云生　宋 龙　朱畇昊　何文静)

附录二　国家重点保护野生药材物种名录

物种科和种中文名称	物种学名	保护级别	药材名称
壁虎动物蛤蚧	*Gekko gecko* Linnaeus	2	蛤蚧
蟾蜍科动物黑眶蟾蜍	*Bufo melanostictus* Schneider	2	蟾酥
蟾蜍科动物中华大蟾蜍	*Bufo bufo gargarizans* Cantor	2	蟾酥
蝮蛇科动物五步蛇	*Agkistrodon acutus* (Güenther)	2	蕲蛇
蝰蛇科动物银环蛇	*Bungarus multicinctus* Blyth	2	金钱白花蛇
鲮鲤科动物穿山甲	*Manis pentadactyla* Linnaeus	2	穿山甲
鹿科动物林麝	*Moschus berezovskii* Flerov	2	麝香
鹿科动物马麝	*Moschus sifanicus* Przewalski	2	麝香

续表

物种科和种中文名称	物种学名	保护级别	药材名称
鹿科动物原麝	*Moschus moschiferus* L.	2	麝香
鹿科动物马鹿	*Cervus elaphus* Linnaeus	2	鹿茸
鹿科动物梅花鹿	*Cervus nippon* Temminck	1	鹿茸
猫科动物豹	Panthera *pardus*(Linnaeus)	1	豹骨
猫科动物虎	Panthera *tigris*(Linnaeus)	1	虎骨
牛科动物赛加羚羊	*Saiga tatarica* Linnaeus	1	羚羊角
蛙科动物中国林蛙	*Rana temporaria chensinensis* David	2	蛤蟆油
熊科动物黑熊	*Selenarctos thibetanus* Cuvier	2	熊胆
熊科动物棕熊	*Ursus arctos* Linnaeus	2	熊胆
游蛇科动物乌梢蛇	*Zaocys dhumnades*(Cantor)	2	乌梢蛇
百合科植物暗紫贝母	*Fritillaria unibracteata* Hsiao et K. C. Hsia	3	川贝母
百合科植物川贝母	*Fritillaria cirrhosa* D. Don	3	川贝母
百合科植物甘肃贝母	*Fritillaria przewalskii* Maxim.	3	川贝母
百合科植物梭砂贝母	*Fritillaria delavayi* Franch.	3	川贝母
百合科植物新疆贝母	*Fritillaria walujewii* Regel	3	伊贝母
百合科植物伊犁贝母	*Fritillaria pallidiflora* Schrenk	3	伊贝母
百合科植物剑叶龙血树	*Dracaena cochinchinensis*(Lour.)SC. Chen	2	血竭
百合科植物天门冬	*Asparagus cochinchinensis*(Lour.)Merr.	3	天冬
唇形科植物黄芩	*Scutellaria baicalensis* Georgi	3	黄芩
豆科植物甘草	*Glycyrrhiza uralensis* Fisch.	2	甘草
豆科植物光果甘草	*Glycyrrhiza glabra* L.	2	甘草
豆科植物胀果甘草	*Glycyrrhiza inflate* Batal.	2	甘草
杜仲科植物杜仲	*Eucommia ulmoides* Oliver l. c.	2	杜仲
多孔菌科真菌猪苓	*Polyporus umbellatus*(Pers.)Fries.	3	猪苓
兰科植物环草石斛	*Dendrobium loddigesii* Rolfe	3	石斛
兰科植物黄草石斛	*Dendrobium chrysanthum* Wall.	3	石斛
兰科植物金钗石斛	*Dendrobium nobile* Lindl.	3	石斛
兰科植物马鞭石斛	*Dendrobium fimbriatum* Hook.	3	石斛
兰科植物铁皮石斛	*Dendrobium officinale* Kimura et Migo	3	石斛
列当科植物肉苁蓉	*Cistanche deserticola* Ma	3	肉苁蓉
龙胆科植物龙胆	*Gentiana scabra* Bunge	3	龙胆
龙胆科植物坚龙胆	*Gentiana rigescens* Franch. ex Hemsl.	3	龙胆
龙胆科植物三花龙胆	*Gentiana triflora* Pall.	3	龙胆
龙胆科植物条叶龙胆	*Gentiana manshurica* Kitag.	3	龙胆
龙胆科植物秦艽	*Gentiana macrophylla* Pall.	3	秦艽
龙胆科植物粗茎秦艽	*Gentiana crassicaulis* Duthie ex Burk.	3	秦艽

续表

物种科和种中文名称	物种学名	保护级别	药材名称
龙胆科植物麻花秦艽	*Gentiana straminea* Maxim.	3	秦艽
龙胆科植物小秦艽	*Gentiana dahurica* Fisch.	3	秦艽
马鞭草科植物单叶蔓荆	*Vitex trifolia* L. var. *simplicifolia* Cham.	3	蔓荆子
马鞭草科植物蔓荆	*Vitex trifolia* L.	3	蔓荆子
马兜铃科植物北细辛	*Asarum heterotropoides* Fr. Schmidt. var. *mandshuricum* (Maxim.)Kitag.	3	细辛
马兜铃科植物汉城细辛	*Asarum sieboldii* Miq. f. *seoulense* (Nakai) C. Y. Cheng et C. S. Yang	3	细辛
马兜铃科植物华细辛	*Asarum sieboldii* Miq.	3	细辛
毛茛科植物黄连	*Coptis chinensis* Franch.	2	黄连
毛茛科植物三角叶黄连	*Coptis deltoidea* C. Y. Cheng et Hsiao	2	黄连
毛茛科植物云连	*Coptis teeta* Wall.	2	黄连
木兰科植物凹叶厚朴	*Magnolia officinalis* Rehd. et Wils. var. *biloba* (Rehd. et Wils.) Law	2	厚朴
木兰科植物厚朴	*Magnolia officinalis* Rehd. et Wils.	2	厚朴
木兰科植物华中五味子	*Schisandra sphenanthera* Rehd. et Wils.	3	五味子
木兰科植物五味子	*Schisandra chinensis* (Turcz.) Baill.	3	五味子
木犀科植物连翘	*Forsythia suspense* (Thunb.) Vahl	3	连翘
伞形科植物防风	*Saposhnikovia divaricata* (Turcz.) Schischk.	3	防风
伞形科植物阜康阿魏	*Ferula fukanensis* K. M. Shen	3	阿魏
伞形科植物新疆阿魏	*Ferula sinkiangensis* K. M. Shen	3	阿魏
伞形科植物羌活	*Notopterygium incisum* Ting ex H. T. Chang	3	羌活
伞形科植物宽叶羌活	*Notopterygium forbesii* de Boiss.	3	羌活
山茱萸科植物山茱萸	*Cornus officinalis* Sieb. et Zucc.	3	山茱萸
使君子科植物诃子	*Terminalia chebula* Retz.	3	诃子
使君子科植物绒毛诃子	*Terminalia chebula* Retz. var. *tomentella* Kurt.	3	诃子
五加科植物刺五加	*Acanthopanax senticosus* (Rupr. et Maxim) Harms	3	刺五加
五加科植物人参	*Panax ginseng* C. A. Mey.	2	人参
玄参科植物胡黄连	*Picrorhiza scrophulariiflora* Pennell	3	胡黄连
远志科植物卵叶远志	*Polygala sibirica* L.	3	远志
远志科植物远志	*Polygala tenuifolia* Willd.	3	远志
芸香科植物黄檗	*Phellodendron amurense* Rupr.	2	黄柏
芸香科植物黄皮树	*Phellodendron chinense* Schneid.	2	黄柏
紫草科植物新疆紫草	*Arnebia euchroma* (Royle) Johnst.	3	紫草
紫草科植物紫草	*Lithospermum erythrorhizon* Sieb. et Zucc.	3	紫草

说明：本名录以1987年国务院发布的《野生药材资源保护管理条例》，明确76个保护物种，以及分级保护中的动植物中文名和药材名称以《中华人民共和国药典》(2015年第一版)为依据。

（马 伟　刘 勇　胡志刚　冯丽肖）

附录三　中国综合自然区划图

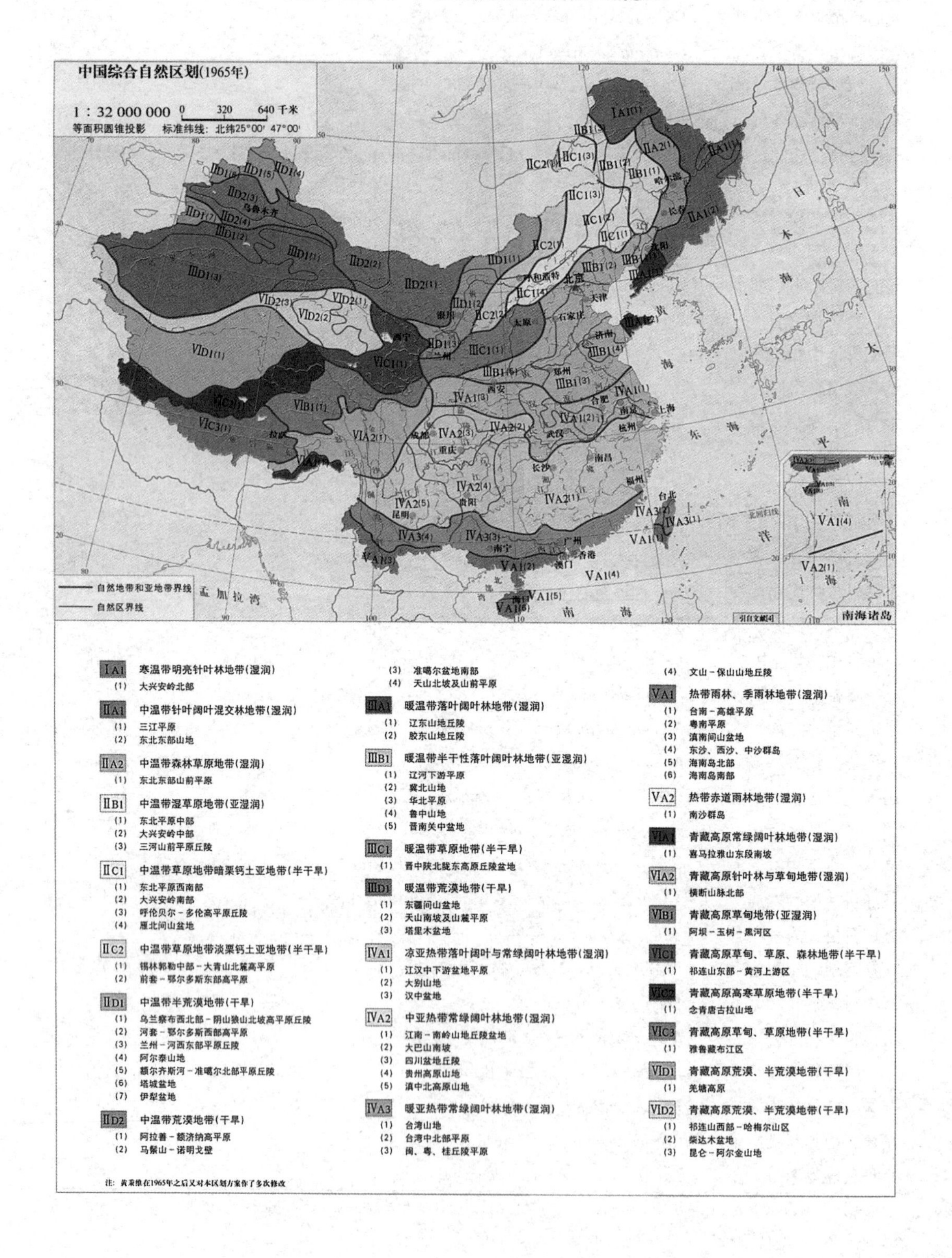

主要参考文献

1. 孙鸿烈 . 中国资源科学百科全书[M]. 北京:中国大百科全书出版社,石油大学出版社,2000
2. 蔡云龙 . 自然资源学原理[M]. 第 2 版 . 北京:科学出版社,2007
3. 郑昭佩 . 自然资源学基础[M]. 青岛:中国海洋大学出版社,2013
4. 王文全 . 中药资源学[M]. 北京:国中医药出版社,2012
5. 张丽萍 . 自然资源学基本原理[M]. 北京:科学出版社,2009
6. 段金廒 . 中药资源学[M]. 北京:中国中医药出版社,2013
7. 周秀佳 . 中药资源学[M]. 上海:上海科学技术文献出版社,2007
8. 杨世海 . 中药资源学[M]. 北京:中国农业出版社,2006
9. 尤联元,杨景春 . 中国地貌[M]. 北京:科学出版社,2013
10. 刘明光 . 中国自然地理图集[M]. 北京:中国地图出版社,2010
11. 吴征镒 . 中国种子植物区系地理[M]. 北京:科学出版社,2011
12. 巢建国,裴瑾 . 中药资源学[M]. 北京:中国医药科技出版社,2014
13. 张小波,郭兰萍,周涛,等 . 关于中药区划理论和区划指标体系的探讨[J]. 中国中药杂志,2010,35(7):2350-2357
14. 陈士林,索风梅,韩建萍 . 中国药材生态适宜性分析及生产区划[J]. 中草药,2007,38(4):481-487
15. 万德光,王文全 . 中药资源学专论[M]. 北京:人民卫生出版社,2009
16. 么历,程惠珍,杨智 . 中药材规范化种植(养殖)技术指南[M]. 北京:中国农业出版社,2007
17. 谢宗万 . 论道地药材[J]. 中医杂志,1990,619(10):43-46
18. 彭成 . 道地药材形成的要素与面临的危机[J]. 中药与临床,2012,02(1):7-11
19. 彭华胜,郝近大,黄璐琦,等 . 道地药材形成要素的沿革与变迁[J]. 中药材,2015,38(8):1750-1755
20. 韩邦兴,彭华胜,黄璐琦,等 . 中国道地药材研究进展[J]. 自然杂志,2011,33(5):281-285
21. 万仁甫,徐伟亚,王少军,等 . 道地药材发展策略探讨[J]. 中药论坛,2007,1(9):641-643
22. 魏胜利 . 道地药材的商业价值及其品牌营销策略分析[J]. 中国现代中药,2015,17(8):766-769
23. 仇有文,张兴国 . 道地药材规范化生产与品牌发展战略的思考[J]. 中国现代中药,2006,8(6):10-11
24. 郭兰萍,张燕,朱寿东,等 . 中药材规范化生产(GAP)10 年:成果、问题与建议[J]. 中华中医药学会 2013 年学术年会论文选编,393-405
25. 韩邦兴,彭华胜,黄璐琦 . 中国道地药材研究进展[J]. 自然杂志,2011,03(5):281-284
26. 肖小河,陈士林,黄璐琦,等 . 中国道地药材研究 20 年概论[J]. 中国现代中药,2009,34(5):520-523
27. 郭兰萍,黄璐琦,蒋有绪 . "3S" 技术在中药资源可持续利用中的应用[J]. 中国中药杂志,2005,18:1397-1400
28. 郭巧生 . 药用植物资源学[M]. 北京:高等教育出版社,2007
29. 孙宇章,黄璐琦,郭兰萍,等 . 遥感技术在中药资源调查中的应用[J]. 中国现代中药,2006,09:7-10,35
30. 周应群,陈士林,张本刚,等 . 中药资源调查方法研究[J]. 世界科学技术,2005,06:130-136

31. 李越,姚霞,李振华,等 .3S 技术在药用植物资源领域中的应用现状[J]. 中国实验方剂学杂志,2014,05:228-233
32. 陈士林 . 中国药材产地生态适宜性区划[M]. 北京:科学出版社,2011
33. 李红良 . 智能决策支持系统的发展现状及应用展望[J]. 重庆工学院学报(自然科学版),2009,10:140-144
34. 陈士林,张本刚,杨智,等 . 全国中药资源普查方案设计[J]. 中国中药杂志,2005,16:1229-1232,1289
35. 尚雪,董丽君,文路军,等,基于遥感与 GIS 技术的四川省羌活资源适宜性分布研究[J],中国中药杂志,2015,13:2553-2558
36. 张本刚,陈士林,张金胜,等 . 基于遥感技术的甘草资源调查方法研究[J]. 中草药,2005,36(10):1548-1551
37. 陈士林,周应群,张本刚,等 . 濒危中药资源动态监测体系构建[J]. 世界科学技术 - 中医药现代化,2005,7(6):83-89
38. 钟国跃,秦松云,王昌华,等 . 中药资源物种动态监测方法研究[J]. 中国中药杂志,2008,33(12):2570-2574
39. 张小波,李大宁,郭兰萍,等 . 关于建立中药资源动态监测机制的探讨[J]. 中国中药杂志,2013,38(19):3223-3225
40. 王伽伯,肖小河,黄璐琦,等 . 基于“药粮价比”的野生中药资源动态监测与预警方法的商建[J]. 中国中药杂志,2011,36(3):263-267
41. 汪慧玲 . 农业自然资源评估[M]. 兰州:甘肃人民出版社,2011
42. 段金廒 . 中药废弃物的资源化利用[M]. 北京:化学工业出版社,2013
43. 封志明 . 资源科学导论[M]. 北京:科学出版社,2014
44. 申俊龙,魏鲁霞,汤莉娜,等 . 中药资源价值评估体系研究[J]. 价格理论与实践,2014,(3):112-114
45. 周亚福,李思锋,黎斌,等 . 基于层次分析法的秦岭重要药用植物资源评价研究[J]. 中草药,2013,44(15):2172-2182
46. 陈士林,肖培根 . 中药资源可持续利用导论[M]. 北京:中国医药科技出版社,2006
47. 彭勇,陈士林,肖培根 . 中药资源与生态现代化[J]. 中国中药杂志,2007,32(12):1125-1127
48. 周荣汉,段金廒 . 植物化学分类学[M]. 上海:上海科学技术出版社,2005
49. 中国药材公司 . 中国中药资源[M]. 北京:科学出版社,1995
50. 谭小明,周雅琴,陈娟,等 . 药用植物内生真菌多样性研究进展[J]. 中国药学杂志,2015,50(18):1563-1580
51. 朱妍妍,艾嫦,张嘉,等 . 具有生物活性的植物内生真菌次生代谢产物[J]. 化学进展,2011,23(4):704-730
52. 余伯阳 . 中药与天然药物生物技术研究进展与展望[J]. 中国药科大学学报,2002,33(5):359-362
53. 张芳,张永清,于晓.生物技术在中药资源研究中的应用及其前景[J].现代中药研究与实践,2004,18(1):59
54. 贾景明,吴春福,吴立军 . 植物细胞工程在中药资源保护和中药现代化的作用[J]. 世界科学技术 - 中医药现代化,2003,5(5):62
55. 白庆余 . 药用动物养殖学[M]. 北京:中国林业出版社,1988
56. 陈士林,魏建和,韩建萍,等 . 中药农业与中药资源可持续发展[J]. 世界科学技术 - 中医药现代化,2007,9(4):1-7
57. 郑汉臣 . 生药资源学[M]. 上海:第二军医大学出版社,2003
58. 郭兰萍,张燕,朱寿东,等 . 中药材规范化生产(GAP)10 年:成果、问题与建议[J]. 中国中药杂志,2014,39(7):1143-1151
59. 郭兰萍,周良云,莫歌,等 . 中药生态农业—中药材 GAP 的未来[J]. 中国中药杂志,2015,40(14):3360-

3366
60. 郭巧生 . 药用植物栽培学[M]. 北京:高等教育出版社,2009
61. 韩雅莉,谭竹钧 . 药用动物养殖大全[M]. 北京:中国农业出版社,1996
62. 胡之璧 . 中药现代生物技术[M]. 北京:人民卫生出版社,2009
63. 张永清,刘合刚 . 药用植物栽培学[M]. 北京:中国中医药出版社,2013
64. 黄璐琦,郭兰萍 . 中药资源生态学[M]. 上海:上海科学技术出版社,2009
65. 黄清龙 . 药用植物遗传育种[M]. 北京:中国中医药出版社,2006
66. 蔺海明 . 中药材生产质量管理规范教程[M]. 北京:中国农业出版社,2008
67. 罗光明,刘合刚 . 药用植物栽培学[M]. 上海:上海科学技术出版社,2008
68. 师守堃 . 动物育种学总论[M]. 北京:北京农业大学出版社,1993
69. 宋德勋 . 药用植物栽培学[M]. 贵阳:贵州科技出版社,2000
70. 王光亮 . 药用动物养殖技术[M]. 北京:中国中医药出版社,2006
71. 王永 . 现代药用植物栽培技术[M]. 合肥:安徽科学技术出版社,2006
72. 萧凤回,郭巧生 . 药用植物育种学[M]. 北京:中国林业出版社,2008
73. 徐良 . 中药栽培学[M]. 北京:科学出版社,2006
74. 黄璐琦 . 中国中药资源发展报告[M]. 北京:经济科学出版社,2015
75. 丰志培,陶群山,彭代银,等 . 我国中药产业自主创新历史演进、特点与启示[J]. 中国中药杂志,2015,40(11):2252-2257
76. 李化 . 中药产业链及产品链分析[J]. 世界科学技术 - 中医药现代化,2015,17(1):292-295
77. 张辰露,梁宗锁,冯自立,等 . 我国中药材溯源体系建设进展与启示[J]. 中国药房,2015,26(16):2295-2298
78. 申俊龙,魏鲁霞,汤莉娜,等 . 中药资源价值评估体系研究——基于价值链视角的分析[J]. 价格理论与实践,2014(3):112-114
79. 王永炎 . 基本药物制度下大中药产业发展的若干思考[J]. 中国中药杂志,2012,37(18):2677-2678
80. 俞颂华,肖永新 . 我国中药专利知识产权现状的分析与对策[J]. 卫生职业教育,2012,30(22):150-151
81. 张碧华,乔彦,刘治军,等 . 从云南白药配方在美国公开看我国中药知识产权保护[J]. 药品评价,2011,08(14):4-8
82. 符利民 . 中药知识产权保护分析[J]. 知识经济,2011(7):140
83. 肖小河,肖培根,王永炎 . 中药科学研究的几个关键问题[J]. 中国中药杂志,2009,34(2):119-123
84. 李羿,万德光,钟世红 . 从中药产业链试论中药材生产[J]. 成都医学院学报,2008,3(4):310-312
85. 陈士林,魏建和,韩建萍,等 . 中药农业与中药资源可持续发展[J]. 世界科学技术 - 中医药现代化,2007,9(4):1-7
86. 莫瑶江 . 加强知识产权保护推动中药现代化进程[J]. 世界科学技术,2001,3(3):50-53
87. 张永清,刘和刚 . 药用植物栽培学[M]. 北京:中国中医药出版社,2013
88. 李俊清 . 保护生物学[M]. 北京:科学出版社,2012
89. 环境保护部自然生态保护司 . 全国自然保护区[M]. 北京:中国环境科学出版社,2012
90. 迟德富 . 保护生物学野外实习手册[M]. 北京:高等教育出版社,2011
91. 李小云,左停,唐丽霞 . 中国自然保护区共管指南[M]. 北京:中国农业出版社,2009
92. 万德光 . 四川道地中药材志[M]. 成都:四川科学技术出版社,2005
93. 段金廒 . 中药资源化学 - 理论基础与资源循环利用[M]. 北京:科学出版社,2015
94. 陈士林,苏钢强,邹健强,等 . 中国中药资源可持续发展体系的构建[J]. 中国中药杂志,2005,30(15):1141-1146

全国中医药高等教育教学辅导用书推荐书目

一、中医经典白话解系列

黄帝内经素问白话解(第2版)　王洪图　贺娟
黄帝内经灵枢白话解(第2版)　王洪图　贺娟
汤头歌诀白话解(第6版)　李庆业　高琳等
药性歌括四百味白话解(第7版)　高学敏等
药性赋白话解(第4版)　高学敏等
长沙方歌括白话解(第3版)　聂惠民　傅延龄等
医学三字经白话解(第4版)　高学敏等
濒湖脉学白话解(第5版)　刘文龙等
金匮方歌括白话解(第3版)　尉中民等
针灸经络腧穴歌诀白话解(第3版)　谷世喆等
温病条辨白话解　浙江中医药大学
医宗金鉴·外科心法要诀白话解　陈培丰
医宗金鉴·杂病心法要诀白话解　史亦谦
医宗金鉴·妇科心法要诀白话解　钱俊华
医宗金鉴·四诊心法要诀白话解　何任等
医宗金鉴·幼科心法要诀白话解　刘弼臣
医宗金鉴·伤寒心法要诀白话解　郝万山

二、中医基础临床学科图表解丛书

中医基础理论图表解(第3版)　周学胜
中医诊断学图表解(第2版)　陈家旭
中药学图表解(第2版)　钟赣生
方剂学图表解(第2版)　李庆业等
针灸学图表解(第2版)　赵吉平
伤寒论图表解(第2版)　李心机
温病学图表解(第2版)　杨进
内经选读图表解(第2版)　孙桐等
中医儿科学图表解　郁晓微
中医伤科学图表解　周临东
中医妇科学图表解　谈勇
中医内科学图表解　汪悦

三、中医名家名师讲稿系列

张伯讷中医学基础讲稿　李其忠
印会河中医学基础讲稿　印会河
李德新中医基础理论讲稿　李德新
程士德中医基础学讲稿　郭霞珍
刘燕池中医基础理论讲稿　刘燕池
任应秋《内经》研习拓导讲稿　任廷革
王洪图内经讲稿　王洪图
凌耀星内经讲稿　凌耀星
孟景春内经讲稿　吴颢昕
王庆其内经讲稿　王庆其
刘渡舟伤寒论讲稿　王庆国
陈亦人伤寒论讲稿　王兴华等
李培生伤寒论讲稿　李家庚
郝万山伤寒论讲稿　郝万山
张家礼金匮要略讲稿　张家礼
连建伟金匮要略方论讲稿　连建伟
李今庸金匮要略讲稿　李今庸
金寿山温病学讲稿　李其忠
孟澍江温病学讲稿　杨进
张之文温病学讲稿　张之文
王灿晖温病学讲稿　王灿晖
刘景源温病学讲稿　刘景源
颜正华中药学讲稿　颜正华　张济中
张廷模临床中药学讲稿　张廷模
常章富临床中药学讲稿　常章富
邓中甲方剂学讲稿　邓中甲
费兆馥中医诊断学讲稿　费兆馥
杨长森针灸学讲稿　杨长森
罗元恺妇科学讲稿　罗颂平
任应秋中医各家学说讲稿　任廷革

四、中医药学高级丛书

中医药学高级丛书——中药学(上下)(第2版)　高学敏　钟赣生
中医药学高级丛书——中医急诊学　姜良铎
中医药学高级丛书——金匮要略(第2版)　陈纪藩
中医药学高级丛书——医古文(第2版)　段逸山
中医药学高级丛书——针灸治疗学(第2版)　石学敏
中医药学高级丛书——温病学(第2版)　彭胜权等
中医药学高级丛书——中医妇产科学(上下)(第2版)　刘敏如等
中医药学高级丛书——伤寒论(第2版)　熊曼琪
中医药学高级丛书——针灸学(第2版)　孙国杰
中医药学高级丛书——中医外科学(第2版)　谭新华
中医药学高级丛书——内经(第2版)　王洪图
中医药学高级丛书——方剂学(上下)(第2版)　李飞
中医药学高级丛书——中医基础理论(第2版)　李德新　刘燕池
中医药学高级丛书——中医眼科学(第2版)　李传课
中医药学高级丛书——中医诊断学(第2版)　朱文锋等
中医药学高级丛书——中医儿科学(第2版)　汪受传
中医药学高级丛书——中药炮制学(第2版)　叶定江等
中医药学高级丛书——中药药理学(第2版)　沈映君
中医药学高级丛书——中医耳鼻咽喉口腔科学(第2版)　王永钦
中医药学高级丛书——中医内科学(第2版)　王永炎等

“十二五”职业教育国家规划立项教材

国家卫生和计划生育委员会“十二五”规划教材
全国中等卫生职业教育教材

供医学检验技术专业用

检验仪器使用与维修

主　编　王　迅

副主编　陈华民

编　者（以姓氏笔画为序）

王　迅（山西省晋中市卫生学校）
王　婷（南阳医学高等专科学校）
朱海东（商丘医学高等专科学校）
宋晓光（鹤壁职业技术学院）
张兴旺（甘肃省人民医院）
陈华民（海南省卫生学校）
邵　林（重庆三峡医药高等专科学校）

人民卫生出版社

图书在版编目（CIP）数据

检验仪器使用与维修 / 王迅主编 . —北京：人民卫生出版社，2015

ISBN 978-7-117-21551-0

Ⅰ. ①检… Ⅱ. ①王… Ⅲ. ①医用分析仪器—使用—高等职业教育—教材②医用分析仪器—维修—高等职业教育—教材 Ⅳ. ①TH776

中国版本图书馆 CIP 数据核字（2015）第 245082 号

检验仪器使用与维修

主　　编：王　迅
出版发行：人民卫生出版社（中继线 010-59780011）
地　　址：北京市朝阳区潘家园南里 19 号
邮　　编：100021
E - mail：pmph @ pmph.com
购书热线：010-59787592　010-59787584　010-65264830
印　　刷：廊坊一二〇六印刷厂
经　　销：新华书店
开　　本：787 × 1092　1/16　**印张**：13
字　　数：324 千字
版　　次：2016 年 1 月第 1 版　2022 年 12 月第 1 版第 8 次印刷
标准书号：ISBN 978-7-117-21551-0/R · 21552
定　　价：40.00 元

出版说明

为全面贯彻党的十八大和十八届三中、四中、五中全会精神，依据《国务院关于加快发展现代职业教育的决定》要求，更好地服务于现代卫生职业教育快速发展的需要，适应卫生事业改革发展对医药卫生职业人才的需求，贯彻《医药卫生中长期人才发展规划（2011—2020年）》《现代职业教育体系建设规划（2014—2020年）》文件精神，人民卫生出版社在教育部、国家卫生和计划生育委员会的领导和支持下，按照教育部颁布的《中等职业学校专业教学标准（试行）》医药卫生类（第二辑）（简称《标准》），由全国卫生职业教育教学指导委员会（简称卫生行指委）直接指导，经过广泛的调研论证，成立了中等卫生职业教育各专业教育教材建设评审委员会，启动了全国中等卫生职业教育第三轮规划教材修订工作。

本轮规划教材修订的原则：①明确人才培养目标。按照《标准》要求，本轮规划教材坚持立德树人，培养职业素养与专业知识、专业技能并重，德智体美全面发展的技能型卫生专门人才。②强化教材体系建设。紧扣《标准》，各专业设置公共基础课（含公共选修课）、专业技能课（含专业核心课、专业方向课、专业选修课）；同时，结合专业岗位与执业资格考试需要，充实完善课程与教材体系，使之更加符合现代职业教育体系发展的需要。在此基础上，组织制订了各专业课程教学大纲并附于教材中，方便教学参考。③贯彻现代职教理念。体现“以就业为导向，以能力为本位，以发展技能为核心”的职教理念。理论知识强调“必需、够用”；突出技能培养，提倡“做中学、学中做”的理实一体化思想，在教材中编入实训（实验）指导。④重视传统融合创新。人民卫生出版社医药卫生规划教材经过长时间的实践与积累，其中的优良传统在本轮修订中得到了很好的传承。在广泛调研的基础上，再版教材与新编教材在整体上实现了高度融合与衔接。在教材编写中，产教融合、校企合作理念得到了充分贯彻。⑤突出行业规划特性。本轮修订紧紧依靠卫生行指委和各专业教育教材建设评审委员会，充分发挥行业机构与专家对教材的宏观规划与评审把关作用，体现了国家卫生计生委规划教材一贯的标准性、权威性、规范性。⑥提升服务教学能力。本轮教材修订，在主教材中设置了一系列服务教学的拓展模块；此外，教材立体化建设水平进一步提高，根据专业需要开发了配套教材、网络增值服务等，大量与课程相关的内容围绕教材形成便捷的在线数字化教学资源包，为教师提供教学素材支撑，为学生提供学习资源服务，教材的教学服务能力明显增强。

人民卫生出版社作为国家规划教材出版基地，有护理、助产、农村医学、药剂、制药技术、营养与保健、康复技术、眼视光与配镜、医学检验技术、医学影像技术、口腔修复工艺等24个专业的教材获选教育部中等职业教育专业技能课立项教材，相关专业教材根据《标准》颁布情况陆续修订出版。

医学检验技术专业编写说明

2010年，教育部公布《中等职业学校专业目录（2010年修订）》，将医学检验专业（0810）更名为医学检验技术专业（100700），目的是面向医疗卫生机构，培养从事临床检验、卫生检验、采供血检验及病理技术等工作的、德智体美全面发展的高素质劳动者和技能型人才。人民卫生出版社积极落实教育部、国家卫生和计划生育委员会相关要求，推进《标准》实施，在卫生行指委指导下，进行了认真细致的调研论证工作，规划并启动了教材的编写工作。

本轮医学检验技术专业规划教材与《标准》课程结构对应，设置公共基础课（含公共选修课）、专业基础课、专业技能课（含专业核心课、专业方向课、专业选修课）教材。其中专业核心课教材根据《标准》要求设置共8种。

本轮教材编写力求贯彻以学生为中心、贴近岗位需求、服务教学的创新教材编写理念，教材中设置了"学习目标""病例/案例""知识链接""考点提示""本章小结""目标测试""实训/实验指导"等模块。"学习目标""考点提示""目标测试"相互呼应衔接，着力专业知识掌握，提高专业考试应试能力。尤其是"病例/案例""实训/实验指导"模块，通过真实案例激发学生的学习兴趣、探究兴趣和职业兴趣，满足了"真学、真做、掌握真本领""早临床、多临床、反复临床"的新时期卫生职业教育人才培养新要求。

本系列教材将于2016年7月前全部出版。

全国卫生职业教育教学指导委员会

第一届全国中等卫生职业教育
医学检验技术专业教育教材建设评审委员会

全国中等卫生职业教育
国家卫生和计划生育委员会"十二五"规划教材目录

总序号	适用专业	分序号	教材名称	版次
1	护理专业	1	解剖学基础 **	3
2		2	生理学基础 **	3
3		3	药物学基础 **	3
4		4	护理学基础 **	3
5		5	健康评估 **	2
6		6	内科护理 **	3
7		7	外科护理 **	3
8		8	妇产科护理 **	3
9		9	儿科护理 **	3
10		10	老年护理 **	3
11		11	老年保健	1
12		12	急救护理技术	3
13		13	重症监护技术	2
14		14	社区护理	3
15		15	健康教育	1
16	助产专业	1	解剖学基础 **	3
17		2	生理学基础 **	3
18		3	药物学基础 **	3
19		4	基础护理 **	3
20		5	健康评估 **	2
21		6	母婴护理 **	1
22		7	儿童护理 **	1
23		8	成人护理(上册)- 内外科护理 **	1
24		9	成人护理(下册)- 妇科护理 **	1
25		10	产科学基础 **	3
26		11	助产技术 **	1
27		12	母婴保健	3
28		13	遗传与优生	3

续表

总序号	适用专业	分序号	教材名称	版次
29	护理、助产专业共用	1	病理学基础	3
30		2	病原生物与免疫学基础	3
31		3	生物化学基础	3
32		4	心理与精神护理	3
33		5	护理技术综合实训	2
34		6	护理礼仪	3
35		7	人际沟通	3
36		8	中医护理	3
37		9	五官科护理	3
38		10	营养与膳食	3
39		11	护士人文修养	1
40		12	护理伦理	1
41		13	卫生法律法规	3
42		14	护理管理基础	1
43	农村医学专业	1	解剖学基础 **	1
44		2	生理学基础 **	1
45		3	药理学基础 **	1
46		4	诊断学基础 **	1
47		5	内科疾病防治 **	1
48		6	外科疾病防治 **	1
49		7	妇产科疾病防治 **	1
50		8	儿科疾病防治 **	1
51		9	公共卫生学基础 **	1
52		10	急救医学基础 **	1
53		11	康复医学基础 **	1
54		12	病原生物与免疫学基础	1
55		13	病理学基础	1
56		14	中医药学基础	1
57		15	针灸推拿技术	1
58		16	常用护理技术	1
59		17	农村常用医疗实践技能实训	1
60		18	精神病学基础	1
61		19	实用卫生法规	1
62		20	五官科疾病防治	1
63		21	医学心理学基础	1
64		22	生物化学基础	1
65		23	医学伦理学基础	1
66		24	传染病防治	1

续表

总序号	适用专业	分序号	教材名称	版次
67	营养与保健专业	1	正常人体结构与功能 *	1
68		2	基础营养与食品安全 *	1
69		3	特殊人群营养 *	1
70		4	临床营养 *	1
71		5	公共营养 *	1
72		6	营养软件实用技术 *	1
73		7	中医食疗药膳 *	1
74		8	健康管理 *	1
75		9	营养配餐与设计 *	1
76	康复技术专业	1	解剖生理学基础 *	1
77		2	疾病学基础 *	1
78		3	临床医学概要 *	1
79		4	康复评定技术 *	2
80		5	物理因子治疗技术 *	1
81		6	运动疗法 *	1
82		7	作业疗法 *	1
83		8	言语疗法 *	1
84		9	中国传统康复疗法 *	1
85		10	常见疾病康复 *	2
86	眼视光与配镜专业	1	验光技术 *	1
87		2	定配技术 *	1
88		3	眼镜门店营销实务 *	1
89		4	眼视光基础 *	1
90		5	眼镜质检与调校技术 *	1
91		6	接触镜验配技术 *	1
92		7	眼病概要	1
93		8	人际沟通技巧	1
94	医学检验技术专业	1	无机化学基础 *	3
95		2	有机化学基础 *	3
96		3	分析化学基础 *	3
97		4	临床疾病概要 *	3
98		5	寄生虫检验技术 *	3
99		6	免疫学检验技术 *	3
100		7	微生物检验技术 *	3
101		8	检验仪器使用与维修 *	1
102	医学影像技术专业	1	解剖学基础 *	1
103		2	生理学基础 *	1
104		3	病理学基础 *	1

续表

总序号	适用专业	分序号	教材名称	版次
105		4	医用电子技术 *	3
106		5	医学影像设备 *	3
107		6	医学影像技术 *	3
108		7	医学影像诊断基础 *	3
109		8	超声技术与诊断基础 *	3
110		9	X 线物理与防护 *	3
111	口腔修复工艺专业	1	口腔解剖与牙雕刻技术 *	2
112		2	口腔生理学基础 *	3
113		3	口腔组织及病理学基础 *	2
114		4	口腔疾病概要 *	3
115		5	口腔工艺材料应用 *	3
116		6	口腔工艺设备使用与养护 *	2
117		7	口腔医学美学基础 *	3
118		8	口腔固定修复工艺技术 *	3
119		9	可摘义齿修复工艺技术 *	3
120		10	口腔正畸工艺技术 *	3
121	药剂、制药技术专业	1	基础化学 **	1
122		2	微生物基础 **	1
123		3	实用医学基础 **	1
124		4	药事法规 **	1
125		5	药物分析技术 **	1
126		6	药物制剂技术 **	1
127		7	药物化学 **	1
128		8	会计基础	1
129		9	临床医学概要	1
130		10	人体解剖生理学基础	1
131		11	天然药物学基础	1
132		12	天然药物化学基础	1
133		13	药品储存与养护技术	1
134		14	中医药基础	1
135		15	药店零售与服务技术	1
136		16	医药市场营销技术	1
137		17	药品调剂技术	1
138		18	医院药学概要	1
139		19	医药商品基础	1
140		20	药理学	1

** 为“十二五”职业教育国家规划教材

* 为“十二五”职业教育国家规划立项教材

前　言

《检验仪器使用与维修》是教育部、国家卫生和计划生育委员会中等卫生职业教育医学检验技术专业“十二五”职业教育国家规划立项教材。本教材是根据中职检验专业的培养目标，为适应新时期中职医学检验技术专业教育的快速发展，培养现代中职医学检验技术人才的需求而编写的。随着现代科技的迅速发展，医学检验技术已经步入了自动化、信息化、现代化时代，能够为临床提供更快捷、更精准的测定方法，成为临床疾病诊断、病情监测、预后判断的重要手段。

医疗服务市场的竞争加剧了医学检验仪器设备的快速更新换代，实验室仪器的设计更加注重向自动化、智能化、数字化、微型化、网络化、人性化、低成本、低污染方向发展，这对于中职检验技术人员提出了更高的要求。目前的现状是检验技术人员在日常工作中要使用各种仪器进行检测，因此仪器的测定原理、仪器构造、性能指标及使用方法成为有必要掌握的知识，这是现代实验室医学的需求，也是检验技术人员必备的基本技能。对于中职医学检验技术专业教育，很有必要开设《检验仪器使用与维修》课程，使学生掌握现代检验技术相关的知识和技能，能在临床工作中发挥出最佳的作用。

本教材编写的宗旨是“临床适用、学生好学、教师好教”。在编写过程中，紧紧围绕中职学生的特点，本着“以就业为导向，以能力为本位，以发展为核心”的职业教育理念，以实验室常用的、不同专业需要的、临床比较新的专业仪器为主线，重点介绍仪器的工作原理、基本构造、性能指标、使用方法及常见故障及故障处理。在形式上，根据中职学生的特点，采用模式图、仪器实物照片、线条图等形式，使学生易于理解和掌握。在内容上，教材共分为十一章，包括绪论、常见实验室仪器、光谱分析相关仪器、电泳分析仪、电化学分析仪、与血液检验相关的仪器、与尿液检验相关的仪器、与生物化学检验相关的分析仪、与免疫分析相关的仪器、与微生物检验相关的仪器、与细胞分子生物学技术相关仪器及最新的即时检测技术相关仪器。根据目前的实验室状况及发展前景，还增加了实验室自动化系统的相关知识作为拓展。每一章设置了学习目标、本章小结和目标测试等，方便学生复习掌握。

在编写团队组织方面，邀请了各院校在检验仪器教学上富有经验的教师，组成老中青结合的编写团队，还邀请了行业专家参加编写，将临床前沿知识融入教材。全体编写成员本着认真负责的态度，力争编写出“对接岗位，提升技能”，适合中职医学检验技术专业学生使用

的教材。

由于检验仪器发展迅速，仪器厂家、品牌的日新月异，加之编者的水平有限，难免会有不妥和疏漏之处。为了进一步提高本书的质量，诚恳地希望各位专家、同行和广大师生提出宝贵意见，以供再版时修改。

在编写过程中，得到了人民卫生出版社、各位编委院校领导、尤其是山西省晋中卫生学校的大力支持，在此表示衷心的感谢！

王　迅

2015年10月

目 录

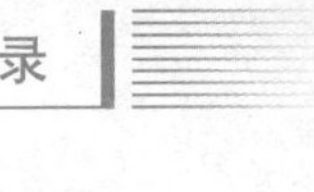

第一章 绪　论

学习目标

1. 掌握：现代医学检验仪器的分类与特点、主要结构与常用的性能指标。
2. 熟悉：常用检验仪器的性能指标与维护；检验仪器在医学发展中的作用、地位。
3. 了解：现代医学检验仪器的维护及简单故障排除。

第一节 检验仪器与医学实验室

随着现代医学的不断发展，检验医学已经不再是单纯地辅助临床诊断。可以通过对各种检验项目的检测结果为临床医生和患者提供真实可靠的数据，对疾病的诊断、治疗、病情检测、预后判断和健康评估发挥着重要作用。近年来，随着近代物理学、生物化学、分子生物学、仪器材料学、电子技术、计算机等学科的飞速发展及愈来愈深入的向生物医学和临床医学的渗透，检验分析技术得到了迅速发展。现代临床检验实验室已使用了各种先进仪器，现代临床检验仪器除了广泛应用自动化技术外，还运用了激光、色谱分析、质谱分析、荧光分析、流式细胞术、DNA 扩增技术等一系列高精尖的技术手段。计算机已成为临床检验仪器的重要组成部分，从而大大加速了检验仪器的自动化和现代化步伐，提高了分析的速度和精度。一些仪器可一次定性和定量测定多种成分，很多仪器从进样到打印测试结果的数十道工序完全实现了自动化，能在数秒或数分钟内得到分析测试结果。许多过去不能检出的物质，现在借助新型检验仪器已能对其进行定性或定量的分析测定。测试结果也从单一的数据显示，发展为相关的数据统计分析和图像显示。

检验分析技术的快速发展，对从事检验医学的技术人员也提出了更高的要求。他们一方面必须有扎实的检验分析技术工作的理论基础和高超的技术（否则，无法提供准确和及时的报告）；另一方面又要有扎实的医学理论和实践经验，这样才能正确地对各种检验结果作出合理和恰当的解释，并帮助临床将这些数据正确地应用于诊断治疗和预防工作中去。

一、检验仪器在医学检验中的作用

从 19 世纪末开始，在用显微镜检查各种染色涂片中细菌的同时，还发展了各种细菌培养技术，这就构成了现代医院检验实验室的雏形。由于技术比较简单，只有简单的仪器，除了显微镜外，又出现了离心机、恒温箱、目测比色计等。随着科学技术的发展，很多新型的检验仪器广泛应用于医学检验。使医学检验质量得到长足的的发展。表现在以下几点：

（一）提高了检验效率

随着生物物理技术、光电信号转化技术的发展，特别是计算机的运用，大量新型检验仪器进入了实验室，逐步实现了检验分析自动化、微量化、人性化，改变了工作模式，缩短了检验时间，提高了工作效率。

现代检验仪器的特点有：①操作自动化：大多数检验仪器都有自动化装置，降低了工作人员的劳动强度。②结果快速化：检测标本所需时间短，较手工法工作效率提高了20%~50%。③样本和试剂微量化：如生化检验手工法，一般需 1~2ml 试剂，自动生化分析仪仅需 0.1~0.2ml，降低了检验成本。④使用安全化：如大型仪器的自动开盖装置，从生物安全方面保护了工作人员。

（二）提升了检验水平

实验室医学水平的高低，是一个医院医疗技术水平的标志，检验仪器是提高检验水平的保证和条件，具体表现在以下几个方面：①检验仪器的广泛使用使检验项目明显增加。从早期的“三大常规”、肝肾功能等少量、简单项目，发展到目前千余项的检验项目，为各系统疾病的临床诊断提供了丰富的、极有价值的实验诊断信息。②检验仪器使检验诊断水平显著提高：由简单的显微镜、光电比色、恒温箱、离心机等简单设备，发展到现代化检验仪器，如流式细胞仪、PCR 仪、荧光免疫分析仪等，不仅显著提高了检测的敏感度和特异性，而且使医学传统的表型诊断，提高到基因诊断水平。③检验仪器为医疗信息的标准化、国际化提供了必要条件：几乎所有的自动化检验仪器都配有计算机或计算机接口，有利于检验信息的传送，为检验信息化、标准化、规范化提供了可能。

（三）保证了检验质量

自动化检验仪器在实验室的应用，使传统的手工检验方法成为了历史，大大提高了检验质量，使检验工作标准化、规范化、系统化，可显著减少随机误差，增加实验室间的可比性，明显提高检验质量；现代化的全自动分析仪器可以同时进行数十项甚至上百项的常规和特殊检验项目，为患者的诊断、鉴别诊断、疗效和预后判断提供了全面的重要依据；自动化检验仪器多使用规范的商品化试剂盒，更有利于保证检验质量，减少实验室间的误差。

（四）推动了医学检验的发展

近年来，实验室医学成为现代医学中发展最快的学科之一。检验项目的不断拓展，检验效率与检验结果的准确性的提高，成为临床医学诊断疾病、监测病情、判断预后不可或缺的重要手段。因此，未来医学实验室的发展离不开检验仪器的不断更新，只有及时调整和更新实验室的技术和仪器，才能保证实验室的先进水平，充分满足临床医学的需要，构筑临床医学与实验室医学的良好互动。

二、检验仪器在医学检验中的分类

目前检验仪器种类繁杂，用途不一，分类比较困难，有人主张以方法进行分类，有人主张以工作原理进行分类，还有人主张按仪器的功能进行分类，无论哪种分类方法都各有利弊。本书根据仪器的功能和临床应用习惯，将其分为基础检验仪器（第二章和第三章）和专业检验仪器（第四章至第十章）两大类。

（一）基础检验仪器

指实验室最基本的检验仪器。包括显微镜、移液器、恒温干燥箱、离心机等。

（二）专业检验仪器

指医学实验室中根据专业性质不同进行相关检验项目的专业仪器，分为以下几类：

1. 与血液检验有关的仪器　如血细胞分析仪、血液凝固仪、血液黏度仪等。

2. 与尿液检验有关的仪器　如尿液干化学分析仪、尿液有形成分分析仪等。

3. 与生物化学分析相关的仪器　包括自动生化分析仪、电解质分析仪、血气分析仪等。

4. 与细胞分子生物学技术相关的仪器　如流式细胞仪等。

5. 与微生物检验有关的仪器　如自动血液培养仪、微生物鉴定与药敏分析系统等。

6. 与免疫检验相关的仪器　如酶免疫分析仪、时间分辨分析仪等。

目前，在临床检验中，还常常联合使用不同类别的检验仪器，成为多机组合联用检验流水线，进一步提高了为临床服务的质量和效果。

三、检验仪器在医学检验中的特点

科学技术的快速发展加速了临床检验仪器的现代化步伐，检验仪器的自动化、智能化程度越来越高，高新技术的应用越来越多，现代临床检验仪器大致特点有以下六点：

（一）多领域技术结合、高新技术密集

临床检验仪器多领域、多学科技术结合的结果，涉及物理学、化学、分子生物学、免疫学、微电子技术、计算机技术，以及其他多个领域学科，如现代临床检验实验室中的荧光分析、色谱分析、质谱分析、流式细胞术、DNA 扩增技术以及多机联用技术，都综合应用了多领域多学科的高新技术。

（二）仪器自动化、智能化技术越来越高，功能更强大

越来越多的自动化智能化仪器，取代了以前的手工操作，提高了工作效率和分析质量。有些仪器从进样到给出结果，数十道工序完全实现自动化，数秒钟或数分钟即可得到准确的分析结果。

（三）检测多元化、样品微量化

现代检验仪器可以完成的检验项目越来越多，一些仪器可一次定性、定量，测定多种成分，分析结果也从单一的数据显示，发展为相关的数据统计分析和图像显示。

（四）仪器小型化、功能多样化

体积更小、功能更多、操作更简单，便携式仪器不断涌现，床旁检验和现场检验更为方便，对于及早诊断、疗程减空具有重要意义。

（五）仪器对维护、使用的要求更高

检验仪器的高精度、高分辨率，以及某些部件的特殊要求，使得一些检验仪器对适用环境有一定的要求，对使用、维护人员的专业素质也提出了更高的要求。

（六）满足临床精度高的要求

临床检验仪器是用来检测某些组织、细胞、体液的存在与组成、结构及特性，并给出定性或定量的分析结果，要求精度非常高，检验仪器多属于较精密的仪器。

第二节　常用检验仪器的性能指标与维护

一、常用检验仪器的性能指标

检验仪器的种类多样，仪器性能评价标准不完全相同，以下介绍几个常用的性能指标。

考点提示
检验仪器的主要性能指标

（一）灵敏度

灵敏度是指某种方法在一定条件下，被测物质的浓度或含量改变一个单位时所引起测量信号的变化。通常用产生某一响应信号值时所需被测物质的含量来表示，此时所需被测物质的量越少，灵敏度越高，说明仪器对样品的反应能力越强。仪器灵敏度越高能够检测到的样品含量就越低。但提高灵敏度时要注意噪声和外界干扰的影响。

影响灵敏度的因素很多，灵敏度高低主要取决于仪器的性能和待测物质的性质，也与实验条件的选择有关，因此，在实际工作中，应注意优化实验条件，提高分析灵敏度。

（二）误差与准确度

误差是指测量值与真实值之间的差异。由于仪器、实验条件、环境等因素的限制，测量不可能无限精确，物理量的测量值与客观存在的真实值之间总会存在着一定的差异，这种差异就是测量误差。误差是只能减小而不能消除的。

准确度是指仪器检测值与真值（通常用标准品的标示值）的符合程度。准确度高低用误差来衡量，仪器的准确度应该用权威机构或者行业公认标准品进行评价，即仪器实际测量结果与标准品的标示值比较来计算误差。有些仪器的准确度也可通过传统的回收实验进行评价。仪器检测结果的准确度通常是衡量仪器的重要性能指标。

（三）精确度

精确度简称精度，是指检测值偏离真值的程度。是对仪器检测可靠程度或检测结果可靠程度的一种评价。是仪器测定值随机误差和系统误差的综合反应。

（四）噪声

噪声是指在不加入被检样品时（即输入为零），仪器输出信号的波动或变化范围。一般用单位时间内测得信号的单方向变化幅值标示。引起噪声的主要原因有：外界因素干扰，如电网波动、周围电场或磁场的影响、环境条件（温度、湿度、压强）变化等；仪器内部因素影响，如仪器内部温度变化、元器件不稳定等。噪声的表现形式有抖动、起伏或漂移三种。噪声会影响检测结果的准确性，应尽量减小。

（五）重复性

是指相同条件下，多次测量同一样本、同一指标所测结果之间的符合程度，即测量结果的精密度。通常不同的仪器对测量结果的精密度都有具体规定和要求。

（六）可靠性

可靠性是反映仪器耐用程度的一项综合指标。衡量可靠性的指标主要有：平均无故障时间、故障率或失效率、可信任概率 P。

平均无故障时间是指若干次（或者若干台）仪器无故障时间的平均值。无故障时间是指仪器在标准工作条件下，工作到发生故障失去工作能力时所工作的时间。

故障率或失效率是指平均无故障时间的倒数。例如某仪器的失效率为0.03%kh，即说明若有一万台仪器工作1000小时后，只可能有3台仪器会出现故障。

可信任概率P：是由于元件参数的渐变使得仪器仪表误差在给定的时间内仍然保持在技术条件规定限度以内的概率。概率P值越大，说明仪器的可靠性越高，仪器成本也将越高。

（七）线性范围

线性范围是指测定成分的含量与测定结果之间符合线性关系的范围。线性范围越宽，能够测量的浓度（含量）范围越大。仪器在线性范围内测量通常可以保证较好的灵敏度和准确度。因此在实际工作中应该熟悉仪器检测时的线性范围。

（八）测量范围和示值范围

测量范围是指在允许误差极限内仪器所能测出的被检测值的范围。检测仪器所指示的被检测值称为示值。从仪器所显示的最小值到最大值的范围称为示值范围。

（九）分辨率

分辨率是指仪器设备能够感觉、识别或探测的输入量（或者能产生、能响应的输出量）的最小值。是仪器设备的一个重要的技术指标，它与精确度紧密相关，要提高检验仪器的检测精确度，必须相应提高其分辨率。

（十）响应时间

响应时间是指从被检测量发生变化到仪器给出正确示值所经历的时间。目前多采用的是仪器反应出到达指示指90%所经历的时间（也称为时间常数）。

（十一）频率响应时间

频率响应时间是指为了获得足够精度的输出响应，仪器所允许的输入信号的频率范围。频率响应特性决定了被检测的频率范围，频率响应高，被检测的物质频率范围就宽。

二、常用检验仪器的维护

仪器的维护分为一般性维护和特殊性维护。一般性维护工作是那些具有共性的，几乎所有仪器都需注意的问题，主要有以下几方面：

检验仪器的维护

（一）一般性维护

1. 环境要求　环境因素对仪器的测量结果、稳定性和寿命等都会造成影响，使用过程中应注意以下几方面。①放置要求：仪器应置于牢固平稳的工作台上，防止震动的影响，仪器周围有足够的操作空间。②温度要求：仪器的运行与正常工作通常要在适宜的温度范围内，实验室的温度条件应符合仪器的工作要求，必要时应配置空调等恒温设备。③湿度要求：有些仪器对环境湿度有具体要求，应注意实验室适度条件，必要时配置恒湿设备。仪器内部放有干燥剂的应定期检查、及时处理、更换干燥剂。仪器长期不用时，应定期开机通电防潮。④清洁度要求：仪器工作环境应空气清洁，避免灰尘、水汽、腐蚀性气体影响。需要时，应用良好的排风系统。⑤避免干扰：仪器应避免强磁场、强电场干扰，有的仪器还要注意噪声、直射光线，以及强对流空气（如电扇或空调直吹）的影响。

2. 电源要求　市电电压波动较大的可能超出仪器允许范围，影响仪器安全运行和测试结果，应根据具体情况配置稳压电源；为防止仪器、计算机等工作中突然停电造成损坏或数据丢失，应配用UPS电源。此外，实验室电源一定要接地良好。

3. 使用要求　操作人员应按规定参加上岗培训，认真阅读仪器说明书，熟悉仪器性能，

严格按照操作规程正确使用，使仪器保持良好的运行状态。

应按照要求做好仪器使用、保养、维修情况记录，按照规定要求进行仪器定期维护保养。

（二）特殊性维护

这部分内容主要是针对检验仪器所具有的特点而言，由于各种仪器有各自的特点，在此介绍一些典型的、有代表性的维护工作。

1. 光电转换原件与光学元件　如光电源、光电管、光电倍增管等，在存放和工作时均应避光，因为它们受强光照射易老化、使用寿命缩短、灵敏度降低，情况严重时甚至会损坏这些元件，同时应定期用小毛刷清扫光路系统上的灰尘，用沾有无水乙醇的纱布擦拭滤光片等光学元件。

2. 定标电池　如果仪器中有定标电池，最好每半年检查一次，如果电压不符合要求则予以更换，否则会影响测量准确度。

3. 机械传动装置　仪器中，机械传动装置的活动摩擦面需定期清洗，加润滑油，以延缓磨损或减小阻力。

4. 管道系统　检验仪器的管道较多，构成管道系统的元件也较多，分为气路和液路，但它们都要密封、通畅，因此对样品、稀释液标准液的要求比较高，应定期冲洗，污染严重的需更换管路。

三、常用检验仪器的选用

选用检验仪器的标准应着眼于“全面质量”。全面质量是指仪器精确度和性价比的总体评价，或者说通过用户满意度调查而得的总体评价，一般可以从以下几方面考虑。

（一）性能的要求

要求仪器的精度等级高、稳定性好、灵敏度高、噪声小、检测范围宽、检测参数多等。要注意选购公认的品牌，最好有标准化系统可溯源的机型。

（二）功能的要求

要求仪器的应用范围广、检测速度快，结果准确可靠，重复性好，有一定的前瞻性；用户操作程序界面全中文显示，操作简便快捷。

（三）售后的要求

所选仪器的公司实力强，售后维修服务良好，国内有配套试剂盒供应 ，能提供及时快捷的上门维修服务等。

（四）使用单位的要求

选择的仪器要和单位的规模相适宜，特别是仪器的速度和档次；要有前瞻性，至少要考虑近三年的发展速度；考虑科研需要；考虑单位的财力情况，不可过高过大过超前的选择仪器。

第三节　现代医用检验仪器的展望

进入 21 世纪，临床检验技术快速更新，高科技含量迅速增加，仪器更加自动化、智能化、一机多能智能化方向发展。主要发展趋势体现在以下几个方面：①多用户共享高科技仪器成果，计算机技术和通信技术相结合而发展的计算机网络渗透到医学实验室中，形成了多用户共享的实验仪器。②适应市场两极化发展，随着微电子技术和电极技术的进一步发展，临

床检验仪器正朝着集大型机的处理能力和小型机的应变能力于一身，人性化、超小型、多功能、低价格、更新换代快，床边和家庭型的方向迈进。③模块化组合设计功能扩展，模块式设计使得一套联用仪器可测定多重检验项目，同时还可以按需要增添各种部件，扩展其功能。④仪器设计人性化，自动化水平和智能化程度高。⑤仪器小型化，更多功能、更加全面、小型便携式的检验仪器不断涌现，如小型血糖仪已进入家庭，可随时监测血糖，方便床旁检验和现场检验。⑥现代分子生物技术的应用，生物诊断芯片的种类和技术在检验医学中的广泛应用将给疾病的筛查诊断带来革命性的变化。

总之，未来检验医学将从被动的病后诊断检验“过去时”走向主动的病前预防检验“将来时”，自动化、模块化、微量化、人性化、个性化以及小型便捷化是未来几年临床检验仪器的发展方向。

目标测试

简答题

1. 检验仪器在医学检验中的作用有哪些？
2. 检验仪器分为哪几类？
3. 检验仪器的主要性能指标有哪些？
4. 如何维护检验仪器？
5. 学习检验仪器有什么意义？

（王　迅）

第二章 常见实验室仪器

学习目标

1. 掌握:显微镜、离心机、移液器、电热干燥箱、高压蒸汽灭菌器和电热恒温水浴箱的基本结构、使用和维护。
2. 熟悉:显微镜、离心机、移液器、电热干燥箱、高压蒸汽灭菌器和电热恒温水浴箱的分类、工作原理。
3. 了解:显微镜、离心机、移液器、电热干燥箱、高压蒸汽灭菌器和电热恒温水浴箱的常见故障及排除。

常见医学实验室基础仪器包括:移液器、电热恒温水浴箱、电热干燥箱、高压蒸汽灭菌器、显微镜、电动离心机等仪器,基础仪器可用于多种学科的实验,是在医学实验室中使用较广的设备。本章主要介绍显微镜、离心机、移液器、电热恒温水浴箱、电热恒温干燥箱和高压蒸汽灭菌器的工作原理、基本结构、仪器类型及应用和仪器的使用与维护等相关知识。

第一节 显 微 镜

从第一台显微镜的诞生至今已有300多年的历史,显微镜的发展大致可分为三代:第一代为光学显微镜;第二代为电子显微镜;第三代为扫描隧道显微镜。

显微镜是临床检验工作中应用最普遍的仪器之一,在形态学、血液、尿液、精液、微生物、生化及免疫学等各个检验项目中都能涉及到。

知识链接

显微镜的历史

最早的显微镜是16世纪末期在荷兰制造出来的。发明者是亚斯·詹森,荷兰眼镜商,或者另一位荷兰科学家汉斯·利珀希,他们用两片透镜制作了简易的显微镜,但并没有用这些仪器做过任何重要的观察。

后来有两个人开始在科学上使用显微镜。第一个是意大利科学家伽利略。他通过显微镜观察到一种昆虫后,第一次对它的复眼进行了描述。第二个是荷兰亚麻织品商人列文虎克(1632—1723年),他自己学会了磨制透镜。他第一次描述了许多肉眼所看不见的微小植物和动物。

1931年,恩斯特·鲁斯卡通过研制电子显微镜,使生物学发生了一场革命。这使得科学家能观察到像百万分之一毫米那样小的物体。1986年他被授予诺贝尔奖。

一、光学显微镜的工作原理与基本结构

（一）光学显微镜的工作原理

光学显微镜是利用光学原理，把人眼所不能分辨的微小物体放大成像，供人们观察物质细微结构信息的光学仪器。显微镜是由两组会聚透镜组成的光学折射成像系统，把焦距较短、靠近观察物、成实像的透镜组称为物镜；而焦距较长、靠近眼睛、成虚像的透镜组称为目镜。被观察物体位于物镜前方，被物镜作第一级放大后成一倒立的实像，然后此实像再被目镜作第二级放大，得到最大放大效果的倒立的虚像，位于人眼的明视距离处。其光学成像原理如图 2-1 所示。

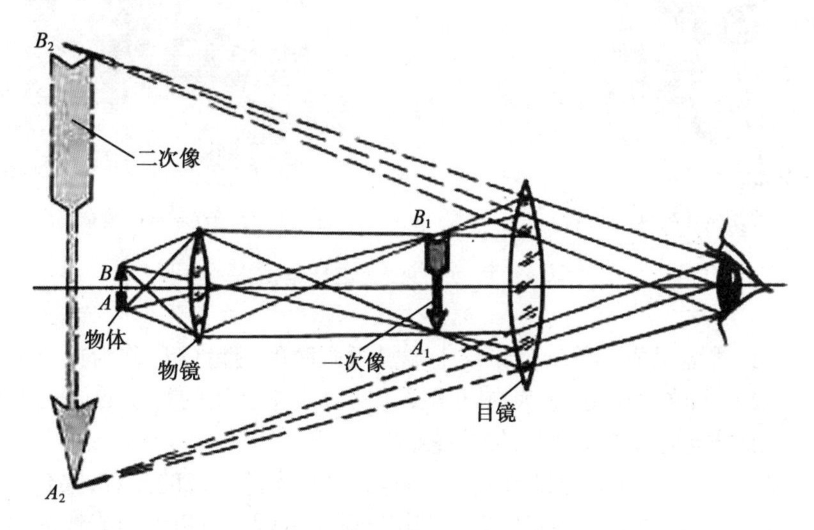

图 2-1 光学显微镜的成像原理

（二）光学显微镜的基本结构

光学显微镜的结构包括光学系统和机械系统两部分（图 2-2）。光学系统是显微镜的主体部分，包括物镜、目镜、聚光镜及光阑等。机械系统是保证光学系统正常成像所配置的，主要由镜座、镜臂、载物台、镜筒、物镜转换器和调节装置等部分组成。

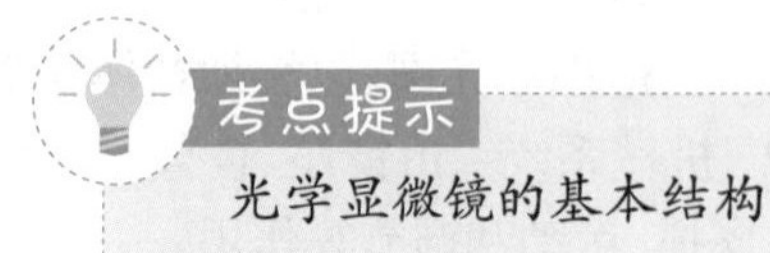

1. 光学系统　包括物镜、目镜、聚光镜和光阑。

（1）物镜：物镜是显微镜中最重要和最复杂的部分，被称为显微镜的心脏，其性能直接关系到显微镜的成像质量和技术性能。物镜是在金属圆筒内装有许多块透镜而组成的，根据镜和标本之间的介质的性质不同，物镜可分为干燥系物镜和油浸系物镜。

1）干燥系物镜：物镜和标本之间的介质是空气（折光率 n=1），包括低倍镜和高倍镜两种。

2）油浸系物镜：物镜和标本之间的介质是一种和玻璃折光率（n=1.52）相近的香柏油（n=1.515），这种物镜也称为油镜。油镜的镜头上一般标有“HI”或“OI”的字样，一般是用来作为放大 100 倍的物镜。

物镜的放大倍数在都标在镜头上，常用的低倍镜为 10×、20×；高倍镜为 40×、45×；油镜为 90×、100×。

（2）目镜：目镜是在窄光束、大视场条件下与物镜配合使用的，其结构相对于物镜要简单

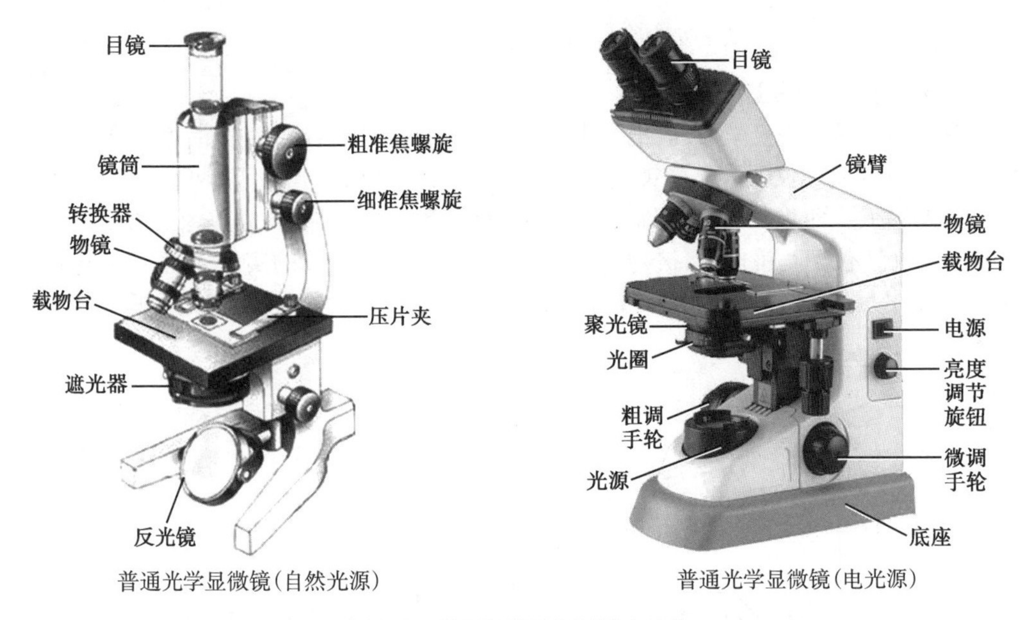

普通光学显微镜（自然光源）　　普通光学显微镜（电光源）

图2-2　普通光学显微镜基本结构

些，通常由2~3组透镜组成。其中目镜筒上端靠近眼睛的透镜（组）称为接目镜，下端靠近视野的透镜（组）起主放大作用，称为视野透镜。实验室中常用的目镜的放大倍数为10×、15×、20×。一般目镜镜筒越长，放大倍数越小。

(3) 聚光镜：一般由2~3块透镜组成，作用是会聚从光源射来的光线，集合成光束，以增强照明光度，然后经过标本射入物镜中去。利用升降调节螺旋可以调节光线的强弱。

(4) 光阑：在聚光镜下方装有光阑。光阑能连续而迅速改变口径，光阑越大，通过的光束越粗，光量越多。在用高倍物镜观察时，应开大光阑，使视野明亮；如果观察活体标本或未染色标本时，应缩小光阑，以增加物体明暗对比度，便于观察。

2. 机械系统　由镜座、镜臂、载物台、镜筒、物镜转换器和调节装置等部分组成，主要起固定、支撑、运动和调节等作用。

(1) 镜座：是显微镜的基座，位于显微镜最底部，多呈马蹄形、三角形、圆形或丁字形，保持显微镜在不同工作状态的平稳。

(2) 镜筒：是连接目镜和物镜的金属空心圆筒，上接目镜，下端与转换器相连，保证光路畅通且不使光亮度减弱。镜筒有单目、双目和三目三种，长度一般为160mm。

(3) 物镜转换器：位于镜筒下端，其上装有3~4个不同放大倍数的物镜，可以随时转换物镜与相应的目镜构成一组光学系统。是显微镜机械装置中结构复杂、精度要求最高的部件，使用人员在更换物镜时，应转动物镜转换器，而不能用力搬动安装在转换器下部的物镜。

(4) 载物台：是放置被检标本的平台，一般方形载物台上装有标本移动器装置，转动螺旋可使标本前后、左右移动。有的在移动器上装有游标尺，构成精密的平面直角坐标系，以便固定标本位置重复观察。

(5) 调焦装置：包括粗、细调焦旋钮。一般粗螺旋只做粗调焦距，使用低倍物镜时，仅用粗调便可获得清晰的物像；当使用高倍镜和油镜时，用粗调找到物像，再用微调调节焦距，才能获得清晰的物像。微调螺旋每转一圈，载物台上升或下降0.1mm。

（三）光学显微镜的性能参数

光学显微镜的性能参数包括光学成像方面的参数和机械调节的技术参数。

1. 放大率　指物体经物镜、目镜两次成像后眼睛所能看到像的大小与原物体大小的比值。一般来说，显微镜的放大率等于物镜的放大率和目镜放大率的乘积，常记作 M。

$$M=maq$$

式中，M：显微镜的总放大倍数；m：物镜的放大倍数；a：目镜的放大倍数；q：双目显微镜中所增设的的棱镜所起的放大倍数，一般取值为 1.6 倍。显微镜的总放大倍数不超过 1600 倍。

显微镜的放大率还可用位置放大率来表示。由于显微镜的物镜的物距接近其物镜的焦距 f_1，最后成像于目镜第一焦点附近，而焦距 f_1 和 f_2 相对于镜筒长度较小，故可近似将第一次成像的像距（Δ）看作显微镜的镜筒长度。常用以下公式来近似估计 M。

$$M=\frac{250\Delta}{f_1 f_2}$$

由此可见，显微镜放大率与镜筒长度成正比，与物镜和目镜的焦距成反比。

2. 数值孔径（NA）　即镜口率，是衡量显微镜性能的重要技术参数。组成光学显微镜的透镜都有一定数值的孔径，用来限制可以成像的光束截面。数值孔径是样品与透镜间媒质折射率（n）与物镜孔径角的一半（β）的正弦值的乘积。即

$$NA=n\sin\beta$$

物镜的数值孔径范围在 0.05~1.40 之间，为确保物镜的数值孔径充分发挥其性能，聚光镜的数值孔径应大于或等于物镜的数值孔径。

3. 分辨率　又称分辨本领，是指分辨物体微细结构的能力。是衡量显微镜质量的重要技术参数之一。由物镜的数值孔径和照明光线的波长所决定，以分辨距离 δ 来表示。即

$$\delta=\frac{0.61\lambda}{NA}$$

式中，δ：分辨率；λ：光波波长（通常为 550nm）；NA：物镜数值孔径。

分辨距离越小，表示分辨率越高，即性能越好。

4. 视场　又称为视野，是指通过显微镜所能看到的成像空间范围。由于被目镜的视场光阑局限成圆形，因此用该圆形视场的直径 d 来衡量视场大小。d 取决于物镜的倍数及目镜的光阑大小，小放大倍数和大光阑可获得较大的视野。当视野中不能容放整个标本时，在观察标本时应通过载物台移动调节装置对标本进行分区观察。

5. 景深　当显微镜调焦于某一物平面（清晰成像）时，观察者仍能清楚地看到位于其前或后的物平面，前后两平面之间的距离叫做景深又称焦点深度。它与放大率和数值孔径成反比。

6. 镜像清晰度　指放大后的图像轮廓清晰、衬度适中的程度，与光学系统设计和制作精度有关，也与使用方法是否正确有关。

7. 镜像亮度　指显微镜图像的亮度，以观察时既不感到疲劳又不感到耀眼为最佳。高倍率工作条件下的显微摄影、暗场、偏光等需要足够的亮度。

8. 工作距离　指从物镜的前表面中心到被观察标本之间的距离，与物镜数值孔径有关，数值孔径越大，工作距离越小。

二、常用的光学显微镜

光学显微镜多数情况是按用途来分类的，有双目显微镜、荧光显微镜、相衬显微镜、倒置显微镜、暗视野显微镜、紫外光显微镜、偏光显微镜、激光扫描共聚焦显微镜、干涉相衬显微镜、近场扫描光学显微镜等。

常用的光学显微镜

（一）双目生物显微镜

目前临床检验工作中，最常使用双目显微镜（图 2-3），其结构是利用一组复合棱镜把透过物镜后的光束分成强度相同的两束而形成两个中间像，分别再由左右目镜放大，双目显微镜必须满足分光后两束光的光程必须相同和两束光的光强度大小一致这两个基本条件。

在调节棱镜组间距和目镜间距时会破坏显微镜的光学成像条件，为此，在双目显微镜的镜筒上需要设置筒长补偿装置。一般在目镜管上有刻度尺，只要选定和瞳间距滑度板刻度数相符合的数值即可补偿。先进的双目显微镜能够进行自动补偿，而且会考虑根据使用者两只眼睛屈光度的不同再进行屈光度调节。

（二）荧光显微镜

荧光显微镜是以紫外线为光源来激发生物标本中的荧光物质，产生能观察到的各种颜色荧光的一种光学显微镜，是医学检验的重要仪器之一。

荧光显微镜（图 2-4）是由光源、滤色系统和光学系统（包括物镜、目镜、聚光镜、反光镜）等主要部件组成。荧光显微镜与普通光学显微镜结构基本相同，主要区别在于光源与滤光片不同。

(1) 光源：通常采用高压汞灯作为光源，可发出紫外线和短波长的可见光。

(2) 滤光片：有两组，第一组称激发滤片，位于标本和光源之间，仅允许能激发标本产生荧光的光通过（如紫外线）；第二组是阻断滤片，位于标本与目镜之间，可把剩余的紫外线吸收掉，只让激发的荧光通过，有利于增强反差，同时保护眼睛免受紫外线伤害。

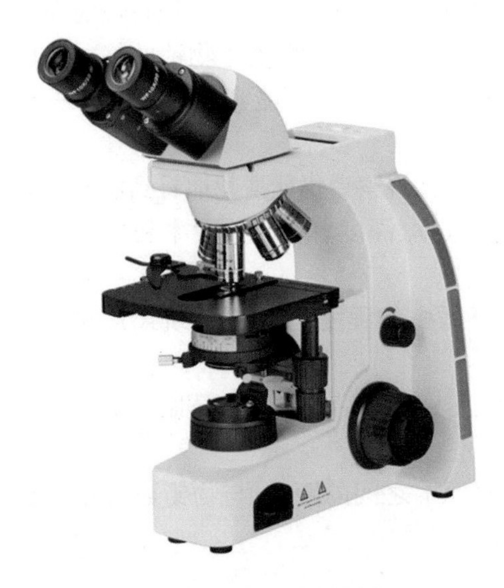

图 2-3 双目生物显微镜

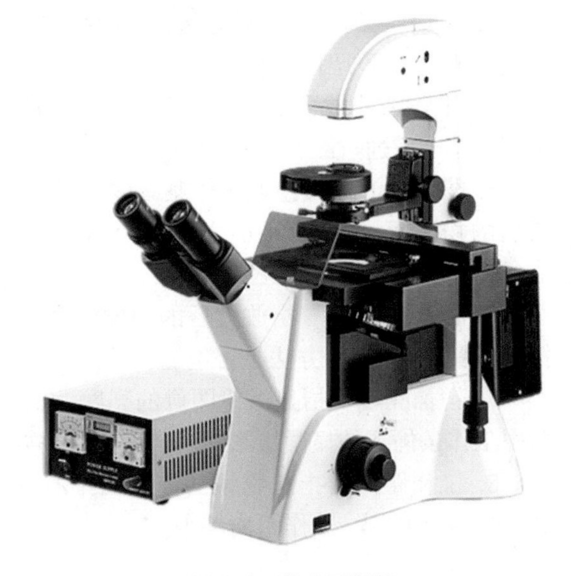

图 2-4 荧光显微镜

荧光显微镜的优点是便于操作,视野照明均匀,成像清晰,灵敏度高,放大倍数越大荧光越强。

荧光显微镜既可以观察固定的切片标本,又可以进行活体染色观察,通常用于检测与荧光染料共价结合的特殊蛋白质或其他分子。可以用于观察活细胞内物质的吸收与运输,化学物质的分布与定位等。荧光显微镜也适用于不透明及半透明的标本,如厚片、滤膜、菌落、组织培养标本等的直接观察。

(三) 相衬显微镜

在人的视觉中,可见光波的波长及频率的变化,表现为颜色的不同,振幅的变化表现为明暗的不同,而相位的变化肉眼是看不到的。当光透过透明的活细胞时,虽然细胞内部的结构厚度不同,但波长和振幅几乎没有变化,仅相位发生了变化,这种相位差人眼无法观察,相衬显微镜通过改变这种相位差,并利用光的衍射和干涉现象,把相位差变为振幅差来观察活细胞和未染色的标本。

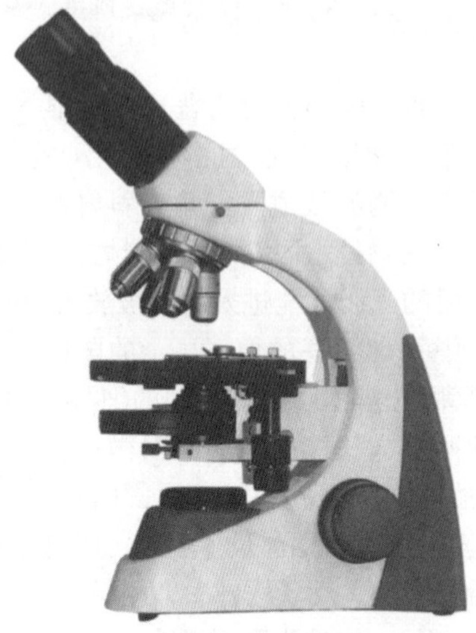

图 2-5 相衬显微镜

相衬显微镜是在普通光学显微镜的基础上增加了两个部件:在聚光镜上加了一个环状光阑,在物镜后焦面加了一个相位板,从而使看不到的相位差变成以明暗表示的振幅差。其他结构与普通光学显微镜差别不大(图 2-5)。

(四) 倒置显微镜

在观察活体标本时,须把照明系统放在载物台及标本之上,而把物镜组放在载物台器皿下进行显微镜放大成像。这种类型的显微镜称为倒置显微镜(inverted microscope),又称为生物培养显微镜。由于受工作条件限制,其物镜放大倍数一般不超过40 倍,且是长工作距离的。该类显微镜通常配有摄影(像)装置,可用于观察生长在培养皿底部的细胞状态(图 2-6)。

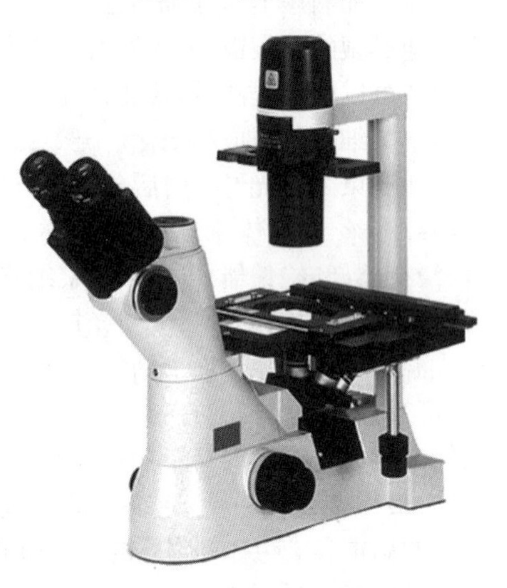

图 2-6 倒置显微镜

(五) 暗视野显微镜

暗视野显微镜是根据光学中丁铎尔(Tyndall)现象原理设计的显微镜,可用于研究活细胞的形态和运动。

知识链接

丁铎尔(Tyndall)现象(又称丁达尔现象)

英国物理学家约翰·丁达尔(John Tyndall,1820—1893 年),首先发现和研究了胶体(分散相粒径 1~100nm)中的丁达尔效应。

自然界中丁铎尔现象是十分普遍的。我们抬头仰望,看到的是蔚蓝的天空。这是

由于在天空中浮游着许多尘埃和小水滴，可视为气溶胶，天空背后是漆黑的宇宙空间，所以，看到的是被天空散射的光——呈蔚蓝色。而如果直对太阳望去，则看到的透过光，是橙红色的太阳。又如：从侧面观看吸烟者吐出的烟雾是淡蓝色的，大海是蓝色的，这些均是由于丁铎尔现象所造成的。

暗视野显微镜与普通光学显微镜的区别在于聚光镜不同(图 2-7)。这种特殊聚光镜，使主照明光线成一定角度斜射在标本上而不能进入物镜，所以视野是暗的，只有经过标本散射的光线才能进入物镜被放大，在黑暗的背景中呈现明亮的像。显示的图像只是物体的轮廓，分辨不清物体内部的细微结构。但是这种照明方法能提高人眼对微小物体的识别能力，可用来观察小于 0.1μm 的物体，这是其他光学显微镜观测不出来的。还可以用来观察活细胞的运动。

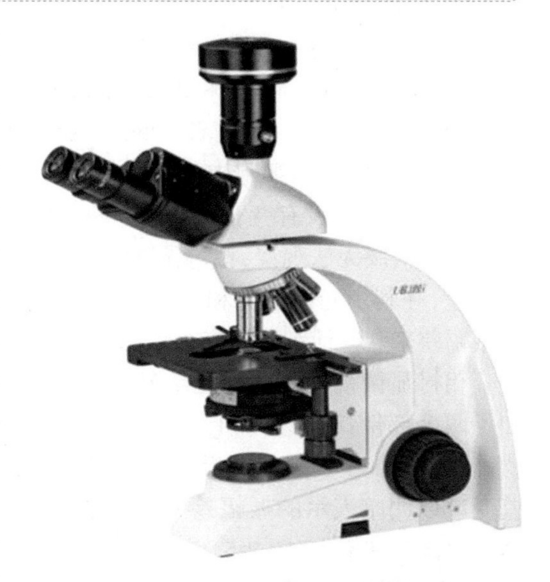

图 2-7 暗视野显微镜

（六）其他类型显微镜

在生命科学与医学研究工作中经常要用到其他类型的显微镜：①紫外光显微镜使用紫外光源可以明显提高显微镜的分辨率，可用来研究单个细胞的组成和变化情况等；②偏光显微镜利用光的偏振特性，对具有双折射性(即可以使一束入射光经折射后分成两束折射光)的晶态、液晶态物质进行观察和研究，如细胞中的纤维丝、纺锤体、胶原、染色体等；③干涉相衬显微镜有四个特殊的光学组件：偏振器、棱镜、滑行器、和检偏器，可用来观察细胞中的细胞器：如细胞核、线粒体等，立体感特别强，适合应用于显微操作技术；④激光扫描共聚焦显微镜利用单色激光扫描束经过照明针孔形成点光源对标本内焦平面上的每一点进行扫描，标本上的被照射点在检测器的检测针孔处成像，可观察和分析细胞的三位空间结构；⑤近场扫描光学显微镜将一个特制的微探头移近样品使它在给定时间内只能“看见”截面直径小于波长的很小部分，通过扫描探头巡视过整个样品，最后整合成一幅完整的图像，可将光学显微镜的分辨率提高 5~10 倍。可用于研究活体中的病毒和染色体等物质的结构和形态。

（七）电子显微镜

电子显微镜放大倍数很高，可达数十万倍至一百万倍；分辨率也很高，可达到 1nm。根据成像原理不同可分为透射电子显微镜和扫描电子显微镜两种。目前在生命科学和医学研究中应用较多的有透射电子显微镜、扫描电子显微镜、扫描隧道显微镜、超高压电子显微镜等。

三、显微镜的使用与维护及常见故障排除

显微镜是一种精密的光电一体化仪器，只有科学正确地使用，才能发挥它的功能，延长其使用寿命。在使用时要加强维护才能使仪器保持长久良好的工作状态。

（一）光学显微镜的使用

(1) 实验时显微镜应放在座前桌面上稍偏左的位置，镜座应距桌沿 6~7cm 左右。

(2) 打开光源开关，调节光强到合适大小。

(3) 转动物镜转换器，使低倍镜头正对载物台上的通光孔。镜头调节至距载物台 1~2cm 处，接着调节聚光器的高度，把孔径光阑调至最大，使光线通过聚光器入射到镜筒内，这时视野内呈明亮的状态。

(4) 将玻片放置载物台上，使玻片中被观察的部分位于通光孔的正中央，并用标本夹夹好载玻片。

(5) 先用低倍镜观察（物镜 10×、目镜 10×）。观察之前，先调节粗动调焦手轮，使载物台上升，物镜逐渐接近玻片。然后，注视目镜内，并调节微动调焦手轮，使载物台慢慢下降，直至清晰看到玻片中材料的放大物像。

(6) 更换视野可通过调节载物台移动手柄。玻片移动方向与物像移动方向正好相反。

(7) 如果进一步使用高倍物镜观察，应在转换高倍物镜之前，把物像中需要放大观察的部分移至视野中央，换高倍物镜应可以见到物像，但物像不一定很清晰，可以转动微动调焦手轮进行调节。

(8) 观察完毕，应先将物镜镜头从通光孔处移开，然后将孔径光阑调至最大，再将载物台缓缓落下，并严格检查显微镜零件有无损伤或污染，检查处理完毕后即可装箱。

（二）光学显微镜的维护

(1) 使用显微镜时严格执行使用规程。

(2) 注意工作电压的波动范围，一般不得超过 ±10%，不要短时间频繁开关电源。

(3) 取送显微镜时一定要一手握住弯臂，另一手托住底座，做到轻拿轻放。

(4) 观察时，不能随便移动显微镜的位置。

(5) 凡是显微镜的光学部分，只能用擦镜纸擦拭，不要用其他物品擦拭，以免磨损镜头。

(6) 保持显微镜的干燥、清洁，避免灰尘、水及化学试剂的玷污，光学表面不可用手触摸以免污染，决不可把标本长时间留放在载物台上，特别是有挥发性物质时更应注意。

(7) 转换物镜镜头时，不要搬动物镜镜头，只能转动转换器。

(8) 切勿随意转动调焦手轮。使用微动调焦旋钮时，用力要轻，转动要慢，转不动时不要硬转。

(9) 不得任意拆卸显微镜上的零件，严禁随意拆卸物镜镜头，以免损伤转换器螺口，或导致螺口松动。

(10) 使用高倍物镜时，勿用粗动调焦手轮调节焦距，以免移动距离过大，损伤物镜和玻片。

(11) 用毕送还前，必须检查物镜镜头上是否沾有水或试剂，如有则要擦拭干净，并且要把载物台擦拭干净，然后将显微镜放入箱内，并注意锁箱。

(12) 暂时不用的显微镜要定期检查和维护。

由于显微镜种类、型号繁多，在使用中应该认真阅读仪器说明书，结合自己的工作经验具体明确使用细则及维护方法，并严格实施。

（三）光学显微镜的常见故障及排除

光学显微镜的常见故障主要为光学故障和机械故障两种。

1. 常见光学故障及排除

(1) 镜头成像质量降低：主要是由于镜片损坏或者镜片表面污染所致。对于污染的镜头可以用干净的毛笔清扫或者用擦镜纸擦拭干净，若是镜头生霉，则可用相应的试剂进行清

理。对于镜片损坏的需更换。

(2) 视场中的光线不均匀:检查物镜、目镜、聚光镜等光学表面是否受污染或受损,检测物镜是否在光路中,光阑是否聚中,是否太小。

(3) 双像不重合:由于振动造成双目棱镜位置移动所致,需重新调整。

(4) 双目显微镜中双眼视场不匹配:主要是瞳孔间距、补偿目镜管长没有调整好,或者是误用不匹配的目镜。

2. 常见机械故障及排除

(1) 粗调的自动下滑:对于下滑较轻的情况,双手各握紧一粗调焦旋钮,左手紧握不动,右手握紧粗调焦旋钮沿顺时针转动,即可制止下滑。

(2) 升降时手轮梗跳:主要是由于齿轮和齿条处于不正常工作状态或者齿轮变形引起,一般只能更换新件组合。

(3) 微调装置故障:微调双向失灵,主要是齿轮调整过位脱落造成。排除方法是将整个微动机构组件拆下,更换新的限位螺钉,再将齿轮放回位置,并调整好装回原处。

第二节 实验室常用移液器

移液器又称加样枪、移液枪和微量加样枪(器)。20世纪80年代以前,经常使用的移液工具为各种样式的吸管,随着仪器的现代化和自动化,目前更多使用的是准确、方便和性能优良的半自动和自动化的移液器。移液器的移液体积范围为0.1μl~10ml,是各种临床检验实验室基本的工具,熟练掌握移液器的操作是进行临床检验各种实验的前提(可用于生化、微生物、免疫及血液学等检验项目)。

一、移液器的工作原理

移液器的工作原理

移液器的基本工作原理是依据胡克定律:在一定限度内弹簧伸展的长度与弹力成正比,也就是移液器的吸液体积与移液器的弹簧伸展的长度成正比。移液器内活塞通过弹簧的伸缩运动来实现吸液和放液。在活塞推动下,排出部分空气,利用大气压吸入液体,再由活塞推动排出液体。使用移液器时,配合弹簧的伸缩性特点来操作,可以很好地控制移液的速度和力度。

知识链接

胡克定律

胡克定律,曾译为虎克定律,由R. 胡克于1678年提出,是力学弹性理论中的一条基本定律,表述为:固体材料受力之后,材料中的应力与应变(单位变形量)之间成线性关系。满足胡克定律的材料称为线弹性或胡克型(英文Hookean)材料。

二、移液器的结构、性能与使用

(一) 移液器的结构

移液器是一种量出式量器,移液量多少由一个配合良好的活塞在活塞套内移动的距离

来确定。移液器的基本结构主要由显示窗、容量调节部件、活塞、O-形环、吸引管和吸液嘴(俗称枪头)等部分组成(图2-8)。

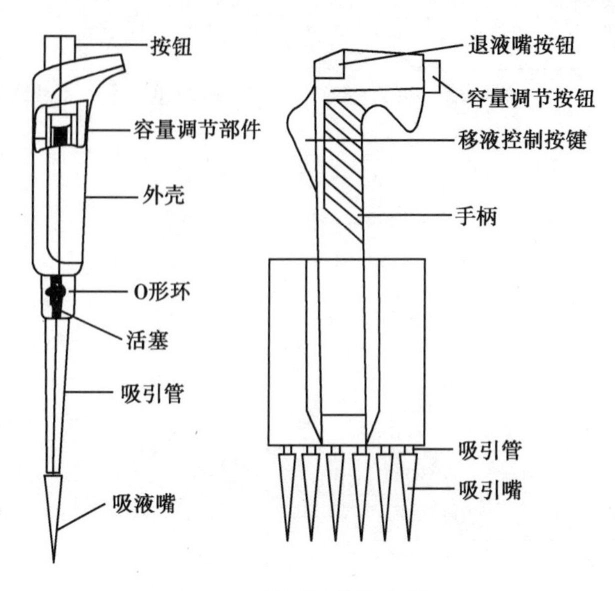

图2-8 移液器结构示意图

(二)移液器的性能要求

移液量能否按照实验的要求精确量取,直接关系到检测结果的准确性和可靠性。因此,移液器的性能要求显得尤为重要。按照《中华人民共和国国家计量检定规程—移液器 JJG 646-2006》的要求如下:

1. 计量性能要求 移液器在标准温度20℃时,其容量允许误差和测量重复性应符合规定(表2-1)。

表2-1 移液器容量允许误差与测量重复性

标称容量(μl)	检定点(μl)	容量允许误差/±(%)	重复性/≤(%)
1	0.1	20.0	10.0
	0.5	20.0	10.0
	1	12.0	6.0
2	0.2	20.0	10.0
	1	12.0	6.0
	2	12.0	6.0
5	0.5	20.0	10.0
	1	12.0	6.0
	5	8.0	4.0
10	1	12.0	6.0
	5	8.0	4.0
	10	8.0	4.0
20	2	12.0	6.0
	10	8.0	4.0
	20	4.0	2.0
25	2	12.0	6.0
	10	8.0	4.0
	25	4.0	2.0
40	5	8.0	4.0
	20	4.0	2.0
	40	3.0	1.5
50	5	8.0	4.0
	25	4.0	2.0
	50	3.0	1.5

续表

标称容量(μl)	检定点(μl)	容量允许误差/±(%)	重复性/≤(%)
100	10	8.0	4.0
	50	3.0	1.5
	100	2.0	1.0
200	20	4.0	2.0
	100	2.0	1.0
	200	1.5	1.0
250	25	4.0	2.0
	125	2.0	1.0
	250	1.5	1.0
300	50	3.0	1.5
	150	2.0	1.0
	300	1.5	1.0
1000	100	2.0	1.0
	500	1.0	0.5
	1000	1.0	0.5
2500	250	1.5	1.0
	1250	1.0	0.5
	2500	0.5	0.2
5000	500	1.0	0.5
	2500	0.5	0.2
	5000	0.6	0.2
10 000	1000	1.0	0.5
	5000	0.6	0.2
	10 000	0.6	0.2

2. 通用技术要求

(1) 外观要求:①移液器上应标有产品名称、制造厂名称或商标、标称容量(μl 或 ml)、型号规格和出厂编号;②移液器外壳塑料表面应平整、光滑,不得有明显的缩痕、废边、裂纹、气泡和变形等现象。金属表面镀层应无脱落、锈蚀和起层。

(2) 按钮:按钮上下移动灵活、分挡界限明显,在正确使用情况下不得有卡住现象。

(3) 调节器:可调移液器的容量调节指示部分在可调节范围内转动要灵活,数字指示要清晰、完整。

(4) 吸液嘴:①移液嘴应采用聚丙烯或性能相似的材料制成,内壁应光洁、平滑,排液后不允许有明显的液体遗留;②吸液嘴不得有明显的弯曲现象;③不同规格型号的移液器应使用相应配套的吸液嘴。

(5) 密合性:在 0.04MPa 的压力下,5s 内不得有漏气现象。

3. 移液器的检测移液器在使用过程中,为保证其精确度,可从以下几个方面检测:

(1) 气密性:①目视法检测:将吸取液体后的移液器垂直静置 15s,观察是否有液滴缓

慢的流出。若有流出，说明有漏气现象；②压力泵检测：使用专用的压力泵，判断是否漏气。

(2) 准确性检测：①量程小于 1μl：建议使用分光光度法检测。将移液器调至目标体积，然后移取已知的标准染料溶液，加入一定体积的蒸馏水中，测定溶液的吸光度(334nm 或 340nm)，重复操作几次，取平均值来判断移液器的准确度。②量程大于 1μl：用称重法检测。通过对水的称重，转换成体积来鉴定移液器的准确性。如需进一步的校准必须在专业的实验室内进行或者由国家计量部门校准。

(三) 移液器的使用

移液器的操作是科学试验和临床实验室检测基本技能，而错误的操作容易产生移液偏差，导致实验和检验结果不准确。以下分几个方面来叙述移液器的使用方法(图 2-9)。

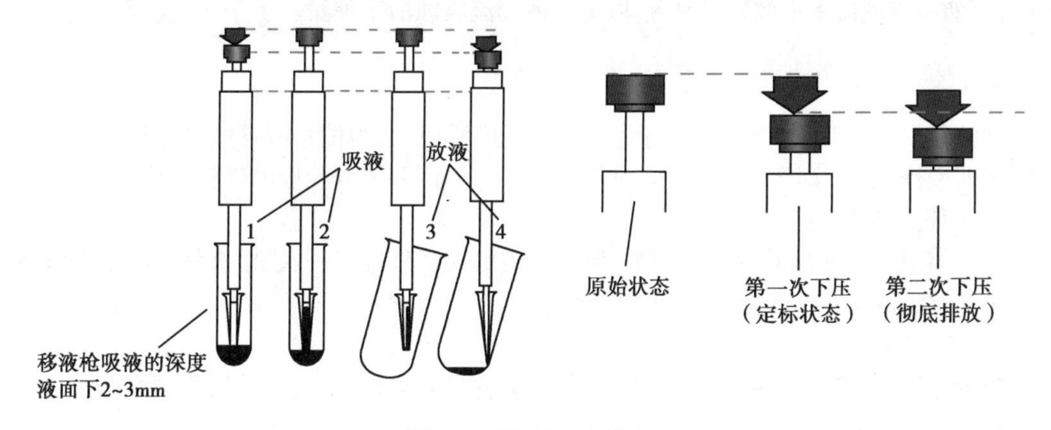

图 2-9 移液器的操作图

1. 选择量程合适的移液器 移液器只能在特定量程范围内准确移取液体，如超出最低或最大量程，会损坏移液器并导致计量不准。

2. 设定容量值

(1) 粗调：通过调节旋钮将容量值迅速调整至接近自己的预想值。

(2) 细调：当容量值接近设定值以后，应将移液器刻度显示窗平行放至自己的眼前，通过调节旋钮慢慢地将容量值调至预想值，从而避免视觉误差所造成的影响。

(3) 设定容量值时的注意事项：在调节量程时，如果要从大体积调为小体积，则按照正常的调节方法，逆时针旋转旋钮即可。但如果要从小体积调为大体积时，则应先顺时针旋转刻度旋钮至超过量程的刻度，再回调至设定体积，这样可以保证量取的最高精确度。在设定容量值的过程中，禁止将按钮旋出量程，否则会卡住内部机械装置而损坏了移液器。

3. 吸液嘴(枪头)的装配 把白套筒顶端插入吸液嘴，在轻轻用力下压的同时，把手中的移液器按逆时针方向旋转至吸液嘴卡紧。切记用力不能过猛，更不能采取剁吸头的方法来进行安装。吸液嘴卡紧的标志是略为超过 O 形环，并可以看到连接部分形成清晰的密封圈。

4. 预洗吸液嘴 在安装了新的吸液嘴或增大了容量值以后，应该把需要转移的液体吸取、排放两到三次，确保移液工作的精度和准度。

5. 吸液 先将四指并拢握住移液器上部，用拇指按住塞杆顶端的按钮，向下按到第一

停点，再将吸头垂直浸入液面2~3mm，缓慢平稳松开按钮，吸上液体，并停留1~2s（粘性大的溶液可加长停留时间）。

6. 移液　缓慢抬起移液器取出吸液嘴，确保吸液嘴外壁无残留液体。可用定性滤纸抹去吸嘴外面可能黏附的液滴。小心勿触及吸液嘴口。

7. 目测　观察吸入的液体体积是否合理。

8. 放液　将吸液嘴贴到容器内壁并保持20°~40°倾斜，平稳地把按钮压到第一停点，停1~2s（粘性大的液体要加长停留时间）后，继续按压到第二停点，排出残余液体。松开按钮，然后将吸液嘴沿着内壁向上移开。

9. 除去吸头　按吸头弹射器除去吸头。吸取不同样本液体时必须更换吸头。

10. 移液器的放置　使用完毕后可以将其垂直挂在移液器架上。当移液器枪头里有液体时，切勿将移液器水平放置或倒置，以免液体倒流腐蚀活塞弹簧。

三、移液器的日常维护与常见故障排除

移液器以操作简单、方便快速等优点得到了广泛应用，为使移液器始终保持最佳性能，必须定期进行维护。对于一些常见的故障应熟悉其原因并采取相应的措施进行处理。

（一）移液器的维护

移液器应根据使用频率进行维护，但至少应每3个月进行一次，检查移液器是否清洁，尤其是注意吸液嘴连件部分，并进行检测和校准。

1. 移液器的清洁

1）外壳的清洁：使用肥皂液、洗洁精或60%的异丙醇来擦洗，然后用双蒸水淋洗，晾干即可；

2）内部的清洗：需要先拆卸移液器下半部分（具体方法可参照说明书），拆卸下来的部件可以用上述溶液来清洁，双蒸水冲洗干净，晾干，然后再活塞表面用棉签涂上薄薄一层起润滑作用的硅酮油脂。

2. 移液器的消毒灭菌处理

1）常规的高温高压灭菌处理：先将移液器内外部件清洁干净，再用灭菌袋、锡纸或牛皮纸等材料包装灭菌部件，121℃ 100kPa 20min，灭菌完毕后，在室温下完全晾干后，活塞涂上一层薄薄的硅酮油脂后组装；

2）紫外线照射灭菌：整支移液器和其零部件可暴露于紫外线照射下，进行表面消毒。

3. 移液器上DNA污染的去除　有些移液器专门配有清除移液器上DNA的清洗液，将移液器下半部分拆卸下来的内外套筒，在95℃下于清洗液中浸泡30min，再用双蒸水将套筒冲洗干净，60℃下烘干或完全晾干，最后在活塞表面涂上硅酮油脂并将部件组装。

（二）不同性质液体移液时的操作特性和保养方法

为确保移液的准确度，建议根据具体使用情况采用相应的清洗及保养方法（表2-2）。通过以下简单的清洁和保养，还可适当地延长移液器使用寿命。

（三）移液器的常见故障处理

移液器的使用频率高，同时可能存在操作人员使用不当，易导致移液器出现故障，因此，操作人员应当熟悉移液器常见故障，并具备排出故障的基本能力（表2-3）。

表 2-2 移液器在不同使用情况下应采取的清洗和保养方法

液体的特性	操作特性	清洗和保养方法
水溶液和缓冲液	用蒸馏水校准移液器	打开移液器，用双蒸水冲洗污染的部分，可以在干燥箱中干燥，温度不超过 60℃。给活塞涂抹少量润滑油
无机酸 / 碱	如果经常移取高浓度的酸 / 碱液，建议偶尔用双蒸水清洗移液器的下半支；并推荐使用带有滤芯的吸嘴	Eppendorf 移液器使用的塑料材料和陶质活塞都是耐酸耐碱材料（除了氢氟酸）。但是，酸液 / 碱液的蒸气可能会进入移液器的下部，影响其性能。清洁方法同“水溶液”部分
具有潜在传染性的液体	为了避免污染，应该使用带有滤芯的吸嘴，或者使用正向置换方法移取	对污染的部分进行 121℃，20 分钟高压灭菌。或者将移液器下部侵入实验室常规的消毒剂中。随后用双蒸水清洗，并用如上所述的方法进行干燥
细胞培养物	为了保证无菌，应使用 Eppendorf 带有滤芯的吸嘴	参照“具有潜在传染性的液体”的清洁方法
有机溶剂	密度与水不同，因此必须调节移液器。由于蒸气压高和湿润行为的变化，应该快速移液 移液结束后，拆开移液器，让液体挥发	通常对于蒸气压高的液体，任其自然挥发的过程就足够了；或者将下部侵入消毒剂中。用双蒸水清洗，并用如上所述的干燥方法将其干燥
放射性溶液	为了避免污染，应该使用带有滤芯的吸嘴，或者使用正向置换方法	拆开移液器，将污染部分侵入复合溶液或专用的清洁溶液，用双蒸水清洗，并用如上所述的干燥方法将其干燥
核酸 / 蛋白质溶液	为了避免污染，应该使用带有滤芯的吸嘴，或者使用正向置换方法	蛋白质：拆开移液器，用去污剂清洗，清洗和干燥方法如上所述 核酸：在氨基乙酸 / 盐酸缓冲液（pH2）中煮沸 10 分钟（确保琼脂糖凝胶电泳检测不到 DNA 残留），用双蒸水清洗干净，并用如上所述的干燥方法将其干燥。同时给活塞涂抹少量润滑剂

表 2-3 移液器的常见故障及其处理方法

故障现象	故障原因	处理方法
吸嘴内有残液	吸液嘴不适配 吸液嘴塑料嘴湿润性不均一 吸液嘴未装好	使用原配吸液嘴 装紧吸液嘴 重装新吸液嘴
漏液或移液量太少	吸液嘴不适配 吸液嘴和连件间有异物 活塞或 O- 形环上硅油不够 O- 形环或活塞未扣好或 O- 形环损坏 操作不当 需要校准或所移液体密度与水差异大 移液器被损坏	使用原配吸液嘴 清洁连件，重装新吸液嘴 涂上硅油 清洁并润滑 O- 形环和活塞或更换 O- 形环 认真按规定操作 根据指导重新校准 维修
按钮卡住或运动不畅	活塞被污染或有气溶胶渗透	清洁并润滑 O- 形环和活塞 清洁吸液嘴连件
移液器堵塞，吸液量太少	液体渗进移液器且已干燥	清洁并润滑活塞和吸液嘴连件
吸液嘴推出器卡住或运动不畅	吸液嘴连件和（或）吸液嘴推出轴被污染	清洁吸液嘴连件和推出轴

第三节 离 心 机

离心机是应用离心沉降原理进行物质的分析和分离的仪器，是分离血清，沉淀有形细胞，浓缩细菌，PCR 试验等医学检验中必不可少的工具（可用于血液学、免疫、微生物、生化等检验项目）。广泛应用于生命科学研究和医学研究领域中。随着分子生物学研究的发展，以及对分离技术要求日益增加的需要，离心机技术也有了很大的发展。在引入了微处理器控制系统后，各种转速级别的离心机已经可以分离纯化目前已知的各种生物体组分（细胞、细胞器、病毒、生物大分子如 DNA、蛋白质等），随着离心方法的深入研究，分离纯化样品可以达到更快、更纯、更多。

一、离心机的工作原理

离心技术是指应用离心沉降进行物质的分析和分离的技术。

（一）离心力和相对离心力

1. 离心力　由于物体旋转而产生脱落旋转中心的力，是物体做圆周运动而产生与向心力的反作用力。当物体所受外力小于运动所需要的向心力时，物体将向远离圆心的方向运动，这种现象称为离心现象，也叫离心运动。离心力（Fc）大小等于物体做圆周加速度 $\omega^2 r$ 与颗粒质量 m 的乘积，即：

$$Fc=m\omega^2 r=m\left(\frac{2\pi N}{60}\right)^2 r=\frac{4\pi^2 N^2 rm}{3600}$$

式中，ω：旋转角速度，N：每分钟转头旋转次数，r：离心半径，m：质量。

2. 相对离心力　指颗粒在离心过程中的离心力是相对颗粒本身所受的重力而言，与离心速度（r/min）和离心半径（r）成正比，单位为重力加速度“g”，即以离心力相当于重力加速度（g）的倍数来衡量。因此在文献中常用“相对离心力”或“数字 $\times g$”表示离心力，例如 $15\,000\times g$，表示相对离心力为 15 000。一般情况下，低速离心时相对离心力常以转速“r/min”来表示，高速离心时则以“g”表示。相对离心力的计算公式为：

$$RCF=1.119\times 10^{-5}\,(\mathrm{r/min})^2 r$$

式中，RCF：相对离心力（g）；r/min：转速；r：离心旋转半径（mm）。

（二）微粒在重力场中和离心力场中的沉降

1. 重力场中的沉降　若要将微粒从液体中分离出来，最简单的方法是将液体静置一段时间，液体中的微粒受到自身重力的作用，较重的微粒下沉与液体分开，这个现象称为重力沉降。微粒在液体介质中的沉降速度与自身的大小、密度、形状等有关，同时将受到介质的浮力、介质阻力及扩散现象的影响。一般来说，悬浮液中的粒径在 10μm 以上的颗粒可在约 2h 内沉降下来。

2. 离心力场中的沉降　当离心机启动时，离心管绕离心转头的轴旋转，做圆周运动。离心管内的样品颗粒将同样运动，颗粒在离心力作用下会沿圆周切线方向飞去，这种颗粒在圆周运动时的切线运动称为离心沉降。颗粒将由离心管顶部移到底部，这与重力场中的由高处落到低处相似。颗粒的沉降与介质的阻力有关，介质的阻力越大，颗粒在离心管中沉降速度越小，沉降的距离也越短。旋转速度越大，颗粒在离心管中沉降越快。

沉降速度：指在强大离心力作用下，单位时间内物质运动的距离。沉降系数为颗粒物质每单位离心力场的沉降速度，用小写斜体 s 表示。并且通常为 $1\text{~}200\times10^{-13}s$ 范围，10^{-13} 这个因子叫做沉降单位 s。沉降系数与样品颗粒的分子量、分子密度、组成、形状等都有关，样品颗粒的质量或密度越大，它表现出的沉降系数也越大。利用沉降系数的差别就可以应用离心技术来进行定性和定量的分析及分离制备。

与重力场相比，离心机在高速旋转时离心力场中加速度可达到数万甚至数十万倍重力加速度，颗粒的沉降也将加快同样的倍数。这样使得许多沉降系数小的颗粒在重力场中不能沉降，在离心机中就可以将其进行分离纯化。

（三）离心机工作原理

离心就是利用离心机转子高速旋转时产生了强大的离心力，加快液体中颗粒的沉降速度，从而把样品中不同沉降系数和浮力密度的物质分离开。颗粒的沉降速度取决于离心机的转速、颗粒的质量、大小和密度。

此外，物质在介质中沉降时还伴随有扩散现象。扩散是无条件的绝对的。扩散与物质的质量成反比，颗粒越小扩散越严重。而沉降是有条件的相对的，沉降与物体质量成正比，颗粒越大沉降越快。对体积较小的微粒（$<1\mu m$）如病毒或蛋白质等，它们在溶液中成胶体或半胶体状态，仅仅利用重力是不可能观察到沉降过程的。因为颗粒越小沉降越慢，而扩散现象则越严重。所以需要利用离心机高速旋转产生强大的离心力，才能迫使这些微粒克服扩散产生沉降运动，从而实现生物大分子的分离。

二、离心机的分类、结构与技术参数

（一）离心机的分类

离心机的种类非常多，目前国际上有三种分类方法即按用途分、按转速分、按结构分。按用途可分为制备型（供分离浓缩，提纯样品）、分析型（用于分析样品中的大分子物质如：蛋白质、核酸、糖类的沉降系数、分子构像等）和制备分析两用型（既能分离浓缩、提纯样品，还可以通过光学系统对样品的沉降过程进行观察、拍照、测量、数字输出、打印自动显示）；按转速分类可分为低速、高速、超速等离心机；按结构可分为台式、多管微量台式、血液洗涤台式、细胞涂片式、高速冷冻台式、大容量低速冷冻式、台式低速自动平衡离心机等。另外国外还有专作连续离心用的三联式（五联式）高速冷冻离心机。

1. 低速离心机　广泛应用于临床医学、生物化学、免疫学、血站等领域，是实验室中用于离心沉淀的常规仪器。主要用作血浆、血清的分离及脑脊液、胸腹水、尿液等有形成分的分离。其最高转速低于 10 000r/min，相对离心力在 $15\,000\times g$ 以内，容量为几十毫升至几升，分离形式是固液沉降分离（图 2-10）。

2. 高速离心机　主要用于临床实验室分子生物学中的 DNA、RNA 的分离和基础实验室对各种生物细胞、无机物溶液、悬浮液及胶体溶液的分离、浓缩、提纯样品等。可进行微生物菌体、细胞碎片、大细胞器、硫酸铵沉淀和免疫沉淀物等的分离纯化工作，但不能有效地沉降病毒、小细胞器（如核蛋白体）或单个分子。转速最高可达 10 000~30 000rpm 以内或相对离心力在 $15\,000\text{~}70\,000\times g$ 以内。容量可达 3L，分离形式是固液沉降分离。为了防止高速离心过程中温度升高而使酶等生物分子变性失活，还装设了冷冻装置，因此又称高速冷冻离心机（图 2-11）。

3. 超速离心机　主要应用于生物科学分子生物学研究领域，可以分离病毒、核酸、蛋

图 2-10 台式低速离心机

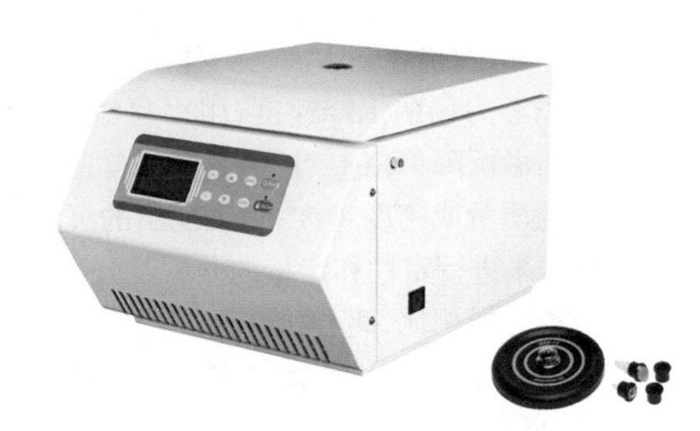

图 2-11 台式高速离心机

白质和多糖等大分子物质。转速最高可达 30 000~80 000r/min，相对离心力最大可达 510 000×g，离心容量由几十毫升至二升，分离的形式是差速沉降分离和密度梯度区带分离，为了防止离心时温度升高，装有冷冻装置（图 2-12）。

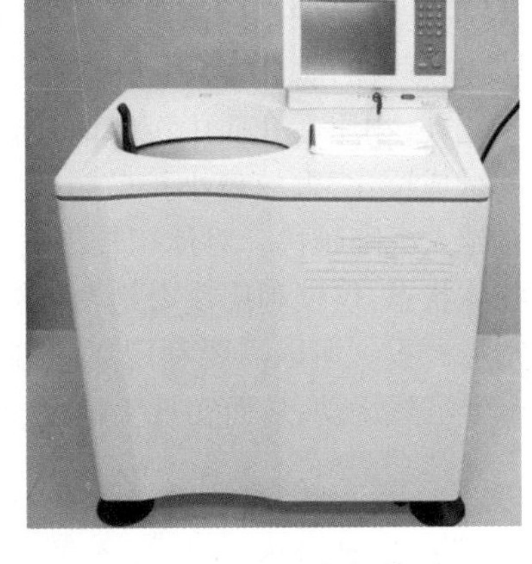

图 2-12 超速离心机

4. 专用离心机 近年来随着科学技术的不断发展，离心机技术突显创新，同时离心技术与临床实验室相接轨，由以往广泛型逐渐走向专业性很强的单一型专用离心机，使离心操作向规范化、标准化、科学化及专业化方向发展。与临床检验有关的专用离心机有尿沉渣分离离心机、免疫血液离心机、细胞涂片离心机、毛细管血液离心机等。

（二）离心机的结构

1. 低速离心机 由电动机、离心转盘（转头）、调速器、定时器、离心套管与底座等主要部件构成。

（1）电动机：是离心机的主体，常见为串激式电动机，包括定子和转子两部分。串激式电动机有很大的启动转矩，轻载时转速高，随着负载的增加转速急剧下降。因此，一般都和负荷联结在一起（如离心机的转盘）。使用时如无特殊需要，不要将离心机的转盘卸掉。

（2）离心转盘（转头）：常用铸铝制成，呈平顶锥形，固定在电动机上端的转轴上。转盘上有 6~12 个对称的 45° 角的斜孔，以放离心管。转盘外面装有平顶锥形的金属外罩，以保安全。

（3）调速装置：调速装置有多种，如多抽头变阻器、瓷盘可变电阻器和改变炭刷位置等形式。前两种是在电源与电动机之间串联一只多抽头扼流圈或瓷盘可变电阻器，改变电动机的电流和电压，通过手柄或旋钮调节，达到控制电动机转速的目的。

（4）离心套管：主要用塑料和不锈钢两种材质制成。塑料离心管透明（或半透明），硬度小，但易变形，抗有机溶剂腐蚀性差，使用寿命短；不锈钢离心管强度大，不变形，能抗热，抗冻，抗化学腐蚀。

2. 高速、超速（冷冻）离心机 通常有转动装置、速度控制系统、温度控制系统、真空系统、离心室、离心转头及安全保护装置等。由于转速高，带有低温控制装置，控制转头与空气摩擦产生热量。

(1) 转动装置:其转动装置主要由电动机、转头轴以及它们之间连接的部分构成。

(2) 速度控制系统:由标准电压、速度调节器、电流调节器、功率放大器、电动机、速度传感器六部分构成。

(3) 真空系统:超速离心机由于其转速很高,当在空气中转速超过 40 000r/min 时,空气的摩擦生热就会产生严重后果。因此,超速离心机都配有真空系统,将离心腔密封并抽成真空,以克服空气的摩擦生热,保证离心机达到正常所需要的转速。对于高速离心机,在其正常转速下(15 000~20 000r/min)与空气摩擦生热少,故不需设置真空系统。

(4) 温度控制系统和制冷系统:温度控制是在转头室装置一热电偶,可监测转头室的温度。制冷压缩机采用全封闭式,由压缩机、冷凝器、毛细管和蒸发器四个部分组成。通常采用水冷却系统,以降低噪音。用接触式热敏电阻作为感温元件的控温仪,在测量仪表上可选择温度和读出其温度控制值。

(5) 离心室:常用 2mm 厚的不锈钢板制成圆筒形,外围有一高强度的无缝钢管保护圈,上部装有机盖(装甲钢板),组成一个可以密封的离心室。

(6) 离心转头:离心转头是高速、超速离心机的主要部件之一,由于转速很高,相对离心力场则很大,离心转头需用高强度的铝合金、钛合金及超硬铝制成。生产出的转子在使用前需进行一系列的超速试验,满速爆炸试验及寿命试验,以确保使用时安全可靠。

(7) 安全保护装置:通常包括主电源过电流保护装置、驱动回路超速保护、冷冻机超负荷保护和操作安全保护四个部分。

(三) 离心机的主要技术参数

1. 工作电源　一般指离心机电极工作所需的电源,如“交流 220V、50Hz”。
2. 整机功率　通常指离心机电机的额定功率,如“250W”。
3. 最高转速　离心转头可达到的最高转速(单位是 r/min),如“18 000r/min”。
4. 最大离心力　离心机可产生的最大相对离心力 RCF(单位是 g),如“21 000 × g”。
5. 转速范围　离心机转头转速可调节的范围,如“1000~18 000r/min”。
6. 离心容量　离心机一次可分离样品的最大体积,为可容纳最多离心管数与一个离心管可容纳分离样品的最大体积(单位 ml),如“12 × 1.5ml”。
7. 温度控制范围　离心机工作时离心室内可调节的温度范围;如“-20℃ ~ 室温”。

有些离心机还会标明一些其他技术参数:如标准工作噪声、尺寸、重量等参数。

三、常用的离心方法

根据分离样品不同可选择不同的离心方法,离心方法可分为制备离心法和分析离心法。本节主要介绍常用的制备离心法,制备离心法包括差速离心法和密度梯度离心法;其中密度梯度法又可分为速率区带离心法和等密度区带离心法。

(一) 差速离心法

又称为分布离心法,根据被分离物质的沉降速度不同,采用不同离心速度与时间,使不同沉降系数的颗粒分批分离的方法称差速离心法;该方法主要用于分离大小和密度差异较大的颗粒。其原理是采用逐渐增加离心速度或低速和高速交替进行离心,使沉降速度不同的颗粒在不同的分离速度及不同的离心时间下分批分离(图 2-13)。当以一定离心力在一定的离心时间内进行离心时,在离心管底部就会得到最大和最重颗粒的沉淀,分出的上清液在更高转速下再进行离心,又得到第二部分较大、较重颗粒的“沉淀”及含小和轻颗粒“上清

液”，如此，多次离心处理，即能把液体中的不同颗粒较好分开。从在临床检验中常用于组织匀浆中分离细胞和病毒，对血清和血浆标本的分离以及尿液中有形成分的分离。

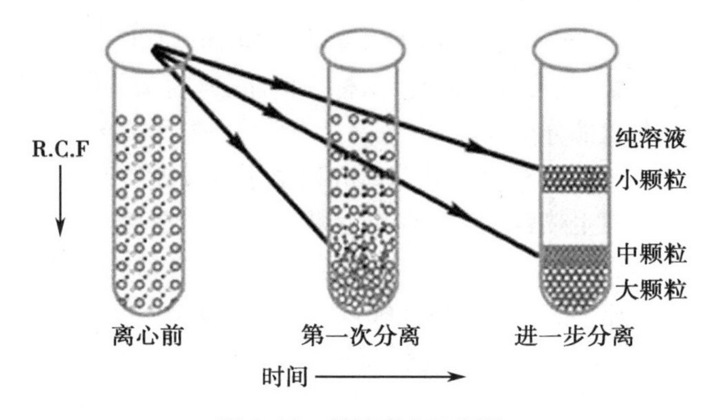

图 2-13 差速离心示意图

差速离心法的优点是：操作简单，离心后用倾倒法即可将上清液与沉淀分开，样品处理量大分离时间短、重复性高。缺点是：分辨率有限、分离效果差，沉降系数在同一个数量级内的各种粒子不容易分开，不能一次得到纯颗粒。

（二）密度梯度法

又称为区带离心法，该方法主要用于沉降速度差别不大的颗粒，是样品在一定惰性梯度介质中进行离心沉淀或沉降平衡，在一定离心力下把颗粒分配到梯度液中某些特定位置上，形成不同区带的分离方法。按照离心分离原理，密度梯度离心又可分为速率区带离心法和等密度区带离心法。下面将分别给予介绍：

1. 速率区带离心法 根据分离的粒子在离心力作用下，粒子具有不同的体积大小和沉降系数，因其在梯度液中沉降速度的不同，离心后具有不同沉降速度的粒子处于不同的密度梯度层内，形成几条分开的样品区带，达到彼此分离的目的。目前常用的梯度液有 Ficoll、Perco Ⅱ及蔗糖，梯度液底部浓度大，顶部浓度小，形成一个连续的浓度梯度分布；将梯度液加入离心管中，把混合样品平铺在梯度液的顶部，选择合适的转速和时间进行离心。离心结束后，样品中的不同组分将在梯度液中不同位置形成各自的区带（图 2-14），然后将区带取出。此法的关键是离心时间的选择，离心时间控制在完全沉淀前。在临床实验室常用于静脉血中单个核细胞的分离。

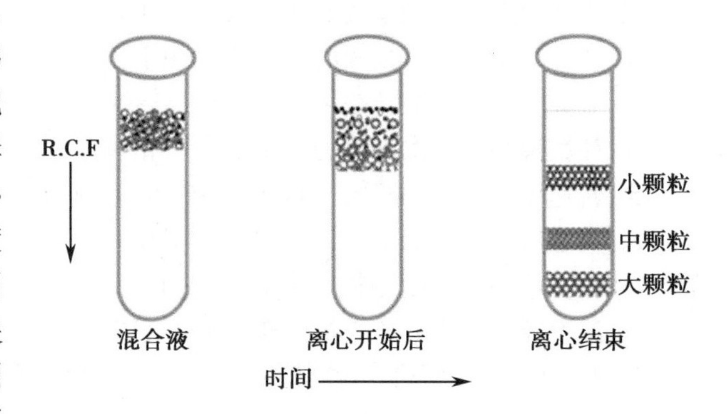

图 2-14 速率区带离心示意图

速率区带离心法的优点：一次性分离纯化、分辨力高、样品纯度和回收率高。缺点：处理样品量小，操作难控制。

2. 等密度区带离心法 需要在离心前预先制备密度梯度液，包括被分离样品中所有粒子的密度，当不同颗粒存在浮力密度差时，在离心力场下，颗粒或向下沉降，或向上浮起，一直沿梯度移动到它们密度恰好相等的位置上（即等密度点）形成区带。实验前准备一个密度梯度液柱，液柱上方密度较小，下方密度较大，将样品液均匀地加在液柱上方。离心时样品颗粒密度大于梯度液密度，颗粒将下沉，反而，颗粒将上浮；总之各种颗粒将按其密度大小不同而移至与它本身密度相同的地方形成区带（图 2-15）。离心结束后，分别收集各个区带即可得到各个组分。该法主要用于科研及实验室特殊方面样品的分离和纯化，如线粒体环状 DNA 及开环 DNA 的分离。

等密度区带离心法的优点：按照样品的密度进行分离；缺点：平衡所需时间长。

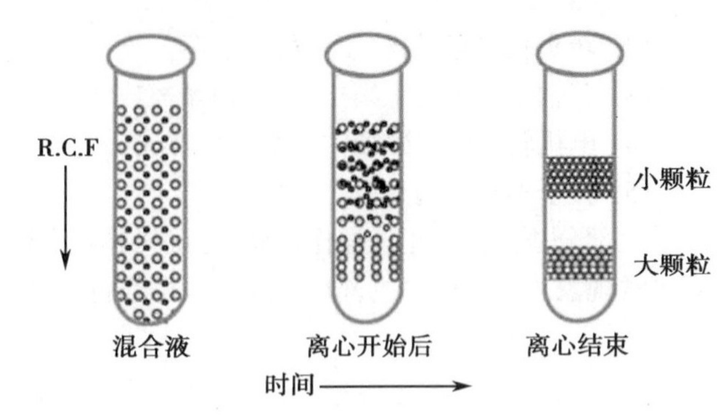

图 2-15 等密度区带离心示意图

四、离心机的使用、维护与常见故障排除

（一）离心机的使用和维护

各类离心机因其转速高，产生的离心力大，使用不当或缺乏定期的检修和保养都可能发生严重事故，因此使用离心机时都必须严格遵守操作规程。

(1) 离心机必须安放在坚固的台面，应水平放置，底座橡皮四脚要紧贴台面，防止工作时发生振动，并有防尘、防潮设备。

(2) 离心机严禁不加转头空转，如空转会导致离心转轴弯曲，离心机运转前必需确认转头放稳且已夹紧，转头盖必需放且放稳。

(3) 使用离心机时，须事先平衡离心管和其样品溶液，应对称放置，重量误差越小越好。

(4) 装载溶液时，使用开口离心机时不能装得过多，以防离心时甩出，造成转头不平衡、生锈或被腐蚀。

(5) 离心过程中应随时观察离心机上的仪表是否正常工作，如有异常的声音应立即停机检查，及时排除故障。未找出原因前不得继续运转。

(6) 转头是离心机中需重点保护的部件，每次使用前要严格检查孔内是否有异物和污垢，以保持平衡；每次使用后，应清洗、消毒、擦干、干燥保存。转头应有使用档案，记录累积的使用时间，若超过了该转头的最高使用时限，则需按规定降速使用。

(7) 不要使用过期、老化、有裂纹或已腐蚀的离心管，控制塑料离心管的使用次数，注意规格配套。

(8) 三个月应对主机校正一次水平度，每使用 5 亿转处理真空泵油一次，每使用 1500h 左右，应清洗驱动部位轴承并加上高速润滑油脂，转轴与转头接合部应经常涂脂防锈，长期不用时应涂防锈油加油纸包扎，平时不用时，应每月低速开机 1~2 次，每次 0.5h，保证各部位的正常运转。

（二）离心机常见故障及排除方法

1. 电机不转

(1) 主电源指示灯亮而电机不能启动：检查波段开关、瓷盘变阻器是否损坏或其连接线是否断脱；检查磁场线圈的连接线是否断脱或线圈内部短路。

(2) 主电源指示灯不亮检查保险丝是否熔断，电源线、插头插座是否接触良好。

(3) 检查真空泵表及油压指示值。

2. 转头的损坏　转头可因金属疲劳、超速、过应力、化学腐蚀、选择不当、使用中转头不平衡及温度失控等原因而导致离心管破裂，样品渗漏转头损坏。电动机有上下轴承，应定期(半年或一年)加润滑油。

3. 机体震动剧烈、响声异常

(1) 离心管重量不平衡，放置不对称。

(2) 转头孔内有异物,使负荷不平衡。

(3) 转轴上端固定螺帽松动,转轴摩擦或弯曲。

(4) 电机转子不在磁场中心会产生噪音。

(5) 转子本身损伤。

大部分故障为不正确操作所致,正确操作可消除不正常现象。在工作过程中,如出现任何异常现象均应立即停机,检查原因,不得强行运转,以免产生不必要的损失。

第四节 电热恒温水浴箱

电热恒温水浴箱(图 2-16),可用于水浴恒温加热和其他温度实验,是实验室及教育科研必备工具。水浴箱使用温度范围为室温 ~99.9℃。

图 2-16 电热恒温水浴箱

一、电热恒温水浴箱的工作原理

电热恒温水浴箱用电热管加热,通过水传导热量,通过温度感应装置的控制水温,当水的温度值低于温度下限预设值时,控制电路自动接通电源,启动电热管重新加热,当水介质的温度值达到温度上限预设值时,控制电路自动切断电源,电热管停止加热。如此反复循环工作,使水温值始终处在恒定状态,从而满足使用所需的温度要求。

二、电热恒温水浴箱的结构

电热恒温水浴箱由箱体、内胆、上盖、搁板、电热管、自动温控装置组成。内胆、上盖内衬材料通常为不锈钢板,搁板材料为 LY2 铝板,箱体表面环氧粉末静电喷塑,工作室与外壳间均匀充填绝热材料,外壳温度不大于 25℃。以电为能源,以水为介质,用电热管加热。自动温控装置通常采用差动棒式或接点水银温度计式的温度控制器,或者用热敏电阻作为传感器元件的温度控制器。

三、电热恒温水浴箱的使用方法

(1) 通电前,先检查水浴箱的电器性能,并应注意是否有断路或漏电现象。

(2) 向工作室内加水,加水量应在搁板 30mm 以上,在放入试验器皿后距上口 50mm 以下。

(3) 接通电源,将电源开关置于“ON”端,将温度“设定 — 测量”开关拨向“测量”端,绿灯亮,电源正常加热,然后按所需温度转动温度设定旋钮,进行温度的设定,此时“LED”显示设定的温度值,当设定温度高于水槽水温时仪器开始加热。绿灯亮,加热器开始加热,红灯亮时加热器停止加热,红绿灯交替跳动表示进入恒温状态。若需改变温度,随时旋转设定旋钮,使用时,“LED”显示的温度,就是实际所需温度。

(4) 达到设定温度值且确认控制仪读数处在相对稳定(恒温)状态后方可使用。

(5) 在使用过程中,必须注意经常检查水位,水位应保持在搁板 30mm 以上。

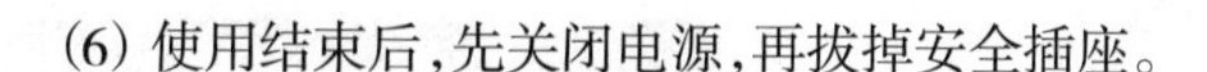

(6) 使用结束后，先关闭电源，再拔掉安全插座。

四、电热恒温水浴箱维护与常见故障排除

1. 电热恒温水浴箱的维护及注意事项

(1) 使用前检查电源，要有良好地线，保养或检修时，必须拔掉电源插头。

(2) 供电电源须与产品使用电源要求相一致，电源插座采用单项三线，且承受电流大于或等于加热回路电流要求的安全插座。

(3) 使用时一定要先加水，后通电。在使用过程中，必须注意经常检查水位，水位应保持在搁板 30mm 以上；必须可靠接地，水不可溢入控制箱内。

(4) 使用时操作者不可长时间远离。工作结束后或遇到停电时，操作者必须关闭电源开关。

(5) 每次使用结束后，将水浴锅的水放干净，用毛刷将水浴锅内的粗杂物轻刷掉，并清出锅内。用细软布将水浴锅内外表面擦净，再用清洁布擦干。

(6) 使用频繁或长时间处在高温使用，应每隔三个月由电工人员检查一次电路连线有无老化现象，如连线老化应及时更换。

(7) 为保证水浴箱温度的准确性必须每日使用温度计测量水浴箱内水温，并做好日温度记录。定期校准水浴箱温度。

2. 电热恒温水浴箱常见故障现象及排除方法

电热恒温水浴箱常见故障现象有不升温或连续升温，失控，排除方法见表 2-4。

表 2-4 电热恒温水浴箱常见故障及排除方法

常见故障现象	可能产生的原因	排除方法
不升温	外接电源插座无电	引进外接电源
	熔断管断路	检查电路，更换熔断管
	电源开关断路	更换电源开关
	电热管断路	更换电热管
	传感器断路	检查，更换传感器
连续升温，失控	传感器短路	更换传感器
	温度调节仪中的继电器触脚粘连	检查，更换继电器

第五节 高压蒸汽灭菌器

高压蒸汽灭菌器（图 2-17）用途广，效率高，是临床检验中比较常用的灭菌设备（可用于各种检验项目器皿的灭菌等）。

一、高压蒸汽灭菌器的工作原理

使用高压蒸气灭菌器，利用加热产生蒸气，随着蒸气压力不断增加，温度随之升高，通常压力在 103.4kPa（相当旧制的 15 磅 / 吋^2 或 1.05kg/cm^2）时，器内温度可达 121.3℃，维持 15~30min，可杀灭包括芽胞在内的所有微生物。此法常用于一般培养基、生理盐水、手术器械及敷料等耐湿和耐高温物品的灭菌。

二、高压蒸汽灭菌器的结构

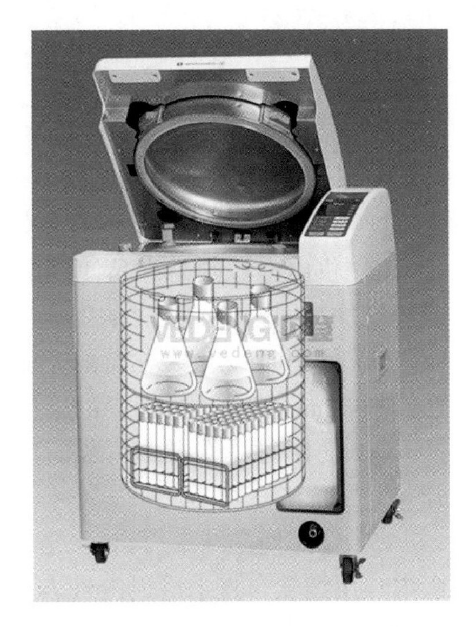
图 2-17 高压蒸汽灭菌器

高压蒸汽灭菌器的分类，按照样式大小分为手提式高压灭菌器、立式压力蒸汽灭菌器、卧式高压蒸汽灭菌器等。主要由一个可以密封的桶体，压力表，排气阀，安全阀，电热丝等组成。

采用微电脑智能化全自动控制，主要控制项目有：①控制灭菌压力，温度，时间；②超温自动保护置：超过设定温度，自动切断加热电源；③门安全连锁装置：内腔有压力，门盖无法打开；④低水位报警：缺水时能自动切断电源，声光报警，进口断水检测装置；⑤漏电保护：配置漏电保护装置；⑥温度动态数字显示，灭菌结束发出结束信号；⑦升温、灭菌、排汽、干燥过程自动控制，无须人工监管。

三、高压蒸汽灭菌器的使用

（一）高压蒸汽灭菌锅的使用方法

(1) 在外层锅内加适量的水，使水面与三角搁架相平为宜，将需要灭菌的物品放入内层锅，盖好锅盖并对称地扭紧螺旋。

(2) 加热使锅内产生蒸气，当压力表指针达到 0.5 个大气压时，打开排气阀，将冷空气排出，此时压力表指针下降，当指针下降至零时，即将排气阀关好。

(3) 继续加热，锅内蒸气增加，压力表指针又上升，当锅内压力增加到所需压力（121℃）时，将火力减小，按所灭菌物品的特点，使蒸气压力维持所需压力一定时间（15~20min），然后将灭菌器断电，让其自然冷后再慢慢打开排气阀以排除余气，然后才能开盖取物。

（二）高压蒸汽灭菌器使用注意事项

(1) 待灭菌的物品放置不宜过紧。

(2) 必须将冷空气充分排除，否则锅内温度达不到规定温度，影响灭菌效果。

(3) 灭菌完毕后，不可放气减压，否则瓶内液体会剧烈沸腾，冲掉瓶塞而外溢甚至导致容器爆裂。须待灭菌器内压力降至与大气压相等后才可开盖。

> **考点提示**
> 高压蒸汽灭菌器的使用注意事项

四、高压蒸汽灭菌器维护与常见故障排除

(1) 每天进行灭菌器门、仪表的表面擦拭，灭菌间地面清洁至少一次。

(2) 每天清理灭菌器内排泄口处滤网的杂质，避免灭菌器运行中杂质进入排气管。

(3) 每天运行前检查灭菌器门封是否平整、完好，无脱出和破损。

(4) 每天应检查仪表指针的准确度，观察灭菌器运行停止后，温度仪表、压力仪表指针是否归在“0”位；观察蒸汽、水等介质管路和阀件有无泄漏；观察灭菌器运行指示灯是否完好；一旦发现以上部件出现问题，不应使用灭菌器，经维护修理后使用。

(5) 每周进行灭菌器内的清洁擦拭，彻底擦拭清理。

(6) 每季度进行灭菌设备外部的清洁，避免积尘，缩短空气滤器的使用寿命。应避免元器件与水接触，一旦湿水应擦干后方可接通电源。

(7) 每季度检查各连线的插座、接头是否松动，松动的应插紧。

(8) 每6个月清理安全阀表面。

(9) 每周检查清理蒸汽管路过滤器一次，记录结果。

(10) 每年灭菌器进行年检一次，安全阀、压力表、温度表每年效验至少一次，检查结果记录并留存。空气过滤器应定期更换。

第六节　电热干燥箱

一、电热干燥箱的结构、工作原理

电热干燥箱也称烘箱、干燥箱(图2-18)，可供各种试样进行烘焙、干燥、热处理及其它加热，干燥箱的使用温度范围一般为50~250℃，最高工作温度为300℃。电热恒温干燥箱的种类繁多，按是否有鼓风设备，产品分为电热恒温干燥箱和电热鼓风恒温干燥箱，常用鼓风式电热以加速升温。现以电热鼓风恒温干燥箱为例予以介绍。

图2-18　电热恒温干燥箱

(一) 电热干燥箱的结构

电热干燥箱通常由型钢薄板构成，箱体内有一供放置试品和工作室，工作室内有试品搁板，试品可置于其上进行干燥，工作室内与箱体外壳有相当厚度的保温层，中以硅棉或珍珠岩作保温材料。箱门间有一玻璃门或观察口，以供观察工作室之情况。箱顶有排气孔，便于热空气和蒸汽逸出，箱底有进气孔。箱门为双层结构，内层为耐高温材质，外门为有绝热层的金属隔热门。加热部分多为电热丝，采用管状电热元件加热，接触器调节功率，控制温度。箱内装有鼓风机，工作室内空气借鼓风机促成机械对流。开启排气阀门可使工作室内之空气得以更换，获得干燥效果，温度用仪表进行自动控温，控温仪、继电器及全部电气控制设备均装于箱侧控制层内，控制层有侧门可以卸下，以备检察或修理线路时用。自动温控装置通常采用差动棒式或接点水银温度计式的温度控制器，或者用热敏电阻作为传感器元件的温度控制器。

(二) 电热干燥箱的工作原理

电热干燥箱的电热元件加热，其加热室旁侧装有离心风机，工作时将加热室中热空气鼓入左旁侧风道，然后进入工作室，经过热交换后，从右旁侧风道回到加热室，构成一个循环使箱体内温度均匀，温度控制器使干燥箱温度处于恒温状态。干燥箱的高温热源将热量传递给湿物料，使物料表面水分汽化并逸散到外部空间，从而在物料表面和内部出现湿含量的差别。内部水分向表面扩散并汽化，使物料湿含量不断降低，逐步完成物料整体的干燥。

二、电热干燥箱的使用方法

考点提示

电热干燥箱的使用方法

⑴ 通电前，先检查干燥箱的电器性能，并应注意是否有断路或漏电现象，待一切准备就绪，可放入试品，关上箱门，旋开排气阀，设定所需要的温度值。

⑵ 打开电源开关，烘箱开始加热，随着干燥箱温度的上升，温度指示测量温度值。当达到设定值时，烘箱停止加热，温度逐渐下降；当降到设定值时，烘箱又开始加热，箱内升温，周而复始，可使温度保持在设定值附近。

⑶ 物品放置箱内不宜过挤，以便冷热空气对流，不受阻塞，以保持箱内温度均匀。

⑷ 观察试样时可开启箱门观察，但箱门不宜常开，以免影响恒温。

⑸ 试样烘干后，应将设定温度调回室温，再关闭电源。

三、电热干燥箱的维护

⑴ 使用前检查电源，要有良好地线，检修时应切断电源。

⑵ 干燥箱无防爆设备，切勿将易燃物品及挥发性物品放箱内加热。箱体附近不可放置易燃物品。箱内应保持清洁，搁架不得有锈，否则影响玻璃器皿洁度。

⑶ 使用时应定时监看，以免温度升降影响使用效果或发生事故。鼓风机的电动机轴承应该每半年加油一次。

⑷ 切勿拧动箱内感温器，放物品时也要避免碰撞感温器，否则温度不稳定。

本章小结

光学显微镜是利用光学原理提供物质微细结构信息的光学仪器。包括光学系统和机械系统两大部分。临床常用有双目显微镜、荧光显微镜、倒置显微镜、相衬显微镜、暗视场显微镜及其他类型光学显微镜。日常使用显微镜时应该先认真阅读仪器说明书，结合自己的工作经验具体明确使用细则及维护方法，并严格实施。

移液器是各种实验室基本的加样工具，其基本工作原理是通过弹簧的伸缩运动带动活塞来实现吸液和放液。移液器能否精确量取，直接关系到检测结果的准确性和可靠性。移液器应根据使用频率进行维护和校准。

离心机就是利用离心机转子高速旋转产生的强大的离心力，使样品中具有不同沉降系数和浮力密度的物质分离。按其结构性能分为低速、高速、超速等类型离心机。随着离心方法的不断改进，离心机的类型也越来越新颖。

电热恒温水浴箱可用于水浴恒温加热和其他温度实验。使用时请严格按操作规程进行，同时做好仪器的维护与保养。

高压蒸气灭菌器是利用加热产生蒸气，随着蒸气压力和温度不断升高，从而杀灭包括芽胞在内的所有微生物。常用于一般培养基、生理盐水、手术器械及敷料等耐湿和耐高温物品的灭菌。

电热干燥箱可以对各种试样进行烘焙、干燥及其它热处理，仪器性能稳定，控温精度高，密封效果好。

目标测试

一、名词解释

1. 物镜
2. 目镜
3. 离心技术
4. 离心力

二、简答题

1. 试述普通光学显微镜的基本结构。
2. 简述常用显微镜的种类。
3. 简述移液器的基本工作原理。
4. 简述离心机的种类及结构。
5. 高压蒸汽灭菌器的使用注意事项。
6. 电热干燥箱的使用方法。

（邵　林）

第三章　光谱分析相关仪器

学习目标

1. 掌握：朗伯-比尔定律的意义及应用范围，紫外-可见分光光度计的基本结构和功能。
2. 熟悉：紫外-可见分光光度计的常见故障与处理。
3. 了解：荧光分析和原子吸收分光光度计的基本原理及其基本结构。

光谱分析仪器作为临床实验室主要的检测仪器具有结构简单、操作方便、灵敏度高、准确度好等优点，在医学检验、预防医学、卫生检验、药物分析等方面已被广泛使用。

第一节　光谱分析技术概述

光谱分析法是基于物质发射的电磁辐射，或者物质与电磁辐射作用后产生的辐射信号以及信号变化进行定性和定量分析的方法。

按照原理的不同可将光谱分为吸收光谱和发射光谱。吸收光谱是由于物质对光的选择性吸收而产生的。发射光谱是指构成物质的分子、原子或离子受到辐射能、热能、电能或化学能的激发跃迁到激发态后，由激发态返回到基态时以辐射的方式释放能量而产生的光谱。任何光谱分析法均包含三个基本过程：①能源提供能量；②能量与被测物质相互作用；③产生被检测信号。

一、光谱分析技术的基础理论

（一）光的特征

光是一种电磁辐射（又称电磁波），光是由光量子组成的，具有二重性，即不连续的微粒性和连续的波动性。波长和频率是光的特征。光的微粒性用每个光子具有的能量 E 作为表征。光子的能量大小与光波的频率或波长的关系为

$$E=h\upsilon=hc/\lambda$$

式中，E：光子的能量（eV 或 J）；h：普朗克常数（6.626×10^{-34}J·s）；υ：光波的频率（Hz）；c：光速（2.9977×10^{8}m·s^{-1}）；λ：光波的波长（nm 或 m）。

（二）光的吸收定律

1. 朗伯-比尔定律（Lambert-Beer）　是吸收光度法的基本定律，描述物质对单色光吸收的程度与吸光物质的浓度和液层厚度之间的定量关系。当一束单色光通过溶液后，由于溶液吸收了一部分光能，光的强度就会减弱。设入射光强度为 I_0，当透过吸光物质溶液的浓度为 C，液层厚度为 b 的溶液后，透射光强度为 I，透射光强度与入射光强度的比值称为透光度，

也叫透射率,用 T 表示。

透过光强度与入射光强度之比称为透光度(transmittance,T)。

$$T=I/I_0=10^{-kbC}$$

式中,k:比例常数。

透光度倒数的对数表示光被溶液吸收的程度,称为吸光度(absorbance,A)。

$$A=\lg(I_0/I)=\lg(l/T)=kbC$$

上式说明单色光通过吸光物质溶液时,其吸光度与液层厚度及溶液浓度的乘积成正比,此即为朗伯 - 比尔定律。

考点提示
朗伯 - 比尔定律及适用条件

2. 朗伯 - 比尔定律的适用条件　①入射光为平行单色光:单色光纯度越低,对朗伯 - 比尔定律的偏离越大。②溶液浓度要低:溶液中邻近分子的存在并不改变每一给定分子的特性,即分子间互不干扰。当溶液浓度很大时,由于溶液分子的相互干扰,该定律不再成立。③适用于分子吸收和原子吸收。

二、光谱分析技术的分类

光谱技术分析法是利用不同波谱区辐射能与物质发生作用的机制不同,将光谱技术分析法分为:

1. 分子吸收法　是利用被测定组分中的分子所产生的吸收光谱进行测定的分析方法。包括可见 - 紫外分光光度法、红外光分光光度法。

2. 分子发射法　利用被测定组分中的分子所产生的发射光谱进行测定的分析方法。如分子荧光光度法。

3. 原子吸收法　利用被测定组分中的原子所产生的吸收光谱进行测定的分析方法。包括可见 - 紫外分光光度法、原子吸收分光光度法等。

4. 原子发射法　利用被测定组分中的原子发射的光谱进行测定的分析方法。包括原子发射光谱分析法、原子荧光分光光度法、X 射线原子荧光法、质子荧光法等。

第二节　紫外 - 可见分光光度计

紫外 - 可见分光光度计的灵敏度高,仪器简单,快速可靠,易于掌握和推广。且仪器结构简单、操作简便、准确性好、造价相对低廉,是医学检验和临床医学上不可或缺的一种分析仪器。

一、紫外 - 可见分光光度计的工作原理

紫外 - 可见光分光光度法(ultraviolet and visible spectrophotometry, UV-vis)是研究物质在紫外 - 可见光区(200~800nm)分子吸收光谱的分析方法。其基本工作原理是利用一定频率的紫外 - 可见光照射被分析的物质,引起物质中的分子和原子吸收了入射光中的某些特定波长的光能量,相应地发生了分子振动能级跃迁和电子能级跃迁。可根据吸收光谱上的某些特征波长处的吸光度的高低,对该物质进行定性和定量分析。

二、紫外-可见分光光度计的基本结构

紫外-可见分光光度计型号较多，一般由光源、单色器、吸收池、检测器和显示系统五部分组成。

（一）光源

光源（light source）是提供入射光的装置。理想的光源应在广泛的光谱区域内发射连续光谱；具有足够的强度和良好的稳定性。对分子吸收测定来说，通常希望能连续改变测定波长进行扫描的测定，故分光光度计要求具有连续光谱的光源。在紫外—可见分光光度计中，常用的光源有热辐射光源（包括钨灯和卤钨灯）和气体放电光源（如氢灯和氘灯等）两类。

1. 钨丝灯或卤钨灯　钨丝灯能发射波长覆盖较宽的连续光谱，适用波长范围是350~1000nm，常用于可见光区的连续光源。卤钨灯是在钨丝灯中加入适量的卤素或卤化物而制成。卤钨灯比普通钨丝灯的发光强度要高得多，使用寿命也延长了。

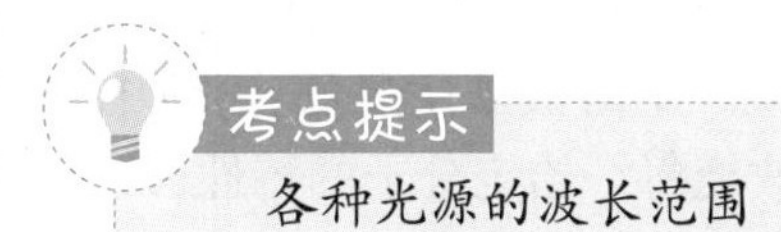

2. 氢灯或氘灯　氢灯和氘灯能发射出150~400nm波长范围的连续光谱，适用的波长范围为185~375nm。由于玻璃会吸收紫外光，故灯泡必须用石英窗或用石英灯管制成。氘灯比氢灯昂贵，但发光强度和使用寿命比氢灯增加2~3倍。

（二）单色器

单色器（monochromator）是分光光度计的关键部件，是将光源的连续光谱按波长顺序色散，并分离出所需波段光束的装置。它由入射狭缝、出射狭缝、透镜和色散元件组成。狭缝宽度可以调节，狭缝越宽，光强度越大，但单色光纯度会降低。狭缝越窄，单色光纯度越高，但光强度下降，因此，狭缝需保持合适的宽度。透镜的作用是将来自入射狭缝的复合光变成平行光，并把来自色散元件的平行光聚焦于出射狭缝。色散元件的作用是将复合光分解为单色光，常用的色散元件有棱镜和光栅。单色器的性能直接影响出射光的纯度，从而影响测定的灵敏度、选择性及较准曲线的线性范围；其质量的优劣，主要决定于色散元件的质量。

（三）吸收池

吸收池（absorption cell）又称比色皿或液槽，用来盛装被测溶液。按材料可分为玻璃吸收池和石英吸收池两种，用光学玻璃制成的吸收池，只能用于可见光区；用石英或熔凝石英制作的吸收池，适用于紫外光区，也可用于可见光区。吸收池的光程可在0.1~10cm变化，其中以1cm光程吸收池最为常用。盛空白溶液与盛试样溶液的吸收池应具有相同的厚度和透光性。吸收池应具有良好的透光性和较强的耐腐蚀性，两光面易损蚀，须注意保护。

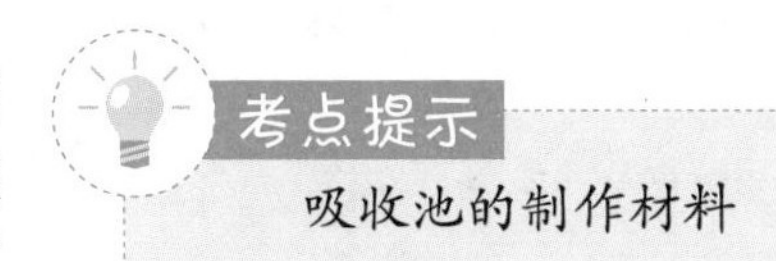

（四）检测器

检测器（detector）的作用是检测通过吸收池后的光信号强度，并把光信号转变为电信号的装置。在紫外-可见分光光度计中，通常使用光电管或光电倍增管作检测器。

1. 光电管（phototube）　光电管是由一个丝状阳极，通常用镍制成；一个光敏阴极组成的真空（或充少量惰性气体）二极管。阴极的凹面镀有一层碱金属或碱金属氧化物等光敏材料，这种光敏物质被足够能量光照射时，能够发射电子。当在两极间有电位差时，阴极发射的电子向阳极流动而产生电流。光愈强，发射的电子就愈多，电流就愈大。光电管有很高

的内阻，所以产生的电流小，但容易放大。目前国产光电管有紫敏光电管，为铯阴极，适用于200~650nm；红敏光电管为银氧化铯阴极，适用于625~1000nm。

2. 光电倍增管（photomultiplier） 当光照射很弱时，光电管所产生的电流很小，不易检测，故常用光电倍增管。光电倍增管的原理和光电管相似，结构上的差别是在光敏阴极和阳极之间还有几个倍增极（一般是9个），各倍增极的电压依次增高90V。光电倍增管放大倍数高，大大提高了仪器测量的灵敏度。但光电倍增管测强光时，光阴极和二次发射极容易疲劳，使信号漂移、灵敏度降低，并且光电倍增管可因阳极电流过大而损坏。

3. 光电二极管阵列（Photodiodearray） 光电二极管阵列检测器为光学多道检测器，是在晶体硅上紧密排列一系列光电二极管，每一个二极管相当于一个单色器的出口狭缝。两个二极管中心距离的波长单位称为采样间隔，因此在二极管阵列分光光度计中，二极管数目愈多，分辨率愈高。光电二极管阵列不怕强光、耐振动、小型、耗电少、寿命长、光谱响应范围宽、量子效率高、可靠性高及读出速度快。

（五）信号显示系统

显示系统（display system）是把检测器输出的信号经处理转换成透光度和吸光度再显示或记录下来的装置。显示方式有表头显示、数字显示等。有些仪器可直接读取浓度，配有计算机的可进行测定条件设置、数据处理、结果显示和打印。

三、紫外 - 可见分光光度计的影响因素

分光光度计的设计原理是依据朗伯—比尔定律。由分光光度计的性能造成光吸收定律产生偏差的因素很多。

（一）单色光不纯的影响

光的吸收定律只有在入射光为单色光的情况下才能成立。由于单色器分辨率的限制及仪器的狭缝必须保持一定的宽度才能得到足够的光强度，因此，由单色器获得的光并不是严格意义上的单色光。因吸光物质对不同波长的光具有不同的吸收能力，从而导致朗伯—比尔定律的偏离。

（二）杂散光的影响

杂散光是指与所需波长相隔较远而不在谱带宽度范围内的光。杂散光的产生一般是由仪器存在瑕疵或受尘埃污染及霉蚀所引起。若待测溶液吸收杂散光，导致测量结果产生正偏差；若待测溶液不吸收杂散光，则产生负偏差。

（三）吸收池（比色皿）的影响

由于吸收池的质量问题或使用过程中造成损坏，吸收池不配套，透光面被污染上油污、指纹或有固体沉淀物，吸收池与光路不垂直等原因都可导致测量结果准确性降低。

（四）电压、检测器负高压波动的影响

分光光度计中都有稳压器以给各个供电部件提供稳定的电压。如果仪器电源电压波动过大，超过了仪器的稳压范围或稳压效果不好，都可引起光源电压、检测器负高压的波动，造成光源光强度波动和检测器噪声增大，使测定准确度降低。

（五）其他因素的影响

除上述几项影响准确度的因素外，吸光度读数误差、仪器工作环境（如有振动、温度和湿度不合适等）也可引起测量准确度的降低。

四、紫外-可见分光光度计的性能指标及评价

紫外-可见分光光度计是利用物质对紫外-可见光区电磁辐射的吸收光谱特征和吸收程度对物质进行定性和定量分析的仪器。在测定条件选择合理的前提下，紫外-可见分光光度计的性能评价指标有波长准确度和波长重复性，光度准确度，光度线性范围，分辨率，杂散光，基线稳定度，基线平直度等。

五、紫外-可见分光光度计的常见故障与处理

紫外-可见分光光度计是由光、机、电等几部分组成的精密仪器，为保证仪器测定的数据正确可靠，不仅应注意正确的安装调试，按操作规程使用、保养等，还应了解并能处理仪器的常见故障。常见故障与处理见表3-1。

表3-1 紫外-可见分光光度计的常见故障及其处理方法

故障现象	故障原因	处理方法
打开仪器后不启动	1. 电源线连接松动 2. 保险丝断裂	1. 插紧电源线 2. 更换保险丝
光源灯不亮	1. 灯泡已老化损坏 2. 保险管烧坏 3. 电压异常	1. 更换合格灯泡 2. 更换保险管 3. 检查电源电压
电流表指针无偏转(不动)	1. 电流表活动线圈不通 2. 放大系统导线脱焊或断线	1. 检修或更换 2. 按线路图检查接好
电流表指针左右摇摆不定	1. 稳压电源失灵 2. 仪器的光源灯处有较严重的气浪波动 3. 仪器光电管或光电倍增管暗盒内硅胶受潮	1. 找出损坏元件更换 2. 除去气浪源或更换仪器环境 3. 更换干燥硅胶或烘干后使用
不能调零(即0%T)	1. 光门不能完全关闭 2. 微电流放大器损坏	1. 检修光门盖 2. 更换微电流放大器
不能置100%T	1. 光能量不够 2. 光源(钨灯或氘灯)损坏 3. 比色器架没落位 4. 光门未完全打开，或单色光偏离	1. 调整光源及单色器 2. 更换新的光源 3. 摆正比色器架位置 4. 检修光门使单色光完全进入
扫描样品时，显示一条直线	软件出现故障	退出操作系统，重新启动计算机，再次扫描
吸光值结果出现负值	没做空白记忆或样品的吸光值小于空白参比液	做空白记忆，调换参比液或用参比液配制样品溶液
单色光波长位移	仪器搬运或受震导致	用干涉滤光片或镨钕滤光片进行波长校正
噪音指标异常	1. 预热时间不够 2. 光源灯泡老化 3. 环境振动大，空气流速大 4. 样品室不正 5. 电压低，强磁场	1. 需预热20min以上 2. 更换光源灯泡 3. 调换仪器运行环境 4. 对正样品室 5. 加稳压器，清除干扰

第三节 原子吸收分光光度计

原子吸收分光光度计(atomic absorption spectrometer)是医学上常用的临床检验仪器之一,其具有准确度高、灵敏度高、检出限低、选择性好、谱线简单、相互干扰小、分析速度快、仪器简单、操作方便、应用范围广等优点。缺点是分析的工作曲线的线性范围窄,一般仅为一个数量级范围;使用不方便,大多数仪器每测一种元素需要一种灯,不能多元素同时分析;有些元素的检出能力差。

一、原子吸收分光光度计的工作原理

原子吸收分光光度法(atomic absorption spectrophotometry) 又称为原子吸收光谱法(atomic absorption spectroscopy,AAS),其基本原因是从光源辐射出的具有待测元素特征谱线的光,通过样品的原子蒸气时,被蒸气中待测元素的基态原子吸收,从基态跃迁到较高能级的激发态,使透射光的强度减弱。光波被吸收前后强度的变化在一定条件下符合朗伯—比尔定律,从而对待测组分进行定量分析。

二、原子吸收分光光度计的基本结构

原子吸收分光光度计的基本结构与紫外 - 可见分光光度计相同,各种原子吸收分光光度计的结构基本相同,主要由光源、原子化器、分光系统、检测系统四部分构成(图 3-1)。

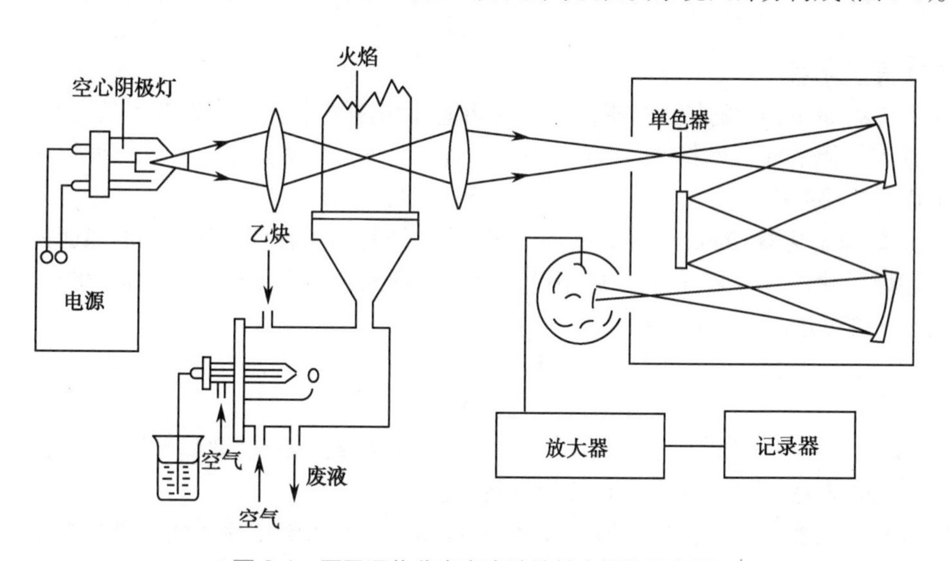

图 3-1 原子吸收分光光度计的基本结构示意图

(一) 光源

光源的作用是发射待测元素的特征谱线(characteristic spectrum line)。常用的光源为空心阴极灯。空心阴极灯是密封式的管形(图 3-2),管壳由带有石英窗口的硬质玻璃制成,抽真空后充入低压(几百帕)惰性气体氖或氩。阳极为同心圆环状,是在钨棒上镶钛丝或钽片制成。阴极为空心圆筒形,是由待测元素的金属或其合金制成。当在阴阳极间施加300~500V 的电压时,灯便开始辉光放电。阴极放出的电子在高速飞向阳极的途中与惰性气

体分子碰撞使之电离。在电场的作用下,带正电荷的离子高速撞向阴极内壁,使待测元素的原子从晶格中溅射出来。溅射出来的待测元素的原子再与飞行中的电子、惰性气体分子及离子发生碰撞而被激发,在返回基态时发射出待测元素的特征谱线。

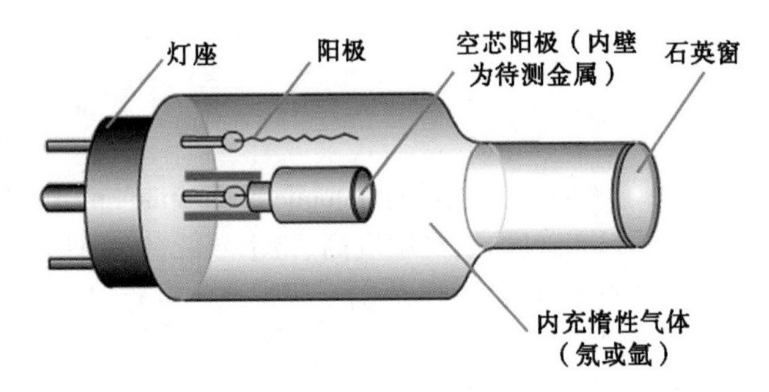

图 3-2 空心阴极灯的构造

一般空心阴极灯为单元素灯,目前已研制出多元素(最多可测 6~7 种)空心阴极灯,可同时对样品中的多种元素进行分析。但多元素空心阴极灯的发射强度、灵敏度和使用寿命都不如单元素灯,且易产生干扰。

知识链接

连续光源原子吸收光谱仪是原子光谱上划时代的革命性产品,由德国耶拿公司(Analytik Jena AG)2004 年研制出世界第一台商品化连续光源原子吸收仪 contrAA。连续光源原子吸收可以不用更换元素灯,利用一个高能量氙灯,即可测量元素周期表中 67 个金属元素,而且还可能测量更多的元素(如放射性元素),并为研究原子光谱的基础理论提供了分析仪器的保证。第一次开创性地实现了不需锐线光源的真正多元素原子吸收分析。

(二) 原子化器

原子化器(atomizer)的作用是提供一定的能量,使试样中待测元素转变为基态原子蒸气,并使其进入光源的辐射光程,在一定程度上相当于紫外 - 可见分光光度计的吸收池。常见的原子化器主要有火焰原子化器和无火焰原子化器两大类。

1. 火焰原子化器(flame atomizer) 火焰原子化器是利用各种化学火焰的热能使试样中待测元素原子化的一种装置,其中应用最广泛的是预混合型原子化器,它由雾化器、雾化室和燃烧器三部分组成,其结构见图 3-3。

(1) 雾化器:雾化器的作用是利用气体动力学原理使试液成为微米级的气溶胶并导入雾化室。雾滴越小,火焰中生成的基态原子就越多。

(2) 雾化室:又称混合室,其作用是使微细的试样雾滴与燃气、助燃气充分混合均匀,平稳地输送到燃烧器,使大雾滴从回流废液管排出。

(3) 燃烧器:燃烧器的作用是形成火焰,使待测元素在火焰中原子化。燃烧器喷口一般做成狭缝形,这种形状既可获得较长的原子蒸气吸收光程,提高方法的灵敏度,又可防止回火,保证操作安全。

2. 石墨炉原子化器(graphite furnace atomizer) 石墨炉原子化器是一种无火焰原子化器,其原理是将石墨管作为一个电阻,在通电时,温度可达 2000~3000℃,使待测元素原子化,故又称电热原子化器。它主要由炉体、石墨管和电、水、气供给系统组成(图 3-4)。为防止石墨管高温氧化,石墨管内外都通入惰性气体,另外在石墨炉原子化器中还设有冷却水循环系,能迅速降低炉温并使石墨管表面温度低于 60℃,以便于新一轮进样分析。

石墨炉原子化需经过干燥、灰化、原子化及净化四步程序。干燥的目的是在低温(100℃

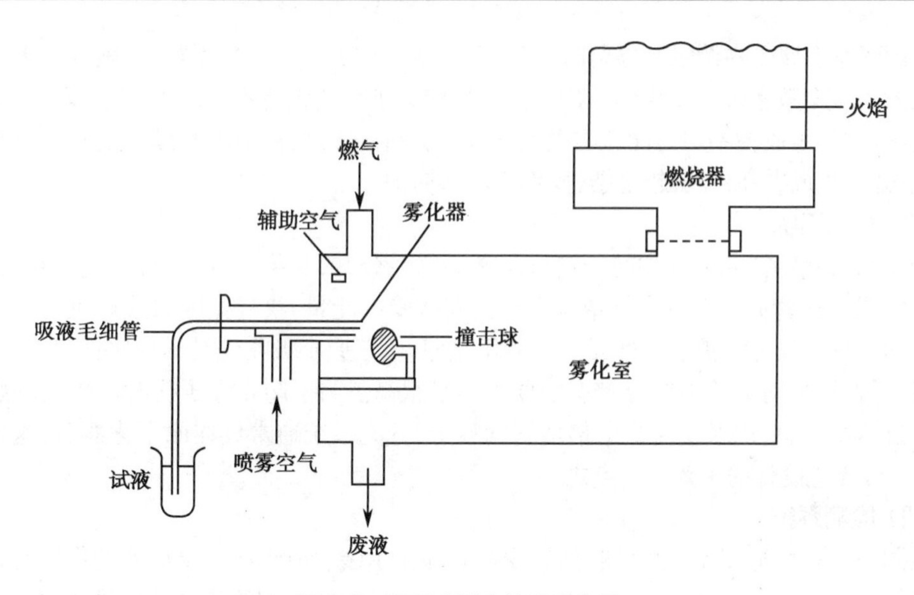

图 3-3　预混合型火焰原子化器

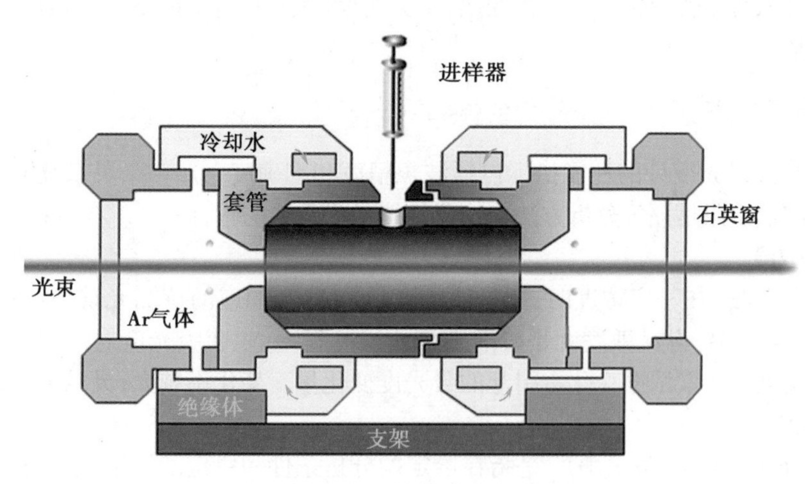

图 3-4　石墨炉原子化器

左右）下蒸发掉样品中所含溶剂；灰化的作用是在较高温度下（350~1200℃）去掉样品中低沸点的无机物及有机物，减少基体干扰；原子化的目的是将待测元素在原子化温度下（1000~3000℃），加热数秒钟，进行原子化，同时记录吸收峰值；净化则是使温度高于原子化温度 100~200℃除去残留物，消除记忆效应。

石墨炉原子化程序及其所需温度

火焰原子化法操作简便、快速、稳定性好、精密度高。其缺点是原子化效率低，试液利用率低（约 10%），因此试液体积需要量较大（>1ml），原子在光路中滞留时间短以及燃烧气体的膨胀对基态原子的稀释等使火焰原子吸收的灵敏度相对较低。与火焰原子化方法比较，石墨炉原子化法具有以下优点：①原子化效率高。由于基态原子在石墨管吸收区停留的时间较长（约为火焰原子化法的 1000 倍），原子化效率可达 90% 以上。②试样用量少，且可直接分析黏稠液体、悬浊液和一些固体样品。液体样品为 1~100μl，固体样品为 0.1~10g。③灵敏

度高。由于基态原子在测定区停留时间长，几乎所有样品均参与光吸收，灵敏度比火焰原子化法提高 1~2 个数量级。④化学干扰小。石墨炉原子化法也有不足之处，主要表现：①由于取样量小，样品组成的不均匀性影响很大，因此，分析的重现性差；②有较强的背景吸收和基体效应；③分析成本高，设备较复杂，操作亦不够简便。

（三）分光系统

分光系统是将待测元素的特征谱线与邻近谱线分开，其装置主要由狭缝、色散元件、凹面镜等组成。狭缝宽度影响光谱带宽和检测器接受的能量，狭缝宽度的选择应以去除分析线邻近的干扰谱线为前提。色散元件一般用光栅，由于原子吸收谱线本身比较简单，光源又是锐线光源，因而对分光系统分辨率的要求不是很高。为了防止原子化时产生的辐射不加选择地进入检测器，以及避免光电倍增管的疲劳，分光系统通常放在原子化器后，这是与紫外 - 可见分光光度计的主要不同点之一。

（四）检测系统

检测系统是由检测器、放大器、对数变换器和显示装置所组成。检测器的作用是将接收到的光信号转变成电信号，然后再经放大器放大，同时把接收到的非被测信号滤掉。放大了的被测信号进入对数变换器进行对数变换，变成线性信号，最后由读出装置显示读数或由记录仪记录下来。

三、原子吸收分光光度计的性能指标与评价

原子吸收分光光度计的性能指标包括波长精度和准确度、分辨率、灵敏度和检出限等，其中灵敏度和检出限是评价分析方法与仪器性能最为重要的指标。

（一）灵敏度

灵敏度（s）是指在一定浓度时，测量值的变量（dA）与相应的待测元素浓度的变量（dC）之比。即 s=dA/dC，可得灵敏度就是校准工作曲线的斜率，表明吸光度对浓度的变化率，可以理解为单位被测元素浓度变化量引起的吸光度变化量。变化率越大，灵敏度越高。

（二）检出限

检出限（limit of detection，D） 是指在给定的分析条件和一定的置信度下可检出待测元素的最小浓度（相对检出限）或最小质量（绝对检出限）。反映仪器对某元素在一定条件下的检出能力。检出限越低，说明仪器性能越好，对元素的检出能力越强。

四、原子吸收分光光度计的常见故障与处理

原子吸收分光光度计常见的故障一般为没有吸收、波长偏差增大、重现性差、标准曲线弯曲、背景校正噪声大、废液不畅通等，故障产生的原因及处理方法见表 3-2。

表 3-2 原子吸收分光光度计常见故障及处理方法

故障现象	故障原因	处理方法
按下点火开关，火焰未点燃	1. 空压机未开或压力不够 2. 乙炔气未开或压力不够 3. 紧急灭火开关打开 4. 燃烧器安装不到位 5. 废液液位无水或过少	1. 开启并调节好空压机 2. 开启并调节好乙炔开关 3. 关闭 4. 正确安装好燃烧器 5. 加水

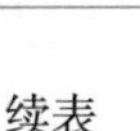

续表

故障现象	故障原因	处理方法
开机预热 30min 后，进行点火实验，没有吸收	1. 波长选择不正确 2. 电流选择过大 3. 标准液不合适	1. 选择好波长 2. 降低工作电流 3. 正确配置标准液
样品不进入仪器	1. 温度过低、喷雾器不工作 2. 毛细管阻塞	1. 提高室内温度 2. 疏通或更换毛细管
吸光度及能量不稳定	1. 燃气不纯 2. 燃气进入不稳 3. 周围环境干扰	1. 更换燃气 2. 对应部位堵漏 3. 减少环境干扰
指针回零不好	1. 废液不通畅、雾化筒积水 2. 燃气变化慢 3. 空白污染	1. 清除积水 2. 调节燃气 3. 排除污染
基线不稳、噪音过大	1. 电压不稳 2. 光源不稳	1. 稳定电源 2. 更换新的光源

第四节 荧光光谱仪

荧光分析法（fluorometry） 简称荧光法。具有灵敏度高，比紫外 - 可见光分光光度法高 2~4 个数量级，检出限低（可达 10^{-12}g/ml），线性范围宽，且选择性好，能提供诸多分析信息，适合恒量分析，已被广泛应用于临床等领域。

一、荧光光谱仪的工作原理

荧光分析法是某些物质分子吸收足够的能量（光能、热能、电能或化学能等）后，其电子能级由基态跃迁至激发态，如果激发态分子以辐射的形式释放能量返回基态，便可产生荧光，根据产生荧光的特征和强度对物质进行定性和定量分析的方法。某种荧光物质的稀溶液，在一定的频率及强度的激发光照射下，当溶液的浓度足够小使得对激发光的吸光度很低时，所测溶液的荧光强度才与该物质的浓度成正比。

二、荧光光谱仪的基本结构

荧光光谱仪分为荧光光度计和荧光分光光度计，它们的基本部件和紫外 - 可见分光光度计基本相同，由光源、单色器、吸收池、检测系统四个部分构成。

（一）光源

光源应能发射含有各种波长的紫外光和可见光，光的强度要强且在整个波段范围内强度一致，发热量少。通常用汞灯、卤钨灯、氙灯或激光器等。

1. 汞灯、卤钨灯　高压汞灯产生强烈的线光谱且强度大，稳定性好。卤钨灯（碘钨灯或溴钨灯）能发射连续光谱（300~700nm），强度也高。荧光光谱仪大多采用汞灯或卤钨灯作光源。

2. 氙灯　高压氙灯是一种气体放电灯，外套为石英，内充氙气，通电后氙气电离，同时产生波长在 250~800nm 范围内较强的连续光谱，而且强度几乎一致，是比较理想的光源。目前大多数的荧光光谱仪均用高压氙灯作光源。

氙灯无论是在平时或工作时都处于高压之下，存在爆炸的危险。安装时要特别小心，应戴上安全眼镜，防止意外。为避免氙灯因受污染而失效，安装时手指不要接触到石英外套。工作时，氙灯灯光很强，其射线会损伤肉眼视网膜，紫外线会损伤肉眼角膜，因此，工作者应避免直视光源。

紫外激光器、固体激光器、可调谐染料激光器和二极管激光器的运用把荧光法推向一个新的高度，激光技术的运用，使荧光法成为世界上第一个实现单分子检测的技术手段，并使其成为目前高性能荧光仪器的主要光源。

光源启动后需预热约20min，待光源发光稳定后方可开始测试。若光源熄灭后需重新启动，则应等灯管冷却后方可。

（二）单色器

单色器的作用是将复合光变成单色光，荧光仪器的单色器分为激发单色器和发射单色器。激发单色器的作用是让所选波长的激发光透过照射在样品上。发射单色器位于吸收池和检测器之间，与入射光垂直，它可以把容器的反射光、溶剂的散射光以及溶液中杂质所产生的荧光除去，只让特征波长的荧光通过而照射于检测器上。常见的单色器功能部件有滤光片、棱镜和光栅等。

荧光光度计中常采用滤光片作单色器，不能给出连续光谱，不能进行激发光谱和荧光光谱扫描。按其材料来分，有着色玻璃、明胶和液体等种类；荧光分光光度计常用光栅作为单色器，光栅的色散能力强，且色散是线性的，便于进行光谱扫描。但色散后的光线有级数，须加前置滤光片消除。现代高端荧光分光光度计都选用低杂散光的单色器，以减少杂散光的干扰，同时选用高效率的单色器来提高检测弱信号的能力。

单色器中另一个重要部件就是狭缝，其宽度对单色器的单色性和仪器的灵敏度有显著影响，单色器一般都有进、出光两个狭缝，出射光的强度约与单色器狭缝宽度的平方成正比，增大狭缝宽度有利于提高信号强度，缩小狭缝宽度有利于提高光谱分辨力，但却牺牲了信号强度。故应根据仪器和实验的具体要求选择合适的狭缝宽度。

（三）样品池

荧光分析用的样品池一般用石英制成，因为玻璃对320nm以下的紫外光有吸收。样品池的形状以散射光较少的方形为宜，最常用的厚度为1cm。有的荧光计附有恒温装置，便于控制温度。测定低温荧光时，在样品池外套上一个盛有液氮的石英真空瓶，以便降低温度。

（四）检测器

检测器的作用是接收光信号，用紫外-可见光作激发光时产生的荧光多为可见荧光，强度较弱，因此要求检测器有较高的灵敏度，在荧光光谱仪中常用光电池或光电管；在荧光分光光度计中通常用光电倍增管。目前光电二极管阵列式检测器也已用于荧光分光光度计中。光电倍增管加上高压时切不可受外来光线直接照射，以免缩短光电倍增管的使用寿命或降低其灵敏度。平时应注意防潮和防尘。检测器接受光信号后将其转变为电信号，检测器出来的电信号须经过放大器放大后，再由记录仪记录下来，并可数字显示和打印。

三、荧光光谱仪的性能指标与评价

荧光光谱仪的性能指标包括单色器的波长范围、波长带宽、波长准确度和波长重复性，仪器灵敏度，波长扫描速度，响应时间，线性相关系数等，其中许多指标的含义与紫外-可见分光光度计相类似。

1. 灵敏度 荧光光谱仪的灵敏度是指能被仪器检出的最低信号，或某一标准荧光物质稀溶液在选定波长的激发光照射下能检出的最低浓度，是仪器最重要的性能指标之一。

2. 波长准确度 荧光分光光度计的波长刻度在出厂前一般都经过校正，但若仪器的光学系统和检测器有所变动，或在较长时间使用后，或在重要部件更换之后，有必要用汞弧灯的标准谱线对单色器的波长刻度重新校正，特别在精细分析工作中尤为重要。

3. 波长范围 波长范围指仪器有效工作波段，一般荧光分光光度计都采用氙灯作光源，光栅为单色器分光元件，其有效工作波段在200~1000nm。

4. 响应 仪器的响应快慢是指电路样品通道对光电信号反应的快慢。响应快慢关系到波长扫描速度的选择、光谱峰的尖锐程度以及随机噪音的大小。

四、荧光光谱仪的常见故障与处理

现代荧光光谱仪自动化程度普遍较高，使用中应严格按照仪器说明书上所规定的操作步骤进行操作，任何违章操作都可能导致仪器部件损坏。荧光光谱仪的光学部件通常不易出故障。一旦仪器出了故障，特别是光学部件的故障，一定要请专门人员进行检修。一些常见故障产生的原因及处理方法见表3-3。

表3-3 荧光光谱仪常见故障及处理方法

故障现象	故障原因	处理方法
按下电源开关，指示灯不亮	1. 电源线接触不良 2. 保险丝熔断 3. 220V电源线断、变压器坏 4. 指示灯坏	1. 插好电源线开关 2. 更换保险丝 3. 连接电源线、更换变压器 4. 更换指示灯
仪器自检不通过	1. 计算机系统出错 2. 驱动电路出错 3. 电机故障	1. 检修计算机 2. 请专业人员维修 3. 请专业人员维修
氙灯不亮	1. 氙灯两极与电缆连接不良 2. 氙灯损坏 3. 氙灯电源出故障	1. 将氙灯两极与电缆连接好 2. 更换氙灯 3. 修理氙灯电源，或更换变压器
灵敏度明显降低	1. 氙灯位置不正确 2. 光源或透镜被污染 3. 光电倍增管分压电阻脱焊或烧坏	1. 调整氙灯至位置 2. 取下灯室，用镜头纸轻轻擦拭 3. 将分压电阻焊接好或进行更换

本章小结

光谱分析仪器作为临床实验室主要的检测仪器具有结构简单、操作方便、灵敏度高、准确度好等优点。

光谱分析仪器的分析原理是基于物质发射的电磁辐射，或者物质与电磁辐射作用后产生的辐射信号以及信号变化进行定性和定量分析。它符合朗伯-比尔定律 $A=\lg(I_0/I)=\lg(1/T)=kbC$。即单色光通过吸光物质溶液时，其吸光度与液层厚度及溶液浓度的乘积成正比。

光谱分析仪器的结构基本相同，主要由光源、吸收池(原子化器)、分光系统、检测系

统四部分构成。光谱分析仪在医学检验、预防医学、卫生检验、药物分析等方面已被广泛使用。

光谱分析仪器发展迅速，现已向联用技术、全自动化，实验室信息管理系统自动化及智能化方向发展。光和电的渗透会进一步强化，更多的新技术、新器件推广应用，如CCD器件、半导体激光器、光纤传感器等制造技术趋于成熟，实现应用已获突破，显示了广泛的应用前景。

目标测试

一、选择题

1. 光是一种电磁辐射，光的特征具有
   A. 单一性　B. 二重性　C. 高纯性
   D. 复杂性　E. 颗粒性
2. 钨灯是常用的光源之一，它所产生的光具有的特点是
   A. 连续光谱、蓝光少、远红外光多、热量多
   B. 主要是紫外光
   C. 波长为550nm~620nm、高光强
   D. 589nm单色光、高光强
   E. 锐线光谱
3. 光学分析法中使用到电磁波谱，其中可见光的波长范围为
   A. 10~400nm　B. 400~750nm　C. 0.75nm~2.5mm
   D. 0.1nm~100cm　E. 750~2000nm
4. 原子吸收分光光度计的主要部件有光源、分光系统、检测系统和
   A. 电感耦合等离子体　B. 空心阴极灯　C. 原子化器
   D. 辐射源　E. 钨灯
5. 原子化器的主要作用是
   A. 将试样中待测元素转化为基态原子
   B. 将试样中待测元素转化为激发态原子
   C. 将试样中待测元素转化为中性分子
   D. 将试样中待测元素转化为离子
   E. 将试样中待测元素转化为基态分子
6. 棱镜或光栅可作为
   A. 滤光元件　B. 聚焦元件　C. 色散元件
   D. 感光元件　E. 截光元件
7. 下列不是分光光度计的单色器组成元件的是
   A. 入射狭缝　B. 光电管　C. 色散元件
   D. 出射狭缝　E. 透镜
8. 卤钨灯的适用波长范围是
   A. 320~2500nm　B. 150~400nm　C. 254~734nm

D. 800~1600nm　E. 150~800nm

9. 原子吸收分光光度计中常用的检测器是
A. 光电池　B. 光电管　C. 光电倍增管
D. 感光板　E. CCD

10. 下列不是紫外 - 可见分光光度计影响因素的是
A. 单色光不纯　B. 杂散光　C. 空心阴极灯的质量
D. 电压、检测器负高压波动　E. 吸收池的质量问题

11. 下列不是石墨炉原子化所需程序的是
A. 干燥　B. 灰化　C. 除尘
D. 净化　E. 原子化

12. 与火焰原子吸收法相比,石墨炉原子吸收法的特点有
A. 灵敏度低但重现性好　B. 基体效应大但重现性好
C. 样品量大但检出限低　D. 物理干扰多但原子化效率高
E. 物理干扰多但原子化效率低

13. 空心阴极灯内充的气体是
A. 大量的空气　B. 大量的氖或氩等惰性气体
C. 少量的空气　D. 少量的氖或氩等惰性气体
E. 大量的氧气

14. 下列不是荧光光谱仪的性能指标的是
A. 灵敏度　B. 波长准确度　C. 检出限
D. 响应　E. 波长范围

15. 石墨炉原子化的温度为
A. 100℃　B. 1000~3000℃　C. 350~1200℃
D. 100~350℃　E. 1500~3500℃

二、简答题

1. 朗伯 - 比尔定律的物理意义及其适用条件是什么?
2. 简述紫外 - 可见分光光度计的基本结构及各部件功能。
3. 简述原子吸收光谱仪的工作原理。
4. 简述紫外 - 可见分光光度计的性能评价指标。
5. 简述荧光光谱仪的主要结构及特点。

(朱海东)

第四章　血液分析相关仪器

学习目标

1. 掌握：血细胞分析仪、血凝仪、血液流变分析仪、自动血沉分析仪的概念及基本结构。
2. 熟悉：血细胞分析仪、血凝仪、血液流变分析仪、自动血沉分析仪的仪器性能评价、维护及常见故障和排除。
3. 了解：血细胞分析仪、血凝仪、血液流变分析仪、自动血沉分析仪的分类及进展。

第一节　血液细胞分析仪

血液细胞分析仪（BCA）是指对一定体积全血内血液细胞异质性进行自动分析的常规检验仪器。其主要功能是血细胞计数、白细胞分类、血红蛋白测定及相关参数计算等。传统的血液细胞分析（简称血常规）是通过显微镜完成细胞技术与分类、通过比色计检测血红蛋白。随着医学科技的发展，血液细胞分析带来了跨越式的发展。20世纪40年代末，美国科学家库尔特发明了粒子计数技术，并于1953年研制了世界上第一台血液细胞分析仪运用于临床检验中（图4-1）。当时这种仪器为一个检测通道，仅能进行红细胞、白细胞计数。20世纪60年代末，在原来的基础上增加了血红蛋白、红细胞平均体积、平均血红蛋白含量、平均血红蛋白浓度和红细胞比容等测定参数。20世纪70年代专用的血小板计数仪问世。随着计算机技术的应用，血小板和红细胞可在一个通道同时计数，20世纪80年代，双检测通道、多参数血液细胞分析仪相继研制成功，增加了红细胞体积分布宽度、血小板比容及平均体积、白细胞分类计数等参数的检测；白细胞两分群、三分群、五分群血液细胞分析仪先后投入临床应用。自20世纪90年代以来，多功能、多参数血液细胞分析仪不断更新换代，血液细胞分析仪由阻抗型的18个参数，发展至今天的46个参数之多，血液细胞分析仪不仅在世界各地，而且在我国各级医院都得到了普及应用，成为医院进行血常规检查的必备机器。

图4-1　第一台血细胞分析仪

知识链接

自从20世纪50年代中期发明库尔特原理后，库尔特原理成为了行业的根基，作为血细胞分析的鼻祖，库尔特的科学家们经过不断的创新，建立了自动化血细胞分析的一系列标准。曾经他们的父亲为华莱士库尔特和约瑟夫库尔特写过一首诗：为什么不去引导它，它在你的掌握之中，你能哺育和引导它，你能打到你的目标！充分利用这一天分，让它朝好的方向努力。你的思想就是你打的生命；天才利用它 — 你也一样！正是因为库尔特兄弟领会了父亲的建议，他们取得了非凡的成就，他们的成果在当今的血细胞分析仪器中依然占据着重要的席位。

一、血液细胞分析仪的类型和特点

（一）类型

血液细胞分析仪种类很多，根据自动化程度可分为半自动血液细胞分析仪、全自动血液细胞分析仪、血细胞分析工作站、血细胞分析流水线；根据检测原理可分为电容型、光电型、激光型、电阻抗型、联合检测型、干式离心分层型、无创型；根据对白细胞的分类水平可分成二分群、三分群、五分群（图4-2）、五分群 + 网织红细胞型分析仪。各种仪器采用的原理和技术不同，提供的检测参数也不尽相同。

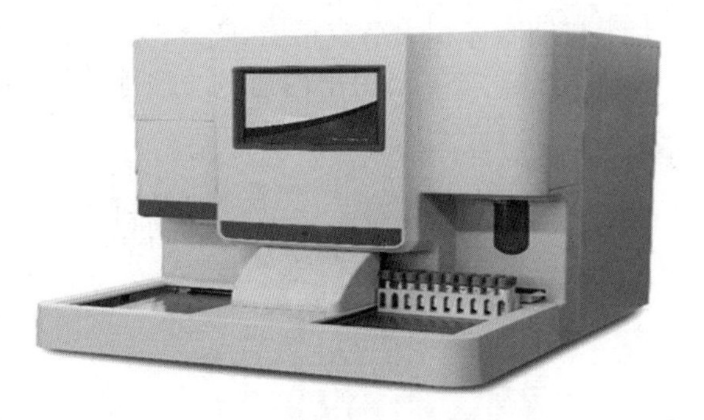

图 4-2　临床常用血液细胞分析仪

（二）特点

血液细胞分析仪具有重复性好、准确性高、精确度高、速度快、提供参数多及便于质控等特点，为临床诊断提供快速而准确的参数指标和检测结果。不同类型的血液细胞分析仪的主要特点如下。

1. 单纯电阻抗法三分群血液细胞分析仪的特点

（1）检测参数：20项左右，包括红细胞、白细胞、血小板计数及相关参数。

（2）白细胞分类：能对白细胞进行三分群。

（3）直方图：提供红细胞、白细胞和血小板三种直方图。

（4）报警功能：以文字和（或）图标显示异常检测结果的信息。

2. 综合检测型血液细胞分析仪的特点

（1）检测参数：20至40项，除了可以检测三分群血液细胞分析仪检测参数外还可以检测网织红细胞计数及其相关参数和提示幼稚细胞的功能。

（2）白细胞分类：能对白细胞进行五分类。

（3）直方图和散点图：提供三种直方图和白细胞分类的散点图。

（4）报警功能：以文字和（或）图标显示异常检测结果的信息。

3. 自动化程度　半自动的血液细胞分析仪通常需要人工稀释标本，而全自动的血液细胞分析仪只需提供合格的抗凝全血就能完成全部操作，输出打印结果。目前，血液细胞分析

仪尚不具备识别红细胞、白细胞和血小板的能力，因此，只能用作健康人血液一般检验的筛检之用，尚不能完全替代显微镜检查。

二、血液细胞分析仪的检测原理

血液细胞分析仪根据其检测原理可分为电阻抗法（库尔特原理）和光散射法，其中电阻抗法是血液分析仪的设计基础。

（一）电阻抗法血液细胞检测原理（库尔特原理）

电阻抗法血细胞分析仪检测原理

血细胞与等渗的电解质溶液相比为不良导体，其电阻值比稀释液大；当血细胞通过检测器微孔的孔径感受区时，检测器内外电极之间的横流电路上，电阻值瞬间增大。根据欧姆定律：在恒流电路上，电阻变大时电压也必然增大。

故产生一个电压脉冲信号；产生的电压脉冲信号数，等于通过的细胞数，脉冲信号幅度大小与细胞体积大小成正比（图 4-3）。各种大小不同细胞产生的脉冲信号分别送入计算机的各个通道，经运算得出白细胞、红细胞、血小板数及相关参数。

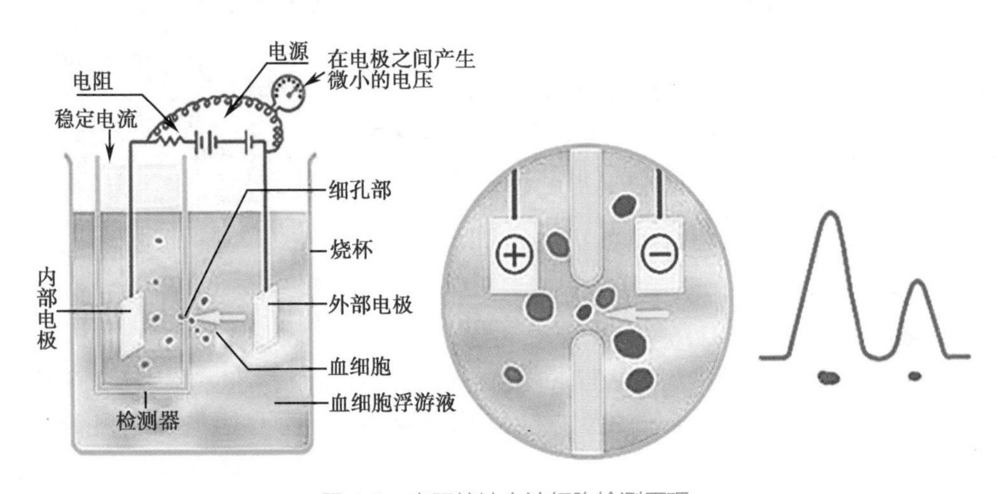

图 4-3 电阻抗法血液细胞检测原理

（二）联合检测型血液细胞分析仪检测原理

联合检测型血细胞分析仪主要体现在白细胞分类部分的改进，联合使用多项技术（流式细胞技术、激光、射频、电导、电阻抗联合检测、细胞化学染色等）同时分析一个细胞。综合分析试验数据，从而得出较为准确的白细胞“五分群”结果。其共有特点是：均使用了流式细胞技术，形成流体动力聚焦的流式通道，使单细胞流在鞘液的包裹下逐一通过检测，将重叠计数限制到最低限度（图 4-4）。

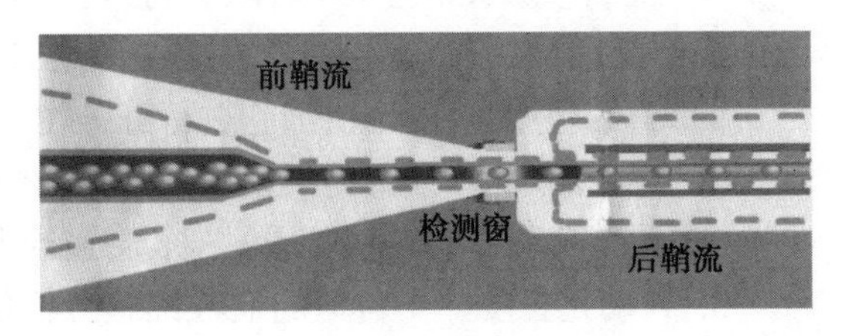

图 4-4 鞘流技术

1. 容量、电导、光散射联合检测技术 又称 VCS 技术。体积表示应用电阻抗原理测定的细胞体积。电导性用于根据细胞能影响高频电流传导的特性，采用高频电磁探

针，测量细胞内部结构、细胞内核浆比例、质粒的大小和密度，从而区别体积完全相同而性质不同的两个细胞。光散射表示对细胞颗粒的构型和颗粒质量的鉴别能力。使用VCS技术后，每个细胞通过检测区时，接受三维分析，仪器根据细胞体积、传导性和光散射的不同，综合分析三种检测方法的测定数据，定位到三维散点图的相应位置，全部细胞在散点图上形成了不同的细胞群落图。

2. 光散射与细胞化学联合检测技术　是应用激光散射与细胞化学染色计数对白细胞进行分类计数。其白细胞分类原理是利用细胞大小不同，其散射光强度也就有差异，再结合五种白细胞过氧化物酶活性的差异（嗜酸性细胞 > 中性细胞 > 单核细胞，淋巴细胞和嗜碱性细胞无此酶）进行分类。使用该技术的仪器还可同时提供异型淋巴细胞、幼稚细胞的比例及网织红细胞分类。不同厂家所使用光散射角度和细胞化学染料有所不同。

3. 多角度激光散射、电阻抗联合检测技术　是通过测定同一个白细胞在激光照射后多个角度下的不同散射光强度将白细胞分类；同时用电阻抗法计数红细胞、血小板或某一类白细胞。

4. 电阻抗、射频与细胞化学联合检测技术　利用电阻抗、射频细胞计数技术结合细胞化学技术，通过4个不同的检测系统对白细胞、幼稚细胞进行分类和计数。包括：①嗜酸性粒细胞检测系统；②嗜碱性粒细胞检测系统；③淋巴细胞、单核细胞和粒细胞（中性粒细胞、嗜碱性粒细胞、嗜酸性粒细胞）检测系统；④幼稚细胞检测系统。

（三）血液细胞分析仪网织红细胞检测原理

采用激光流式细胞分析技术与细胞化学荧光染色技术联合对网织红细胞进行分析，即利用网织红细胞中残存的RNA，在活体状态下与特殊的荧光染料（新亚甲蓝、氧氮杂芑750、碱性槐黄O等）结合；激光激发产生荧光，荧光强度与RNA含量成正比；用流式细胞技术检测单个的网织红细胞的大小和细胞内RNA的含量及血红蛋白的含量；由计算机数据处理系统综合分析检测数据，得出网织红细胞计数各参数和散点图。

（四）血红蛋白测定原理

除干式、无创型外，各型血液细胞分析仪对血红蛋白测定都采用光电比色原理。

国际ICSH推荐的氰化高铁（HiCN）法的最大吸收峰在540nm，仪器血红蛋白的校正必须以HiCN值为准。

三、血液细胞分析仪的主要组成部分

各类型血液细胞分析仪原理、功能不同，结构亦不相同。主要由血细胞检测系统、血红蛋白测定系统、机械系统、电子系统、计算机和键盘控制系统以不同形式的组合而构成。

（一）血细胞检测系统

1. 电阻抗型检测系统　由检测器、放大器、甄别器、阈值调节器、检测计数系统和自动补偿装置组成。这类检测系统主要应用于“二分群、三分群”仪器中。

（1）检测器（信号发生器）：由检测器由测样杯、小孔管（个别仪器为微孔板片）、内外部电极等组成。仪器配有两个小孔管，一个小孔管的微孔直径约为80um，用来测定红细胞和血小板；另一个小孔管微孔直径约为100um，用来测定白细胞总数及分类计数。外部电极上安装有热敏电阻，用来监视补偿稀释液的温度，稀释液的温度高时会使其导电性增加，使发出的脉冲信号变小。

（2）放大器：将血细胞通过微孔产生的微伏级脉冲电信号放大为伏级的脉冲信号，以便

触发下一级电路。

(3) 阈值调节:仪器计数不同细胞需设定不同的阈值。通过与甄别器配合避免非计数对象产生的假信号传入计数系统。

(4) 甄别器:根据阈值调节器提供的参考电平值,将细胞产生的脉冲信号接收到设定的通道中,每个脉冲的振幅必须位于每个通道参考电平之内。白细胞、红细胞、血小板由它们各自的甄别器进行识别,再行计数。

(5) 整形器:将V形波调整为标准一致的平顶波。

(6) 计数系统:由检测器产生的脉冲信号,经计算机处理以后以体积直方图显示特定细胞群中的细胞体积和细胞分布情况。在进行血细胞分析时,白细胞为一个检测通道,红细胞和血小板为一个检测通道,分别进行计数分析。

补偿装置:理想的检测是血细胞逐个通过微孔,一个细胞只产生一个脉冲信号,以进行正确的计数。但在实际测定循环中,常有两个或更多的细胞重叠同时进入孔径感应区内,此时,电子传导率变化仅探测出一个单一的高或宽振幅脉冲信号,由此引起一个或更多的脉冲丢失,使计数较实际结果偏低,这种脉冲减少称为复合通道丢失(又称重叠损失)。近代血液细胞分析仪都有补偿装置,在白细胞、红细胞、血小板计数时,对复合通道丢失进行自动校正,也称重叠校正,以保证结果的准确性。

2. 流式光散射检测系统　由激光光源、检测装置和检测器、放大器、甄别器、阈值调节器、检测计数系统和自动补偿装置组成。这类检测系统主要应用于"五分群、五分群+网织红"的仪器中。

(1) 激光光源:多采用氩离子激光器、半导体激光器提供单色光。

(2) 检测装置:主要由鞘流形式的装置构成,以保证细胞悬液在检测液流中形成单个排列的细胞流。

(3) 检测器:散射光检测器系光电二极管,用于收集激光照射细胞后产生的散射光信号;荧光监测器系光电倍增管,用以接收激光照射的荧光染色后细胞产生的荧光信号。

(二) 电学系统

电学系统包括主电源、电压元器件、控温装置、自动真空泵电子控制系统,以及仪器的自动监控、故障报警和排除等。

(三) 机械系统

机械系统包括机械装置(如全自动进样针、分血器、稀释器、混匀器、定量装置等)和真空泵,以完成样本的定量吸取、稀释、传送、混匀,以及将样本移入各种参数的检测区。此外,机械系统还兼有清洗管道和排除废液的功能。

(四) 血红蛋白测定系统

由光源、透镜、滤光片、流动比色池和光电传感器等组成。

(五) 计算机和键盘控制系统

内置计算机在血液细胞分析仪中的广泛应用使其参数不断增加。微处理器MPU具有完整的计算机中央处理单元(CPU)的功能,包括算数逻辑部件(AIU)、寄存器、控制部件和内部总线四个部分。此外还包括存储器、输入/输出电路。输入/输出电路是CPU和外部设备之间交换信息的接口。外部设备包括显示器、键盘、磁盘、打印机等。键盘控制系统是血液细胞分析仪的控制操作部分,键盘通过控制电路与内置电脑相连,主要有电源开关、选择键、重复计数键、自动/手动选择、样本号键、计数键、打印键、进纸键、输入键、清除键、清洗

键、模式键等。

四、血液细胞分析仪工作过程

1. 白细胞的检测　电阻法白细胞分类是较粗的筛选方法。白细胞脉冲的大小是由它在被计数溶血液(加溶血素后剩白细胞的悬液)中体积的大小决定的,它不同于外周血中的细胞形态。故白细胞体积大小是由胞体内有形物质的多少所决定的,仪器将白细胞体积从30~450fL(随仪器厂家设计不同有差异)分为256个通道,每个通道1.64fL,计算机依据体积大小分别将其放在不同的通道中,可得白细胞体积分布图(图4-5)。其中第一群是小细胞区,主要是淋巴细胞,体积在35~90fL;第二群是单个核细胞区,也称为中间细胞群(MID),体积在90~160fL,包括单核细胞、嗜酸性粒细胞、嗜碱性粒细胞、核左移的白细胞、原始或幼稚阶段白细胞;第三群为大细胞区,主要是中性粒细胞,体积可达160fL以上。

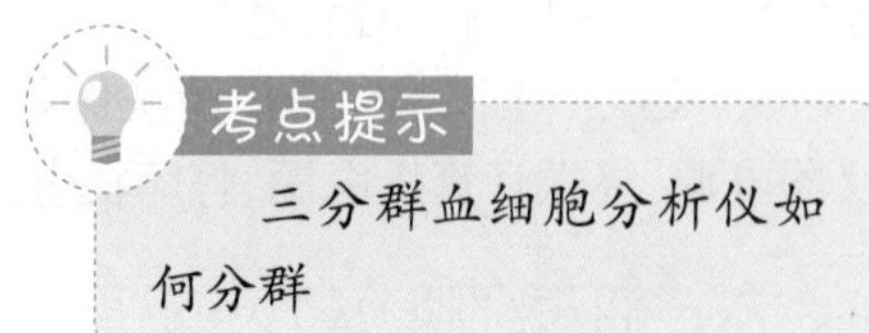

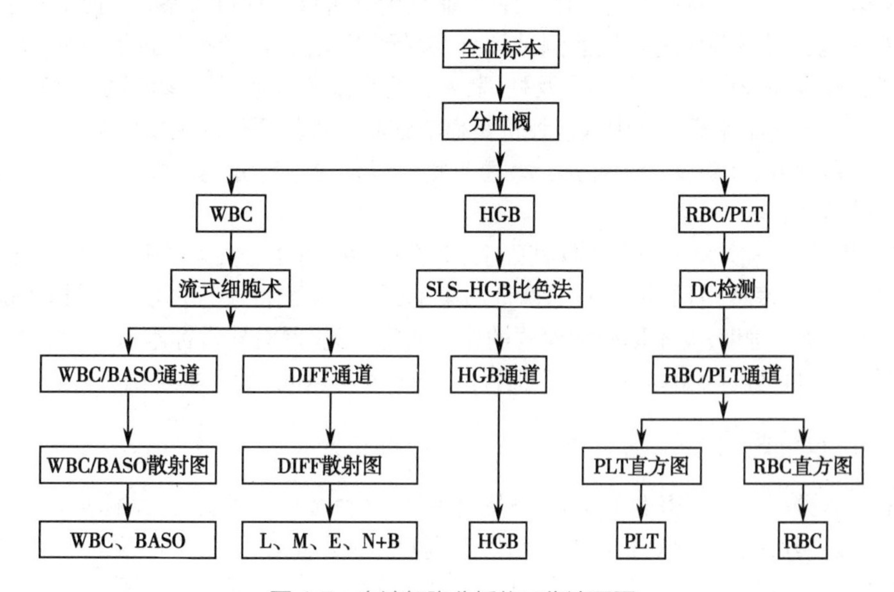

图4-5　血液细胞分析仪工作流程图

2. 红细胞和血小板的检测　红细胞和血小板共用一个小孔管,正常人红细胞体积和血小板体积间有一个明显界限,因此血小板计数准确、容易。当血细胞悬液中含有异常血细胞(如小红细胞)时,划分界限不清,为使血小板计数有较高的准确性,CPU对血小板和红细胞分布图进行判断,将血小板计数的上限阈值判定线放在红细胞和血小板分布图交叉部分的最低处计数,即浮动界标技术。

仪器通过各系统的有机配合,完成对血细胞的分析。全自动和半自动血液细胞分析仪的工作流程大致相同(图4-5)。

五、血液细胞分析仪的操作

血液细胞分析仪的操作包括以下几个关键的步骤(详细操作步骤见《综合实训》)。

1. 开机　①检查各试剂量、废液量;②依次打开稳压电源、打印机电源、血液细胞分析

仪电源、主机电源、终端计算机电源;③仪器自动系统检测通过后,进入检测状态;④达到检测环境条件后,仪器提示可以进行工作。

2. 测试前准备 ①试剂准备:按照测试的检验项目做好试剂准备;②选择测试项目:从仪器菜单选择要测试的检验项目。

3. 测试 ①进行室内质控:按要求记录并进行结果分析;观察各指标,测量结果在允许范围后进行样本检测。②患者标本准备,按要求编号、放于样本托架上。③患者信息录入,手工输入标本名称或患者名称。④样本检测,再次确认标本位置后,按“测试”进行检测。

4. 结果输出 ①设置好自动传输模式后,检测结果将自动传输到终端计算机上;②结果经审核确认后,打印报告单。

5. 关机 ①试验完毕后清洗保养:按“清洗保养”键,退出菜单。②关机:关闭主机电源、仪器电源、终端计算机电源、打印机电源等。

六、血液细胞分析仪的评价

根据国际血液学标准化委员会(ICSH)对血细胞分析仪的评价方案,对于新安装的或维修后血液细胞分析仪都要进行性能测试评价,包括:①仪器基本情况、仪器手册、方法学评价;②试剂、校准品和质控品;③标本及处理;④常规血细胞计数研究参考区间;⑤原始结果记录、预评价;⑥性能评价。其中性能评价是血液细胞分析仪评价的主要内容。包括稀释效果、精密度、可比性、准确度、携带污染率、总重复性以及白细胞分类的评价。合格者方可使用,以保证检验质量。

2010年,在临床实验室修正法规基础上,对上述指标做了补充与修订。共计11项评价指标。包括:①本底或空白检测限;②携带污染率;③检测下限与定量下限;④精密度(重复性);⑤可比性及准确度;⑥不同检测模式的比较研究;⑦仪器对异常标本和干扰物测定的灵敏度;⑧分析测量区间(AMI);⑨临床可报告区间;⑩参考区间;⑪标本老化。

七、血液细胞分析仪器的维护与常见故障的排除

血液细胞分析仪是精密电子仪器,测量电平低,涉及多项先进技术,结构复杂,易受各种干扰,在安装使用之前,应认真详细地阅读仪器操作说明书,确保仪器正常运行。国内以电阻抗型血液细胞分析仪居多,在安装使用过程中,特别应注意以下几个问题。

(一)血液细胞分析仪的维护

1. 安装环境 适宜的温度、湿度、环境清洁、电压稳定和良好的接地是安装使用好血液细胞分析仪的几个主要因素。

2. 维护

(1) 检测器维护:检测器的微孔为血细胞计数的换能装置,是仪器故障常发部位,做好它的保养,对保证仪器正常工作有重要意义。全自动血液细胞分析仪为自动保养,半自动血液细胞分析仪则应每天关机前按说明书要求对小孔管的微孔进行清理冲洗。任何情况下,都必须使小孔管浸泡于新的稀释液中。按厂家要求,定时清洗检测器:计数期间,每测完一批样本,按几次反冲装置,以冲掉沉淀的变性蛋白质;每日清洗工作完毕,用清洗剂清洗检测器3次,并把检测器浸泡在清洗剂中;定期卸下检测器,用3%~5%次氯酸钠浸泡清洗,再用放大镜观察微孔的清洁度。

(2) 液路维护:目的是保持液路内部的清洁,防止细微杂质引起的计数误差。清洗时在

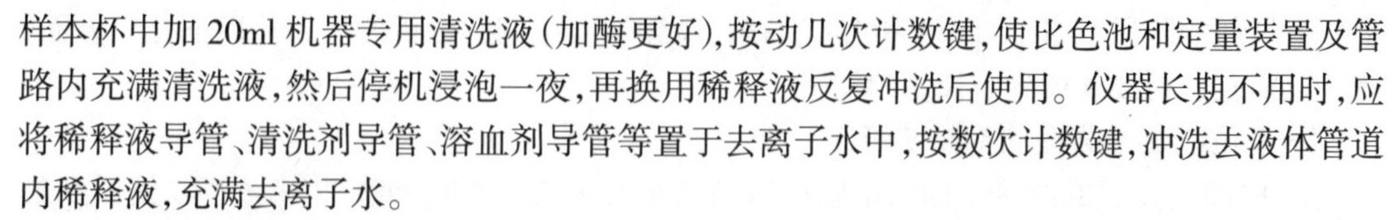

样本杯中加 20ml 机器专用清洗液（加酶更好），按动几次计数键，使比色池和定量装置及管路内充满清洗液，然后停机浸泡一夜，再换用稀释液反复冲洗后使用。仪器长期不用时，应将稀释液导管、清洗剂导管、溶血剂导管等置于去离子水中，按数次计数键，冲洗去液体管道内稀释液，充满去离子水。

（3）机械传动部分维护：先清理机械传动装置周围的灰尘和污物，再按要求加润滑油，防止机械疲劳、磨损。

（二）常见故障及排除

现代血液细胞分析仪有很好的自我诊断功能，有故障发生时，内置电脑的错误检查功能显示出“错误信息”，并伴有警报声。

1. 开机时的常见故障

（1）开机指示灯及显示屏不亮：检查电源插座、电源引线、保险丝。

（2）“RBC 或 WBC 吸液错误”：稀释液供应不足或进液管不在正确的位置上。解决办法：提供稀释液、正确连接进液管。

（3）“RBC 或 WBC 电路错误”：多为计数电路中的故障，参照使用说明书检查内部电路，必要时更换电路板。

（4）“测试条件需设置”：备用电池没电或电路断电，导致储存的数据丢失时有该信息提示。解决办法：更换电池，重新设置定标系统或其他条件，然后计数样本。

2. 测试过程中常见的错误信息

（1）堵孔：检测器的微孔堵塞是影响检验结果准确性最常见的原因。根据微孔堵塞的程度，将其分为完全堵孔和不完全堵孔两种。当检测器小孔管的微孔完全阻塞或泵管损坏时，血细胞不能通过微孔而不能计数，仪器在屏幕上显示“CLOG”，为完全堵孔。而不完全堵孔主要通过下述方法进行判断：①观察计数时间；②观察示波器波形；③看计数指示灯闪动；④听仪器发出的不规则间断声音。

常见堵孔原因与处理方法：①仪器长时间不用，试剂中的水分蒸发、盐类结晶堵孔，可用去离子水浸泡，待完全溶解后，按“CLEAN”键清洗；②末梢采血不顺或用棉球擦拭微量取血管；③抗凝剂量与全血不匹配或静脉采血不顺，有小凝块；④小孔管微孔蛋白沉积多，需清洗；⑤样本杯未盖好，空气中的灰尘落入杯中。后四种原因，一般按“CLEAN”键进行清洗，若不行，需小心卸下检测器按仪器说明书进行清理。

（2）“气泡”：多为压力计中出现气泡，按“CLEAN”键清洗，再测定。

（3）“噪音”提示：多为测定环境中有噪音干扰、接地线不良或泵管小孔管较脏所致。将仪器与其他噪音大的设备分开，确认良好接地，清洗泵管或小孔管。

（4）“流动比色池”提示或 HGB 测定重现性差：多为 HGB 流动池污染所致。按 CLEAN 键清洗 HGB 流动池。若污染严重，需小心卸下比色杯，用 3%～5% 的次氯酸钠溶液清洗。

（5）“溶血剂错误”提示：多因溶血剂与样本未充分混合。处理办法：重新测定另一个样本。

（6）细胞计数重复性差：多为小孔管脏或环境噪音大。处理办法同（1）和（3）。

八、血液细胞分析仪的进展与应用展望

随着电子技术、流式细胞技术、激光技术、计算机和新荧光化学物质等多种高新技术在临床检验工作中的应用，使血液细胞分析仪在自动化程度、先进功能和完美设计方面提高到

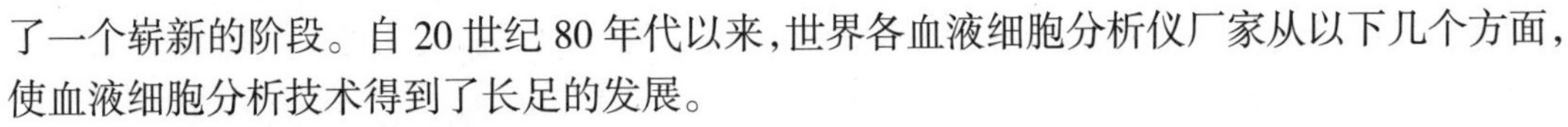

了一个崭新的阶段。自20世纪80年代以来，世界各血液细胞分析仪厂家从以下几个方面，使血液细胞分析技术得到了长足的发展。

(一) 仪器测试原理的不断创新

1. 白细胞分类的改进　即由电阻抗法按白细胞体积的"两分群"、"三分群"发展到集多种物理化学方法处理白细胞、用先进的计算机技术区分、辨别经上述方法处理后的各细胞间的细微差异，综合分析试验数据，得出较为准确的白细胞分类结果。迄今为止主要有前述的四种类型。

2. 红细胞和血小板计数原理的改进

(1) 二维激光散射法测定红细胞：克服了电阻抗法在病理情况下测定的MCV、MCHC结果不准的问题。测定时，先使自然状态下双凹盘状扁平圆形的红细胞成球形，并经戊二醛固定，其目的是使红细胞无论以何种方式通过测试区时，所得散射光强度都相同，该处理并不影响红细胞平均体积检测。仪器根据低角度(2°~3°)光散射强度测量单个红细胞体积与总数；高角度(5°~6°)光散射强度反映单个红细胞血红蛋白的浓度，经计算机处理，准确得出MCV、MCH、MCHC测定值，绘出红细胞散射图、单个红细胞体积及红细胞内血红蛋白的含量的直方图，并换算出RDW和HDW等参数。

(2) 二维激光散射法测定血小板：同上述红细胞测定一样。

(二) 新血液细胞分析参数的不断出现

自20世纪90年代以来，多功能、多参数的血液细胞分析仪不断出现，由电阻抗型的18个参数，发展至今天的46个参数之多，产生了许多非传统新参数，为临床研究疾病的发生、发展与分类、诊断与鉴别诊断、疗效监测与预后估计等提供了新的思路和新的手段及新的标准，大大丰富了临床血液学的检验内容，促进了血液学的发展。

(三) 各种特殊技术的应用

为了保证检测结果的精确性，各血液细胞分析仪生产厂家采用了不同的先进技术：①运用双鞘流技术、柔变轮廓分类技术、智能微数技术、核酸荧光染色技术，提高细胞计数和分类准确性及对网织红细胞、异常细胞的辨认能力；②运用鞘流技术、扫流技术、隔板技术、浮动界标和拟合曲线技术等，保证血小板计数的精确性；③仪器自动保护技术：采用反冲或瞬间燃烧电路排堵技术、管道和进样针自动清洗及故障自检功能；④密封双旋转阀"截取血样"技术，以避免单阀有磨损时造成稀释后的巨大误差；⑤双通道进样、双定标程序的使用：为避免末梢血与静脉血(因其间的固有差异)在使用同一通道及同一定标程序校正仪器时引起的计数误差，分别采用末梢血计数通道、静脉血计数通道，并特地设置两套定标程序，即分别对静脉血和末梢血结果进行校正，从而有效保证末梢血与静脉血结果的一致性。

(四) 仪器自动化水平的提高

20世纪80年代以前，主要使用半自动血液细胞分析仪。自80年以来，全自动多功能多参数白细胞三分群、五分群血液细胞分析仪不断涌现，仪器自动化程度也日新月异。如网织红细胞分析仪由单独专用，发展到与血细胞分析仪合为一体；血液先机外预染再行测定，发展到目前的和CBC一样直接进行自动分析测定。如"模块式全自动血细胞分析流水线"，完全实现了血液学实验室全自动化。

(五) 无创性全血液细胞分析仪的研究

无创性体内全血液细胞测定，开创了血液细胞分析的新纪元，它基于微循环的可视性将微血管的成像送至电脑成像分析系统，对不同种细胞的不同成像特征进行分析比较和计数，

从而得出各种细胞数及有关参数。该分析技术操作简便、快速、无创伤、无污染、不用试剂，尤其适宜于儿科和急诊及经常需做该项检查的各类患者，在未来有较大的使用优势和潜在的应用前景。

第二节 血液凝固分析仪

血液凝固分析仪简称血凝仪(ACA)，是血栓与止血分析的专用仪器，可检测多种血栓与止血指标，广泛应用于术前出血项目筛查、协助凝血障碍性疾病、血栓栓塞性疾病的诊断及溶栓治疗的监测等方面，是目前血栓与止血实验室中使用的最基本的设备。

一、血凝仪的类型及特点

临床常用的血凝仪按自动化程度可分为半自动血凝仪、全自动血凝仪及全自动血凝工作站。按检测原理又可分为电流法、光学法、磁珠法、超声波法血凝仪。

1. 半自动血凝仪　需手工加样加试剂，操作简便、检测方法少、价格便宜、速度慢，测量精度好于手工血凝仪，但低于全自动血凝仪，主要检测一些常规凝血项目(图4-6)。

2. 全自动血凝仪　自动化程度高、检测方法多、通道多、速度快、测量精度好，但价格昂贵，对操作人员素质要求高，除对常规凝血、抗凝、纤维蛋白溶解系统等项目进行全面的检测外，还能对抗凝、溶栓治疗进行实验室监测(图4-7)。

图4-6　半自动血凝仪

图4-7　全自动血凝仪

3. 全自动血凝工作站　由全自动血凝仪、移动式机器人、离心机等组成，可进行样本自动识别和接收、自动离心、自动放置、自动分析、分析后样本的分离等。该系统还可与其他自动化实验室系统相结合，以实现全实验室自动化。

二、血凝仪的检测原理

1. 凝固法　早期仪器采用模拟手工的方法钩丝(钩状法)，依凝血过程中纤维蛋白原转化为纤维蛋白丝可导电的特性，当通电钩针离开样本液面时，纤维蛋白丝可导电来判定凝固终点。该法由于终点判断很不准确被淘汰。现在通过检测血浆在凝血激活剂作用下的一系列物理量(光、电、机械运动等)的变化，再由计算机分析所得数据并将之换算成最终结果，故也称生物物理法。按具体检测手段可分为电流法、超声分析法、光学法和磁珠法四种，国内血凝仪以后两种方法最为常用。

(1) 光学法：是根据血浆凝固过程中浊度的变化导致光强度变化来确定检测终点。故

又叫比浊法。光学法血凝仪的试剂用量只有手工测量的一半。当向样品中加入凝血激活剂后，随着样品中纤维蛋白凝块的形成过程，样品的光强度逐步增加，仪器把这种光学变化描绘成凝固曲线，当样品完全凝固以后，光的强度不再变化。通常是把凝固的起始点作为0，凝固终点作为100%，把50%作为凝固时间。光探测器接收这一光的变化，将其转化为电信号，经过放大再被传送到监测器上进行处理，描出凝固曲线。根据不同的光学测定原理，又可分为散射比浊法和透射比浊法两类。

考点提示
光学法血凝仪检测的原理

(2) 磁珠法：现代磁珠法被称为双磁路磁珠法。双磁路磁珠法的测试原理是：测试杯的两侧有一组驱动线圈，它们产生恒定的交变电磁场，使测试杯内特制的去磁小钢珠保持等幅振荡运动。凝血激活剂加入后，随着纤维蛋白的产生增多，血浆的粘稠度增加，小钢珠的运动振幅逐渐减弱，仪器根据另一组测量线圈感应到小钢珠运动的变化，当运动幅度衰减到50%时确定凝固终点。双磁路磁珠法中的测试杯和钢珠都是专利技术，有特殊要求。测试杯底部的弧线设计与磁路相关，直接影响测试灵敏度。小钢珠经过多道工艺特殊处理，完全去掉磁性。在使用过程中，加珠器应远离磁场，避免钢珠磁化。为了保证测量的正确性，钢珠应当一次性使用。

2. 底物显色法　通过测定产色底物的吸光度变化来推测所测物质的含量和活性，故也称生物化学法。其实质是光电比色原理，通过人工合成，与天然凝血因子氨基酸序列相似，并且有特定作用位点的多肽；该作用位点与呈色的化学基团相连；测定时由于凝血因子具有蛋白水解酶的活性，它不仅能作用于天然蛋白质肽链，也能作用于人工合成的肽段底物，从而释放出呈色基团，使溶液呈色，；呈色深浅与凝血因子活性成比例关系，故可对凝血因子进行精确定量。该法灵敏度高、精密度好，易于自动化，为血栓、止血检测开辟了新途径。

3. 超声波法　依凝血过程使血浆的超声波衰减程度判断终点。只能进行半定量，项目少，目前已经较少使用。

4. 免疫学方法　以纯化的被检物质为抗原，制备相应的抗体，然后利用抗原抗体反应对被检物进行定性或定量测定。常用方法有免疫扩散法、火箭电泳法、双向免疫电泳法、酶标法、免疫比浊法。血凝仪使用免疫比浊法等。详细情况可参考其他书籍。

三、血凝仪的主要组成部分

目前市售的半自动血凝仪主要由样品、试剂预温槽、加样器、检测系统（光学、磁场）及微机组成。全自动仪器除上述部件外，还增加了样品传送及处理装置、试剂冷藏位、样品及试剂分配系统、检测系统、计算机、输出设备及附件等。有的还配备了发色检测通道，使该类仪器同时具备了检测抗凝及纤维蛋白溶解系统活性的功能。仪器的基本结构如下。

(1) 样品、试剂预温槽：由电加热和温度控制器组成。其功能是使待检样品、试验试剂温度保持在37℃。

考点提示
全自动血凝仪的基本结构

(2) 加样器：由移液器和与其相连的导线组成。

(3) 自动计时装置：有的仪器配有自动计时装置，以告知预温时间和最佳试剂添加时间；有的在测试位添加试剂感应器，感应器从移液器针头滴下试剂后，立即启动混匀装置振动，

使血浆与试剂得以很好地混合;有的仪器在测试杯顶部安装了移液器导板,在添加试剂时由导板来固定移液器针头,从而保证了每次均可以在固定的最佳的角度添加试剂并可以防止气泡产生。这些改进,提高了血凝仪检测的准确性。

(4) 样品传送及处理装置:全自动仪器具有样品传送及处理装置。血浆样品由传送装置依次向吸样针位置移动,多数仪器还设置了急诊位置,可以使常规标本检测必要时暂停,以服从急诊样本优先测定。样本处理装置由样本预混盘及吸样针构成,前者可以放置几十份血浆样本,吸样针将血浆吸取后放于预混盘的测试杯中,供重复测试、自动再稀释和连锁测试用。

(5) 试剂冷藏位:可以同时放置几十种试剂进行冷藏,避免试剂变质。

(6) 样本及试剂分配系统:包括样本臂、试剂臂、自动混合器。

(7) 检测系统:仪器的关键部件。血浆凝固过程通过前述多种原理检测法进行检测。

(8) 计算机控制系统:根据设定的程序指挥血凝仪进行工作并将检测得到的数据进行分析处理,最终得到测试结果。可对患者的检验结果进行储存、质控统计,并可记忆操作过程中的各种失误等工作。

(9) 输出设备:通过计算机屏幕或打印机输出测试结果。

(10) 附件:主要有系统软件、穿盖系统、条码扫描仪、阳性样本分析扫描仪等。

四、血凝仪常用检测项目及应用

半自动血凝仪以凝固法测定为主,检测项目较少,而全自动血凝仪可使用多种方法进行凝血、抗凝、纤维蛋白溶解系统功能、用药的监测等多个项目的测定。

1. 凝血系统的检测　常规筛选试验:如 PT、APTT、TT 测定;单个凝血因子含量或活性的测定:FIB、凝血因子Ⅱ、凝血因子Ⅴ、凝血因子Ⅶ、凝血因子Ⅷ、凝血因子Ⅸ等。

2. 抗凝系统的检测　AT-Ⅲ、PC、PS、APCR、狼疮抗凝物质(LAC)等测定。

3. 纤维蛋白溶解系统的检测　PLG、α_2-AP、FDP、D-Dimer 等。

4. 临床用药的监测　当临床应用普通肝素(UFH)、低分子肝素(LMWH)及口服抗凝剂如华法林时,常用血凝仪进行监测以保证用药安全。

五、血凝仪的性能指标与评价

选择高质量的血凝仪,对于保证止血与血栓检验的质量至关重要。因此,血凝仪的评价应包括两个方面:即一般性评价和技术性评价。

(一) 一般性评价

对于需要购买血凝仪的单位,首先要了解如下几个方面的问题:购买仪器的目的,购置后解决哪些问题、估算标本量、仪器的价格、运行费用、性能参数、保修和维修的情况、设备的安放条件能否满足需要、校准物和质控物以及试剂的来源和价格,人员培训的方式,经济和社会效益等,应结合本单位的财力和科室工作的需要提出初步计划。

(二) 技术性能评价

国际血液学标准化委员会(ICSH)对血凝仪性能评价的标准包括:①精密度;②正确度;③线性范围;④携带污染率;⑤干扰;⑥可比性分析。具体评价细则见《临床实验室管理学》。

六、血凝仪的操作与维护

(一) 操作指南

1. 半自动血凝仪操作(图 4-8)

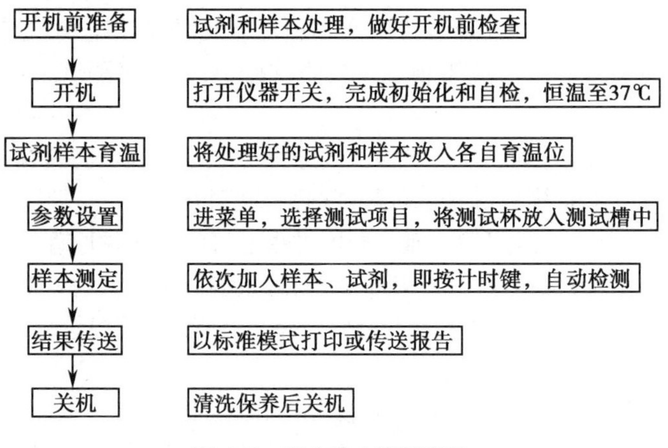

图4-8 半自动血凝仪操作

2. 全自动血凝仪(详尽操作步骤见《综合实训》)

(1) 开机:①检查蒸馏水量、废液量;②依次打开稳压电源、打印机电源、仪器电源、主机电源、终端计算机电源;③仪器自动检测通过后,进入升温状态;④达到温度后,仪器提示可以进行工作。

(2) 测试前准备:①试剂准备:按照测试的检验项目做好试剂准备;严格按试剂说明书的要求进行溶解或稀释,溶解后室温放置 10~15min,然后,将各种试剂放置于设置好的试剂盘相应位置;②选择测试项目:从仪器菜单选择要测试的检验项目;③检查标准曲线:观察定标曲线的线性、回归性等指标。

(3) 测试:①测试各项目质控品,按要求记录并进行结果分析;②患者标本准备,按要求编号、分离血浆、放于样本托架上;③患者信息录入,手工输入标本名称或患者名称,在 Test 栏中输入要检测的项目;④样本检测,再次确认试剂位置、试剂量及标本位置后,按“开始”进行检测。

(4) 结果输出:①设置好自动传输模式后,检测结果将自动传输到终端计算机上;②结果经审核确认后,打印报告单。

(5) 关机:①收回试剂:试验完毕后,将试剂瓶盖盖好,将试剂盘与试剂一同放入冰箱 2~8℃储存;②清洗保养:按清洗保养键,仪器自动灌注;等待 15min,按“ESC”键退出菜单;③关机:关闭主机电源、仪器电源、终端计算机电源、打印机电源等。

(二) 仪器维护

1. 半自动血凝仪的维护　做好日常的维护是仪器正常运行的基本保证,包括:①电源电压为 220V,最好使用稳压器电源;更换熔断器内的保险管时,应先关闭本系统,拔下电源线,严格按熔断器座旁标志的规格型号进行更换;②避免阳光直晒和远离强热物体,放置在平稳的工作台上,不得摇晃与振动;保持仪器温度恒定在(37.0 ± 0.2)℃;③防止机器受潮和腐蚀;④保持样本槽、试剂槽、测试槽清洁,严禁有异物进入;⑤若为磁珠型血凝

仪，仪器和加珠器都必须远离强电磁场干扰源，并使用一次性测试杯及钢珠，以保证测量精度。

2. 全自动血凝仪的维护 一般性维护包括：①定期清洗或更换空气过滤器；②定期检查及清洁反应槽；③定期清洗洗针池及通针；④经常检查冷却剂液面水平；⑤定期清洁机械运动导杆和转动部分并加润滑油；⑥及时保养定量装置；⑦定期更换样品及试剂针；⑧定期数据备份及恢复等。

七、血凝仪的进展及应用进展

随着血栓与止血基础理论和临床应用的研究日益深入和现代生物工程技术的突飞猛进，新的检验方法与检测手段不断涌现。血凝仪的临床进展体现在以下几个方面。

（一）多方法、多功能、快速高效

目前的全自动血凝仪大多可同时使用多种方法和原理（如凝固法、免疫法和发色底物法）分析测定，已实现了自动加样加试剂、自动感知样品和试剂液面、自动搅拌、超限样品自动稀释、自动控温、自动扫描辨认、高中低值质量控制等功能，精密度高，速度快。

（二）智能化软件功能进一步完善

全自动血凝仪大多可对所测项目进行任意组合，随机检测、急诊插入、质量控制、ID 条码阅读、双向通讯、网络连接等功能。

（三）全自动血凝仪工作站

该工作站指将全自动血凝仪、离心机、样本传送带、样本自动装卸系统、电脑所组成的工作站，实现安全快速、高效准确的自动化检验。

（四）床旁分析血凝仪

床旁分析血凝仪的发展表现在小型微量、快速简便，即使用小型简便的床旁血凝仪，采取微量血在床边快速完成一些简单项目（如 PT、APTT、FIB）测定，为临床治疗监测提供较可靠的过筛证据。如 TAS、Coagu Chek Plus 床旁血凝仪等。

第三节 血液流变学分析仪

血液流变学分析仪（HA）是对全血、血浆或血细胞流变特性进行分析的检验仪器，主要包括血液黏度计、红细胞变形测定仪、红细胞电泳仪、黏弹仪等。近年来，这类仪器在心血管、脑血管、血栓、高黏滞血症等相关疾病中应用比较广泛，在亚健康人群、体检人群中应用更加广泛，为血液流变学研究开辟了广阔的发展空间。

一、血液流变学分析仪的类型

（一）按工作原理分类

按工作原理分类可分为毛细管黏度计和旋转式黏度计。旋转式黏度计又分为同轴圆筒式、同轴锥板式、锥板式及菱球式等多种形式。

（二）按自动化程度分类

1. 半自动黏度计 主要是手工加样，检测和计算指标基本上是自动完成。

2. 全自动黏度计 加样、检测、计算全部为自动完成。

二、血液流变学分析仪的检测原理与主要组成部分

（一）毛细管黏度计

按泊肃叶定律设计，反映平均切变率，即一定体积的牛顿液体，在衡定的压力驱动下，流过一定管径的毛细管所需的时间与黏度成正比（图 4-9）。

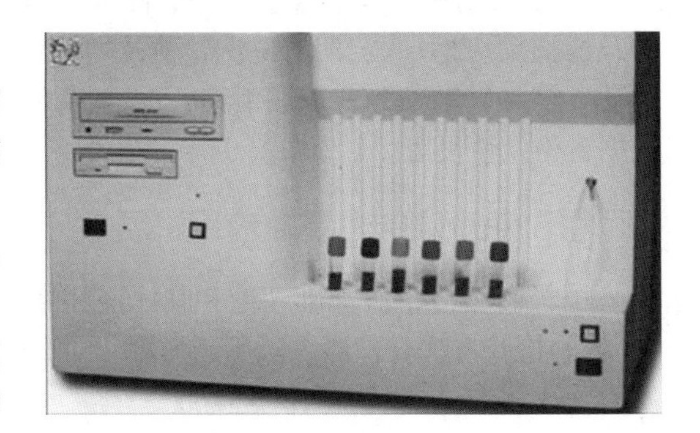

图 4-9 毛细管黏度计

毛细管黏度计主要由毛细管、储液池、控温装置、驱动装置、计时器等组成。

1. 毛细管 测定全血黏度的毛细管内经一般为 0.38mm、0.5mm、0.8mm，长度为 200mm 左右，内径圆、直、长而且均匀，测定血浆黏度时无特殊要求。

2. 储液池（样品池） 一般位于毛细管顶端，是储存样品和温浴的装置。

考点提示

旋转式黏度计与毛细管黏度计的结构的差异有哪些

3. 控温装置 浸没毛细管和储液池的恒温装置，液体数量与温度高低呈负相关，波动范围小于 0.5℃。

4. 驱动装置 对于水平型毛细管黏度计产生驱动力。

5. 计时器 用于流动液体的计时。

（二）旋转式黏度计

旋转式黏度计是以牛顿的黏滞定律为理论依据。它主要有如下两种类型：一种是以外圆筒转动或以内圆筒转动的筒 - 筒式旋转黏度计；另一种是以圆锥体转动或以圆形平板转动的锥板式黏度计。其中，以锥板式黏度计发展最好（图 4-10）。

图 4-10 锥板式黏度计

它们的原理大致相同，都是在同轴的构件之间（筒与筒之间或锥与板之间）设计有一定的间隙，用来填充待测液体。当同轴的构件之一以一定角度和一定驱动力旋转时，会给血样施以切变力，使之形成层流。由于层流之间的作用把转动形成的力矩传递给同轴静置的圆筒或锥体，后者便随之偏转一定角度。血液样本越黏稠，传入的力矩就越大，圆筒或锥体偏转的角度就越大。偏转角度与力矩之间，力矩与样品的黏度之间成正比。这种力矩被力矩传感装置所获取后将其转换为电信号，就实现了电信号大小与样本黏度成正比，从而计算出样品的黏度。

旋转式黏度计主要由样本转盘、加样系统、样本传感器、转速控制与调节系统、力矩测量系统、恒温系统等组成（图 4-22）。

1. 加样系统 采用蠕动泵转动泵管产生吸引力并传递到吸样针吸取样品和加样。

2. 样本传感器 由同轴圆筒或锥与板组成，其中一个构件可以旋转，另一构件可以通

过样品黏度来“感知”旋转所产生的切变力。

3. 转速控制与调节系统　依靠微型电机来实现。

4. 力矩测量系统　测量由锥板产生的力矩，将其转化为电信号。

5. 恒温系统　保持测定环境所要求的温度。

三、血液流变学分析仪的工作过程

仪器的使用方法因各厂家生产仪器不尽相同，操作人员上岗必须经过严格培训，使用前必须仔细阅读仪器说明书，了解仪器的工作原理、操作规程、校正方法及保养要求。一般的仪器都会设置几个主要程序。开机后一般自动恒温，仪器自动自检，最后提示“准备检测”程序。

1. 检测前准备　一些厂家已经有自己的质控品，应每天坚持用仪器自带的质控品进行检测，质控结果在允许范围内方可进行当日标本检测，否则，寻找原因并排除后再测定标本。

2. 测试选项　最好先用手工将抗凝血标本颠倒混匀三遍以上，再按编号装入样本转盘待检。在测试界面点击“测试”，仪器自动弹出许多空闲孔位，点击空闲孔位图标，便进入测试选项界面，包括“全血测试”、“批量输入”、“取消测试”、“批量测试”等选项。

3. 测试确定　先选择“全血测试”，在弹出“批量输入”的孔位及序号界面，根据标本数量输入相关信息后按“确定”。仪器便开始自动测定、自动清洗、自动检测下一个样品，直到设置样品全部检测完毕。

4. 建立基本信息　在测试过程中可以建立患者的检验报告单基本信息。

5. 转换标本类型　全血测试完成，将标本取出离心，然后再装入仪器对应位置，同上选择“血浆测试”，仪器便开始自动测定、自动清洗、自动检测下一个标本，直到设置标本全部检测完毕。

6. 报告单　在建立报告单位置录入患者的血沉参数和压积参数，仪器自动生成完整的报告单。

7. 关机　关机前做仪器清洁保养。

四、血液流变学分析仪的维护

(1) 血液流变学分析仪最常见的故障是维护不到位造成结果不理想，其中最为常见的是清洗不干净。由于血液流变学标本为抗凝血，抗凝剂附着在毛细管壁，影响检测标本流速而影响结果。对于锥板式检测原理的仪器只要有极微小的血迹便会影响锥板的转速和力矩，从而影响血液流变学检查结果。解决方式是作好日保养、周保养、月保养，根据情况可作加强保养。

(2) 漏水的原因及处理：血液流变学分析仪因为管道多、接头多，特别是甭管长时间磨损，容易漏水，主要表现为无法吸样。一经发现，应及时查找原因及时处理。

(3) 堵塞的原因及处理：血液流变学分析仪吸样针细长、管道多、电磁阀多，容易堵塞，特别是纤维蛋白原呈半透明，肉眼难以发现，电磁阀损坏阀门打不开等都表现为无法吸样。发现后应根据堵塞部位及时疏通处理。

(4) 电脑或软件故障常常表现为死机或仪器自检有故障。

(5) 结果不准确可以随时校准仪器。

(6) 仪器电路板损坏常表现为仪器连接超时或者仪器失去控制。

五、血液流变学分析仪的评价

(一) 毛细管黏度计的特点

(1) 设备相对简单、操作简便、易于普及。

(2) 测定牛顿液体黏度结果可靠,是血浆、血清样本理想的测定方法,但反映全血等非牛顿液体的黏度特性有限。

(3) 对于低切变率有限,一般能检测到 $3s^{-1}$ 以上。

(4) 对 RBC、WBC 的变形性和血液的黏弹性研究有限。

(二) 旋转式黏度计的特点

(1) 能提供所需不同速度下的剪切率,能检测低切变率至 $1s^{-1}$。

(2) 在了解全血、血浆的流变特性,RBC 与 WBC 的聚集性、变形性等方面具有优势。

(3) 操作和清洗都比较简单。

(4) 最新双转盘设计的血液流变学分析仪,将两种检测原理技术融合在一台仪器上,其中一个转盘为锥板原理检测全血标本,另一个转盘检测血浆,这种机型结果好、速度快,是目前最先进、最理想的血液流变学分析仪。

(三) 血液黏度计技术指标

不同厂家仪器其性能指标有一定差异,一般要求满足以下条件即可。

1. 准确性 牛顿液体黏度引入的误差应 $< \pm 2\%$。非牛顿液体黏度引入的误差如下:切变率为 $1s^{-1}$ 时,误差应为 $\pm 2MPa \cdot s$;切变率为 $200s^{-1}$ 时,误差应为 $\pm 0.2MPa \cdot s$。

2. 变异系数 牛顿液体黏度的 CV% 应 <2%。非牛顿液体黏度的 CV%<3%。

3. 一般标准 切变率检测范围为 $1 \sim 200s^{-1}$,样品量 <800uL,测定时间 <60s,温度控制在 (37 ± 0.1)℃。

4. 测试参数 一般有全血黏度、血浆黏度、全血还原黏度、红细胞刚性指数、变形指数、聚集指数、血沉方程 K 值、血液屈服应力、卡松黏度等。

六、血液流变学分析仪的进展

近年来,血液流变学分析仪有较大的进步和发展,体现在新技术不断涌现、仪器自动化程度提高、多功能、随机性等几个方面。

(1) 检测原理方面,从单纯的毛细管法到毛细管法与锥板法同时设计在一台仪器上,利用毛细管原理检测血浆黏度,用锥板法原理检测全血黏度,将二者的优势集中在一台仪器上,检测结果准确度和检测速度大大提高,代表了血液流变学分析仪发展的方向。

(2) 软件的不断改良,使仪器自动化程度和结果准确性不断提高。

第四节 自动血沉分析仪

自动血沉分析仪其原理和方法建立在魏氏法血沉的基础上,利用光学阻挡原理或激光扫描微量全血原理进行检测的一种快速测定仪器,它改变了魏氏法血沉时间长、温度不恒定、垂直竖立血沉管难以做到标准化等缺点。

一、自动血沉分析仪类型、原理及结构

自动血沉分析仪是建立在魏氏法血沉基础上的一种快速检测仪器，按原理分为两类：光学阻挡法原理和激光扫描微量全血原理，光学阻挡法又分为定时扫描或光电跟踪扫描两种。

（一）光学阻挡法

1. 定时扫描式　其原理是将专用血沉管垂直固定在自动血沉仪的孔板上，光源元件沿机械导轨滑动，对血沉管进行扫描。如果红外线不能照射到接收器，说明红外线被红细胞阻挡，此时则先记录血沉管中的血液在时间零计时的高度。随后，每隔一定时间扫描一次，记录扫描红细胞和血浆接触的位置，当红外线能穿过血沉管到达接收器时，接收器将信号输出给计算机计算到达移动终端时所需的距离。并由计算机将此数据转换成魏氏法观测值而得出血沉结果（图4-11）。

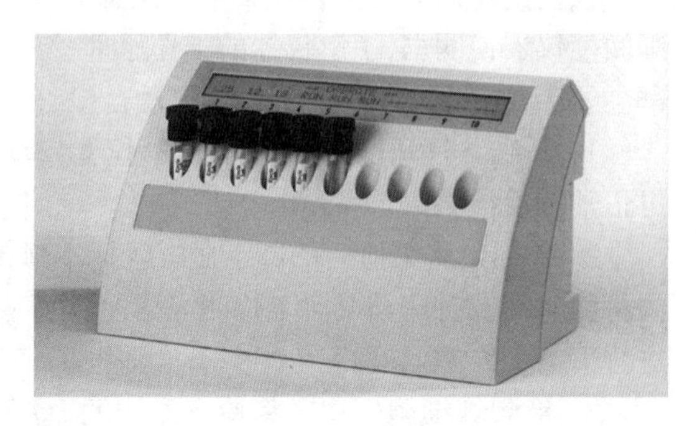

图 4-11　自动血沉仪

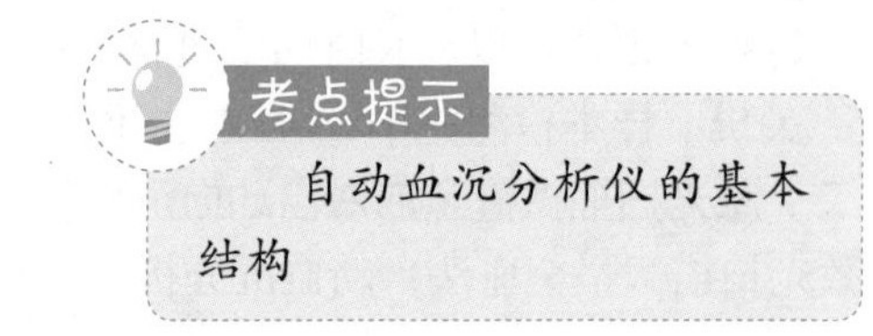

2. 光电跟踪式　其原理是光电装置跟随红细胞界面移动。检测系统由位于测定管两侧配对的LED和光电管自动监测记录。这种仪器每套机械装置一次只能检测一个样品，速度非常有限，所以应用不太广泛。

自动血沉分析仪的基本结构如下。

1. 机械系统　机械系统是沿测定管上下移动的装置，主要完成对样品的跟踪扫描。

2. 光学系统　光学系统由发光二极管（LED）和光电转换器组成，使LED发出的光透过标本被光电管接收并转换。

3. 电路系统　主要由模数转换器、微处理器组成，仪器将得到的模拟信号转换成数字信号，传给微处理器进行处理，最后显示并打印结果。

（二）激光扫描微量全血法

将样本管装在样本架上，放入仪器后，仪器自动进行3min的混匀（转速60r/min），然后进样针刺入样品管吸样，在蠕动泵的动力作用下吸样至检测位毛细管中。在样本进入到检测位置的20s内，也就是红细胞缗线状结构的形成过程中，光路检测器将记录样本中1000个光线透过信号（OD）值，经过数据处理系统换算，给出与魏氏法相关的血沉结果。

包括样本混匀器、样本进样器、激光扫描光度计、数据处理换算系统。

1. 样本混匀器　仪器分为手动混匀手动揭盖吸样和自动混匀自动穿盖吸样两种机型。自动混匀是将样品试管装入专用试管架上，仪器自动旋转试管架（60r/min）混匀。

2. 样本进样器　自动穿刺针穿盖吸取样品。

3. 激光扫描光度计　检测毛细管中血细胞状态变化所引起的光密度变化。

4. 数据处理换算系统　采用计算机对光密度变化进行分析，得出与魏氏法相关的血沉结果。

二、自动血沉分析仪的操作

（一）光学阻挡法自动血沉分析仪

【操作指南】

仪器的使用方法因各厂家生产仪器不尽相同，操作人员上岗前必须经过培训，使用前仔细阅读仪器说明书，了解仪器的工作原理、操作规程、校正方法及保养要求。一般，仪器操作都会经历几个主要程序。开机后自动自检，自动恒温，最后提示“准备检测”程序。

1. 开机　打开仪器的电源开关，仪器自动初始化进行自检，然后进入测试菜单，仪器即可正常测量样本。

2. 上样　将采血后的真空血沉管标本颠倒混匀后直接插入任意一个孔位，仪器自动记录检测时间及打印结果。当检测完毕血沉管从孔位中移走，该孔位自动恢复到待测状态，可进行下一个样本的检测。

3. 检测红细胞压积　将检测完毕的血沉样本管取出离心后仍然放回原测量位置仪器将自动读取压积结果。

4. 待机　仪器可以较长时间待机，样本随到随测。

5. 关机　样本检测完毕，仪器在主菜单界面随时可关机。

（二）激光扫描微量全血法自动血沉分析仪

激光扫描微量全血法自动血沉分析仪操作简单，便于管理现在临床得到广泛使用。

三、自动血沉分析仪的维护

（一）光学阻挡法自动血沉分析仪

(1) 经常保持仪器的清洁，特别是检测孔位的清洁最为重要的，灰尘太多影响光源的强度，对结果有一定影响。

(2) 经常用中性清洁剂清洁仪器外表面。

（二）激光扫描微量全血法自动血沉分析仪

(1) 每批维护：每批检测后执行清洗。

(2) 每日维护：清洁仪器表面。

(3) 开机后、关机前执行清洗。

(4) 定期维护：①每周清洁：样本架用浓度小于0.1%的NaCL溶液擦拭，再用蒸馏水清洁并擦干。②每周清洁样本管感应器：用无水乙醇棉签擦拭后再用干棉签擦干。③每周清洁条形码阅读器：用无水乙醇棉签擦拭后再用干棉签擦干。④每周清洁样本架上的光学传感器：用无水乙醇棉签擦拭后再用干棉签擦干。⑤每月清洁管道：执行三次清洗程序，第一次用两管蒸馏水，第二次用一管蒸馏水和一管浓度小于0.5%的NaCL溶液，第三次用两管蒸馏水执行清洗操作。⑥每半年更换蠕动泵管（此项工作由工程师进行）。

四、自动血沉分析仪的质量控制

目前，血沉仪器的质控品还没有普及，室内质控有一定难度。要求平时与参考方法作对比并参加相关部门组织的室间质量评价活动来控制好质量。激光扫描微量全血法自动血沉分析仪的质控可以用以下简易方法。

1. 全血质控操作步骤　取EDTA抗凝不稀释的正常值、异常值样本各两个，检测记录

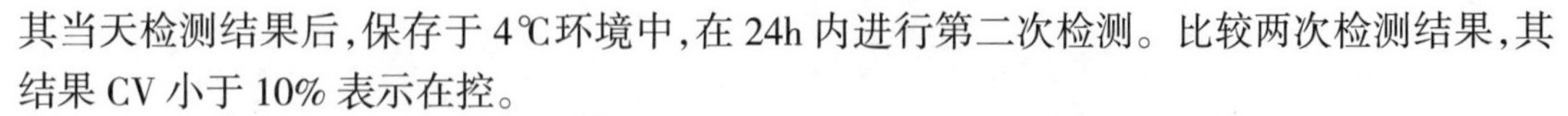

其当天检测结果后，保存于 4℃环境中，在 24h 内进行第二次检测。比较两次检测结果，其结果 CV 小于 10% 表示在控。

2. 注意事项　24h 内进行第二次检测时需将样本取出静置到达到室温并充分混匀才能够进行检测。

五、自动血沉分析仪的常见故障及处理

（一）光学阻挡法自动血沉分析仪常见故障及处理

（1）在使用过程中，要避免强光的照射，否则会引起检测器疲劳，计算机采不到数据不会报结果。

（2）检测结束，测试管应取出，让仪器回归待机状态。仪器长时间运行有时会因检测器疲劳导致计算机死机的情况，此时应该重新启动计算机。

（3）仪器正在扫描时读数键暂时失效属于正常情况，此时，应该等待仪器扫描结束后再读数。

（二）激光扫描微量全血法自动血沉分析仪常见故障及处理

1. 转子传感器错误　转子没有正确旋转或电机故障，显示信息“Error E-TEST1 OFF”，分析周期失败。此时，尝试关闭仪器电源 10s 后再次打开电源。有时这种错误是前门没有完全关好或前门传感器没有金属反射信号，请关好前门或检查前门传感器。

2. 仪器打印“NF”字样无血沉结果　表明血液样本流动不正常，是气泡进入管道或样本针堵塞所致。若一开始频繁显示此信息，则在分析测试前执行冲洗程序。

3. 仪器显示“Increase Avail.Insert CARD”　提示用户增加有效测试数量（另外购买测试只读卡可增加有效测试数量）。

4. 打印信息显示“Waste level detected EMPTY the tank”　废液计数器报警达到废液瓶报警值（默认 2000）。仪器自动进入废液瓶更换清空程序，更换空的废液瓶，清空废液瓶后按“1- empty”键，废液计数器归零。

5. 打印信息显示“Maintenance Request”　维护保养计数器报警达到维护保养报警值（默认 30000），必须维护保养，联系生产厂的维修人员，进行维护保养工作。

六、自动血沉分析仪的性能指标及评价

1. 性能特点　①精确可靠；②检测时间可选；③干净安全；④快速高效；⑤可随时随机测定标；⑥多参数检测；⑦打印结果灵活。

2. 性能评价　不同检测原理、不同厂家、不同型号的产品性能指标是不一致的，准确度可以从 ±（0.2~1）mm；检测重复性的 CV3%~5%；温度准确度 ±0.5℃。

3. 性能指标

（1）检测时间：任选。

（2）检测通道：1~64 个。

（3）检测能力：每小时可检测 20~120 个标本。

（4）标本采集：真空管或普通管。

（5）环境条件：温度为 15~30℃。

七、自动动态血沉分析仪的进展

近年来，全自动动态血沉分析仪有着较大的进步和发展，体现在新技术不断涌现、仪器自动化程度提高、多功能、随机性及检验结果的准确性等几个方面。

光学阻挡法已经是普及型的新型血沉分析仪，是当前的主流机型；而激光扫描微量全血法自动血沉分析仪的检测原理更先进，用血量极微，速度极快，是目前的发展方向。

本章小结

血液细胞分析仪对血液细胞异质性进行分析的检验仪器，主要功能是血细胞计数、白细胞分类计数、相关参数计算等。因其采用的原理、技术、仪器结构及检测参数等方面的不同，所以仪器的种类也很多。血液细胞分析仪的设计基础是电阻抗法检测原理，而联合检测型血液细胞分析仪主要是在白细胞分类部分进行改进，通过使用流式细胞技术、激光、射频、电导、电阻抗联合检测、细胞化学染色等技术同时分析一个细胞，从而准确的得出白细胞“五分群”结果。血液细胞分析仪主要由血细胞检测系统、血红蛋白测定系统、机械系统、电子系统、计算机和键盘控制系统等组成，而血细胞检测系统又分为电阻抗型检测系统和流式光散射检测系统。血液细胞分析仪是精密电子仪器，因此在安装、使用以及日常维护要仔细阅读仪器操作说明书，确保仪器正常运行。随着各种高新技术在临床检验工作中的应用，使血液细胞分析仪在自动化程度、功能方面都提高到了一个崭新阶段。

血液凝固分析仪简称血凝仪(ACA)，是血栓与止血分析的专用仪器，是目前血栓与止血实验室中使用的最基本的设备。血凝仪按自动化程度可分为半自动血凝仪、全自动血凝仪及全自动血凝工作站，其中全自动血凝仪在临床应用广泛。光学法和磁珠法血凝仪在国内最为常用，而光学检测原理又可分为散射比浊法和透射比浊法两类。半自动血凝仪的基本结构主要由样品、试剂预温槽、加样器、检测系统及微机组成，全自动血凝仪还增加了样品传送及处理装置、试剂冷藏位、样品及试剂分配系统等。做好日常的维护是血凝仪正常运行的基本保证。

血液流变学分析仪(HA)是对全血、血浆或血细胞流变特性进行分析的检验仪器，主要有血液黏度计，按工作原理可分为毛细管黏度计和旋转式黏度计，毛细管黏度计按泊肃叶定律设计而成，旋转式黏度计以牛顿的黏滞定律为理论依据。旋转式黏度计又分为同轴圆筒式、同轴锥板式、锥板式及菱球式等多种形式，其中以锥板式黏度计临床最为常用，其基本结构主要有样本转盘、加样系统、样本传感器、转速控制与调节系统、力矩测量系统、恒温系统等。血液流变学分析仪最常见的故障是清洗不干净，因此做好日常维护显得尤为重要。

自动血沉分析仪其原理和方法建立在魏氏法血沉的基础上，利用光学阻挡原理或激光扫描微量全血原理进行检测的一种快速测定仪器。光学阻挡法基本结构有机械系统、光学系统、电路系统等。仪器操作主要经历开机后自动自检，自动恒温，提示“准备检测”程序，因其操作简单、自动化程度高、多功能而成为当前主流机型。

目标测试

一、选择题

1. 血细胞分析仪是用来检测
   A. 红细胞异质性　B. 白细胞异质性　C. 血小板异质性
   D. 全血内血细胞异质性　E. 网织红细胞异质性
2. 电阻抗检测原理中脉冲、振幅和细胞体积之间的关系是
   A. 细胞越大,脉冲越大,振幅越小
   B. 细胞越大,脉冲越小,振幅越小
   C. 细胞越大,脉冲越大,振幅越大
   D. 细胞越小,脉冲越小,振幅不变
   E. 细胞越小,脉冲越小,振幅越大
3. 血细胞分析仪常见的堵孔原因不包括
   A. 静脉采血不顺,有小凝块　B. 严重脂血
   C. 小孔管微孔蛋白沉积多　D. 盐类结晶堵孔
   E. 用棉球擦拭微量取血管
4. 下列不属于血细胞分析仪维护内容的是
   A. 检测器维护　B. 液路维护
   C. 清洗小孔管微孔沉积蛋白　D. 样本中凝块的处理
   E. 机械传动部分加润滑油
5. 下列不属于血细胞分析仪安装要求的是
   A. 环境清洁　B. 良好的接地　C. 电压稳定
   D. 适宜的温度和湿度　E. 机械传动部分加润滑油
6. 血凝仪最常用的方法是
   A. 免疫学方法　B. 底物显色法　C. 乳胶凝集法
   D. 凝固法　E. 光电比色法
7. 血凝仪底物显色法的实质是
   A. 光电比色原理　B. 免疫法　C. 干化学法
   D. 超声分析法　E. 比浊法
8. 有关光学法血凝仪的叙述错误的是
   A. 可使用散射比浊法或透射比浊法
   B. 透射比浊法的结果优于散射比浊法
   C. 光学法血凝仪测试灵敏度高
   D. 仪器结构简单、易于自动化
   E. 散射比浊法中光源、样本、接收器成直角排列
9. 下述中不是血凝仪光学法测定的干扰因素是
   A. 凝血因子　B. 样本的光学异常　C. 溶血或黄疸
   D. 加样中的气泡　E. 测试杯光洁度
10. 下述哪项不是旋转式黏度计的基本结构
   A. 样本传感器　B. 储液池　C. 转速控制与调节系统

D. 恒温控制系统　　E. 力矩测量系统

11. 有关旋转式黏度计叙述不正确的是

A. 运用激光衍射技术

B. 以牛顿粘滞定律为依据

C. 适宜于血细胞变形性的测定

D. 有筒 - 筒式黏度计和锥板式黏度计

E. 适宜于全血黏度的测定

12. 下列关于血沉自动分析仪结构的表达中，正确的是

A. 是由光源、单色器、检测器、数据处理系统组成

B. 是由光源、沉降管、检测系统、数据处理系统组成

C. 是由光源、样品池、分光系统、检测器组成

D. 是由光源、沉降管、分光系统、检测器组成

E. 是由光源、分光系统、检测器、数据处理系统组成

13. 下列关于血沉自动分析仪安装要求中，正确的是

A. 要求在绝对恒温、恒湿的环境中

B. 可安装在潮湿的环境中

C. 安装在温度 15℃ ~32℃，相对湿度≤85% 的环境中

D. 安装在温度≤15℃，相对湿度≥85% 的环境中

E. 安装在温度≥40℃，相对湿度≤85% 的环境中

二、简答题

1. 简述电阻抗型 BCA 和联合检测型 BCA 的基本结构。
2. 简述半自动和全自动血凝仪的基本结构。
3. 简述旋转式黏度计的工作原理与基本结构。
4. 简述定时扫描式自动血沉分析仪工作原理与基本结构。

（宋晓光）

第五章　尿液检验相关仪器

学习目标

1. 掌握：尿液干化学分析仪的检测原理与基本结构。
2. 熟悉：尿液干化学分析仪的使用、维护与保养。
3. 了解：流式细胞术尿液有形成分分析仪的使用、维护与保养。

尿液分析是临床诊断泌尿系统疾病和其他疾病的重要措施之一，通过对尿液进行物理学、化学和显微镜检查，可观察尿液物理性状和化学成分的变化。这些检查对泌尿、血液、肝胆、内分泌等系统疾病的诊断、鉴别诊断以及预后判断都有重要意义。本章就尿液干化学分析仪和尿液有形成分分析仪做一简要介绍。

第一节　尿液干化学分析仪

尿液干化学分析仪是利用干化学的方法测定尿中某些化学成分的仪器。因其具有结构简单、操作方便、快速迅捷、便于携带等优点，广泛应用于临床。按自动化程度分为半自动尿液干化学分析仪和全自动尿液干化学分析仪。

一、尿液干化学分析仪的工作原理

（一）尿液干化学分析仪试带

尿液干化学分析仪的试带是按固定位置黏附了化学成分检验试剂块的塑料条，又称试纸条。

考点提示

尿试带的结构组成

1. 尿试带组成及作用　试带由塑料条、试剂块、空白块、参考块组成。①塑料条为支持体；②试剂块含有检验试剂，完成相关项目检测；③空白块是为了消除尿液本身的颜色所产生的测试误差；④位置参考块是为了消除每次测定时试剂块的位置不同产生的测试误差。

2. 尿试带的结构　尿试带采用了多层膜结构，一般分为4层或5层。第一层尼龙膜起保护和过滤作用，防止大分子物质对反应的干扰，保证试剂带的完整性；第二层绒质层，包括过碘酸盐层和试剂层，过碘酸盐作为氧化剂可破坏还原性物质如维生素C等干扰；试剂层含有特定的试剂成分，主要与尿液所测定物质发生化学反应，产生颜色变化；第三层是吸水层，可使尿液均匀快速地浸入试剂块，并能抑制尿液流到相邻反应区，避免交叉污染；最底一层选取尿液不浸润的塑料片作为支持体。其结构见图5-1。

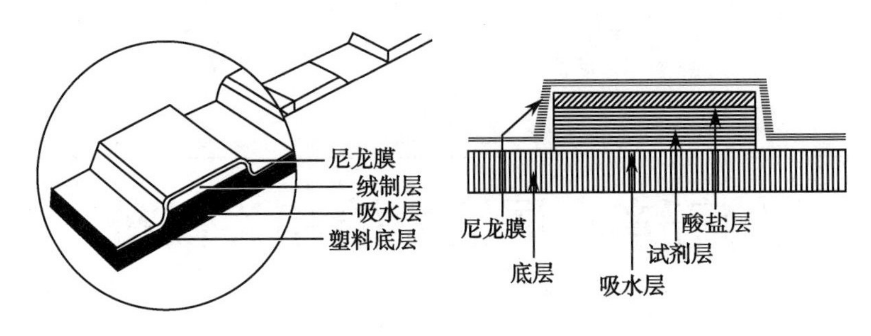

图 5-1 多联尿试带结构示意图

(二) 尿液干化学分析仪的检测原理

试剂带浸入尿液后,除空白块、位置参考块外,试剂块都因和尿液成分发生了化学反应而产生颜色变化。呈色的强弱与光的反射率成比例关系,反射率与试剂块的颜色深浅、光的吸收和反射程度有关,颜色越深,吸收光量值越大,反射光量值越小,则反射率越小;反之,颜色越浅,吸收光量值越小,反射光量值越大,则反射率越大。而试剂块颜色的深浅又与尿液中各种成分的浓度成比例关系,因此,只要测得光的反射率即可求得尿液中的各种成分的浓度。

> 考点提示
> 尿液中不同物质选用的波长长度

尿液干化学分析仪由微电脑控制,采用以球面积分析仪接受双波长反射光的方法检测试剂块的颜色变化进行半定量测定。仪器使用双波长测定法分析试剂块的颜色变化,抵消了尿液本身颜色引起的误差,提高了测量精度。双波长中的一种波长是测定波长,它是被测试剂块的敏感特征波长,每种试剂块都有相应的测定波长,亚硝酸盐、胆红素、尿胆原、酮体一般选用 550nm,酸碱度、葡萄糖、蛋白质、维生素 C、隐血一般选用 620nm;另一种是参考波长,它是被测试剂块的不敏感波长,用于消除背景光和其他杂散光的影响,各试剂块的参考波长一般选用 720nm。

试带通过仪器检测窗口时,光源发出的光照射到试剂块上,试剂块颜色的深浅对光的吸收及反射是不一样的,通过检测反射率,即可计算化学成分的含量。反射率可从下式中求出。

$$R(\%)=T_m \cdot C_S / T_S \cdot C_m \times 100\%$$

式中,R:反射率;T_m:试剂块对测定波长的反射强度;T_S:试剂块对参考波长的反射强度;C_m:空白块对测定波长的反射强度;C_S:空白块对参考波长的反射强度。

二、尿液干化学分析仪的基本结构

尿液干化学分析仪一般由机械系统、光学系统、电路控制系统三部分组成,其结构见图 5-2。

(一) 机械系统

包括传送装置、采样装置、加样装置、测量测试装置。其主要功能是将待检的试剂带传送到测试区,仪器测试后将试剂带排送到废物盒。

(二) 光学系统

包括光源、单色处理、光电转换三部分。将不同强度的反射光经光电转换器转换为电信号传送至电路系统进行处理。

(三) 电路控制系统

光电检测器将试剂块反射的光信号的强弱转换为电信号的大小,送往前置放大器进行放大,放大后的电信号被送往电压/频率变换器,把送来的模拟电信号转换成数字信号,最后送往计数电路予以计数,计数后的数字信号经数据总线传送给CPU单元。CPU经信号运算、综合处理后将结果输出、打印。

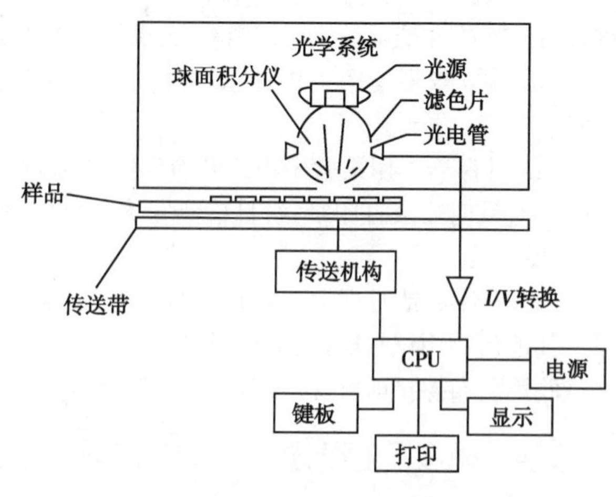

图5-2 尿液干化学分析仪结构示意图

三、尿液干化学分析仪的使用、维护与保养

(一) 尿液干化学分析仪的使用

不同型号的仪器操作方法略有差别,参照仪器说明书操作即可。全自动尿液干化学分析操作流程见图5-3。

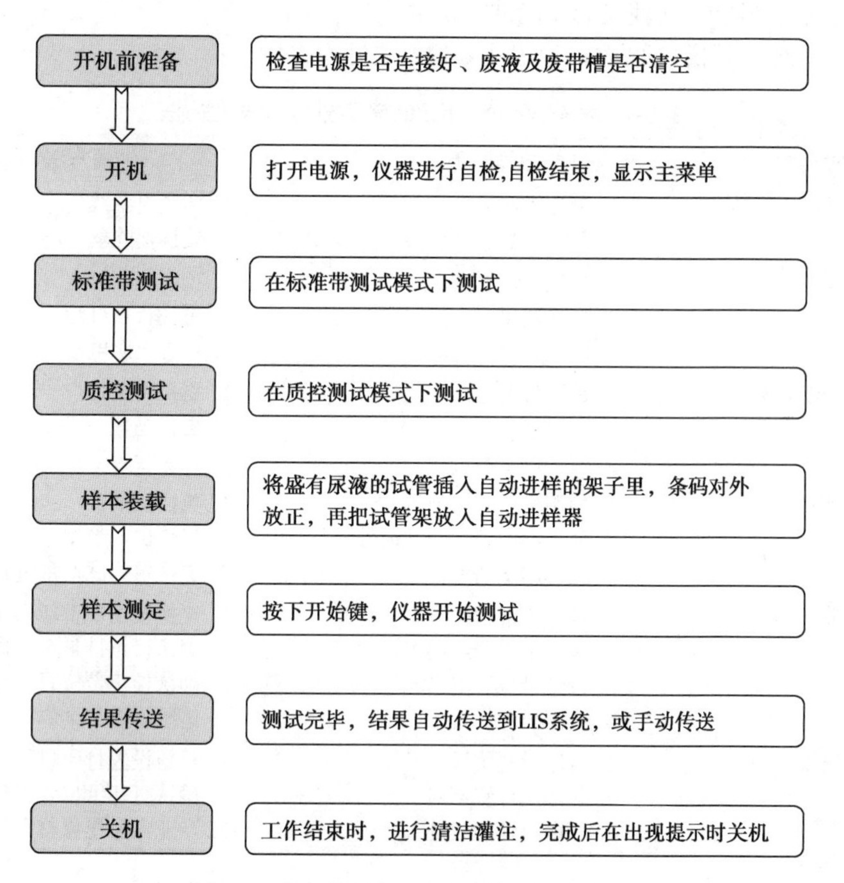

图5-3 全自动尿液干化学分析仪操作流程图

(二) 尿液干化学分析仪的维护保养

尿液干化学分析仪是一种机电一体化的精密仪器,必须精心维护,细心保养,严格按操

作规程操作，才能延长仪器使用寿命，保证检测结果的准确可靠。

1. 建立仪器使用工作日志　对仪器运行状态、异常情况、解决办法、维修情况等逐项登记。

2. 日保养　用柔软干布或蘸有温和洗涤剂的软布擦拭仪器，保持仪器清洁，注意保护显示屏；及时安装打印纸；每日检测完毕，将试带传送器卸下清洗，软布擦干后安装复位；关闭电源。

3. 周保养或月保养　定期对仪器内部的灰尘和尿液结晶进行清洁，灰尘可用吸球吹除，其他污物用湿布擦拭，电路板可用无水乙醇擦拭，待干燥后才能开机；光学扫描系统定期清理，用湿布擦拭即可；按仪器说明书执行规定的周或月保养程序。

四、尿液干化学分析仪的常见故障与处理

考点提示

尿液干化学分析仪的常见故障与处理

仪器的故障分为必然性故障和偶然性故障。必然性故障是各种元器件、零部件经长期使用后，性能和结构发生老化，导致仪器无法进行正常的工作；偶然性故障是指各种元器件、结构等因受外界条件的影响，出现突发性质变，而使仪器不能进行正常的工作。尿液干化学分析仪常见故障、原因及处理方法见表 5-1。

表 5-1　尿液干化学分析仪的常见故障及其处理方法

故障现象	故障原因	处理方法
打开仪器后不启动	1. 电源线连接松动 2. 保险丝断裂	1. 插紧电源线 2. 更换保险丝
光强度异常	1. 灯泡安装不当 2. 灯泡老化 3. 电压异常	1. 重新安装灯泡 2. 更换合格灯泡 3. 检查电源电压
传送带走动异常	1. 传送带老化 2. 马达老化 3. 试带位置不对	1. 更换传送带 2. 更换马达 3. 正确放置试带
检测结果不准确	1. 使用变质的试剂带 2. 使用不同型号的试剂带 3. 定标用试剂带污染	1. 更换试剂带 2. 确认试剂带型号符合要求 3. 更换定标试剂带重新定标
校正失败	1. 校正带被污染 2. 校正带弯曲或倒置 3. 校正带位置不当 4. 光源异常	1. 更换校正带重新操作 2. 确认校正带是否正常 3. 确认校正带位置是否正确 4. 请维修人员维修
打印机错误	1. 打印设置错误 2. 打印纸位置不对 3. 打印机性能欠佳	1. 重新设置打印机 2. 确认打印纸位置正确 3. 专业人员维修打印机

第二节　尿液有形成分分析仪

尿沉渣分析仪大致有两类，一类是通过尿沉渣直接镜检再进行影像分析，得出相应的技

术资料与实验结果；另一类是流式细胞术尿沉渣分析。本节主要介绍流式细胞术分析仪的工作原理、基本结构、使用维护等内容。

知识链接

1988 年，美国研制生产了世界上第一台“Yollow IRIS”高速摄影机式的尿沉渣自动分析仪。这种仪器是将标本的粒子影像展示在计算机的屏幕上，由检验人员加以鉴别。1990 年，日本与美国合作生产出影像流式细胞术的 UA-2000 型尿沉渣自动分析仪，这种仪器由连续高速流动位点摄影系统组成。由于此类尿沉渣自动分析仪对图像粒子测绘不十分满意，处理能力低，重复性差，管型分辨不清，价格较昂贵等原因，而未能普及。1995 年，日本将流式细胞术和电阻抗技术结合起来，研制生产新一代 UF-100 型全自动尿沉渣分析仪。该仪器具有快速、操作方便，且同时给出尿沉渣有形成分的定量结果和红细胞、白细胞细胞散射光分布直方图，便于临床人员对疾病的诊治和科研工作。与此同时，德国生产出新一代的名为 SEDTRON 以影像系统配合计算机技术的尿沉渣自动分析仪。

一、流式细胞术尿液有形成分分析仪

(一) 工作原理

考点提示

流式细胞术尿沉渣分析仪的工作原理

流式细胞术尿沉渣分析仪采用流式细胞术和电阻抗的原理进行尿液有形成分分析。尿液标本被稀释和染色后，在液压系统的作用下被无粒子的鞘液包围，尿液中的细胞、管型等有形成分以单个排列的形式形成粒子流通过流动池的检测窗口，分别接受激光照射和电阻抗检测，得到前向散射光强度、荧光强度和电阻抗信号强度等数据；仪器将前向散射光强度、荧光强度信号转变为电信号，结合电阻抗信号进行综合分析，得到每个尿液标本的直方图和散射图；通过分析这些图形，即可得到各种有形成分的形态、数量等信息。其工作原理见图 5-4。

(二) 仪器结构

流式细胞术全自动尿液有形成分分析仪一般包括流动液压系统、光学系统、电阻抗检测系统和电子分析系统。其结构见图 5-5。

1. 流动液压系统　其作用是形成鞘液流动，鞘液使尿液样品中的细胞等有形成分排成单个的纵列后通过检测流动池，提高细胞计数的准确性和重复性。

2. 光学检测系统　由氩激光(波长 488nm)光源、激光反射系统、流动池、前向光采集器、前向光检测器构成。染色后的细胞受激光照射激发后所产生的荧光通过光电倍增管放大转换为电信号而进行检测。前向散射光强度反映细胞的大小，荧光信号主要反映细胞膜、核膜、线粒体和核酸的染色特性。

3. 电阻抗检测系统　包括测定细胞体积的电阻抗系统和测定尿液电导率的传导系统。电阻抗系统产生的电压脉冲信号的强弱反映细胞体积的大小；脉冲信号的频率反映细胞数量的多少。传导系统的功能是测定尿液电导率。

4. 电子分析系统　电信号经处理后，送往计算机分析器综合处理，得到细胞的直方图

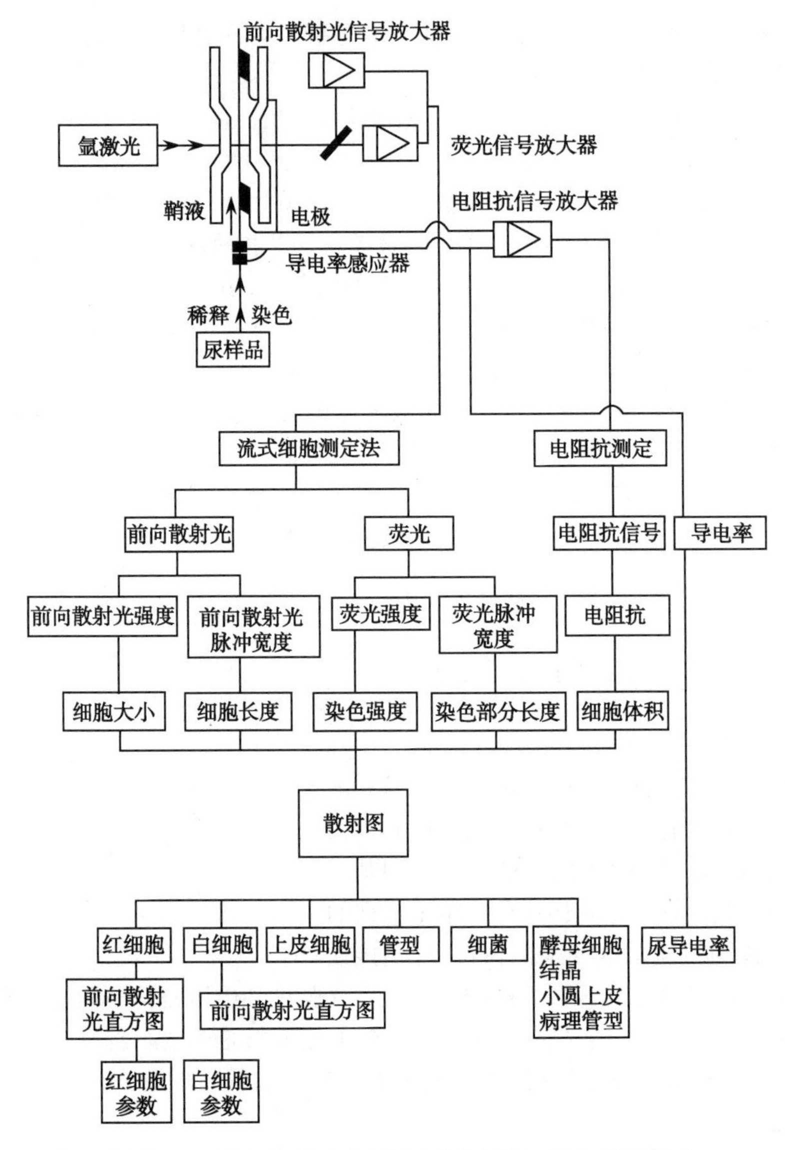

图5-4 流式细胞术尿液有形成分分析仪工作原理示意图

和散射图，并计算出每单位体积（微升）尿中各种细胞的数量和形态。

（三）仪器的使用、保养与维护

1. 调校 仪器首次启用、大修或主要部件更换后、质控检测发现系统误差时须经专门培训的人员进行仪器校准。

2. 使用 该仪器组成结构较尿液干化学分析仪复杂，严格按说明书操作，其操作流程见图5-6。

开机自检和质控检测通过后方可样品测试，遇下列情况时禁止上机检测。①尿液标本血细胞数 >2000/μL 时，会影响下一个标本的测定结果；②尿液标本使用了有颜色的防腐剂或荧光素，可降低分析结果的可靠性；③尿液标本中有较大颗粒的污染物，可引起仪器阻塞。

3. 仪器的维护保养 全自动尿液沉渣分析仪是一种精密的电子仪器，必须精心使用，细心保养，严格按操作规程操作，才能延长仪器使用寿命，保证检测结果的准确可靠。

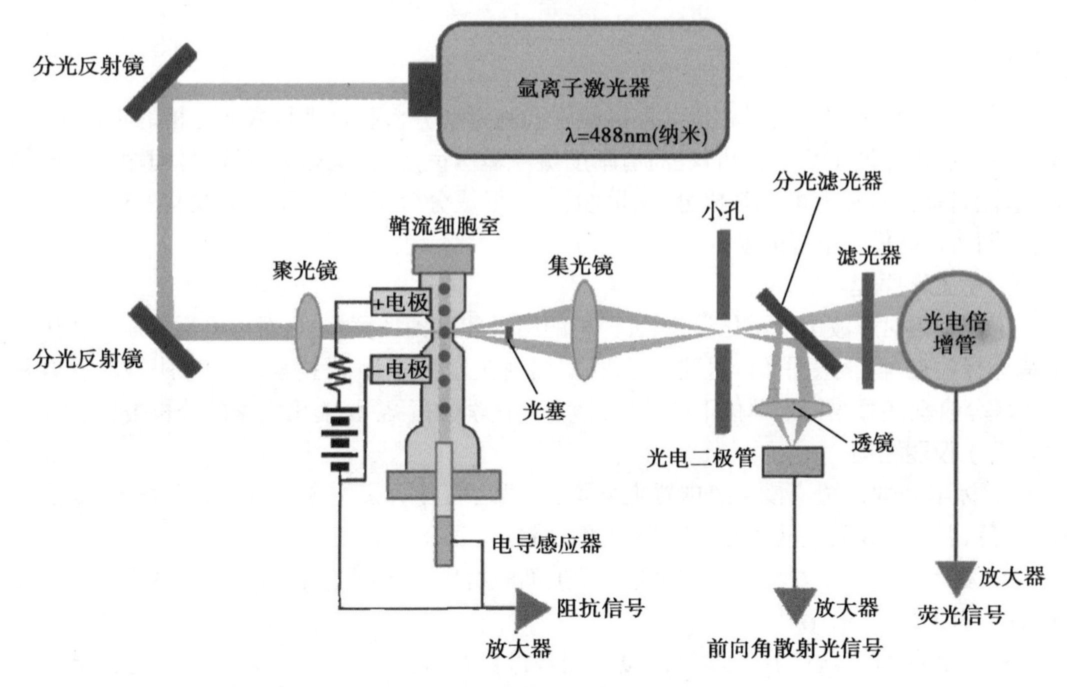

图5-5 流式细胞术尿液有形成分分析仪结构示意图

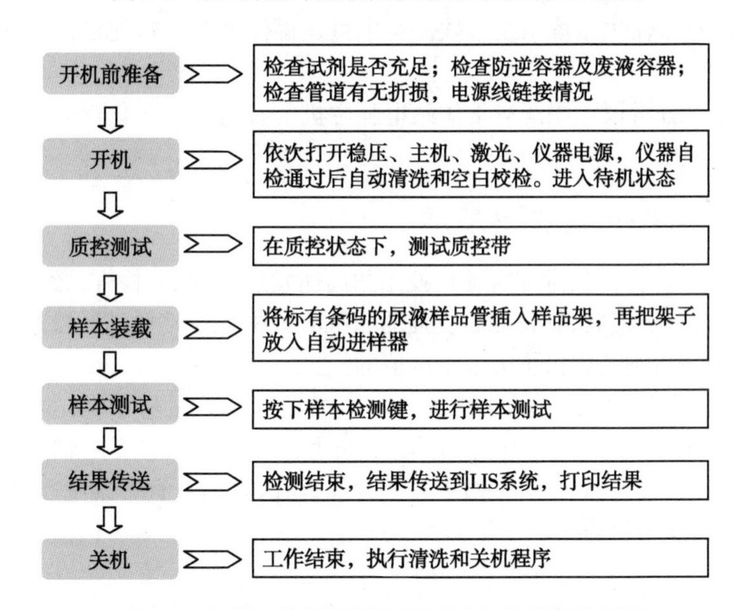

图5-6 流式细胞术尿液有形成分分析仪操作流程图

(1) 仪器应有专人负责，建立仪器使用工作日志：对仪器运行状态、异常情况、解决办法、维修情况等逐项登记。开机前对仪器状态、各种试剂和装置、废液瓶、打印纸等进行检查，确认无误后方可开机。

(2) 日保养：每日检测完毕，清空废液瓶，冲洗仪器管路，按提示执行关机程序；关闭仪器电源；用柔软的布或纸擦拭仪器。连续使用时，每24h执行1次清洗程序。

(3) 月保养：仪器使用一个月或连续9000次测试循环后，需要请专业人员对仪器标本转动阀、漂洗池进行清洗、保养。

二、自动尿沉渣工作站

尿沉渣分析工作站是尿干化学分析和尿沉渣自动分析联合进行尿液分析的工作平台。工作站一般由尿液干化学分析仪、高清晰度摄像显微镜、计算机处理系统、打印输出系统等组成，能自动完成尿液的化学成分、理学性状、有形成分分析，为实现尿液检验的标准化、规范化、网络化提供了很好的平台。

（一）工作原理

工作站先对尿液进行干化学检验，分析的结果传送到计算机；再对离心后的尿沉渣用显微镜进行检查，将形态图像传送到计算机中，出现在显示屏上，供技术人员识别，仪器将各种有形成分自动换算成标准单位下的结果，结合干化学分析结果，输出完整的分析报告。

（二）仪器结构

1. 标本处理系统　该系统内置定量染色装置，在计算机指令下自动提取样本，完成定量、染色、混匀、稀释、充池、清洗等主要工作步骤。

2. 双通道光学计数池　由高性能光学玻璃经特殊工艺制造，池底部刻有 4 个标准计数格，便于有形成分的计数。

3. 显微摄像系统　在光学显微镜上配备摄像装置，将采集的沉渣形态图像的光学信号，转换为电子信号输入计算机进行图像处理。

4. 计算机及打印输出系统系统　软件对主机及摄像系统进行控制，并编辑输出检测样本报告的多项信息。

5. 尿液干化学分析仪　尿沉渣工作站电脑主机上有与尿液干化学分析仪连接的接口，可接收处理相关信息。

三、尿液自动分析仪的临床应用

随着医学技术、计算机技术和自动化技术的高速发展，尿沉渣检查已经由传统的显微镜检查向自动尿沉渣分析发展，综合能力更强的尿沉渣分析工作站也已经投入临床应用，为疾病的诊断、治疗及预后判断提供了大量有价值的信息。

随着计算机信息管理技术在临床实验室信息管理系统中的应用，实验室将尿液有形成分检查的结果、尿液干化学分析仪分析的结果、典型的图形以及患者的临床资料综合起来，所有数据完全实现了数据库化，方便数据查询，同时与医院信息管理系统连接，资源共享，更有利于临床疾病的诊断和治疗。

本章小结

尿液分析是临床诊断泌尿系统疾病和其他疾病的重要措施之一，通过对尿液进行物理学、化学和显微镜检查，可观察尿液物理性状和化学成分的变化。

尿液干化学分析仪的检测原理是根据试带上各试剂垫与尿液产生化学反应发生颜色变化，呈色的强弱与光的反射率成比例关系，测定每种尿试带块反射光的光量值与空白块的反射光量值进行比较，通过计算机求出反射率，换算成浓度值。尿液干化学分析仪的结构由机械系统、光学系统、电路系统三部分组成。

流式细胞术尿沉渣分析仪的检测原理是将尿液标本稀释和染色后，尿液中的细

胞、管型等有形成分在液压系统的作用下以单个排列的形式形成粒子流通过流动池的检测窗口，分别接受激光照射和电阻抗检测，得到前向散射光强度、荧光强度信号，然后转变为电信号，结合电阻抗信号进行综合分析，即可得到各种有形成分的形态、数量等信息。流式细胞术尿液有形成分分析仪一般包括流动液压系统、光学系统、电阻抗检测系统和电子分析系统。

尿沉渣分析工作站结构包括标本处理系统、双通道光学计数池、显微摄像系统、计算机及打印输出系统、尿干化学分析仪等。尿沉渣分析工作站的特点是：①定量准确；②快捷高效；③安全洁净；④方式灵活；⑤宜于观察。

尿液自动分析仪未来的研究方向是增加自动化程度，使尿液干化学分析和有形成份分析联成一体机，和医院的信息系统联网，使试验室更好的为临床医疗服务。

目标测试

一、选择题

1. 下面关于尿液干化学分析仪的叙述中，错误的是
   A. 此类仪器采用球面分析仪接收双波长反射光
   B. 尿试剂带简单、快速、用尿量少
   C. 尿蛋白测定采用指示剂蛋白误差原理
   D. 细胞检查不可替代镜检
   E. 尿葡萄糖检查的特异性不如班氏定性法
2. 尿液干化学分析仪试剂带的结构是
   A. 2层，最上层是塑料层　　B. 3层，最上层是吸水层
   C. 4层，最上层是尼龙层　　D. 5层，最上层是绒制层
   E. 4层，最上层是吸水层
3. 流式细胞术尿沉渣分析仪的工作原理是
   A. 应用流式细胞术和电阻抗　　B. 应用流式细胞术和原子发射
   C. 应用流式细胞术和气相色谱　　D. 应用流式细胞术和液相色谱
   E. 应用流式细胞术和原子吸收
4. 尿液干化学分析仪试剂带空白块的作用是
   A. 消除不同尿液标本颜色的差异　　B. 消除试剂颜色的差异
   C. 消除不同光吸收差异　　D. 增强对尿标本的吸收
   E. 减少对尿标本的吸收
5. 尿液干化学分析仪的结构主要由
   A. 4部分构成　　B. 5部分构成　　C. 3部分构成
   D. 6部分构成　　E. 2部分构成
6. 亚硝酸盐、胆红素、尿胆原、酮体一般选用波长为
   A. 550nm　　B. 720nm　　C. 480nm
   D. 230nm　　E. 620nm
7. 尿液干化学分析仪采用以球面积分析仪接受什么类型反射光的方法检测

A. 双波长　　B. 单波长　　C. 单色
D. 多波长　　E. 双波长单色

8. 流式细胞术尿沉渣分析仪流动液压系统的作用是
A. 促进尿沉渣分离　　B. 促进液体流动　　C. 分离尿液成分
D. 分离尿液细胞　　E. 形成鞘液流动

9. 流式细胞术尿沉渣分析仪电阻抗检测系统用来
A. 分辨细胞类型　　B. 测定细胞体积　　C. 分离尿液化学成分
D. 测定尿蛋白　　E. 分离尿液细胞

10. 下列不是自动尿沉渣工作站标本处理系统程序的是
A. 提取样本　　B. 分层　　C. 染色
D. 充池　　E. 清洗

二、简答题

1. 尿试带的结构层次是什么？
2. 尿液干化学分析仪检测原理是什么？
3. 流式细胞术尿沉渣分析仪的基本原理是什么？
4. 怎样对流式细胞术尿沉渣分析仪进行维护保养？

（朱海东）

第六章　生化检验相关的分析仪

学习目标

1. 掌握：生化检验相关的分析仪分类及工作原理。
2. 熟悉：生化检验相关的分析仪的性能指标及参数等。
3. 了解：生化检验相关的分析仪的基本操作、维护保养及故障排除。

临床生化检验是以研究人在健康和疾病时体内的生物化学过程为目的，通过检测人的血液、体液等标本中化学物质，为临床医生提供疾病诊断、病情监测、疗效观察、预后判断以及健康评价等信息。临床生化检验相关的仪器有很多，常用的有自动生化分析仪、电泳仪、血气分析仪、电解质分析仪、特殊蛋白分析仪等。本章将对以上五种仪器的工作原理、分类、结构、性能评价、参数设置、基本操作、维护保养及故障排除等内容加以介绍。

第一节　自动生化分析仪

自动生化分析技术是将生物化学分析过程中的取样、加试剂、去干扰、混合、保温反应、自动检测、结果计算、数据处理、打印报告以及实验后的清洗等步骤自动化的技术。应用此类技术的仪器称为自动生化分析仪。

考点提示

自动生化分析仪的定义

这类仪器具有灵敏、准确、快速、简便、微量及标准化等优点，不仅工作效率高，而且减少了主观误差，提高了检验质量。

一、自动生化分析仪的分类与工作原理

自动生化分析仪根据自动化程度不同，可分为全自动化和半自动化；根据同时可测定项目数量不同，可分为单通道（每次只能检测一个项目）和多通道（可同时检测多个项目）；根据仪器的功能及复杂程度，可分为小型、中型、大型及超大型；根据仪器结构和原理的不同，可分为连续流动式生化分析仪、离心式生化分析仪、分立式生化分析仪和干化学式生化分析仪四类。目前实验室应用最普遍的是分立式生化分析仪。

考点提示

自动生化分析仪的分类

（一）连续流动式自动生化分析仪

连续流动式自动分析仪又称管道式自动分析仪，待测样品与试剂混合后的化学反应均

在同一管道中经流动过程完成，一般可分为试剂分段系统式和空气分段系统式两种，以空气分段系统式较为常见。试剂分段系统是由试剂空白或缓冲液间隔开每个样品、试剂以及混合后的反应液，而空气分段系统是靠一小段空气来间隔每个样品的反应液。其特点是结构简单、价格便宜，由于使用同一流动比色杯，消除了比色杯间的吸光性差异，但是由于管道系统结构复杂、存在交叉污染、故障率高、操作繁琐等缺点，逐步被分立式生化分析仪所替代。

（二）离心式自动生化分析仪

离心式自动生化分析仪工作原理：将样品和试剂放入转头内，装在离心机的转子位置。离心时转头内的样品和试剂受离心力的作用相互混合发生反应，经温育后，反应液最后流入圆形反应器外圈的比色凹槽内，经比色得到结果，根据所得吸光度计算出结果。因为在分析过程中，样品与试剂的混合、反应和检测等步骤同时完成，故属于同步分析。

（三）分立式自动生化分析仪

分立式自动生化分析仪的工作原理：按手工操作的方式编排程序，以有序的机械操作代替手工操作，完成项目检测。加样探针将样品加入各自的反应杯中，试剂探针按一定时间要求自动定量加入试剂，经搅拌器充分混匀后，在一定条件下反应并比色。该类仪器是目前国内外应用最多的一类自动生化分析仪，具有各个样品在分析过程中彼此分开独立，互不掺杂、交叉污染相对较低、灵活准确、分析项目多等特点。

（四）干化学式自动生化分析仪

干化学式自动生化分析仪是应用干化学技术将测定项目所需的试剂固定在特定载体上，称为干式试剂，将待测液体样品直接加到干片上，并以样品中的水将干式试剂溶解，使试剂与样品中的待测成分发生化学反应，从而进行分析测定。

干化学式自动生化分析仪具有体积小、操作简便、标本用量少、快速准确、灵敏度和准确性高等特点，目前在各级医院已广泛应用，尤其适合于急诊检验。

二、自动生化分析仪的基本结构

以目前国内外应用最广泛的分立式自动生化分析仪为例，对自动生化分析仪的基本结构进行介绍。自动生化分析仪基本结构由样品处理系统、检测系统、计算机系统三部分组成（图 6-1）。

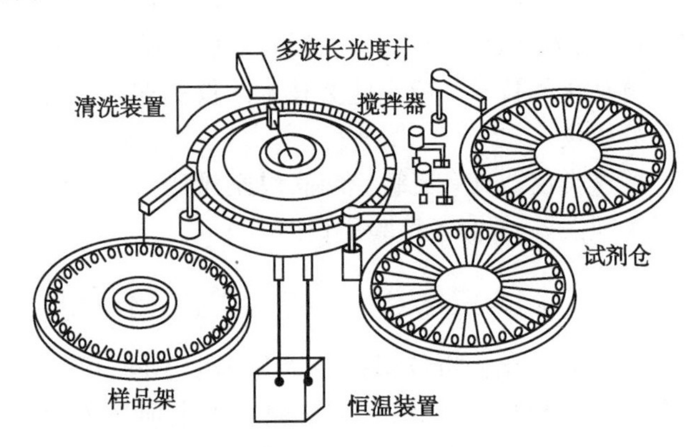

图 6-1 全自动生化分析仪基本结构示意图

（一）样品处理系统

1. 样品装载和输送装置　样品装载的常见类型有样品盘和样品架。样品盘和样品架可单独安置或与试剂转盘或反应转盘相套合，放置一定数量的样品（患者标本、质控品、校准品等），固定排列在循环的传动链条上；输送装置是通过步进马达驱动传送带，将样品盘或样品架依次前移至固定位置。

2. 样品和试剂取样单元　由机械臂、样品针或试剂针、吸量器、步进马达等组成。机械臂根据计算机的指令携带样品针或试剂针移动至指定位置，由吸量器准确吸量，转移至反应杯中。目前的定量吸取技术采用脉冲数字步进电机定位，准确且故障率低。样品针或试剂

针通常具有液面感应器和自动凝块检测功能，可防止空吸或吸入下层血凝块，并具有自我保护功能，遇到障碍能自动停止并报警，以免探针损坏。

3. 试剂仓　用来放置实验试剂，一般都有冷藏装置，温度为4~15℃，以提高在线试剂的稳定性。大多数全自动生化分析仪都有两个试剂仓，可将测定同一检测项目的Ⅰ、Ⅱ试剂分开存放。可由仪器的条形码扫描系统识别试剂的种类、批号、存量、有效期和校准曲线等，从而进行核对校验。有试剂瓶盖自动开关系统。

4. 搅拌系统　由电机和搅拌棒组成，使反应液和样品充分混匀。大多采用新型螺旋型高速旋转搅拌棒，旋转方向与螺旋方向相反，既增加搅拌力度，又不起泡，减少微泡对光的散射。搅拌棒表面涂有特殊的防黏附清洗剂或不黏性惰性材料，能降低液体黏附，减少交叉污染。

（二）检测系统

1. 光源　一般采用卤素灯或氙灯，卤素灯的工作波长为325~800nm，使用寿命一般只有1000小时左右。现多采用长寿命的氙灯，24小时待机可工作数年，工作波长为285~750nm。

2. 分光装置　自动生化分析仪多用光栅分光。光栅分光有前分光和后分光两种，目前多采用后分光，即光源光线先照到样品杯，然后再用光栅分光，同时用一列发光二极管排在光栅后作为检测器（图6-2）。后发光的优点：不需移动仪器比色系统中的任何部分，可同时选用双波长或多波长进行测定，这样可以降低比色的噪音，提高分析的精确度和准确度减少故障率。

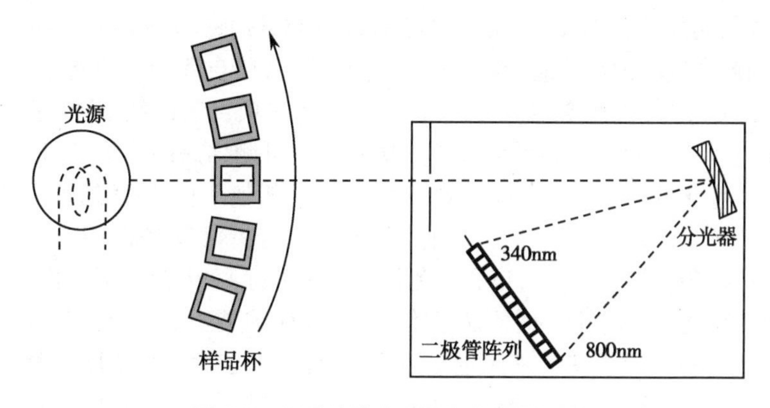

图6-2　后分光生化分析仪检测光原理

3. 比色杯　自动生化分析仪的比色杯也是反应杯。比色杯大多为石英和优质塑料。全自动生化分析仪有比色杯自动冲洗和吸干功能，并自动作空白检查，检测合格的比色杯可循环使用，应及时更换不合格的比色杯。

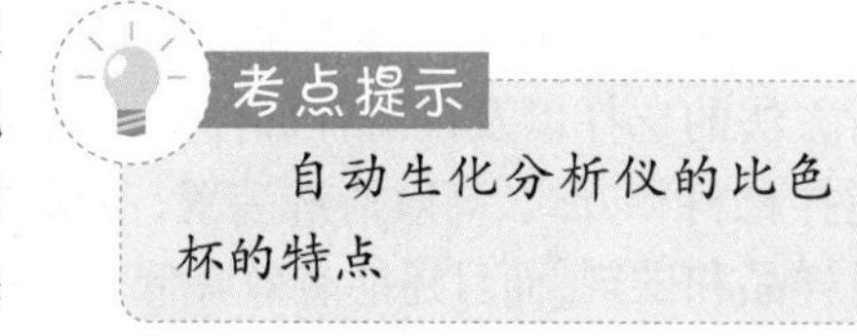

自动生化分析仪的比色杯的特点

4. 恒温装置　自动生化分析仪通过温度控制系统保证反应在恒温环境下进行。保持恒温的方式有：①空气浴恒温，即在比色杯与加热器之间隔有空气，特点是方便快速，但稳定性和均匀性较差；②水浴循环式：在比色杯周围有水充盈，加热器控制水的温度，特点是温度恒定，但需特殊的防腐剂以保水质的洁净并且要定期更换循环水；③恒温液循环间接加热式：在比色杯周围流动着一种特殊的恒温液（具无味、无污染、惰性、不蒸发等特点），比色杯和恒温液之间有极小的空气狭缝，恒温液通过加热狭缝的空气达到恒温，其温度稳定性优于

空气式，和水浴式循环式相比不需要特殊保养。

5. 清洗装置　包括吸液针、吐液针和擦拭刷。清洗过程包括吸取反应液、注入清洗液、吸取清洗液、注入洁净水、吸取洁净水、吸水擦干等步骤。清洗液有酸性和碱性两种，不同分析仪可根据需要选择。

（三）计算机系统

自动生化分析仪的计算机系统主要包括：微处理器和主机电脑、显示器、系统及配套软件和 RS-232C 数据接口等。

三、自动生化分析仪的性能指标与性能评价

正确评价仪器的性能，合理选用适合自己实验室的仪器，对每个实验室来说，都非常重要。

（一）自动生化分析仪的性能指标

自动生化分析仪的性能指标有哪些

1. 自动化程度　自动化程度指仪器能够独立完成生物化学检测操作程序的能力。生化分析仪自动化程度的高低，取决于仪器的计算机处理功能和软件的智能化程度，可以表现为：

(1) 能否自动处理样品、自动加样、自动清洗、自动开关机等。

(2) 单位时间处理样品的能力、可同步分析的项目数量等。

(3) 软件支持功能是否强大，例如，是否有样品针和试剂针的自动报警功能、探针的触物保护功能、试剂剩余量的预示功能、数据分析处理能力、故障自我诊断功能等。

2. 分析效率　即分析速度，是指在单位时间内完成项目测试数，反映了单位时间内仪器可处理标本的能力。效率的高低取决于一次测定中可测样品的多少和可测项目的多少。例如单通道自动生化分析仪一次只能检测一个项目，分析效率很低；多通道自动生化分析仪可同时检测多个项目，分析效率较高。目前全自动生化分析仪多数采用同步分析设计原理，加样品、加试剂、混匀、比色、清洗管道和比色杯等同时进行，大大提高了分析效率。

3. 应用范围　包括可测试的生化及其他项目、反应的类型及分析方法的种类等。应用范围广的分析仪不仅能检测多种临床生化指标，而且还可进行药物浓度监测和各种特种蛋白分析、微量元素测定等；所用的分析方法除了分光光度法外，还能进行离子选择电极法、比浊法、荧光光度法等；既能用终点法，又可用连续监测法测定。

4. 分析准确度　是提供实验分析结果的精密度和准确度的主要因素，其高低取决于分析方法的选择以及仪器各部件加工精确度和稳定的工作状态。先进的液体感应探针、特殊搅拌材料和方式、高效清洗装置，不仅能准确吸取微量样品和试剂，而且不仅能准确吸取微量样品和试剂，而且还能有效降低交叉污染，保证检测结果的准确性。

5. 其他性能　自动生化分析仪的取液量、最小反应体积等也是衡量其性能的指标之一。减少试剂用量可以最大限度地节省开支，降低成本，但是不能为了节约试剂而随意改变更改样品与试剂比例。另外仪器的寿命、售后技术支持、配套试剂盒的供应是否为开放式等，在选用时都应一起考虑，使选用的自动生化分析仪能够物尽其用，经济实惠，性价比达到最优状态，发挥仪器的最大效能。

（二）自动生化分析仪的性能评价指标

自动生化分析仪的性能评价指标有精密度、波长的准确性和线性、与其他仪器的相关

性等。

1. 精密度　精密度主要包括批内重复性和总精密度。批内重复性是对样品的某一个或几个项目各自重复测定20次，计算变异系数CV，然后与厂家的该项技术指标进行比较。总精密度是选择某一常规临床生化检验项目的高、低两个浓度，每天做室内质量控制，计算总精密度。

2. 波长的准确性和线性　波长准确性的检查方法有两种：用已知准确摩尔浓度和摩尔吸光系数（ε）的溶液，测定特定波长处的吸光度（A），计算 ε=A 值 / 摩尔浓度，然后与标准 ε 比较；与已经通过波长校正的仪器比较，如有漂移，应进行适当校正。

波长线性的检查方法为：用一系列标准溶液在最大吸收峰处读取吸光度，然后绘制标准曲线观察其线性，或者用回归法计算线性相关。

3. 与其他仪器的相关性　同一项目不同仪器测定的结果必然有差异。为了取得一致的结果，必须进行仪器之间的相关性校正。校正方法通常为取一系列浓度标本分别用两台仪器测定，结果用线性回归处理。

（三）生化分析仪的校准

生化分析仪校准分为检测项目的校准和计量部门对仪器进行的计量学检定或校准。

1. 检验项目的校准　临床实验室应制订使用生化分析的校准程序，规定仪器和检测项目的校准方法，包括用校准品的种类、来源及数量，校准间隔和校准验证及其标准等。

（1）校准品：是含有已知量的待测物，用以校准该测定方法的测量值，它与该方法试剂、仪器是相关联的。校准品的作用是为了减少或消除仪器、试剂等造成的系统误差。因此最好为人血清基质，以减少基质效应造成的误差。

（2）校准频率：不同的检测项目其校准频率有所不同，试剂盒说明书上一般都对校准频率进行了规定。不同的试剂、仪器对于校准的频率要求不一样，一般来说，至少每6个月校准一次；当更换试剂批号、重要仪器部件的保养维护和更换、质控结果失控及其他纠正措施无效时。

（3）校准验证：对于检测结果的准确性验证，有以下几个方面：定值质控血清；参加室间质评计划；与公认的配套系统进行比较；通过无基质效应的、用参考方法定值的新鲜冰冻患者血清，将检测系统测定结果与参考方法定值相比较，实现检测系统的溯源。

2. 计量部门对仪器进行的计量学检定或校准　生化分析仪需由国家计量或相关部门检定和校准时，内容可以包括波长、反应温度、加样（试剂和样本）精度、吸光度准确性（半峰宽）、基线漂移等。

3. 校准程序　实验室应制订相应的校准程序，规定仪器和检测项目的校准方法、使用的校准品种类、来源及数量、校准频率、校准验证标准等。应该记录每次校准的数据，包括校准时间、试剂空白、校准K值等，并从中寻找规律，不断完善校准程序，使之更加实用和有效。

四、自动生化分析仪的使用与参数设置

自动生化分析仪参数是其工作的指令，所以正确合理设置参数是仪器正常运行的前提。

（一）自动生化分析仪的使用

下面介绍一般自动生化分析仪的操作流程（不同仪器的操作见《综合实训》）。

1. 操作前检查　检查试剂注射器、样品注射器等有无渗漏；检查纯水是否正常或足量、各项分析试剂是否充足、各种清洗剂是否足够；检查试剂针、加样针等是否需要特别清洁处

理，检查样品运行通道是否通畅无障碍。

2. 执行校准操作程序和质控操作程序，符合要求后按照标准操作程序进行检测。

3. 结束工作　完成仪器的保养维护程序，关机。按照要求认真填写各种记录，包括仪器运行维护保养记录，试剂使用记录、校准品及使用记录、日校准记录，室内质控记录等。

（二）自动生化分析仪的参数设置

自动生化分析仪的参数包括基本分析参数和特殊分析参数两种。封闭式生化分析仪的参数及开放式生化分析仪的部分参数由厂家提供，且不能更改；开放式生化分析仪的部分参数，应在使用前根据各实验室的实际需要和使用仪器的不同正确设置。

1. 基本分析参数设置

（1）试验名称：是指测定项目标识符，通常以项目英文缩写表示。

自动生化分析仪的基本分析参数设置

（2）分析方法：有一点终点法、两点法终点、固定时间法、连续监测法等。①终点分析法：是通过测定反应开始至反应达到平衡时的产物或底物浓度的变化量来求出待测物浓度或活性的方法；②连续监测法：又称速率法，是通过连续测定酶促反应过程中某一反应产物或底物的吸光度，根据吸光度随时间的变化求出待测物浓度或活性的方法。主要适用于酶活性及其代谢产物的测定；③免疫透射比浊法：用于测定产生抗原抗体特异性浊度反应的项目，在光源的光路方向测量透射光强度来测定物质浓度，常采用终点法，主要用于血清特种蛋白的测定。应根据被检测物的检测方法原理选择适宜的分析方法。

考点提示

连续监测法的定义

（3）反应温度：通常设有 25℃、30℃、37℃三种温度，为了使酶反应的温度与体内温度一致，通常选用 37℃。

（4）检测波长：可选择单波长或双波长。单波长用于组分单一或者待测组分与其他共存组分的吸收峰无重叠时。自动生化分析仪常用双波长或多波长，根据光吸收曲线选择最大吸收峰作为主波长，副波长的选择原则是干扰物在主波长的吸光度与副波长的吸光度越接近越好，测定时主波长的吸光度减去副波长的吸光度可消除溶血、浊度等干扰物的影响，提高测定结果的准确性。

（5）反应方向：有正向和负向两种，吸光度增加为正向反应，吸光度下降为负向反应。

（6）样品量与试剂量：一般根据试剂厂家提供的说明书的比例，并结合仪器的特性，即样品和试剂最小加样量及加样范围、最小反应体积等进行设置。

（7）试剂选择：可选择单试剂或双试剂。①单试剂法：在反应过程中只加一次试剂的方法。包括：单试剂单波长法、单试剂双波长法、标本空白法；②双试剂法：在反应过程中试剂分开配制和加入反应系统，可消除干扰和非特异性反应，稳定试剂，使检测结果更准确。包括：双试剂单波长一点法、双试剂二点法、双试剂双波长法。

（8）分析时间：是自动生化分析仪参数设置的重要环节，精确与否直接影响检测结果的准确性，尤其是酶活性测定。主要包括孵育时间、延迟时间和连续监测时间。一点终点法是样品与试剂混匀开始到反应终点为止的时间。两点终点法是第一个吸光度选择点开始到第二个吸光度选择点为止

分析时间的定义

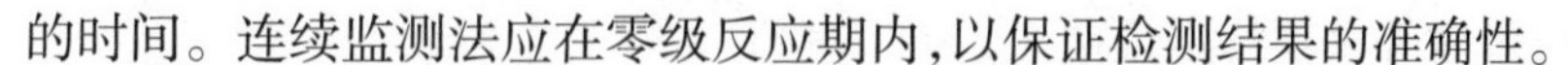

的时间。连续监测法应在零级反应期内,以保证检测结果的准确性。

(9) 吸光度线性范围:应选择数据收集窗时间内吸光度变化的允许范围,对于自动生化分析仪主要是设定吸光度的最大值和最小值,使反应吸光度处于线性范围内时,检测结果与吸光度变化成正比,能准确反映待测物浓度。

2. 特殊分析参数设置 还有一些参数,如试剂空白吸光度范围、试剂空白速率、样品预稀释、前区检查、线性回归方程等,在不同仪器上差别很大,不再详述。

五、自动生化分析仪的维护与常见故障及排除

(一) 自动生化分析仪的维护

自动生化分析仪的日常维护与保养应注意以下几个方面:

1. 仪器工作环境 包括空间大小、适宜的温度和湿度、防尘防腐蚀、防振防电磁干扰等多方面。

2. 流动比色池 必须每天清洗,如长时间未开机,开机后需以去离子水浸泡 24 小时后再用清洗液清洗。每测试完一个项目,必须彻底清洗。

3. 单色器和检测器 必须注意防潮和绝缘,因为一旦受潮积尘,会降低放大绒路中的高阻抗电阻,使检测灵敏度下降,所以应及时更换仪器内部的干燥剂。

4. 仪器管道系统 除了要严格遵循标准操作手册中清洗维护程序,还必须注意样品中不能混有纤维蛋白、灰尘等不溶性物质,以免管道堵塞。

5. 定期保养并记录 严格按照仪器操作标准操作手册,并根据实际使用情况,进行仪器日常保养和维护。一般分为日保养、周保养和月保养。

(二) 自动生化分析仪的常见故障及排除

虽然自动生化分析仪故障率低,但常见的故障和排除如下:不能自行解决的问题一定要请专业维修人员处理。

1. 零点漂移 可能是光源强度不够或不稳定,需要更换光源或检修光源光路。

2. 所有检测项目重复性差 可能是注射器或稀释器漏气导致样品或试剂吸量不准;搅拌棒故障导致样品与试剂未能充分混匀。需要更换新垫圈;检修搅拌棒工作使其正常。

3. 样品针 / 试剂针堵塞 可能是血清分离不彻底 / 试剂质量不好,需要彻底分离血清 / 更换优质试剂并疏通清洗样品针。

4. 样品针 / 试剂针运行不到位 可能是因为水平和垂直传感器故障,需要用棉签蘸无水乙醇仔细擦拭传感器;如因传感器与电路板插头接触不良引起,可用砂纸打磨插头除去表面氧化层。

5. 探针液面感应失败 可能原因是感应针被纤维蛋白严重污染导致其下降时感应不到液面,用去蛋白液擦洗感应针并用蒸馏水擦洗干净。

六、自动生化分析仪的临床应用

(一) 生化检验中的应用

可进行肝功能、肾功能、血脂、血糖、激素、多种血清酶等项目检查,除常规生化项目外,多数仪器配有离子选择电极,能检测 pH 和电解质检查。

(二) 免疫检验中的应用

检测多种免疫球蛋白、补体 C3 和 C4、类风湿因子、抗链球菌溶血素 O、C 反应蛋白和超

敏C反应蛋白、尿微量白蛋白等多项特定蛋白。

（三）药物监测中的应用

药物监测，如强心苷类药、抗癫痫药、抗情感性精神障碍药、抗心律失常药、免疫抑制剂、平喘药、氨基糖苷类抗生素等。

第二节 电 泳 仪

电泳是指带电荷的溶质或粒子在电场中向着与自身所带电荷相反的电极移动的现象。利用电泳现象将多组分物质分离、纯化和测定的技术叫电泳技术。可以实现电泳分离技术的仪器称为电泳仪。

临床常用的电泳分析方法主要有醋酸纤维素薄膜电泳、凝胶电泳、等电聚焦电泳和毛细管电泳等。

一、电泳的基本原理及影响因素

（一）电泳的基本原理

电泳的方式和方法虽有很多种，但其基本原理是相同的。物质分子在正常情况下一般不带电，即所带正负电荷量相等，故不显示带电性。但是在一定的物理作用或化学反应条件下，某些物质分子会成为带电的离子（或粒子），不同的物质，由于其带电性质、颗粒形状和大小不同，在一定的电场中移动方向和移动速度也不同，因此可以将它们分离。

若溶液里一电量为 Q 的带电粒子，在场强为 E 的电场中以速度 v 移动，则它所受到的电场力 F 应为：

$$F=QE$$

根据斯托克司（Stokes）定律，在液体中泳动的球状粒子所受到的阻力 F' 为：

$$F'=6\pi\eta\gamma v$$

式中，η：介质的黏度系数，γ：粒子半径。

当两力平衡，即 $F=F'$ 时，粒子作匀速泳动，且有

$$v=QE/6\pi\eta\gamma$$

由上式可以看出，粒子的移动速度 v 与电场强度 E 和粒子所带电荷量 Q 成正比，而与粒子的半径 γ 及溶液的粘度系数 η 成反比。显然，粒子的移动速度不仅与本身性质有关，还受到其他外界因素的影响。

（二）电泳的影响因素

1. 分子的形状与性质　蛋白质、核酸等生物大分子，在分子量接近时，球状分子比纤维状分子移动速度快，表面电荷密度高的粒子比表面电荷密度低的粒子移动速度快。

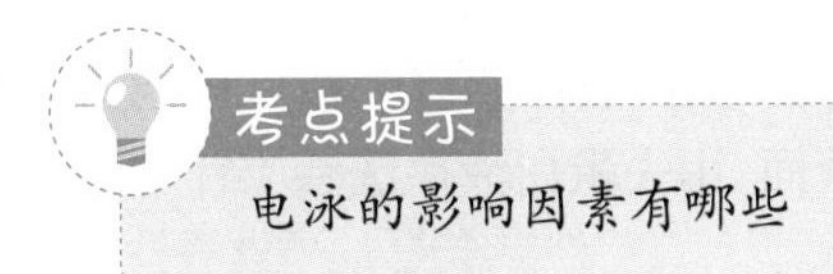

2. 电场强度　是在电场方向上单位长度的电势降落，又称为电势梯度。带电粒子在电场中的运动速度(也叫泳速)与所加的电压有关。电场强度越大，带电质点受到的电场力越大，泳速越快。反之亦然。

3. 溶液的pH值　决定被分离物的解离程度和质点的带点性质及所带净电荷量。当溶液的酸碱度处于某一特定pH值时，它将带有相同数量的正、负电荷（即净电荷为零），蛋白质

分子在电场中不会移动，故此特定的pH值被称为该蛋白质的等电点(pI)。对蛋白质、氨基酸等两性电解质而言，pH值与pI值差值越大，颗粒所带的电荷越多，电泳速度也越快。反之越慢。

4. 溶液的离子强度　电泳技术还需要溶液具有一定的导电能力，溶液的导电能力可以用离子强度表示。溶液的离子强度对带电粒子的泳动有影响，颗粒泳动速度与溶液的离子强度成反比。离子强度太低，缓冲液的电流下降，扩散现象严重，使分辨力明显降低；离子强度太高，将有大量的电流通过琼脂板，由此而产生的热量使板中水分大量蒸发，严重时可使琼脂板断裂而导致电泳中断。一般溶液的离子强度为0.05~0.10mol/L，最大范围0.02~0.20mol/L。

5. 电渗作用　电场中液体相对于固体支持物的相对移动称为电渗(图6-3)。当支持物不是绝对惰性物质时，常常会有一些离子基团如羧基、磺酸基、羟基等吸附溶液中的负离子，使靠近支持物的溶液相对带电，在电场作用下，此溶液层会向正极移动。反之，若支持物的离子基团吸附溶液中的正离子，则溶液层会向负极移动。因此，当颗粒的泳动方向与电渗方向相反时，则降低颗粒的泳动速度；当颗粒的泳动方向与电渗方向一致时，则加速颗粒的泳动速度。

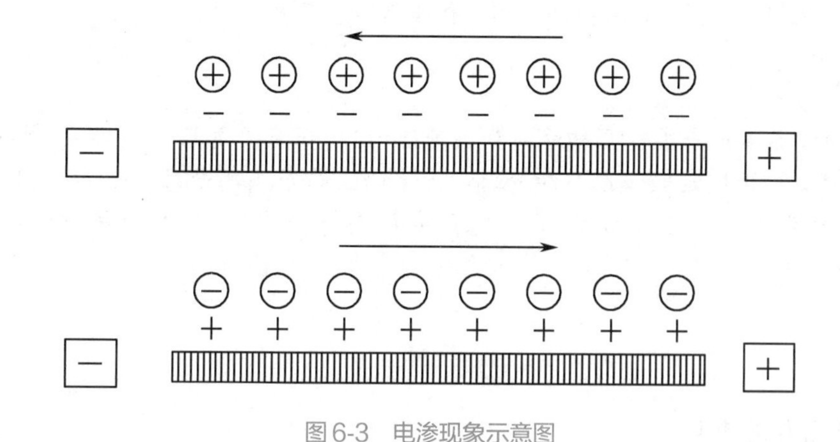

图6-3　电渗现象示意图

6. 吸附作用　即介质对样品的滞留作用。它导致了样品的拖尾现象而降低了分辨率。纸的吸附最大，醋酸纤维素膜的吸附作用较小甚至没有。

二、常用电泳仪的基本结构与性能指标

(一) 常用电泳仪的基本结构

电泳仪的基本结构包括主要设备(分离系统)和辅助设备(检测系统)。电泳仪的主要设备包括电泳电源、电泳槽。辅助设备指恒温循环冷却装置、伏时积分器、凝胶烘干器等，有的还有检测装置。

目前临床常规使用的自动化电泳仪一般分为两个部分：电泳可控制单元(包括电泳槽、电源和半导体冷却装置)和染色单元。有的仪器的电泳过程(点样、固定、染色和脱色等)全部由微机自动化控制，操作简便、快速，保证了检测结果的准确性和可重复性。

1. 电泳电源　是建立电泳电场的装置，通常为稳定(输出电压、输出电流或输出功率)的直流电源，并要求能方便地控制电泳过程中所需电压、电流或功率。

2. 电泳槽　是样品分离的场所，是电泳仪的主要部件。槽内装有电极、缓冲液槽、电泳介质支架等。电泳槽的种类很多，例如单垂直电泳槽、双垂直电泳槽、卧式多用途电泳槽、圆盘电泳槽、管板两用电泳槽、薄层等电聚焦电泳槽、琼脂糖水平电泳槽、盒式电泳槽、垂直可升降电泳槽、垂直夹心电泳槽、U 形管电泳槽、DNA 序列分析电泳槽、转移电泳槽等。

3. 辅助设备　包括恒温循环冷却装置、伏时积分器、凝胶烘干器等，有的还有分析检测装置。

（二）电泳仪的主要性能指标

电泳仪的主要性能指标有下几项：

1. 输出电压　电泳仪输出的直流电压范围（0~6000V），有的还同时给出精度。
2. 输出电流　电泳仪输出的直流电流范围（1~400mA），有的还同时给出精度。
3. 输出功率　电泳仪输出的直流功率范围（0~400W），有的还同时给出精度。
4. 连续工作时间　电泳仪可连续正常工作的时间（0~24 小时）。
5. 显示方式　有指针式仪表和数字式显示两种。
6. 定时方式　电泳时间控制方式，常有电子石英钟控制，还有用预设的功率值控制，当电泳功率达到预定值时即可断电。

对于复杂的电泳仪还有温度控制、制冷和加热等性能指标。

知识链接

毛细管电泳是一类以毛细管为分离通道、以高压直流电场为驱动力，根据样品中各组分之间迁移速度（淌度）和分配行为上的差异而实现分离的一类液相分离技术，其特点为高灵敏度、自动化程度高、高分辨率、所用样品少、环境污染小、应用范围广等。

三、电泳仪的使用与常见故障及排除方法

（一）电泳仪的使用

自动化电泳仪具有电脑程序化管理、快捷简便的人机对话等功能。自动化电泳仪的操作过程如下（不同仪器的操作见《综合实训》）。

1. 开机　打开电脑、电泳仪和扫描仪电源，仪器自检，显示主菜单，即可开始工作。
2. 输入病人信息　进入菜单输入患者资料。
3. 加样　在电泳片上加样。
4. 电泳　选择设定好的试验程序，开始电泳。
5. 染色扫描　电泳完成后，仪器自动保温显色或染色、烘干、自动扫描。
6. 结果编辑打印　仪器编辑，确定打印份数，打印报告。
7. 关机　退出主屏，关闭电脑、电泳仪和扫描仪。

（二）电泳仪的维护保养

自动化电泳仪每天使用完后，像其他仪器一样，需要严格的维护保养。常见自动电泳仪维护保养程序如下：

1. 每日维护　使用完毕后用蒸馏水浸湿纸张清洗电泳槽。
2. 每周维护　用肥皂水清洗电泳槽，并用蒸馏水冲洗，晾干。

(三) 电泳仪的常见故障及排除方法

电泳仪的常见故障及排除方法见表 6-1。

表 6-1 电泳仪的常见故障及排除方法

故障信息	引起故障可能原因	排除方法
转盘识别错误	细微灰尘吸附在灯上	仪器关机，用洁净棉签轻轻拭去灯上面的灰尘。仪器开机后再进行 C32 的测定
样品识别错误	血清分离不好或者有灰尘吸附	关机状态，拆开仪器内透明有机玻璃，用无水乙醇擦拭加样针外壁，然后安装好，再用仪器内程序进行加样针清洗，洗完 1~2 次后，进行 C27 加样针加样感应定位
仪器报警出现缺少稀释杯或稀释杯感应错误	仪器稀释杯位置错误	观察稀释杯位置，如果没有处于正常位置，可手动将其移动到其原来位置，然后进行稀释杯感应定标
曲线不理想，显示不稳定	毛细管的长期使用出现不清洁	毛细管清洗程序进行清洗，然后按激活程序进行激活即可
电泳时出现峰丢失	1. 未接入检测器，或检测器不起作用	1. 检查设定值
	2. 进样温度太低	2. 检查温度，并根据需要调整
	3. 柱箱温度太低	3. 检查温度，并根据需要调整
	4. 无载气流	4. 检查压力调节器，并检查泄漏，验证柱进品流速
仪器运行过程中突然断电	电流量不稳定或仪器内有短路现象	采用稳压措施，咨询工程师更换保险

四、电泳技术的临床应用

目前临床实验室的电泳技术主要有用于分离鉴定多种体液中的蛋白质、同工酶等。

1. 蛋白质电泳

(1) 血清蛋白电泳：许多疾病的总血清蛋白浓度和各蛋白组分的比例有所改变，形成具有一定特征的血清蛋白电泳图谱，该图谱能帮助我们对某些疾病进行诊断及鉴别诊断。

(2) 尿蛋白电泳：临床进行尿蛋白电泳的主要目的：①确定尿蛋白的来源；②了解肾脏病变的严重程度(选择性蛋白尿与非选择性蛋白尿)，从而有助于诊断和判断预后。

(3) 免疫固定电泳：可对各类 Ig 及其轻链进行分型，最常用于临床常规 M 蛋白的分型与鉴定。

(4) 脂蛋白电泳：脂蛋白电泳检测各种脂蛋白，主要用于高脂血症的分型、冠心病危险性估计，以及动脉粥样硬化性及相关疾病的发生、发展、诊断和治疗效果观察的研究等。

2. 同工酶电泳　用于临床上常见的乳酸脱氢酶同工酶、肌酸激酶同工酶及肌酸激酶同工酶亚型分析，对心肌损伤、骨组织损伤、恶性肿瘤(肝癌、肺癌)等鉴别诊断及监测有一定作用。

第三节　血气分析仪

血气分析仪是利用电极对人全血中的酸碱度(pH 值)、二氧化碳分压(PCO_2)和氧分压

(PO_2)进行测定的仪器。根据所测得的 pH、PCO_2、PO_2 参数及输入的血红蛋白值,血气分析仪可进行计算而求出血液中的其他相关参数。血气分析仪广泛应用于昏迷、休克、严重外伤等危急患者的临床抢救、外科大手术的监控、临床效果的观察和研究工作,也是肺心病、肺气肿、呕吐、腹泻和中毒等疾病诊断、治疗所必需的设备。

随着机械制造水平的提高和计算机技术的发展,数据处理速度加快,样品使用量少,血气分析仪正在向着多功能、小型化和连续测量等方面发展。

一、血气分析仪的工作原理

血气分析仪的工作原理如图 6-4 所示。

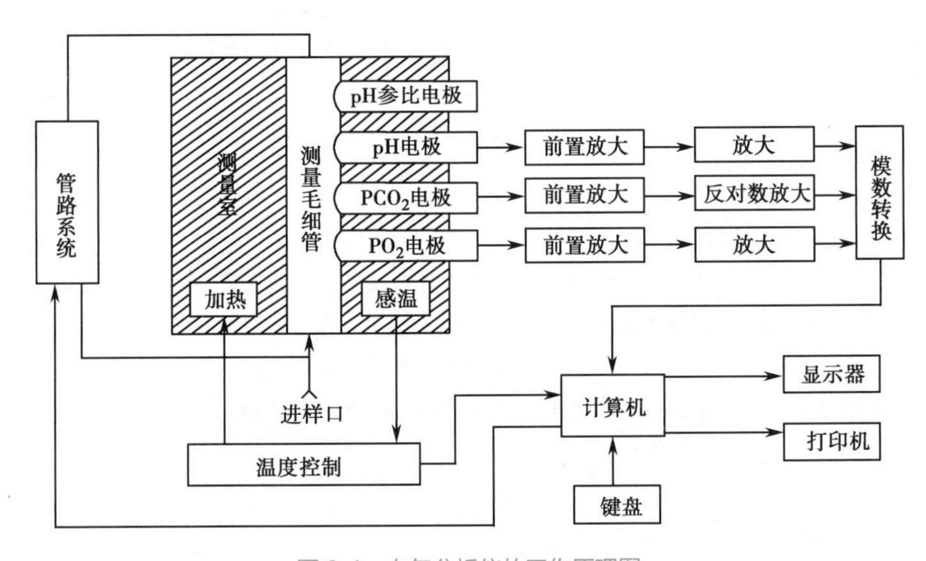

图 6-4　血气分析仪的工作原理图

在仪器测量标本过程中,被测血液样品在管路系统的抽吸下,进入样品室内的测量毛细管中。测量毛细血管的管壁上开有几个孔,孔内分别插有 pH、PCO_2 和 PO_2 等测量电极和一支参比电极。其中,pH 电极和 pH 参比电极共同组成对 pH 值的测量系统。血液样品进入样品室的测量管后,管路系统停止抽吸,样品同时被四个电极感测,分别产生对应 pH、PCO_2 和 PO_2 三项参数的电信号,这些电信号分别经放大、模数转换后送到微处理机,经微机处理运算后,再分别被送到各自的显示单元显示或由打印机打印。

血气分析方法是一种相对的测量方法。在测量样品之前,需用标准液及标准气体确定 pH、PCO_2 和 PO_2 三套电极的工作曲线。通常把确定电极系统工作曲线的过程叫做定标或校准。每种电极都要有两种标准物质来进行定标,以便确定建立工作曲线最少需要的两个工作点。pH 系统使用 7.383 和 6.840 两种标准缓冲液来进行定标。氧和二氧化碳系统用两种混和气体来进行定标。第一种混合气中含 5% 的 CO_2 为和 20% 的 O_2;第二种含 10% 的 CO_2,不含 O_2。一些血气分析仪还增加了测量血红蛋白的项目。

二、血气分析仪的基本结构

血气分析仪虽然种类、型号很多,但其基本结构都可包括电极系统、管路系统和电路系统三大部分。

(一) 电极系统

电极是血气分析仪的电化学传感器，主要包括离子型和伏安型传感器两大类，其中离子型主要有 K^+、Na^+、Li^+、Ca^{2+}、Cl^-、pH 和 PCO_2，伏安型传感器主要是 PO_2。它们的工作原理相同，结构也类似。一般的血气分析仪使用四支电极，分别为 pH 电极、PCO_2 电极、PO_2 电极和 pH 参比电极。

(二) 管路系统

血气分析仪的管路系统比较复杂，是血气分析仪中的重要组成部分。功能有完成自动定标、自动测量、自动冲洗等。管路系统结构如图 6-5 所示，通常由气瓶、溶液瓶、连接管道、电磁阀、正负压泵和转换装置等部分组成。在实际工作过程中，该系统出现的故障最多。

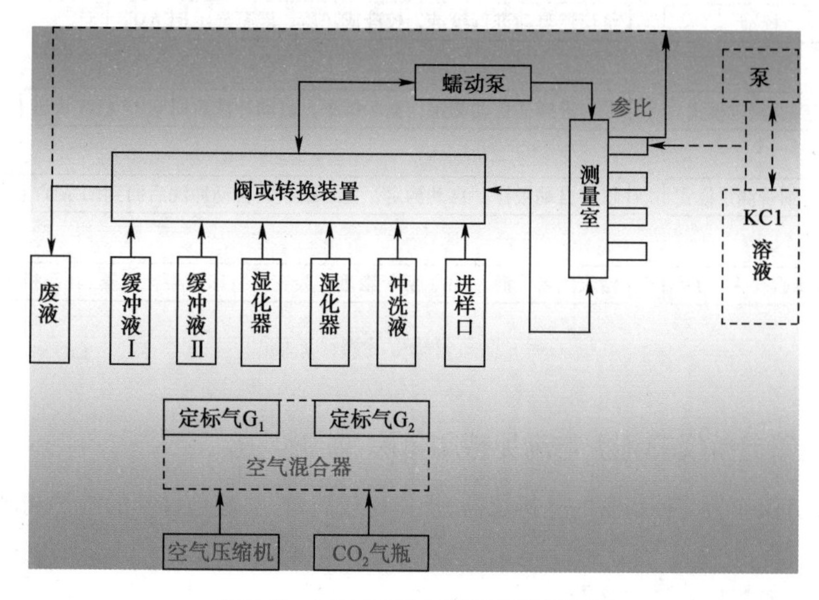

图6-5 血气分析仪的管路系统结构图

1. 气路系统　主要用来提供 PCO_2 和 PO_2 两种电极定标时所用的两种气体。每种气体中含有不同比例的氧和二氧化碳。血气分析仪的气路分为两种类型，一种是压缩气瓶供气方式，又称为外配气方式；另一种是气体混合器供气专式，又称为内配气方式。前者由两个压缩气瓶供气，一个含有 5% 的二氧化碳和 20% 的氧；另一个含 10% 的二氧化碳，不含氧；后者用仪器本身的气体混合器产生定标气，将空气压缩机产生的压缩空气和气瓶送来的纯 CO_2 气体进行配比、混合，最后产生类似于上述气瓶内气体比例的两种不同浓度的气体。

2. 流路系统　具有两种功能：一是提供 pH 值电极系统定标用的两种缓冲液，二是自动将定标和测量时停留在测量毛细管中的缓冲液或血液冲洗干净。

3. 电路系统　是将仪器测量信号进行放大和模数转换、对仪器实行有效控制显示和打印出结果，并通过键盘输入指令。

当被测样品通过样品预热器时候，被吸入到电极测量室内，样品分别被由 pH、PCO_2、PO_2、HCT、Na^+、K^+、CL^-、Ca^{2+} 和参比电极所组成的电极测量系统有选择的检测，并转化成相应的电极信号，这些信号经各自的频道被放大，再经模数转换后变成数字信号，经微机处理、运算后，由荧光屏显示或打印出结果。

三、血气分析仪的操作流程

血气分析仪具有电脑程序化管理、快捷简便的人机对话等功能。其基本操作流程如图6-6(不同仪器的操作见《综合实训》)。

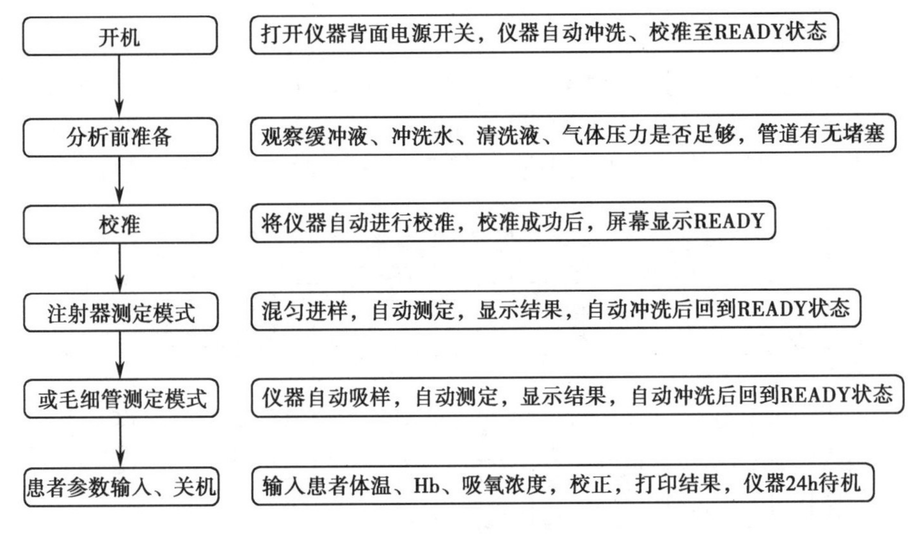

图6-6 血气分析仪的操作流程图

四、血气分析仪的维护与常见故障排除

血气分析仪作为一种精密的分析仪器,操作比较简单,关键是日常的维护和出现故障后的排除。

(一) 血气分析仪的维护保养

1. 电极保养 电极是一种十分贵重的部件,应注意保养,尽量延长其寿命。

(1) 参比电极保养:其内电极部分不需要保养。注意在更换盐桥或电极内的KC1溶液时,除加入室温下饱和的KCl溶液外,还需要加入少许的KCl结晶,使其在37℃恒温条件下也达到饱和。同时防止参比电极存在气泡,否则会严重影响电极的功能。

(2) pH电极的保养:pH电极的使用寿命一般为1~2年,不管是否使用,其寿命都相同。因此在购买时应注意其生产日期,以免因过期或一次购买太多备用电极而造成浪费。如果pH电极在空气中暴露2小时以上,应将其放在缓冲液中浸泡6~24小时才能使用。血液中的蛋白质容易黏附在电极表面,必须经常按血液→缓冲液(或生理盐水)→水→空气的顺序进行清洗。亦可用随机附送的含蛋白水解酶的清洗液或自配的0.1%胃蛋白酶盐酸溶液浸泡30分钟以上,用生理缓冲液洗净后浸泡备用。若清洗后仍不能正常工作,应更换电极。

(3) PCO_2电极保养:PCO_2电极由内电极、半透膜、尼龙网和外缓冲液组成。电极要经常用专用清洁剂清洗,如果经清洗、更换缓冲液后仍不能正常工作时,应更换半透膜。电极用久后,阴极端的玻璃上会有Ag或AgCl沉积,可用滴有外缓冲液的细砂纸磨去沉积物,再用外缓冲液洗干净。清洗沉积物、半透膜和电极的更换应定期进行。

(4) PO_2电极的保养:PO_2电极中干净的内电极端部和四个铂丝点应该明净发亮。每次清洗时,都应该用电极膏对PO_2电极进行研磨保养。

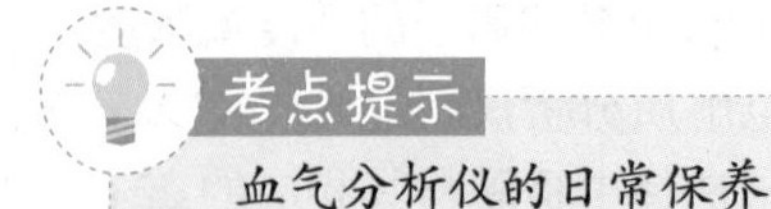

PCO_2电极和PO_2电极在保养后，均需重新二点定标，才能使用。

2. 仪器的日常保养　血气分析仪的正常运行和寿命取决于操作人员对仪器的熟悉程度，使用水平和日常的精心保养和维护。

(1) 每天检查大气压力、钢瓶气体压力；检查定标液、冲洗液是否过期，检查气泡室是否有蒸馏水。

(2) 每周更换一次内电极液，定期更换电极膜；至少冲洗一次管道系统，擦洗分析室。

(3) 若电极使用时间过长，电极反应变慢，可用电极活化液对PH\$PCO_2$电极活化，对$PO_2$电极进行轻轻打磨，除去电极表面氧化层。避免用仪器测定强酸强碱样品，以免损坏电极。若测定偏酸或偏碱液时，可对仪器进行几次一点校正。

（二）常见故障及其排除方法

1. 样品吸入不良　蠕动泵管老化、漏气或泵坏。需要更换管道或维修蠕动泵。

2. 样品输入通道堵塞

(1) 血块堵塞：如系血块堵塞，一般用强力冲洗程序将血块冲出。如冲不走，可换上假电极，使转换盘处于进样位置，用注射器向进样口中注蒸馏水，便可将血块冲走。

(2) 玻璃碎片堵塞：如毛细管断在进样口内，可将样品进样口取下来，将玻璃碎片捅出即可。

3. 定标不正确但取样时不报警，标本常被冲掉　分析系统管道内壁附有微小蛋白颗粒或细小血凝块，使管道不通畅，应冲洗管道；连接取样传感器的连线断裂，应重新连接，取样不正确，混入微小气泡，应重新取样。

第四节　电解质分析仪

电解质是指在溶液里能电离成带电离子而具有导电性能的一类物质，主要指钾(K)、钠(Na)、氯(Cl)、钙(Ca)、锂(Li)等。目前的常规方法不能测定细胞内液电解质的浓度，故常以血清的电解质数值代表细胞外液的电解质含量，并以此作为判断和纠正电解质紊乱的依据。

测定分析电解质的方法很多，有化学法、火焰光度法、原子吸收法、离子选择性电极法等。经过多年的发展，电解质分析仪已在临床检验中得到了普遍应用。

一、电解质分析仪的工作原理

临床最常用的电解质分析仪，其测定原理为离子选择电极分析法。电解质分析仪采用一个毛细管测试管路，让待测样品与测量电极相接触。测量电极常为离子选择电极(ISE)，其响应机制是由于相界面上发生了待测离子的交换和扩散，而非电子转移。离子选择电极电位与样品中相应离子之间的作用符合能斯特关系：

$$E_{ISE}=k\pm(2.303RT/n)\,lna_x=k\pm(2.303RT/n)\,lnC_x f_x$$

式中，阳离子选择性电极为+，阴离子选择性电极为-；n为离子电荷数；Cx为被测离浓度；fx为被测离子活度系数；k在测量条件恒定时为常数。上式表明，在一定条件下，离选择性电极的电极电位与被测离子浓度的对数成线性关系。

ISE与仪器内的参比电极浸入样品试液中构成一个原电池，通过测量原电池的电动势

E,就可求出被测离子的活度或浓度。

电解质分析仪测定 Na^+、K^+、Ca^{2+} 和 pH 的工作原理见图 6-7。当样品通过测量毛细管时，各离子选择电极膜与其相应的离子发生作用，与参比电机产生相关的电位差 E，经放大处理后，通过标准曲线与待测离子电位差值对照，即可求得各被测离子的浓度值，并显示或打印出来。仪器将测量电极与测量毛细管做成一体化的结构，使各电极对接在一起自然形成测量毛细管。参比电极采用甘汞电极。

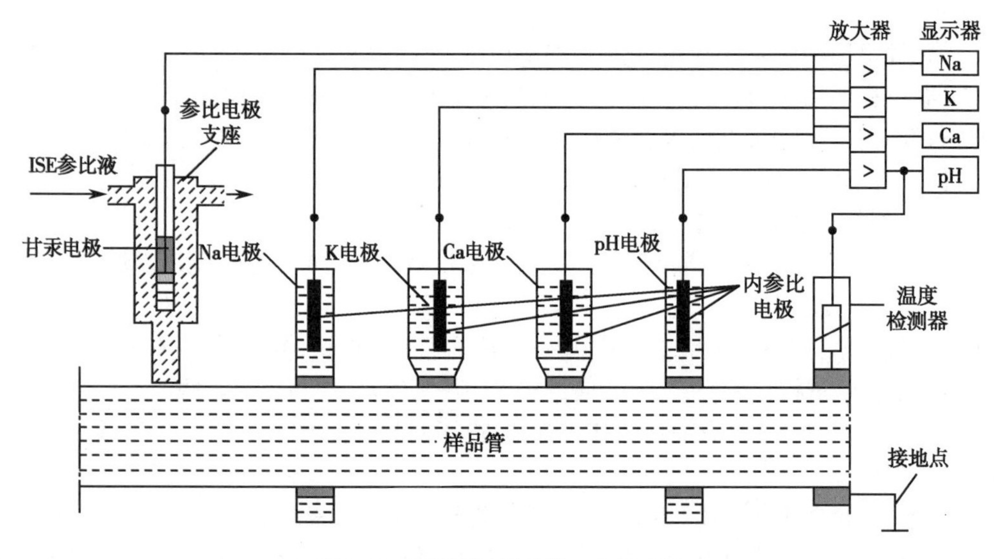

图 6-7 电解质分析仪的工作原理图

二、电解质分析仪的基本结构

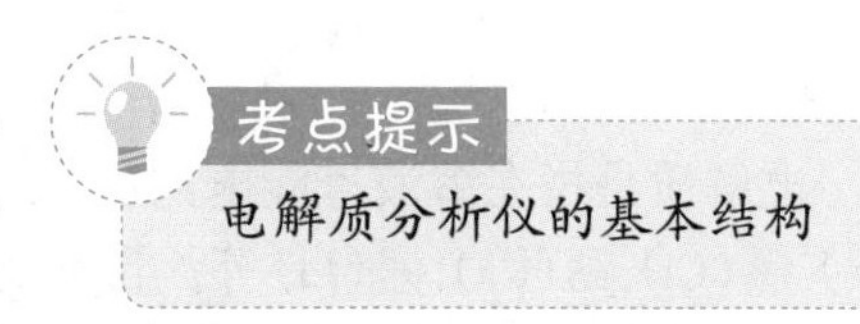

临床上常用的电解质分析仪由离子选择性电极、参比电极、分析箱、测量电路、控制电路，驱动电机和显示器等组成。

1. 面板系统 不同的电解质分析仪在仪器面板上都有人机对话的操作键。在分析检测样品时，操作者可以通过按键操作控制分析检测过程。

以常见的钠钾氯电解质分析仪为例，各项参数既可在面板上的液晶显示器显示，也可通过设在仪器顶部的打印机打印出来。其面板上有人机对话提示，按照提示操作即可。

2. 电极系统 电极系统是测定样品结果的关键，决定测定结果的准确度和灵敏度，包括指示电极和参比电极。指示电极包括 PH、Na^+、K^+ 、Li^+、Ca^{2+}、Mg^{2+} 离子选择性电极；参比电极一般是银\氯化银电极。

3. 液路系统 不同类型的电解质分析仪具有的液流系统稍有不同。但通常由标本盘、溶液瓶、吸样针、三通阀、电极系统、蠕动泵等组成。液路系统直接影响到样品浓度测定的准确性和稳定性。

4. 电路系统 电解质分析仪的电解质分析仪一般均由五大模块组成：电源电路模块、微处理机模块、输入输出模块、信号放大及数据采集模块、蠕动泵和三通阀控制模块。

电源电路模块主要提供分析仪的打印机接口电路、蠕动泵控制电路、电磁阀控制电路和

其他各种部件所需的电源。

微处理器模块包括主机 CPU 芯片，通过地址总线、数据总线与显示板、打印机、触摸控制板相连，通过系统总线与模拟通道液压系统相连。

信号放大模块是主信号放大器变换器（电极、标本检测器）和其他电子系统间的界面，它除了钠、钾、氯等测量通道外，其余模拟信号也在放大系统上处理，所有这些信号被传输到 CPU 板上的主 A/D 变换器上。

5. 软件系统　软件系统是控制仪器运作的关键。它提供仪器微处理系统操作、仪器设定程序操作、仪器测定程序操作和自动清洗等操作程序。

三、电解质分析仪的操作流程

临床实验室使用的电解质分析仪型号、品牌较多，以梅州康立 K-Lite5 电解质分析仪为例，其基本操作步骤如下（不同仪器的操作见《综合实训》）。

1. 开机　检查定标液，清洗液，是否足够，管道有无堵塞。

2. 仪器校准　仪器提示是否定标，按 YES 确定，定标成功后仪器进入待机状态。

3. 检测　点击样本测试，仪器提示抬起吸液针，将血清置于针下，仪器提示是否吸样，按 YES；检测完成仪器自动显示结果并打印。

4. 待机　仪器进入 24 小时待机状态。

四、电解质分析仪的维护与常见故障排除

（一）仪器的维护保养

1. 电极系统的保养

（1）钠电极：钠电极内充液的浓度降低最为严重，要经常检查调整内充液浓度。如仪器的程序设计中的每日保养。

电解质分析仪电极系统的维护保养有哪些

（2）钾电极：至少更换一次内充液。

（3）氯电极：氯电极为选择性膜电极，使用过程中亦会吸附蛋白质，影响电极的响应灵敏度，最好用物理法进行膜电极的清洁。

（4）参比电极：每周约需检查电极内是否有足够的饱和氯化钾溶液及氯化钾残片。一般三个月要换一次参比电极膜。

2. 流路的保养

（1）流路保养：多数仪器都有仪器流路保养程序，可以根据保养程序进行保养工作。当流路保养程序结束后，应当对仪器进行重新定标。

（2）全流路清洗：为了保证仪器流路中没有蛋白质、脂类沉积和盐类结晶。每天工作结束关机前，都要进行管路的清洗。

3. 日常维护保养　应按照使用说明书上的要求，进行每日保养、每周保养、半年维护和停机维护。

（1）每日保养：检查试剂量。如量不足应及时更换；及时弃去废液瓶中的废液。

（2）每周保养：要清洁样本注入口、样本探针以及仪器表面。

（3）每月保养：除日常保养项目外，还需要采用家用漂白剂清洁参比电极套。

（4）半年保养：每 6 个月，需要更换蠕动泵管。

（二）常见故障及其排除方法

仪器出现故障时应先排除维护和使用不当等因素，如管道松动、破裂，参比电极长期未换，长期没有活化去蛋白，进样针（或三通、或电极）堵塞，泵管老化等。然后检查电极的电压和斜率是否正常。再用电极检查程序确认电极输出是否稳定。一些常见故障、产生原因和排除方法如下。

1. 仪器不工作　检查电源、保险丝熔断等。

2. 定标不能稳定　标准液检测不到，可能的解决办法是：检查试剂包液体的剩余量，如果少于5%，更换试剂包；检查标准液管道中或电极通道是否有堵塞：检查样本传感器安装是否正常、是否需要清洁；更换蠕动泵管。

3. 检测不到参比液　当测量室没有检测到参比液流，会显示“检测在每次定标的开始时执行”。可能的解决办法是：检查参比套的充液是否正确，确认参比管连接管正常。因该过程需要用到A液，确认A液吸入正常，否则更换试剂包；清洁参比电极套。

4. 检测不到样本液　可能样本中有气泡，样本量太少不能分析，或没有样本吸入。可能的解决办法是：首先重复检查样本观察针有没有探测到样本；观察样本管路是否堵塞，检查电极上的O形圈是否好；检查样本传感器，做测试程序确认；更换蠕动泵管。

5. 检测不到电极　可能的解决办法：确认电极安装正确；检查参比电极，如果需要清洁参比套或更换参比电极。

6. 堵塞液体通路　不能清洁样本通路，或不能定标。可能的解决办法是：检查电极上O形圈是否完好，确认液体没有泄漏；检查液体通路中有无堵塞或结晶，特别是在吸样针、样本传感器的管路和样本传感器；检查样本传感器，做测试程序确认，如果需要清洁样本传感器；更换参比电极套。

第五节　特殊蛋白分析仪

特殊蛋白分析仪是近年来国内常购的临床检验设备。就特种蛋白分析仪本身的历史和分析原理看，也很古老，当然随着技术的发展，检测的项目在不断增加。由于观念和临床运用的滞后，使其在国内成了新生事物，但从思路或者技术上都不能算新。

临床实验室使用特殊蛋白分析仪对患者血样及体液进行特定蛋白（降钙素原、β2微量球蛋白、C反应蛋白、D-二聚体、人心型脂肪酸结合蛋白、免疫球蛋白、补体、转铁蛋白、抗链球菌溶血素O、类风湿因子等）的检测，对心血管疾病、血液病、神经系统疾病、免疫功能障碍、类风湿性关节炎等的诊断及营养状态的监测有重意要义，是新近出现的临床检验项目，本节介绍特殊蛋白分析仪的相关内容。

一、特殊蛋白分析仪的工作原理

特殊蛋白分析仪主要原理：主要应用散射浊比法或投射比浊法技术，测定抗原抗体的反应，应用较多的是散射比浊法技术，它是基于入射光在散射粒子（抗原抗体复合物）的散射强度来测定的。它是将抗原抗体的沉淀反应与散射比浊分析相结合，对单位时间内抗原与抗体结合的速率进行动力学测定。当抗体的浓度固定时，速率峰值的高低与抗原的含量成正比，随着时间的延长，免疫复合物的量逐渐增多，抗原抗体结合速度的峰值在一定的时间出现。不同抗原含量的样本其速率峰值是不同的。通过微机处理即可得到待测蛋白成份的含

量。速率比浊测定最大优点在于快速。仪器是进行散射光的强度测量，测得的散射光强度与通过比色杯输入仪器的相应试剂的算法特性相结合将散射光强度转化为被测物的定量指标。

二、特殊蛋白分析仪的基本结构

以 IMMAGE 双光径免疫浊度分析系统为例介绍特殊蛋白分析仪的基本结构。其基本结构包括：①散射测浊仪；②加液系统（包括自动稀释加液器、标本、抗体智能探针，具有液体感知装置，控制加液体积的准确性）；③试剂和样品转盘；④分析仪上阅读器。

IMMAGE 免疫分析测定仪加大抗原过量检测范围，以区分非特异性反应，使检测结果更加准确可靠；添加了试剂冷藏系统，增加试剂的稳定性；采用全方位的条形码系统，可以自动检测试剂及试剂的批号、校正的状态、试剂过期的日期、试剂的体积及质控、标准和样品标本；具有双试剂加样探针和智能液面感应器；处理标本自动化程度高，每小时进行 75~180 个测试。

三、特殊蛋白分析仪的操作流程

1. 开机前准备　检查洗液瓶中的洗液量；检查废液桶；检查各缓冲液量与各稀释液量；从冰箱中将试剂架取出安放在仪器试剂舱内。

2. 开机　接通仪器电源，仪器开始自检，通过后出现主界面。

3. 样品测试　样品测试编程、编程确认、放置好已装完样品的样品架到样品盘上、运行测试。

4. 关机　取出所有试剂，关闭电源开关。

四、特殊蛋白分析仪的维护保养与常见故障排除

（一）特殊蛋白分析仪的维护保养

为了延长仪器的使用寿命并减少故障的发生，必需严格按照仪器的操作手册定期对仪器进行保养维护。下面以 BNII 特殊蛋白分析仪的维护为例简单介绍。

1. 每日保养　每日检查系统溶液器中的液体量是否足够；检查稀释架是否已插入，稀释孔是否足够；检查管道有无扭曲，污物，渗漏及气泡；按照系统准备中的描述完成所有准备。

2. 每周保养　每周用 70% 酒精浸泡的无麻棉布清洁消毒系统的外表面，转盘盖，稀释单位和架子通道；检查注射器和阀门有无渗漏，结晶；检查试剂和样本探针有无坏损和阻塞。

3. 每月保养　每月消毒管道系统；更换反应杯；用潮湿的无麻棉布清洁灌洗系统液体传感器；清洁冲洗液的容器；更换冲洗液过滤器；用浸过 70% 酒精无麻抹布清洁条形码扫描仪；消毒终端设备、条形码阅读器和打印机。

（二）特殊蛋白分析仪常见故障排除

1. 机械传动问题　开机自检数秒后机内发出咔咔声。错误信息提示样本 / 试剂针出现了机械传动上的问题。可能原因有：①样本 / 试剂针的机械传动部分润滑不良或有物体阻挡；②电机下部的光耦合传感器及嵌于电机转子上的遮光片配合不合理或控制电路板上信号连接线插头与插座之间有松动接触不好。处理对方法是对样本 / 试剂针的机械传动部分进行清洁及上油处理，检查传感器与遮光片，使其配合合理，检查信号连接线插头与插座，使其接

触良好。

2. 流动池液体外流故障　故障的主要原因有：①废液瓶内废液已盛满。检查废液是否需要倾倒；连接废液瓶的管路是否打折或堵塞；②蠕动泵管运转不良。检查蠕动泵管运转是否良好，蠕动泵管是否老化，若老化应更换新的备件；③管路有堵塞。打开分析仪前面的面板，按照液体流程图对管路进行检查。若有堵塞，用注射器打气加压使其导通，再进行冲洗。

五、特殊蛋白分析仪的临床应用

特殊蛋白分析仪主要用于测血浆、尿液和脑脊液中的特定蛋白及药物浓度，可为用于免疫功能监测、心血管疾病、炎症状况、类风湿性关节炎、肾脏功能、营养状态、凝血及出血性疾病和贫血的临床诊断、疗效观察、预后分析提供依据。

本章小结

分立式自动生化分析仪主要有样品处理系统、检测系统和计算机系统等三部分，该类仪器具有各个样品在分析过程中彼此分开独立，互不掺杂、交叉污染相对较低、灵活准确、分析项目多等特点。自动生化分析仪必须建立仪器使用规范，加强仪器日常维护。为确保临床检验工作顺利开展，必须对自动生化分析仪的故障进行正确分析并及时排除。自动生化分析仪不仅应用于生化检验，还应用于免疫检验和药物监测等。

实现电泳分离技术的仪器称为电泳仪。电泳仪的主要设备包括电泳电源、电泳槽。辅助设备指恒温循环冷却装置、伏时积分器、凝胶烘干器等，有的还有检测装置。自动化电泳仪每天使用完后，需要严格做好日保养和周维护及保养。电泳仪的常见故障及排除方法应按仪器操作说明书进行。电泳技术主要有用于分离鉴定多种体液中的蛋白质、同工酶等。

血气分析仪是利用电极对人全血中的酸碱度（pH 值）、二氧化碳分压（PCO_2）和氧分压（PO_2）进行测定的仪器。其基本结构都可包括电极系统、管路系统和电路系统三大部分。血气分析仪操作比较简单，关键是日常的维护和出现故后的排除。临床上常用离子选择电极检测体液中 K^+、Na^+、Cl^-、Ca^{2+}、Mg^{2+} 等电解质离子浓度，检测仪器为电解质分析仪。常用的电解质分析仪由离子选择性电极、参比电极、分析箱、测量电路、控制电路，驱动电机和显示器等组成。电解质分析仪的维持保养包括电极系统的保养、液路系统的保养。电解质分析仪的常见故障应根据实际情况采取相应的方法予以排除。

特殊蛋白分析仪是应用散射比浊法或透射比浊法技术原理，测定抗原抗体的反应，应用较多的是散射比浊法技术。其基本结构包括：①散射测浊仪；②加液系统；③试剂和样品转盘；④分析仪上阅读器。为了延长仪器的使用寿命并减少故障的发生，必需严格按照仪器的操作手册定期对仪器进行保养和维护。特殊蛋白分析仪常见故障主要有机械传动问题、流动池液体外流故障等。特殊蛋白分析仪主要用于测血浆、尿液和脑脊液中的特定蛋白测定，在临床应用广泛。

目标测试

一、选择题

1. 自动生化分析仪可分为小型、中型、大型、超大型，其分类原则是

A. 单通道和多通道数量　　B. 仪器可测定项目的多少
C. 是否可以同步分析　　D. 仪器的功能及复杂程度
E. 测定程序可否改变

2. 自动生化分析仪最常用的温度是
A. 20℃　　B. 25℃　　C. 30℃
D. 37℃　　E. 40℃

3. 自动生化分析仪比色杯的材料多采用
A. 普通玻璃　　B. 隔热玻璃　　C. 石英玻璃
D. 防爆玻璃　　E. 不吸收紫外光的优质塑料

4. 下列有关电泳时溶液的离子强度的描述中,错误的是
A. 溶液的离子强度对带电粒子的泳动有影响
B. 离子强度越高,电泳速度越快
C. 离子强度太低,缓冲液的电流下降
D. 离子强度太低,扩散现象严重,使分辨力明显降低
E. 离子强度太高,严重时可使琼脂板断裂而导致电泳中断

5. 电解质分析仪长期使用后,电极内充液下降最严重、需要经常调整内充液浓度的电极是
A. 钠电极　　B. 钾电极　　C. 氯电极
D. 钙电极　　E. 参比电极

6. 电解质分析仪流路系统保养主要是为了清除管路、电极等粘附的
A. 血液　　B. 红细胞　　C. 纤维蛋白
D. 血球　　E. 样本杂质白

二、名词解释

1. 自动生化分析仪
2. 连续监测法
3. 分析时间

三、简答题

1. 自动化生化仪的性能指标有哪些?
2. 影响电泳的因素有哪些?
3. 血气分析仪的日常维护保养有哪些?
4. 电解质分析仪的基本结构由哪些部分组成?

(张兴旺)

第七章　免疫分析相关仪器

学习目标

1. 掌握:临床免疫检验常用仪器的分析原理。
2. 熟悉:临床免疫检验常用仪器的结构及性能评价。
3. 了解:临床免疫检验常用仪器的使用与维护。

免疫分析是以抗原抗体的免疫反应为基础,研究免疫学技术及其在医学中的应用。由于大部分抗原抗体反应不能被直接观察或定量测定,所以各种标记技术、分析方法及分析仪器应运而生,并在各级各类实验室中广泛应用。在疾病的研究、诊断、治疗等方面发挥了重要的作用。

本章主要介绍几种临床常见的免疫分析仪器的原理、结构、使用及维护等内容。

第一节　酶免疫分析仪

酶免疫分析是目前临床免疫检验最常用的分析技术,具有灵敏度高、特异性强、试剂稳定、操作简单、快速且无放射性污染等优点。酶免疫分析仪是目前临床免疫检验中应用最多的一类免疫分析仪器。

知识链接

分子印迹聚合物(MIP)的出现,可以克服生物抗体和酶的局限性。MIP 的制备是建立在简单的分子印迹技术基础上,它的制作流程:将模板分子(待测物)和一些功能型配体混合,使功能型配体通过弱的分子间作用力(如氢键、静电作用、疏水作用)或可逆共价结合方式和模板分子配合,进行分子自组装,然后加入高分子单体和交联剂,通过自由基聚合反应将自组装的功能型配体在空间上加以固定,将高分子粉碎后,利用洗脱或萃取方式除去高分子基质中的模板分子。这样,在高分子基质中就形成了在三维空间大小、形状以及功能配体都与模板分子互补的分子印迹微腔,所制成的 MIP 被称为“塑料抗体”或“人工抗体”,可实现对模板分子的特异性识别。

一、酶免疫分析技术的分类

酶免疫分析是利用酶的高效催化和放大作用与免疫反应的特异性相结合而建立的一种标记免疫技术。将酶作为示踪剂标记抗原(抗体),并以相应底物被酶分解的显色反应对样

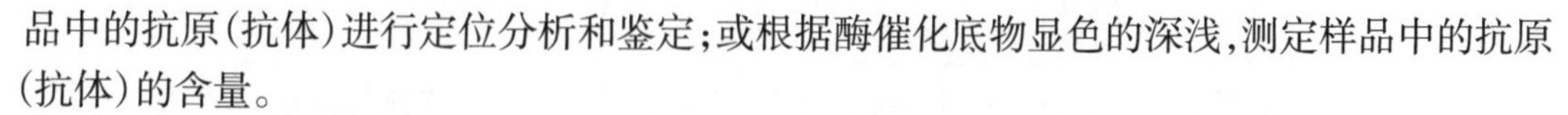

品中的抗原(抗体)进行定位分析和鉴定;或根据酶催化底物显色的深浅,测定样品中的抗原(抗体)的含量。

(一)酶免仪技术分类

根据抗原抗体反应后是否需要分离结合与游离的酶标记物,可分为均相酶免疫测定和非均相(或异相)酶免疫测定两种方法。

1. 均相酶免疫分析法　均相酶免疫分析是指在抗原抗体反应后,无需分离结合和游离的酶标记物,直接根据反应前后酶活性的改变进行待测物质测定的分析方法。测定的物质以激素、药物等小分子抗原或半抗原为主。试验测定在液相中进行,可直接用自动生化分析仪进行测定。主要有酶扩大免疫测定技术和克隆酶供体免疫测定两种方法。

2. 非均相酶免疫分析法　非均相酶免疫分析法是指在抗原抗体反应达到平衡后,将游离的酶标记物和与抗原(抗体)结合形成的酶标记物分离,然后对酶催化的底物的显色程度进行测定,在计算出待测样品中抗原(抗体)的含量。根据试验中是否使用固相支持物作为吸附免疫试剂的载体,又可分为固相酶免疫法和液相酶免疫法。其中以固相支持物最常用,即酶联免疫吸附测定(ELISA),既可测定抗体又可测定抗原。根据检测目的和操作步骤的不同,ELISA 又可分为双抗体夹心法、间接法、竞争法、捕获法等。ELISA 是临床上最常用的免疫分析方法,目前常用的酶免疫分析仪都是基于 ELISA 技术,称为酶联免疫分析仪,简称酶标仪。

(二)酶免疫分析仪的分类

根据固相支持物的不同,酶免疫分析仪可分为微孔板固相酶免疫分析仪、管式固相酶免疫分析仪、微粒固相酶免疫分析仪和磁微粒固相酶免疫分析仪等。

1. 微孔板固相酶免疫分析仪　微孔板固相酶免疫分析仪简称酶标仪。根据通道的多少分为单通道和多通道两种类型,单通道义有自动和手动之分;根据波长是否可调分为滤光片酶标仪和连续波长酶标仪;根据功能的不同又分为带紫外功能的酶标仪和带荧光功能的酶标仪。

2. 管式固相酶免疫分析仪　应用管式固相载体的 ELISA 分析仪器不多,在我国应用的有德国推出的全自动管式 ELISA 分析系统和法国生产的特殊形状的管式全自动 ELISA 的分析仪。

3. 微粒固相酶免疫分析仪　是一种在酶免疫分析的基础上结合了荧光免疫测定技术全自动免疫分析仪。

4. 磁微粒固相酶免疫分析仪　磁微粒采用磁吸引与液相分离的磁微粒固相酶免疫分析系统,由分光光度分析仪、磁铁板和试剂三部分组成。

二、酶免疫分析仪的工作原理

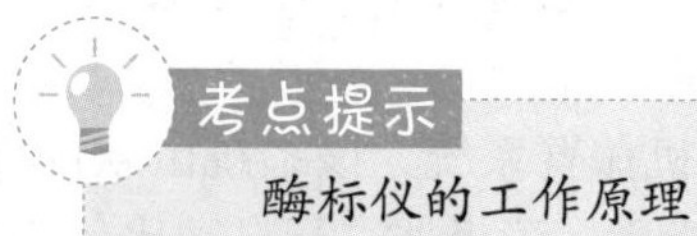

酶免疫分析仪其实就是一台特殊的光电比色计或分光光度计,根据 ELISA 技术的特点而设计,其基本工作原理是分光光度法。以临床免疫检验最常用的酶标仪为例介绍酶免疫分析仪的作原理。如图 7-1 所示,光源射出的光线通过滤光片或单色器后,成为单色光束。光束经待测标本后到达光电检测器;光电检测器将接收到的光信号转变成电信号,再经过前置放大、对数放大、模数转换等模拟信号处理后,进入微处理器进行数据的处理和计算。酶标仪光路系统如图 7-2 所示。

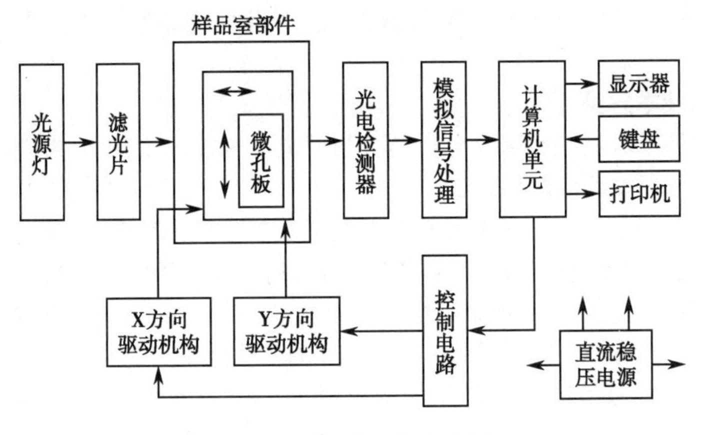

图 7-1 酶标仪工作原理图

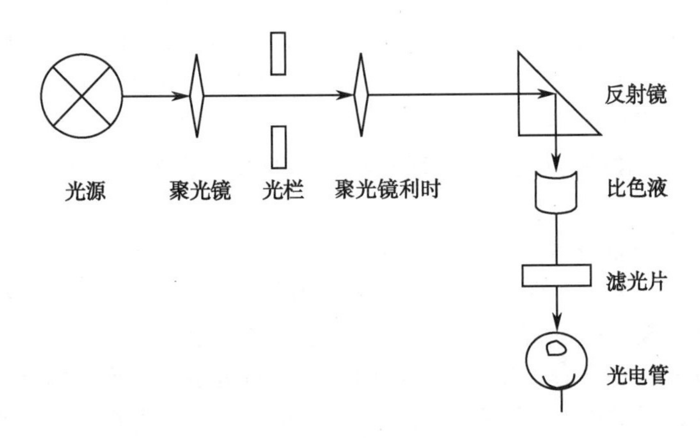

图 7-2 酶标仪光路系统图

三、酶免疫分析仪的基本结构

以临床免疫检验最常用的酶标仪为例介绍酶免疫分析仪的基本结构。

1. 加样系统　包括加样针、条码阅读器、样品盘、试剂架及加样台等构件，样品盘所用的微孔板多为 96 孔。

2. 温育系统　主要由加温器及易导热的金属材料构成，温育时间及温度设置，是由控制软件精确调控的。

3. 洗板系统　主要由支持板架、洗液注入针及液体进出管路等组成。

4. 判读系统　主要由光源、滤光片、光导纤维、镜片和光电倍增管组成，是最终结果客观判读的设备。

5. 机械臂系统　该系统由软件控制，可以精确移动加样针和微孔板，并通过输送轨道将酶标板送入读板器进行自动比色读数。

四、酶免疫分析仪的性能评价

目前国内已经初步建立起一套酶免疫分析仪性能的评价体系，其评价指标和方法主要从以下几个方面进行。

1. 滤光片波长精度检查及其峰值测定　用高精度紫外 - 可见分光光度计在可见光区对不同波长的滤光片进行光谱扫描，检测值与标定值之差即为滤光片波长精度。其值越接近零且峰值越大表示滤光片的质量越好。

2. 准确度和灵敏度度评价　准确度：其吸光度值应不小于 0.01A；灵敏度：其吸光度值应在 0.4A 左右。

3. 精密度　每个通道三只微孔杯，分别加入 200μm 高、中、低三种浓度的甲基橙解液，用蒸馏水调零，采用双波长作双份平行测定，每日两次，连续测定 20 天。分别计算批内精密度、日内批间精密度、日间精密度和总精密度以及相应的 CV(%)值。

4. 零点漂移　用 8 只微孔杯分别置于 8 个通道的相应位置，均加入 200μl 蒸馏水并调零，于波长 490nm(参考比波长 650nm)处每 30 分钟测定一次，连续观察 4 小时其吸光度与零点的差值即为零点漂移。

5. 通道差与孔间差检测　①通道差：取一只酶标微孔杯以酶标板架作载体，将其(内含 200μl 甲基橙溶液，吸光度 0.5 左右)先后置于八个通道的相应位置，用蒸馏水调零，于 490nm 处进行测定，连续测定 3 次，观察不同通道之间测量结果的一致性，通道差用极差值来表示；②孔间差：选择同一厂家、同一批号酶标微孔板条(8 条共 96 孔)分别加入 200μl 甲基橙溶液(吸光度 0.065~0.070)先后置于同一通道，蒸馏水调零，于波长 490nm(参比波长 650nm)处检测，其误差大小用 ±1.96s 衡量。

6. 线性范围　准确配制 5 个系列浓度的甲基橙溶液，用蒸馏水调零，于波长 490nm(参比波长 650nm)处平行检测 8 次，进行统计分析以衡量其线性范围。

7. 双波长评价　取同一厂家、同一批号酶标板条进行检测，计算单波长和双波长测定结果的均值、离散度，比较各组之间是否具有统计学差异以考察双波长清除干扰因素的效果。

五、酶免疫分析仪的使用、维护与常见故障处理

(一) 酶免疫分析仪的使用

酶免疫分析仪的使用较为简单，不同的仪器操作方法略有不同但都包括几个关键步骤。操作流程见表 7-1。

表 7-1　酶免疫分析仪简单操作流程

操作步骤	操作方法
开机	接通电源，打开酶标仪开关、仪器自检，自动预热 2~3 分钟
参数设置	打开酶标仪软件，选择测量模式并设置参数，如：波长、滤光片等
样品装载	将处理好的样本放入试剂盘，选择相应的测定程序
样品测定	检查无误后，按“开始”键，仪器开始对样品测试
结果查询传送	测定结束后，保存测定结果并打印
关机	卸载样品盘，清洗管路后关闭仪器

(二) 酶免疫分析仪的维护

酶免疫分析仪是一种精密的光学仪器，因此，良好的工作环境不仅能确保其准确性和稳定性，还能够延长其使用寿命，具体包括以下几个方面。

1. 安装要求　①仪器应放置在无强磁场和干扰电压且噪音低于 40 分贝的环境下；

②操作环境空气清洁,避免水雾、烟尘,温度应在 15~40℃,湿度在 15%~85%;③避免阳光直射,以延缓光学部件的老化;④操作时电压应保持稳定;⑤保持干燥、洁净、水平的工作台面,且有足够的操作空间。

2. 日常维护 ①仪器外部的清洁:用柔软的抹布蘸取中性清洁剂轻轻擦拭仪器外壳,清除灰尘和污物;②检查加样系统:避免蛋白类物质的沉积于加样针;如加样针涂层有破损的迹象,必要时要更换;③清洁仪器内部样品盘和微孔板托架周围的泄漏物质,注意防止生物危害;④每日仪器工作结束后进行一次标准的洗液及洗液管路的维护,防止形成盐类结晶堵塞洗涤管道;⑤清理实验过程中产生的废液及其他废弃物。

3. 月维护 ①使用仪器厂商提供的软件执行检查程序,并打印检查结果报告归档;②检查所有管路及电源线是否有磨损及破裂,如有要及时更换;③检查样品注射器及与之相连探针是否有泄漏及破损,如果有,则更换之;④检查微孔探测器是否有堵塞物,如有要及时的除去;⑤检查支撑机械臂的轨道是否牢固,并检查机械臂及其轨道上是否有灰尘,如有可用干净的布将其擦净。

(三) 酶免疫分析仪的常见故障处理

1. 洗板头堵塞 此故障在该分析仪最常见,多因样本中存在纤维蛋白所致。如在仪器自检过程中出现,可以先关机将洗板头清洗后,重新开机自检。如果在洗板时出现,则需要按仪器的"暂停"键,将洗板头疏通后继续洗板。

2. 加样注射器和硅胶管连接处漏水或脱落 由于管道堵塞使硅胶管破裂或脱落,可在仪器自检或试验过程中出现。需拆下加样针并疏通,如硅胶管破裂,需更换。开机自检通过后,对仪器管道行冲洗再开始试验。

3. 试剂盘错误 开机自检时报试剂盘错误,且试剂盘不停地转动,无法停止。这是由于试剂盘底面的小磁铁脱落导致。需关机,摘下试剂盘,把小磁铁安装回去并清洁传感器。

酶免疫分析法具有高度的特异性和敏感性,特别是酶标仪使用方法简单快捷,适用于大批量标本的测定,易于进行质量控制。酶标仪广泛应用于临床检验的相关检测项目中,如乙肝病毒、HIV、巨细胞病毒等病毒感染的诊断;各种免疫球蛋白和细胞因子、补体等的检测;肿瘤标志物的检测等。洗板机一般与酶标仪配套使用,专门用来清洗酶标板,广泛应用于医院、血站、实验室的酶标板的清洗工作。目前,几乎所有医院的检验科都使用酶标仪和洗板机,这就要求学生了解酶标仪和洗板机的工作原理及使用方法。在实训课中加强对酶标仪和洗板机工作原理的讲解及使用方法的训练。

第二节 发光免疫分析仪

发光免疫技术是将发光系统与免疫反应相结合,以检测抗原或抗体的方法。既具有免疫反应的特异性,更兼有发光反应的高敏感性,在免疫学检验中应用日趋广泛。

一、发光免疫分析仪的分类及特点

(一) 发光免疫分析的基本种类

发光免疫分析根据标记物的不同,有化学发光免疫分析(常用的标记物有鲁米诺等)、电化学发光免疫分析(常用的标记物有三联吡啶钌等)、微粒子化学发光免疫分析(常用的标记物有二氧乙烷磷酸酯等)、化学发光酶免疫分析(常用的标记物有辣根过氧化物酶等)和生物

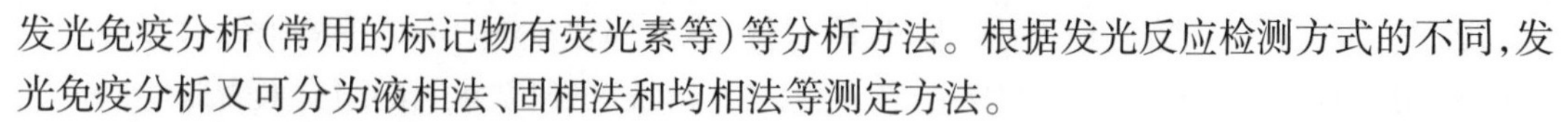

发光免疫分析(常用的标记物有荧光素等)等分析方法。根据发光反应检测方式的不同,发光免疫分析又可分为液相法、固相法和均相法等测定方法。

(二)发光免疫分析仪的特点

1. 全自动化学发光免疫分析仪　采用化学发光技术和磁性微粒子分离技术相结合的方法,所用的磁性颗粒,直径小表面积大,对抗原或抗体的吸附量增加,反应速度加快,清洗和分离也更加简单。具有操作灵活,结果准确可靠,试剂贮存时间长,自动化程度高等优点。

知识链接

磁性微粒(MMS)是20世纪80年代初,用高分子材料和金属离子为原料,聚合而成的一种以金属离子为核心,外层均匀地包裹高分子聚合体的固相微粒。在液相中,受外加磁场的吸引作用,MMS可快速沉降而自行分离,无需进行离心沉淀。因此,将MMS应用于免疫检测,可使操作过程大为简化。经过特异性抗体包被制成免疫MMS,与检样中的抗原结合形成免疫MMS-靶分子(或靶细胞)复合体,通过外加磁场的作用即可与其他成分分离开来。再以适当方式使复合体解离,在磁场吸引下除去游离的免疫MMS,即可获得纯化的靶分子或细胞。

2. 全自动微粒子化学发光免疫分析仪　采用微粒子化学发光技术对标本中的微量成分以及药物浓度进行定量测定,具有高度的特异性、敏感性和稳定性等特点。

3. 全自动电化学发光免疫分析仪　电化学发光免疫分析是一种在电极表面由电化学引发的特异性化学发光反应。具有检测项目广、灵敏度高,线性范围宽,反应时间短等优点。

二、发光免疫分析仪的工作原理

考点提示

发光免疫分析仪的工作原理

化学发光是指在常温下,某些特定的化学反应产生的能量使其产物或反应中间态分子激发,形成激发态分子,当其衰退至基态时,释放出的化学能量以可见光的形式发射的现象。发光免疫分析就是利用化学发光现象,将发光反应与免疫反应相结合而产生的一种免疫分析方法,为经典的免疫标记方法之一。根据物质发光的不同特征及辐射光波长、发光的光子数、发光方向等来判断分子的属性及发光强度进而判断物质的量。根据标记物的不同,发光免疫分析有化学发光免疫分析、电化学发光免疫分析、微粒子化学发光免疫分析、化学发光酶免疫分析和生物发光免疫分析等分析方法。

三、发光免疫分析仪的基本结构

(一)全自动化学发光免疫分析仪组成

1. 主机部分　是仪器的运行反应测定部分,包括原材料配备部分、液路部分、机械传动部分、光路检测部分、电路部分。

2. 微机处理系统　为仪器的关键部分,是指挥控制中心。其功能有程控操作、自动监测、指示判断、数据处理、故障诊断等。

(二)全自动电化学发光免疫分析仪组成

1. 控制单元　就是一台完整的计算机,并配有支架及打印系统。

2. 核心单元 主要由条码阅读器、标本舱位、标本架转盘、模块轨道等组成。

3. 分析模块 是检测系统的核心，主要包括预清洗区、测量区、试剂区、耗品区。

四、化学发光免疫分析仪的性能评价

目前应用于临床检验的发光免疫分析仪有很多种类，具有检测速度快、精度好、重复性高、条码识别系统、24 小时待机、系统稳定等特点。三种全自动发光免疫分析仪一些性能指标的比较见表 7-2。

表 7-2 三种发光免疫分析仪的性能比较

项目	全自动化学发光免疫分析仪	全自动微粒子化学发光免疫分析仪	全自动电化学发光免疫分析仪
测定速度	60~180 个 / 小时	>100 个 / 小时	>80 个 / 小时
最小检查量	10^{-15}g/ml	≥$^{-15}$g/ml	≥$^{-15}$g/ml
重复性	CV≤3%	CV≤3%	CV≤3%
样品盘	60 个标本	60 个标本	75 或 30 个标本
试剂盘	13 种试剂	24 种试剂	18 或 25 种试剂
急诊标本	均可随到随做，无需中断运行		

五、发光免疫分析仪的使用、维护与常见故障处理

(一) 发光免疫分析仪的使用

发光免疫分析仪的使用频率比较高，操作方法液比较简单。不同的仪器操作方法会略有区别，基本包括几个关键步骤，操作流程见表 7-3。

表 7-3 发光免疫分析仪简单操作流程

操作步骤	操作方法
开机	接通电源，打开仪器，等待仪器自检完成
工作前准备	打开分析软件，设置测量参数，放置耗材，并按要求进行质控、定标等
样品装载	将处理好的样本放入标本架，输入标本号以及检测项目
样品测定	检查无误后，按“开始”键，仪器对样品开始测试
结果查询传送	测定结束后，保存测定结果并打印
关机	卸载标本，清理废弃物，清洗管路后关闭仪器或让仪器处于待机状态

(二) 发光免疫分析仪的维护

全自动化学发光免疫分析仪的维护包括以下几个方面。

1. 日保养 检查系统温度状态、液路部分、耗材部分、打印纸、废液罐、缓冲液等是否全部符合要求，之后再按保养程序进入清洗系统进行探针的清洗。并保持机器外壳干净。

2. 周保养 检查主探针上导轨，然后按要求在主菜单下进入保养程序进行特殊清洗，清洗完毕后用乙醇拭子清洁主探针上部，然后检查废液罐过滤器；检查孵育带上的感应点并用无纤维拭子擦干净。每周保养后一定要做系统检测，确保系统检测数据在控制范围内。

3. 月保养 刷洗主探针、标本采样针、试剂针的内部，以清除污物。探针外部用酒精擦

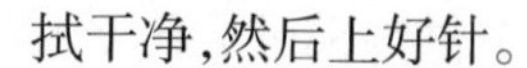

拭干净，然后上好针。

(三) 发光免疫分析仪的常见故障处理

全自动的发光分析仪一般都具备很好的自我诊断功能，一旦有故障发生时，仪器一般能自动检测到，显示错误信息并伴有报警声。常见故障主要有以下几个方面。

1. 压力表指示为零　首先检查废液瓶所接的真空管，判断该故障是否因漏气或压力表损坏引起。检查各管道的接口，有无漏气，对有问题的管道要及时修复或者更换。

2. 真空压力不足　进行真空压力测试，若测试结果正常，可知是因真空传感器检测不到真空压力引起。对有问题的传感器进行调整或清洗，再次测试真空压力，压力正常后调节传感器螺丝使高、低压力指示在规定范围内。

3. 发光体错误　检查发光体表面，有无液体渗出。检查废液探针、相关管路及清洗池是否有堵塞、漏液；检查电磁阀是否有污物会引起进水或排水不畅；检查与废液探针管路相连接的碱泵清洗管路是否有漏气以及碱泵是否有裂缝。

4. 轨道错误　该故障因反应皿在轨道中错位而使轨道无法运行引起，只要取出错位的反应皿，故障即可排除。

第三节　免疫浊度分析仪

免疫浊度分析技术将现代光学仪器与自动分析检测系统相结合应用于免疫沉淀反应，可对各种液体介质中的微量抗原、抗体、药物及其他小分子半抗原物质进行定量测定。

一、免疫浊度分析仪的分类

(一) 免疫浊度技术的分类

免疫浊度技术分为透射光免疫浊度法和散射光免疫浊度法。前者是在180°角，亦即在直射角度上测定透射光强度；后者是在5°~96°角的方向上测量散射光强度与被测溶液中微粒浓度关系的方法。透射光免疫浊度法可分为免疫透射浊度测定法和免疫胶乳浊度测定法。散射光免疫浊度法则可分为终点散射浊度法和速率散射浊度法。终点法是测定抗原与抗体结合完成后其复合物的量，速率法是在抗原与抗体反应的最高峰(约在1min内)测定其复合物形成的量。

(二) 免疫浊度仪的种类

临床上多采用自动生化分析仪测定免疫透射浊度，虽可达到快速混匀目的，但容易引起误差。近年来，随着免疫浊度分析法日渐成熟，各种免疫浊度分析仪也应运而生。在临床上已推广应用。

1. ARRAY特种蛋白分析仪　该仪器能全自动完成标本中免疫球蛋白、白蛋白、抗“O”、类风湿因子等二十余种项目的定量测定。具有敏感、精确、快速和简便的特点。

2. DB100特种蛋白分析仪　其测定方法实质上是透射比浊的一种改良，散射光的强度与免疫复合物浓度成正比。

3. IMMAGE免疫浊度分析仪　是新一代全自动特种蛋白分析、药物浓度监测为一体的免疫分析系统。具有试剂冷藏系统并采用全方位的条形码系统、双试剂加样探针及智能液面感应器，增加试剂的稳定性使测定结果更加准确可靠，处理标本的自动化程度高。

4. BN Prospec特种蛋自免疫分析仪　是推出的新一代全自动特种蛋白免疫分析系统。

采用固定时间散射比浊、终点散射比浊和散射比浊法三种检测技术，部分试剂采用了乳胶增强，提高了反应灵敏度，扩大了检测范围。

二、免疫浊度分析仪的工作原理

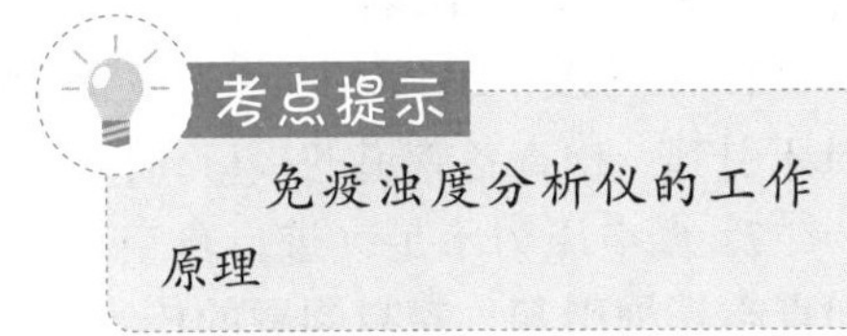

免疫浊度检测时将液相内的沉淀试验与现代光学仪器和自动分析技术相结合的一项分析技术。当可溶性抗原、抗体在液相中特异性结合，在二者比例合适并有一定浓度的电解质存在时，可以形成不溶性的免疫复合物，是反应液出现浊度，形成光的折射或吸收。测定这种折射和吸收后的透射光或散射光并作为计算单位，可通过浊度推算出复合物、抗原或抗体的量。

三、免疫浊度分析仪的基本结构

免疫浊度分析仪器的种类很多，下面以 ARRAY 特种蛋自分析仪为例介绍其基本结构。

ARRAY 特种蛋白分析仪一般由分析仪、计算机、打印机三部分组成。

1. 散射浊度仪　采用双光源碘化硅晶灯泡（400~620nm）作为光源。自动温度控制装置可将仪器温度恒定在 26℃ ±1℃。化学反应在一次性流式塑料杯中进行，由固体硅探头监测反应过程。

2. 加液系统　自动稀释加液器，可以稀释标本，并将标本和试剂加到流动式反应杯中。还有智能探针，具有液体感知装置，控制加液体积的准确性。

3. 试剂和样品转盘　用来放置样本及试剂、定标液、质控液等。

4. 卡片阅读器　可读取卡片内贮存的对某一测定项目有用的参数，包括检测项目的名称、批号、标准曲线信息和所需的稀释倍数等。这些参数值随检测项目和批号的不同而不同。因此每批抗体试剂和标准血清都会附有新的卡片。

四、免疫浊度分析仪的性能评价

特种蛋白分析仪通常采用激光散射比浊原理测定单个样本中的特定蛋白含量。操作简便，无需做定标曲线，仪器能自动做空白对照。

1. 精密度　分批内精密度和批间精密度。采用两种不同浓度的物质进行 3 次批内、批间测试，每次测定重复 10 次，求出其平均变异系数。

2. 正确度　采用仪器配套的定值质控血清，重复测定 20 次，评价仪器测定的正确度。

3. 线性范围　精确配制 5~8 个系列浓度的定值参比血清，平行测定 8 次，进行统计学分析以评价其线性范围。

4. 测定速度　根据其检测项目的不同，测定速度在 20~90 个 / 小时。

5. 检测标本类型　可检测血清、尿液、脑脊液等体液中的多种特定蛋白。

五、免疫浊度分析仪的使用、维护与常见故障处理

（一）免疫浊度分析仪的使用

ARRAY 特种蛋白分析仪具有灵活方便的软件系统，操作简便快捷，其基本操作流程见表 7-4。

表 7-4 免疫浊度分析仪简单操作流程

操作步骤	操作方法
开机	接通电源,打开仪器,等待仪器完成自检,处于待机状态
工作前准备	打开分析软件,设置测量参数,放置试剂,并按要求进行质控、定标等
样品装载	将处理好的样本放入标本架,输入标本号以及检测项目
样品测定	检查无误后,按“开始”键,仪器开始测试
结果查询传送	测定结束后,保存测定结果并打印
关机	卸载标本,清理废弃物,清洗仪器后关闭仪器

(二)免疫浊度分析仪的维护

良好的保养可以延长机器的使用寿命并减少故障的发生,因此检验工作者应严格按照操作手册定期对仪器进行保养。下面以 ARRAY 特种蛋白分析仪为例简单介绍。

1. 日保养　每次开机之前应先检查仪器试剂的体积,废液桶中的废液是否已经装满,并及时处理,并对所有光路系统进行光路校正。做完试验需要关机时,要冲洗所有管道,以防止血液中的蛋白成分等沉积在管道末端析出而造成管道阻塞。

2. 周保养　每周更换流动比色杯和小磁棒,并清洁探针的外部。要避免管道长期受压后出现阻塞现象。

3. 每两个月一次的保养　要更换注射器插杆顶端,以保证注射器的密封性;清洗空气过滤网;疏通标本探针和抗体探针。

4. 每六个月一次的保养　更换钳制阀上管道和泵周管道;给机械传动部分的螺丝上润滑油。

(三)免疫浊度分析仪的常见故障处理

1. 机械传动问题　可能原因有:样本 / 试剂针的机械传动部分润滑不良或有物体阻挡,需对机械传动部分进行清洁;电机下部的光电藕合传感器及嵌于电机转子上的遮光片配合不合理或控制电路板上信号连接线插头与插座之间接触不好,需检查传感器与遮光片,使其配合合理,并连接好线插头与插座。

2. 流动池液体外流故障　废液瓶内废液已盛满,需要倾倒;蠕动泵管老化,应更换新的备件;管路有堵塞,需用注射器打气加压使其导通,再进行冲洗。

3. 工作中突然死机　可能是仪器 CPU 或内存电路板损坏而造成的,需更换新的电路板。

4. 中文信息处理系统无检测信号　首先应检查信号传输线插头是否脱落或接触不良;其次检查主机设置情况是否得当;然后再考虑中文信息处理系统故障;对其进行检修。

第四节　放射免疫分析仪

放射免疫分析将放射性核素分析的高灵敏度与抗原抗体反应的高特异性结合在一起,常用于定量测定受检样本中的微量物质。但由于存在接触放射性物质,以及测定完成后如何妥善处置放射性材料等问题,再加上近年来其他标记免疫分析技术的诞生,放射免疫分析有被取代的趋势。

一、放射免疫分析仪的分类与特点

放射免疫分析中经抗原抗体反应和结合态的标记抗原(B),游离态的标记杭原(F)分离后通过检测放射性量来反映待测物的含量。进行放射性量测定的仪器有两类,即液体闪烁计数仪(主要用于检测 β 射线,如 ^{3}H、^{32}P、^{14}C 等)和晶体闪烁计数仪(主要用于检测 γ 射线,如 ^{125}I、^{131}I、^{57}Cr 等)。

放射免疫分析最初建立的方法模式是以核素标记的抗原与受检标本中抗原竞争的测定模式称为放射免疫分析(RIA);改进后用核素标记的抗体直接与受检抗原反应并用固相免疫吸附试剂分离游离和结合的标记抗体,称为免疫放射分析(IRMA)。

二、放射免疫分析仪的工作原理

以液体闪烁计数计为例介绍其工作原路、基本结构等。

(一) 液体闪烁计数器的工作原理

液体闪烁计数器主要测定发生 β 核衰变的放射性核素,其基本原理是依据射线与物质相互作用产生荧光效应。首先是闪烁溶剂分子吸收射线能量成为激发态,再回到基态时将能量传递给闪烁体分子,闪烁体分子由激发态回到基态时,发出荧光光子。荧光光子被光电倍增管接收转换为光电子,再经倍增,在 PM 阳极获得大量电子,形成脉冲信号,输入后读分析电路形成数据信号,最后由计算机数据处理,求出待测抗原含量。

(二) 液体闪烁计数器的基本结构

1. 基本电子线路　液体闪烁计数器的电路主要由相加电路、线性门电路及多道脉冲幅度分析器等组成。

2. 自动换样器　自动换样器可节省时间,还可使样品有足够的暗适应和温度平衡时间。样品传送机一般使用继电器控制的传送带、升降机、轮盘等。测量位置通道口设有快门、迷宫和转轮等是为了做到可靠的光密封。

3. 微机操作系统　多数仪器都可用微机进行工作条件选定、各种参数的校正、读取数据等操作。

(三) 液体闪烁计数器的使用

液体闪烁测量是在闪烁杯内进行的,液体闪烁计数器的使用主要包括以下几个步骤。

1. 样品 - 闪烁液反应体系建立　样品和闪烁液按一定比例装入测量瓶,向光电倍增管提供光信号。

2. 碎灭　样品、氧气、水及色素物质等加入闪烁体中,会使闪烁体的荧光效率降低,出现荧光光谱改变,从而使整个测量装置的测量效率降低的过程称为碎灭。为减小碎灭,可在闪烁液中通氮气或氢气驱氧;将样品 pH 调至 7 左右,避免酸的碎灭作用;对卟啉、血红蛋白等着色样品进行脱色处理等。

3. 计数效率测定　液体闪烁计数器通常用于放射性的相对测量,即通过样品的计数率与标准样品的计数率的比较来测定样品。

第五节　时间分辨分析仪

近年来,时间分辨荧光免疫分析(TRFIA)作为一种新型的非放射性免疫标记技术,具有

灵敏度高、线性范围宽、应用范围广等优点而被广泛应用。

一、时间分辨分析仪的分类与特点

时间分辨荧光免疫分析技术是一种利用稀土离子及其螯合物作为示踪剂的非放射性标记免疫分折技术，可以分为均相和非均相 TRFIA 两种类型。

1. 均相 TRFIA　均相时间分辨荧光免疫分析技术在测量前不必将结合标记物与游离标记物进行分离，就可直接测量液相中的荧光强度。该法省去了洗涤、分离和加增强液等烦琐的步骤，具有快速、方便等优点，但不足之处是需要特殊螯合剂。

2. 非均相 TRFIA　非均相时间分辨荧光免疫分析技术在测量前需要将结合标记物与游离标记物进行分离，在进行液相中荧光强度的测量，具有灵敏度高、特异性强的优点。目前广泛应用于临床的主要是传统的非均相免疫分析技术，非均相 TRFIA 又可分为解离增强测量法、固相荧光测量法、直接荧光测量法、协同荧光测量法等。

二、时间分辨分析仪的工作原理

时间分辨荧光免疫分析仪的基本原理是用镧系三价稀土离子如铕(Eu^{3+})、钐(Sm^{3+})、镝(Dy^{3+})和铽(Tb^{3+})等及其螯合物作为示踪物标记抗原、抗体、核酸探针等物质，当免疫反应发生以后，将结合部分与游离部分分开，待背景荧光信号降低到零以后，再进行测定。以排除标本中非特异性荧光的干扰，此时所得信号完全是稀土元素螯合物发射的特异荧光，测定免疫反应最后产物的特异性荧光信号。根据荧光强度判断反应体系中分析物的浓度，达到定量分析的目的。

三、时间分辨分析仪的基本结构

以 DELFIA1230 型为例来介绍时间分辨荧光免疫分析仪的基本结构，见图 7-3。

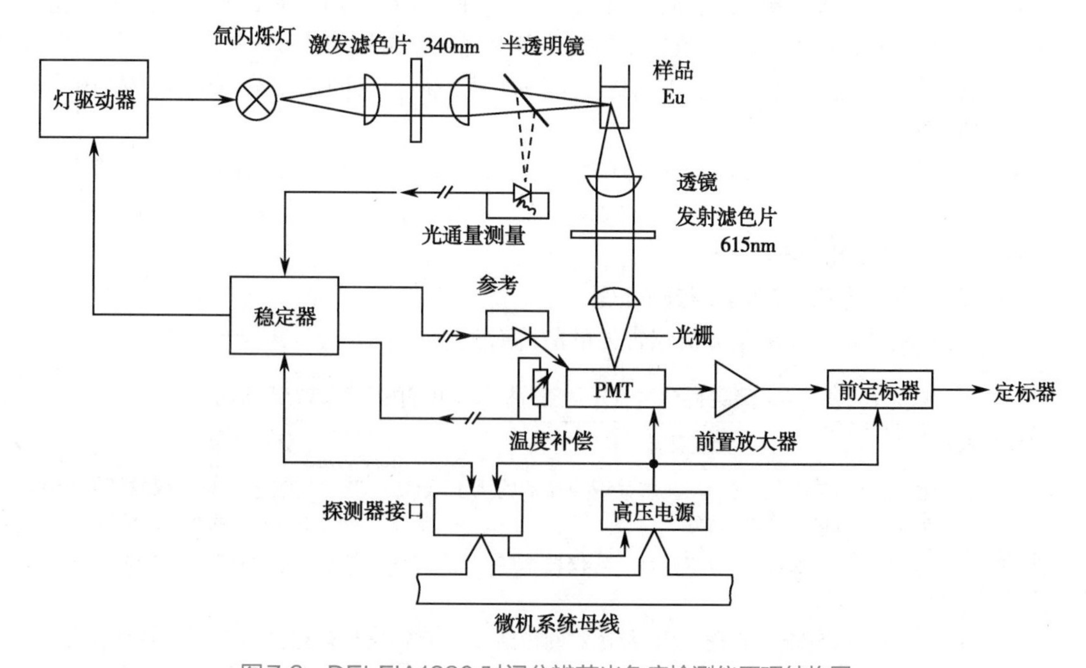

图7-3　DELFIA1230 时间分辨荧光免疫检测仪原理结构图

四、时间分辨分析仪的性能评价

考点提示

时间荧光免疫分析仪的优点

1. 特异性　标记物为具有独特荧光特性的稀土金属—镧系元素，稀土离子的激发光波长与发射光波长相差大、发射荧光的光谱窄，抗干扰能力强，使仪器的特异性强。

2. 灵敏度　稀土离子不仅发射高强度的荧光，而且衰变时间长。可通过时间分辨消除来自样品和环境荧光的干扰，实现了高信号比，大大提高了检测灵敏度。

3. 稳定性　三价稀土离子可利用具有双功能的螯合剂，在水溶液中与抗原或抗体分子以共扼双键结合，形成稳定的稀土离子—整合剂—抗原/抗体结合物。从而使标准曲线稳定，试剂保质期长。

4. 荧光信号　稀土离子能与酸性增强液中的一些成分形成稳定的物质，能被再次激发产生更强的荧光信号，从而使测量的线性范围更宽，重复性更好。

此外，时间分辨荧光免疫分析仪还具有检测动态范围宽；标记物制备简单，稳定性好，有效使用时间长；测量快速；易于自动化等突出优点。

五、时间分辨分析仪的使用、维护与常见故障处理

（一）时间分辨分析仪的使用

DELFIA1230 型时间分辨荧光免疫分析仪具有非常智能的操作系统和友好的图形界面，使操作过程更加直观、便捷。基本的操作主要包括开机、工作前准备、样本装载、样本测定、结果查询传送、关机维护几个步骤。

（二）时间分辨分析仪的维护

时间分辨荧光免疫分析仪所在实验室需要适宜的环境中工作。对仪器的维护工作包括：

1. 每日维护　主要是测试、清洗洗板机。根据程序提示放入测试用的未包被的废板，待微孔板处理器加完洗液后，取出微孔板检查所加的各个微孔是否均匀。及时排除堵塞的加液针。

2. 每周维护　包括仪器消毒和检查增强液加液头是否有固态结晶，如有结晶，用蘸有增强液的棉签擦去。

3. 每月维护　①清空样品处理器和微孔板处理器的洗液瓶；②清洁仪器外部灰尘；③用 70%~80% 的乙醇擦净试剂传输器的传送轴，并用少量的润滑油润滑；④擦洗微孔板架上的反光镜，擦拭微孔板架。

（三）时间分辨分析仪的常见故障处理

全自动时间分辨荧光免疫分析仪常见的故障及处理见表 7-5。

表 7-5　全自动时间分辨荧光免疫分析仪常见的故障及其处理方法

故障现象	故障原因	处理方法
仪器自检不通过，或在开始实验时提示错误，实验无法进行	1. 增强液瓶未拧紧、无增强液或仪器的流量传感器漂移	1. 重新拧紧增强液瓶。对于仪器流量传感器的漂移问题应联系维修工程师
	2. 测量部件滤光片灰尘较多，仪器本底过高	2. 打开仪器盖子，用擦镜头纸擦拭干净
	3. 试剂传送器或微孔板传送器的传感器有灰尘或故障	3. 用酒精棉球擦拭相应传感器和滑轨，然后用润滑油擦拭滑轨，再重新引导系统

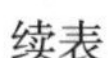

续表

故障现象	故障原因	处理方法
不能正常加样，实验停止	1. 试剂液体量不足，可能由于缓冲液(或标记抗体)不够 2. 试剂液体量过多，可能由于缓冲液(或标记抗体)过多 3. 实验中缓冲液(或标记杭体)中气泡过多，加样头遇到气泡	由于全自动仪器需要一定的保底段量，在实验前应确保有足够的液体，但也要注意不要超过满瓶的量，需要溶解的试剂应提前一天配制，配制时将气泡吸去
部分吸头无法取到	吸头是清洗后重复使用的，如果未清洗干净，吸头尖部容易堵塞	尽量使用新吸头，如果使用旧吸头，使用前应检查吸头的尖端是否干净

本章小结

酶免疫分析仪根据仪器的结构和自动化程度可分为酶标仪、全自动微孔板 ELISA 分析仪等。酶免疫分析仪其实就是一台特殊的光电比色计或分光光度计，结构简单，使用方法容易掌握。酶免疫分析仪是精密的光学仪器，为保证酶免疫分析仪检测结果的准确性和可靠性，应对酶免疫析仪的性能定期进行评价。近年来已有各种自动化、智能型、分体组合型的酶联免疫检测系统应用到临床。

发光免疫技术是将发光系统与免疫反应相结合，以检测抗原或抗体的方法。利用发光免疫技术的仪器有全自动化学发光免疫仪、全自动微粒化学发光免疫分析仪、全自动电化学发光免疫分析仪等。发光免疫分析仪一般都由主机部分和检测系统组成，具有检测速度快、精度好、重复性高、条码识别系统、24 小时待机、系统稳定等特点。使用方法简单，在使用的过程中要注意维护和保养，仪器一般都有自我诊断的功能，一旦发生故障可以根据提示进行排除，但复杂的问题要联系工程师处理。

免疫浊度分析仪现代光学仪器与自动分析检测系统相结合应用于免疫沉淀反应，可对各种液体介质中的微量抗原、抗体、药物及其他小分子半抗原物质进行定量测定的仪器。分为透射比浊法和散射比浊法，仪器一般由分析仪、计算机、打印机三部分组成。特种蛋白分析仪通常采用激光散射比浊原法，操作简便，无需做定标曲线，仪器能自动做空白对照，在使用的过程中注意维护保养。

放射免疫技术是将放射性核素分析的高灵敏度与抗原抗体反应的高特异性结合在一起，以放射性核素为标志物的最早应用的标记免疫分析技术。放射免疫分析中经抗原抗体反应和 B、F 分离后通过检测放射性量来反映待测物的含量。放射免疫分析仪实际上就是进行放射性量测定的仪器。

时间分辨荧光免疫分析技术是一种利用稀土离子及其螯合物作为示踪剂的非放射性标记免疫分析技术，当免疫反应发生后，根据稀土离子螯合物的荧光光谱的特点，用时间分辨荧光分析仪延缓测量时间，所得信号完全是稀土元素螯合物发射的特异荧光。测定免疫反应最后产物的特异性荧光信号，判断反应体系中分析物的浓度，达到定量分析的目的。具有灵敏度高、线性范围宽、应用范围广等优点而被广泛应用。

目标测试

一、选择题

1. 酶免疫分析技术用于样品中抗原或抗体的定量测定是基于
   A. 酶标记物参与免疫反应
   B. 固相化技术的应用，使结合和游离的酶标记物能有效地分离
   C. 含酶标记物的免疫复合物中酶可催化底物显色，其颜色的深浅与待测物含量相关
   D. 酶催化免疫反应，复合物中酶的活性与样品测值成正比
   E. 酶催化免疫反应，复合物中酶的活性与样品测值成反比
2. 均相酶免疫分析法的测定对象主要是
   A. 抗原或半抗原　B. 不完全抗体　C. 免疫复合物
   D. 补体　E. 完全抗体
3. 酶标仪的固相支持是
   A. 玻璃试管　B. 磁性小珠　C. 磁微粒
   D. PVC 微孔板　E. 乳胶微粒
4. 酶免疫分析仪的维护重点是
   A. 打印机　B. 计算机　C. 传动装置
   D. 电倍增管　E. 光学部分，防止滤光片霉变
5. 电化学发光免疫分析中，电化学反应进行在
   A. 液相中　B. 固相中　C. 电极表面上
   D. 气相中　E. 电磁铁表面
6. 关于电化学发光免疫分析，下列描述中错误的是
   A. 是一种在电极表面由电化学引发的特异性化学发光反应
   B. 包括了电化学反应和光致发光两个过程
   C. 化学发光剂主要是三联吡啶钌
   D. 检测方法主要有双抗体夹心法、固相抗原竞争法等模式
   E. 以磁性微珠作为分离载体
7. 速率散射比浊法之所以能比传统的沉淀反应试验大大地缩短时间，主要是因为
   A. 在抗原抗体反应的第一阶段判定结果
   B. 不需复杂的仪器设备
   C. 使用低浓度的琼脂或琼脂糖
   D. 反应的敏感度高
   E. 速率散射比浊法反应速度快
8. 有关放射免疫分析原理的描述，正确是
   A. Ag 和 Ag* 与相应 Ab 的结合能力相同
   B. Ag* 为限量，待测 Ag 竞争性抑制 Ag* 与 Ab 的结合
   C. Ag*Ab 复合物量与待测 Ag 量成正比
   D. 反应平衡时，游离放射性强度(F)与待测 Ag 量成正比
   E. 标记抗体为过量

二、简答题

1. 简述酶标仪的基本工作原理。
2. 简述化学发光免疫分析的原理。
3. 简述电化学发光免疫分析的原理。
4. 简述免疫浊度测定的基本原理和基本分类。
5. 散射免疫比浊法的基本原理是什么?
6. 时间分辨荧光免疫测定法具有哪些优点?

(王　婷)

第八章　微生物检验相关仪器

学习目标

1. 掌握：生物安全柜、恒温培养箱、CO_2 培养箱、厌氧培养箱的基本结构、功能、使用和维护，自动血液培养仪、微生物鉴定和药敏分析系统的使用、维护保养。

2. 熟悉：生物安全柜、恒温培养箱、CO_2 培养箱、厌氧培养箱的工作原理、常见故障处理，自动血液培养仪、微生物鉴定和药敏分析系统的工作原理、基本结构、功能。

3. 了解：自动血液培养仪、微生物鉴定和药敏分析系统的性能评价。

第一节　生物安全柜

一、生物安全柜概述

生物安全柜（biological safety cabinet）是最常用的空气净化设备之一，是一种为了保护操作人员、实验室环境及工作材料的安全，把在处理病原体时发生的污染气溶胶隔离在操作区域内的防御装置。它能将操作区域内已被污染的空气通过专门的过滤通道人为地控制排放，是一种安全的微生物实验和生产的专用设备。生物安全柜是按照严格的国际或国家标准来生产的，已广泛应用于生物实验室、医疗卫生、生物制药等相关行业，对改善工艺条件，保护操作者的身体健康和环境均有良好效果。

二、生物安全柜的原理与分类

1. 生物安全柜的原理　安全柜是一种垂直单向流型局部空气净化设备，其工作原理主要是将柜内空气向外抽吸，使柜内保持负压状态，通过垂直洁净气流来保护工作人员；外界空气经高效空气过滤器（high Efficiency particulate air filter）过滤后进入安全柜内，以避免处理样品被污染；柜内的空气也需经过高效空气过滤器过滤后再排放到大气中，以保证周围环境的安全。生物安全柜气流过滤见图 8-1。

2. 生物安全柜的分类　依据《中华人民共和国医药行业标准：生物安全柜》（YY0569-2011，于 2013 年 6 月 1 日实施），YY 0569-2011 标准根据气流及隔离屏障设计结构，将生物安全柜分为Ⅰ、Ⅱ、Ⅲ级三大类。

（1）Ⅰ级生物安全柜是用于保护操作人员与环境安全、而不保护样品安全的通风式安全柜。操作者通过前窗口操作口在安全柜内进行操作。从前窗操作口向内吸入的负压气流，保护操作人员的安全，而安全柜内排出的气流经高效空气过滤器过滤后排出，保护环境不受

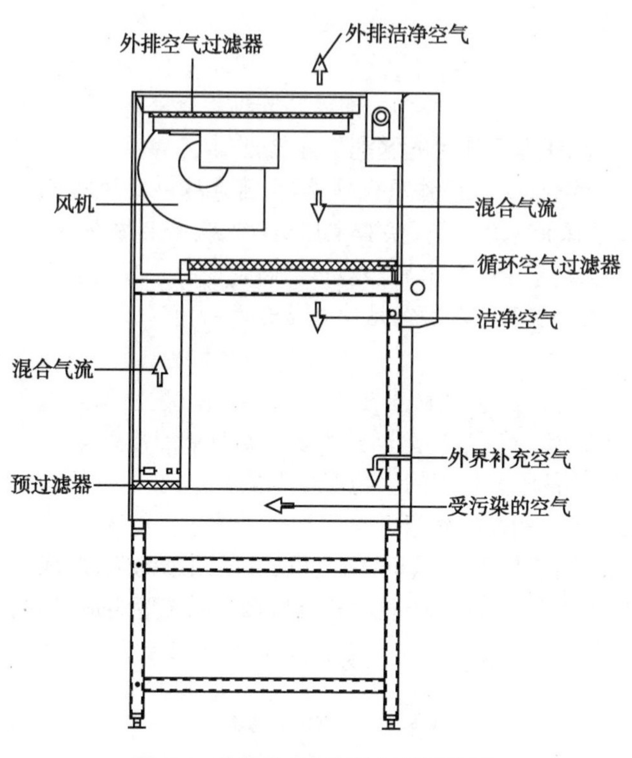

图 8-1 生物安全柜气流过滤示意图

污染。由于不考虑被处理样品是否会被进入柜内的空气污染，所以对进入安全柜的空气洁净度要求不高。Ⅰ级生物安全柜目前已较少使用。

(2) Ⅱ级生物安全柜是用于保护操作人员、环境以及样品安全的通风式安全柜。在临床生物安全防护中应用最广泛。操作者可以通过前窗操作口在安全柜里进行操作，自前窗操作口向内吸入的负压气流保护了操作人员的安全；经高效空气过滤器净化的垂直下降气流用以保护柜内实验品的安全；安全柜内的气流经高效空气过滤后排出安全柜，以保护环境不受污染。Ⅱ级生物安全柜按排放气流占系统总流量的比例及内部设计结构，将其划分为 A1、A2、B1、B2 四个类型，各型特点如下：

A1 型：前窗操作口流入气流的最低平均流速为 0.40m/s，柜内工作区 70% 气体通过高效空气过滤器过滤后再循环至工作区，另 30% 气体通过排气口的高效空气过滤器排出。A1 型安全柜不能用于有挥发性有毒化学品和挥发性放射性核素的实验。

考点提示

Ⅱ级生物安全柜的功能

A2 型：前窗操作口流入气流的最小平均流速为 0.50m/s，柜内工作区 70% 气体通过高效空气过滤器过滤后再循环至工作区，另 30% 气体通过排气口的高效空气过滤器排出。A2 型安全柜用于进行以微量挥发性有毒化学品和痕量放射性核素为辅助剂的微生物实验时，必须连接合适的排气罩。

B1 型：前窗操作口流入气流的最低流速为 0.50m/s，离开工作区的气体 30% 通过高效空气过滤器过滤后再循环至工作区，70% 气体经排气口高效空气过滤器过滤后排出。B1 型安全柜可以用于以微量挥发性有毒化学品和痕量放射性核素为辅助剂的微生物实验。

B2 型(也称为“全排”型)：前窗操作口流入气流的最低流速为 0.5m/s，柜内下降气流全部来自经过高效空气过滤器过滤后的实验室或室外空气(即安全柜排出的气体不再循环使用)；安全柜内的气流经高效空气过滤器过滤后通过管道排入大气，不允许再进入安全柜循环或返流回实验室。B2 型安全柜可以用于以微量挥发性有毒化学品和放射性核素为辅助剂的微生物实验。

(3) Ⅲ级生物安全柜是完全密闭、不漏气结构的通风柜。操作人员通过与安全柜密闭连接的橡皮手套在安全柜内进行操作。下降气流经高效空气过滤器过滤后进入安全柜以保护安全柜内实验物品，而排出的气流须经过两道高效空气过滤器过滤或通过一道高效空气过

滤器过滤后加焚烧来进行处理用于保护环境。

知识链接

生物安全柜与超净工作台的区别

生物安全柜是一种负压的净化工作台，是为操作原代培养物、菌毒株以及诊断性标本等具有感染性的实验材料时，用来保护工作人员、实验室环境以及实验品安全，使其避免暴露于上述操作过程中可能产生的感染性气溶胶和溅出物而设计的。而超净工作台只是保护试验品而不保护工作人员和实验室环境的洁净工作台。

三、生物安全柜的基本结构与功能

1. 生物安全柜的基本结构　各类型及各厂家生产的生物安全柜虽有差别，但一般均由箱体和支架两部分组成，下面以Ⅱ级安全柜为例进行介绍。

生物安全柜箱体部分内部结构主要由前玻璃门、风机、门电机、进风预过滤罩、循环空气过滤器、外排空气预过滤器、照明源、紫外光源及控制、显示和自检报警系统等组成，见图8-2。

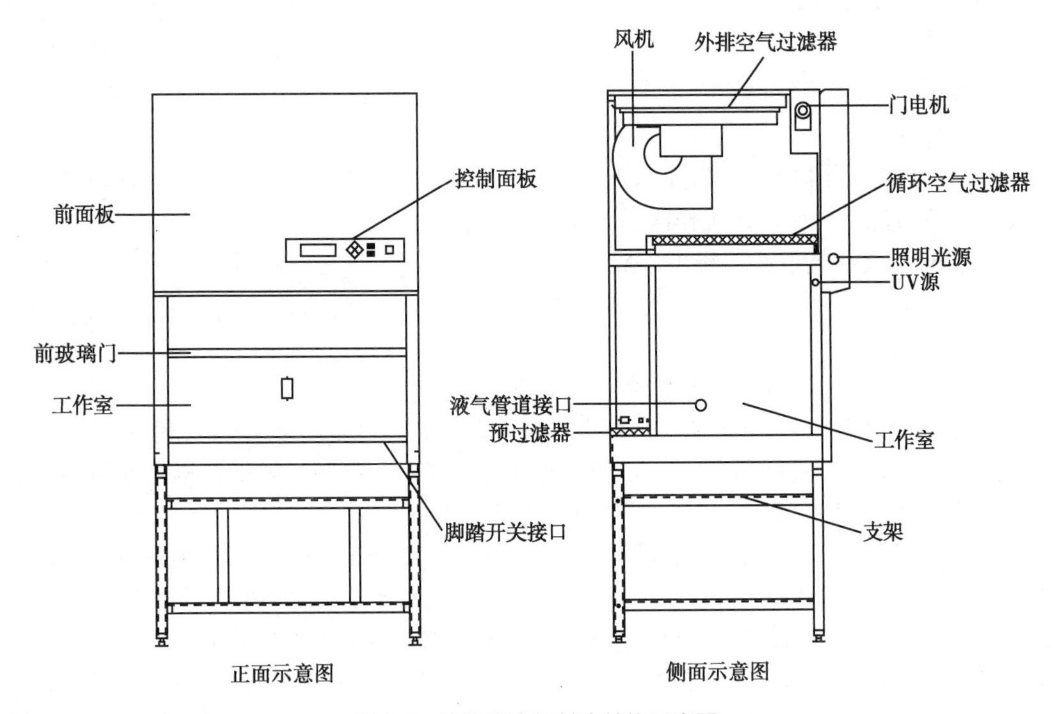

图8-2　生物安全柜基本结构示意图

2. 生物安全柜主要结构的功能

(1) 前玻璃门：操作时安全柜正面玻璃门上移一半，上部为观察窗，下部为操作口。操作者的手臂可通过操作口伸到柜子里，并且通过观察窗观察工作台面。

(2) 空气过滤系统：是保证本设备性能的最主要的系统。由进气口预过滤罩、进气风机、风道、排气预过滤器、净化空气过滤器、外排空气预过滤器组成。空气过滤系统的主要

功能是保证洁净空气不断地进入工作区域，使工作区域的垂直气流保持一定的流速（一般≥0.3m/s），保证工作室内的洁净度达到100级。同时使外排的气体也被净化，防止环境污染。

(3) 外排风箱系统：主要由外排气箱壳体、风机和排气管道组成。外排风机为排气提供动力，可将工作室内因操作所致的不洁净气体抽出，并由外排过滤器净化，起保护环境安全的作用；由于工作区域为负压，使玻璃门处向内的补给空气平均风速达到一定程度（一般≥0.5m/s），防止安全柜内空气外溢，起到保护操作者的目的。

(4) 前玻璃门驱动系统：由门电机、前玻璃门、牵引机构、传动轴和限位开关等组成。

(5) 紫外光源：固定在靠近前玻璃门顶端，装有紫外灯管，用于消毒。

(6) 照明光源：固定在靠近前玻璃门顶端，邻近紫外灯管，通常装有白色荧光管，用于工作区域的照明。

(7) 控制、显示和自检报警系统：控制系统主要有电源开关，紫外灯、照明灯开关，风机开关，控制前玻璃门上下移动的开关；显示系统主要以液晶显示屏显示机器有关功能设定和系统工作状况等；自检报警系统能够对机器的工作状态进行自我检测，出现异常时以声光或文字方式及时提醒工作人员。

四、生物安全柜的使用、维护及常见故障处理

（一）生物安全柜的使用

(1) 实验操作前一次性把所需物品全部移入安全柜里，不可过载，且在移入前用75%酒精擦拭物品表面，以消除可能的污染。

(2) 打开风机，待10min后柜内空气净化且气流稳定后再进行实验操作。操作者缓缓将双臂伸入安全柜内，至少静止1分钟，使柜内气流稳定后再进行操作。

(3) 生物安全柜内不放与本次实验无关的物品。柜内物品应尽量靠后放置，不得挡住气道口，以免干扰气流正常流动。物品摆放应做到清洁区、半污染区与污染区基本分开，操作过程中物品取用方便，且三区之间无交叉。

(4) 对有污染的物品要尽可能放到工作区域的后面操作；在操作期间，避免移动材料，避免操作者的手臂在前方开口处移动。

(5) 不要使用明火，可使用红外线接种环灭菌器等；器具的使用不得干扰安全柜内的气流，不得影响作业的安全性。

(6) 操作时应避免交叉污染。为防止可能溅出的液滴，应准备好75%的酒精棉球或用消毒剂浸泡的小块纱布，避免用物品覆盖住安全柜的格栅。

(7) 在操作过程中，如果有物质溢出或液体溅出，在将物品移出安全柜前，一定要对其表面进行消毒，为防止安全柜内有任何残留的污染物，操作结束后对安全柜内表面全部消毒。

(8) 在实验操作时，不可完全打开玻璃视窗，应保证操作人员的脸部在工作窗口之上。在柜内操作时动作应轻柔、舒缓，防止影响柜内气流。

(9) 工作完成后，关闭玻璃窗，保持风机继续运转10~15分钟，同时打开紫外灯，照射30分钟。

(10) 安全柜应定期进行检测与保养，以保证其正常工作。工作中一旦发现安全柜工作异常，应立即停止工作，采取相应处理措施，并通知相关人员。

（二）生物安全柜的维护

(1) 每次实验结束后必须对安全柜工作室进行清洗与消毒。

(2) 定期进行前玻璃门及柜体外表的清洁工作。

(3) 预过滤器使用3~6个月,应拆下清洗。一旦损坏,应及时更换。

(4) 高效过滤器有一定的使用寿命,到期后应及时更换高效过滤器(一般使用十八个月)。因高效过滤器上有污染物,其更换应由经过专业训练的专业人员进行,且须注意安全保护。

(5) 做好使用记录。

(三) 生物安全柜的常见故障处理

生物安全柜的常见故障检查与排除方法见表8-1。

表8-1 生物安全柜的常见故障检查与排除方法

故障现象	原因	解决方法
1. 安全柜风机和所有灯都无法打开	电源没有接好	插好电源线
		检查安全柜顶部控制盒电源的连接
	电源空气开关跳闸	重置空气开关
2. 风机不工作但灯亮	风机电源没有插好	检查风机电源线
	风机马达有故障	更换风机马达
	玻璃门完全关闭	打开玻璃门
3. 风机运转但灯不亮	灯电路断路器跳闸	重置空气开关
	灯安装不正确	重新装好灯管
	灯坏了	换灯
	灯接触不好	检查灯的连接线
	起辉器坏了	更换起辉器
压力读数稍有上升	高效过滤器超载	随着系统的不断工作,压力读数会稳定的增加
	回风孔或格栅被堵	检查所有的回风孔和格栅,保证它们均畅通
	排风出口被堵	检查所有的排风出口,保证它们均畅通
	在工作面上有堵或限流	检查工作面下面,保证畅通
4. 安全柜内工作区被污染	不适当的技术或工作程序	参照厂家提供的操作手册所提及的正确操作方法
	回风孔、格栅或排风口被堵	检查所有的回风孔和格栅及排风口,保证它们均畅通
	有某些外来因素干扰了安全柜的气流流动方式或成为污染源	查找原因,消除干扰
	安全柜需要调整,高效过滤器功能有所降低	对安全柜重新调整

第二节 培养箱

培养箱是培养微生物的主要设备,可用于微生物与细胞的培养繁殖。其原理是应用人工的方法,在培养箱内模拟造就微生物和细胞生长繁殖的人工环境,如控制一定的温度、湿

度、pH 值、气体等。

一、培养箱的类型

目前使用的培养箱有多种：直接电热式培养箱、隔水电热式培养箱、生化培养箱、二氧化碳培养箱和厌氧培养箱。每种类型都有其特点和独特的功用，以用于不同的科研及教学领域。本节主要介绍电热恒温培养箱、二氧化碳培养箱和厌氧培养箱。

二、电热恒温培养箱

电热恒温培养箱有电热式和隔水式培养箱，两者的基本结构相似，只是加热方式不同，后者的温度变化幅度比前者小，在使用上有优势。

1. 电热恒温培养箱的工作原理　电热式和隔水式培养箱均采用电加热的方式以维持箱内所要求的温度，电热式培养箱（也称气套式培养箱）采用的是用电热丝直接加热，利用空气对流，使箱内温度均匀；隔水式培养箱（也称水套式培养箱）采用电热管加热水的方式加温，由于有大量的水对温度变化的缓冲作用，此款恒温培养箱的温度变化幅度更小。

2. 电热恒温培养箱基本结构　常用隔水式培养箱外观为一箱体结构，外壳由优质钢板喷漆制成，内层为紫铜皮制的贮水夹层，夹层是用石棉或玻璃棉等绝热材料制成，以增强保温效果，培养箱顶部设有温度计，用温度控制器自动控制，使箱内温度恒定。前面有双层门，内门用钢化玻璃制成，无需打开就可以清晰观察箱内的培养物品。工作室里面一般有 2~3 层用于承托培养物的不锈钢搁板，且可以方便移动及任意调整高度；工作室和钢化玻璃门之间装有硅胶密封圈；工作室外壁左、右及底部通过隔水套加热，工作室顶端装有一低噪声小风扇，以保证箱体内温度均匀，水套上端设有溢水口直通水箱底部，里有低水位检测报警装置。

培养箱上端有电源开关和电源指示灯、温度调控旋钮（或轻触式按键）及温度指示灯（或数字指示）等。新出产的培养箱大多加入了微电脑智能控温仪，微电脑智能控温仪能按设定的温度进行精确的控制，并以精确的数字方式显示设定温度、工作室内温度，以及对上、下限温度和低水位进行跟踪报警。

常见隔水式培养箱微电脑智能控温电路示意图见图 8-3。

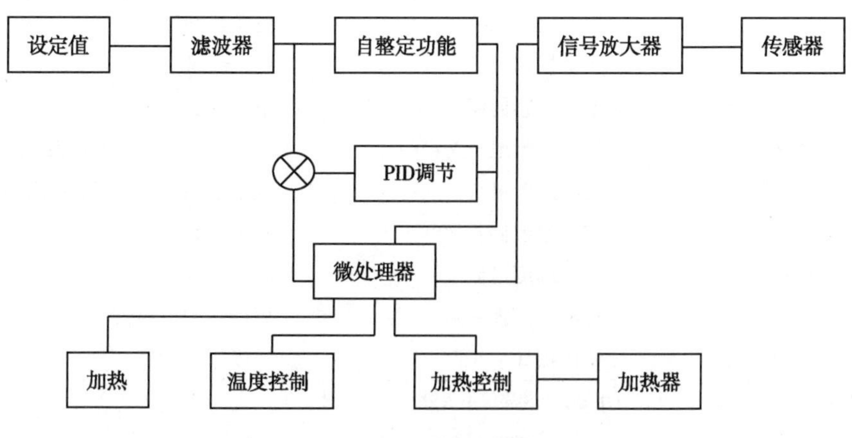

图 8-3　常见隔水式培养箱微电脑智能控温电路示意图

3. 电热恒温培养箱使用方法

在使用过程中,主要的是隔水层的加水和智能温度的设定。

(1) 隔水式层加水:隔水式培养箱应注意先加水再通电,同时应经常检查水箱水位,及时添加水。

(2) 温度设定:按照培养物所需温度设置温度参数。

(3) 恒温培养箱箱内的培养物不宜放置过挤,以便于热空气对流,无论放入或取出物品应随手关门,以免温度波动。

(4) 电热式培养箱应在箱内放一个盛水的容器,以保持一定的湿度。

(5) 有些电热式培养箱有风顶,在使用时应适当旋开,以利于调节箱内的温度。

4. 电热恒温培养箱的维护

(1) 培养箱应由专人负责管理,操作盘上的任何开关和调节旋扭一旦固定后,不要随意扭动,以免影响箱内温度,同时降低机器的灵敏度。

(2) 所加入隔水箱的水必须是蒸馏水或无离子水,防止矿物质储积在水箱内产生腐蚀作用。每年必须换一次水。经常检查箱内水是否足够。

(3) 箱内应定期用消毒液擦洗消毒,搁板可取出清洗消毒,防止其它微生物污染,导致实验失败。箱外也要定期清洁。

(4) 定期检查超温安全装置,以防失调。

5. 电热恒温培养箱常见故障处理　电热恒温培养箱的实验室的作用率非常高,为保证实验仪器的可靠工作,应了解并能排除仪器的常见故障。电热恒温培养箱常见故障及排除方法见表 8-2。

表 8-2　电热恒温培养箱常见故障及排除方法

故障现象	原因	解决方法
1. 无电源指示	插座无电源	更换插座
	插头未插好	重新插好插头
	熔断器开路	更换熔断器
2. 箱内温度不上升	设定温度过低	重新调整设定温度
	电加热器坏	换新的电加热器(确保风机正常时)
	控温仪出现故障	更换新的控温仪
	风机损坏	更换新风机
3. 设定温度与箱内温度误差大或温度达到设定值后仍大幅上升	温度传感器坏	更换温度传感器
	过于频繁地开关箱门	尽量减少开关门的次数
	物品放置过密	调整物品,使热空气在室内通畅
	控制参数偏差	修正控制参数
4. 超温报警异常	设置温度过低	调整设定温度
	控温仪出现故障	更换新的控温仪
5. 漏水	箱体损坏	送厂家修理

注:以上必须是专业维修人员进行维修,个人建议不要随意拆卸箱体

三、二氧化碳培养箱

二氧化碳培养箱是在普通培养的基础上加以改进,通过在培养箱箱体内模拟形成一个类似细胞/组织在生物体内的生长环境,如恒定的酸碱度(pH 7.2~7.4),稳定的温度(37℃),较高的相对湿度(95%),稳定的二氧化碳水平(5%),来对组织、细胞、细菌进行体外培养的一种装置。二氧化碳培养箱是实验室常规仪器之一,广泛应用于医学、免疫学、遗传学、微生物学、农业科学、药物学的研究和生产。

1. 二氧化碳培养箱的工作原理　二氧化碳培养箱的关键是控制箱体内二氧化碳浓度和湿度,温度的调控与一般培养箱没太大的差别。二氧化碳培养箱控制二氧化碳的浓度是通过二氧化碳浓度传感器来进行的。二氧化碳传感器用来检测箱体内二氧化碳浓度,将检测结果传递给控制电路及电磁阀等控制器件,如果检测到箱内二氧化碳浓度偏低,则电磁阀打开,二氧化碳进入箱体内,直到二氧化碳浓度达到所设置浓度,此时电磁阀关闭,箱内二氧化碳切断,达到稳定状态。二氧化碳采样器将箱内二氧化碳和空气混合后的气体取样到机器外部面板的采样口,以随时用二氧化碳浓度测定仪来检测二氧化碳的浓度是否达到要求。目前大多数的二氧化碳培养箱是通过增湿盘的蒸发作用产生湿气的。

2. 二氧化碳培养箱基本结构　二氧化碳培养箱是在普通培养的基础上加以改进而来的,结构的核心部分主要是 CO_2 调节器、温度调节器和湿度调节装置。二氧化碳培养箱除了具有一般气套式和水套式的结构,如柜体、水套夹层、电加热管、温度传感器、温度控制器、控制电路板等零部件外,还增加了相对湿度控制器、湿度显示器、二氧化碳浓度传感器、二氧化碳气体电磁阀控制器、二氧化碳浓度显示器、防污染设计和消毒灭菌系统等。

3. 二氧化碳培养箱的使用注意事项

(1) 初次使用二氧化碳培养箱,一定要加入足够的去离子水或蒸馏水,盖好密封盖,以减少水份的蒸发。

(2) 二氧化碳供气必须经二氧化碳专用减压阀减压后输出,调节二氧化碳时必须与气瓶减压器连用。气瓶减压器由双表组成,左表是低压表,右表是高压表,高压表连接螺杆。完成二氧化碳浓度调节后,待内室温度稳定后,该设备即可使用。

(3) 关好培养箱的门,以免气体外泄,影响实验效果。

(4) 需湿度时将湿度盘中加入 2/3 水,放置在工作室底部,关上箱门。

(5) 当培养箱停止工作时请按以下步骤进行:①关闭 CO_2 钢瓶开关及减压阀;②关闭气泵电源,气泵停止工作;③打开箱门,取出湿度盘,并用手顶住门开关使培养箱在开门情况下工作几分钟,以散去箱内水汽;④关门继续加温工作十分钟左右,关闭电源,清洁内部。

4. 二氧化碳培养箱仪器维护　正确地使用和注意仪器的保养,使其处于良好的工作状态,可延长仪器的使用寿命,主要维护工作有:

(1) 二氧化碳培养箱应由专人负责使用,操作盘上的任何开关和调节旋扭一旦固定后,不要随意扭动,以免影响箱内温度,二氧化碳浓度,湿度的波动,同时降低机器的灵敏度。

(2) 保持培养箱内空气干净,并定期消毒。

(3) 制冷系统停止工作后,用软布擦净工作腔和玻璃观察窗。

(4) 仪器在连续工作期间,每三个月应做一次定期检查;检查是否有水滴,污物等落入电机和外露的制冷元件上;清理压缩机,冷凝器上的灰尘和污物;检查保险丝,控制元件及紧固螺钉。

(5) 经常注意箱内蒸馏水槽中蒸馏水的量，以保持箱内相对湿度，同时避免培养液蒸发。

5. 二氧化碳培养箱常见故障处理　二氧化碳培养箱属于精密仪器，出现故障应请有资质的人员维修。

四、厌氧培养箱

厌氧培养箱亦称厌氧培养系统(anaerobic system)，是一种在无氧环境条件下进行细菌培养及操作的专用装置。适用于严格厌氧的细菌培养与鉴定工作。厌氧培养箱通过培养箱前面附带的橡胶手套在箱内进行操作，使厌氧菌的接种、培养及鉴定等工作都在无氧的环境中进行，因而提高了厌氧菌的阳性检出率，是目前国际上公认的厌氧菌培养的最佳设备。

1. 厌氧培养箱的厌氧状态形成的工作原理　厌氧培养箱厌氧状态的形成方式，有通过催化除氧系统和自动连续循环换气系统来保持箱内的厌氧状态两种。

(1) 自动连续循环换气系统：通过自动化控制的自动抽气、换气连续循环换气系统，使箱内 O_2 含量最大程度地减少，形成厌氧状态。当所需全部物品移入缓冲室后，关闭外门，启动控制面板上的自动换气功能按钮，进行自动去除缓冲室中的氧气。循环换气预设三个气体排空阶段、两个氮气净化阶段和一个缓冲室平衡气压阶段。其换气过程是：①气体排空→② N_2 净化→③气体排空→④ N_2 净化→⑤气体排空→⑥气压平衡。当厌氧状态灯显示为 ON，此时即可将内门打开，钯催化剂将除去余下的少量 O_2。

(2) 催化除氧系统：箱内采用钯催化剂将余下的少量 O_2 除去，钯催化剂可催化无氧混合气体内的微量氧气与氢气反应生成水，水由干燥剂所吸收。由催化剂片和干燥剂片分别密封于筛网中组成三层催化剂片。三层催化剂薄片插入气流循环系统中。

厌氧培养箱自动连续循环换气过程

2. 厌氧培养箱基本结构　为密闭的大型金属箱，其内的操作室由手套操作箱和缓冲室(传递箱)两个部分组成，操作箱内还附有小型恒温培养箱。

(1) 缓冲室：是一个传递舱，具有内外两个门。缓冲室的出气管连着一个可间歇抽气的真空泵，进气管连着厌氧气体瓶(内有 85%N_2、10%H_2、5%CO_2 组成的混合气体)。缓冲室无氧环境的形成主要由仪器控制系统控制的抽气换气来完成。

(2) 手套操作箱：前面装有塑料手套，操作者双手经手套伸入箱内操作，操作箱内的气体环境与外界隔绝。操作箱内侧门与缓冲室相通，由操作者通过塑料手套控制开启。

(3) 小型恒温培养箱：细胞培养室的控制温度通常是固定 35℃，变化范围是“室温 +4℃ ~70℃之间”，可控制变化精度为 ±0.3℃。当温度超过可控温度时会自动发出报警。

3. 厌氧培养箱使用方法和注意事项　厌氧培养箱的使用过程主要有两个步骤：操作室厌氧环境形成和细菌标本的接种、培养与鉴定。

(1) 操作室厌氧环境形成：将所有要转移的实验物品放入缓冲室后，关闭外门；启动控制面板上的自动换气功能按钮即可进行自动去除缓冲室中的氧气。经自动循环进行的三个气体排空阶段和两个氮气净化阶段的换气后，缓冲室气体可达 98% 的无氧状态，再经缓冲室气压平衡及操作箱与缓冲室平衡，待厌氧状态灯显示为“ON”时即可将内门打开，含钯催化剂的三层催化剂薄片将除去余下的少量 O_2。

(2) 细菌标本的接种与鉴定：操作者经手套伸入箱内进行标本接种、培养和鉴定等全部工作。

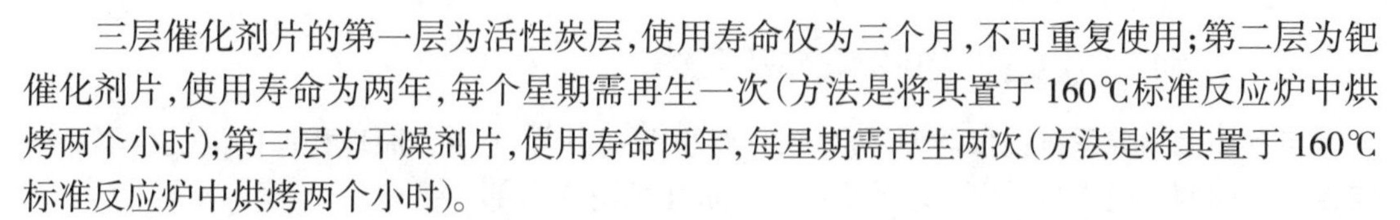

三层催化剂片的第一层为活性炭层，使用寿命仅为三个月，不可重复使用；第二层为钯催化剂片，使用寿命为两年，每个星期需再生一次（方法是将其置于160℃标准反应炉中烘烤两个小时）；第三层为干燥剂片，使用寿命两年，每星期需再生两次（方法是将其置于160℃标准反应炉中烘烤两个小时）。

4. 厌氧培养箱仪器维护

(1) 仪器尽可能安装在空气清洁，温度变化较小的地方。

(2) 开机前应全面熟悉机器的组成及配套仪器、仪表等情况，掌握正确使用方法。

(3) 如发生故障（停气等原因）培养操作室内仍可保持12小时厌氧状态，超过12小时则需要把培养物取出另作处理。

(4) 经常注意气路有无漏气现象。

(5) 当气瓶气体用尽，总输出压力小于0.1Mpa时，应尽快调换气瓶，调换气瓶时注意要扎紧气管，避免管内流入含氧气体。

(6) 在初设气体置换或培养结束释放混合气体时，应打开实验室门窗或通风设备，以加速空气的流通。减少人体因释放气体吸入超标而引起不适。

(7) 真空泵按要求使用，定期检查加油。

(8) 停止使用，关闭总电源键及设备后部的电源开关。

5. 厌氧培养箱常见故障处理　如遇整机无电，可检查电源插入端有无正常电源供电，如有可拔下插头，检查熔断器是否熔断。如属熔断器熔断需由电工或有电器知识的人员调换或检修。其他故障须及时咨询相关的专业维修人员或生产厂家，请勿自行调换，以免可能发生意外和造成不必要的损失。

第三节　自动血液培养仪

血液培养检查的快速性和准确性对由微生物感染引起疾病的诊断与治疗具有极其重要的意义。近年来，科学技术进步和微生物学的发展，许多智能型自动血液培养仪，已能克服传统上血液培养需每天观察培养瓶变化并进行盲目转种的既费时、费力且又阳性率不高的困难。目前临床上广泛使用的已是第三代血液培养系统，即连续监测血液培养系统（continuous monitoring blood culture system，CMBCS）。

一、自动血液培养仪的工作原理

细菌在生长繁殖过程中，分解糖类产生二氧化碳，可引起培养基中浊度、培养瓶里压力、pH值、氧化还原电势、荧光标记底物或代谢产物等方面发生变化。利用放射性^{14}C标记技术、特殊的CO_2感受器、压力检测器、红外线或均质荧光技术检测上述培养基中的任一变化，可以判断血液和其他体液标本中有无细菌的存在。当增菌培养瓶进入仪器孵育后，仪器检测探头每隔10~15分钟自动检测培养瓶一次，直到报告阳性。当培养瓶培养时间超过规定的培养时间（如5天）仍为阴性时，仪器报告结果为阴性。半自动血液培养仪仅有检测系统，全自动血液培养仪除检测系统外，还有恒温孵育系统、计算器分析系统和打印系统。目前，利用二氧化碳感受器的比色法和利用培养基中荧光物质变化的荧光法这两种检测技术的自动血液培养检测系统在临床上应用最普遍。

二、自动血液培养仪的基本组成和结构

自动血液培养系统的仪器型号众多，外观也差别很大，但工作原理相似的同类仪器的结构也基本相同。通常自动血液培养系统的组成主要有 3 个部分：

（一）主机

1. 恒温孵育箱　设有恒温装置和振荡培养装置，依据可装培养瓶位的数量分为不同的型号，如 50、100、120、240 等。

2. 检测系统　根据检测原理不同，有多种检测技术，如放射性 ^{14}C 标记技术、特殊的 CO_2 感受器、压力检测器、红外线或均质荧光技术等。

（二）计算机、配套软件及其外围设备

通过条形码识别标本，借助软件带的数据库系统分析、计算培养瓶中细菌的生长变化，判断、记录和打印阳性、阴性结果（包括阳性出现时间），并进行数据贮存和分析等。

（三）配套试剂与器材

1. 培养瓶　有多种，通常采用密封的真空负压设计，一次性使用，多带有条形码，根据临床需要选用，主要有需氧培养瓶、厌氧培养瓶、小儿专用培养瓶、分枝杆菌培养瓶、中和抗生素培养瓶等。

2. 真空采血装置　有些仪器配套有一次性使用的无菌带塑料管采血针，配合真空负压培养瓶能做到定量采血，血液通过负压作用自动流入瓶中，可避免采样污染。

3. 条形码扫描仪　用于扫描条形码置瓶和取瓶，避免错置和错取培养瓶，保证培养瓶和申请单一致。

三、自动血液培养仪的性能与评价指标

由于自动血液培养仪型号众多，虽基本性能相差不大，但扩展性能差别却很大。目前主要介绍临床上广泛使用的第三代自动血液培养系统的一些性能特点。

（1）培养基营养丰富：各厂家提供的多种专用封闭式培养瓶，不仅能提供不同细菌繁殖所必需的增菌液体培养基，还包含适宜的气体成分，可最大限度检出所有阳性标本，防止假阴性。

（2）以连续、恒温、振荡方式培养：利于细菌快速生长。

（3）培养瓶多采用不易碎材料制成：提高了使用的安全性。

（4）采用封闭式非侵入性的瓶外监测方式：避免标本的交叉污染，且无放射性物质泄漏。

（5）自动连续监测：阳性标本结果报告快速准确，提高了工作效率。

（6）阳性结果报告及时，并经打印显示或报警提示：约有 85% 以上的阳性标本在 48 小时内被检出。

（7）培养瓶多采用双条形码技术：查询患者结果时，只需用条形码扫描仪扫描报告单上的条形码，就可直接读取患者的结果及生长曲线。

（8）培养瓶可在随时放入培养系统并进行追踪检测。

（9）数据处理功能较强：借助强大的数据库系统，能及时判定标本的阳性或阴性结果，并可进行流行病学的统计分析。

（10）设有内部质控系统：可保证仪器的正常运行。

（11）检测范围广泛：除可检测血液标本外，还可检测多种人体无菌部位的体液，如胸水、

腹水、脑脊液、心包积液、关节液及各种穿刺液等。

四、自动血液培养仪的使用、维护及常见故障处理

(一) 自动血液培养仪的使用

自动血液培养仪型号多,仪器的使用方法差异较大,下面介绍仪器大致使用方法。

1. 采样　按照所用仪器使用方法规定,及按患者年龄遵医嘱选用相应的培养瓶,采集血样加入血液培养瓶。一般每次采血量成人:5~10ml、小儿:3~5ml。采集血样后,将血液培养瓶上双条条形码中的一条(条形码提供了可撕贴)撕下来,贴在血液细菌培养申请单上。

注意:在撕贴条形码时,切记核对申请单和培养瓶的信息是否一致。

2. 置入血培养瓶　包括使用条形码扫描仪置瓶和人工输入条形码置瓶两种情况,都按仪器使用方法或按仪器的提示进行。

3. 病人信息录入、查询和统计

(1) 信息录入:打开仪器控制程序,按照对话框填写病人资料。

(2) 信息查询:打开仪器控制程序,按对话框提示进行。除可查询病人信息资料及检测结果,还能查看曲线图及打印结果。

(3) 信息统计:打开仪器控制程序,按对话框提示进行。可按时间段、科室、阴性结果和阳性结果进行统计,均可打印列表。也可按时间段和科室等条件,分析阴阳性结果比例,均可打印。

4. 培养　血培养瓶放入仪器后,血培养仪将自动旋转对血液培养瓶进行培养。温度保持 35 ± 1.5℃,转盘以 26 转 / 分钟的转速匀速旋转。

5. 检测　仪器以 10 分钟为周期对培养瓶进行动态检测。探测头对各血液培养瓶进行检测,检测的信号通过信号转换和 A/D 转换系统传送给系统计算机分析程序。主程序界面上在相应培养瓶的位置号上有相应提示。

6. 报警　系统对检测信号进行分析,发现阳性瓶及时报警,报警后在主程序界面上的培养瓶位置号上有相应提示,可以取出培养瓶,转种培养皿,进行其它分析实验。持续培养 5 天后未发现微生物生长的血液培养瓶,将报告为阴性瓶并报警,主程序界面上的培养瓶位置号上有相应提示,可以取出培养瓶。所有阴性瓶在取出后,均应及时转种,预防仪器误报!

7. 取出培养瓶　有使用条形码扫描仪取瓶和人工输入条形码取瓶二种方法。

(二) 自动血液培养仪的维护及常见故障处理

1. 一般日常维护和保养

(1) 保持房间的温度,保持实验室干燥和洁净,少开窗户,随手关门。

(2) 每隔一星期用清水清洗仪器左右两侧的空气过滤器。

(3) 每隔一个月清洁仪器四周的灰尘,除去仪器内的纸屑等杂物。

(4) 每三个月检查仪器内探测器是否洁净,如需要清洁,可使用干棉签清洁。

(5) 每半年检查稳压电源的输出电压是否正常。

(6) 如遇停电,请将仪器电源开关关闭,等来电后,再重新开启仪器。

(7) 如遇无法排除的故障报警,将仪器电源关闭,三分钟后重新开启仪器即可。

2. 常见故障处理

(1) 温度异常(过高或过低):多数情况下是由于仪器门开关过于频繁引起,应尽量减少仪器门开关次数,并确保仪器门可靠的关闭。通常仪器门要关闭 30 分钟后才能保持温度的

平衡。

需经常对自动血液培养仪的温度进行核实，使培养仪的工作温度保持在正确的范围里。

(2) 瓶孔被污染：如果培养仪培养瓶孔内的培养瓶破裂或培养液泄漏，需按各仪器的要求及时进行有效的清洁和消毒。

(3) 数据管理系统与培养仪失去信息联系或不工作：按照各仪器的要求进行恢复。

(4) 仪器对测试中的培养瓶出现异常反应：按照各仪器的使用说明进行校正。

第四节 自动微生物鉴定和药敏分析系统

微生物鉴定是微生物分类的实验过程。目前普遍使用的自动微生物鉴定和药敏分析系统的主要功能包括微生物鉴定、抗菌药物敏感性试验(AST)及最低抑菌浓度(MIC)的测定等，检测结果的准确性和可靠性已明显的提高。

一、自动微生物鉴定和药敏分析系统的工作原理

(一) 鉴定原理

采用微生物数码鉴定原理。数码鉴定是指通过数学化的编码技术将细菌的生化反应模式转换成数学化模式，给每种细菌生化反应模式赋予一组数码，建立数据库或编成检索本。通过将待检细菌进行有关生化试验，并将生化反应结果转换成一组数字(编码)，检阅数据库或检索本，可得到细菌名称。微生物自动鉴定系统的基本原理是计算系统检测所得数据，再与数据库内每个细菌条目相比较及对系统中每个生化反应出现的频率总和而得出鉴定结论。随着计算机等技术的快速发展，使检索工作变得更方便快捷。

微生物自动鉴定系统微量培养基的载体是配套的鉴定板卡(内有几十个带有生化反应基质的微量反应池)，包括常规的革兰阳(阴)性卡和快速荧光革兰阳(阴)性卡两种，其检测原理略有不同。将菌种接种到鉴定板后进行孵育，仪器定时对板卡中各微量反应池进行检测，由于细菌各自的酶系统不同，新陈代谢的产物有所不同，而这些产物又具有不同的系列化特性。对常规的革兰阳(阴)性卡中各项生化反应结果(阳性或阴性)的判断是根据比色法的原理来检测完成的，经系统计算检测反应结果转换而来的数据与数据库的数据相比较得出比较近似于系统的鉴定值。对快速荧光革兰阳(阴)性卡中各项生化反应结果(阳性或阴性)的判断是根据荧光法的原理，通过对荧光底物的水解、荧光底物被利用后的 pH 值变化、特殊代谢产物的生成及某些代谢产物的生成率的检测来完成。

(二) 抗菌药物敏感性试验的检测原理

自动化抗菌药物敏感性试验使用药敏测试板(卡)进行测试，其实质是微型化的肉汤稀释试验。基本原理是将抗菌药物微量稀释在条孔或条板中，加入细菌悬液孵育后放入独立孵育器或在仪器中直接孵育一段时间后，仪器每隔一定时间自动测定细菌生长的浊度，或测定培养基中荧光指示剂的强度或荧光原性物质的水解，观察细菌的生长情况。待检菌在各药物浓度的生长斜率与阳性对照孔细菌生长斜率相比较，经回归分析得出 MIC 值，并根据 CLSI 标准得到相应敏感度：敏感“S”、中度敏感“MS”和耐药“R”。

自动化抗菌药物敏感性试验使用药敏测试板的实质

药敏测试板也分常规测试板和快速荧光测试板两种。常规测试板的检测原理是光电比浊法，如

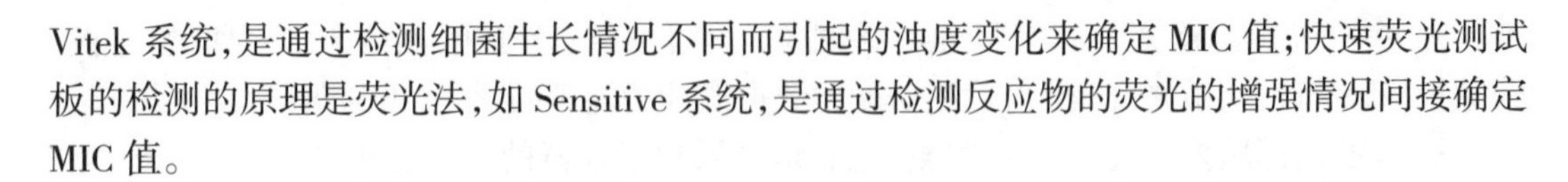

Vitek 系统，是通过检测细菌生长情况不同而引起的浊度变化来确定 MIC 值；快速荧光测试板的检测的原理是荧光法，如 Sensitive 系统，是通过检测反应物的荧光的增强情况间接确定 MIC 值。

二、自动微生物鉴定和药敏分析系统的基本结构

（一）测试卡（板）

各种微生物自动鉴定及药敏分析系统均配有相应的测试卡或测试板。测试卡（板）是系统的工作基础，不同种类的测试卡（板）具有不同的功能。测试卡（板）上都附有条形码，上机前经条形码扫描器扫描后可被系统识别，系统会自动给测试板编号，以防标本混淆。

（二）菌液接种器和比浊仪

绝大多数自动微生物鉴定和药敏分析系统都配套有自动接种器，有真空接种器和活塞接种器两个型号，以真空接种器多见。系统一般都配有标准麦氏浓度比浊仪，实验时用于测试稀释了的待检菌液的浊度。

（三）孵育和监测系统

测试卡（板）接种菌液后即可放入孵箱 / 读数器中进行孵育和监测。监测系统在测试卡（板）放入孵育箱后，就对测试板进行一次初次扫描，并将检测数据储存起来作为对照。监测系统每隔一定时间对每孔的透光度或荧光物质的变化进行检测。一些测试板某些测试孔经适当的孵育后需添加试剂才能继续比色法测定，此时系统会自动添加，并延长孵育的时间。快速荧光测定系统可直接对荧光测试板各孔中产生的荧光进行检测。系统将检测所得数据与数据库里的数据比较，并参照初次扫描的对照值数据，推断出菌种的类型及药敏结果。

（四）数据管理系统

数据管理系统是整个系统的“神经中枢”，负责数据的转换及分析处理。它控制孵箱温度及一些外围设备的正常运行，并自动计时读数；始终保持与孵箱 / 读数器、打印机的联络，收集记录、储存和分析数据。当反应完成时，计算机可根据需要自动打印报告单。当系统出现故障时会自动报警指令。系统还借助其强大的运算功能，对菌种发生率、菌种分离率、抗菌药物耐药率等项目进行流行病学统计。有些仪器还配有专家系统，可对药敏试验的结果提示有何种耐药机制的存在，其“解释性”判读有一定参考价值。

三、自动微生物鉴定和药敏分析系统的性能评价

1. 自动化程度较高　可自动加样、联机孵育、定时扫描、读数、分析、打印报告等。

2. 功能范围大　包括需氧菌、厌氧菌、真菌鉴定及细菌药物敏感试验、最低抑菌浓度（MIC）测定。如有些系统可同时分别检测 100 份鉴定标本及 100 份药敏标本，总标本量达 200 份。

3. 检测速度快　快速荧光测试板的鉴定一般为 2~4 小时出结果，绝大多数细菌的鉴定可在 4~6 小时内完成，常规测试板的鉴定一般为 18 小时左右出结果。

4. 系统具有较大的细菌资料库　可进行 100~700 多种细菌的鉴定及数十甚至 100 多种不同抗菌药物的敏感性测试。

5. 使用一次性测试卡或测试板　可后就抛丢，可避免重复使用易出现人为误差。

6. 数据处理软件功能强大　可根据用户需要，对完成的鉴定样本及药敏试验结果自动作出统计并能输出多种统计学报告。

7. 软件和测试卡(板)大多可不断升级更新　软件升级速度快,测试卡有多种(鉴定板、药敏板、或鉴定/药敏复合板等),检测功能和数据统计功能不断增强,不易落伍。

8. 设有内部质控系统　能自动维护、自动质控,保证仪器的正常运转。

四、自动微生物鉴定和药敏分析系统的使用、仪器维护与常见故障处理

(一)自动微生物鉴定和药敏分析系统的使用

自动微生物鉴定和药敏分析系统型号众多,使用方法有异,基本的操作步骤主要有:

1. 测试卡准备　按不同细菌或革兰染色结果选用相应测试板,有些还要求在相应位置上涂氧化酶、触酶、凝固酶及 β 溶血标记。

2. 配制菌液　不同测试卡对菌液浓度的要求不同,有些要求细菌悬液浓度是 1 麦氏单位,有些是 2 或 3 个麦氏单位。配制的细菌悬液浓度应在浊度仪上测试确认。

3. 接种菌液及封口　按规定的时间内应用菌液接种器来充液接种,完成后用封口切割器或专用配件进行封口。

4. 孵育和测试　封口后的测试卡放到孵箱或读数器中,仪器会按程序检测测试卡(一些仪器需手工协助)。

5. 输入患者流行病学及标本资料　按主菜单要求输入患者流行病学及标本资料。

6. 自动打印报告　测试卡完成鉴定和药敏测试后,系统可自动打印实验报告和患者报告单。

(二)自动微生物鉴定和药敏分析系统的维护与常见故障处理

目前临床上使用的自动微生物鉴定和药敏分析系统种类、型号众多,检测原理和仪器结构不尽相同。为了保证检测结果的准确和可靠,必须做好仪器设备的维护和保养,使其处于良好的工作状态。

1. 放置仪器的房间保持合适的温度,室内通风良好,避免强光直射。

2. 严格按使用手册规定进行开、关机及各种操作,防止因程序错误造成设备损伤和信息丢失。

3. 定期清洁比浊仪、真空接种器、封口器、读数器及各种传感器,避免由于灰尘而影响结果的准确性。

4. 定期用标准比浊管对比浊仪进行校正,用 ATCC 标准菌株测试各种测试卡,并作好质控记录。

5. 建立仪器保养程序,确保仪器正常工作如:①每天检查及清洁仪器主机及附件表面,确保无污染;②每天检查及清洁切割机口;③每月检查、清洁标本架,有损坏及时更换;④每 6 个月对仪器进行全面维护保养一次;⑤定期由工程师作全面保养,及时排除故障隐患。

6. 建立仪器使用以及故障和维修记录,详细记录每次使用情况和故障的时间、内容、性质、原因和解决办法。

7. 自动微生物鉴定和药敏分析系统属于精密仪器,出了故障应由专业维修人员进行维修。

本章小结

生物安全柜是一种为了保护操作人员、实验室环境及工作材料的安全的防御装置。生物安全柜分为Ⅰ、Ⅱ、Ⅲ级三大类。生物安全柜由箱体和支架两部分组成,使用

生物安全柜时要按规定程序操作，并将工作区域内的污染物质与洁净物质分开放置，避免交叉污染。为了确保生物安全柜的生物防护性能，使用过程中应注意对安全柜的维护与保养，必要时进行性能检测。

培养箱是培养微生物的主要设备，用于微生物与细胞的培养繁殖。最常用的有电热恒温培养箱、二氧化碳培养箱和厌氧培养箱三种。

自动血液培养系统主要由一个培养系统和一个检测系统组成。自动血液培养系统主要由培养仪、培养瓶和数据管理系统三部分组成。自动血液培养仪使用要注意日常的维护，出现故障处理要及时。

自动微生物鉴定和药敏分析系统采用微生物数码鉴定原理。自动化抗菌药物敏感性试验实质是微型化的肉汤稀释试验，该系统检测出待检菌对相应药物的 MIC 值，并根据 CLSI 标准得到相应敏感度。自动微生物鉴定和药敏分析系统主要由测试卡、菌液接种器、比浊仪、孵育和监测系统、数据管理系统组成。具有自动化程度较高、检测速度快、可鉴定微生物种类及药物敏感试验种类多、数据处理能力强大、结果准确可靠的优点。

目标测试

一、选择题

1. 隔水式恒温培养箱采用的加热方式是
   A. 水浴　　B. 电加热　　C. 空气循环加热
   D. 喷雾加热　　E. 红外线加热
2. 气套式 CO_2 培养箱，当箱内温度和湿度相对稳定时，选用下列哪种温度传感器
   A. 电化学传感器　　B. 热传导(T/C)传感器　　C. 红外(IR)传感器
   D. 光导传感器　　E. 水银温度计
3. 厌氧培养系统采用三层催化剂薄片，插入气流系统中，下列哪一个不是其中的成分
   A. 镍催化剂　　B. 活性炭过滤器　　C. 钯催化剂
   D. 干燥片　　E. 三层催化剂薄片
4. 厌氧培养箱通过自动连续循环换气系统保持箱内的厌氧状态换气过程是
   A. ①气体排空→② N_2 净化→③气体排空→④ N_2 净化→⑤气压平衡
   B. ① N_2 净化→②气体排空→③ N_2 净化→④气压平衡
   C. ①气体排空→② N_2 净化→③气体排空→④ N_2 净化→⑤气体排空→⑥气压平衡
   D. ① N_2 净化→②气体排空→③ N_2 净化→④气体排空→⑤气压平衡
   E. ①气体排空→② N_2 净化→③气压平衡→④ N_2 净化→⑤气体排空
5. 厌氧培养箱内厌氧菌最佳的气体生长条件是
   A. 80% N_2、5% CO_2 和 15% H_2　　B. 80% N_2、15% CO_2 和 5% H_2
   C. 80% N_2、10% CO_2 和 10% H_2　　D. 85% N_2、5% CO_2 和 10% H_2
   E. 85% N_2、10% CO_2 和 5% H_2
6. 厌氧培养箱催化除氧系统箱内采用钯催化剂，其作用是
   A. 催化箱内氧气与氢气反应生成水后再由干燥剂所吸收

B. 催化无氧混合气体内微量氧气与氢气反应，生成水后再由干燥剂吸收

C. 除去箱内CO_2

D. 除去箱内充满的氧

E. 除去箱内H_2S

7. 下列有关Ⅱ级生物安全柜功能特点的叙述中，正确的是

A. 用于保护操作人员、处理样品安全，而不保护环境安全

B. 用于保护操作人员、环境安全，而不保护处理样品安全

C. 用于保护操作人员、处理样品安全与环境安全

D. 用于保护处理样品、环境安全，而不保护操作人员安全

E. 用于保护处理样品安全，而不保护操作人员、环境安全

8. 二级生物安全实验室中的操作若涉及处理化学致癌剂、放射性物质和挥发性溶媒时，应选用下列哪一类型最佳生物安全柜

A. Ⅱ级A1型生物安全柜　　B. Ⅱ级B1型生物安全柜

C. Ⅱ级B2型生物安全柜　　D. Ⅱ级A2型生物安全柜

E. Ⅲ级生物安全柜

9. 外界空气需经高效空气过滤器过滤后才进入安全柜内，其主要目的是

A. 保护试验样品　　B. 保护工作人员　　C. 保护环境

D. 保护试验样品和环境　　E. 保护工作人员和试验样品

10. 生物安全柜内的空气需经高效空气过滤器过滤后再排放到大气中，其主要目的是

A. 保护试验样品　　B. 保护工作人员　　C. 保护环境

D. 保护试验样品和环境　　E. 保护工作人员和试验样品

11. 第三代自动血培养系统通常采用的原理是

A. 放射性标记　　B. 光电监测　　C. 荧光标记

D. 测压　　E. 测导电性

12. 微生物自动鉴定系统的工作原理是

A. 光电比色原理　　B. 荧光检测原理　　C. 化学发光原理

D. 微生物数码鉴定原理　　E. 呈色反应原理

13. 自动化抗菌药物敏感性试验的实质是

A. K-B法　　B. 琼脂稀释法　　C. 肉汤法

D. 扩散法　　E. 微型化的肉汤稀释试验

14. 自动化抗菌药物敏感性试验主要用于测定

A. 抑菌圈　　B. MBC　　C. MIC

D. MIC50　　E. MIC90

二、简答题

1. 生物安全柜的工作原理是什么？

2. 简述Ⅱ级生物安全柜的共同性能特点。

3. 生物安全柜内物品摆放的原则有哪些？

4. 简述气套式和水套式细胞培养箱的优缺点。

5. 简述厌氧培养系统保持箱内厌氧状态的工作原理。

6. 简述自动化血培养仪检测系统的工作原理。

7. 简述自动血培养仪的基本结构及其功能。
8. 简述自动化抗菌药物敏感性试验的检测原理。
9. 简述微生物自动鉴定及药敏分析系统基本结构与功能。

（陈华民）

第九章　细胞分子生物学技术相关仪器

学习目标

1. 掌握：流式细胞仪的工作原理、分类依据及基本结构；核酸扩增仪的工作原理及性能指标。
2. 熟悉：流式细胞仪的主要性能指标、测量方法和影响因素；PCR 技术的原理、PCR 扩增仪的种类。
3. 了解：流式细胞仪的临床用途；PCR 扩增仪的操作规程及 PCR 扩增仪的临床应用。

细胞分子生物学是生命科学的支柱学科，流式细胞术、基因克隆、PCR 技术等是该领域研究的重要方法，推动着生命科学飞速发展。了解常用细胞分子生物学技术及相关仪器，对于增强检验人员的工作能力，提高临床检验水平具有十分重要的意义。本章主要介绍流式细胞仪和 PCR 基因扩增仪的工作原理和临床应用。

第一节　流式细胞仪

流式细胞仪是利用流式细胞技术进行单个细胞结构和功能分析的新型高科技仪器，已经成为细胞分子实验室和临床诊断实验室常用的大型分析仪器之一。本节简要介绍该仪器的原理、构造、性能指标和临床应用。

一、流式细胞仪概述

流式细胞技术是一种现代医学研究常用的先进技术，是利用多种技术方法对处于快速流动的单个细胞或生物颗粒进行自动化多参数分析或分选的技术。进行流式细胞分析的主要仪器是流式细胞仪。流式细胞仪在细胞生物学、免疫学、肿瘤学、血液学、病理学、遗传学等领域都得到广泛的应用，在临床检验中有着非常广泛的应用前景，并将为医学科学研究发挥更大的作用。

二、流式细胞仪的工作原理与基本结构

（一）流式细胞仪的工作原理

1. 生物颗粒分析的原理　染料染色的单细胞悬液，在液流泵的作用下垂直进入流动室，形成沿流动室轴心向下流动的样品流，并与包绕细胞悬液的鞘液流一起从喷嘴孔喷出，在测量区与水平方向的

考点提示

流式细胞仪的分选原理

激光束垂直相交。染色的细胞受激光照射后发出荧光,同时产生光散射。这些信号可以被光电二极管接收,经过转换器转换为电子信号后,经模/数转换输入计算机。计算机通过相应的软件对这些数字化信息进行处理并输出,就可得到细胞的大小、活性、核酸含量、酶和抗原的性质等物理和生化指标。

2. 细胞分选的原理　电晶体上加上频率为30kHz的信号,使之产生同频率的机械振动,流动室也就随之振动,促使通过测量区的液柱断裂成一连串均匀的液滴。当满足分选特性的细胞形成液滴时,流式细胞仪就会给含有这类细胞的液滴充以特定的电荷,向下落入偏转板间的静电场时,依所带电荷的种类分别向左偏转或向右偏转,落入指定的收集器内。而不带电的液滴不发生偏转,垂直落入废液槽中被排出,从而达到细胞分类收集的目的。流式细胞仪工作的基本原理见图9-1。

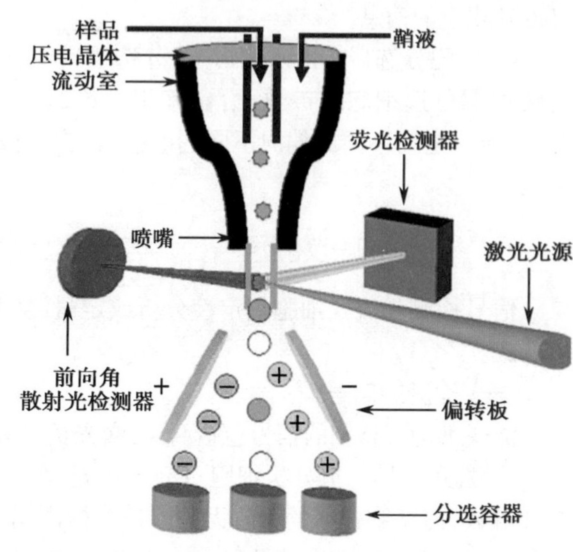

图9-1　流式细胞仪工作原理示意图

(二)流式细胞仪的基本结构

1. 流动室与液流驱动系统　室由石英玻璃制成,中央有一个430μm×180μm的长方形孔,供细胞单个流过。流动室是流式细胞仪的重要部件之,被测样品在此与激光束相交并被检测。

流动室和液流驱动系统的工作原理见图9-2。流动室内充满了鞘液,在鞘液泵的作用下可以形成稳定的鞘液流。样品流在鞘液流的环包下形成流体动力学聚焦,使样品流不会脱离液流的轴线方向,并且保证每个细胞通过激光照射区的时间相等,从而得到准确的细胞荧光信息。

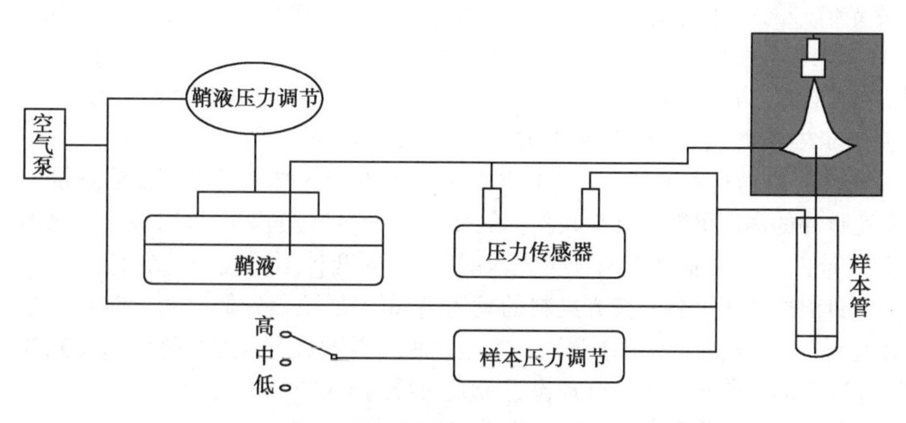

图9-2　流动室与液流驱动系统示意图

2. 激光光源与分光系统　激光是一种相干光源,能提供单波长、高强度、高稳定性的光照,是理想的光源。激光光束在到达流动室前,需经透镜聚焦,形成几何尺寸约为22μm×66μm的光斑,该光斑的短轴稍大于细胞直径,便于对细胞的检测。

3. 信号检测与分析系统　该系统主要由光电二极管和计算机系统组成。细胞产生的荧光信号和激光散射信号照射到光电二极管散射光检测器上，经过转换器转换为电子信号后，经模 / 数转换输入计算机。计算机通过相应的软件储存、计算、分析这些数字化信息，就可得到相应的信息。

4. 细胞分选器　由水滴形成、分选逻辑电路、水滴充电及偏转三部分组成。分选逻辑电路根据分选细胞的参数，给含有此参数的细胞液滴充电，充电的液滴经过电极偏转板时，依所带电荷不同而偏向不同的电极板，在电极的下方放置收集容器，便可得到要分选的细胞。

三、流式细胞仪的信号检测与数据分析

信号检测是流式细胞仪定性分析或定量测定的基础，而数据显示模式是直接的信息输出方式。

（一）检测的信号

流式细胞仪检测的信号包括两类：激光信号和荧光信号

1. 激光信号　指分析细胞对激光源光束的散射，其波长与激光相同，反映细胞固有的物理参数，与细胞样本的制备无关。根据检测角度的不同可以将散射光信号分为前向角散射和侧向角散射。前向角散射反映待测细胞的大小。侧向角散射光信号用来反映细胞表面形态、细胞内颗粒大小及分布状态，还可用于反映细胞内的精细结构。

2. 荧光信号　是流式细胞仪检测的主要信号。荧光信号也有两种，一种是细胞自发荧光，一般很微弱；另一种是细胞样本经标有特异性荧光素的单克隆抗体染色后经激光激发出的荧光，这种荧光信号较强，通过对这类荧光信号的检测和定量分析能了解所研究细胞的存在和数量。

（二）荧光信号的测量

荧光信号的测量由电子线路完成。荧光信号的强度可以用线性放大或对数放大的电信号表示，也可以用荧光信号的面积和宽度表示。

1. 荧光信号的线性测量与对数测量　携带荧光素的细胞产生的光信号被光电倍增管转换成电信号，输入到线性放大或对数放大器被放大。线性放大器的输出与输入是线性关系，细胞 DNA 含量、RNA 含量、总蛋白质含量等的测量一般选用线性放大测量。当某些指标在标本中的浓度相差非常大，呈指数关系变化时用对数放大器。

2. 荧光信号的面积和宽度　荧光信号的面积是对荧光光通量进行积分测量，有时这种方法比荧光脉冲的高度更能准确反映指标的变化。荧光信号的宽度常用来区分双连体细胞。

3. 荧光补偿　当细胞携带两种荧光素时，会发射两种不同波长的荧光，理论上可以单独检测。但目前所使用的各种荧光染料的发射谱都较宽，虽然它们之间发射峰值各不相同，但发射谱范围有一定的重叠而造成误差。克服这种误差的最有效方法是使用荧光补偿电路，利用已知标准样品或荧光小珠。合理设置荧光信号的补偿值。

（三）数据的存储与显示

1. 数据的存储　目前流式细胞仪的数据存贮均采用列表排队方式，这种模式可以节约内存和磁盘容量，易于加工、分析和处理，但缺乏直观性。

2. 数据的显示　根据测量参数的不同可以采用一维直方图、二维点图、等高线图、密度图等几种。对于双参数或多参数数据，既可以单独显示每个参数的直方图，也可以选择二维

的散点图、等高线图、灰度图或三维立体视图。

四、流式细胞仪的性能指标与评价

1. 灵敏度　是衡量仪器检测微弱荧光信号的重要指标。一般以能检测到单个微球上最少荧光分子数目来表示。

2. 分辨率　是衡量仪器测量精度的指标，通常用变异系数表示。理想的情况是 CV=0，但在实际的测量中，由于仪器本身误差等因素的存在，实际得不到 CV=0 的情况。CV 值越小，测量的误差就越小。一般流式细胞仪在最佳状态时，CV 值 <2%。

3. 分析速度　以每秒钟分析的细胞数来表示。当细胞流过测量区的速度超过流式细胞仪响应速度时，细胞产生的荧光信号就会丢失，这段时间称为死时间。死时间越短，仪器的处理数据就越快，就说明仪器的分析速度快。

4. 分选指标　①分选速度：指流式细胞仪每秒钟可以分选的细胞数；②分选纯度：指流式细胞仪分选的目的细胞占分选细胞的百分比；③分选收获率：指仪器分出的细胞占原来溶液中该细胞的百分比。通常情况下分选纯度和收获率是相互矛盾的，纯度提高则收获率降低，收获率提高则纯度降低。

五、流式细胞仪的分析流程与技术要求

流式细胞仪是一项集多学科知识综合应用的复杂仪器，熟悉其分析流程和技术要求对于保证获取正确可靠检验数据非常重要。

（一）流式细胞仪的分析流程

1. 检测样品制备　流式细胞仪测定的标本，不论是外周血细胞、培养细胞或组织细胞，首先要保证是单细胞悬液。不同来源细胞的处理程序不同，但制备高质量的单细胞悬液是进行流式分析关键的一步。

2. 荧光染色　荧光染料的选择和标记方法也是保证分析结果的关键技术。制备成单细胞悬液后，要选择带有荧光素标记的单克隆抗体进行荧光染色，才能上机进行检测。

3. 上机检测　这是流式分析的主要过程。

4. 结果分析　根据输出的数据或图像，结合相关专业知识进行检测结果的综合分析，提示相关的生物学意义。

（二）流式细胞仪的技术要求

1. 样品制备　流式细胞仪测定的样本，不管来源必须制备成单细胞悬液。如果两个或两个以上的细胞粘连或重叠在一起，将影响信号的收集及所收集信号的真实性。所以制备单细胞悬液是进行流式细胞分析的重要环节。

知识链接

荧光染料在流式细胞术中的应用　其一、碘化丙啶染色：碘化丙啶（PI）能嵌入 DNA 双螺旋中，可使荧光强度增加约 20 倍，以 488nm 波长激发，DNA/PI 复合物最大的发射波长约为 615nm。其二、吖啶橙染色：吖啶橙作为一种荧光染料已被用于染色固定，非固定细胞核酸，或作溶酶体的一种标记。观察死亡细胞荧光变色性变化以及区别分裂细胞和静止细胞群体。利用吖啶橙的变色特性可鉴别 DNA 和 RNA。其三、

Hoechst33258染色:以溴化脱氧尿嘧啶(Brdu)和Hoechst33258染料进行细胞周期分析。其四、异硫氰酸荧光素染色:以异硫氰酸荧光素(FITC)染色蛋白质。其五、光辉霉素和PI的双标记DNA染色:该染色技术主要用于实体肿瘤组织,精子细胞及妇科标本,同时也适用于体外培养的细胞。

2. 荧光染料与标记染色　在流式细胞仪分析的过程中。荧光信号来源于细胞的自发荧光或被分析细胞经特异性荧光染料染色后再通过激光束激发后所产生的。因此,被分析的细胞在制备成单细胞悬液后,经过荧光染料染色后才能上机检测。所以,荧光染料的选择和标记细胞的方法是保证荧光信号产生的关键技术。

3. 流式细胞仪操作技术的质量控制　①光路与流路校正:目的是确保激光光路与样品流路处于正交状态,降低仪器检测时的变异;②光电倍增管的校准:为保证样品检测时仪器处于最佳工作状态,采用质控品进行光电倍增管校准;③绝对计数的校准:为保证仪器在计数时的准确性,仪器应采用绝对计数标准品建立绝对计数标准。

六、流式细胞仪的维护与常见故障处理

(一)流式细胞仪的维护

流式细胞仪的维护既包括仪器工作环境的维护,如要使用稳压电源、有良好的接地装置、适宜的温度和湿度等;也包括流路的维护,如冷却水必须使用过滤器,并保证压力和流量,以避免水道阻塞造成激光的损坏;样品和鞘液管道每周应用漂白粉液清洗,避免微生物生长;仪器室内应注意避光、防尘、除湿等,还包括人员的培训与管理。

(二)流式细胞仪的常见故障及其处理方法

常见故障信息包括清洗液高度不足、数据处理速率错误、数据存取错误、程序错误、激光器开启错误、样品压力错误和参数太多等,这些错误并不复杂,可以按照操作程序一一对照,逐个排除。严重的错误出现时不能擅自修理,应及时与制造商联系。

七、流式细胞仪的临床应用

流式细胞仪具有快速、准确、量化等特性,已广泛应用于基础医学,如免疫学、细胞生物学、血液学、肿瘤学等研究和临床医疗实践中。

1. 在免疫学中的应用　流式细胞术被称为现代免疫技术基石之一,广泛地应用于免疫理论研究及其临床实践。在淋巴细胞及其亚群分析、淋巴细胞功能分析、免疫分型、分选、肿瘤细胞的免疫检测、免疫活性细胞的分型与纯化、淋巴细胞亚群与疾病的关系、免疫缺陷病如艾滋病的诊断、器官移植后的免疫学监测等方面都起看相当重要的作用。

2. 在血液学中的应用　流式细胞仪在血液细胞的分类、分型,造血细胞分化的研究,血细胞中各种酶的定量分析;研究白血病细胞分化成熟与细胞增殖周期变化的关系;了解胎儿是否可能因Rh血型不合而发生严重溶血;检测血液中循环免疫复合物可以诊断自身免疫性疾病,进一步了解血液病及淋巴瘤的发病机制,帮助诊断、治疗和判断预后等。

3. 在细胞生物学中的应用　在细胞生物学研究中,最常用的是细胞周期分析,研究细胞周期或DNA倍体与细胞表面受体及抗原表达的关系,包括细胞周期各时相的百分比和细胞周期动力学参数的测定等内容。

4. 在肿瘤学中的应用　流式细胞仪在肿瘤学研究方面已成为主要研究手段之一。DNA倍体含量测定是鉴别良、恶性肿瘤的特异指标。

第二节　聚合酶链反应基因扩增仪

聚合酶链反应(polymerase chain reaction, PCR)是现代分子生物学研究重要的实验技术,用于PCR扩增的仪器称PCR扩增仪,是分子生物学实验室必备的仪器之一。熟悉并掌握PCR基因扩增仪的相关知识和应用,对于基础研究和临床检验工作都具有十分重要的意义。

一、聚合酶链反应的原理

考点提示

PCR技术的概念

PCR是利用核酸变性、复性和复制的原理进行的一项体外DNA扩增技术。PCR技术的基本原理类似于DNA的天然复制过程,其特异性依赖于与靶序列两端互补的寡核苷酸引物。PCR变性-退火-延伸三个基本反应步骤见图9-3。

1. 模板DNA的变性　模板DNA经加热至93℃左右一定时间后,使模板DNA双链或经PCR扩增形成的双链DNA解离成单链,以便它与引物结合,为下一轮反应作准备。

2. 模板DNA与引物的T退火(复性)　模板DNA经加热变性成单链后,温度降至55℃左右,引物与模板DNA单链的互补序列配对结合。

3. 引物的延伸　DNA模板-引物结合物在Taq DNA聚合酶的作用下,以dNTP为原料,靶序列为模板,按照碱基互补配对原则,合成一条新的与模板DNA链互补的半保留复制链。重复以上循环,就可获得更多的新链,新链又可成为下次循环的模板。每完成一个循环需2~4分钟,这样2~3小时内完成30~35次循环,就能将目的基因扩增放大10^6~10^7倍

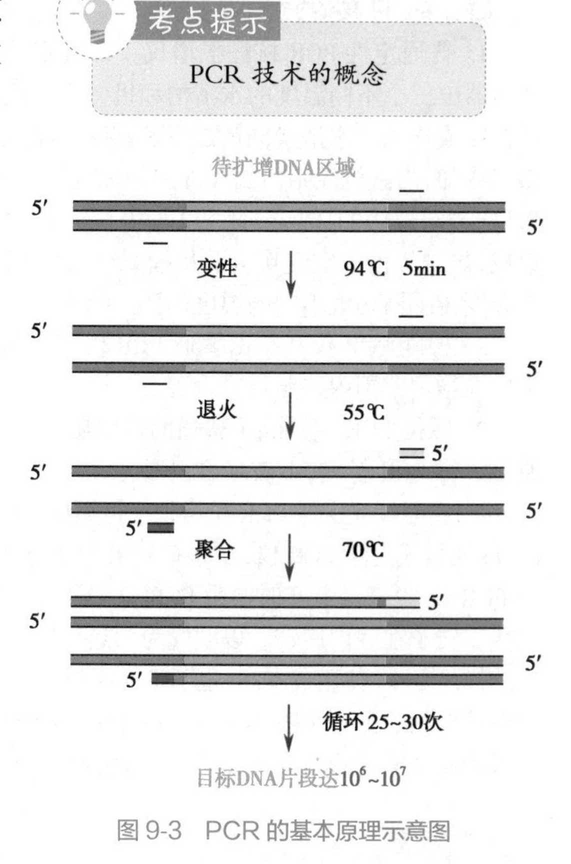

图9-3　PCR的基本原理示意图

二、聚合酶链反应基因扩增仪的工作原理

从上述PCR反应的基本原理可以看出,PCR核酸扩增仪是利用PCR技术对特定基因做体外大量合成,用于以检测各种基因分析,其工作的关键是温度控制。PCR基因扩增仪运行的关键也是温度控制。目前主要有以下几种控温方式:水浴锅控温、压缩机控温、半导体控温、离心式空气加热控温。

三、聚合酶链反应基因扩增仪的分类与结构

（一）PCR 扩增仪的分类

考点提示

PCR 扩增仪的分类依据

根据 DNA 扩增的目的和检测的标准可以将 PCR 仪分为普通定性 PCR 扩增仪和实时荧光定量 PCR 扩增仪。普通定性 PCR 扩增仪按照变温方式不同，可分为水浴式 PCR 仪、变温金属块式 PCR 仪和变温气流式 PCR 仪三类；按照功能用途可分为梯度 PCR 仪和原位 PCR 仪；实时荧光定量 PCR 仪根据其结构的不同，可分为金属板式实时荧光定量 PCR 仪、离心式实时定量 PCR 仪和各孔独立控温的荧光定量 PCR 仪三类。

（二）PCR 核酸扩增仪的结构

1. 普通定性 PCR 核酸扩增仪　普通定性 PCR 仪分为以下三类：①水浴式 PCR 仪：该类仪器由三个不同温度的水浴槽和机械臂组成，采用半导体传感技术控温，由计算机控制机械臂完成样品在水浴槽间的放置和移动。②变温金属块式 PCR 仪：这类仪器采用半导体加热和冷却，由微机控制恒温和冷热处理过程。中心是由铝块或不锈钢制成的热槽，上有不同数目、不同规格的样品空管。③变温气流式 PCR 仪：这类仪器的热源由电阻元件和吹风机组成，热空气枪借空气作为热传播媒介，大功率风扇及制冷设备提供外部冷空气制冷，精确的温度传感器构成不同的温度循环。配上微机和软件，可灵活编程。

2. 梯度 PCR 仪　是由普通 PCR 仪衍生出的，带有梯度扩增功能。它的每个孔的温度可以在指定范围内按照梯度设置。

3. 原位 PCR 仪　除了普通的扩增功能外，还带有原位扩增功能。使用这种仪器在细胞原位进行 PCR 扩增，不破坏组织形态。

4. 实时荧光定量 PCR 扩增仪　该类仪器分为三类：①金属板式实时定量 PCR 仪 即传统的 96 孔板式定量 PCR 仪，在原有 PCR 仪的基础上，增加荧光激发和检测模块，升级为荧光定量 PCR 仪；②离心式实时定量 PCR 仪 这类仪器的样品槽被设计为离心转子的模样，借助空气加热。转子在腔内旋转。以空气为加热介质，加热均匀，接触面积大。但仪器离心转子小，可容纳样品量少，使用成本高，也不带梯度功能；③各孔独立控温的定量 PCR 仪这类仪器每个温控模块控制一个样品槽，可以在同一台仪器上分别进行不同条件的定量 PCR 反应。随时利用空置的样品槽开始其他定量反应，使用效率非常高，并保证荧光激发和检测不受外界干扰。

知识链接

实时荧光定量 PCR 进展及其应用　荧光实时定量 PCR 技术最早在 1992 年由一位日本人 Higuchi 第一次报告提出，他当时想实时看到 PCR 反应的整个过程，由于当时 EB（溴化乙锭）的广泛使用，最直接想到的标记染料就是 EB，可以插入到双链核酸中受激发光，在 PCR 反应的退火或延伸时检测掺入到双链核酸中 EB 的含量就能实时监控 PCR 反应的进程，考虑到 PCR 反应的数学函数关系，结合相应的算法，通过加入标准品的方法，就可以对待测样品中的目标基因进行准确定量。这样，在普通 PCR 仪的基础上再配备一个激发和检测的装置，第一台实时定量 PCR 仪就诞生了。而真正市场化的是美国应用生物系统公司 1996 年推出的荧光定量 PCR 仪。

四、聚合酶链反应基因扩增仪的性能指标与使用及常见故障处理

(一) PCR仪的性能指标

1. 温控指标　温度控制是PCR反应的关键,对PCR扩增仪来说温控性能的好坏就意味着质量的好坏。这类指标主要包括:①温度的准确性:指样品孔温度与设定温度的一致性,是PCR反应最重要的影响因素之一;②温度的均一性:指样品孔间的温度差异,影响反应结果的一致性;③升降温的速度:升降温速度快,能缩短反应进行的时间,提高工作效率,也缩短了非特异性反应的时间,提高PCR反应特异性;④不同模式下的相同温度特性:带梯度功能的PCR仪,不仅应考虑梯度模式下不同梯度管排间温度的均一性和准确性,还应考虑仪器在梯度模式和标准模式下是否具有同样的温度特性。

2. 荧光检测系统的指标　①激发光源:激发光源目前一般为卤钨灯光源或发光二极管(LED)光源;②检测器:检测器目前常用的是超低温电荷耦合元件(CCD)成像系统和光电倍增管(PMT)。

3. 其他指标　包括①应用软件:程序简易,易学易用,还具有实时信息显示、记忆存储多个程序、自动倒计时、自动断电保护等功能,很多仪器还可以免费升级;②热盖:热盖可使样品管顶部温度达到150℃左右,避免蒸发的反应液凝集于管盖而改变PCR反应体积,无需加石蜡油,减少了后续实验的麻烦;③样品基座:多数PCR仪配备了可更换的多样化样品基座,以匹配不同规格的样品管。

(二) PCR仪的使用方法

1. 操作规程　普通PCR仪的操作非常简便,一般来说包括以下几个步骤:先打开PCR仪电源,再打开相连电脑中的相应软件,分别设置温度程序、采集通道,并可根据不同仪器的要求进行一些特殊设置,在仪器中放好PCR管,盖好仪器,运行设置好的反应程序。仪器工作过程中不要试图打开机器,以免损坏仪器。某些类型仪器在反应过程中可以在软件中对样品进行编辑,反应结束后分析结果。关机时通常先关软件,再关PCR仪,最后关电脑。

2. 常见故障及排除　定量PCR仪可能会出现下列问题:①荧光染料污染样品孔,解决方法就是请工程师清洁样品孔;② PCR管融化,原因可能是温度传感器出问题或是热盖出问题,需工程师检修;③个别孔扩增效率差异很大,可能的原因是半导体模块出现坏点;④荧光强度减弱或不稳定,产生的原因有滤光片发霉或有水汽,或光源损耗(以卤钨灯为光源的),需更换光源;或调节检测元件灵敏度,需工程师调试;⑤仪器工作时出现噪音,可能的原因是PCR管没有放好(对于空气加热的仪器),可自行检查。或风扇松动,需工程师检修。

五、聚合酶链反应基因扩增仪的临床应用

随着分子生物学的飞速发展,疾病的诊断已逐步深入到分子水平。分子诊断已成为检验医学的一个重要组成部分,不仅能在患病早期作出确切的诊断,还能判别致病基因的携带者,确定个体对疾病的易感性,对疾病进行分期、分型、疗效监测和预后判断。PCR扩增仪也就成为分子诊断实验室的主要仪器,被广泛应用于感染性疾病、遗传性疾病、恶性肿瘤等的诊断和基础研究。

(一) PCR仪在感染性疾病分子诊断中的应用

感染性疾病的发生涉及细菌、病毒、寄生虫等外源基因对机体的入侵。这些病原体将基因带入人体,无论是否致病,也无论是否将基因整合到人体基因组中,只要病原体存在,机体

就会有其核酸序列存在，因而用PCR及相关技术检测病原体基因成为临床诊断病原体感染的有效方法之一。

（二）PCR仪在遗传性疾病分子诊断和研究中的应用

遗传性疾病是由于核酸分子结构变异或其表达产物（蛋白质或酶）结构改变引起的，用传统的临床诊断方法难以早期发现。PCR技术可以将变异的基因在体外扩增出来进行研究。PCR仪可应用于β-珠蛋白的扩增和镰形红细胞贫血的产前诊断，多种单基因遗传病、多基因遗传病的发病机制的研究。

（三）PCR仪在恶性肿瘤分子诊断和研究中的应用

PCR可以用于癌基因和抑癌基因缺失与点突变的研究以及肿瘤相关病毒基因的研究，临床上PCR技术的应用使肿瘤的诊断、预后判断及微量残留细胞的监测更为简便、快速、准确。

（四）PCR仪在其他方面的应用

在法医学上，应用PCR仪，能以痕量标本如血迹、头发、精斑等扩增出特异的DNA片段，进行个体识别、亲子鉴定及性别鉴定等；在移植组织配型上用PCR进行DNA分型，通过检测Ⅰ类和Ⅱ类抗原位点的等位基因从而作出精确配型；在分子生物学其他领域，PCR扩增仪还可用于DNA文库的构建，具有测序周期短、操作快捷、所用组织细胞少，成功率较高等优点。

本章小结

本章主要介绍了流式细胞仪和PCR核酸扩增仪两类主要的细胞分子生物学技术相关仪器。

流式细胞术是在单细胞分析和分选基础上发展起来的一种新的细胞参数计量技术。流式细胞仪是利用流式细胞术而达到细胞分类收集的目的检测仪器。流式细胞仪由流动室与液流驱动系统、激光光源与分光系统、信号检测与分析系统和细胞分选器组成，主要靠检测激光信号和荧光信号完成对样本的检测。制备单细胞悬液是觉得检测效果的关键。流式细胞仪是贵重的精密仪器，在使用的过程中要注意维护和保养。流式细胞仪目前已经广泛应用于免疫学、细胞生物学、血液学、肿瘤学等诸多领域。

PCR技术的本质是核酸扩增技术，重复"变性→退火→引物延伸"过程至2~4个循环，呈指数级扩大待测样本中的核酸拷贝数，达到体外扩增核酸序列的目的。PCR扩增仪可以分成两大类，即普通PCR扩增仪和实时荧光定量PCR扩增仪。PCR核酸扩增仪的工作关键是温度控制，决定了PCR反应能否成功，已由最初的水浴锅温控发展到压缩机温控直至目前常用的半导体温控和离心式空气加热温控。温度控制主要包括温度的准确性、均一性以及升降温速度。

以PCR核酸扩增仪作为工具，不仅能早期对疾病作出准确的诊断，还能确定个体对疾病的易感性，检出致病基因携带者，并对疾病的分期、分型、疗效监测和预后作出判断。

目标测试

一、选择题

1. 流式细胞仪中的鞘液和样品流在喷嘴附近组成一个圆形流束，自喷嘴的圆形孔喷出，与水平方向的激光束垂直相交，相交点称为

A. 敏感区　B. 测量区　C. 激光区
D. 计算区　E. 观察区

2. 流动室轴心至外壁的鞘液向下流动，形成包绕细胞悬液的是

A. 鞘液流　B. 细胞流　C. 散射光
D. 荧光　E. 测量区

3. PCR 基因扩增仪最关键的部分是

A. 温度控制系统　B. 荧光检测系统　C. 软件系统
D. 热盖　E. 样品基座

4. 前向角散射可以检测

A. 细胞膜厚薄　B. 被测细胞的大小　C. 细胞质多少
D. 核膜的折射率　E. DNA 含量

5. PCR 技术的本质是

A. 核酸杂交技术　B. 核酸重组技术　C. 核酸扩增技术
D. 核酸变性技术　E. 核酸连接技术

6. 以下哪种物质在 PCR 反应中不需要

A. Taq DNA 聚合酶　B. dNTPs　C. Mg^{2+}
D. RNA 酶　E. 合适 pH 缓冲液

7. 以下哪种酶可耐高温

A. Taq DNA 聚合酶　B. Hind Ⅲ　C. T4 连接酶
D. RNA 酶　E. Klenow 片段

8. PCR 反应正确过程应为

A. 退火→变性→延伸　B. 变性→退火→延伸　C. 退火→延伸→变性
D. 变性→延伸→退火　E. 延伸→变性→退火

二、简答题

1. 简述流式细胞仪生物学颗粒分析原理。
2. 简述流式细胞仪细胞分选原理。
3. 什么是 PCR 技术？
4. PCR 基因扩增仪的工作关键是什么？经历了怎样一个发展过程？
5. PCR 基因扩增仪按照变温方式的不同可分哪几类？分别有什么特点。

（王　婷）

第十章　即时检测技术相关仪器

学习目标

1. 掌握：POCT 的概念、工作原理及技术分类。
2. 熟悉：POCT 的主要临床应用。
3. 了解：POCT 与传统临床实验室检测的不同点。

即时检测(point-of-care testing POCT)是检验医学发展中的新事物，它顺应了目前快节奏、高效率的工作方式。近年来，POCT 在临床应用中得到了迅速发展，出现了大型自动化和小型快速化两极发展的趋势，同时也促进了检验仪器的发展。本章从即时检测的概念、原理、特点、技术分类，常用仪器及临床应用等方面进行介绍。

第一节　即时检测技术的概念、原理与分类

即时检测技术作为检验医学的重要组成部分不仅提高了检验速度，并且具有实验仪器小型化、操作方法简单化、结果报告即时化等优点，在检验医学中得到了较大的发展和应用。

一、即时检测技术的概念

POCT 是指在患者旁边分析患者标本的技术，或者说是测试项目不在主实验室进行，并且它是一个可移动的、简便快捷的系统，可以称为 POCT。POCT 省去了标本的复杂预处理过程，在采样现场即刻进行分析，快速得到检验结果，广泛使用于医院、护理病房、救护单位、保险公司、家庭保健及事故现场等领域。所以 POCT 不仅能够快速检测而且是现场分析，这是其他检验方法无法实现的。基于此将 POCT 译为“即时检测”更能表达其内涵。

二、即时检测技术的原理

目前 POCT 检测系统已经变得非常多样化，其操作简单，便于储藏和使用，并与临床实验室检测结果相一致。POCT 检测技术的原理主要有以下几种：

(1) 将传统方法中的相关液体试剂浸润于滤纸和各种微孔膜的吸水材料内，成为整合的干燥试剂块，然后将其固定于硬质型基质上，成为各种形式的诊断试剂条。

(2) 将传统分析仪器微型化，操作方法简单化，使之成为便携式和手掌式的设备。

(3) 将上述二者整合为统一的系统。

(4) 应用生物感应技术，利用生物感应器检验待测物。

三、即时检测技术的分类

1. 简单显色技术　是运用干化学测定的方法，将多种反应试剂干燥并固定在纸片上，加入待测标本后产生颜色反应，可以直接用肉眼观察（定性）或仪器检测（半定量）。

2. 多层涂膜技术　是从感光胶片制作技术引申而来的，也属于干化学测定，将多种反应试剂依次涂布在片基上并制成干片，用仪器检测，可以准确定量。按照干片制作原理的不同，可分为采用化学涂层技术的多层膜法和采用离子选择性电极原理的差示电位多层膜法。

3. 免疫金标记技术　胶体金颗粒具有高电子密度的特性，可以牢固吸附在抗体的表面而不影响抗体的活性，当金标记抗体与抗原反应聚集到一定浓度时，肉眼可见红色或粉红色斑点。这一反应可以通过银颗粒的沉积被放大。该类技术主要有斑点免疫渗滤法和免疫层析法。

4. 免疫荧光技术　免疫荧光技术是将免疫学方法（抗原抗体特异结合）与荧光标记技术结合起来研究特异蛋白抗原在细胞内分布的方法，又称为荧光抗体技术。由于荧光素所发的荧光可在荧光显微镜下检出，从而可对抗原进行细胞定位。也可通过检测板条上激光激发的荧光，定量检测板条上单个或多个标志物。

5. 红外分光光度技术　利用物质对红外光的选择吸收进行结构分析、性质鉴定和定量测定。此类技术常用于经皮检测仪器，用于检测血液中血红蛋白、胆红素、葡萄糖等成分。这类床边检验仪器可连续监测患者血液中的目的成分，无需抽血，可避免抽血可能引起的交叉感染和血液标本的污染，降低每次检验的成本和缩短报告时间。

6. 生物传感器技术　是利用离子选择电极、底物特异性电极、电导传感器等特定的生物检测器进行分析检测。该类技术是酶化学、免疫化学、电化学与计算机技术结合的产物，利用它可以对生物体液中的分析物进行分析。

知识链接

生物传感器相关知识　生物传感器是一个非常活跃的研究和工程技术领域，它与生物信息学、生物芯片、生物控制论、仿生学、生物计算机等学科一起，处在生命科学和信息科学的交叉区域。它们的共同特征是：探索和揭示出生命系统中信息的产生、存储、传输、加工、转换和控制等基本规律，探讨应用于人类经济活动的基本方法。生物传感器技术的研究重点是：广泛地应用各种生物活性材料与传感器结合，研究和开发具有识别功能的换能器，并成为制造新型的分析仪器和分析方法的原创技术，研究和开发它们的应用。生物传感器中应用的生物活性材料对象范围包括生物大分子、细胞、细胞器、组织、器官等，以及人工合成的分子印迹聚合物等。生物传感器的种类包括：医疗保健类生物传感器、用于环境检测的生物传感器、药物分析用生物传感器、固定化酶生物传感器等。

7. 生物芯片技术　生物芯片是现代微加工技术和生物科技相结合的产物，它可以在小面积的芯片上短时间内同时测定多个项目。生物芯片检测仪器是一种光、机、电、计算机以及现代分子生物学等多学科高度结合的精密仪器，主要是利用强光照射生物芯片上的生物样品以激发荧光，并通过高灵敏度的光电探测器探测荧光强度，最后由计算机对探测结果进行分析处理以获取相关的生物信息。

8. 其他　其他 POCT 技术还包括快速酶标法或酶标联合其他技术检测病原微生物；电阻抗法测血小板聚集特性；免疫比浊法测定 C 反应蛋白（CRP）、D- 二聚体；电磁原理检测止、凝血的一些指标等。

第二节　即时检测技术的常用仪器

早期的 POCT 大多直接用肉眼观察结果，随着微电子技术的发展，产生了许多与 POCT 试剂配套的小型检测仪器，数据处理与自动分析仪相似，为提高 POCT 的准确性和进行定量检测提供了良好的基础。

一台理想的 POCT 仪器应具备以下特点：①仪器小型化，便于携带；②操作简单化，一般 3~4 个步骤即可完成实验；③报告即时化，缩短检验周期；④经权威机构的质量认证；⑤仪器和配套试剂中应配有质控品，可监控仪器和试剂的工作状态；⑥仪器检验项目具备临床价值和社会学意义；⑦仪器的检测费用合理；⑧仪器试剂的应用不应对患者和工作人员的健康造成损害或对环境造成污染。POCT 仪器与传统实验室检测的主要区别见表 10-1。

考点提示

POCT 仪器的特点

考点提示

POCT 仪器与传统实验室仪器的比较

表 10-1　临床实验室检测与 POCT 仪器的主要不同点

比较项目	临床实验室检测	POCT
周转时间	慢	快
标本鉴定	复杂	简单
标本处理	通常需要	不需要
血标本	血清、血浆	多为全血
校正	频繁	不频繁
试剂	需要配制	随时可以
消耗品	相对少	相对多
检测仪器	复杂	简单
对操作者的要求	专业人员	普通人员
每个实验花费	低	高
试验结果质量	高	一般

一、多层涂膜技术相关的 POCT 仪器

包括采用化学涂层技术（图 10-1）和差示点位多层膜法（图 10-2）。这类仪器临床应用较普遍，如快速血糖等生化项目的检测，而差示电位多层膜法多用于电解质的测定。

二、免疫金标记技术相关的 POCT 仪器

包括免疫渗滤和免疫层析技术，免疫渗滤装置及操作见图 10-3，免疫层析实验原理见图 10-4。该类技术可以快速定量检测血清和尿液中的待测物。操作简单方便、快速、检测范围宽。

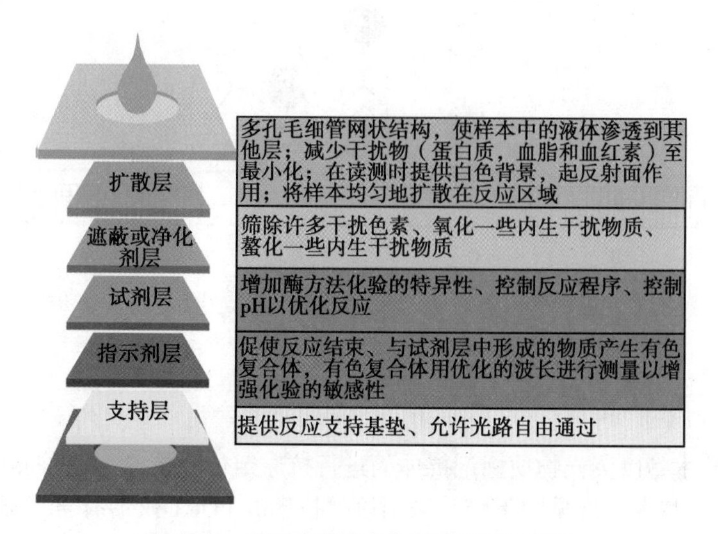

图 10-1 多层涂膜技术化学法结构示意图

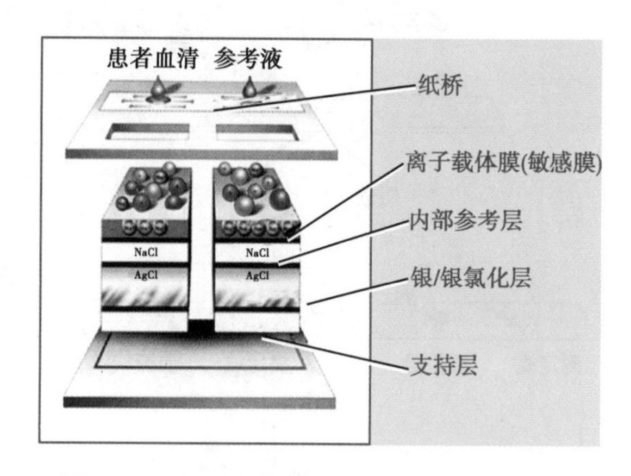

图 10-2 多层涂膜技术差示电位法结构示意图

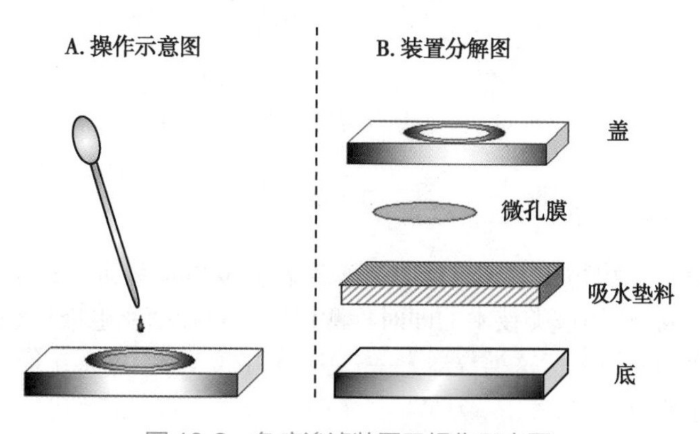

图 10-3 免疫渗滤装置及操作示意图

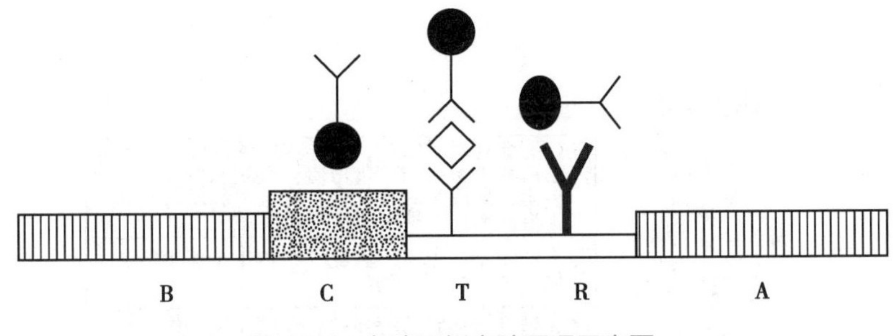

图 10-4 免疫层析实验原理示意图

三、免疫荧光测定技术相关的 POCT 仪器

免疫荧光技术是以荧光物质标记抗体而进行抗原定位或抗原含量检测的技术，又称为荧光抗体技术，其技术原理见图 10-5。采用该类技术的 POCT 仪器有全定量免疫荧光检测仪等。

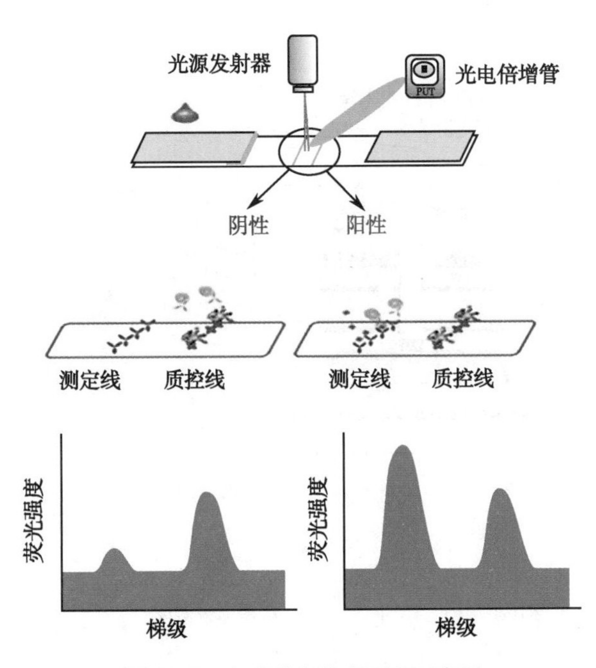

图 10-5 免疫荧光技术原理示意图

四、生物传感器技术相关的 POCT 仪器

生物传感器是对生物物质敏感并能将其浓度转换成电信号进行检测的器件或装置，由感受器和换能器组成。采用该类技术的即时检测仪器有葡萄糖酶电极传感器相关的血糖仪、荧光传感器相关血气分析仪。这类仪器专一性强，灵敏度高，操作系统简便，易自动化，充分体现了 POCT 的特点。

五、红外分光光度技术相关的 POCT 仪器

这类技术多用于经皮检测仪器，这类检验仪器可连续监侧患者血液中的目的成分，无

需抽血，还可避免抽血可能引起的交叉感染和标本间的污染，降低检验的成本和缩短报告时间。采用该类技术的即时检测仪器有无创伤自测血糖仪、无创（经皮）胆红素检测仪、无创全血细胞测定仪等。

第三节 即时检测技术的临床应用

POCT 仪器的临床应用

目前 POCT 几乎涉及医学的每个领域，如感染科、门诊、小儿科、妇科、内分泌科等，它不仅用于疾病的诊断，还包括日常生活中的检测，因此其发展方向逐渐趋向多项目、多科室、多种疾病同时检测。

1. 在糖尿病中的应用　血糖仪使用全血标本（甚至无创）进行即时测定，报告时间大大缩短，是临床、患者家庭最常用的检测仪器。

2. 在心血管疾病中的应用　急性心肌梗死发病急，严重影响到患者的生命安全。POCT 的运用可使急性心肌梗死患者得到及时的诊断和治疗。

3. 在发热性疾病方面的应用　仪器对 CRP 的检测，与血常规联合应用，对鉴别发热患者感染病原体的性质（细菌或病毒）比单一检测更具特异性，为临床提供更充足的实验指标和诊断依据，可减少抗生素使用的盲目性，该检测组合已得到临床医师的普遍认可和支持。

4. 在感染性疾病中的应用　POCT 在微生物检测方面要比传统的培养法或染色法快速和灵敏得多，例如细菌性阴道病、衣原体、性病等检测。POCT 也可用于手术前传染病四项检测（HBsAg、HCV、HIV、TP）、内镜检查前的病毒性肝炎筛查等。

5. 在儿科疾病中的应用　适合儿童的诊断行为需要轻便、易用、无创伤或创伤性小、样品需求量少、无需预处理、快速得出结论等要素。POCT 能较好地达到上述要求，而且在诊断病情时父母可一直陪伴在孩子身边、更好地与医护人员交流。

6. 在 ICU 病房内的应用　在 ICU 病房里，必须动态监测患者某些生命指标。目前应用于 ICU 病房的 POCT 仪器有用于体外系统的电化学感应器，可周期性监控患者的血气、电解质、血细胞比容和血糖等；用于体内系统的，将生物传感器安装在探针或导管壁上，置于动脉或静脉管腔内，由监视器定期获取待测物的数据。

7. 在循证医学中的应用　循证医学是遵循现代最佳医学研究的证据，并将证据应用于临床对患者进行科学诊治决策的一门学科。POCT 弥补了传统临床实验室流程烦琐的不足，操作人员可以在实验室外的任何场所进行，快速、方便地获取患者某些与疾病相关的数据。

8. 在医院外的应用　医院外的 POCT 应用领域更加广泛，如家庭自我保健、社区医疗、体检中心、救护车上、事故现场、出入境检疫、禁毒、戒毒中心、公安部门等。

本章小结

即时检验（POCT）也称床边检验，指在患者身边，由非检验专业人员（临床人员或患者）利用便携式仪器快速并准确获取结果，分析患者标本的分析技术，或者说测试不在主实验室而在一个可移动的系统内进行。它具有作为大型自动化仪器的补充，节省

分析前、后标本处理步骤,缩短标本检测周期,快速准确报告检验结果,节约综合成本等优势。

POCT技术的基本原理大致可分为四类:把传统方法中的相关液体试剂浸润于滤纸和各种微孔膜的吸水材料中,成为整合的干燥试剂块,然后将其固定于硬质型基质上,成为各种形式的诊断试剂条;把传统分析仪器微型化,操作方法简单化,使之成为便携式和手掌式设备;将上述两者整合为统一的系统:应用生物感应技术,利用生物感应器检测待测物。

目前,即时检验仪器存在质量保证及质控措施缺乏,单个检验费用高,报告书写不规范等问题。通过建立即时检验仪器的质量保证体系,加强管理规范和操作人员培训等措施可提高即时检验仪器使用的可靠性,促进POCT的快速发展。

目标测试

一、选择题

1. 未来的POCT仪可能的发展方向,不包括
   A. 小型化　　B. 多用途
   C. 无创性/少创性技术　　D. 与生物芯片技术相关
   E. 大型化
2. POCT的主要特点是
   A. 实验仪器小型化、检验结果标准化、操作方法简单化
   B. 实验仪器综合化、检验结果标准化、操作方法简单化
   C. 实验仪器小型化、操作方法简单化、结果报告即时化
   D. 实验仪器综合化、检验结果标准化、结果报告即时化
   E. 操作简便快速、试剂稳定性、便于保存携带
3. POCT技术不包括
   A. 湿化学测定技术
   B. 免疫金标记技术
   C. 生物传感器技术
   D. 生物芯片技术、红外和远红外分光光度技术
   E. 免疫荧光技术
4. 目前POCT存在的主要问题是
   A. 质量保证问题　　B. 费用问题
   C. 循证医学评估问题　　D. 操作人员问题
   E. 报告单书写问题
5. 干片的基本结构包括
   A. 分布层、试剂层、指示剂层、支持层
   B. 扩散层、试剂层、指示剂层、支持层
   C. 指示剂层、遮蔽层、试剂层、支持层
   D. 试剂层、指示剂层、支持层、净化剂

E. 扩散层、试剂层、指示剂层、遮蔽层

6. 免疫荧光技术相关的POCT仪器上用的检测板，所用技术多是

A. 酶化学　　B. 免疫渗滤　　C. 免疫层析

D. 电化学　　E. 化学发光

二、简答题

1. POCT的主要特点是什么？与传统的实验室检查有何不同？
2. 简述POCT的基本原理。
3. 简述一台合格的POCT仪应具备的特点。
4. 简述POCT的临床用途。

（王　婷）

第十一章　实验室自动化系统

学习目标

1. 掌握：实验室自动化的相关概念。
2. 熟悉：实验室自动化系统的基本结构。
3. 了解：实验室自动化实现的意义。

实验室自动化系统（laboratory automation system LAS）又称为全实验室自动化（total laboratory automation，TLA），是为了实现临床实验室内一个或几个检测子系统，如临床化学、血液学和免疫学等的整合，将同一厂家或不同厂家相互关联或不关联的自动分析仪器以及分析前和分析后的实验室处理装置，通过自动化输送轨道和信息网络进行连接，构成全自动化流水线作业环境，覆盖整个检验过程，形成大规模的检验自动化。

LAS 的应用，对提升临床实验室管理水平，加强检验质量管理，减少操作环节、降低差错率等都有很大益处。临床实验室全自动化检验系统是 21 世纪国际临床实验室检测自动化发展的趋势和方向。

第一节　实验室自动化的发展历程

考点提示

实验室自动化概念及发展历程

全实验室自动化在 20 世纪 80 年代开始于日本。1996 年国际临床化学和实验室医学联盟大会上提出了全实验室自动化的概念。20 世纪 90 年代 TLA 进入美国和欧洲，全球实验室自动化发展势头迅猛，在国内，随着检测项目的日益丰富，检验在临床诊断以及治疗监测中发挥重要的作用。临床检验实现了自动化工作流水线作业，并使过去耗时、危险的标本处理和数据处理等工作，实现了自动化、一体化。

实验室自动化是一个循序渐进的过程，主要经历了以下几个阶段：

1. 系统自动化　这是自动化分析的开始阶段。它建立在分析仪器本身性能的基础之上，采用原始管使用和条码技术，通过扩大试剂装载的容量获得更大的项目测试菜单。

2. 模块自动化　在系统自动化的基础上增加部分硬件，使仪器的软硬件功能得到更大发挥。能够完成样本自动离心、开盖、分杯、分选等功能。

3. 全实验室自动化　通过轨道将各种类型的仪器连接起来，使硬件发挥最大功能，并实现实验室质量的新飞跃。实验室自动化节省了人力资源，提高了工作效率，减小了实验过程中人为因素的影响，也减少了生物危害，是实验室发展的趋势。

第二节 实验室自动化系统的分类与基本构成

一、实验室自动化系统的分类

经过多年迅速的发展和实践，LAS已发展成两个层次，一是实验室模块自动化，二是全实验室自动化。

1. 实验室模块自动化系统　是实验室根据用户所需处理能力进行选择的一套模块工作单元组合。模块工作单元由两台或两台以上具有相同分析原理的自动分析仪和一台控制器所组成。实验室模块自动化系统包括分析前自动化系统、合并自动化分析仪或整合自动化分析仪、分析后自动化系统(可以对异常的标本自动进行复检)。

2. 全实验室自动化　是将众多模块分析系统整合成一个实现对标本处理、传送、分析、数据处理和分析的全自动化过程。TLA包括：自动化标本处理、标本自动传送和分选至相应的分析工作站、自动分析、利用规范的操作系统软件对分析结果进行审核、储存已分析的标本并能随时对储存标本重新进行测试。

二、实验室自动化系统的基本组成

实验室自动化系统的基本组成包括：标本传送系统、标本处理系统、自动化分析系统、分析后输出系统和分析测试过程控制系统。

(一) 标本传送系统

负责将样品从一个模块传递到另一个模块。标本自动传送装置可以将各类样品传运到自动化流水线上相应的工作站，自动完成各种检测分析。目前传输系统传送样本的方式主要有智能化传输带和智能自动机械臂，它们的区别在于对试管架设计不同以及运送试管的方式不同。

实验室自动化的基本组成及各部分用途

1. 智能化传输带　依靠智能化传输带和机械轨道实现全实验室自动化各部分的连接，样品转运有成架转运和单管转运两种模式。其特点是技术稳定、速度快、价格低，因此一直应用于绝大多数实验室的自动化系统中。但它不能处理多种规格的样品容器，必须要将不同样品分装到标准的容器中。它也不能适应实验室布局的改变，当临床实验室因开展新的项目而引入新的分析仪器时，传送带系统不能适应实验室布局改变的要求。

2. 智能自动机械臂　即编程控制的可移动机械手，是对智能化传输带技术的补充。安装在固定底座上的机械手，其活动范围仅限于一个往返区间或以机座为圆心的半圆区域内，以安装在移动机座上的机械手为中心，可为多台分析仪器提供标本，大大扩展其活动范围。机械手有很好的动作可重复性。此外，机械手可容易地载取不同尺寸、形状的标本容器，轻易地适应多种规格、不同形状的样品容器，当实验室的布局发生改变时，可通过编程转移到新的位置，有很好的灵活性。

(二) 标本处理系统

标本处理系统的功能包括：样本分类和识别，样本离心，样本识别，样本管去盖，样本再分注及标记，使样本处理完全摆脱手工作业，实现无差错和全自动化。系统可对样品进行多种方式的标识，包括二维条码、条形码、ID芯片等，其中以条形码最常用。

1. 样品的投入和分类 完整的样品投入包括：常规样品从样品投入模块进入；急诊样口从样品投入模块上急诊专用口进入；再测/重复/往复样品从收纳缓冲模块的优先入口进入等。样品有成架进入和单管进入两种模式，样品传送顺序依次是急诊、再测、常规。分类的作用是将样品按检验目的进行分类。符合流水线要求，在线上能完成的样品将进入流水线，不能完成的样品则按要求传送至特定位置另行处理。分类的自动化既可以用抓放式机械手实现，也可以通过在不同样品传送轨道间切换的方式实现。

2. 样本离心 离心单元在全自动标本前处理系统中通常是作为独立可选单元存在的，它可以将不连续的批处理以离心方式整合到自动分析系统中。当系统停止运行时离心单元也能单独使用。

3. 样本管去盖 样本管除盖过程的自动化，减少了实验室工作人员与样本的直接接触机会，避免生物源污染危险，也提高了工作效率。但在选择开盖机时必须先要统一实验室所用试管的标准，尽可能地减少试管种类。

4. 样本再分注及标记 有原始样品加样和分注后加样两种方式。前者是在原始样品管中直接吸取标本进行检测，后者则是在原始样本被检测前，由样木分注系统将血清通过分注(分杯)，分成若干个子样本。对于分注的二次样本管，系统自动地为其加贴与原始样本管相同的条形码标识。

(三) 自动化分析系统

自动化分析系统由各种检测仪器和连接轨道组成。通过不同型号仪器和轨道的组合，可以完成各种不同的检验项目，包括生化、免疫、凝血以及血细胞检验等。目前还没有能够连接所有品牌自动化仪器的轨道系统，各流水线厂家连接的都是自己品牌的分析仪器。

(四) 分析后输出系统

分析后输出系统(输出缓冲模块)包括出口模块和标本储存接收缓冲区，出口模块用于接收需人工复检标本以及离心完毕的在线检测标本，以上标本自动投入出口模块中预先设定的各自区域等待人工处理。系统标本储存接收缓冲区可进行在线自动复检。标本储存接收缓冲区的基本功能是管理和储存标本。

(五) 分析测试过程控制系统

分析测试过程控制系统依靠临床实验室信息系统(L1S)，实时完成从医院信息系统(HIS)下载患者资料、检验请求信息、上传标本在各模块的状态、标本架号位置、分析结果、数据通讯情况等任务。

知识链接

智能检测功能 是指TLA系统在标本的测定结果满足某个预置的条件时自动增加其它相关的检测项目。例如，对于血色素结果低于设定范围的标本，系统自动加入预设的叶酸和VB_{12}的测定。无需人工介入，标本就可重新传送到另一台分析仪器进行测定。智能检测的意义在于可根据实际情况灵活地决定检测项目，从而降低病人的费用和实验室的支出。在临床检验领域，实验室的产品就是信息，未来的检验医学将向信息检验医学发展，因此，及时可靠的信息技术、信息的综合分析，完善的信息服务将是我们面临的主要任务。临床实验室将采用更多的自动化方式来执行和传递结果，通过计算机网络、国际互联网实现实验室与临床，实验室间的信息交流，资源共享。促进行业间的交流与合作。

第三节 实验室自动化流水线的结构与功能

LAS 包括硬件和软件两部分，硬件为标本处理和检测所需的全部设备，软件则主要是执行进程控制。

一、实验室自动化流水线的结构

以贝克曼库尔特自动化流水线系统为例，介绍系统的结构。其结构包括进样模块、自动离心模块、去盖模块、分析仪器连接模块、主轨道模块、加盖器模块、样本储存模块、样本输出模块、二次去盖模块和分注模块。具体组成如图 11-1 所示。

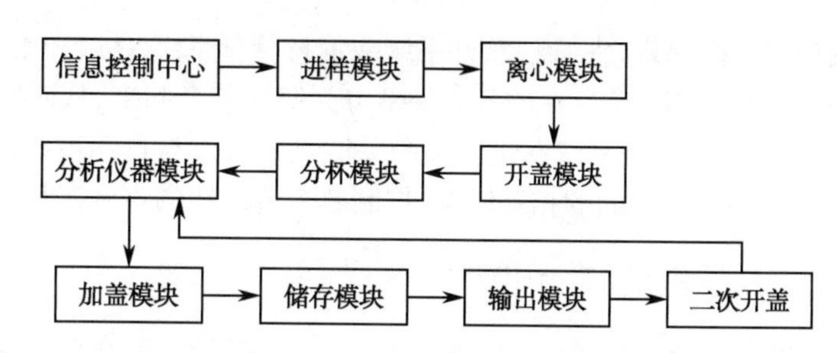

图 11-1 库尔特 POWER PROCESSOR 自动化流水线系统构成框图

二、实验室自动化流水线各部分的功能

1. 进样模块　是样本进入流水线的开端，在这里完成对上线样本的筛选，排除并用机械手抓出不合格标本，集中存放在相应的试管架。其他合格的样本则顺利进入流水线进行处理。

2. 自动离心模块　是流水线实现样本离心的模块。样本从进样模块运行至离心模块后，离心机传送臂上的抓手自动将样本抓取，放入离心机，需要配平时利用自带的平衡管配平。离心完成后，抓手再将样本抓出，放入运行器，样本将运行到自动去盖模块，当流水线关闭时自动离心机也能手工操作。

3. 去盖模块　去除离心后样本试管的盖子，以便样本进入分析仪器完成测试。需要注意的是开盖模块只可选用一种相同规格试管盖的试管，使用的试管长度也要求一致，这就对样品管提出了更高的要求。

4. 分析仪器连接模块　用于连接主轨道和分析仪器，是样本进入仪器完成分析实验的通道。连接模块具有智能平衡功能，能最大程度的提高样本的处理速度。

5. 主轨道模块　为连接流水线各个部分的通道，依靠电机驱动，带动传送皮带完成样本运送器的移动。

6. 加盖器模块　给已经完成分析实验并将进入储存模块冰箱的样本试管加上盖子，以防止标本在储存期间的污染和浓缩。

7. 样本储存模块　用来储存已经完成检测的样本，储存温度为 2~8℃。分 3 层，每层 3 个样本架，每架可储存 340 个样本，最大样本储存量为 3060 管。

8. 样本输出模块　是存放从样本储存模块中抓出的样本和有项目无法在线上仪器完成的样本。分选区可放入常规架或特定架子，可通过软件控制每个架子收集各自特定项目

的标本。

9. 二次去盖模块　基于已经加盖并进入冰箱后被抓出重做的样本需要再次去盖而存在。二次加盖模块内部的样本运行轨道为U型,样本二次去盖以后通过U型轨道返回分析仪器重处理。

10. 分注模块　将原始标本吸入特定容器中,便于仪器检测和运输。这一模块属于可选择配件,直接采用原始样本检测的仪器则不需要这一模块。将合格的原始标本根据不同测试项目从原始试管中取出,并最多可加入到8个子标本管中,自动生成次级条形码并被粘贴到子标本管上,从而达到单管标本同时供多台分析仪器使用的目的。

第四节　计算机信息系统在实验室全自动化系统中的作用

实施TLA成功的关键因素之一是“软件系统或信息管理系统”与“样本处理系统”及样本分析系统的良好匹配。如何将TLA的各软件部分无缝地整合起来,从而使TLA充分体现其作用和优势,是国内医院实验室信息化建设的关注点。通过与自动系统内置的操作系统交互作用,负责系统内各部分之间的相互协调,控制整个流水线的正常运行。

一、HIS. LIS. LAS三者间的通讯流程

检验科的仪器可以分成两大类:一类是TLA上使用的仪器,即在全自动流水线上的仪器,如生化、免疫和血液检测仪器;另一类为非TLA使用仪器,即未在全自动流水线上的仪器,比如血细胞分析仪、尿液分析仪等。医师、护士通过医生工作站、护士工作站在HIS中下达或执行检验医嘱。LAS再将检验项目信息分别上传给不同的检测系统,并将子标本分注信息传送到分注单元。子标本到达各检验仪器,仪器检验后将结果通过各仪器的RS232口传送回LAS, LAS再将结果回传给LIS。检验科工作人员在工作站上审核各结果,然后将结果传送到HIS,供医师、护士查阅。从图11-2中可以看到,样本标本号(条形码)在HIS、L1S、LAS三者间的通讯中起着桥梁作用。

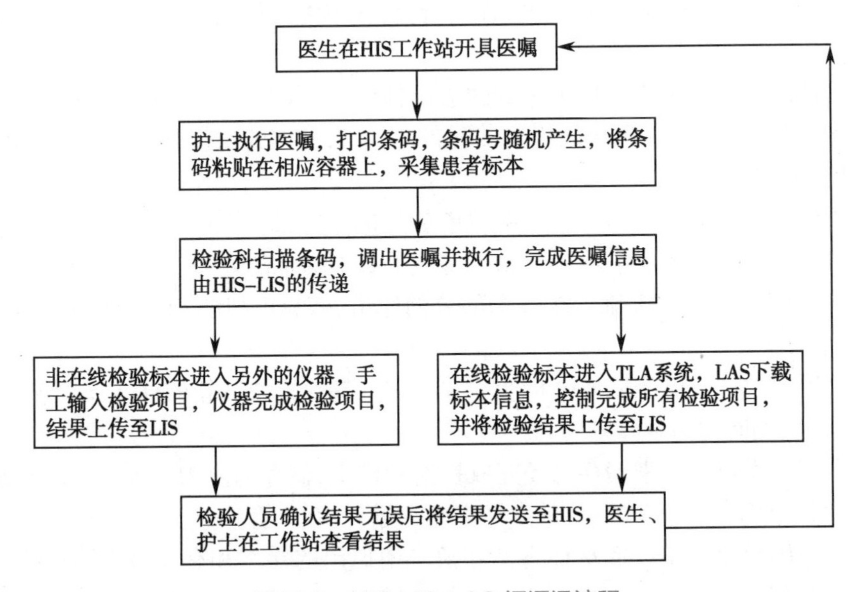

图11-2　HIS-LIS-LAS间通讯流程

二、条形码在自动化系统中的作用

条形码本身不是一个系统，而是个高效的识别工具。TLA 流水线都具备条码阅读能力，而且也必须采用条形码双向通讯技术才能充分发挥自动化流水线高速准确的特点。随着条形码技术的应用，支持双向通讯，工作流程进一步简化，工作效率得以大幅度提高。

1. 条形码生成　医生在工作站中录入患者电子医嘱(门诊患者需挂号，通过门诊就诊卡录入)，门诊患者通过刷卡交费，住院患者在护士执行医嘱时自动扣费。标本采集时护士工作站显示患者检验医嘱，系统自动生成唯一的 10 位数字条形码号，根据条形码上信息(患者基本资料、送检科室、接收科室、检验项目、标本采集量和容器、打印时间)，分别粘贴不同容器，按照要求采集标本，或患者自己留取标本。

2. 条形码扫印　条形码系统将收到的患者检验信息实时生成条形码，然后扫印标签，粘贴到相应容器上再采集标本。打印条形码的不干胶选用厚度薄、黏性好、防静电处理的材料。贴标签不规范和贴错标签可以造成仪器条形码读不出和条形码人为差错的现象，需引起重视。

三、信息系统在检验结果自动化审核中的作用

TLA 的优势在于只用一管血就可以一次性完成多种检测。因此 TLA 的计算机系统内部的数据管理还包括数据采集和信息发布的自动化，专业的检验人员在进行结果审核时还可得到系统内部辅助诊断软件的帮助，为临床医生提供更丰富的诊断信息。用户可根据自己的实际情况，设定各种审核条件，由计算机自动完成审核。这样既能保证审核的速度，更重要的是保计了检验结果的质量，也减轻了检验人员的工作压力。

第五节　实现全实验室自动化的意义

临床实验室全自动化系统实现了临床实验室现代化的新飞跃，它已成为 21 世纪临床实验室诊断技术自动化、智能化、信息网络化标志。

1. 提升快速回报结果的能力　单纯引进分析设备，会造出一个分析速度加快而报告时间滞后的情况。只有实现 TLA，达到样品的采集、处理、分析，报告等所有环节协调一致才能保证最终为临床提供最为及时、可靠报告。

2. 将检验报告的误差降到最少　质量是临床检验工作中的根本。在要求临床检验工作量和质量同时提高的情况下，对误差的来源必须给以重视和加以分析。

3. 全面提升临床检验的管理质量　TLA 是将现代化管理与计算机技术紧密结合的产物，用自动化的科学管理模式代替手工式的管理模式将极大地提升医院花巨资投入的检验设备的价值和效益。

4. 提高实验室的生物安全性　标本从送样、离心、分杯、检测、复查及保存等均在流线上通过自动化完成，有效地避免了标本对操作者污染的机会。

5. 工作流程的再造与管理　调整工作流程及检验工作的管理模式，便于自动化流水线的日常操作、检验、仪器维护与检验结果的质量管理。

6. 节约人力资源和卫生资源　LAS 系统的应用可有效实现临床实验室资源重组和利用，在某种程度上减少检验仪器的重复购置，节约成本。

本章小结

实验室自动化系统又称为全实验室自动化，是为了实现临床实验室内一个或几个检测子系统的整合，将同一厂家或不同厂家相互关联或不关联的自动分析仪器以及分析前和分析后的实验室处理装置，通过自动化输送轨道和信息网络进行连接，形成流水作业，构成全自动化流水线作业环境，覆盖整个检验过程，形成大规模全检验过程的自动化。

实验室自动化系统由标本传送系统、标本处理系统、自动化分析系统、分析后输出系统和分析测试过程控制系统等几部分组成。实施TLA成功的关键因素之一是"软件系统或信息管理系统"与"样本处理系统"及样本分析系统的良好匹配。

临床实验室全自动化系统实现各部门一体化、工作人员技术多面化；所需人力资源和花销减少，效率提高；所用的标本量减少，有利于患者；自动化程度高，操作误差小；更快的处理标本，回报结果的能力增强；促进实验室操作的规范化；安全性和整个过程的控制更好；可全面提升临床检验的管理等优点。

目标测试

一、选择题

1. 将众多模块分析系统整合成一个实现对标本处理、传送、分析、数据处理和分析过程的全自动化称为

   A. 实验室模块自动化　B. 全实验室自动化　C. 模块工作单元
   D. 模块群　E. 整合的工作单元

2. 在全自动样本前处理系统中通常作为独立可选单元存在的是

   A. 样品投入　B. 自动装载　C. 离心单元
   D. 样品分注　E. 样品标记

3. 标本在TLA可以完成的项目不包括

   A. 临床生化的检测　B. 临床免疫的检测　C. 临床血液的检测
   D. 出凝血指标的检测　E. 临床微生物的检测

4. 实现全实验室自动化的基础是

   A. 自动装载　B. 抓放式机械手　C. 轨道运输
   D. 自动离心　E. LIS中的条形码技术

5. TLA的基本组成不包括

   A. 标本运输系统　B. 标本前处理系统　C. 自动化分析仪
   D. 分析后处理输出系统　E. 分析后校对系统

6. 下述关于条形码技术的叙述，不正确的是

   A. 简化了实验室的操作流程，提高了效率
   B. 需要区分标本的先后次序
   C. 保证检验结果的可靠性
   D. 不用在分析仪中输入检验项目
   E. 损坏、缺失或条形码标签长度或类型错误读取器将无法读取

7. 下述的不包括在实现全实验室自动化的意义中的是
   A. 提升快速回报结果的能力　　B. 将检验报告的误差减少到最小
   C. 全面提升临床检验的管理　　D. 增加了实验室的生物危险性
   E. 节约了人力资源和卫生资源

二、简答题

1. 简述三代实验室自动化系统的发展过程。
2. 简述TLA的基本组成。
3. 简述实验室流水线的组成。

（王　婷）

参考文献

1. 曾照芳 . 洪秀华 . 临床检验仪器 . 北京:人民卫生出版社,2007.
2. 贺志安 . 检验仪器分析 . 第一版 . 北京:人民卫生出版社,2010.
3. 曾照芳 . 贺志安 . 临床检验仪器学 . 第二版 . 北京:人民卫生出版社,2012.
4. 须建,张柏梁 . 医学检验仪器与应用 . 武汉:华中科技大学出版社,2012.
5. 滕文峰 . 检验仪器分析技术 . 第一版 . 北京:人民军医出版社,2012.
6. 李祖江 . 医学检验仪器与维修 . 北京:人民卫生出版社,2002.
7. 胥慧一,张春潮 . 医学检验仪器的维护探讨 . 医疗卫生装备,2006.
8. 沈岳奋 . 生物化学检验技术 . 第 2 版 . 北京:人民卫生出版社,2013.
9. 邸刚,朱根娣 . 医用仪器应用与维护 . 北京:人民卫生出版社,2011.
10. 段满乐 . 生物化学检验 . 北京:人民卫生出版社,2013.
11. 府伟灵,徐克前 . 临床生物化学检验 . 第 5 版 . 北京:人民卫生出版社,2014.
12. 叶应妩等 . 全国临床检验操作规程 . 第 3 版 . 南京:东南大学出版社,2006.

目标测试参考答案

第一章 绪论

一、简答题

1. 检验仪器在医学检验中的作用有哪些？

答：检验仪器的使用，使医学检验质量得到长足的发展。表现在以下几方面：提高了检验效率；提升了检验水平；保证了检验质量；推动了医学检验的发展。

2. 检验仪器分为哪几类？

答：检验仪器种类繁杂，用途不一，分类比较困难，有人主张以方法进行分类，有人主张以工作原理进行分类，还有人主张按仪器的功能进行分类，无论哪种分类方法都各有利弊。根据仪器的功能和临床应用习惯，将其分为基础检验仪器和专业检验仪器。基础检验仪器主要是指实验室最基本的检验仪器。包括显微镜、移液器、恒温干燥箱、离心机等。专业检验仪器主要是指医学实验室中根据专业性质不同进行相关检验项目的专业仪器，包括以下几类：

(1) 与血液检验有关的仪器，如血细胞分析仪、血液凝固仪、血液黏度仪等。

(2) 与尿液检验有关的仪器，如尿液干化学分析仪、尿液有形成分分析仪等。

(3) 与生物化学分析相关的仪器，包括自动生化分析仪、电解质分析仪、血气分析仪等。

(4) 与细胞分子生物学技术相关的仪器，如流式细胞仪等。

(5) 与微生物检验有关的仪器，如自动血液培养仪、微生物鉴定与药敏分析系统等。

(6) 与免疫检验相关的仪器，如酶免疫分析仪、时间分辨分析仪等。

3. 检验仪器的主要性能指标有哪些？

答：检验仪器的种类多样，仪器性能评价标准也不完全相同，常用的指标有：灵敏度；误差与准确度；精确度，噪声，重复性，可靠性，线性范围，测量范围和示值范围，分辨率，响应时间和频率响应时间等。

4. 如何维护检验仪器？

答：仪器的维护分为一般性维护和特殊性维护两个方面。一般性维护主要包括环境、电源及使用要求。环境要求是指放置要求、温度要求、湿度要求、清洁度要求和避免干扰；电源要求主要是根据具体情况配置稳压电源，为防止仪器、计算机等工作中突然停电造成损坏或数据丢失，应配用 UPS 电源。此外，实验室电源一定要接地良好；使用要求主要指操作人员应严格按规定参加上岗培训，认真阅读仪器说明书，熟悉仪器性能，按照操作规程正确使用。特殊性维护主要包括光电转换原件与光学元件的维护、定标电池的维护、机械传动装置的维护和管道系统的维护。

5. 学习检验仪器有什么意义？（提示：从学习体会上阐述）

第二章 常见实验室仪器

一、名词解释

1. 物镜:物镜是显微镜中最重要和最复杂的部分,被称为显微镜的心脏,其性能直接关系到显微镜的成像质量和技术性能。物镜是在金属圆筒内装有许多块透镜而组成的,根据镜和标本之间的介质的性质不同,物镜可分为干燥系物镜和油浸系物镜。

2. 目镜:目镜是在窄光束、大视场条件下与物镜配合使用的,其结构相对于物镜要简单些,通常由 2~3 组透镜组成。

3. 离心技术:是指应用离心沉降进行物质的分析和分离的技术。

4. 离心力:由于物体旋转而产生脱落旋转中心的力,是物体做圆周运动而产生与向心力的反作用力。

二、简答题

1. 试述普通光学显微镜的基本结构。

答:光学显微镜的结构包括光学系统和机械系统两部分。光学系统是显微镜的主体部分,包括物镜、目镜、聚光镜及光阑等。机械系统是保证光学系统正常成像所配置的,主要由镜座、镜臂、载物台、镜筒、物镜转换器和调节装置等部分组成。

2. 简述常用显微镜的种类。

答:光学显微镜多数情况是按用途来分类的,有双目显微镜、荧光显微镜、相衬显微镜、倒置显微镜、暗视野显微镜、紫外光显微镜、偏光显微镜、激光扫描共聚焦显微镜、干涉相衬显微镜、近场扫描光学显微镜等。

3. 简述移液器的基本工作原理。

答:液器的基本工作原理是依据胡克定律:在一定限度内弹簧伸展的长度与弹力成正比,也就是移液器的吸液体积与移液器的弹簧伸展的长度成正比。移液器内活塞通过弹簧的伸缩运动来实现吸液和放液。在活塞推动下,排出部分空气,利用大气压吸入液体,再由活塞推动排出液体。

4. 简述离心机的种类及结构。

答:离心机的种类非常多,目前国际上有三种分类方法即按用途分、按转速分、按结构分。按用途可分为制备型、分析型和制备分析两用型;按转速分类可分为低速、高速、超速等离心机;按结构可分为台式、多管微量台式、血液洗涤台式、细胞涂片式、高速冷冻台式、大容量低速冷冻式、台式低速自动平衡离心机等。离心机主要由电动机、离心转盘(转头)、调速器、定时器、离心套管与底座等主要部件构成,高速和超速离心机由于转速较高一般配有温度控制装置和安全保护装置。

5. 高压蒸汽灭菌器的使用注意事项。

答:注意事项主要包括:①待灭菌的物品放置不宜过紧;②必须将冷空气充分排除,否则锅内温度达不到规定温度,影响灭菌效果;③灭菌完毕后,不可放气减压,否则瓶内液体会剧烈沸腾,冲掉瓶塞而外溢甚至导致容器爆裂,须待灭菌器内压力降至与大气压相等后才可开盖。

6. 电热干燥箱的使用方法。

答:①通电前,先检查干燥箱的电器性能,并应注意是否有断路或漏电现象,待一切准备就绪,可放入试品,关上箱门,旋开排气阀,设定所需要的温度值;②打开电源开关,烘箱开始加热,随着干燥箱温度的上升,温度指示测量温度值。当达到设定值时,烘箱停止加热,温度逐渐下降;当降到设定值时,烘箱又开始加热,箱内升温,周而复始,可使温度保持在设定值附近;③物品放置箱内不宜过挤,以便冷热空气对流,不受阻塞,以保持箱内温度均匀;④观察试样时可开启箱门观察,但箱门不宜常开,以免影响恒温;⑤试样烘干后,应将设定温度调回室温,再关闭电源。

第三章　光谱分析相关仪器

一、选择题

1. B　2. A　3. B　4. C　5. A　6. C　7. B　8. C　9. C　10. C
11. C　12. D　13. D　14. C　15. B

二、简答题

1. 朗伯 - 比尔定律的物理意义及其适用条件是什么？

答：朗伯 - 比尔定律是比色分析的基本原理，表达了物质对单色光吸收程度与溶液浓度和液层厚度之间的定量关系。其内容是：当用一束单色光照射溶液时，其吸光度 A 与液层厚度 b 及溶液浓度 c 的乘积成正比。即 A=kbc。

朗伯 - 比尔定律的适用条件为：①入射光为单色光。波长范围越大，单色光纯度越低，对朗伯 - 比耳定律的偏离越大；②溶液中邻近分子的存在并不改变每一给定分子的特性，即分子间互不干扰。当溶液浓度很大时，由于溶液分子的相互干扰，该定律不再成立。

2. 简述紫外 - 可见分光光度计的基本结构及各部件功能。

答：紫外 - 可见分光光度计基本结构由光源、单色器、样品池、检测器和放大显示系统五部分组成。光源提供入射光，单色器的作用是将来自光源的复合光分解为单色光并分离出所需波段光束。吸收池用来盛放被测溶液，检测器作用是把光信号转换为电信号，信号显示系统是把放大的信号以适当的方式显示或记录下来。

3. 简述原子吸收光谱仪的工作原理。

答：原子吸收光谱仪的结构与普通的分光光度计相似，只是用锐线光源代替了连续光源，用原子化器代替通常的吸收池。其工作原理是测定气态的自由原子对某种特定光谱的吸收。空心阴极灯或无极放电灯发生相应待测元素特征波长的射线，它穿过火焰，把试样的溶液以细粒子流的形式喷射到火焰上，部分射线被吸收。这一部分正比于试样的浓度，测量吸收量将其与标准溶液进行对比，从而确定浓度。

4. 简述紫外 - 可见分光光度计的性能评价指标。

答：紫外 - 可见分光光度计分析结果的可靠性取决于仪器的性能是否达标。评价紫外 - 可见分光光度计的性能指标如下：①波长准确度和波长重复性；②光度准确度；③光度线性范围；④分辨率；⑤基线平直度；⑥杂散光；⑦基线稳定度。

5. 简述荧光光谱仪的主要结构及特点。

答：荧光光谱仪属于发射光谱分析仪器。由光源、单色器、吸收池、检测系统四个部分构成。具有灵敏度高，比紫外 - 可见光分光光度法高 2~4 个数量级，检出限低（可达 10~12g/ml），线性范围宽，且选择性好，能提供诸多分析信息，适合恒量分析，已被广泛应用于临床等领域。不足之处一是对温度、pH 值等因素变化比较敏感，二是应用范围较窄，只能用来测量发荧光的物质。

第四章　血液分析相关仪器

一、选择题

1. D　2. C　3. B　4. D　5. E　6. D　7. A　8. B　9. A　10. B
11. A　12. B　13. C

二、简答题

1. 简述电阻抗型 BCA 和联合检测型 BCA 的基本结构。

答:电阻抗型 BCA 和联合检测型 BCA 的基本结构:主要由机械系统、电学系统、血细胞检测系统、血红蛋白测定系统、计算机和键盘控制系统以不同形式的组合而构成。

2. 简述半自动和全自动血凝仪的基本结构。

答:半自动血凝仪的基本结构:主要由样本和试剂预温槽、加样器、检测系统(光学、磁场)及微机组成。全自动血凝仪基本结构包括:样本传送及处理装置、试剂冷藏位、样本及试剂分配系统、检测系统、计算机、输出设备及附件等。

3. 简述旋转式黏度计的工作原理与基本结构。

答:以牛顿粘滞定律为理论依据。锥板式黏度计是同轴锥板构型,平板与锥体间充满被测样本;调速电机带动圆形平板同速旋转;锥体与平板及马达间均无直接联系。因此,当圆形平板以某一恒定角速度旋转时,转动的力矩通过被测样本传递到锥体;样本越粘稠,传入的力矩越大。当此力矩作用于锥体时,立即被力矩传感装置所俘获,其信号大小与样本黏度成正比。

基本结构主要包括样本传感器、转速控制与调节系统、力矩测量系统、恒温系统。

4. 简述定时扫描式自动血沉分析仪工作原理与基本结构。

答:将专用血沉管垂直固定在自动血沉仪的孔板上,光源元件沿机械导轨滑动,对血沉管进行扫描。如果红外线不能照射到接收器,说明红外线被红细胞阻挡,此时则先记录血沉管中的血液在时间零计时的高度。随后,每隔一定时间扫描一次,记录扫描红细胞和血浆接触的位置,当红外线能穿过血沉管到达接收器时,接收器将信号输出给计算机计算到达移动终端时所需的距离。并由计算机将此数据转换成魏氏法观测值而得出血沉结果。

基本结构主要包括机械系统、光学系统、电路系统。

第五章 尿液检验相关仪器

一、选择题

1. E　2. C　3. A　4. A　5. C　6. A　7. A　8. E　9. B　10. B

二、简答题

1. 尿试带的结构层次是什么?

答:采用了多层膜结构,第一层尼龙膜起保护作用,防止大分子物质对反应的污染;第二层绒制层,包括碘酸盐层和试剂层,碘酸盐层可破坏维生素 C 等干扰物质,试剂层含有试剂成分,主要与尿液中所测定物质发生化学反应,产生颜色变化;第三层是固定有试剂的吸水层,可使尿液均匀快速地浸入,并能抑制尿液流到相邻反应区;最后一层选取尿液不浸润的塑料片作为支持体。

2. 尿液干化学分析仪检测原理是什么?

答:是根据试带上各试剂垫除了空白块外与尿液产生化学反应而发生颜色变化,呈色的强弱与光的反射率成比例关系,其反射光被球面积分仪接收,测定每种尿试带块反射光的光量值与空白块的反射光量值进行比较,通过计算机求出反射率,换算成浓度值。

3. 流式细胞术尿沉渣分析仪的基本原理是什么?

答:尿液标本被稀释和染色后,尿液中的细胞、管型等有形成分在液压系统的作用下以单个排列的形式形成粒子流通过流动池的检测窗口。各种有形成分分别接受激光照射和电阻抗检测,得到前向散射光强度、荧光强度信号,然后转变为电信号,结合电阻抗信号进行综合分析,即可得到各种有形成分的形态、数量等信息。

4. 怎样对流式细胞术尿沉渣分析仪进行维护保养?

答：全自动尿液沉渣分析仪是一种精密的电子仪器，必须精心使用，细心保养，严格按操作规程操作，才能延长仪器使用寿命，保证检测结果的准确可靠。(1) 仪器应有专人负责，建立仪器使用工作日志：对仪器运行状态、异常情况、解决办法、维修情况等逐项登记。开机前对仪器状态、各种试剂和装置、废液瓶、打印纸等进行检查，确认无误后方可开机。(2) 日保养：每日检测完毕，清空废液瓶，冲洗仪器管路，按提示执行关机程序；关闭仪器电源；用柔软的布或纸擦拭仪器。连续使用时，每 24h 执行 1 次清洗程序。(3) 月保养：仪器使用一个月或连续 9000 次测试循环后，需要请专业人员对仪器标本转动阀、漂洗池进行清洗、保养。

第六章 生化检验相关仪器

一、选择题

1. D　2. D　3. E　4. B　5. A　6. C

二、名词解释

1. 自动生化分析仪：自动生化分析技术是将生物化学分析过程中的取样、加试剂、去干扰、混合、保温反应、自动检测、结果计算、数据处理、打印报告以及实验后的清洗等步骤自动化的技术。应用此类技术的仪器称为自动生化分析仪。

2. 连续监测法：又称速率法，是通过连续测定酶促反应过程中某一反应产物或底物的吸光度，根据吸光度随时间的变化求出待测物浓度或活性的方法。主要适用于酶活性及其代谢产物的测定。

3. 分析时间：是自动生化分析仪参数设置的重要环节，精确与否直接影响检测结果的准确性，尤其是酶活性测定。主要包括孵育时间、延迟时间和连续监测时间。

三、简答题

1. 自动化生化仪的性能指标有哪些？

答：自动生化分析仪的性能指标包括：自动化程度、分析效率、应用范围、分析准确度及其他性能 。

2. 影响电泳的因素有哪些？

答：影响电泳的因素包括：分子的形状与性质、电场强度、溶液的 pH 值、溶液的离子强度、电渗作用及吸附作用。

3. 血气分析仪的日常维护保养有哪些？

答：血气分析仪日常维护包括：(1) 每天检查大气压力、钢瓶气体压力；(2) 每天检查定标液、冲洗液是否过期，检查气泡室是否有蒸馏水；(3) 每周更换一次内电极液，定期更换电极膜；(4) 每周至少冲洗一次管道系统，擦洗分析室；(5) 若电极使用时间过长，电极反应变慢，可用电极活化液对 PH\PCO_2 电极活化，对 PO_2 电极进行轻轻打磨，除去电极表面氧化层；(6) 避免用仪器测定强酸强碱样品，以免损坏电极。若测定偏酸或偏碱液时，可对仪器进行几次一点校正；(7) 保持环境温度恒定，避免高温，以免影响仪器准确性和电极稳定性。

4. 电解质分析仪的基本结构由哪些部分组成？

答：临床上常用的电解质分析仪由离子选择性电极、参比电极、分析箱、测量电路、控制电路，驱动电机和显示器等组成。

第七章 免疫分析相关仪器

一、选择题

1. C　2. A　3. D　4. E　5. C　6. B　7. A　8. D

二、简答题

1. 简述酶标仪的基本工作原理。

答:酶标仪的基本工作原理就是分光光度法,按照比色原理分析抗原或抗体的含量。

2. 简述化学发光免疫分析的原理。

答:化学发光免疫分析是用化学发光剂直接标记的抗原或抗体与待测标本中相应抗体或抗原、磁颗粒性的抗原或抗体反应,通过磁场把结合状态(B)和游离状态(F)的化学发光剂标记物分离开来,然后在结合状态(B)部分中加入发光促进剂进行发光反应,通过对结合状态(B)发光强度的检测进行定量或定性检测。

3. 简述电化学发光免疫分析的原理。

答:电化学发光免疫分析是电化学发光和免疫测定相结合的技术,是一种在电极表面由电化学引发的特异性化学发光反应,实际上包括了电化学和化学发光两个过程。ECL是电启动发光反应。化学发光剂三联吡啶钌[Ru(bpy)3]2+标记抗体,通过抗原抗体反应和磁颗粒分离技术,根据三联吡啶钌在电极上发出的光强度的大小对待测的抗原或抗体进行定量或定性验测。

4. 简述免疫浊度测定的基本原理和基本分类。

答:基本原理是将液相内的沉淀试验与现代光学仪器和自动分析技术相结合的一项分析技术。当可溶性抗原与相应的抗体特异结合,在二者比例合适、并有一定浓度的电解质存在时,可以形成不溶性的免疫复合物,使反应液出现浊度。这种浊度可用肉眼或仪器测知,并可通过浊度推算出复合物的量,即可测定抗原或抗体的量。

基本分类是按测量方式可分为透射免疫比浊法和散射免疫比浊法。按测定速度可分为速率比浊法和终点比浊法。

5. 散射免疫比浊法的基本原理是什么?

答:沿水平轴照射的一定波长的光,在通过溶液时,光线可被其中的免疫复合物粒子颗粒折射,发生偏转,产生散射光。根据Rayleigh散射方程,散射光强度与粒子(免疫复合物)的浓度和体积成正比,通过测量散射光的强度,可计算出待测抗原的浓度。

6. 时间分辨荧光免疫测定法具有哪些优点?

答:具有特异性强,灵敏度高,标准曲线范围宽,分析速度快,标记物制备较简便、有效使用期长,无放射性污染等优点。

第八章 微生物检验相关仪器

一、选择题

1. C　2. B　3. A　4. C　5. E　6. A　7. C　8. C　9. E　10. C
11. C　12. D　13. E　14. C

二、简答题

(答案略)

第九章 细胞分子生物学技术相关仪器

一、选择题

1. B　2. A　3. A　4. B　5. C　6. D　7. A　8. B

二、简答题

1. 简述流式细胞仪生物学颗粒分析原理。

答:经特异荧光染料染色后的样品沿流动室的轴心向下流动,流动室轴心至外壁的鞘液也向下流动,形成包绕细胞悬液的鞘液流,鞘液和样品流在喷嘴附近组成一个圆柱流束,与水平方向的激光束垂直相交。染色的细胞受激光照射后发出荧光,这些信号分别被光电倍增管接收,经过计算机储存、计算、分析这些数字化信息,就可得到细胞的大小、活性、核酸含量、酶和抗原的性质等物理和生化指标。

2. 简述流式细胞仪细胞分选原理。

答:当某类细胞的特性与要分选的细胞相同时,流式细胞仪就会在这类细胞形成液滴时给含有这类细胞的液滴充以特定的电荷,带有电荷的液滴向下落入偏转板间的静电场时,依所带电荷的不同分别向左偏转或向右偏转,落入指定的收集器内,不带电的液滴不发生偏转,垂直落入废液槽中被排出,从而达到细胞分类收集的目的。

3. 什么是 PCR 技术?

答:PCR 技术的本质是核酸扩增技术,通过加热使双链 DNA 解开螺旋,在退火温度条件下引物同模板 DNA 杂交,在 Taq DNA 聚合酶,dNTPs,Mg^{2+} 和合适 pH 缓冲液存在条件下延伸引物,重复上述“变性→退火→引物延伸”过程至 25~40 个循环,呈指数级扩大待测样本中的核酸拷贝数,可以在体外对目的核酸进行大量复制。

4. PCR 基因扩增仪的工作关键是什么?经历了怎样一个发展过程?

答:PCR 基因扩增仪工作关键是温度控制。

其发展过程为:水浴锅 PCR 仪属于第一代 PCR 基因扩增仪,以不同温度的水浴锅串联成一个控温体系;压缩机 PCR 仪属于第二代 PCR 基因扩增仪,由压缩机自动控温,金属导热,控温较第一代 PCR 基因扩增仪方便;半导体 PCR 仪属于第三代 PCR 基因扩增仪,由半导体自动控温,金属导热,控温方便,体积小,相对稳定性好;离心式空气加热 PCR 仪属于第三代 PCR 基因扩增仪,由金属线圈加热,采用空气作为导热媒介,温度均一性好,各孔扩增效率高度一致。

5. PCR 基因扩增仪按照变温方式的不同可分哪几类?分别有什么特点。

答:PCR 基因扩增仪按照变温方式通常有以下三类:①水浴式 PCR 仪,其特点是变温快、时间准、温度均一,但体积大,自动化程度不高;②变温金属块式 PCR 仪,其特点是通过半导体加热和冷却,并由微机控制恒温和冷热处理过程。装置比较牢固耐用,温度变换平稳,有利于保持 Taq DNA 聚合酶的活性;③变温气流式 PCR 仪,其特点是以空气作为热传播媒介,由大功率风扇及制冷设备提供外部冷空气而制冷。成本较低;安全程度高。微机配上软件,可灵活编程。

第十章 即时检测技术相关仪器

一、选择题

1. E　2. C　3. A　4. A　5. A　6. C

二、简答题

1. POCT 的主要特点是什么?与传统的实验室检查有何不同?

答:可以迅速地获得可靠的检验结果,从而提高病人的临床医疗效果。简单的说,实验仪器小型化,操作方法简单化,结果报告即时化。

与传统实验室检查的不同之处主要有:标本通常为全血而不需要前处理、鉴定简单、周转时间快、检测仪结构简单、仪器校正不频繁、灵敏度相对低、试剂多不需要配制而随时可用、对操作者要求不高(普通人亦

可以操作)、每个试验花费高、试验结果质量一般。

2. 简述POCT的基本原理。

答:把传统方法中的相关液体试剂浸润于滤纸和各种微孔膜的吸水材料中,成为整合的干燥试剂块,然后将其固定于硬质型基质上,成为各种形式的诊断试剂条;或把传统分析仪器微型化,操作方法简单化,使之成为便携式和手掌式的设备;或将上述两者整合为统一的系统。

3. 简述一台合格的POCT仪应具备的特点。

答:一台理想的POCT仪器应具备以下特点:①仪器小型化,便于携带;②操作简单化,一般3~4个步骤即可完成实验;③报告即时化,缩短检验周期;④经权威机构的质量认证;⑤仪器和配套试剂中应配有质控品,可监控仪器和试剂的工作状态;⑥仪器检验项目具备临床价值和社会学意义;⑦仪器的检测费用合理;⑧仪器试剂的应用不应对患者和工作人员的健康造成损害或对环境造成污染。

4. 简述POCT的临床用途。

答:①在糖尿病中的应用 糖尿病诊治须测定并动态监测血糖、糖化血红蛋白与尿微量白蛋白等指标;②在心血管疾病中的应用 POCT的运用可使急性心肌梗死患者得到及时的诊断和治疗;③在发热性疾病方面的应用 仪器对CRP的检测,与血常规联合应用,对鉴别发热患者感染病原体的性质(细菌或病毒)比单一检测更具特异性,为临床提供更充足的实验指标和诊断依据,可减少抗生素使用的盲目性,该检测组合已得到临床医师的普遍认可和支持;④感染性疾病中的应用 POCT在微生物检测方面要比传统的培养法或染色法快速和灵敏得多;⑤儿科疾病中的应用 适合儿童的诊断行为需要轻便、易用、无创伤或创伤性小、样品需求量少、无需预处理、快速得出结论等要素;⑥在ICU病房内的应用 在ICU病房里,必须动态监测患者某些生命指标;⑦在循证医学中的应用 操作人员可以在实验室外的任何场所进行,快速、方便地获取患者某些与疾病相关的数据;⑧在医院外的应用。

第十一章 实验室自动化系统

一、选择题

1. B 2. C 3. E 4. E 5. E 6. B 7. D

二、简答题

1. 简述三代实验室自动化系统的发展过程。

答:实验室自动化是一个循序渐进的过程,主要经历了三个阶段。①系统自动化阶段,这是自动化分析的开始阶段。它建立在分析仪器本身性能的基础之上,采用原始管使用和条码技术,通过扩大试剂装载的容量获得更大的项目测试菜单;②模块自动化阶段,在系统自动化的基础上增加部分硬件,使仪器的软硬件功能得到更大发挥。能够完成样本自动离心、开盖、分杯、分选等功能;③全实验室自动化阶段,通过轨道将各种类型的仪器连接起来,使硬件发挥最大功能,并实现实验室质量的新飞跃。实验室自动化节省了人力资源,提高了工作效率,减小了实验过程中人为因素的影响,也减小了生物危害,是实验室发展的趋势。

2. 简述TLA的基本组成。

答:TLA的基本组成包括:①标本运输系统;②标本前处理系统:包括样本分类和条码识别,自动装载和样本离心,样本质地识别、提示,样本管去盖,样本再分注及标记;③自动化分析仪;④分析后处理输出系统;⑤临床实验室信息系统。

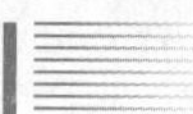

3. 简述实验室流水线的组成。

答:实验室流水线以贝克曼库尔特自动化流水线系统为例,其结构包括进样模块、自动离心模块、去盖模块、分析仪器连接模块、主轨道模块、加盖器模块、样本储存模块、样本输出模块、二次去盖模块和分注模块。

《检验仪器使用与维修》教学大纲

一、课程性质

《检验仪器使用与维修》是中等卫生职业教育医学检验技术专业一门重要的专业核心课程，也是检验专业课程学习的基础，随着检验仪器在临床的广泛应用，检验仪器的正确使用成为必要掌握的技能，这不仅是现代实验室医学的需求，也是中职检验技术人员必备的基本技能。按照课程设置要求，教学时数为36学时，教学内容包括概论、显微镜、移液器等在内的常见实验室仪器、光谱分析相关仪器、与血液检验相关的仪器、与尿液检验相关的仪器、生物化学检验相关的分析仪、免疫分析相关的仪器、微生物检验相关仪器、细胞分子生物学技术相关仪器、最新的即时检测技术相关仪器，实验室自动化系统的相关知识等共十一章。主要任务是通过常见临床检验仪器的测定原理、仪器结构与分类、性能评价指标及仪器维护与简单故障处理的学习，使学生对检验仪器有明确的认知，为不同专业课仪器检验方面的学习打下扎实的基础。

二、课程目标

通过本课程的学习，学生能够达到下列要求：

（一）职业素质和态度目标

1. 具有良好的职业素质、职业道德观念和服务意识。
2. 具有实事求是、科学严谨的作风。
3. 具有初步逻辑思维和观察、分析、解决问题的能力。
4. 具有良好的心理素质和团队合作意识。
5. 具有创造精神和创新意识。

（二）专业知识目标

1. 具有熟练掌握常用检验仪器的工作原理、基本结构的能力。
2. 具有熟知常用检验仪器的临床应用的能力。

（三）专业技能目标

1. 具有规范使用与维护常用检验仪器设备的能力（与相关专业课结合完成）。
2. 具有处理常用检验仪器故障的能力。

三、教学时间分配

章节	内容	时数	备注
第一章	绪论	1	
第二章	常见实验室仪器	6	
第三章	光谱分析相关仪器	4	
第四章	血液分析相关仪器	6	
第五章	尿液检验相关仪器	2	
第六章	生化检验相关仪器	5	
第七章	免疫分析相关仪器	4	
第八章	微生物检验相关仪器	4	
第九章	细胞分子生物学技术相关仪器	2	
第十章	即时检验技术相关仪器	1	
第十一章	实验室自动化系统	1	
合计		36	

四、教学内容与要求

单元	教学内容	教学要求	教学时数
			理论
第一章 概述	第一节　检验仪器与医学实验室		1
	一、检验仪器在医学检验中的作用	熟悉	
	二、检验仪器在医学检验中的地位	熟悉	
	三、检验仪器在医学检验中的分类	掌握	
	四、检验仪器在医学检验中的特点	掌握	
	第二节　常用检验仪器的性能指标与维护		
	一、常用检验仪器的性能指标	掌握	
	二、常用检验仪器的维护	了解	
	三、常用检验仪器的选用	了解	
	第三节　现代医用检验仪器的展望	了解	
第二章 实验室常规仪器	第一节　显微镜		6
	一、显微镜的工作原理	掌握	
	二、显微镜的基本结构	掌握	
	三、常见的光学显微镜	熟悉	
	四、普通生物显微镜的使用与维护	熟悉	
	五、普通生物显微镜常见故障及排除	了解	
	第二节　实验室常用移液器		
	一、移液器的工作原理	掌握	
	二、移液器的结构、性能与使用	掌握	

续表

单元	教学内容	教学要求	教学时数
			理论
第二章 实验室常规 仪器	三、移液器的日常维护与常见故障处理	了解	
	第三节　离心机		
	一、离心机的工作原理	掌握	
	二、离心机的分类、结构与技术参数	掌握	
	三、常用的离心方法	熟悉	
	四、离心机的使用、维护与常见故障处理	了解	
	第四节　电热恒温水浴箱		
	一、电热恒温水浴箱的工作原理	掌握	
	二、电热恒温水浴箱的使用、维护与常见故障处理	了解	
	第五节　高压蒸汽灭菌器		
	一、高压蒸汽灭菌器的工作原理	掌握	
	二、高压蒸汽灭菌器的使用方法	熟悉	
	三、高压蒸汽灭菌器的维护与常见故障处理	了解	
	第六节　电热干烤箱		
	一、电热干烤箱的工作原理	掌握	
	二、电热干烤箱的使用方法	熟悉	
	三、电热干烤箱的维护与常见故障处理	了解	
第三章 光谱分析相关 仪器	第一节　光谱分析技术概述		4
	一、光谱分析技术基础理论	了解	
	二、光谱分析技术分类	熟悉	
	三、光谱分析技术的临床应用	了解	
	第二节　紫外 - 可见光分光光度计		
	一、紫外 - 可见光分光光度计的工作原理	掌握	
	二、紫外 - 可见光分光光度计的基本结构	掌握	
	三、紫外 - 可见光分光光度计的性能指标与评价	熟悉	
	四、紫外 - 可见光分光光度计的使用与常见故障处理	了解	
	第三节　原子吸收分光光度计		
	一、原子吸收分光光度计的工作原理	掌握	
	二、原子吸收分光光度计的基本结构	掌握	
	三、原子吸收分光光度计的性能指标与评价	熟悉	
	四、原子吸收分光光度计的使用与常见故障处理	了解	
	第四节　荧光光度计		
	一、荧光光度计的工作原理	掌握	
	二、荧光光度计的基本结构	掌握	
	三、荧光光度计的性能指标与评价	熟悉	
	四、荧光光度计的使用与常见故障处理	了解	

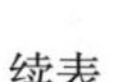

续表

<table>
<tr><th rowspan="2">单元</th><th rowspan="2">教学内容</th><th rowspan="2">教学要求</th><th>教学时数</th></tr>
<tr><th>理论</th></tr>
<tr><td rowspan="23">第四章
血液分析相关仪器</td><td>第一节　血细胞分析仪</td><td></td><td rowspan="23">6</td></tr>
<tr><td>一、血细胞分析仪的分型、原理、基本结构</td><td>掌握</td></tr>
<tr><td>二、血细胞分析仪的性能指标及评价</td><td>熟悉</td></tr>
<tr><td>三、血细胞分析仪的使用、维护与常见故障的处理</td><td>了解</td></tr>
<tr><td>第二节　血液凝固分析仪</td><td></td></tr>
<tr><td>一、血液凝固分析仪的检测原理</td><td>掌握</td></tr>
<tr><td>二、血液凝固分析仪的基本结构</td><td>掌握</td></tr>
<tr><td>三、血液凝固分析仪的性能指标及评价</td><td>熟悉</td></tr>
<tr><td>四、血液凝固分析仪的使用、维护及常见故障与排除</td><td>了解</td></tr>
<tr><td>第三节　血液黏度仪</td><td></td></tr>
<tr><td>一、血液黏度仪的分类与测定原理</td><td>掌握</td></tr>
<tr><td>二、血液黏度仪的基本结构</td><td>掌握</td></tr>
<tr><td>三、血液黏度仪的性能指标及评价</td><td>熟悉</td></tr>
<tr><td>四、血液黏度仪的使用、维护及常见故障与排除</td><td>了解</td></tr>
<tr><td>第四节　自动血沉分析仪</td><td></td></tr>
<tr><td>一、血沉分析仪的测定原理</td><td>掌握</td></tr>
<tr><td>二、血沉分析仪的基本结构</td><td>掌握</td></tr>
<tr><td>三、血沉分析仪的使用、维护及常见故障与排除</td><td>了解</td></tr>
<tr><td>第五节　血小板聚集仪</td><td></td></tr>
<tr><td>一、血小板聚集仪的测定原理</td><td>掌握</td></tr>
<tr><td>二、血小板聚集仪的基本结构</td><td>掌握</td></tr>
<tr><td>三、血小板聚集仪的性能指标及评价</td><td>熟悉</td></tr>
<tr><td>四、血小板聚集仪的使用、维护及常见故障与排除</td><td>了解</td></tr>
<tr><td rowspan="10">第五章
尿液分析
分析仪</td><td>第一节　尿液干化学分析仪</td><td></td><td rowspan="10">2</td></tr>
<tr><td>一、尿液干化学分析仪的分类</td><td>掌握</td></tr>
<tr><td>二、尿液干化学分析仪的检测原理</td><td>掌握</td></tr>
<tr><td>三、尿液干化学分析仪的基本结构</td><td>熟悉</td></tr>
<tr><td>四、尿液干化学分析仪的使用、维护及常见故障排除</td><td>了解</td></tr>
<tr><td>第二节　尿沉渣分析仪</td><td></td></tr>
<tr><td>一、尿液有形成分分析的发展历史</td><td>掌握</td></tr>
<tr><td>二、流式细胞术尿液沉渣分析仪的检测原理</td><td>掌握</td></tr>
<tr><td>三、流式细胞术尿液沉渣分析仪的基本结构、检测项目</td><td>熟悉</td></tr>
<tr><td>四、流式细胞术尿液沉渣分析仪的使用及常见故障排除</td><td>了解</td></tr>
<tr><td rowspan="3">第六章
生化检验相关仪器</td><td>第一节　自动生化分析仪</td><td></td><td rowspan="3">5</td></tr>
<tr><td>一、自动生化分析仪的分类</td><td>掌握</td></tr>
<tr><td>二、自动生化分析仪的检测原理</td><td>掌握</td></tr>
</table>

续表

单元	教学内容	教学要求	教学时数
			理论
第六章 生化检验相关仪器	三、自动生化分析仪的基本结构与性能指标	掌握	
	四、自动生化分析仪的校准	了解	
	五、自动生化分析仪的性能评价	熟悉	
	六、自动生化分析仪的参数设置	熟悉	
	七、自动生化分析仪的使用、维护与常见故障处理	了解	
	第二节　电泳仪		
	一、电泳技术概述	了解	
	二、电泳仪的分类及测定原理	掌握	
	三、常用电泳仪的基本结构与性能指标	熟悉	
	四、电泳仪的使用与常见故障及排除方法	了解	
	第三节　血气分析仪		
	一、血气分析仪的工作原理	掌握	
	二、血气分析仪的基本结构	熟悉	
	三、血气分析仪的操作流程、维护及常见故障处理	了解	
	第四节　电解质分析仪		
	一、电解质分析仪概述	熟悉	
	二、电解质分析仪的测定原理	掌握	
	三、电解质分析仪的基本结构	掌握	
	四、电解质分析仪的使用、维护及常见故障处理	了解	
	第五节　特殊蛋白分析仪		
	一、特殊蛋白分析仪概述	熟悉	
	二、特殊蛋白分析仪的测定原理	掌握	
	三、特殊蛋白分析仪的基本结构	掌握	
	四、特殊蛋白分析仪的使用、维护及常见故障处理	了解	
第七章 免疫分析相关仪器	第一节　酶免疫分析仪		4
	一、酶免疫分析仪概述	了解	
	二、酶免疫分析仪的工作原理	掌握	
	三、酶免疫分析仪的基本结构	熟悉	
	四、酶免疫分析仪的性能评价指标	熟悉	
	五、酶免疫分析仪的使用、维护及常见故障处理	了解	
	第二节　免疫发光分析仪		
	一、免疫发光分析仪概述	了解	
	二、免疫发光分析仪的工作原理	掌握	
	三、免疫发光分析仪的基本结构	熟悉	
	四、免疫发光分析仪的性能评价	熟悉	
	五、免疫发光分析仪的使用、维护及常见故障处理	了解	
	第三节　免疫浊度分析仪		

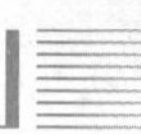

续表

单元	教学内容	教学要求	教学时数
			理论
第七章 免疫分析相关仪器	一、免疫浊度分析仪的测定原理	掌握	
	二、免疫浊度分析仪的基本结构	熟悉	
	三、免疫浊度分析仪的性能评价	熟悉	
	四、免疫浊度分析仪的使用、维护及常见故障处理	了解	
	第四节　放射免疫分析仪		
	一、放射免疫分析仪的分类与特点	熟悉	
	二、放射免疫分析仪的工作原理	掌握	
	第五节　时间分辨分析仪		
	一、时间分辨分析仪概述	了解	
	二、时间分辨分析仪的测定原理	掌握	
	三、时间分辨分析仪的基本结构	熟悉	
	四、时间分辨分析仪的性能评价指标	熟悉	
	五、时间分辨分析仪的使用、维护及常见故障处理	了解	
第八章 微生物检验相关仪器	第一节　生物安全柜		4
	一、生物安全柜概述		
	二、生物安全柜的工作原理与分类	掌握	
	三、生物安全柜的基本结构与功能	掌握	
	四、生物安全柜的使用、维护及常见故障处理	了解	
	第二节　培养箱		
	一、培养箱的类型	熟悉	
	二、电热恒温培养箱的工作原理、基本结构、使用方法、仪器维护与常见故障处理	掌握 了解	
	三、二氧化碳培养箱的工作原理、基本结构、使用方法和注意事项、维护与常见故障处理	掌握 了解	
	四、厌氧培养箱的工作原理、基本结构、使用方法和注意事项、仪器维护与常见故障处理	掌握 了解	
	第三节　自动血液培养仪		
	一、自动血液培养仪的工作原理	掌握	
	二、自动血液培养仪的基本组成和结构	掌握	
	三、自动血液培养仪的性能与评价指标	熟悉	
	四、自动血液培养仪的使用、维护常见故障处理	了解	
	第四节　自动微生物鉴定和药敏分析系统		
	一、自动微生物鉴定和药敏分析系统的工作原理	掌握	
	二、自动微生物鉴定和药敏分析系统的基本结构	掌握	
	三、自动微生物鉴定和药敏分析系统的性能评价	熟悉	
	四、自动微生物鉴定和药敏分析系统的使用、仪器维护与常见故障处理	了解	

续表

单元	教学内容	教学要求	教学时数
			理论
第九章 分子生物学 技术细胞 相关仪器	第一节　流式细胞仪 一、流式细胞仪概述 二、流式细胞仪的测定工作原理 三、流式细胞仪的基本结构 四、流式细胞仪的主要性能指标与技术要求 五、流式细胞仪的分析流程、仪器维护与常见故障处理 第二节　聚合酶链反应基因扩增仪 一、聚合酶链反应基因扩增仪概述 二、聚合酶链反应基因扩增仪的工作原理 三、聚合酶链反应基因扩增仪的分类与基本结构 四、聚合酶链反应基因扩增仪的性能评价指标 五、聚合酶链反应基因扩增仪的使用方法 六、聚合酶链反应基因扩增仪的维护及常见故障处理	 了解 掌握 掌握 熟悉 了解 了解 掌握 掌握 熟悉 了解 熟悉	2
第十章 即时检验技术 相关仪器	第一节　即时检测技术的概念、原理与分类 一、即时检测技术的概念 二、即时检测技术的原理 三、即时检测技术的分类 第二节　即时检测技术的常用仪器 一、多层涂膜技术相关POCT仪器 二、免疫金标记技术相关的POCT仪器 三、免疫荧光测定技术相关POCT仪器 四、生物传感器技术相关的POCT仪器 五、红外分光光度技术相关的POCT仪器 第三节　即时检测技术的临床应用 一、在疾病诊断中的应用 二、在其他方面的应用	 了解 掌握 了解 熟悉 熟悉 熟悉 熟悉 熟悉 了解 了解	1
第十一章 实验室自动化 系统	第一节　实验室自动化的发展历程 第二节　实验室自动化系统的分类与基本构成 一、实验室自动化系统的分类 二、实验室自动化系统的基本构成 第三节　实验室自动化流水线的结构与功能 一、实验室自动化流水线的结构 二、实验室自动化流水线各部分的功能 第四节　计算机信息系统在实验室全自动化系统中的作用 一、HIS、LIS、LAS三者间的通讯流程 二、条形码在自动化系统中的作用 三、信息系统在检验结果自动化审核中的作用 第五节　实现全实验室自动化的意义	了解 了解 熟悉 熟悉 了解 了解 了解 了解 了解	1

五、说明

（一）适用对象与参考学时

本课程适用于中职检验专业教学使用，总学时为36学时。由于各学校检验仪器实训条件不同，各省市购买仪器的渠道不同，各学校可以根据自己实验室条件，以及各专业课开设条件的不同，根据培养目标、专业知识需求、各地区职业技能需要的不同，参照国家标准调整具体仪器的教学内容。

（二）教学要求与教学安排

本课程分为掌握、熟悉、了解三个层次的教学内容。掌握是指要求学生对所学内容能够熟练应用，掌握常用检验仪器的工作原理、基本组成和结构。熟悉是指要求学生对所学内容基本掌握，熟知常用仪器的基本操作流程，仪器性能指标等。了解是指要求学生对所学知识点能够理解和记忆，了解常规检验仪器的维护和常见故障处理，了解检验仪器的临床应用。

课程安排在第四学期。在专业课开设的前提下，本课程重点简介检验仪器的测定原理、仪器结构与分类、仪器性能评价指标及仪器维护与简单故障的排除。

（三）教学建议

1. 本课程总共36学时，根据卫生部大纲安排在第四学期开课。

2.《检验仪器使用与维修》的教学内容与其他各相关专业课程有一定的重复。本课程为检验仪器的使用打下基础，主要从各种检验仪器的测定原理，仪器构造，性能指标，仪器维护与常见故障处理方面入手。仪器的使用及使用中的注意事项等在《临床检验》、《生物化学检验》、《微生物检验》、《免疫学检验》、《血液学检验》、《综合实训》等相关学科中完成。